Benjamin Auer / Franz Seitz

Grundkurs Wirtschaftsmathematik

Benjamin Auer
Franz Seitz

Grundkurs Wirtschaftsmathematik

Prüfungsrelevantes Wissen –
Praxisnahe Aufgaben –
Komplette Lösungswege

2., vollständig
überarbeitete Auflage

GABLER

Bibliografische Information der Deutschen Nationalbibliothek
Die Deutsche Nationalbibliothek verzeichnet diese Publikation in der
Deutschen Nationalbibliografie; detaillierte bibliografische Daten sind im Internet über
<http://dnb.d-nb.de> abrufbar.

Dr. Franz Seitz ist Professor für Volkswirtschaftslehre, insbesondere Geld und Finanzen sowie Wirtschaftsmathematik an der Hochschule für angewandte Wissenschaften Amberg-Weiden.

Dipl.-Betriebsw. (FH) Benjamin Auer ist Doktorand an der wirtschaftswissenschaftlichen Fakultät der Universität Leipzig sowie Buchautor in den Bereichen Mathematik, Statistik und Buchführung.

1. Auflage 2006
2. Auflage 2010

Lektorat: Jutta Hauser-Fahr | Renate Schilling

Gabler ist Teil der Fachverlagsgruppe Springer Science+Business Media.
www.gabler.de

Umschlaggestaltung: KünkelLopka Medienentwicklung, Heidelberg
Druck und buchbinderische Verarbeitung: Ten Brink, Meppel
Gedruckt auf säurefreiem und chlorfrei gebleichtem Papier
Printed in the Netherlands

ISBN 978-3-8349-1414-9

Vorwort

Vorwort zur 2. Auflage

Liebe Leserinnen und Leser,

mit dieser 2. Auflage erscheint "Grundkurs Wirtschaftsmathematik" in vollständig neuer Optik und inhaltlich komplett überarbeitet. Konkrete Rechenbeispiele wurden in leserfreundlicher Form vom theoretischen Text abgehoben und Gleichungen zur besseren Referenz nummeriert. Die Fehler, die sich in die 1. Auflage eingeschlichen hatten, wurden korrigiert und die Inhalte um weitere Themenbereiche erweitert. So werden nun z.B. auch Abschreibungen, das Newton-Verfahren zur Nullstellenbestimmung, die Regel von l' Hospital, numerische Integrationsverfahren, elementare Differenzialgleichungen, Matrizengleichungen und die lineare Optimierung thematisiert.

Auch der Online-Service zum Buch unter *www.wima-auer-seitz.de* wurde überarbeitet und erweitert. Wie bisher finden sich dort die Grafiken des Buches zum Einsatz in der Vorlesung, eine auf das Buch abgestimmte Formelsammlung und zahlreiche Übungsaufgaben mit ausführlichen Lösungen. Darüber hinaus bieten wir nun auch eine Vielzahl von MS-Excel-Tools, mit denen Rechenbeispiele und Verfahren einfach nachvollzogen und praktisch umgesetzt werden können. Sie sind in der Praxis insbesondere für finanzmathematische Fragestellungen, numerische Verfahren und das Lösen von Gleichungssystemen relevant. Immer dann, wenn zu einem Thema oder Beispiel ein entsprechendes Tool im Online-Service zur Verfügung steht, wurde dies durch das Symbol am Seitenrand kenntlich gemacht. *Benutzernamen und Passwort* für den Zugang zum Online-Service können Sie über das Kontaktmenu auf www.wima-auer-seitz.de anfordern.

Wir wünschen an dieser Stelle allen Leserinnen und Lesern viel Erfolg bei der Arbeit mit dem Lehrbuch und den neuen Materialien. Wir danken Gisela Becker, Prof. Dr. Hans Benker, Prof. Dr. Martin Biewen, Prof. Dr. Frank Brand, Prof. Dr. Claudia Cottin, Prof. Dr. Regina Fischer, Prof. Dr. Gert-Harald Fröhlich, Prof. Dr. Andreas Gadatsch, Dr. Andreas Hilpert, Björn Jensen, Anastasia Luja, Prof. Dr. Volker Nollau, Stefan Riebl, Prof. Dr. Albert Ruff, Prof. Dr. Ulrich Sax, Prof. Dr. Rainer Schwabe, Prof. Stephan Dempe, Prof. Dr. Jürgen Strobel und Prof. Dr. Rudolf Voller für wertvolle Hinweise und Verbesserungsvorschläge. Besonderer Dank gilt Herrn Steffen Burkhardt für ein abschließendes Korrekturlesen.

Weiden i. d. OPf. und Leipzig,
August 2009

Prof. Dr. Franz Seitz
Dipl.-Betriebsw. (FH) Benjamin R. Auer

Vorwort zur 1. Auflage

Liebe Leserinnen und Leser,

mit diesem Buch liegt Ihnen ein Werk vor, das Ihnen die wesentlichen Themenbereiche der Wirtschaftsmathematik verständlich, anschaulich und doch knapp näherbringen soll. Vergessen Sie Mathematikbücher, bei denen Sie bereits nach den ersten Seiten an sich zu zweifeln beginnen, da Sie kein einziges Wort verstehen.

Dieses wirtschaftsmathematische Grundlagenbuch soll Ihnen als Lehrendem helfen, das heikle Thema Mathematik verständlich und studentengerecht für Ihren Unterricht aufzubereiten. Ihnen als Studierenden soll es dazu dienen, alle relevanten Themen für Ihre Klausur noch einmal zu wiederholen und mit Hilfe zahlreicher Übungsaufgaben zu festigen. Bei der Lösung dieser Aufgaben werden Sie nicht alleine gelassen. Anders als in anderen Lehrbüchern wird Ihnen nicht einfach ein Ergebnis ohne Rechenweg und Erläuterung präsentiert. Stattdessen wird nachvollziehbar und anschaulich jeder einzelne Rechenschritt und die allgemeine Vorgehensweise erklärt.

Bei der Darstellung der Themenbereiche achten wir besonders auf Klarheit. Auf komplizierte Herleitungen und Beweise verzichteten wir bewusst, wo Sie unseres Erachtens nur das Verständnis behindern und für Sie nur von nachgeordneter Bedeutung sind. Es werden die traditionellen Bereiche Analysis, lineare Algebra und Finanzmathematik besprochen. Das Buch unterscheidet sich allerdings von anderen einschlägigen Lehrbüchern in der speziellen Darstellungsweise und Schwerpunktbildung. So wird im Kapitel zur linearen Algebra ausdrücklich auf die besondere Rolle der Determinanten zur Lösung einer Vielzahl von Problemstellungen hingewiesen. Des Weiteren bietet dieses Werk ein eigenes Kapitel zu den in der Praxis bedeutenden Wachstumsraten und deren unterschiedliche Berechnungsweisen, die Sie nahezu in keinem anderen Lehrbuch finden. Und schließlich nimmt auch die Behandlung von Elastizitäten eine herausgehobene Stellung ein.

Was dieses Buch besonders auszeichnet, ist die Tatsache, dass es als Co-Produktion von Professor und Student entstanden ist. So ist zum einen die sachliche Richtigkeit und zum anderen auch die studentengerechte Darstellung der Themen gewährleistet. Didaktik und anwendungsorientierte Wissenschaft konnten dadurch auf anschauliche Weise kombiniert werden.

Zur Unterstützung von Lehrenden und Lernenden wurde eigens die Internetseite *www.wima-auer-seitz.de* eingerichtet. Hier finden Sie als Dozent alle Grafiken des Buches und weiteres Material zum Einsatz in der Vorlesung. Als Student bieten wir Ihnen zusätzliche Übungsaufgaben inklusive der ausführlichen Lösungen und eine auf das Buch abgestimmte Formelsammlung.

Allen Lesern wünschen wir auf diesem Weg, dass sie zum einen durch dieses Buch Ihre Klausuren erfolgreich meistern und außerdem einen Zugang zu den interessanten Fragestellungen finden, die sich mit Hilfe der Mathematik lösen lassen. Bei Fragen, Anregungen und Kritik würden wir uns über eine kurze E-Mail via *www.wima-auer-seitz.de* sehr freuen.

Weiden i. d. OPf., November 2005

Prof. Dr. Franz Seitz
Benjamin R. Auer

Inhaltsverzeichnis

Abbildungsverzeichnis

Symbolverzeichnis

Analysis (allgemein)	
a, b, c	Konstanten, Parameter
$x, y, z, x_1, x_2, \ldots$	Variablen
α, β, χ	Variablenwerte
$\forall$	Allquantor (für alle)
$\exists$	Existenzquantor (existiert ein)
∞	unendlich
i	imaginäre Zahl $= \sqrt{-1}$
Σ	Summenzeichen
Π	Produktzeichen
$=$	Gleichheitszeichen
$>$	Größer-Zeichen
$<$	Kleiner-Zeichen
$\geq$	Größer-Gleich-Zeichen
$\leq$	Kleiner-Gleich-Zeichen
$\neq$	Ungleichheitszeichen
$\cong$	annähernd gleich
n!	n-Fakultät
$\lvert a \rvert$	Absoluter Wert von a
$\binom{m}{n}$	Binomialkoeffizient

Aussagenlogik	
A, B, C	Aussagen, Mengen
w	wahr
f	falsch
$\neg$	Negation
$\wedge$	Konjunktion ("sowohl ... als auch")
$\vee$	Disjunktion ("entweder ... oder")
$\rightarrow$	Implikation
$\leftrightarrow$	Äquivalenz

Mengenlehre

$\{\ \}$	Mengenklammer
$\in$	Element von
Ω	Universalmenge
$\emptyset$	Leere Menge
$\mathbb{N}$	Menge der natürlichen Zahlen
$\mathbb{Z}$	Menge der ganzen Zahlen
$\mathbb{Q}$	Menge der rationalen Zahlen
$\mathbb{R}$	Menge der reellen Zahlen
$\lvert A \rvert$	Mächtigkeit der Menge A
$\subseteq$	Teilmenge von
$\cup$	Vereinigung (oder)
$\cap$	Durchschnitt (und)
$\bar{A}$	Komplement von A
[ ]	abgeschlossenes Intervall
] [	offenes Intervall
[[,]]	halboffene Intervalle

Funktionen, Differenziale und Integrale

$f: X \rightarrow Y$	Abbildung (Funktion)
D(f)	Definitionsbereich von f
W(f)	Wertebereich von f
f(x)	Funktion einer Veränderlichen (x)
$f^{-1}(x)$	Umkehrfunktion
x^n	Potenzfunktion
a^x	Exponenzialfunktion zur Basis a
e^x	Exponenzialfunktion zur Basis e (e-Funktion)
$\log_a x$	Logarithmusfunktion zur Basis a
log x	dekadische Logarithmusfunktion
ln x	natürliche Logarithmusfunktion
max{ }	Maximumfunktion
min{ }	Minimumfunktion
sign( )	Vorzeichenfunktion
$[a_n]$	Zahlenfolge mit dem allgemeinen Glied a_n
$\lim\limits_{x \to \alpha}$	Grenzwert für x gegen α

$\lim\limits_{x \to \alpha-}$	Grenzwert für x gegen α von links
$\lim\limits_{x \to \alpha+}$	Grenzwert für x gegen α von rechts
Δy	Differenz zweier y-Werte
$\frac{\Delta y}{\Delta x}$	Differenzenquotient
dy	Differenzial von y
$\frac{dy}{dx}$, $f'(x)$	Differenzialquotient erster Ordnung, erste Ableitung der Funktion $y = f(x)$ nach x
$\frac{d^2 y}{dx^2}$, $f''(x)$	Differenzialquotient zweiter Ordnung, zweite Ableitung der Funktion $y = f(x)$ nach x
$\frac{d^n y}{dx^n}$, $f^{(n)}(x)$	Differenzialquotient n-ter Ordnung, n-te Ableitung der Funktion $y = f(x)$ nach x
$\varepsilon_{x,y}$	Elastizität von x bezüglich der Größe y
$f(x_1,x_2)$	Funktion zweier Veränderlicher (x_1,x_2)
$f(x_1, x_2, \ldots, x_n)$	Funktion mit n Veränderlichen
$\frac{\partial y}{\partial x_1}$, f'_{x_1}	partieller Differenzialquotient erster Ordnung, erste partielle Ableitung der Funktion $y = f(x_1,x_2,\ldots)$ nach x_1
$\frac{\partial^2 y}{\partial x_1^2}$, $f''_{x_1x_1}$	partieller Differenzialquotient zweiter Ordnung, zweite partielle Ableitung der Funktion $y = f(x_1,x_2,\ldots)$ nach x_1
$\frac{\partial^2 y}{\partial x_1 \partial x_2}$, $f''_{x_1x_2}$	partieller gemischter Differenzialquotient zweiter Ordnung, zweite gemischte partielle Ableitung der Funktion $f(x_1,x_2)$ nach x_1 und x_2
df_{x_1}	partielles Differenzial der Funktion $f(x_1,x_2,\ldots)$ nach x_1
df	totales Differenzial der Funktion $f(x_1,x_2,\ldots)$
$\int$	Integralzeichen
$\int f(x)\,dx$	unbestimmtes Integral der Funktion f(x)
$F(x)$	Stammfunktion zur Funktion f(x)
$\int_a^b f(x)\,dx$	bestimmtes Integral der Funktion f(x) von a bis b

Lineare Algebra

$\mathbf{a}, \mathbf{b}, \ldots, \mathbf{x}$	Vektoren
$\mathbf{A}, \mathbf{B}, \ldots, \mathbf{X}$	Matrizen
$a_{ij}, b_{ij}, \ldots$	Matrizenkoeffizienten
$\mathbf{E}$	Einheitsmatrix
$\mathbf{A}^T$	Transponierte der Matrix **A**
$\mathbf{A}^{-1}$	Inverse der Matrix **A**
$\det \mathbf{A}$	Determinante der Matrix **A**
$\text{rg}(\mathbf{A})$	Rang der Matrix **A**
$\text{adj}(\mathbf{A})$	Adjungierte der Matrix **A**

Griechisches Alphabet

Α	α	Alpha	Ι	ι	Iota	Ρ	ρ	Roh
Β	β	Beta	Κ	κ	Kappa	Σ	σ	Sigma
Γ	γ	Gamma	Λ	λ	Lambda	Τ	τ	Tau
Δ	δ	Delta	Μ	μ	My	ϒ	υ	Ypsilon
Ε	ε	Epsilon	Ν	ν	Ny	Φ	ϕ	Phi
Ζ	ζ	Zeta	Ξ	ξ	Xi	Χ	χ	Chi
Η	η	Eta	Ο	ο	Omikron	Ψ	ψ	Psi
Θ	θ	Theta	Π	π	Pi	Ω	ω	Omega

I Allgemeine Grundlagen

Bevor wir näher auf die eigentlichen Teilgebiete der Wirtschaftsmathematik eingehen, werden in diesem ersten Kapitel wichtige Grundbegriffe und grundlegende Rechenregeln erläutert. Das Kapitel gliedert sich in drei Themengebiete:

- Aussagenlogik
- Mengenlehre
- Grundlagen der Arithmetik

Es handelt sich dabei größtenteils um Lehrinhalte, die bereits aus der Schule bekannt sein sollten. Die Erfahrung hat jedoch gezeigt, dass Studienanfänger aufgrund unterschiedlicher Lehrpläne bzw. Schulformen hier mehr oder weniger starke Defizite aufweisen. Ohne diese Grundlagen ist es häufig schwierig, darauf aufbauende Themen der Wirtschaftsmathematik problemlos zu verstehen. Mangelnde Rechenfertigkeiten können als Hauptursache für Schwierigkeiten von Studierenden in den mathematischen Anfängervorlesungen betrachtet werden. Wer die hier dargelegten allgemeinen Grundlagen nicht beherrscht, wird nie ein Gefühl der Unsicherheit beim Umgang mit Formeln überwinden können. Besonders Studierenden, die bereits eine regelrechte Angst vor der Mathematik entwickelt haben, empfehlen wir daher dringend ein gründliches Studium dieses ersten Kapitels. Fortgeschrittene werden diese Einführung höchstwahrscheinlich als trivial empfinden und sollten direkt zu Kapitel II übergehen.

1. Aussagenlogik

Unter Logik versteht man allgemein die Lehre vom folgerichtigen Denken, d.h. vom korrekten Schließen aufgrund gegebener Aussagen. Die Aussagenlogik verfolgt zunächst allgemein das Ziel, Aussagen mittels eines einfachen Formalismus in eine mathematische Form zu übertragen. Die so transformierten Aussagen können dann formal auf ihren Aussagegehalt überprüft, zu neuen Aussagen verknüpft oder Schlussfolgerungen aus ihnen gezogen werden. Mit diesen drei wesentlichen Themenbereichen werden wir uns im Folgenden auseinandersetzen.

1.1 Einführung

Um Aussagesätze kompakt darstellen und verarbeiten zu können, werden diese in der Aussagenlogik durch Zuweisung eines Buchstabens oder Symbols abgekürzt, wobei wir im Folgenden stets mit lateinischen Großbuchstaben arbeiten werden. So können wir z.B. dem Aussagesatz "Der deutsche Aktienindex (DAX) hat einen Stand von 5.000 Indexpunkten." durch den Buchstaben A kompakt darstellen. Anders als Fragen oder Aufforderungen besitzt eine derartige Aussage A einen objektiven Wahrheitsgehalt, d.h. sie kann entweder wahr oder falsch sein. Bezugnehmend auf unser Beispiel kann der DAX also entweder bei 5.000 Punkten stehen oder nicht. Wir können daher festhalten, dass es sich bei einer **einfachen Aussage** A allgemein um einen Satz handelt, der entweder *wahr* oder *falsch* sein kann.

Die beiden Zustände wahr oder falsch, die eine Aussage A aufweisen kann, beschreiben den sog. **Wahrheitswert** der Aussage A. Diesen Wahrheitswert W(A) können wir als Variable betrachten, die nur zwei Werte annehmen kann (binäre Variable). Es gilt daher

$$W(A) = \text{wahr} \qquad \text{oder} \qquad W(A) = \text{falsch}$$

bzw. die Kurzform

$$W(A) = w \qquad \text{oder} \qquad W(A) = f,$$

die wir im Folgenden verwenden werden.

Bei einfachen Aussagen (vgl. DAX-Beispiel) lässt sich der Wahrheitswert relativ schnell und problemlos feststellen. Jedoch lassen sich Aussagen auch logisch verknüpfen, womit sehr schnell unübersichtliche Aussagen entstehen können. Wir sprechen in diesem Zusammenhang von einer **zusammengesetzten Aussage**, wenn mehrere Aussagen durch die zulässigen Verknüpfungsoperatoren "*und*" bzw. "*oder*" unter Einbeziehung der Negation "*nicht*" miteinander verbunden werden.

1.2 Logische Verknüpfungen

Bevor wir näher auf die logischen Verknüpfungen "und" bzw. "oder" eingehen, wollen wir zunächst klären, worum es sich bei einer sog. Negation handelt, die genau genommen nicht zu den logischen Verknüpfungen zählt, da nur eine Aussage A involviert ist.

Unter einer **Negation** oder Verneinung verstehen wir die *Umkehrung des Wahrheitswertes* einer Aussage. Formal wird die Negation einer Aussage A als $\neg A$ (oder häufig auch als $\overline{A}$) ausgedrückt. Wir sprechen "nicht A". Die Negation $\neg A$ ist wahr, wenn A falsch ist; sie ist dagegen falsch, wenn A wahr ist. Ihre Wahrheitswerte lassen sich daher in folgender *Wahrheitstafel* übersichtlich darstellen:

Ausgangsaussage A	Negation $\neg A$
w	f
f	w

Beispiel:

Betrachten wir die Aussage A: "Die Sonne scheint.", so erhalten wir daraus die Negation $\neg$ A: "Die Sonne scheint nicht.". Ist A wahr, ist $\neg$ A falsch und umgekehrt.

Aus einfachen Aussagen lassen sich durch die Operationen Konjunktion und Disjunktion neue, zusammengesetzte Aussagen bilden. Unter der **Konjunktion** versteht man die *Verknüpfung von Aussagen durch das logische UND*. Sie wird durch das Zeichen $\wedge$ dargestellt und umgangssprachlich durch "sowohl ... als auch ..." ausgedrückt. Die Konjuktion $A \wedge B$ zweier Aussagen A und B ist nur dann wahr, wenn beide Aussagen gleichzeitig wahr sind. Ist nur eine Aussage falsch, so ist die gesamte Konjunktion falsch. Die Wahrheitstafel der Konjunktion zeigt daher folgendes Bild:

Ausgangsaussagen		Konjunktion
A	B	$A \wedge B$
w	w	w
w	f	f
f	w	f
f	f	f

Die Wahrheitstafeln listen also alle möglichen Wertekombinationen der einfachen Ausgangsaussagen auf, denen der jeweilige Wahrheitswert der zusammengesetzten Aussage zugeordnet wird. Im Falle einer Konjunktion mit zwei einfachen Aussagen A und B erhalten wir daher 2^2 Kombinationen, wohingegen wir bei drei Aussagen bereits 2^3 Kombinationen erhalten würden.

Beispiel:

A: "Christian hat in Mathematik die Klausurnote 1."

B: "Christian hat in Statistik die Klausurnote 1."

$A \wedge B$: "Christian hat sowohl in Mathematik als auch in Statistik die Note 1."

Hat Christian also in Mathematik und Statistik die Note 1, so ist die Konjunktion wahr. Ist er nur in einem Fach schlechter als 1, ist die Konjunktion falsch.

Unter einer **Disjunktion** verstehen wir die *Verknüpfung von Aussagen durch das logische ODER*. Sie wird durch das Zeichen $\vee$ dargestellt und umgangssprachlich durch "entweder ... oder ... oder beides" ausgedrückt. Die Disjunktion $A \vee B$ zweier Aussagen A und B ist wahr, wenn mindestens eine der beiden Aussagen wahr ist; sie ist nur dann falsch, wenn beide Aussagen falsch sind. Es ergibt sich damit folgende Wahrheitstafel:

Ausgangsaussagen		Disjunktion
A	B	$A \vee B$
w	w	w
w	f	w
f	w	w
f	f	f

Beispiel:

A: "Martin kauft sich ein neues Auto."

B: "Martin kauft sich einen neuen Computer."

$A \vee B$: "Martin kauft ein neues Auto, einen neuen Computer oder beides."

Die Disjunktion der Aussagen A und B ist also nur dann falsch, wenn sich Martin weder ein Auto noch einen Computer kauft. Wird nur ein Auto, nur ein Computer oder beides gekauft, ist $A \vee B$ wahr.

1.3 Logische Folgerungen

Neben der Beurteilung des Wahrheitsgehaltes einfacher und zusammengesetzter Aussagen spielen Schlussfolgerungen vom Wahrheitswert einer Aussage auf den einer anderen in der Aussagenlogik eine bedeutende Rolle.

Sind zwei Aussagen A und B durch *„wenn A, dann B“* verknüpft, sprechen wir von einer sog. **Implikation**. Sie wird durch einen Pfeil $\rightarrow$ dargestellt, sodass wir $A \rightarrow B$ schreiben können. Die Aussage A wird als *Voraussetzung*, die Aussage B als *Schlussfolgerung* bezeichnet. Wenn A wahr ist, ist nämlich auch B wahr. Dies bedeutet allerdings nicht, dass, wenn A falsch ist, auch B falsch ist. Die zusammengesetzte Aussage $A \rightarrow B$ ist nur dann falsch, wenn aus einer wahren Voraussetzung die falsche Schlussfolgerung gezogen wird. Die Wahrheitstafel einer Implikation ergibt sich daher wie folgt:

Ausgangsaussagen		Implikation
A	B	$A \rightarrow B$
w	w	w
w	f	f
f	w	w
f	f	w

Beispiel:

A: „Ich habe in der Mathematikklausur eine 1."

B: „Ich werde richtig ausgelassen feiern."

$A \rightarrow B$: „Wenn ich in der Mathematikklausur eine 1 habe, dann werde ich richtig ausgelassen feiern."

Folglich gilt, dass die Aussage A **hinreichende Bedingung** dafür ist, dass Aussage B wahr ist ($A \rightarrow B$). Eine 1 in einer Mathematikklausur ist sicherlich Grund genug für ausgelassenes Feiern. Wäre eine 1 in der Mathematikklausur der einzige Grund im Leben, richtig ausgelassen zu feiern, so wäre die Aussage B **notwendige Bedingung** für Aussage A ($B \rightarrow A$). Da es aber auch andere Gründe für ausgelassenes Feiern gibt, ist in diesem Beispiel B keine notwendige Bedingung für A.

Gilt für zwei Aussagen $A \rightarrow B$ und $B \rightarrow A$, so sagt man, es liegt eine umkehrbare logische Schlussfolgerung oder auch Äquivalenz vor. Allgemein versteht man unter **Äquivalenz** die Verknüpfung zweier Aussagen A und B durch "*wenn A, dann B und wenn B, dann A*". Symbolisch können wir Äquivalenz durch einen Doppelpfeil $\leftrightarrow$ ausdrücken, sodass wir zwei äquivalente Aussagen A und B als $A \leftrightarrow B$ darstellen können. Die zusammengesetzte Aussage $A \leftrightarrow B$ ist falsch, wenn eine der beiden Aussagen wahr und die andere falsch ist, da sie sich ja gegenseitig implizieren. Sie ist nur wahr, wenn beide Aussagen gleichzeitig wahr oder falsch sind. Die Wahrheitstafel hat daher folgendes Aussehen:

Ausgangsaussagen		Äquivalenz
A	B	$A \leftrightarrow B$
w	w	w
w	f	f
f	w	f
f	f	w

Da $A \leftrightarrow B$ nichts anderes als "A impliziert B, und B impliziert A." bedeutet, ist jede der beiden Aussagen **hinreichend und notwendig** für die jeweils andere. Man sagt auch, A gilt *genau dann*, wenn die Aussage B gilt.

Beispiel:

A: "Willi besteht die schriftliche Führerscheinprüfung."

B: "Willi hat in der Prüfung weniger als 5 Fehler."

$A \leftrightarrow B$: "Notwendig und hinreichend für das Bestehen der Prüfung sind weniger als 5 Fehler."

Anders ausgedrückt: "Willi besteht genau dann die Prüfung, wenn er weniger als 5 Fehler hat."

Wenn Willi die Führerscheinprüfung besteht, dann hat er wohl weniger als 5 Fehler ($A \to B$). Bei weniger als 5 Fehlern hat er die Prüfung bestanden ($B \to A$).

2. Mengenlehre

In diesem Abschnitt geben wir einen kompakten Überblick über wesentliche Grundlagen der Mengenlehre, die im weiteren Verlauf noch relevant sein werden. Neben der allgemeinen Definition und Darstellung von Mengen gehen wir dabei auf spezielle Mengen, Beziehungen zwischen Mengen, Mengenoperationen und auch auf bedeutende Regeln und Gesetze ein, die bei Mengenoperationen zu beachten sind.

2.1 Grundlegendes

Grundsätzlich verstehen wir unter einer **Menge** eine Zusammenfassung von Elementen, die sich *eindeutig voneinander unterscheiden* lassen. Mehrfachnennungen eines Elementes in einer Menge sind also nicht zulässig.

Mengen werden in der Regel mit großen lateinischen Buchstaben A, B, C, ..., ihre Elemente mit lateinischen Kleinbuchstaben a, b, c, ... bezeichnet. Wollen wir ausdrücken, dass ein Element a zur Menge A gehört, schreiben wir $a \in A$. Wollen wir das Gegenteil aussagen, $a \notin A$.

Die Definition einer Menge erfolgt entweder durch die **explizite Aufzählung** oder die **implizite Beschreibung** der Elemente der Menge. Die Anzahl der unterscheidbaren Elemente einer Menge A, die auch als deren **Mächtigkeit** bezeichnet und mit n(A) abgekürzt wird, bestimmt dabei meist, welche Form der Darstellung gewählt wird. Ist n(a) groß, jedoch endlich, wird die explizite Form der Beschreibung bevorzugt. Liegt eine unendliche Menge vor, so ist eine verkürzte Aufzählung der Elemente üblich. Bei allen Formen erfolgt die Aufzählung bzw. Beschreibung innerhalb geschweifter Klammern.

Bei der impliziten Form wird in der geschweiften Klammer zunächst ein Element stellvertretend für alle anderen Elemente allgemein genannt. Gefolgt von einem senkrechten Strich wird dann die umfassende und eindeutige Beschreibung des stellvertretenden Elements mit Hilfe mathematischer Symbole und/oder verbaler Sätze aufgeführt.

Beispiel:

Betrachten wir eine *endliche* Menge B, die die Elemente 7, 8 und 9 beinhalten soll. Wir können diese explizit als $B = \{7; 8; 9\}$ oder implizit als $B = \{x \mid 6 < x < 10 \wedge x \text{ ganzzahlig}\}$ darstellen. Die implizite Darstellung bedeutet dabei verbal "alle x mit der Eigenschaft: x größer 6 und kleiner 10 und zugleich x ganzzahlig", was nur von den Zahlen 7, 8 und 9 erfüllt wird. Da hier die Mächtigkeit der Menge nur bei n(B) = 3 liegt, ist die explizite Darstellung zu bevorzugen.

Eine *unendliche* Menge C, die die Zahlen 7, 8, 9 und alle ganzen Zahlen größer 9 beinhalten soll, würden wir als C = {7; 8; 9; ...} definieren, wobei "..." die restlichen Elemente der Menge repräsentiert. Die Mächtigkeit der Menge C liegt in diesem Fall bei $n(C) = \infty$.

Während wir beliebige Mengen mit lateinischen Großbuchstaben bezeichnen, haben sich in der Literatur eine Reihe spezieller Symbole für besondere Mengen eingebürgert. So wird etwa die **leere Menge**, die keine Elemente beinhaltet, mit $\varnothing$ und die **Universalmenge**, die bezüglich einer Anzahl an untersuchten Elementen, alle Elemente enthält, mit Ω benannt. Darüber hinaus gilt für die in der Mathematik relevanten **Zahlenmengen** folgendes:

Die Menge der *natürlichen Zahlen* beinhaltet die Zahlen 1, 2, 3, ... mit deren Hilfe Gegenstände abgezählt werden. Sie ist definiert als

$$\mathbb{N} = \{1;\ 2;\ 3;\ ...\}.$$

Erweitern wir die natürlichen Zahlen um die 0 und alle negativen Zahlen, so erhalten wir die Menge der *ganzen Zahlen* als

$$\mathbb{Z} = \{...;\ -2;\ -1;\ 0;\ 1;\ 2;\ ...\}.$$

Erweitern wir die Menge der ganzen Zahlen um die Zahlen, die sich als Quotient einer ganzen und einer natürlichen Zahl bzw. als abbrechende (z.B. 1/2 = 0,5) oder nichtabbrechende (z.B. 1/3 = 0,333...) periodische Dezimalzahl darstellen lassen, ergibt sich die Menge der *rationalen Zahlen* als

$$\mathbb{Q} = \{q \mid q = m / n \text{ mit } m \in \mathbb{Z} \wedge n \in \mathbb{N}\}.$$

Die Menge der *rellen Zahlen* beinhaltet neben den rationalen Zahlen auch die sog. irrationalen Zahlen, so dass wir

$$\mathbb{R} = \{r \mid r \text{ ist eine rationale oder irrationale Zahl}\}$$

festhalten können. Eine Zahl wird dann als irrational bezeichnet, wenn sie sich nicht mehr als Quotient einer ganzen und einer natürlichen Zahl - und damit auch nicht als periodische Dezimalzahl - darstellen lässt. Jede nichtperiodische Dezimalzahl, bei der nicht aus den bisher ermittelten Dezimalstellen auf die noch folgenden geschlossen werden kann, ist somit eine irrationale Zahl. Typische Beispiele hierfür sind die Kreiszahl π = 3,141592..., die Euler'sche Zahl e = 2,718281... und bestimmte Wurzeln.

Um auszudrücken, dass nur positive oder negative Werte aus diesen speziellen Mengen betrachet werden, wird dies durch ein hochgestelltes "+" bzw. "–" gekennzeichnet. Positive reelle Zahlen sind demnach mit $\mathbb{R}^+$, negative mit $\mathbb{R}^-$ benannt.

Vergleichen wir die einzelnen Elemente zweier Mengen miteinander, sind wir in der Lage Ordnungsbeziehungen zwischen den Mengen herzustellen. Besitzen zwei Mengen A und B die gleichen Elemente, sprechen wir von **Mengengleichheit** und können A = B schreiben. Besonders beim Vergleich von Mengen und bei Mengenoperationen (vgl. I 2.2) sind *Venn-Diagramme* hilfreich. Diese stellen Mengen als Kreise dar, wodurch sich im Fall der Mengengleichheit folgendes ergibt:

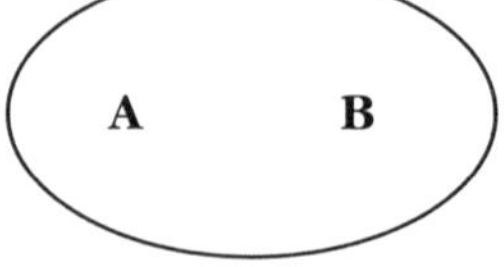

Beispiel:

Betrachten wir die beiden Mengen $A = \{\pm\sqrt{9}\}$ und B = {3; –3}, so stellen wir fest, dass beide die gleichen Elemente beinhalten, sodass A = B gilt.

Ergibt der Vergleich der Elemente zweier Mengen A und B, dass alle Elemente von A auch in B enthalten sind, so sagen wir, dass A eine **Teilmenge** von B ist und schreiben $A \subseteq B$. Wir versehen das klassische Teilmengensymbol $\subset$ hier mit einem Unterstrich um zu verdeutlichen, dass die Mengen A und B auch gleich sein können. Das dazugehörige Venn-Diagramm zeigt folgendes Bild:

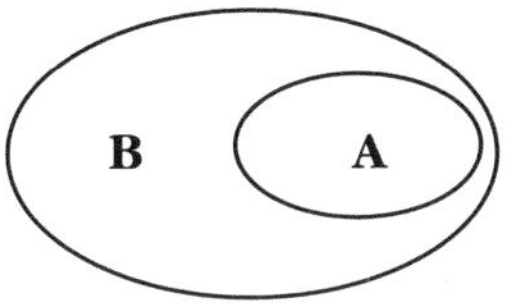

Beispiele:

1. Betrachten wir die Mengen E = {2; 4; 6; 8; 10} und $\mathbb{N}$. Da die Elemente 2, 4, 6, 8 und 10 aus E auch in der Menge der natürlichen Zahlen $\mathbb{N}$ vorkommen, gilt $E \subset \mathbb{N}$.
2. Für die vorhergehend aufgeführten Zahlenmengen können wir $\mathbb{N} \subset \mathbb{Z} \subset \mathbb{Q} \subset \mathbb{R}$ festhalten. Dies bedeutet also, dass alle Elemente von $\mathbb{N}$ auch in $\mathbb{Z}$, alle Elemente von $\mathbb{Z}$ auch in $\mathbb{Q}$ und alle Elemente von $\mathbb{Q}$ auch in $\mathbb{R}$ enthalten sind.

Gerade im Zusammenhang mit Teilmengen wird klar, dass die Elemente einer Menge selbst Mengen sein können. So gilt etwa $\mathbb{Z} = \{...; -2; -1; 0; \mathbb{N}\}$, d.h. $\mathbb{N} \subset \mathbb{Z}$ und $\mathbb{N} \in \mathbb{Z}$. Außerdem ist unmittelbar einleuchtend, dass zu den Teilmengen einer Menge A auch immer die leere Menge $\varnothing$ und die Menge A selbst gehört.

2.2 Mengenoperationen

In diesem Abschnitt befassen wir uns näher mit Operationen, die aus mehreren Mengen eine neue Menge erzeugen. Zu diesen Zählen die Vereinigung, der Durchschnitt, die Differenz und das Komplement.

Unter der **Vereinigung** oder Vereinigungsmenge zweier Mengen A und B verstehen wir die Menge, die sowohl die Elemente von A als auch die Elemente von B enthält. Formal schreiben wir

$$A \cup B = \{x \mid x \in A \vee x \in B\},$$

was sich im Venn-Diagramm (gepunktet) wie folgt dargestellt:

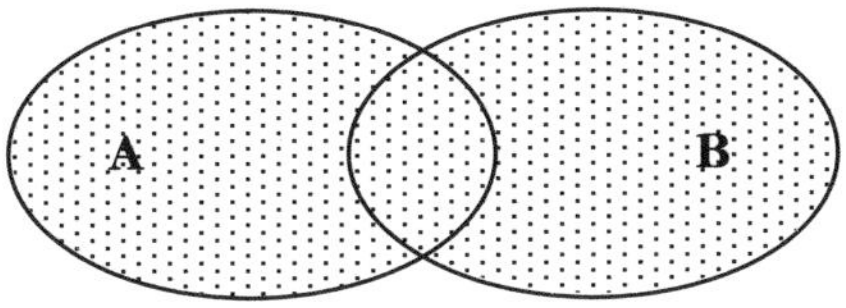

Beispiel:

Betrachten wir die Mengen A = {1; 2; 3} und B = {3; 4; 5}, erhalten wir daraus die Vereinigung $A \cup B = \{1; 2; 3; 4; 5\}$.

Der **Durchschnitt** oder die Durchschnittsmenge (Schnittmenge) zweier Mengen A und B umfasst alle Elemente, die sowohl in Menge A als auch in Menge B vorkommen. Es gilt

$$A \cap B = \{x \mid x \in A \wedge x \in B\},$$

was zu folgendem Venn-Diagramm führt:

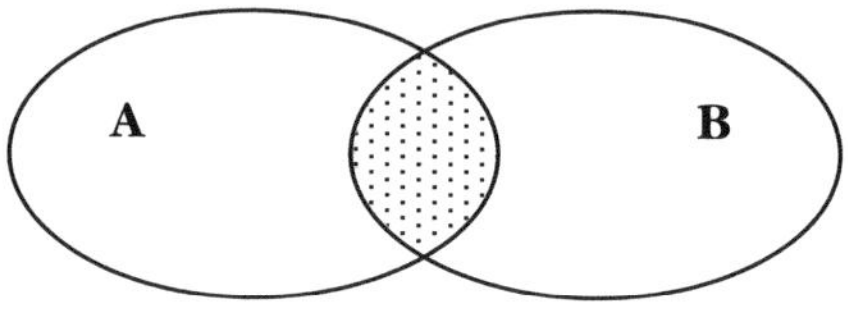

Beispiel:

Der Durchschnitt der Mengen A = {1; 2; 3} und B = {3; 4; 5} ist $A \cap B = \{3\}$, da das Element 3 sowohl in A als auch in B enthalten ist.

Haben zwei Mengen A und B kein Element gemeinsam, entspricht ihr Durchschnitt der leeren Menge. Es gilt also $A \cap B = \varnothing$. In einem solchen Fall bezeichnen wir die beiden Mengen als **disjunkt**. Es sei außerdem erwähnt, dass der Durchschnitt einer Menge A mit sich selbst wieder die Menge A ergibt, also $A \cap A = A$ gilt. Analoges gilt auch für die Vereinigung, d.h. $A \cup A = A$.

Die **Differenz** oder Differenzenmenge zweier Mengen A und B (A vermindert um B) enhält alle Elemente von A, die nicht in B enthalten sind. Wir schreiben

$$A \setminus B = \{x \mid x \in A \wedge x \notin B\},$$

was folgendes Venn-Diagramm liefert:

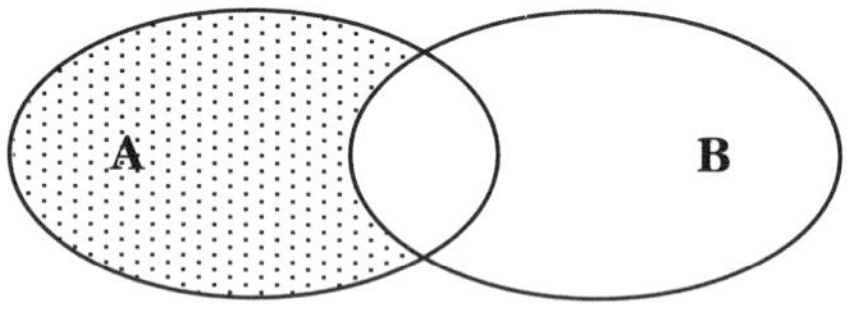

Beispiel:

Betrachten wir zwei Mengen A = {1; 2; 3} und B = {3; 4; 5}, so ist $A \setminus B = \{1; 2\}$, da die Elemente 1 und 2 aus A nicht in B enthalten sind.

Sind A und B zwei disjunkte Mengen, so gilt $A \setminus B = A$ und $B \setminus A = B$. Die Differenz zweier gleicher Mengen ergibt die leere Menge, d.h. $A \setminus A = \varnothing$.

Ist die Menge A eine Teilmenge der Menge B, d.h. $A \subseteq B$, enthält das **Komplement** oder die Komplementärmenge der Menge A bezüglich der Menge B alle Elemente der Menge B, die nicht in der Menge A enthalten sind. Formal gilt

$$\bar{A} = \{x | x \in B \wedge x \notin A\},$$

was das folgende Venn-Diagramm liefert:

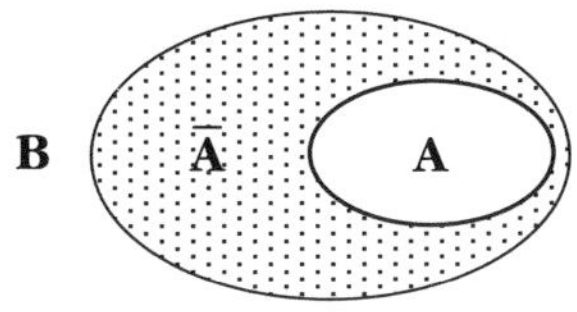

Beispiel:

Betrachten wir zwei Mengen A = {1; 2; 3} und B = {1; 2; 3; 4; 5}, so gilt $\bar{A}$ = {4; 5}, da die Elemente 4 und 5 zwar in B, jedoch nicht in A enthalten sind.

Wir erkennen, dass das Komplement nichts anderes als eine spezielle Form der Differenz ist, d.h. $\bar{A} = B \setminus A$ gilt. Es gilt außerdem, dass das Komplement eines Komplements wieder die Ursprungsmenge liefert. Im obigen Beispiel ist das Komplement von $\bar{A}$ = {4; 5} nämlich gerade A = {1; 2; 3}.

2.3 Mengenalgebra

Für die in Abschnitt I 2.2 behandelten Mengenoperationen gelten eine Reihe spezieller Gesetze und Regeln, welche in der folgenden Tabelle zusammengefasst sind. Dem aufmerksamen Leser wird bei genauerer Betrachtung auffallen, dass wir einige davon bereits implizit im Text behandelt haben.

Gesetz	Bedeutung	
Idempotenzgesetze	$A \cup A = A$	
	$A \cap A = A$	
Identitätsgesetze	$A \cup \varnothing = A$	$A \cup \Omega = \Omega$
	$A \cap \varnothing = \varnothing$	$A \cap \Omega = A$
Komplementgesetze	$A \cup \bar{A} = \Omega$	
	$A \cap \bar{A} = \varnothing$	
Kommutativgesetze	$A \cup B = B \cup A$	
	$A \cap B = B \cap A$	
Assoziativgesetze	$(A \cup B) \cup C = A \cup (B \cup C)$	
	$(A \cap B) \cap C = A \cap (B \cap C)$	
Distributivgesetze	$A \cup (B \cap C) = (A \cup B) \cap (A \cup C)$	
	$A \cap (B \cup C) = (A \cap B) \cup (A \cap C)$	
De Morgans Gesetze	$\overline{(A \cup B)} = \bar{A} \cap \bar{B}$	
	$\overline{(A \cap B)} = \bar{A} \cup \bar{B}$	

Da die Distributivgesetze und die Gesetzte von De Morgan anders als die anderen nicht auf den ersten Blick nachzuvollziehen sind, betrachten wir im Folgenden die Aussagen dieser Gesetze nochmals in Form von Venn-Diagrammen, bei denen wir zur besseren Übersicht Rechtecke zur Symbolisierung von Mengen verwenden. Die Anmerkungen in Klammern beziehen sich dabei jeweils auf das Ergebnis der Mengenoperationen. Beginnen wir zunächst mit den beiden Distributivgesetzen:

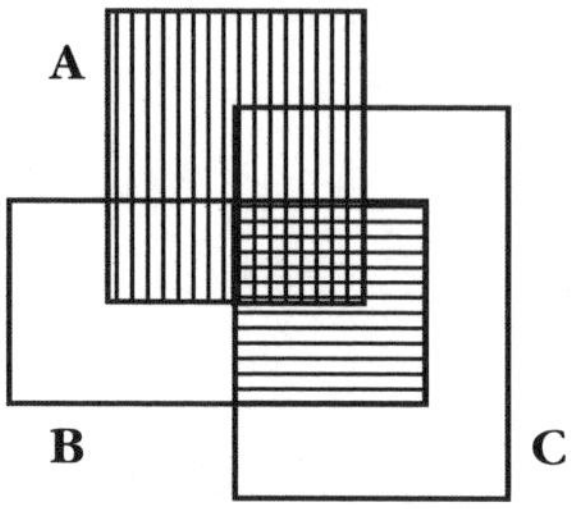

$A \cup (B \cap C)$
(einfach u. doppelt schraffiert)

=

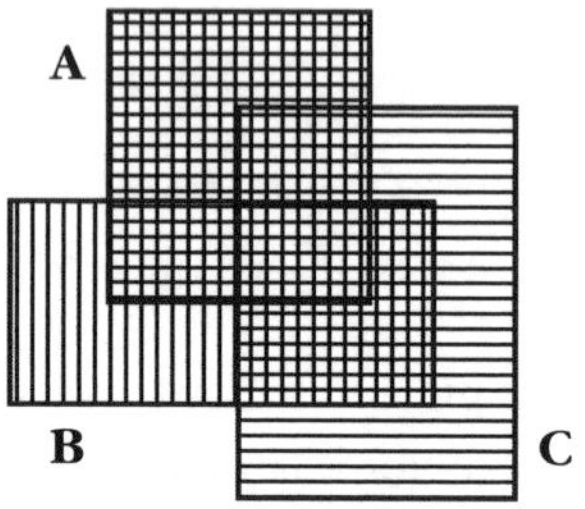

$(A \cup B) \cap (A \cup C)$
(doppelt schraffiert)

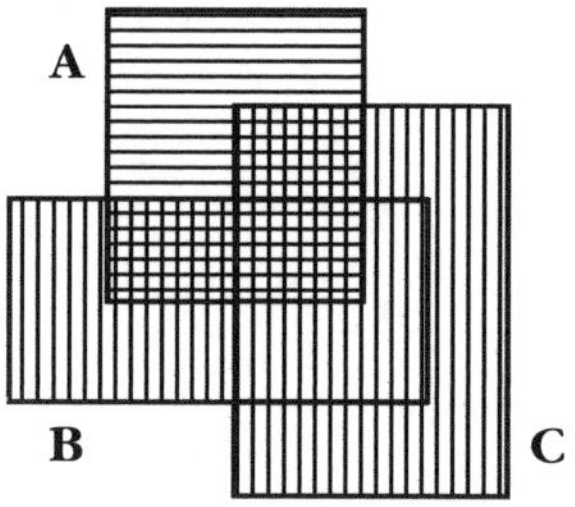

$A \cap (B \cup C)$
(doppelt schraffiert)

=

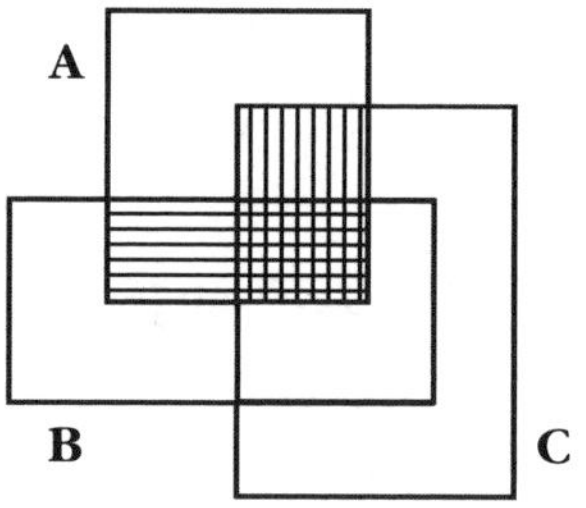

$(A \cap B) \cup (A \cap C)$
(einfach u. doppelt schraffiert)

De Morgans Gesetze lassen sich wie folgt veranschaulichen:

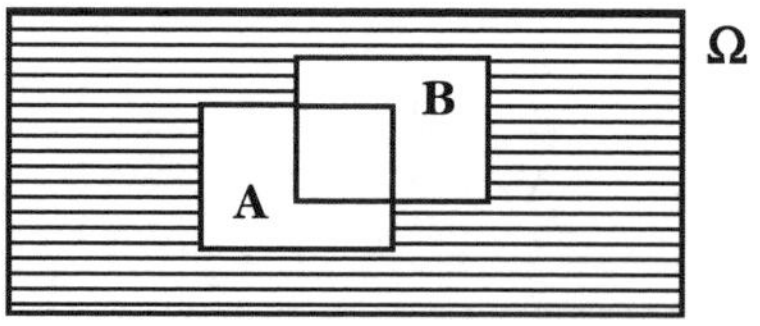

$\overline{(A \cup B)}$
(einfach schraffiert)

=

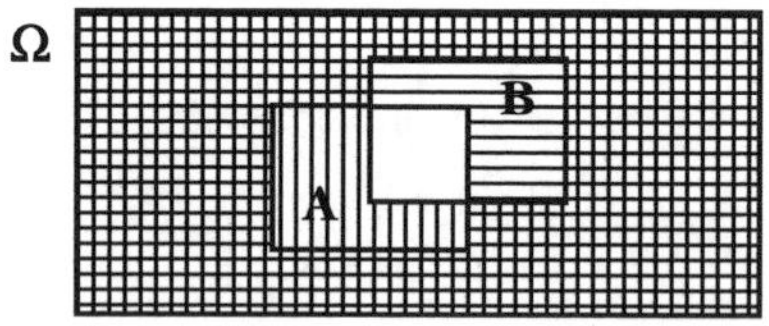

$\overline{A} \cap \overline{B}$
(doppelt schraffiert)

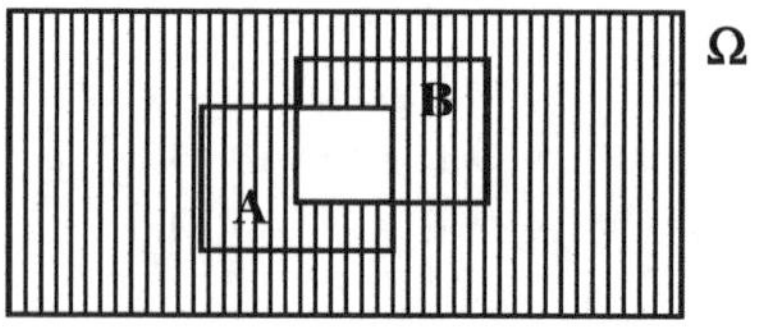

$\overline{(A \cap B)}$
(einfach schraffiert)

=

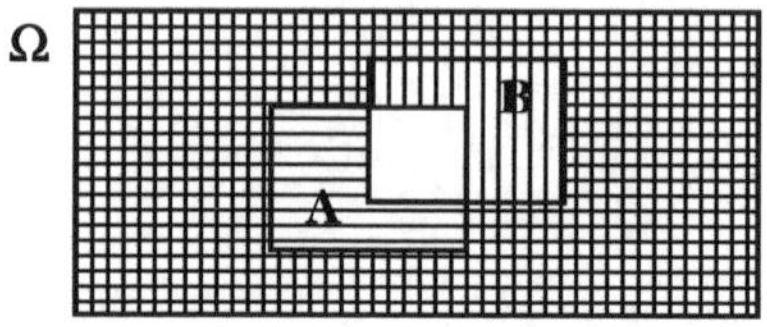

$\overline{A} \cup \overline{B}$
(einfach u. doppelt schraffiert)

3. Grundlagen der Arithmetik

In diesem zentralen Abschnitt unseres Einführungskapitels behandeln wir die wichtigsten Regeln für das Rechnen mit reellen Zahlen. Beginnend mit allgemeinen Rechenregeln, dem Lösen einfacher linearer Gleichungen, kompakter Darstellung mathematischer Ausdrücke durch Summen- und Produktzeichen und dem Umgang mit Ungleichungen und Absolutbeträgen legen wir unseren Schwerpunkt auf die von vielen Studienanfängern gefürchteten Potenzen, Wurzeln und Logarithmen bzw. die für sie geltenden Rechenvorschriften. In diesem Zusammenhang gehen wir außerdem auf das Lösen quadratischer, Wurzel-, Exponenzial- und Logarithmusgleichungen ein.

3.1 Grundregeln des Rechnens

3.1.1 Grundgesetze

Bei reellen Zahlen sind die vier Grundrechenarten uneingeschränkt anwendbar. Sind a und b Vertreter zweier beliebiger reeller Zahlen, so existieren im Bereich der reellen Zahlen also ihre Summe $a + b$, ihre Differenz $a - b$, ihr Produkt $a \cdot b$ und ihr Quotient a / b (falls $b \neq 0$ ist). Bei diesen Operationen ist eine Reihe von Rechengesetzen zu beachten, auf die wir im Folgenden im Detail eingehen.

Das Vertauschungs- oder **Kommutativgesetz der Addition** besagt, dass es gleichgültig ist, in welcher Reihenfolge wir Additionen vornehmen, was sich bei zwei *Summanden* a und b in der Form

$$a + b = b + a \tag{I.1}$$

darstellen lässt. Dieses Gesetz schließt auch die Subtraktion ein, da diese nichts anderes als die Addition negativer Zahlen darstellt.

Beispiele:

1. $1+2=2+1=3$
2. $-xy+x^2-4=x^2-xy-4$
3. $4a+5-a+7=4a-a+5+7=3a+12$

Das Vertauschungs- oder **Kommutativgesetz der Multiplikation** besagt, dass es keine Rolle spielt, in welcher Reihenfolge Multiplikationen vorgenommen werden. Im Falle zweier *Faktoren* a und b können wir daher folgendes festhalten:

$$ab = ba \tag{I.2}$$

Beispiele:

1. $3 \cdot 8 = 8 \cdot 3 = 24$
2. $x \cdot x \cdot a \cdot a = a^2x^2$
3. $6 \cdot x \cdot a \cdot b \cdot x \cdot 3 = 6 \cdot 3 \cdot a \cdot b \cdot x \cdot x = 18abx^2$

Das **Assoziativgesetz der Addition** besagt, dass es bei der Addition von drei reellen Zahlen a, b und c gleichgültig ist, ob zuerst die beiden ersten addiert und dann die dritte hinzugefügt oder ob die erste zur vorher bestimmten Summe der beiden letzten addiert wird. Formal gilt also

$$(a + b) + c = a + (b + c)\,. \qquad (I.3)$$

Die Klammern können also beliebig gesetzt oder auch weggelassen werden.

Beispiele:

1. $(x + y) + x = x + y + x = 2x + y$
2. $(a + (b + 3)) + (4 + (b + a)) = a + a + b + b + 3 + 4 = 2a + 2b + 7$

Das **Assoziativgesetz der Multiplikation** besagt, dass es analog zum Assoziativgesetz der Addition auch bei der Multiplikation dreier reeller Zahlen a, b und c nicht auf die Reihenfolge der Multiplikation ankommt. Es gilt also

$$(a \cdot b) \cdot c = a \cdot (b \cdot c)\,, \qquad (I.4)$$

wodurch auch hier eine Klammersetzung überflüssig ist.

Beispiele:

1. $(1 \cdot 2) \cdot 3 = 1 \cdot (2 \cdot 3) = 6$
2. $(x \cdot y) \cdot 3 \cdot (x \cdot y \cdot z) = 3x^2y^2z$

Durch das **Distributivgesetz** stehen die Operationen Addition und Multiplikation miteinander in Beziehung. Es lautet

$$a(b + c) = ab + ac\,. \qquad (I.5)$$

Zur Berechnung des Produkts aus dem Faktor a und der Summe (b + c) wird also jedes Glied der Summe mit a multipliziert und die entstehenden Produkte addiert.

Beispiele:

1. $3 \cdot (2 + 4) = 3 \cdot 2 + 3 \cdot 4 = 6 + 12 = 18$
2. $3ab \cdot (b + 4 + 2a) = 3ab^2 + 12ab + 6a^2b$
3. $(a_1 + a_2 + a_3 + \ldots + a_n) \cdot 3by = 3a_1by + 3a_2by + 3a_3by + \ldots + 3a_nby$

Werden zwei in Klammern stehende Summen ausmultipliziert, so ist das Distributivgesetz wie folgt anzuwenden:

$$(a + b) \cdot (c + d) = ac + ad + bc + bd \qquad (I.6)$$

Es werden also zunächst der erste Term der ersten Klammer mit allen Termen der zweiten Klammer und anschließend der zweite Term der ersten Klammer mit allen Termen der zweiten Klammer multipliziert. Die dabei entstehenden Produkte werden addiert. Kombiniert mit dem Kommutativgesetz der Multiplikation ergibt sich

$$\begin{aligned}(a+b)\cdot(c+d) &= (c+d)\cdot(a+b)\\ &= ca+cb+da+db\\ &= ac+ad+bc+bd.\end{aligned}$$

Beispiele:

1. $(6x+4y)\cdot(6+3x+c)=36x+18x^2+6xc+24y+12xy+4yc$
2. $\begin{aligned}(z_1+z_2+z_3)\cdot(y_1+y_2+y_3+y_4) &= z_1y_1+z_1y_2+z_1y_3+z_1y_4\\ &\quad +z_2y_1+z_2y_2+z_2y_3+z_2y_4\\ &\quad +z_3y_1+z_3y_2+z_3y_3+z_3y_4\end{aligned}$

Bei drei in Klammern stehenden Summen gilt entsprechend folgendes:

$$\begin{aligned}(a+b)\cdot(c+d)\cdot(e+f) &= (ac+ad+bc+bd)\cdot(e+f)\\ &= ace+ade+bce+bde+acf+adf+bcf+bdf\end{aligned} \qquad (I.7)$$

Lesen wir das Distributivgesetz (I.5) von rechts nach links erhalten wir eine Regel für das sog. **Ausklammern** als ab + ac = a(b + c). Ein Faktor, der vor jedem Glied einer Summe auftritt, kann also ausgeklammert werden, indem jeder Summand durch den ausgeklammerten Faktor dividiert wird.

Beispiele:

1. $4x+56y+232z=4\cdot(x+14y+58z)$
2. $3x^2y+6xy+9x^3y=3xy\cdot(x+2+3x^2)$

3.1.2 Vorzeichenregeln

Zu jeder Zahl a lässt sich eine dazugehörige entgegengesetzte Zahl –a finden, für die a + (–a) = 0 gilt. Ist a positiv, so ist –a negativ; ist a negativ, so ist –a positiv. Es gelten in diesem Zusammenhang allgemein folgende **Vorzeichenregeln**:

$$-a=(-1)\cdot a=a\cdot(-1) \qquad (I.8)$$

$$(-a)b=a(-b)=-(ab)=-ab \qquad (I.9)$$

$$(-a)(-b)=ab \qquad (I.10)$$

$$-(-a)=-1\cdot((-1)\cdot a)=(-1)\cdot(-1)\cdot a=a \qquad (I.11)$$

Die Regeln (I.9) und (I.10) werden in der Schulmathematik häufig durch die Merksätze "Minus mal Plus ergibt Minus." bzw. "Minus mal Minus ergibt Plus." ausgedrückt.

Wir haben bereits erwähnt, dass die Subtraktion nichts anderes als die Addition einer negativen Zahl darstellt, also

$$a - b = a + (-b) \tag{I.12}$$

gilt. Ein Minuszeichen vor einer Klammer bedeutet bei Klammerauflösung, dass jeder Term in der Klammer mit –1 multipliziert werden muss, d.h. sich die Vorzeichen der Terme in der Klammer umkehren:

$$-(+b - c) = -b + c \tag{I.13}$$

Es handelt sich bei (I.13) um einen Sonderfall des Distributivgesetzes (I.5) mit negativen Zahlen und insbesondere $a = -1$. Allgemein gilt für das Distributivgesetz bei negativen Zahlen, dass das Multiplizieren eines Faktors mit einer in Klammern stehenden Summe wie gewohnt geschieht, indem der Faktor mit jedem Glied der Summe multipliziert wird. Die Vorzeichen der entstehenden Produkte ergeben sich nach den Regeln (I.9) und (I.10). Analoges gilt für das Ausmultiplizieren zweier in Klammern stehender Summen. Es wird jedes Glied der einen Klammer mit jedem der anderen Klammer multipliziert, wobei auch (I.9) und (I.10) zu beachten sind.

Beispiele:

1. $3 + (-x - z) - (3z - 6) = 3 - x - z - 3z + 6 = -x - 4z + 9$
2. $a - [-(b - 4)] = a - [-b + 4] = a + b - 4$
3. $(-5b) \cdot (-4 + b) = (-5b) \cdot (-4) + (-5b) \cdot b = 20b + (-5b^2) = 20b - 5b^2$
4. $(x - z) \cdot (3x + 4) \cdot (-5z) = (3x^2 + 4x - 3xz - 4z) \cdot (-5z) = -15x^2z - 20xz + 15xz^2 + 20z^2$

Im Zusammenhang mit den Vorzeichenregeln ist zu beachten, dass natürlich auch –1 ausgeklammert werden kann. Dazu wird jeder Teilterm durch –1 dividiert, wobei die Merksätze „Minus dividiert durch Minus ergibt Plus.“ und „Minus dividiert durch Plus (und umgekehrt) ergibt Minus.“ zu beachten sind. Auch andere negative Terme können analog ausgeklammert werden.

Beispiele:

1. $-2x - 5x^2 - 4 = -(2x + 5x^2 + 4)$
2. $-6xy + 9x^2 - 3x = -3x(2y - 3x + 1)$

3.1.3 Binomische Formeln

Die Regeln für das Ausmultiplizieren bzw. (I.6) kombiniert mit den Vorzeichenregeln aus Abschnitt I 3.1.2 liefern die sog. binomischen Formeln.

Erste binomische Formel:

$$(a + b)^2 = (a + b) \cdot (a + b) = a^2 + 2ab + b^2 \tag{I.14}$$

Zweite binomische Formel:

$$(a - b)^2 = (a - b) \cdot (a - b) = a^2 - 2ab + b^2 \tag{I.15}$$

Dritte binomische Formel:

$$(a + b)(a - b) = a^2 - b^2 \tag{I.16}$$

Beispiele:

zu (I.14): $(3xy+4z)^2=(3xy)^2+2\cdot 3xy\cdot 4z+(4z)^2=9x^2y^2+24xyz+16z^2$

zu (I.15): $(x-1)^2=x^2-2x+1$

zu (I.16): $(3x+1)(3x-1)=(3x)^2-(1)^2=9x^2-1$

Wichtig ist in diesem Zusammenhang, dass die erste binomische Formel auch auf drei Summanden erweitert werden kann. Es gilt dann

$$(a+b+c)^2=a^2+b^2+c^2+2ab+2ac+2bc\,. \tag{I.17}$$

(I.17) gilt auch im Fall negativer Werte a, b und c, da sich durch die Quadrierung und die Bildung der Kreuzprodukte ab, ac und bc die negativen Vorzeichen "verschwinden". Bei gemischt positiven und negativen Werten a, b und c sind die Vorzeichen der Terme 2ab, 2ac und 2bc entsprechend anzupassen.

Es ist außerdem zu erwähnen, dass binomische Formeln von rechts nach links gelesen einen besonderen Wert besitzen. Erkennen wir nämlich in einem Term eine binomische Formel, können wir diesen schnell vereinfacht darstellen.

Beispiele:

1. Gegeben sei der Term $1-x^2$. Erkennen wir hier, dass es sich um die Differenz zweier "Quadrate" 1^2 und x^2 handelt, so erlaubt uns die dritte binomische Formel die Darstellung als $(1+x)(1-x)$.
2. Der Term x^2-2x+1 kann mit Hilfe der zweiten binomischen Formel, als $(x-1)^2$ umgeschrieben werden. Dabei ist es wichtig, die Form $a^2-2ab+b^2$ im gegebenen Term zu erkennen.

3.1.4 Bruchrechnung

In diesem Abschnitt widmen wir uns einfachen Rechenoperationen mit Brüchen. Wir gehen dabei insbesondere auf die Multiplikation und Division (dabei das Kürzen und Erweitern) sowie das Addieren und Subtrahieren von Brüchen ein. Auch der Bedeutung der Null bei diesen Operationen schenken wir gesondert Aufmerksamkeit.

Für die **Multiplikation** zweier Brüche a/b und c/d (mit $b, d \neq 0$) gilt allgemein

$$\frac{a}{b}\cdot\frac{c}{d}=\frac{ac}{bd}, \tag{I.18}$$

d.h. es werden Zähler und Nenner jeweils multipliziert. Da eine ganze Zahl g als Bruch mit Nenner 1 und Zähler g interpretiert werden kann, gilt für die Multiplikation einer Zahl mit einem Bruch

$$g\cdot\frac{a}{b}=\frac{g}{1}\cdot\frac{a}{b}=\frac{ga}{b}\,. \tag{I.19}$$

Es wird also der Zähler des Bruchs mit der Zahl multipliziert und der Nenner unverändert beibehalten. Die Regel (I.19) von rechts nach links gelesen ist insbesondere beim Ausklammern wertvoll.

Beispiele:

1. $\frac{y-3}{z} \cdot \frac{3x}{7} = \frac{(y-3) \cdot 3x}{z \cdot 7} = \frac{3xy-9x}{7z}$

2. $(3x-7) \cdot \frac{2}{7} = \frac{(3x-7) \cdot 2}{7} = \frac{6x-14}{7}$

3. $\frac{3x-6y}{8} = 3 \cdot \frac{x-2y}{8}$

Die **Division** eines Bruchs a / b durch einen Bruch c / d (mit b, d ≠ 0) erfolgt durch Multiplikation des ersten Bruchs mit dem Kehrwert des zweiten. Es gilt also

$$\frac{\frac{a}{b}}{\frac{c}{d}} = \frac{a}{b} \cdot \frac{d}{c} = \frac{ad}{bc}. \tag{I.20}$$

Wird durch eine Zahl g dividiert, die ja als Buch g / 1 interpretiert werden kann, ist einfach mit ihrem Kehrwert 1 / g zu multiplizieren, sodass

$$\frac{a}{b} : g = \frac{\frac{a}{b}}{g} = \frac{a}{b} \cdot \frac{1}{g} = \frac{a}{bg} \tag{I.21}$$

gilt. Es ist also lediglich der Nenner des Bruchs mit der Zahl zu multiplizieren, wohingegen der Zähler unverändert bleibt. Für die Division einer Zahl durch einen Bruch gilt

$$g : \frac{a}{b} = \frac{g}{\frac{a}{b}} = g \cdot \frac{b}{a} = \frac{g}{1} \cdot \frac{b}{a} = \frac{gb}{a}. \tag{I.22}$$

Es wird also einfach der Kehrwert des Bruchs mit der Zahl multipliziert.

Beispiele:

1. $\frac{x+y}{7} : \frac{4z}{2x} = \frac{x+y}{7} \cdot \frac{2x}{4z} = \frac{(x+y) \cdot 2x}{7 \cdot 4z} = \frac{2x^2+2xy}{28z}$

2. $\frac{\frac{xy}{2}}{z} = \frac{xy}{2} \cdot \frac{1}{z} = \frac{xy}{2z}$

3. $(a-b) : \frac{2x}{(y-3)} = (a-b) \cdot \frac{(y-3)}{2x} = \frac{(a-b) \cdot (y-3)}{2x} = \frac{ay-3a-by+3b}{2x}$

Die Regeln für das **Kürzen** und **Erweitern** von Brüchen können wir direkt aus (I.18) ableiten. Hat ein Bruch im Zähler und Nenner einen gemeinsamen Faktor und sind alle Terme multiplikativ verknüpft, so kann dieser gemeinsame Faktor weggelassen (gekürzt) werden.

$$\frac{ab}{ac} = \frac{a}{a} \cdot \frac{b}{c} = 1 \cdot \frac{b}{c} = \frac{b}{c} \tag{I.23}$$

Umgekehrt hat eine Multiplikation von Zähler und Nenner mit demselben Faktor keine Auswirkung auf den Wert des Bruchs. Dieses Erweitern eines Bruchs ist insbesondere bei der Addition und Subtraktion von Brüchen notwendig.

Beispiele:

1. $\frac{2x^2y}{xy^2} = \frac{2x}{y}$

2. $\frac{x^2y}{x^4 - x^3y + 2x^2} = \frac{x^2y}{x^2(x^2 - xy + 2)} = \frac{y}{x^2 - xy + 2}$

3. $\frac{3+y}{9-y^2} \cdot \frac{x^3 + 4x^2 + 4x}{(x+2)^2} = \frac{(3+y)}{(3+y)(3-y)} \cdot \frac{x(x^2 + 4x + 4)}{(x+2)^2} = \frac{1}{3-y} \cdot \frac{x(x+2)^2}{(x+2)^2} = \frac{1}{3-y} \cdot x = \frac{x}{3-y}$

Für die Bruchrechnung lassen sich folgende **Vorzeichenregeln** angeben:

$$\frac{a}{b} = \frac{(-1)a}{(-1)b} = \frac{-a}{-b} \tag{I.24}$$

$$-\frac{a}{b} = (-1) \cdot \frac{a}{b} = \frac{(-1)a}{b} = \frac{-a}{b} \tag{I.25}$$

$$\frac{-a}{b} = \frac{(-1)(-a)}{(-1)b} = \frac{a}{-b} \tag{I.26}$$

Beispiele:

1. $\frac{-3x - y}{-(4-y)} = \frac{-(3x+y)}{-(4-y)} = \frac{3x+y}{4-y}$

2. $\frac{1-p}{p^2 - 1} = \frac{-(-1+p)}{(p+1)(p-1)} = \frac{-(p-1)}{(p+1)(p-1)} = \frac{-1}{p+1} = -\frac{1}{p+1}$

3. $\frac{-(1-x)}{x} = \frac{x-1}{x} = \frac{1-x}{-x}$

Anders als bei der Multiplikation und Division ist eine **Addition** oder **Subtraktion** von Brüchen nur dann zulässig, wenn sie denselben Nenner aufweisen. Es gilt

$$\frac{a}{c} + \frac{b}{c} = \frac{a+b}{c} \quad \text{und} \quad \frac{a}{c} - \frac{b}{c} = \frac{a-b}{c}, \tag{I.27}$$

d.h. es werden die Zähler addiert bzw. subtrahiert und der gemeinsame Nenner unverändert gelassen.

Beispiel:

1. $\frac{3x}{7}+\frac{(x-1)}{7}=\frac{3x+x-1}{7}=\frac{4x-1}{7}$

2. $\frac{3y^2}{4x+1}+\frac{1}{4x+1}-\frac{2x^3}{4x+1}=\frac{3y^2+1-2x^3}{4x+1}$

Liegt kein gemeinsamer Nenner vor, muss dieser durch Erweiterung erzeugt werden. Dies geschieht in der Form

$$\frac{a}{b}+\frac{c}{d}=\frac{ad+cb}{bd} \tag{I.28}$$

oder bei drei Brüchen analog als

$$\frac{a}{b}+\frac{c}{d}+\frac{e}{f}=\frac{adf+cbf+ebd}{bdf}\,. \tag{I.29}$$

Es wird also in einem ersten Schritt ein gemeinsamer Nenner, der sog. *Hauptnenner* durch Multiplikation aller bisherigen Nenner gebildet. Anschließend wird dieser Hauptnenner mit den vorherigen Nennern verglichen. Im Fall von drei Brüchen würden wir dabei feststellen, dass der Nenner des Bruches a / b nicht nur b sondern bdf lauten müsste. Es wird also um df erweitert, d.h. der Bruch wird mit df / df multipliziert. Dadurch ergibt sich der erweiterte Bruch adf / bdf. Analog wird bei den restlichen Brüchen verfahren. In einem letzten Schritt können die verschiedenen Brüche dann zu einem zusammengefasst werden.

Beispiele:

1. $\frac{3x}{4y}-\frac{11}{(x-1)}=\frac{3x\cdot(x-1)}{4y\cdot(x-1)}-\frac{4y\cdot 11}{4y\cdot(x-1)}=\frac{3x\cdot(x-1)-4y\cdot 11}{4y\cdot(x-1)}=\frac{3x^2-3x-44y}{4xy-4y}$

2. $\frac{x}{2(x-y)}-\frac{4y}{7(x+y)}=\frac{x\cdot 7(x+y)-4y\cdot 2(x-y)}{2(x-y)\cdot 7(x+y)}=\frac{7x^2+7xy-8xy+8y^2}{14(x^2-y^2)}=\frac{7x^2-xy+8y^2}{14(x^2-y^2)}$

Nicht immer ist es zweckmäßig, als Hauptnenner das Produkt aller vorhandenen Nenner zu verwenden. Allgemein suchen wir einen Ausdruck, in dem alle beteiligten Nenner als Faktor enthalten sind. Das Produkt aller Nenner erfüllt dies natürlich immer. Oftmals gibt es aber auch "einfachere" Ausdrücke (mit weniger Faktoren), die das bereits erfüllen. Ist beispielsweise im Falle dreier Brüche ein Nenner genau das Produkt der beiden anderen, so kann dieses Produkt als Hauptnenner verwendet werden. Wir können also

$$\frac{a}{b}+\frac{c}{be}+\frac{d}{e}=\frac{ae+c+db}{be}$$

an Stelle von

$$\frac{a}{b}+\frac{c}{be}+\frac{d}{e}=\frac{abe^2+cbe+db^2e}{b^2e^2}=\frac{be(ae+c+db)}{b^2e^2}=\frac{ae+c+db}{be}$$

rechnen.

Beispiele:

1. $\frac{1}{a}-\frac{1}{b}-\frac{1}{ab^2}=\frac{b^2-ab-1}{ab^2}$

2. $\frac{1}{x+4}-\frac{2}{x^2+8x+16}+\frac{1}{6x+24}=\frac{1}{x+4}-\frac{2}{(x+4)^2}+\frac{1}{6(x+4)}$

$$=\frac{6(x+4)}{6(x+4)^2}-\frac{2\cdot 6}{6(x+4)^2}+\frac{(x+4)}{6(x+4)^2}=\frac{6(x+4)-12+(x+4)}{6(x+4)^2}=\frac{7x+16}{6(x+4)^2}$$

3. $\frac{x}{y-x}+\frac{2x}{x+y}+\frac{y}{x-y}=-\frac{x}{x-y}+\frac{2x}{x+y}+\frac{y}{x-y}=\frac{-x(x+y)+2x(x-y)+y(x+y)}{(x-y)(x+y)}$

$$=\frac{x^2-2xy+y^2}{(x-y)(x+y)}=\frac{(x-y)^2}{(x-y)(x+y)}=\frac{x-y}{x+y}$$

Zum Abschluss dieses Abschnitts wollen wir uns nun noch der **Bedeutung der Null** in der Bruchrechnung widmen. Während bei Addition, Subtraktion und Multiplikation

$$a+0=0+a=a \tag{I.30}$$

$$a-0=-0+a=a \tag{I.31}$$

$$0\cdot a=a\cdot 0=0 \tag{I.32}$$

gilt, ist bei der Division zu beachten, dass

$$\frac{a}{b}=0 \quad \text{wenn} \quad a=0 \text{ und } b\neq 0\,. \tag{I.33}$$

Der Quotient zweier Werte a und b ist also nur dann gleich Null, wenn der Nenner a gleich Null ist. Eine Division durch Null ist nicht zulässig. Das Produkt zweier Werte a und b ist im Vergleich dazu dann Null, wenn mindestens ein Faktor gleich Null ist, also

$$a\cdot b=0 \quad \text{wenn} \quad a=0 \text{ oder } b=0 \tag{I.34}$$

gilt. Die Zusammenhänge (I.33) und (I.34) werden uns besonders beim Lösen von Gleichungen nützliche Dienste erweisen.

3.1.5 Umformung linearer Gleichungen

Essentiell in der Wirtschaftsmathematik ist vor allem die Fähigkeit, Gleichungen umzuformen bzw. nach einer Variablen aufzulösen. Wir legen daher in diesem Abschnitt zunächst die wichtigsten Regeln zur Umformung linearer Gleichungen dar. Mit anderen Gleichungstypen beschäftigen wir uns im Abschnitt I 3.5.

Bevor wir genauer auf spezielle Umformungsregeln eingehen, müssen wir zunächst einige Begriffe klären. Unter einem **Term** verstehen wir einen Ausdruck in Variablen, der für konkrete Werte der Variablen definiert ist, oder eine konkrete Zahl. Dazu zählen also beispielsweise 3,5; –4; a + b; x^2 – (12 + x); usw. Während Terme wie y – 7, $(x + y)^2$, usw. für jeden beliebigen Wert aus $\mathbb{R}$ definiert sind, kann es bei Bruchtermen Werte geben, für die der Bruch nicht definiert ist. Dies ist der Fall, wenn der Nenner den Wert Null annimmt. Um mit derartigen Termen sinnvoll operieren zu können, müssen wir die möglichen Belegungen der Variablen einschränken, d.h. alle Werte ausschließen, die zu einem Nullnenner führen.

Beispiele:

Betrachten wir den Term

$$\frac{1}{1-x},$$

so können wir mit diesem nur dann bedenkenlos rechnen, wenn der Nenner nicht den Wert Null annimmt. Dies wäre hier für $x = 1$ der Fall. Wir legen daher für derartige Terme einen sog. *Definitionsbereich* fest. Dieser beinhaltet alle Werte, die die Variable x annehmen darf. Wir schreiben hier $x \in \mathbb{R} \setminus \{1\}$.

Im Vergleich dazu unterliegt im Term

$$\frac{x^2 - 2x - 3}{x^2 + 1}$$

x keiner Einschränkung, da der Nenner nie Null werden kann. x^2 kann minimal Null und der Nenner damit minimal 1 werden.

Eine Gleichheit von zwei Termen T_1 und T_2, also

$$T_1 = T_2 \tag{I.35}$$

bezeichnen wir als **Gleichung**. Oft müssen solche Gleichungen umgeformt werden, um sie z.B. nach einer Variablen aufzulösen. Es sind dabei nur solche Umformungen zulässig, die dazu führen, dass aus (I.35) wieder eine Gleichung hervorgeht und dass aus der neu entstandenen Gleichung auf das Bestehen der alten geschlossen werden kann. Derartige Umformungen werden auch als **Äquivalenzumformungen** bezeichnet, da die alte und die neue Gleichung äquivalent sind.

$$T_1 = T_2 \leftrightarrow T_1 + T_3 = T_2 + T_3 \tag{I.36}$$

$$T_1 = T_2 \leftrightarrow T_1 - T_3 = T_2 - T_3 \tag{I.37}$$

$$T_1 = T_2 \leftrightarrow T_1 \cdot T_3 = T_2 \cdot T_3 \tag{I.38}$$

$$T_1 = T_2 \leftrightarrow \frac{T_1}{T_3} = \frac{T_2}{T_3} \quad \text{für } T_3 \neq 0 \tag{I.39}$$

Es ist also zulässig, auf beiden Seiten einer Gleichung denselben Term zu addieren und zu subtrahieren oder beide Gleichungsseiten mit einem Term zu multiplizieren. Außerdem dürfen beide Gleichungsseiten durch denselben Term dividiert werden, sofern dieser von Null verschieden ist. Weitere Umformungen werden wir noch in Abschnitt I 3.5.1 kennenlernen.

Eine Gleichung bezeichnen wir als **linear**, wenn sie durch die Umformungen (I.36) bis (I.39) auf die allgemeine Form

$$ax = b \text{ mit } a \neq 0 \tag{I.40}$$

gebracht werden kann und die Lösung

$$x = \frac{b}{a} \text{ mit } a \neq 0 \tag{I.41}$$

besitzt. a und b sind dabei feste Größen (Konstanten) und x ist die sog. Variable. Bei der Auflösung einer linearen Gleichung nach der Variablen ist es üblich die jeweilige Umformungsoperation (geltend für beide Gleichungsseiten) hinter einem senkrechten Strich anzugeben. Auch wir wollen dies im Folgenden zu Veranschaulichungszwecken tun. Wir weisen außerdem darauf hin, dass es in der Schulmathematik zwar üblich ist, Variablen mit den Endbuchstaben (z.B. x, y, z) und Konstanten mit den Anfangsbuchstaben des Alphabets (z.B. a, b, c) zu bezeichnen. In den Wirtschaftswissenschaften wird von dieser "Regel" allerdings häufig abgewichen, da die Variablen gemäß ihrer ökonomischen Bedeutung abgekürzt werden. Wir müssen daher stets aus der Problemstellung entnehmen, welche Größen Konstanten und welche Variablen sind.

Beispiele:

1. x ist die Variable, b eine Konstante:

$$\begin{aligned} 3x+b &= 4x-5 && \mid -4x \\ -x+b &= -5 && \mid -b \\ -x &= -5-b && \mid \cdot(-1) \\ x &= 5+b \end{aligned}$$

2. x ist die Variable, a eine Konstante:

$$\begin{aligned} \frac{2a}{1-x} &= \frac{1}{x+5} && \mid \cdot(1-x) \text{ für } x \neq 1 \\ 2a &= \frac{1-x}{x+5} && \mid \cdot(x+5) \text{ für } x \neq -5 \\ 2a\cdot(x+5) &= 1-x \\ 2ax+10a &= 1-x && \mid +x-10a \\ 2ax+x &= 1-10a \\ x\cdot(2a+1) &= 1-10a && \mid :(2a+1) \text{ für } a \neq -0{,}5 \\ x &= \frac{1-10a}{2a+1} \end{aligned}$$

3. Es soll nach x aufgelöst werden:

$$\begin{aligned} \frac{1}{x}+\frac{1}{y} &= 1 && \left| -\frac{1}{y} \right. \\ \frac{1}{x} &= 1-\frac{1}{y} && \mid \cdot x \text{ für } x \neq 0 \\ 1 &= x\cdot\left(1-\frac{1}{y}\right) && \left| :\left(1-\frac{1}{y}\right) \text{ für } y \neq 0 \text{ und } y \neq 1 \right. \\ x &= \frac{1}{1-\frac{1}{y}} = \frac{1}{\frac{y}{y}-\frac{1}{y}} = \frac{1}{\frac{y-1}{y}} = \frac{y}{y-1} \end{aligned}$$

4. Es soll nach d aufgelöst werden:

$$a = \frac{\frac{ad}{d-1}+c}{b} \qquad \mid (\cdot b)-c \text{ für } b \neq 0$$

$$
\begin{aligned}
ab - c &= \frac{ad}{d-1} && \Big| \cdot (d-1) \text{ für } d \neq 1 \\
(ab - c) \cdot (d - 1) &= ad \\
abd - ab - cd + c &= ad && \Big| -ad - c + ab \\
abd - cd - ad &= ab - c \\
d(ab - c - a) &= ab - c && \Big| :(ab - c - a) \text{ für } ab - c - a \neq 0 \\
d &= \frac{ab - c}{(ab - c - a)}
\end{aligned}
$$

3.2 Summen-, Produkt- und Fakultätszeichen

In diesem Abschnitt befassen wir uns mit Möglichkeiten der kompakten Darstellung von Termen. Umfangreiche Additionsketten können durch das Summen-, Multiplikationsketten durch Produktzeichen verkürzt werden. Spezielle Arten von Multiplikationsketten lassen sich zudem durch Fakultäten abbilden. Diese können wir zur Bestimmung sog. Binomialkoeffizienten heranziehen, die eine Verallgemeinerung der unter I 3.1.3 kennengelernten binomischen Formeln ermöglichen.

3.2.1 Summenzeichen

Das Summenzeichen $\sum$ (griechisches Sigma) symbolisiert die fortgesetzte Addition des Terms, der auf das Summenzeichen folgt. Allgemein gilt also

$$\sum_{i=k}^{m} a_i = a_k + a_{k+1} + \ldots + a_m \quad \text{mit} \quad i \in \mathbb{Z}, \tag{I.42}$$

wobei a_i ein allgemeines *Summationsglied* und i der sog. *Summationsindex* ist, der beim *Summationsanfang* k beginnt, sich schrittweise um 1 erhöht und beim *Summationsende* m mit $m \geq k$ endet.

Beispiele:

Die genaue Anwendung der Kurzschreibweise (I.42) verdeutlichen wir im Folgenden anhand einiger einfacher Beispiele.

1. $\sum_{i=1}^{5} i = 1 + 2 + 3 + 4 + 5 = 15$

2. $\sum_{i=1}^{n} b_i = b_1 + b_2 + b_3 + b_4 + \ldots + b_n$

3. $\sum_{j=5}^{n} b_{j+1} x_i = b_6 x_i + b_7 x_i + b_8 x_i + \ldots + b_{n+1} x_i$

4. $\sum_{k=m}^{n} a_k^2 = a_m^2 + a_{m+1}^2 + a_{m+2}^2 + \ldots + a_n^2$

5. $\sum_{z=2}^{5} (z^2 - 2^z) = (2^2 - 2^2) + (3^2 - 2^3) + (4^2 - 2^4) + (5^2 - 2^5) = -6$

6. $\sum_{i=2}^{3} (x^i - 5) = (x^2 - 5) + (x^3 - 5) = x^2 + x^3 - 10$

Sinn und Zweck von Summenzeichen ist die verkürzte Darstellung von Additionsketten. Es ist also für uns weniger die Ausformulierung von Summenzeichen, sondern vielmehr das Erkennen von Summensystematiken in vorliegenden Ketten interessant.

Beispiele:

1. $1+4+9+...+k^2=\sum_{i=1}^{k} i^2$

2. $a_{i1}x_1+a_{i2}x_2+...+a_{im}x_m=\sum_{j=1}^{m} a_{ij}x_j$

Für Summenzeichen gilt eine Reihe von **Rechenregeln**, die wir im Folgenden kurz behandeln wollen. Zunächst gilt, dass bei additiv verknüpften Termen mit gleichen Summationsgrenzen Summe unter Beibehaltung von Summationsanfang und -ende aufgespalten werden kann.

$$\sum_{i=k}^{m}(a_i+b_i)=\sum_{i=k}^{m}a_i+\sum_{i=k}^{m}b_i \qquad (I.43)$$

Zudem kann eine Summe unter Beibehaltung der Summationsglieder in Teilsummen zerlegt werden.

$$\sum_{i=k}^{m}a_i=\sum_{i=k}^{\ell}a_i+\sum_{i=\ell+1}^{m}a_i \qquad \text{für} \quad k\le\ell<m \qquad (I.44)$$

Beispiele:

zu (I.43): $\sum_{i=n}^{m}(i\cdot x+3\cdot i)=\sum_{i=n}^{m}ix+\sum_{i=n}^{m}3i=[nx+(n+1)x+...+mx]+[3n+3(n+1)+...+3m]$

zu (I.44): $\sum_{i=1}^{6}x=\sum_{i=1}^{3}x+\sum_{i=4}^{6}x=3x+3x=6x$

Für eine Konstante c gelten im Zusammenhang mit Summenzeichen die Regeln

$$\sum_{i=k}^{m}c=(m-k+1)\cdot c\,, \qquad (I.45)$$

$$\sum_{i=k}^{m}c\cdot a_i=c\cdot\sum_{i=k}^{m}a_i \qquad (I.46)$$

und somit auch

$$\sum_{i=k}^{m}(a_i+c)=\sum_{i=k}^{m}a_i+(m-k+1)\cdot c\,. \qquad (I.47)$$

Während (I.45) selbsterklärend ist, bedeutet (I.46), dass ein vom Summationsindex unabhängiger Faktor aus der Summe ausgeklammert werden kann. Regel (I.47) ist nichts anderes als die Kombination von (I.43) und (I.45).

Beispiele:

zu (I.45): $\sum_{i=1}^{5} 3 = 3+3+3+3+3 = (5-1+1)\cdot 3 = 5\cdot 3 = 15$

zu (I.46): $\sum_{i=1}^{3} 4\cdot i = 4\cdot \sum_{i=1}^{3} i = 4\cdot(1+2+3) = 24$

zu (I.47): $\sum_{i=2}^{3}(x^i + c) = \left[\sum_{i=2}^{3} x^i\right] + [(3-2+1)\cdot c] = \left[x^2 + x^3\right] + [2c] = x^2 + x^3 + 2c$

Abschließend sei erwähnt, dass (I.43) nicht bei multiplikativer Verknüpfung gilt, d.h.

$$\sum_{i=k}^{m}(a_i b_i) \neq \sum_{i=k}^{m} a_i \cdot \sum_{i=k}^{m} b_i \,.$$

Beispiel:

$$\sum_{i=1}^{2} a_i b_i = a_1 b_1 + a_2 b_2$$

$$\sum_{i=1}^{2} a_i \sum_{i=1}^{2} b_i = (a_1 + a_2)(b_1 + b_2) = a_1 b_1 + a_1 b_2 + a_2 b_1 + a_2 b_2 = a_1(b_1 + b_2) + a_2(b_1 + b_2)$$

Durch zweifache Indizierung und entsprechende Anwendung der Summationsvorschrift entstehen **Doppelsummen** (analog weitere Mehrfachsummen). Legen wir zu anschaulicheren Darstellung die Summationsanfänge auf 1 fest, so gilt für diese allgemein

$$\begin{aligned}\sum_{i=1}^{m}\sum_{j=1}^{n} a_{ij} &= \sum_{i=1}^{m}\left(\sum_{j=1}^{n} a_{ij}\right) \\ &= \sum_{i=1}^{m}(a_{i1} + a_{i2} + \ldots + a_{in}) \qquad \text{(I.48)} \\ &= a_{11} + a_{12} + \ldots + a_{1n} + \ldots + a_{m1} + a_{m2} + \ldots + a_{mn} \,.\end{aligned}$$

Wir sehen, dass eine derartige Doppelsumme ausformuliert werden kann, indem zunächst die Summe anhand eines der beiden Indizes j ermittelt und aus dem entstandenen Ergebnis die Summe mittels des anderen Index i gewonnen wird. Die Reihenfolge der Summation

$$\sum_{i=1}^{m}\sum_{j=1}^{n} a_{ij} = \sum_{j=1}^{n}\sum_{i=1}^{m} a_{ij}$$

spielt also keine Rolle. Zudem sei erwähnt, dass im Falle der Gleichheit beider Summationsgrenzen eine Doppelsumme auch als

$$\sum_{i=1}^{m}\sum_{j=1}^{m} a_{ij} = \sum_{i,j=1}^{m} a_{ij}$$

abgekürzt werden kann.

Beispiel 1:

$$\sum_{i=1}^{2}\sum_{j=1}^{3} j \cdot a - i = \sum_{i=1}^{2}[(a-i)+(2a-i)+(3a-i)] = \sum_{i=1}^{2}[6a-3i] = (6a-3\cdot 1)+(6a-3\cdot 2) = 12a-9$$

Beispiel 2: Ökonomische Anwendung

In einem Rohmateriallager sind m = 5 Materialien eingelagert, die je nach Bedarf in der Fertigungsabteilung entnommen und verbraucht werden. Dies geschieht innerhalb von n = 6 Perioden. Die verbrauchte Menge von Material i in Periode j, die wir mit a_{ij} bezeichnen, ist in folgender Tabelle gegeben.

	Verbrauch in Stück in Periode						
Material	1	2	3	4	5	6	Σ
1	20	30	20	15	20	20	125
2	10	10	10	10	10	10	60
3	5	20	5	20	5	20	75
4	100	80	90	100	80	90	540
5	20	40	60	10	5	30	165
Σ	155	180	185	155	120	170	*965*

Die in dieser Tabelle enthaltenen Zeilen- und Spaltensummen erlauben uns die nähere Veranschaulichung des Prinzips von Doppelsummen. So liefert die Spaltensumme

$$\sum_{i=1}^{5} a_{ij}$$

die Verbrauchsmenge aller Produkte in einer bestimmten Periode j. Für Periode 2 gilt etwa

$$\sum_{i=1}^{5} a_{i2} = a_{12} + a_{22} + a_{32} + a_{42} + a_{52} = 30+10+20+80+40 = 180\,.$$

Die Zeilensumme

$$\sum_{j=1}^{6} a_{ij}$$

stellt die Verbrauchsmenge eines bestimmten Produktes i in allen Perioden dar. Für Materialie 3 gilt z.B.

$$\sum_{j=1}^{6} a_{3j} = a_{31} + a_{32} + a_{33} + a_{34} + a_{35} + a_{36} = 5+20+5+20+5+20 = 75\,.$$

Die Verbrauchsmenge *aller Produkte* in *allen Perioden*

$$\sum_{i=1}^{5}\sum_{j=1}^{6} a_{ij}$$

erhalten wir durch Addition aller Werte a_{ij} der obigen Tabelle als 965. Alternativ können wir auch die 5 Zeilensummen

$$\sum_{i=1}^{5}\left(\sum_{j=1}^{6} a_{ij}\right) = \sum_{j=1}^{6} a_{1j} + \ldots + \sum_{j=1}^{6} a_{5j} = 125+60+75+540+165 = 965$$

oder die 6 Spaltensummen

$$\sum_{j=1}^{6}\left(\sum_{i=1}^{5} a_{ij}\right) = \sum_{i=1}^{5} a_{i1} + \ldots + \sum_{i=1}^{5} a_{i6} = 155 + 180 + 185 + 155 + 120 + 170 = 965$$

aufsummieren.

Analog den Rechenregeln für einfache Summen, lassen sich auch **Rechenregeln für Doppelsummen** formulieren. Ein vom Summationsindex unabhängiger Faktor c kann auch hier vor das Summenzeichen gezogen werden:

$$\sum_{i=1}^{m}\sum_{j=1}^{n} c \cdot a_{ij} = c \cdot \sum_{i=1}^{m}\sum_{j=1}^{n} a_{ij} \qquad (I.49)$$

Eine vom Summationsindex unabhängige additive Konstante c ergibt

$$\sum_{i=1}^{m}\sum_{j=1}^{n} (a_{ij} + c) = \sum_{i=1}^{m}\sum_{j=1}^{n} a_{ij} + m \cdot n \cdot c\,. \qquad (I.50)$$

Im Falle einer einfach indizierten additiven Konstante b_j bzw. a_i gilt

$$\sum_{i=1}^{m}\sum_{j=1}^{n} (a_{ij} + b_j) = \sum_{i=1}^{m}\sum_{j=1}^{n} a_{ij} + m \cdot \sum_{j=1}^{n} b_j \qquad (I.51)$$

bzw.

$$\sum_{i=1}^{m}\sum_{j=1}^{n} (a_i + b_{ij}) = n \cdot \sum_{i=1}^{m} a_i + \sum_{i=1}^{m}\sum_{j=1}^{n} b_{ij}\,, \qquad (I.52)$$

wohingegen bei einem einfach indizierten multiplikativen Faktor b_j

$$\sum_{i=1}^{m}\sum_{j=1}^{n} a_{ij} \cdot b_j = \sum_{j=1}^{n}\sum_{i=1}^{m} b_j \cdot a_{ij} = \sum_{j=1}^{n} b_j \cdot \sum_{i=1}^{m} a_{ij} \qquad (I.53)$$

gilt. Analoges gilt für einen einfach indizierten multiplikativen Faktor a_i.

3.2.2 Produktzeichen

Das Produktzeichen $\prod$ (griechisches Pi) symbolisiert die fortgesetzte Multiplikation des Terms, welcher auf das Produktzeichen folgt. Es gilt also

$$\prod_{i=k}^{m} a_i = a_k \cdot a_{k+1} \cdot a_{k+2} \cdot \ldots \cdot a_m\,, \qquad (I.54)$$

wobei a_i ein allgemeines Glied und i der Multiplikationsindex ist, der vom Multiplikationsanfang k in Schritten von +1 zum Multiplikationsende m mit $m \geq k$ wächst.

Wie bei Summen existieren auch hier eine Reihe wichtiger **Rechenregeln**, wovon wir die wichtigsten im Folgenden kurz aufführen. Für das Produkt zweier indizierter Größen gilt

$$\prod_{i=k}^{m} a_i \cdot b_i = \prod_{i=k}^{m} a_i \cdot \prod_{i=k}^{m} b_i\,. \qquad (I.55)$$

Unter Berücksichtigung der Regel

$$\prod_{i=k}^{m} c = c^{m-k+1} \tag{I.56}$$

für das Produkt von Konstanten erhalten wir

$$\prod_{i=k}^{m} c \cdot a_i = c^{m-k+1} \cdot \prod_{i=k}^{m} a_i \,. \tag{I.57}$$

Beispiele:

zu (I.56): $\prod_{i=2}^{4} 5 = 5 \cdot 5 \cdot 5 = 5^{4-2+1} = 5^3 = 125$

zu (I.57): $\prod_{i=1}^{3} 3x^i = 3^{3-1+1} \cdot \prod_{i=1}^{3} x^i = 3^3 \cdot (x^1 \cdot x^2 \cdot x^3) = 27 \cdot (x \cdot x \cdot x \cdot x \cdot x \cdot x) = 27x^6$

3.2.3 Fakultätszeichen und Binomialkoeffizienten

Von besonderer Relevanz ist in der Wahrscheinlichkeitsrechnung (insbesondere der Kombinatorik) das **Fakultätszeichen** (!). Für jede natürliche Zahl n hat dieses die Bedeutung

$$n! = \prod_{i=1}^{n} i = 1 \cdot 2 \cdot 3 \cdot 4 \cdot \ldots \cdot n \,, \tag{I.58}$$

wobei definitionsgemäß 0! = 1 gilt. Wir sprechen von "n Fakultät".

Beispiele:

1. $3! = 1 \cdot 2 \cdot 3 = 6$
2. $10! = 1 \cdot 2 \cdot 3 \cdot 4 \cdot 5 \cdot 6 \cdot 7 \cdot 8 \cdot 9 \cdot 10 = 3.628.800$

Bereits anhand dieser beiden Werte erkennen wir, dass Fakultäten sehr schnell wachsen.

n! kann interpretiert werden als Anzahl der Möglichkeiten, n eindeutig unterscheidbare Elemente in einer bestimmten Reihenfolge anzuordnen. So haben wir z.B. $3! = 3 \cdot 2 \cdot 1 = 6$ Möglichkeiten, drei Bücher in ein Regal zu stellen.

Mit Hilfe des Fakultätszeichens kann auch bestimmt werden, auf wie viele verschiedene Arten man aus n eindeutig unterscheidbaren Elementen k auswählen kann. Die Anzahl dieser Auswahlmöglichkeiten wird durch

$$\binom{n}{k} = \frac{n!}{k!(n-k)!} \tag{I.59}$$

beschrieben und heißt **Binomialkoeffizient**. Wir sprechen von "n über k". Es wird dabei davon ausgegangen, dass die Reihenfolge der gezogenen Elemente keine Rolle spielt, d.h. z.B. eine Kombination (1; 2) mit einer Kombination (2; 1) gleichwertig ist und nach einem Zug das gezogene Element vor dem nächsten Zug nicht wieder in die Entnahmemenge zurückgelegt wird.

Beispiel:

Nehmen wir an, dass die n = 5 Elemente einer Entnahmemenge die Zahlen von 1 bis 5 sind und aus dieser k = 2 Elemente (ohne Zurücklegen und ohne Berücksichtigung der Reihenfolge) entnommen werden sollen. Wir erhalten hier bei einer Entnahme eines der 10 möglichen Wertepaare {1; 2}, {1; 3}, {1; 4}, {1; 5}, {2; 3}, {2; 4}, {2; 5}, {3; 4}, {3; 5} und {4; 5}. Schneller als durch Auflistung und Auszählung kann die Anzahl dieser Möglichkeiten auch direkt über (I.59) bestimmt werden:

$$\binom{5}{2} = \frac{5 \cdot 4 \cdot 3 \cdot 2 \cdot 1}{2 \cdot 1 \cdot (3 \cdot 2 \cdot 1)} = \frac{5 \cdot 4}{1 \cdot 2} = 10$$

Die meisten Taschenrechner ermöglichen eine direkte Eingabe von n und k zur Bestimmung des Binomialkoeffizienten. Sollte dies nicht der Fall sein, können wir (I.59) durch Kürzen noch ein wenig umgestalten, was zur vereinfachten Formel

$$\binom{n}{k} = \frac{n \cdot (n-1) \cdot \ldots \cdot (n-k+1)}{1 \cdot 2 \cdot \ldots \cdot k}$$

führt (siehe auch obiges Beispiel). Die bei der Ziehung der Lottozahlen ("6 aus 49") möglichen Ergebnisse können wir damit schnell bestimmen als

$$\binom{49}{6} = \frac{49 \cdot 48 \cdot 47 \cdot 46 \cdot 45 \cdot 44}{1 \cdot 2 \cdot 3 \cdot 4 \cdot 5 \cdot 6} = 13.983.816\,.$$

Aus (I.59) folgt unter Beachtung von 0! = 1 auch

$$\binom{n}{0} = \binom{n}{n} = 1 \tag{I.60}$$

und außerdem

$$\binom{n}{k} = \binom{n}{n-k}, \tag{I.61}$$

wobei (I.61) besagt, dass ein Ersetzen von k durch n – k keinen Einfluss auf den Binomialkoeffizenten hat, also eine gewisse "Symmetrie" vorliegt. Inhaltlich interpretiert würde dies z.B. beim Lotto bedeuten, dass es genauso viele Möglichkeiten gibt 6 Kugeln zu ziehen, wie 49 – 6 = 43 Kugeln in der Trommel zu lassen.

Der Binomialkoeffizient spielt außer in der Wahrscheinlichkeitsrechnung vor allem beim sog. **binomischen Lehrsatz** eine wichtige Rolle, welcher einen Ausdruck für die Potenz $(a + b)^n$ liefert. Den Fall n = 2 haben wir bereits in (I.14) als erste binomische Formel $(a + b)^2 = a^2 + 2ab + b^2$ kennengelernt. Betrachten wir weitere Fälle für n, wie z.B.

$$\begin{aligned}(a+b)^3 &= a^3 + 3a^2b + 3ab^2 + b^3 \\ (a+b)^4 &= a^4 + 4a^3b + 6a^2b^2 + 4ab^3 + b^4 \\ (a+b)^5 &= a^5 + 5a^4b + 10a^3b^2 + 10a^2b^3 + 5ab^4 + b^5\end{aligned}$$

lässt sich eine gewisse Regelmäßigkeit erkennen. So ist jeder Summand (abgesehen von den Zahlenfaktoren) ein Produkt einer Potenz von a mit einer Potenz von b, beginnend bei $a^nb^0 = a^n$ über $a^{n-1}b^1$, $a^{n-2}b^2$, ... bis a^1b^{n-1} und $a^0b^n = b^n$. Es fällt auf, dass die Summe der Exponenten stets gleich n ist. Außerdem erweisen sich die Zahlenfaktoren als Binomialkoeffizienten, und zwar steht bei a^{n-k} der Koeffizient $\binom{n}{k}$. Wir können also z.B. für n = 5 auch schreiben:

$$(a+b)^5 = \binom{5}{0}a^5b^0 + \binom{5}{1}a^4b^1 + \binom{5}{2}a^3b^2 + \binom{5}{3}a^2b^3 + \binom{5}{4}a^1b^4 + \binom{5}{5}a^0b^5$$

Allgemein erhalten wir damit als binomischen Lehrsatz

$$\begin{aligned}(a+b)^n &= \binom{n}{0}a^nb^0 + \binom{n}{1}a^{n-1}b^1 + \ldots + \binom{n}{n-1}a^1b^{n-1} + \binom{n}{n}a^0b^n \\ &= \sum_{k=0}^{n}\binom{n}{k}a^{n-k}b^k .\end{aligned} \tag{I.62}$$

Dieser gilt auch für $(a - b)^n$, da wir in diesem Fall aufgrund von $(a + (-b))^n$ nur in allen Gliedern, in denen eine ungerade Potenz von b steht, ein Minuszeichen setzen müssen.

Beispiel:

1. $(x+y)^6 = x^6 + 6x^5y + 15x^4y^2 + 20x^3y^3 + 15x^2y^4 + 6xy^5 + y^6$
2. $(x+2y)^5 = x^5 + 5x^4(2y) + 10x^3(2y)^2 + 10x^2(2y)^3 + 5x(2y)^4 + (2y)^5$
   $= x^5 + 10x^4y + 40x^3y^2 + 80x^2y^3 + 80xy^4 + 32y^5$
3. $(2x-3y)^4 = (2x)^4 - 4(2x)^3(3y) + 6(2x)^2(3y)^2 - 4(2x)(3y)^3 + (3y)^4$
   $= 16x^4 - 96x^3y + 216x^2y^2 - 216xy^3 + 81y^4$

3.3 Ungleichungen und Absolutbeträge

Im Rahmen des Abschnitts I 3.1.5 haben wir uns mit der Gleichheit von Termen befasst. Wir wollen uns nun mit Ungleichheitsbeziehungen zwischen Termen befassen und außerdem den Begriff des Absolutbetrages einführen, den wir im Kontext von Ungleichungen näher analysieren.

3.3.1 Ungleichungen

Wir sprechen von einer **Ungleichung**, wenn ein Term T_1 ungleich einem Term T_2 ist ($T_1 \neq T_2$). T_1 kann dabei kleiner als T_2

$$T_1 < T_2 \tag{I.63}$$

oder größer als T_2 ($T_1 > T_2$) sein. Da (I.63) gleichbedeutend mit $T_2 > T_1$ ist, werden wir die Rechenregeln für Ungleichungen nur für das "<"-Zeichen angeben. Auch $T_1 \leq T_2$ (T_1 kleiner oder gleich T_2) bzw. damit gleichbedeutend $T_2 \geq T_1$ (T_2 größer oder gleich T_1) können wir bei der folgenden Betrachtung außer Acht lassen, da die aufgeführten Regeln auch für diese Fälle uneingeschränkt gültig sind.

Zunächst sind Ungleichungen *transitiv*, d.h.

$$T_1 < T_2 \text{ und } T_2 < T_3 \rightarrow T_1 < T_3 .$$

Darüber hinaus können wir aus unseren Vorzeichenregeln aus Abschnitt I 3.1.2 folgende Zusammenhänge ableiten:

$$T_1 \cdot T_2 > 0 \quad \text{wenn} \quad (T_1 > 0 \wedge T_2 > 0) \vee (T_1 < 0 \wedge T_2 < 0) \tag{I.64}$$

$$T_1 \cdot T_2 < 0 \quad \text{wenn} \quad (T_1 > 0 \wedge T_2 < 0) \vee (T_1 < 0 \wedge T_2 > 0) \tag{I.65}$$

Bei gleichen Vorzeichen der Einzelterme ist ihr Produkt also positiv, bei unterschiedlichen Vorzeichen negativ.

Ohne die Aussage einer Ungleichung zu verändern, dürfen wir eine Reihe von **Umformungen** vornehmen. So ist es z.B. zulässig auf beiden Seiten der Ungleichung denselben Term zu addieren oder zu subtrahieren.

$$T_1 < T_2 \leftrightarrow T_1 \pm T_3 < T_2 \pm T_3 \tag{I.66}$$

Beispiele:

1. $\begin{array}{l} -2 < 5 \quad |+1 \\ -1 < 6 \end{array}$

2. $\begin{array}{l} -1 < 2 \quad |-2 \\ -3 < 0 \end{array}$

Eine Ungleichung darf außerdem mit einem positiven Term multipliziert werden.

$$T_1 < T_2 \leftrightarrow T_1 \cdot T_3 < T_2 \cdot T_3 \qquad \text{wenn } T_3 > 0 \tag{I.67}$$

Wird mit einem negativen Term multipliziert, ändert sich das Ungleichheitszeichen.

$$T_1 < T_2 \leftrightarrow T_1 \cdot T_3 > T_2 \cdot T_3 \qquad \text{wenn } T_3 < 0 \tag{I.68}$$

Die Regeln (I.67) und (I.68) beinhalten gleichzeitig Regeln bei der Division einer Ungleichung durch einen von Null verschiedenen Term T_4. Die Division durch T_4 ist nämlich nichts anderes als die Multiplikation mit $1/T_4$. Eine Ungleichung darf also ohne Veränderung des Ungleichheitszeichens durch ein positives T_4 und mit Umkehrung des Ungleichheitszeichens durch ein negatives T_4 dividiert werden.

$$T_1 < T_2 \leftrightarrow \frac{T_1}{T_4} < \frac{T_2}{T_4} \qquad \text{wenn } T_4 > 0$$

$$T_1 < T_2 \leftrightarrow \frac{T_1}{T_4} > \frac{T_2}{T_4} \qquad \text{wenn } T_4 < 0$$

Beispiele:

1. $\begin{array}{l} -1 < 2 \quad |\cdot 2 \\ -2 < 4 \end{array}$

2. $\begin{array}{l} 2 < 7 \quad |\cdot(-1) \\ -2 > -7 \end{array}$

3. $\begin{array}{l} 2 < 8 \quad |:4 \\ 0{,}5 < 2 \end{array}$

4. $\begin{array}{l} -4 < -2 \quad |:(-2) \\ 2 > 1 \end{array}$

Sind sowohl T_1 als auch T_2 positiv bzw. negativ, gilt außerdem

$$T_1 < T_2 \leftrightarrow \frac{1}{T_1} > \frac{1}{T_2} \qquad \text{für } T_1 \cdot T_2 > 0\,. \tag{I.69}$$

Es kann also auf beiden Seiten zum Kehrwert übergegangen werden, wenn das Ungleichheitszeichen umgedreht wird.

Beispiele:

1. $3 < 9 \quad \leftrightarrow \quad \frac{1}{3} > \frac{1}{9}$ 2. $-3 < -2 \quad \leftrightarrow \quad -\frac{1}{3} > -\frac{1}{2}$

Die Rechenregeln (I.64) bis (I.69) sind besonders beim Lösen von Ungleichungen relevant. Wir wollen daher im Folgenden anhand einiger Beispiele veranschaulichen, wie Ungleichungen gelöst werden.

Beispiele:

1. Einfache Ungleichung:

$$5x - 4 < 7x + 8 \qquad | -7x + 4$$
$$-2x < 12 \qquad | :(-2)$$
$$x > -6$$

2. Sonderfall (Fallunterscheidung hinsichtlich Variable):

$$\frac{5x - 3}{1 + x} > 3 \qquad \text{für } x \neq -1 \qquad | \cdot (1 + x)$$

Bei dieser Rechenoperation muss eine Fallunterscheidung vorgenommen werden, da nicht klar ist, ob der Term (1 + x) positiv oder negativ ist. Zudem darf er nicht den Wert Null annnehmen, so dass aus den Lösungen der Ungleichung der Wert x = –1 ausgeschlossen werden muss.

<u>1. Fall:</u> $1 + x > 0 \leftrightarrow x > -1$

Der Term (1 + x) wird als positiv angenommen, sodass es durch die Multiplikation zu keiner Umkehrung des Ungleichheitszeichens kommt.

$$5x - 3 > 3 \cdot (1 + x)$$
$$5x - 3 > 3 + 3x \qquad | -3x + 3$$
$$2x > 6 \qquad | :2$$
$$x > 3$$

Für die Lösung der Ungleichung muss also in diesem Fall sowohl x > –1 als auch x > 3 gelten, was insgesamt zu x > 3 führt.

<u>2. Fall:</u> $1 + x < 0 \leftrightarrow x < -1$

Der Term (1 + x) wird als negativ angenommen, wodurch es im Zuge der Umformung zu einer Umkehrung des Ungleichheitszeichens kommt.

$$5x - 3 < 3 \cdot (1 + x)$$
$$5x - 3 < 3 + 3x \qquad | -3x + 3$$
$$2x < 6 \qquad | :2$$
$$x < 3$$

In diesem Fall muss also x < –1 und x < 3 gelten, was insgesamt zu x < –1 führt.

3. Sonderfall (Fallunterscheidung hinsichtlich unbestimmter Konstante):

$$(3 - a) \cdot x \leq 4 \qquad | :(3 - a)$$

Auch hier ist wieder eine Fallunterscheidung vorzunehmen, da nicht bekannt ist, ob der Term (3 – a) positiv oder negativ ist. Auf jeden Fall ist aber der Wert 3 – a = 0 ↔ a = 3 unzulässig.

<u>1. Fall:</u> $3-a>0 \leftrightarrow -a>-3 \leftrightarrow a<3$

Unter der Bedingung a < 3 ist die Lösung des Gleichungssystems bei unverändertem Ungleichheitszeichen

$$x \le \frac{4}{3-a}.$$

<u>2. Fall:</u> $3-a<0 \leftrightarrow -a<-3 \leftrightarrow a>3$

Unter der Bedingung a > 3 ist die Lösung des Gleichungssystems bei umgekehrtem Ungleichheitszeichen

$$x \ge \frac{4}{3-a}.$$

4. Sonderfall (Produktungleichung):

   $(2-x)(x+1)<0$

   Zur Lösung dieser Ungleichung greifen wir auf (I.65) zurück. Das Produkt zweier Terme kann nämlich nur dann negativ sein, wenn einer der beiden Terme negativ und der andere positiv ist. Für die Lösung gilt daher folgendes:

$$\begin{array}{ccc} (2-x)<0 \wedge (x+1)>0 & \vee & (2-x)>0 \wedge (x+1)<0 \\ x>2 \wedge x>-1 & \vee & x<2 \wedge x<-1 \\ x>2 & \vee & x<-1 \end{array}$$

3.3.2 Absolutbeträge

Unter dem absoluten Betrag einer Zahl a wird der nichtnegative Wert dieser Zahl verstanden. Er wird durch senkrechte Striche, die die Zahl einschließen, symbolisiert, sodass formal folgendes gilt:

$$|a| = \begin{cases} a & \text{für} \quad a \ge 0 \\ -a & \text{für} \quad a < 0 \end{cases} \tag{I.70}$$

Beispiele:

Am Besten können wir den Absolutbetrag durch Betrachtung einer Zahlengeraden veranschaulichen, da wir diesen als (stets positiven) Abstand eines Punktes auf der Geraden zum Punkt 0 interpretieren können.

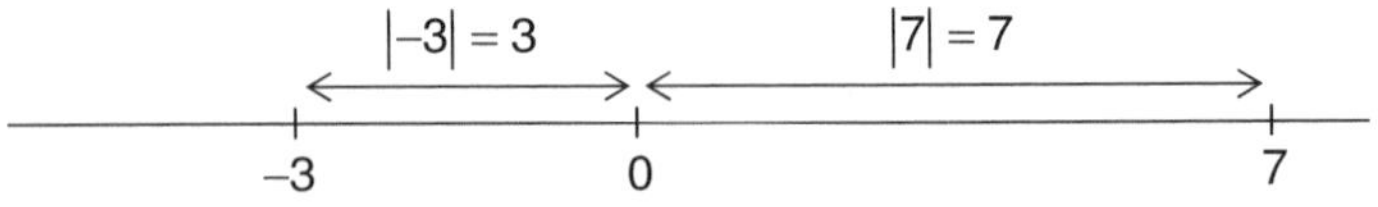

Für das Rechnen mit Absolutbeträgen gelten eine Reihe von **Rechenvorschriften**. Aus Symmetriegründen ist zunächst der Abstand von a zu Null derselbe wie der Abstand von –a zu Null.

$$|-a| = |a| \tag{I.71}$$

Es gilt damit auch für den Abstand zweier Punkte a und b

$$|a - b| = |b - a|, \tag{I.72}$$

denn (b – a) = – (a – b).

Beispiele:

zu (I.71): $|-5| = |5| = 5$

zu (I.72): $|3-5| = |-2| = 2$ und $|5-3| = |2| = 2$

Der absolute Betrag verknüfter Zahlen hat die Eigenschaften

$$|a \cdot b| = |a| \cdot |b| \tag{I.73}$$

und

$$\left|\frac{a}{b}\right| = \frac{|a|}{|b|} \quad \text{für} \quad b \neq 0 \tag{I.74}$$

Beispiele:

zu (I.73): $|(-4) \cdot 2| = |-8| = 8$ und $|-4| \cdot |2| = 4 \cdot 2 = 8$

zu (I.74): $\left|\frac{4}{-2}\right| = |-2| = 2$ und $\frac{|4|}{|-2|} = \frac{4}{2} = 2$

Für beliebige a, b ∈ ℝ gelten auch die sog. *Dreiecksungleichungen*

$$|a + b| \leq |a| + |b| \tag{I.75}$$

und

$$|a + b| \geq \big||a| - |b|\big|. \tag{I.76}$$

Beispiele:

zu (I.75): 1. $|-8+12| = |4| = 4$ und $|-8| + |12| = 8 + 12 = 20 \rightarrow 4 < 20$

2. $|-1-7| = |-8| = 8$ und $|-1| + |-7| = 1 + 7 = 8 \rightarrow 8 = 8$

zu (I.76): 1. $|-8+5| = |-3| = 3$ und $\big||-8| - |5|\big| = |8-5| = |3| = 3 \rightarrow 3 = 3$

2. $|1+2| = |3| = 3$ und $\big||1| - |2|\big| = |1-2| = |-1| = 1 \rightarrow 3 > 1$

Nach Behandlung der allgemeinen Grundlagen zu Absolutbeträgen wollen wir uns nun damit beschäftigen, wie mit ihnen in Ungleichungen umzugehen ist. Wir veranschaulichen dies direkt anhand eines einfachen Beispiels.

Beispiel:

$|x-1| \leq 2$

Zur Lösung dieser Ungleichung ist eine Fallunterscheidung vorzunehmen:

<u>1. Fall:</u> $x-1 \geq 0 \leftrightarrow x \geq 1 \rightarrow |x-1| = x-1$

$x-1 \leq 2 \quad |+1$

$x \leq 3$

Alle x mit $1 \leq x \leq 3$ genügen also der Ungleichung.

<u>2. Fall:</u> $x-1 < 0 \leftrightarrow x < 1 \rightarrow |x-1| = -(x-1) = 1-x$

$1-x \leq 2 \quad |-1 \quad \cdot(-1)$

$x \geq -1$

In diesem Fall stellen also alle x mit $-1 \leq x < 1$ die Lösung der Ungleichung dar. Führen wir die Ergebnisse beider Fälle zusammen, so erhalten wir als Endresultat $-1 \leq x \leq 3$.

Ganz allgemein können wir festhalten, dass $|x-a| < \varepsilon$ von allen x erfüllt wird, die von a einen geringeren Abstand als ε haben, d.h. von allen x mit $a - \varepsilon < x < a + \varepsilon$.

3.4 Potenzen, Wurzeln und Logarithmen

Wie die Erfahrung zeigt, liegen die größten Schwierigkeiten von Studienbeginnern im Umgang mit Potenzen, Wurzeln und Logarithmen und dem Lösen von Gleichungen, die solche beinhalten. Wir behandeln diese Themengebiete dementsprechend ausführlich.

3.4.1 Potenzen mit natürlichen Exponenten

Unter einer **Potenz** mit einem natürlichen Exponenten verstehen wir das Produkt $a \cdot a \cdot a \cdot ... \cdot a$ aus n gleichen Faktoren mit $n \in \mathbb{N}$. Formal gilt

$$\underbrace{a \cdot a \cdot ... \cdot a}_{\text{n Faktoren}} = a^n, \tag{I.77}$$

wobei a als *Basis* und n als *Exponent* bezeichnet wird. Wir sprechen "a hoch n". Aus (I.77) folgt direkt $a^1 = a$.

Besitzt eine Potenz eine **negative Basis**, so ist ihr Ergebnis bei geradem Exponenten positiv. Ist der Exponent hingegen ungerade, so ist es negativ. Beim Umgang mit Potenzen ist außerdem wichtig, genau auf die Basis zu achten. So besteht ein Unterschied zwischen $-a^n$ und $(-a)^n$ und außerdem zwischen ab^n und $(ab)^n$.

Beispiele:

1. $0^n = 0$, $1^n = 1$
2. $(2x)^1 = 2x$
3. $(-3)^3 = (-3)(-3)(-3) = -27$, $(-3)^4 = (-3)(-3)(-3)(-3) = 81$
4. $(-2)^2 = (-2)(-2) = 4$ vs. $-2^2 = -(2^2) = -(2 \cdot 2) = -4$

Für den Umgang mit Potenzen existieren eine Reihe wichtiger **Rechenregeln**. Beginnen wir mit der **Addition und Subtraktion** von Potenzen, dürfen wir Potenzen nur dann zusammengefasst werden, wenn sie sowohl in der Basis als auch im Exponenten übereinstimmen. Ausdrücke wie $a^m \pm a^n$ oder $a^m \pm b^m$, bei denen nur Basis oder Exponent übereinstimmen, und auch solche, bei denen sowohl Basis als auch Exponent verschieden sind ($a^m \pm b^n$), können also nicht zusammengefasst werden.

Beispiele:

1. $4x^2 + 3x^2 = 7x^2$
2. $ax^n - bx^n = (a-b)x^n$

Bei der **Multiplikation und Division** von Potenzen ist eine Zusammenfassung nur dann zulässig, wenn entweder die Exponenten oder die Basen der betroffenen Potenzen übereinstimmen. Betrachten wir zwei Potenzen mit *unterschiedlichen Basen* und *gleichen Exponenten*, so gilt

$$a^n b^n = \underbrace{a \cdot a \cdot \ldots \cdot a}_{\text{n Faktoren}} \cdot \underbrace{b \cdot b \cdot \ldots \cdot b}_{\text{n Faktoren}} = \underbrace{(ab) \cdot (ab) \cdot \ldots \cdot (ab)}_{\text{n Produkte ab}} = (ab)^n \tag{I.78}$$

ableiten. Es sind also lediglich die beiden Basen zu multiplizieren und der gemeinsame Exponent ist beizubehalten. Umgekehrt kann (I.78) auch dahingehend interpretiert werden, dass ein Produkt potenziert wird, indem wir jeden Faktor potenzieren und die so entstehenden Potenzen multiplizieren.

Beispiele:

1. $2^2 7^2 = (2 \cdot 7)^2 = 14^2$
2. $9x^2y^2 = 3^2x^2y^2 = (3xy)^2$
3. $x^2x^2 = (x^2)^2$
4. $(y-1)^5(y+1)^5 = ((y-1)(y+1))^5 = (y^2-1)^5$
5. $(-2y)^3 = -8y^3$

Dividieren wir Potenzen mit *unterschiedlichen Basen* und *gleichen Exponenten*, so erhalten wir bei $b \neq 0$

$$\frac{a^n}{b^n} = \frac{a \cdot a \cdot \ldots \cdot a}{b \cdot b \cdot \ldots \cdot b} = \underbrace{\frac{a}{b} \cdot \frac{a}{b} \cdot \ldots \cdot \frac{a}{b}}_{\text{n Faktoren}} = \left(\frac{a}{b}\right)^n . \tag{I.79}$$

Es sind also lediglich die Basen zu dividieren und der gemeinsame Exponent ist beizubehalten. Auch hier können wir analog zu (I.78) eine Interpretation der Gleichung von rechts nach links vornehmen. Ein Bruch wird also potenziert, indem wir Zähler und Nenner potenzieren und die resultierenden Potenzen durcheinander dividieren.

Beispiele:

1. $\frac{16x^2y^2}{9} = \frac{4^2x^2y^2}{3^2} = \frac{(4xy)^2}{3^2} = \left(\frac{4xy}{3}\right)^2$

2. $\left(\frac{(x-1)}{-x}\right)^2 = \frac{(x-1)^2}{(-x)^2} = \frac{x^2-2x+1}{x^2}$

Multiplizieren wir Potenzen mit *gleicher Basis* und *unterschiedlichen Exponenten*, so ergibt sich

$$a^n a^m = \underbrace{a \cdot a \cdot \ldots \cdot a}_{\text{n Faktoren}} \cdot \underbrace{a \cdot a \cdot \ldots \cdot a}_{\text{m Faktoren}} = \underbrace{a \cdot a \cdot \ldots \cdot a}_{\text{n+m Faktoren}} = a^{n+m} . \tag{I.80}$$

Bei gleicher Basis erfolgt die Multiplikation von Potenzen also durch Addition der Exponenten bei Beibehaltung der gemeinsamen Basis. Insbesondere bei der Bildung eines gemeinsamen Hauptnenners in der Bruchrechnung ist es sinnvoll diese Regel in der Form $a^n = a^{n-k}a^k$ zu schreiben.

Beispiele:

1. $x^n x = x^{n+1}$, $x^{n-1}x = x^n$, $x^n x^n = x^{n+n} = x^{2n}$
2. $x^{2y}x^z = x^{2y+z}$
3. $v^{10-n}(v^{10+n} - v^3) = v^{20} - v^{13-n}$
4. $(x-1)^4 = (x-1)^1 \cdot (x-1)^3 = (x-1)^2 \cdot (x-1)^2$
5. $\frac{2}{a^{10}} + \frac{3}{a^6b^4} + \frac{4}{b^8} = \frac{2b^8 + 3a^4b^4 + 4a^{10}}{a^{10}b^8}$
6. $\frac{1}{z^{n-2}} - \frac{z^2-1}{z^{n+1}} + \frac{z}{z^{n-1}} = \frac{z^3 - (z^2-1) + z \cdot z^2}{z^{n+1}} = \frac{2z^3 - z^2 + 1}{z^{n+1}}$

Dividieren wir Potenzen mit *gleicher Basis* und *unterschiedlichen Exponenten*, können wir bei $a \neq 0$ im Ausdruck

$$\frac{a^n}{a^m} = \frac{\overbrace{a \cdot a \cdot \ldots \cdot a}^{\text{n Faktoren}}}{\underbrace{a \cdot a \cdot \ldots \cdot a}_{\text{m Faktoren}}}$$

bei *n* > *m* genau m Faktoren a kürzen, sodass im Zähler n – m Faktoren a (bzw. a^{n-m}) verbleiben und im Nenner der Wert 1 steht. Dies führt zur allgemeinen Regel

$$\frac{a^n}{a^m} = a^{n-m} \qquad \text{für} \quad n > m . \tag{I.81}$$

Ergebnis ist also eine Potenz mit natürlichem Exponenten. Ist *m* = *n*, so lassen sich alle Faktoren a kürzen, und wir erhalten als Ergebnis Eins.

$$\frac{a^n}{a^m} = 1 \qquad \text{für} \quad n = m \tag{I.82}$$

Ist $n < m$, so bleiben nach dem Kürzen im Nenner m – n Faktoren a übrig. Da im Zähler der Wert 1 verbleibt gilt also

$$\frac{a^n}{a^m} = \frac{1}{a^{m-n}} \quad \text{für} \quad n < m\,. \tag{I.83}$$

Aufgrund dieses speziellen Falls werden wir im Abschnitt I 3.4.2 unsere Potenzdefinition erweitern, um eine alternative Schreibweise für (I.83) zu erhalten (Potenz a^{n-m} mit negativem Exponenten).

Beispiele:

1. $\frac{3x^5}{x^2} = 3\frac{x^5}{x^2} = 3x^{5-2} = 3x^3$
2. $\frac{4xy^2}{y^2} = 4x \cdot \frac{y^2}{y^2} = 4x \cdot 1 = 4x$
3. $\frac{2a^3b^2}{5ab^4} = \frac{2}{5} \cdot \frac{a^3}{a} \cdot \frac{b^2}{b^4} = \frac{2}{5} \cdot a^2 \cdot \frac{1}{b^2} = \frac{2a^2}{5b^2}$
4. $\frac{a^{n+1}}{a^{n-4}} = a^{(n+1)-(n-4)} = a^5$
5. $\frac{b^{k-1}}{b^{k+3}} = \frac{1}{b^{(k+3)-(k-1)}} = \frac{1}{b^4}$
6. $\frac{x^3 + 3x^2 - 5x}{x^2} = \frac{x^3}{x^2} + \frac{3x^2}{x^2} - \frac{5x}{x^2} = x + 3 - \frac{5}{x}$

Potenzieren wir eine Potenz, so gilt

$$(a^n)^m = \underbrace{a^n \cdot a^n \cdot \ldots \cdot a^n}_{\text{m Faktoren}} = a^{n+n+\ldots+n} = a^{m \cdot n}\,. \tag{I.84}$$

Es also die Basis beizubehalten und ein neuer Exponent zu verwenden, der sich aus dem Produkt des alten und des zusätzlichen Exponenten ergibt.

Beispiele:

1. $(x^2)^4 = x^{2 \cdot 4} = x^8$
2. $(3y^3)^2 = (3)^2 \cdot (y^3)^2 = 9 \cdot y^{3 \cdot 2} = 9y^6$
3. $(-x^y)^2 = (-1)^2 \cdot (x^y)^2 = 1 \cdot x^{y \cdot 2} = x^{2y}$

3.4.2 Potenzen mit ganzzahligen Exponenten

Da wir in Abschnitt 3.4.1 Potenzen nur für natürliche Exponenten definiert hatten, waren wir gezwungen bei der Division von Potenzen mit gleichen Basen und unterschiedlichen Exponenten die drei Fälle (I.81) bis (I.83) zu definieren. Durch eine Erweiterung der Potenzdefinition auf ganzzahlige Exponenten ($n \in \mathbb{Z}$) können wir erreichen, dass (I.81) in allen drei Fällen n > m, n = m und n < m gilt. Damit (I.81) auch im Fall n = m das richtige Ergebnis liefert, muss offensichtlich die Beziehung

$$a^0 = 1 \tag{I.85}$$

gelten. Damit (I.81) auch für n < m das richtige Ergebnis liefert, muss

$$a^{-n} = \frac{1}{a^n} \tag{I.86}$$

gelten. Wir haben damit auch Potenzen mit negativen Exponenten definiert. Die behandelten Potenzrechenregeln besitzen für diese unveränderte Gültigkeit.

Beispiele:

1. $x^4 \cdot x^{-1} = x^{4+(-1)} = x^3$

2. $\dfrac{x^3}{x^{-3}} = x^{3-(-3)} = x^6$ alternativ: $\dfrac{1}{x^{-3}} = x^{-(-3)} = x^3 \rightarrow \dfrac{x^3}{x^{-3}} = x^3 \cdot x^3 = x^{3+3} = x^6$

3. $3y^{-3}x^{-3} = 3\cdot(xy)^{-3} = 3\cdot\dfrac{1}{(xy)^3} = \dfrac{3}{(xy)^3}$

4. $\dfrac{(2ab)^{-4}}{c\cdot(4a^2b^2)} = \dfrac{1}{c}\cdot\dfrac{(2ab)^{-4}}{(2ab)^2} = \dfrac{1}{c}\cdot(2ab)^{-4-2} = \dfrac{1}{c}\cdot(2ab)^{-6} = \dfrac{1}{c}\cdot\dfrac{1}{(2ab)^6} = \dfrac{1}{c\cdot(2ab)^6}$

5. $\left[\left(x^{-1}\cdot\dfrac{1}{x^{-4}}\right)^3\right]^{-1} - y^{-1}\cdot y = \left[\left(\dfrac{x^{-1}}{x^{-4}}\right)^3\right]^{-1} - y^{-1+1} = \left[(x^{-1-(-4)})^3\right]^{-1} - y^0 = \left[(x^3)^3\right]^{-1} - 1$

   $= x^{3\cdot3\cdot(-1)} - 1 = x^{-9} - 1 = \dfrac{1}{x^9} - 1 = \dfrac{1}{x^9} - \dfrac{x^9}{x^9} = \dfrac{1-x^9}{x^9}$

6. $\dfrac{x^by^az^4}{yx^bz^2} = x^{b-b}\cdot y^{a-1}\cdot z^{4-2} = x^0\cdot y^{a-1}\cdot z^2 = y^{a-1}z^2$

3.4.3 Potenzen mit gebrochenen Exponenten (Wurzeln)

Die Auflösung von Gleichungen des Typs $a^n = b$ nach der Unbekannten a führt zum Begriff der n-ten Wurzel der Größe b. Für $b \geq 0$ ist die *n-te Wurzel* von b definiert als diejenige *nichtnegative Zahl* a, deren n-te Potenz b ergibt. Die Auflösung von $a^n = b$ nach a liefert also ($b \geq 0$ vorausgesetzt) die nichtnegative Zahl $a = \sqrt[n]{b}$. Formal gilt damit

$$a^n = b \quad \leftrightarrow \quad a = \sqrt[n]{b}. \tag{I.87}$$

b bezeichnen wir als *Radikant* und n als *Wurzelexponent.* Aus (I.87) können wir für jedes $b \geq 0$ ableiten, dass

$$\left(\sqrt[n]{b}\right)^n = b \tag{I.88}$$

gilt. Das Wurzelziehen (oder Radizieren) ist also eine Umkehrung des Potenzierens, nämlich die Auflösung nach der Basis. Eine Auflösung der Gleichung $a^n = b$ nach dem Exponenten n heißt Logarithmieren. Dies ist Thema von Abschnitt I 3.4.4.

Es können aufgrund der Verbindung zur Potenzierung zunächst folgende Eigenschaften von Wurzeln aufgeführt werden: $\sqrt[n]{1} = 1$ da $1^n = 1$, $\sqrt[n]{0} = 0$ da $0^n = 0$ und $\sqrt[1]{b} = b$ da $b^1 = b$. Die sog. *Quadratwurzel* $\sqrt[2]{b}$ wird abgekürzt als $\sqrt{b}$ geschrieben. Es gilt zudem $\sqrt{b^2} = |b|$, da b^2 auch bei negativem b positiv ist. Analog gilt $\sqrt[2n]{b^{2n}} = |b|$.

Beispiele:

1. $\sqrt{9} = 3$

   Wir beantworten mit der Berechnung des Wurzelwertes die Frage, welche nichtnegative Zahl quadriert 9 ergibt. Dies gilt für die Zahl 3. Der Term $\sqrt{9} = 3$ ist also eindeutig und stets positiv. Die Gleichung $x^2 = 9$ hingegen besitzt die zwei Lösungen 3 und –3, da sowohl $3^2 = 9$ als auch $(-3)^2 = 9$ gilt. Es ist also zwischen Wurzelwert und Gleichungslösung zu unterscheiden.

2. $\sqrt[4]{-81}$

In diesem Fall existiert keine Lösung, da der Wert unter der Wurzel gemäß unserer vorhergehenden Definition nicht negativ sein darf.

In den vorhergehenden Abschnitten I 3.4.1 und I 3.4.2 wurden Potenzen mit ganzzahligen Exponenten behandelt. Eine weitere Erweiterung auf gebrochene Exponenten $\frac{m}{n}$ mit $n \neq 0$ und $n \in \mathbb{Q}$, ist zulässig, da auch dabei alle behandelten Rechenregeln für Potenzen weiterhin Sinn ergeben. So gilt etwa $(a^{\frac{1}{n}})^n = a^{\frac{1}{n} \cdot n} = a^1 = a$. Vergleichen wir dieses Beispiel mit (I.88), so erkennen wir, dass für $a \geq 0$ der Ausdruck $a^{\frac{1}{n}}$ gerade $\sqrt[n]{a}$ und für $a < 0$ der Ausdruck $a^{\frac{1}{n}}$ nicht definiert ist. Analog gilt $(a^{\frac{m}{n}})^n = a^{\frac{m}{n} \cdot n} = a^m$, d.h. $a^{\frac{m}{n}}$ entspricht $\sqrt[n]{a^m}$.

$$a^{\frac{m}{n}} = \sqrt[n]{a^m} \quad \text{sofern } a \geq 0 \tag{I.89}$$

$$a^{\frac{1}{n}} = \sqrt[n]{a} \quad \text{sofern } a \geq 0 \tag{I.90}$$

Für negative gebrochene Exponenten gilt

$$a^{-\frac{m}{n}} = \frac{1}{\sqrt[n]{a^m}} \quad \text{sofern } a \geq 0\,. \tag{I.91}$$

Zusammenfassend können wir also festhalten, dass Wurzeln nichts anderes als eine alternative Schreibweise für Potenzen mit gebrochenen Exponenten darstellen. Aus diesem Grund sind die Rechenregeln für Potenzen auch auf Wurzeln übertragbar.

Beispiele:

1. $x^{\frac{2}{3}} = \sqrt[3]{x^2}$
2. $3x^{-\frac{1}{4}} = 3 \cdot \frac{1}{\sqrt[4]{x}} = \frac{3}{\sqrt[4]{x}}$
3. $\sqrt[5]{(x+y)} = (x+y)^{\frac{1}{5}}$
4. $\frac{1}{\sqrt[3]{x^2}} = x^{-\frac{2}{3}}$

Genau genommen müssten wir die Rechenregeln für Wurzeln nicht separat aufführen, da jede Wurzel in eine Potenzdarstellung gebracht und darauf die behandelten Potenzregeln angewendet werden können. Der Vollständigkeit halber und um die in der Literatur zu findenden **Wurzelregeln** zu erklären, wollen wir diese im Folgenden dennoch kurz behandeln.

Die Zusammenfassung von durch **Addition und Subtraktion** verknüpften Wurzeln ist nur möglich, wenn sowohl Radikant als auch Wurzelexponent übereinstimmen.

Beispiel:

$$\sqrt[2]{(x-1)^3} + \sqrt[2]{(x-1)^3} = 2 \cdot \sqrt[2]{(x-1)^3}$$

Die **Multiplikation und Division** von Wurzeln mit *gleichen Wurzelexponenten* erfolgt analog zu (I.78) und (I.79) wie folgt:

$$\sqrt[n]{a} \cdot \sqrt[n]{b} = \sqrt[n]{ab} \qquad \text{denn es gilt } a^{\frac{1}{n}} \cdot b^{\frac{1}{n}} = (ab)^{\frac{1}{n}}$$

$$\frac{\sqrt[n]{a}}{\sqrt[n]{b}} = \sqrt[n]{\frac{a}{b}} \qquad \text{denn es gilt } \frac{a^{\frac{1}{n}}}{b^{\frac{1}{n}}} = \left(\frac{a}{b}\right)^{\frac{1}{n}}$$

Beispiele:

1. $\sqrt{(x^3-1)}\cdot\sqrt{x}=\sqrt{(x^3-1)\cdot x}=\sqrt{x^4-x}$

2. $\dfrac{\sqrt[4]{x}}{\sqrt[8]{(x-1)^2}}=\dfrac{\sqrt[4]{x}}{\left((x-1)^2\right)^{\frac{1}{8}}}=\dfrac{\sqrt[4]{x}}{(x-1)^{\frac{1}{4}}}=\dfrac{\sqrt[4]{x}}{\sqrt[4]{(x-1)}}=\sqrt[4]{\dfrac{x}{x-1}}$

3. Ausklammern von x^2:

   $\sqrt{x^2+x^2y^2}=\sqrt{x^2(1+y^2)}=\sqrt{x^2}\sqrt{1+y^2}=|x|\sqrt{1+y^2}$

4. c unter die Wurzel bringen:

   $c\sqrt[4]{1-\dfrac{1}{c^4}}=\sqrt[4]{c^4}\sqrt[4]{1-\dfrac{1}{c^4}}=\sqrt[4]{c^4\left(1-\dfrac{1}{c^4}\right)}=\sqrt[4]{c^4-1}$

5. "Rationalmachen" (Elimination von Wurzeln im Nenner) von Brüchen:

   $\dfrac{8}{\sqrt{5}-\sqrt{7}}=\dfrac{8\left(\sqrt{5}+\sqrt{7}\right)}{\left(\sqrt{5}-\sqrt{7}\right)\left(\sqrt{5}+\sqrt{7}\right)}=\dfrac{8\left(\sqrt{5}+\sqrt{7}\right)}{5-7}=-4\left(\sqrt{5}+\sqrt{7}\right)$

Die **Multiplikation und Division** von Wurzeln mit *gleichen Radikanten* geschieht analog zu (I.80) und (I.81) wie folgt:

$$\sqrt[m]{a^p}\cdot\sqrt[n]{a^q}=\sqrt[m\cdot n]{a^{p\cdot n+m\cdot q}} \qquad \text{denn es gilt } a^{\frac{p}{m}}a^{\frac{q}{n}}=a^{\frac{p}{m}+\frac{q}{n}}$$

$$\frac{\sqrt[m]{a^p}}{\sqrt[n]{a^q}}=\sqrt[m\cdot n]{a^{p\cdot n-m\cdot q}} \qquad \text{denn es gilt } \frac{a^{\frac{p}{m}}}{a^{\frac{q}{n}}}=a^{\frac{p}{m}-\frac{q}{n}}$$

Eine vorherige Umformung in die Potenzschreibweise kann in diesen Fällen Berechnungen erheblich erleichtern.

Beispiele:

1. $\sqrt[3]{(x-2)}\cdot\sqrt{(x-2)}=(x-2)^{\frac{1}{3}}\cdot(x-2)^{\frac{1}{2}}=(x-2)^{\frac{1}{3}+\frac{1}{2}}=(x-2)^{\frac{5}{6}}=\sqrt[6]{(x-2)^5}$

2. $\dfrac{\sqrt[4]{27x^3}}{\sqrt[3]{(3x)^2}}=\dfrac{\sqrt[4]{(3x)^3}}{(3x)^{\frac{2}{3}}}=\dfrac{(3x)^{\frac{3}{4}}}{(3x)^{\frac{2}{3}}}=(3x)^{\frac{3}{4}-\frac{2}{3}}=(3x)^{\frac{1}{12}}=\sqrt[12]{3x}$

Wenden wir (I.84) auf n-te Wurzeln an, so erhalten wir für **mehrfaches Radizieren** die folgende Regel:

$$\sqrt[m]{\sqrt[n]{a}}=\sqrt[m\cdot n]{a}=\sqrt[n]{\sqrt[m]{a}} \qquad \text{denn es gilt } (a^{\frac{1}{n}})^{\frac{1}{m}}=a^{\frac{1}{mn}}$$

Beispiel:

$\sqrt{2\cdot\sqrt[4]{\sqrt[3]{4}}}=\sqrt{2\cdot\sqrt[12]{4}}=\sqrt{\sqrt[12]{2^{12}\cdot 4}}=\sqrt[24]{2^{12}\cdot 2^2}=\sqrt[24]{2^{14}}=2^{\frac{14}{24}}=2^{\frac{7}{12}}=\sqrt[12]{2^7}$

3.4.4 Logarithmen

Bei Auflösung von Gleichungen des Typs $a^n = b$ (mit a, b > 0) nach dem Exponenten n kommen sog. Logarithmen zum Einsatz. Denjenigen Exponenten n, mit dem man die Basis a potenzieren muss, um b zu erhalten, nennt man Logarithmus von b zur Basis a, und schreibt $n = \log_a b$. Formal gilt also

$$a^n = b \leftrightarrow n = \log_a b. \tag{I.92}$$

Beispiele:

1. $3^n = 9 \leftrightarrow \log_3 9 = 2$

   Der Logarithmus beantwortet also hier die Frage, mit welchem Wert n die Zahl 3 potenziert werden muss, um 9 zu erhalten. Dies ist in diesem Fall 2, da $3^2 = 9$.

2. $\log_4 64 = 3$, da $4^3 = 64$

Insbesondere in wirtschaftswissenschaftlichen Anwendungen treten häufig der Logarithmus zur Basis 10 und der Logarithmus zur Basis der Euler'schen Zahl e = 2,7182818... auf. Ersterer wird als **dekadischer Logarithmus** bezeichnet und durch $\log_{10} b = \log b$ dargestellt. Der Logarithmus zur Basis e, der sog. **natürliche Logarithmus**, entspricht $\log_e b = \ln b$.

Charakteristisch für jeden Logarithmus von b zur Basis a sind die Beziehungen

$$a^{\log_a b} = b \tag{I.93}$$

$$\log_a(a^n) = n, \tag{I.94}$$

die uns insbesondere beim Lösen von Gleichungen, die Logarithmen beinhalten, nützlich sein werden. Diese charakteristischen Beziehungen nehmen für den dekadischen und den natürlichen Logarithmus die folgende Gestalt an:

$$10^{\log b} = b \qquad \log 10^n = n \tag{I.95}$$

$$e^{\ln b} = b \qquad \ln e^n = n \tag{I.96}$$

Beim Umgang mit Logarithmen gilt eine Reihe von **Rechenregeln**, die unmittelbar aus denen für Potenzen entstehen. Wollen wir z.B. den Logarithmus eines Produktes zweier Faktoren u und v zur Basis a, also $\log_a(uv)$ bestimmen, so können wir dies durch Summation der Logarithmen der einzelnen Faktoren tun.

$$\log_a(uv) = \log_a u + \log_a v \tag{I.97}$$

Analog erhalten wir auch den Logarithmus eines Quotienten als

$$\log_a\left(\frac{u}{v}\right) = \log_a u - \log_a v. \tag{I.98}$$

Beispiele:

1. $\ln(5x) = \ln 5 + \ln x$

2. $\ln\left(\frac{3}{4}\right) = \ln 3 - \ln 4 = -0{,}28768...$

(I.97) gilt auch für eine beliebige Anzahl n von Faktoren, d.h.

$$\log_a(u_1 u_2 ... u_n) = \log_a u_1 + \log_a u_2 + ... + \log_a u_n = \sum_{k=1}^{n} \log_a u_k \ .$$

Sind alle $u_k = u$, so erhalten wir

$$\log_a u^n = n \cdot \log_a u \ , \qquad (I.99)$$

was besagt, dass ein Exponent "vor den Logarithmus gezogen" werden darf. (I.99) gilt nicht nur für natürliche, sondern auch für ganzzahlige und gebrochene Exponenten, sodass auch gilt:

$$\log_a \left(\frac{1}{u} \right) = \log_a u^{-1} = -\log_a u$$

$$\log_a \left(\sqrt[n]{u} \right) = \log_a u^{\frac{1}{n}} = \tfrac{1}{n} \cdot \log_a u$$

Beispiele:

1. $\ln(x^2) = 2 \cdot \ln x$

2. $\ln(\sqrt[3]{4x}) = \ln((4x)^{\frac{1}{3}}) = \dfrac{1}{3} \cdot \ln(4x) = \dfrac{1}{3} \cdot (\ln 4 + \ln x)$

Ein Logarithmus zu einer beliebigen Basis a kann jederzeit mittels dekadischer oder natürlicher Logarithmen berechnet werden. Dabei machen wir uns (I.92) und die vorhergehend behandelten Rechenregeln zu Nutze: Nach (I.92) gilt

$$a^n = b \ ,$$

woraus nach Logarithmierung

$$n \cdot \log a = \log b \ \text{ bzw. } \ n = \frac{\log b}{\log a}$$

resultiert. Da die gleiche Berechnung auch mit dem natürlichen Logarithmus erfolgen kann, können wir für die Auflösung einer Gleichung $a^n = b$ nach n

$$a^n = b \ \leftrightarrow \ n = \frac{\log b}{\log a} = \frac{\ln b}{\ln a} \qquad (I.100)$$

festhalten. Da nun gerade $n = \log_a b$ ist, erkennen wir daran auch, dass wir $\log_a b$ wie folgt aus dekadischen oder natürlichen Logarithmen berechnen können:

$$\log_a b = \frac{\log b}{\log a} = \frac{\ln b}{\ln a} \qquad (I.101)$$

Beispiel:

$$3^x = 7 \ \leftrightarrow \ x = \frac{\log 7}{\log 3} = \frac{\ln 7}{\ln 3} = 1{,}7712437...$$

3.5 Weitere Gleichungstypen

In diesem letzten Grundlagenabschnitt setzen wir die unter Abschnitt I 3.1.5 begonnene Behandlung von Äquivalenzumformungen in linearen Gleichungen fort. Darüber hinaus erweitern wir das in der Wirtschaftsmathematik notwendige Spektrum von Gleichungen auch auf quadratische Gleichungen. Den Wurzel- und Logarithmusgleichungen sowie speziellen Produkt- und Quotientengleichungen widmen wir außerdem separate Abschnitte.

3.5.1 Weitere äquivalente Umformungen

Neben den in Kapitel I 3.1.5 beschriebenen Umformungsregeln für Gleichungen, können nach Behandlung von Potenzen, Wurzeln und Logarithmen weitere Möglichkeiten äquivaltener Umformungen angeführt werden. So dürfen etwa *beide Seiten einer Gleichung zur selben Basis* a mit a ≠ 1 *potenziert* werden. Umgekehrt sind damit die Exponenten zweier Potenzen mit gleicher positiver Basis a mit a ≠ 1 identisch. Formal gilt also

$$T_1 = T_2 \leftrightarrow a^{T_1} = a^{T_2} \quad \text{für } a > 0,\ a \neq 1 \tag{I.102}$$

Beispiele:

1. Auflösung einer einfachen Basisgleichung:

$$6^{-x+5} - 6^{4-3x} = 0 \qquad \left| +6^{4-3x} \right.$$

$$6^{-x+5} = 6^{4-3x}$$

Da (I.102) gilt, dürfen bei gleicher Basis beide Exponenten gleichgesetzt werden:

$$-x + 5 = 4 - 3x$$

$$x = -0{,}5$$

2. Auflösung einer einfachen Logarithmusgleichung:

$$\ln x + 2 \cdot \ln 2 = 4$$

$$\ln x + \ln 2^2 = 4 \qquad | \, e$$

$$e^{\ln x + \ln 4} = e^4$$

$$e^{\ln 4x} = e^4$$

$$4x = e^4 \qquad | : 4$$

$$x = 13{,}65$$

Wie aus dieser Gleichung ersichtlich ist, kann Regel (I.102) besonders gut zur Elimination von Logarithmen in Gleichungen eingesetzt werden. Dabei ist jedoch zu beachten, dass grundsätzlich die gesamte Gleichungsseite (vgl. Zeile 3 obiger Auflösung) als Exponent gesetzt werden muss und nicht etwa $e^{\ln x} + e^{\ln 4} = e^4$ geschrieben werden darf.

Es sei außerdem angemerkt, dass wir in diesem Abschnitt zunächst die mit Logarithmus- und Wurzelgleichungen verbundene Definitionsbereichsproblematik vernachlässigen. Wir widmen diesen speziellen Gleichungstypen die separaten Abschnitte I 3.5.3 und I 3.5.4.

Neben dem Setzen einer gemeinsamen Basis ist auch ein *Potenzieren beider Gleichungsseiten mit demselben ungeraden Exponenten* zulässig. Es gilt damit

$$T_1 = T_2 \quad \leftrightarrow \quad T_1^{\,n} = T_2^{\,n}. \tag{I.103}$$

Da n auch ein Bruch sein darf, schließt Regel (I.103) auch das Ziehen der n-ten Wurzel auf beiden Gleichungsseiten ein.

$$T_1 = T_2 \quad \leftrightarrow \quad \sqrt[n]{T_1} = \sqrt[n]{T_2} \tag{I.104}$$

Beispiele:

1. Auflösung einer Wurzelgleichung:

$$\sqrt[3]{x-5} + 4 = 16 \qquad |-4 \quad |^3$$
$$\left(\sqrt[3]{x-5}\right)^3 = 12^3$$
$$\left((x-5)^{1/3}\right)^3 = 1728$$
$$x-5 = 1728 \qquad |+5$$
$$x = 1733$$

2. Auflösung einer Potenzgleichung:

$$(x+5)^9 = 512 \qquad |\sqrt[9]{} \text{ bzw. hoch } \tfrac{1}{9}$$
$$\sqrt[9]{(x-5)^9} = \sqrt[9]{512}$$
$$\left((x-5)^9\right)^{\frac{1}{9}} = 2$$
$$x-5 = 2 \qquad |+5$$
$$x = 7$$

Ist der Exponent in (I.103) bzw. (I.104) gerade, so liegen keine äquivalenten Umformungen vor. So besitzt die Gleichung $x - 2 = 2$ die eindeutige Lösung $x = 4$. Quadrieren wir beide Seiten jedoch, so erhalten wir $(x - 2)^2 = 4$, was deutlich erkennbar die beiden Lösungen $x_1 = 0$ und $x_2 = 4$ liefert. Um also Potenzieren und Radizieren auch bei *geradem n* zur Gleichungsumformung nutzen zu können, müssen wir beachten, dass beim Potenzieren mit geradem n Vorzeichen verloren gehen und beim Radizieren mit geradem n aus $T_1^{\,n} = T_2^{\,n}$ zwei Gleichungen, nämlich $T_1 = T_2$ oder $T_1 = -T_2$ entstehen können.

$$T_1^{\,n} = T_2^{\,n} \quad \leftrightarrow \quad T_1 = T_2 \ \vee \ T_1 = -T_2 \tag{I.105}$$

Beispiel:

$$(x-2)^4 = 65536 \quad |\sqrt[4]{} \qquad \leftrightarrow \qquad x-2 = 16 \ \vee \ x-2 = -16$$
$$x = 18 \ \vee \ x = -14$$

Gilt $T_1 > 0$ und $T_2 > 0$, so ist für ein positives a ($a \neq 1$) *Logarithmieren* beider Gleichungsseiten eine weitere äquivalente Umformung.

$$T_1 = T_2 \leftrightarrow \log_a T_1 = \log_a T_2 \quad \text{für } T_1, T_2 > 0 \text{ und } a \in \mathbb{R}^+ \setminus \{1\} \tag{I.106}$$

Beispiele:

1. Auflösung einer einfachen Exponentialgleichung:

$$\begin{aligned} e^{x-2} &= 1 && |\ln \\ \ln e^{x-2} &= \ln 1 \\ x-2 &= 0 && |+2 \\ x &= 2 \end{aligned}$$

2. Auflösung einer einfachen Basisgleichung:

$$\begin{aligned} 2^x &= 4 && |\log \\ \log 2^x &= \log 4 \\ x \cdot \log 2 &= \log 4 && |:\log 2 \\ x &= 2 \end{aligned}$$

3.5.2 Quadratische Gleichungen

Während lineare Gleichungen dadurch charakterisiert sind, dass man sie durch äquivalente Umformungen in die Form ax + b = 0 bringen kann und damit nur eine Lösung besitzen, verstehen wir unter einer quadratischen Gleichung eine solche, die sich durch äquivalente Umformung als

$$ax^2 + bx + c = 0 \quad \text{mit} \quad a \neq 0 \tag{I.107}$$

darstellen lässt. Es muss dabei $a \neq 0$ gelten, da andernfalls keine quadratische Gleichung, sondern eine lineare vorliegt.

Die Bestimmung der zwei Lösungen von Gleichungen dieses Typs erfolgt mit Hilfe der Lösungsformel

$$x_{1,2} = \frac{-b \pm \sqrt{D}}{2a} \quad \text{mit} \quad D = b^2 - 4ac\,. \tag{I.108}$$

Gilt für die sog. *Diskriminante* D > 0, so besitzt die Gleichung 2 Lösungen. Im Falle D = 0 ergibt sich eine einzige und bei D < 0 keine Lösung.

Beispiele:

1. $3x^2 - 4x = -5 \quad |+5$

$$3x^2 - 4x + 5 = 0$$

$$x_{1,2} = \frac{-(-4) \pm \sqrt{(-4)^2 - 4 \cdot 3 \cdot 5}}{2 \cdot 3} = \frac{4 \pm \sqrt{-44}}{6}$$

$D < 0 \rightarrow$ keine Lösung

2. $x^2 + 16x + 20 = 0$

$$x_{1,2} = \frac{-16 \pm \sqrt{(16)^2 - 4 \cdot 1 \cdot 20}}{2 \cdot 1} = \frac{-16 \pm \sqrt{176}}{2}$$

$$x_1 = \frac{-16 + \sqrt{176}}{2} = -1{,}367\,, \quad x_2 = \frac{-16 - \sqrt{176}}{2} = -14{,}633$$

Die Lösungsformel (I.108) kann auch bei sog. **biquadratischen Gleichungen** angewendet werden. Diese sind wie folgt aufgebaut:

$$ax^4 + bx^2 + c = 0$$

Zur Lösung derartiger Gleichungen wird das sog. *Substitutionsverfahren* herangezogen. Das folgende Beispiel veranschaulicht die dabei nötige Vorgehensweise.

Beispiel:

$x^4 - 5x^2 + 2 = 0$

1. Schritt: Wir setzen $x^2 = z$ und $x^4 = z^2$ (Substitution) und erhalten damit die quadratische Gleichung $z^2 - 5z + 2 = 0$.

2. Schritt: Lösen dieser Gleichung mit Lösungsformel (I.108)

$$z_{1,2} = \frac{-(-5) \pm \sqrt{(-5)^2 - 4 \cdot 1 \cdot 2}}{2 \cdot 1} \qquad z_1 = 4{,}56 \qquad z_2 = 0{,}44$$

3. Schritt: Resubstitution

$$x^2 = z \rightarrow x^2 = 4{,}56 \rightarrow x_{1,2} = \pm\sqrt{4{,}56}$$
$$\rightarrow x^2 = 0{,}44 \rightarrow x_{3,4} = \pm\sqrt{0{,}44}$$

Liegt zunächst keine quadratische Gleichung vor, kann versucht werden, durch **Ausklammern** eine solche zu „generieren".

Beispiel:

$3x^5 + 3x^4 - 6x^3 = 0$

$3x^3(x^2 + x - 2) = 0$

Es gilt nun aufgrund von (I.34), dass dieses Produkt nur dann gleich Null ist, wenn entweder $3x^3 = 0$ oder $x^2 + 2x + 4 = 0$ erfüllt ist. Als Lösung erhalten wir daher folgendes:

$$3x^3 = 0 \quad \vee \quad x^2 + x - 2 = 0$$
$$x = 0 \quad \vee \quad x = -2 \ \vee \ x = 1$$

Ist b oder c in einer quadratischen Gleichung gleich Null, so vereinfacht sich die Lösung erheblich. Ist **b = 0** ergibt sich

$$ax^2 + c = 0 \rightarrow x_{1,2} = \pm\sqrt{\frac{-c}{a}}.$$

Auch hier erhalten wir zwei Lösungen, wenn der Term unter der Wurzel positiv ist, eine Lösung, wenn er gleich Null ist, und keine, wenn er negativ ist.

Beispiel:

$$-2x^2 + 8 = 0 \quad |-8 \quad |:(-2)$$
$$x^2 = 4 \quad |\sqrt{\ }$$
$$x = \pm 2$$

Mit Lösungsformel:

$$x_{1,2} = \pm\sqrt{\frac{-8}{-2}} = \pm\sqrt{4} = \pm 2$$

Ist **c = 0**, erhalten wir

$$ax^2 + bx = x(ax + b) = 0 \;\rightarrow\; x_1 = 0 \;\text{ und }\; x_2 = \frac{-b}{a}.$$

Beispiel:

$$4x^2 + 2x = 0$$
$$x(4x + 2) = 0$$
$$x = 0 \vee 4x + 2 = 0$$
$$x = 0 \vee x = -0{,}5$$

Mit Lösungsformel:

$$x_1 = 0 \text{ und } x_2 = \frac{-2}{4} = -0{,}5$$

Quadratische Gleichungen werden auch als Gleichungen oder Polynome 2. Grades bezeichnet, da die höchste Potenz den Exponenten 2 besitzt. Gleichungen (Polynome) höheren Grades, d.h. des Typs

$$a_n x^n + a_{n-1} x^{n-1} + \ldots + a_1 x + a_0 = 0 \qquad \text{mit } n \in \mathbb{N},\; a_n \neq 0,$$

heißen Polynome n-ten Grades. Dabei sind die ai die Koeffizienten des Polynoms. Derartige Gleichungen können für $n \geq 3$ nur schwer und ab $n = 5$ überhaupt nicht mehr mit elementaren Berechnungsformeln eindeutig gelöst werden. Es wird daher in der Regel auf geeignete **Näherungsverfahren** zurückgegriffen. Eines dieser Verfahren (Newton-Verfahren) werden wir in Kapitel III noch näher betrachten.

3.5.3 Wurzelgleichungen

Wurzelgleichungen weisen die gesuchte Variable unter einer Wurzel auf. Im Zuge des Lösungsvorganges ist es daher erforderlich die Wurzel durch Potenzieren zu beseitigen. Im Falle eines ungeraden Wurzelexponenten stellt dies kein Problem dar. Bei geradem Wurzelexponenten jedoch sind nichtäquivalente Umformungen erforderlich. Dies hat zur Folge, dass die gefundenen Lösungen daraufhin überprüft werden müssen ob sie die Ursprungsgleichung erfüllen. Eine notwendige Bedingung dafür ist, dass sie im Definitionsbereich der Wurzel liegen.

Beispiele:

1. $\sqrt{x-1} + \sqrt{x} = 7$

   Gemäß der ersten Wurzel darf x niemals einen Wert annehmen, der kleiner als 1 ist, da der Wert unter der ersten Quadratwurzel (n = 2, d.h. gerade) sonst negativ wäre. Bei Betrachtung der zweiten Quadratwurzel gilt dem enstprechend, dass x nicht kleiner als 0 werden darf. Nur wenn x innerhalb dieses Definitonsbereiches liegt, ergibt die Wurzel einen sinnvollen Wert. Im hier vorliegenden Fall ergeben sich die Bereiche

   $D_1 = \{x | x \geq 1\}$ und $D_2 = \{x | x \geq 0\}$,

   die zum Definitionsbereich der gesamten Gleichung

   $D_{gesamt} = \{x | x \geq 1\}$

   führen. Mit diesen Vorüberlegungen können wir nun die Gleichung lösen:

$$\begin{aligned}
\sqrt{x-1}+\sqrt{x} &= 7 && \Big|^2 \\
(\sqrt{x-1}+\sqrt{x})^2 &= 7^2 \\
(\sqrt{x-1})^2+2\cdot\sqrt{x-1}\cdot\sqrt{x}+(\sqrt{x})^2 &= 49 \\
x-1+2\cdot\sqrt{x-1}\cdot\sqrt{x}+x &= 49 && \Big|-2x+1 \\
2\cdot\sqrt{x-1}\cdot\sqrt{x} &= -2x+50 && \Big|:2 \\
\sqrt{(x-1)\cdot x} &= -x+25 \\
\sqrt{x^2-x} &= -x+25 && \Big|^2 \\
x^2-x &= (25-x)^2 \\
x^2-x &= 25^2-2\cdot 25\cdot x+x^2 && \Big|+50x-x^2 \\
49x &= 625 && \Big|:49 \\
x &= 12{,}76
\end{aligned}$$

Im Zuge dieser Umformungen ist anfangs darauf zu achten, dass jeweils die gesamte Gleichungsseite und nicht etwa nur deren einzelne Terme zu quadrieren sind. Da es sich bei den durchgeführten Quadrierungen nun nicht um äquivalente Umformungen handelt (vgl. Abschnitt I 3.5.1 - Potenzierung mit geraden Exponenten), ist zudem zu prüfen, ob das resultierende Ergebnis x = 12,76 im Definitionsbereich der Gleichung liegt. Dies ist hier der Fall. Auch ein Einsetzen der Lösung in die vorliegende Ausgangsgleichung $\sqrt{12{,}76-1}+\sqrt{12{,}76}=7$ führt zu einer wahren Aussage (7 = 7), d.h. die gefundene Lösung erfüllt die Ausgangsgleichung.

2.
$$\begin{aligned}
\sqrt{x-1} &= x-3 && \Big|^2 \\
x-1 &= x^2-6x+9 && \Big|-x^2+6x-9 \\
-x^2+7x-10 &= 0
\end{aligned}$$

Die Anwendung der Lösungsformel (I.108) liefert x_1 = 5 und x_2 = 2. Beide Werte liegen im Definitionsbereich D = {x | x ≥ 1} der Wurzel. Ein Einsetzen von x_1 in die Ausgangsgleichung liefert eine wahre Aussage (2 = 2), wohingegen für x_2 eine falsche Aussage (1 = –1) resultiert. Demnach ist nur x_1 eine Lösung der Ausgangsgleichung.

3.
$$\begin{aligned}
\sqrt[3]{120-\sqrt[5]{x}}-5 &= 0 && \Big|+5 \\
\sqrt[3]{120-\sqrt[5]{x}} &= 5 && \Big|^3 \\
120-\sqrt[5]{x} &= 125 && \Big|-120 \quad \Big|\cdot(-1) \\
\sqrt[5]{x} &= -5 && \Big|^5 \\
x &= -3125
\end{aligned}$$

Da hier der Wurzelexponent bei allen Operationen ungerade war, wurden nur äquivalente Umformungen durchgeführt. Eine Überprüfung des Ergebnisses ist daher nicht erforderlich. Zudem umfasst der Definitionsbereich der auftretenden Wurzeln alle rellen Zahlen $\mathbb{R}$, d.h. es sind hier auch negative Radikanten zulässig.

3.5.4 Logarithmusgleichungen

Bei Logarithmusgleichungen handelt es sich um Gleichungen, bei denen die gesuchte Variable unter einem Logarithmus vorkommt. Gleichungen dieses Typs werden durch Potenzierung zur Basis des vorkommenden Logarithmus gelöst. Die Kenntnis der Logarithmus- und Potenzgesetze sind also hier essenziell. Auch hier entsteht wie bei den Wurzelgleichungen eine Definitionsbereichsproblematik, da der Logarithmus nur für positive Terme definiert ist.

Beispiele:

1. $\ln 5 = 4\ln(y^2)$

Der hier vorkommende Logarithmus ln (y^2) ist auch für negative y positiv, sodass er lediglich im Fall y = 0 nicht definiert ist. Der Definitionsbereich des Logarithmus und der Gleichung ist damit D = $\mathbb{R} \setminus \{0\}$. Eine Auflösung der Gleichung liefert folgendes:

$$\ln 5 = \ln(y^2)^4 \qquad |e$$
$$5 = y^8$$
$$y = \pm\sqrt[8]{5}$$
$$y = \pm 1{,}22$$

Beide Werte liegen innerhalb des Definitionsbereiches und erfüllen die Ausgangsgleichung, sind also Lösungen der Gleichung.

2. $1 + \log x = 2\log(x-1) \qquad |10$

Der erste Logarithmus ist nur für x > 0 der zweite für x > 1 definert. Dies ergibt als Definitionsbereich der Gleichung D = {x | x > 1}. Die Gleichungsauflösung liefert folgendes:

$$10^{1+\log x} = 10^{2\log(x-1)}$$
$$10^1 \cdot 10^{\log x} = 10^{\log(x-1)^2}$$
$$10x = (x-1)^2 \qquad |\ldots$$
$$x^2 - 12x + 1 = 0$$

Über (I.108) ergeben sich x_1 = 11,92 und x_2 = 0,08. Nur x_1 liegt innerhalb des Definitionsbereiches D und erfüllt zudem die Ausgangsgleichung, sodass nur x_1 eine Lösung der Gleichung ist.

2. $\log\sqrt{x^2+1} - 1 = 0 \qquad |+1$

Hier ist zunächst zu untersuchen, für welche Werte die auftretende Wurzel definiert ist. Da der Term $x^2 + 1$ für jedes reelle x positiv ist, ist die Wurzel für ganz $\mathbb{R}$ definiert. Da der Wurzelterm damit die für den Logarithmus notwendigen Voraussetzungen erfüllt, ist auch dieser für ganz $\mathbb{R}$ definiert. Definitionsbereich der Gleichung ist damit $\mathbb{R}$.

$$\log\sqrt{x^2+1} = 1 \qquad |10$$
$$\sqrt{x^2+1} = 10 \qquad |^2$$
$$x^2 + 1 = 100 \qquad |-1$$
$$x^2 = 99 \qquad |\sqrt{\ }$$
$$x_{1,2} = \pm\sqrt{99}$$

Beide Ergebnisse liegen im Definitionsbereich und erfüllen die Ausgangsgleichung, sind also zulässige Lösungen.

3.5.5 Produkt- und Quotientengleichungen

Besitzt eine Gleichung die Produktform

$$T_1 \cdot T_2 \cdot \ldots \cdot T_n = 0\,,$$

so gilt aufgrund von (I.34) für ihre Lösung

$$T_1 = 0 \quad \text{oder} \quad T_2 = 0 \quad \text{oder} \quad \ldots \quad \text{oder} \quad T_n = 0\,.$$

Beispiel:

$\ln x \cdot (x^2 - 4) \cdot 2x = 0$

Für die vier potenziellen Lösungen dieser Gleichung gilt folgendes:

$$\ln x = 0 \quad \vee \quad x^2 - 4 = 0 \quad \vee \quad 2x = 0$$
$$x = 1 \quad \vee \quad x = \pm 2 \quad \vee \quad x = 0$$

Da der Logarithmus jedoch für x = 0 nicht definiert ist, können nur x = 1 und x = ±2 als Lösungen der Gleichung betrachtet werden.

Liegt die Quotientenform

$$\frac{T_1}{T_2} = 0 \quad \text{mit} \quad T_2 \neq 0$$

vor, so gilt nach (I.33) für die Lösung

$$T_1 = 0\,.$$

Beispiel:

$$\frac{\sqrt{x-3}}{3x^2+5} = 0$$
$$\sqrt{x-3} = 0$$
$$x = 3$$

Da der Nenner nicht den Wert Null annehmen darf, muss diese Lösung noch überprüft werden. Wir erhalten $3 \cdot 3^2 + 5 = 32 \neq 0$. Somit ist x = 3 eine gültige Lösung.

4. Aufgaben

Aussagenlogik

Aufgabe I-1

Geben Sie für folgende Aussagenkombinationen an, ob die Aussage A jeweils notwendig und/oder hinreichend für die Aussage B ist!

a) A: "$x = -3$"

B: "$x^2 = 9$"

b) A: "x ist gerade."

B: "$\frac{x}{2} = 7$"

c) A: "$(x = 3) \vee (x = -3)$"

B: "$x^2 = 9$"

d) A: "x ist eine ganze Zahl."

B: "$\frac{x}{4} \in \mathbb{N}$"

e) A: "$\det A \neq 0$"

B: "A^{-1} existiert."

f) A: "$f'(x_0) = 0$"

B: "An der Stelle x_0 liegt ein Extremwert vor."

g) A: "$x < 1$"

B: "$x^2 < 1$"

h) A: "$\frac{x}{4} \in \mathbb{N}$"

B: "$x \in \mathbb{Z}$ (ganze Zahlen)"

i) A: "Fixe Kosten = 0"

B: "$\int C'(x)\, dx = C(x)$"

Da die Teilaufgaben e), f) und i) Inhalte der Kapitel III "Funktionen einer Variablen" und VI "Lineare Algebra" beinhalten, sollten Sie deren Bearbeitung ggf. erst nach Lesen der entsprechenden Buchkapitel erwägen.

Mengenlehre

Aufgabe I-2

Gegeben sind die Grundmenge $\Omega = \{1, 2, 3, 4, 5, 6, 7, 8\}$ und die zwei Teilmengen $A = \{1, 2, 3, 4, 5\}$ und $B = \{2, 3, 5, 7, 8\}$. Bestimmen Sie

a) $\overline{A} \cap B$ b) $A \cup \overline{B}$ c) $\overline{A} \cap \overline{B}$ d) $\overline{A \cap \overline{B} \cap A \cap \overline{B}}$.

Aufgabe I-3

Gegeben sind die Mengen $A = \{1, 2, 3, 4, 5, 6, 7, 8, 9, 10\}$, $B = \{2, 3, 4, 5, 6\}$ und $C = \{6, 7, 8, 9, 10, 11, 12, 13\}$. Bestimmen Sie

a) $A \cup (B \cup C)$
b) $A \cap (B \cap C)$
c) $A \cup (B \cap C)$
d) $A \cap (B \cup C)$
e) $A \cup (A \cap B)$
f) $A \cap (A \cup B)$
g) $(A \setminus B) \cap B$
h) $(A \setminus B) \cup B$
i) $A \setminus (B \cap C)$
j) $A \setminus (B \cup C)$.

Arithmetik

Aufgabe I-4

Multiplizieren Sie die Klammern in a) - e) aus und vereinfachen Sie so weit wie möglich! Klammern Sie außerdem in f) und g) die gemeinsamen Faktoren aus!

a) $(2ax + 3by)\left(\frac{1}{2}a - \frac{1}{3}b\right)$
b) $(t_1 + t_2 + \ldots + t_n)(x - y)$
c) $\left(\sum_{i=1}^{n} x_i y_i\right)(a - b)$
d) $(x + y)(2x - 4y) - (3x + y)(2x - y)$
e) $\left(\frac{1}{2}p + \frac{3}{2}q + \frac{1}{4}r\right)(2p + 4q)$
f) $2x^2 - 4xy + 8x$
g) $\sum_{i=1}^{n} abx_i y_i^2$

Aufgabe I-5

Zerlegen Sie die Ausdrücke a), b), c) und d) mittels der binomischen Formeln und berechnen Sie e), f) und g)!

a) $4y^2 - 9$
b) $1 - 49x^2$
c) $25v^2w^2 + 20vw + 4$
d) $a^2 + b^2 + c^2 + 2ab + 2ac + 2bc$
e) $(4 - 2x)(4 + 2x)$
f) $(a + b + c - d)^2$
g) $(-2 - x)^2 - (1 - x)^2$

Aufgabe I-6

Vereinfachen bzw. kürzen Sie die Brüche a) - g) so weit wie möglich und fassen Sie die Brüche h) - n) jeweils zu einem einzigen zusammen!

a) $\frac{x-y}{y-x}$

b) $\frac{a^2+a}{a^2-1}$

c) $\frac{2x-2y}{ay-ax}$

d) $\frac{x^2y-xy^2}{x^2z-xz^2}$

e) $(t-r)^2\frac{-1}{t^2-r^2}$

f) $\frac{1}{xy}\frac{axy^2+bxy}{a^2-b^2}$

g) $\frac{x^2+2xy+y^2}{xz}\frac{x^2y^2}{x^2-y^2}$

h) $1-\frac{1}{x-y}$

i) $\frac{1}{x-y}-\frac{1}{x+y}$

j) $\frac{1}{s-1}-\frac{5}{1+s}+\frac{7s-9}{s^2-1}-\frac{5}{1-s}$

k) $\frac{x-y}{8x}:\frac{y-x}{16y}$

l) $\left(\frac{a+b}{b}+\frac{a+b}{a}\right):\left(\frac{1}{a}+\frac{1}{b}\right)$

m) $\left(1-\frac{1}{z}\right):\left(\frac{1}{z}-\frac{1}{z^2}\right)$

n) $\left(\frac{m}{2n}-\frac{2n}{m}\right):\frac{m+2n}{n}$

Aufgabe I-7

Lösen Sie folgende Gleichungen nach x auf:

a) $3x-5(a-2(x+1)-1)+(a-1)^2=-(7a-x)$

b) $\frac{x+1}{5x+2}=\frac{x+6}{5x-4}$

c) $\frac{3x+1}{x-2}-\frac{1-x}{3x-6}=-\frac{1}{5x-10}$

Aufgabe I-8

Stellen Sie die Ausdrücke a) - d) mittels Summenzeichen kompakt dar, schreiben Sie e) - f) in expliziter Form und berechnen Sie beide:

a) $\frac{x_1y_1+x_2y_2+\ldots+x_ny_n}{y_1+y_2+\ldots+y_n}$

b) $a_n+a_{n+1}+\ldots+a_{2n}$

c) $1+0+1+4+\ldots+(n-1)^2$

d) $v_{i1}w_{1k}+v_{i2}w_{2k}+\ldots+v_{in}w_{nk}$

e) $\sum_{i=-2}^{2}\frac{(-i)^3}{2^i}$

f) $\prod_{j=0}^{2}\frac{2\cdot 3^j}{1+j}$

Aufgabe I-9

Geben Sie an, für welche x folgende Ungleichungen gelten:

a) $2x+8<-5x+1$

b) $\frac{24+x}{x}+1<4$

c) $\frac{1}{x-2}\le -0{,}5$

d) $|2x-1|\ge|x-1|$

e) $\frac{1}{x-1}<\frac{2}{x+1}$

Aufgabe I-10

Vereinfachen Sie folgende Terme so weit wie möglich:

a) $x^{n+1} \cdot x \cdot x^{-1}$

b) $y^5 \cdot 3y - y$

c) $(b-a)^2(a-b)^{n-1}$

d) $\left((-y)^{2n-1}\right)^{2n+1}$

e) $\dfrac{xy^2z^3}{x^2y^3z^4}$

f) $\dfrac{r^3(s^2-t^2)t^2}{s^2(s+t)r^4}$

g) $\left(\dfrac{a^2b^{n+1}}{3c^{1-2n}}\right)^3 : \left(\dfrac{a^3b^{2-n}}{15c^{3-2n}}\right)^2$

h) $(y^{2n-1} - 2y^{-n+2} + y^{-4n-3}) : y^{-n+1}$

Aufgabe I-11

Fassen Sie a) - b) zu jeweils einem Bruch zusammen, beseitigen Sie die Brüche in c) - f) durch Formulierung in Potenzschreibweise, schreiben Sie g) - h) als Brüche und formen Sie i) - j) so um, dass keine negativen Exponenten auftreten!

a) $\dfrac{t-1}{t^2} + \dfrac{t+1}{t^3}$

b) $\dfrac{a}{y^{n+2}} - \dfrac{b}{y^3}$

c) $\dfrac{a}{b^2c}$

d) $\dfrac{x-y}{y+x}$

e) $1 - \dfrac{2}{t} + \dfrac{1}{t^2}$

f) $1 : \dfrac{n}{a^{-2}}$

g) $xy^{-1} - (xy)^{n-2}$

h) $3(a^{-n}b^n)^{-2}$

i) $\left[\left(\dfrac{x^{-1}y^2}{z^{-3}}\right)^4\right]^{-2}$

j) $\left(\dfrac{v^{-1}x^3}{u^{-3}y^{-4}}\right)^2 : \left(\dfrac{x^{-1}y^{-2}}{u^4v^{-3}}\right)^3$

Aufgabe I-12

Formulieren Sie a) - c) als Wurzeln und d) - f) als Potenzen! Vereinfachen Sie g) - i) so weit wie möglich!

a) $a^{-\frac{2}{3}}$

b) $xy^{2,5}$

c) $y^{-0,4}$

d) $\sqrt[3]{x^2\sqrt{x\sqrt[4]{x^3}}}$

e) $\sqrt[2]{\sqrt[3]{a}} \cdot \sqrt[5]{a^2}$

f) $\sqrt{\dfrac{r}{s}\sqrt{\dfrac{s}{r}\sqrt{\dfrac{r}{s}}}}$

g) $\sqrt{bc} \cdot \sqrt{ab} \cdot \sqrt{2a}$

h) $\sqrt[5]{x^{n+2}} \cdot \sqrt[5]{x^{4n+3}}$

i) $\dfrac{\sqrt[n]{a^{2n-3}} \cdot \sqrt[n]{a^{7-n}}}{\sqrt[n]{a^4}}$

Aufgabe I-13

Für welche x sind die folgenden Wurzeln definiert:

a) $\sqrt[4]{a^2 - x^2}$

b) $\sqrt[6]{(x-2b)^2}$

c) $\sqrt{(\ln x)^2 - 1}$

Aufgabe I-14

Berechnen Sie folgende Gleichungen:

a) $10^x = 5^{2x+1}$

b) $4 \cdot \sqrt[3]{x^2 - 3} + 5 = 0$

c) $(x-1)^{-1} + (x+1)^{-1} = 1$

d) $e^{\ln x - x} = x$

e) $\frac{1}{x^2} \cdot e^{\ln 3 + 3\ln x} = e^{\ln x + \ln 3} + \ln\left(\frac{1}{2x}\right)$

f) $\log_4(3x) - 1 = \log_4(x^2)$

g) $2^{x^2} = 5 \cdot 2^{x+5}$

h) $\log_x 0,5 = -1$

i) $\sqrt{5x-4} = 1 + \sqrt{3x+1}$

j) $\sqrt{x+2} - \sqrt{x-2} = \frac{x+1}{\sqrt{x+2}}$

Hinweis: Nahezu alle Aufgaben sind so gestaltet, dass die Lösungen in die Definitionsbereiche der jeweiligen Logarithmen bzw. Wurzeln liegen. Lediglich bei den Aufgaben i) - j) sind die Lösungen auf ihre Gültigkeit zu prüfen.

II Finanzmathematik

In der Finanzmathematik befassen wir uns mit Fragestellungen wie, welchen Wert ein heute oder in gewissen zeitlichen Abständen zinsbringend angelegtes Kapital in der Zukunft besitzt oder welcher Geldwert heute bzw. regelmäßig angelegt werden muss, damit in Zukunft eine bestimmte Auszahlung erhalten wird. Darüber hinaus interessieren wir uns dafür, wie aus einem gegebenen Anfangskapital regelmäßig wiederkehrende Auszahlungen vorgenommen werden können und wie die Tilgungsstruktur von Krediten bestimmt werden kann. Auch die aus den Steuergesetzen bekannten Abschreibungen für die technische bzw. wirtschaftliche Wertminderung von Wirtschaftsgütern werden mit dem finanzmathematischen Intrumentarium analysiert und sind folglich ebenfalls Thema dieses Kapitels.

Wesentliche Grundlage für die Darstellung des finanzmathematischen Formelwerks sind sog. Zahlenfolgen. Sie basieren auf speziellen Funktionen (Bildungsgesetzen), die aus der Menge der natürlichen Zahlen die Glieder der Folge liefern. In der Finanzmathematik sind insbesondere die arithmetische und die geometrische Folge von Relevanz. So können etwa regelmäßige Einzahlungen auf ein Konto als Zahlenfolge aufgefasst werden. Werden die Glieder einer Folge aufsummiert, so erhält man sog. Reihe. Reihen finden daher überall dort Anwendung, wo Ein- und Auszahlungen auf Konten stattfinden, die verzinst oder abgezinst werden. Kontostände stellen nämlich auch Zwischensummen dar, die in Abhängigkeit von den Zahlungszeitpunkten die Glieder einer Folge bilden.

1 Folgen und Reihen

In diesem Teilabschnitt legen wir mit arithmetischen und geometrischen Folgen und Reihen das für die Finanzmathematik notwendige formale Fundament. Wir behandeln dabei unter 1.1 und 1.2 zunächst endliche Folgen und Reihen, dass heißt solche, deren Glieder abzählbar sind. Unter 1.3 gehen wir kurz auf spezielle unendliche Reihen ein. Wir werden dabei unter anderem sehen, dass die Euler'sche Zahl e aus einer unendlichen Reihe resuliert.

1.1 Folgen

1.1.1 Grundlagen

Unter einer **Folge** $[a_n]$ verstehen wir allgemein eine Funktion (ein Bildungsgesetz), die (das) jeder natürlichen Zahl $n \in \mathbb{N}$ oder einer Teilmenge von $\mathbb{N}$ eine reelle Zahl $a_n \in \mathbb{R}$ zuordnet. Die reellen Zahlen $a_1, a_2, \ldots, a_n \in \mathbb{R}$ heißen die Glieder der Folge mit a_n als dem allgemeinen Glied.

Beispiel:

$[a_n] = n^2 + 5$ für $n \in \mathbb{N}$

Der Term $n^2 + 5$ stellt das sog. Bildungsgesetz dar. Aus ihm resultieren durch Einsetzen der Elemente des Definitionsbereichs (hier $n \in \mathbb{N}$) die einzelnen Glieder der Folge, die in folgender Tabelle auszugsweise angegeben sind:

a_n	a_1	a_2	a_3	a_4	a_5	...
n	1	2	3	4	5	...
Wert	$1^2 + 5 = 6$	$2^2 + 5 = 9$	$3^2 + 5 = 14$	$4^2 + 5 = 21$	$5^2 + 5 = 30$	...

Wird die Zahl n aus einer begrenzten Zahlenmenge (z.B. $n \in \{1; 2; 3; 4; 5\}$) gewählt, so gilt die Folge als **endlich**. Andernfalls wird sie als **unendlich** bezeichnet. Anders als die Elemente einer Menge können sich die Glieder einer Folge beliebig oft wiederholen, wie folgendes Beispiel zeigt:

Beispiel:

$[a_n] = 0{,}25 \cdot (n + (-1)^n \cdot n)$ für $n \in \{1; 2; 3; 4; 5; 6\}$

Die Glieder dieser Folge ergeben sich zu 0, 1, 0, 2, 0, 3.

Besitzt eine Folge die Eigenschaft, dass ihre Glieder einer festen Zahl φ immer näher kommen, wenn sich n einem Wert α nähert oder gegen unendlich geht, nennen wir sie **konvergent** (andernfalls *divergent*). Wir bezeichnen diese Zahl φ als Grenzwert der Folge und schreiben

$$\varphi = \lim_{n\to\alpha} [a_n] \quad \text{bzw.} \quad \varphi = \lim_{n\to\infty} [a_n]\,.$$

Beispiel:

$$[a_n] = \frac{n}{n+1} \quad \text{für} \quad n \in \mathbb{N}$$

Betrachten wir die Glieder dieser Folge, stellen wir fest, dass je größer wir die Nummer n des Folgegliedes a_n wählen, a_n der Zahl 1 immer näher kommt.

$$0, \frac{1}{2}, \frac{2}{3}, \frac{4}{5}, \ldots, \underbrace{\frac{1.000}{1.001}}_{0{,}999}, \ldots, \underbrace{\frac{100.000}{100.001}}_{0{,}99999}$$

Wir können also schreiben:

$$\lim_{n\to\infty} \frac{n}{n+1} = 1$$

Wie unsere bisherigen Beispiele zeigen, braucht eine Folge nicht unbedingt konvergent zu sein. Vielmehr sind Folgen in der Regel monoton wachsend, d.h. für jedes n gilt $a_n < a_{n+1}$, oder monoton fallend, d.h. für jedes n gilt $a_n > a_{n+1}$.

1.1.2 Arithmetische Folgen

Ist bei einer Folge die *Differenz zweier aufeinander folgender Glieder konstant*, d.h. stets gleich ein und der selben Zahl, so sprechen wir von einer arithmetischen Folge. Sie tritt auf, wenn regelmäßig eine Konstante addiert (bzw. subtrahiert = Addition negativer Konstante) wird.

Beispiel:

a_1	a_2	a_3	a_4	a_5
1	2	3	4	5

Wie unschwer zu erkennen ist, ergeben sich die Glieder der Folge indem zum Vorgängerglied stets 1 addiert wird ($a_{n+1} = a_n + 1$). Die Differenz von zwei aufeinander folgenden Gliedern ist somit auch immer gleich 1. Es liegt eine arithmetische Folge vor.

Eine Folge ist also arithmetisch, wenn für sie

$$d = a_{n+1} - a_n \quad \text{mit } d = \text{konstant für alle } n \in \mathbb{N} \qquad \text{(II.1)}$$

bzw. $a_{n+1} = a_n + d$ gilt. Die Glieder der Folge können wir daher schreiben als

$$\underbrace{a_1}_{a_1}, \underbrace{a_1 + d}_{a_2}, \underbrace{a_1 + 2d}_{a_3}, \underbrace{a_1 + 3d}_{a_4}, \ldots$$

Daraus ergibt sich zur Ermittlung einzelner Glieder einer arithmetischen Folge als Formel bzw. als Bildungsgesetz der arithmetischen Folge

$$a_n = a_1 + (n-1) \cdot d \quad \text{für alle } n \in \mathbb{N}\,. \tag{II.2}$$

Für $d > 0$ ist die Folge monoton wachsend, für $d < 0$ monoton fallend.

Beispiele:

1. Fall $d > 0$: Ein Student eröffnet zum 01.01.2009 durch Einzahlung von 1.000 Euro ein Bankkonto. Am Anfang jedes Folgemonats zahlt er jeweils einen um 500 Euro erhöhten Betrag auf dieses Konto ein. Wie hoch ist die Einzahlung im November 2009?

   Es ergeben sich $a_{11} = 1000 + (11-1) \cdot 500 = 6.000$ Euro.

2. Fall $d < 0$: Ein Anlagegut mit einer betriebsgewöhnlichen Nutzungsdauer von 4 Jahren und Anschaffungskosten von 40.000 Euro soll linear abgeschrieben werden, d.h. die in der Bilanz gebuchten Anschaffungskosten werden 4 Jahre lang jährlich um den gleichen Betrag reduziert, bis ein Wert von Null erreicht wird. Die Anschaffung erfolgte zum 01.01.2004. Abgeschrieben wird jeweils zum 31.12. des Jahres. Wie hoch ist der Restbuchwert (a_3) zum 01.01.2006 (3. Nutzungsjahr)?

   Die Folge der Restbuchwerte ist arithmetisch mit d = – 40.000 / 4. Es ergibt sich somit

   $a_3 = 40.000 + (3-1) \cdot (-10.000) = 20.000$ Euro.

1.1.3 Geometrische Folgen

Eine Folge heißt geometrisch, wenn der *Quotient zweier aufeinander folgender Glieder konstant* ist. Sie tritt auf, wenn regelmäßig mit einem konstanten Faktor multipliziert (bzw. dividiert = Multiplikation mit dem Kehrwert) wird.

Beispiel:

a_1	a_2	a_3	a_4	a_5	...
2	4	8	16	32	...

Jedes Folgeglied resultiert hier jeweils durch Multiplikation des vorhergehenden Gliedes mit der Ziffer 2 ($a_{n+1} = a_n \cdot 2$). Der Quotient zweier aufeinander folgender Glieder ist daher hier immer 2 (4/2 = 8/4 = 16/8 = 32/16 = ... = 2).

Eine Folge ist damit geometrisch, wenn

$$q = \frac{a_{n+1}}{a_n} = \text{konstant für alle } n \in \mathbb{N} \tag{II.3}$$

bzw. $a_{n+1} = a_n \cdot q$ gilt. Die Glieder einer geometrischen Folge lauten also

$$\underbrace{a_1}_{a_1},\ \underbrace{a_1 \cdot q}_{a_2},\ \underbrace{a_1 \cdot q^2}_{a_3},\ \underbrace{a_1 \cdot q^3}_{a_4},\ \ldots$$

Allgemein ergibt sich für die Glieder der geometrischen Folge

$$a_n = a_1 \cdot q^{n-1} \quad \text{für alle } n \in \mathbb{N}\,. \tag{II.4}$$

Für $q > 1$ ist die Folge monoton wachsend, für $q < 1$ monoton fallend.

Beispiel:

Die Eltern eines Schülers legen für diesen ein Konto an, welches jeweils am Jahresende einen Zins von 2 % auf das zu diesem Zeitpunkt auf dem Konto vorhandene Kapital zahlt. Am 1.1.2009 zahlen sie einen Betrag in Höhe von 1.000 Euro (a_1) auf das Konto ein. Angenommen es kommt zu keinen weiteren durch den Schüler oder die Eltern veranlassten Ein- oder Auszahlungen, wie hoch ist dann der Kontostand am 1.1.2013 (bzw. nach $n = 4$ Jahren)?

Aus einem Zins von 2 % ergibt sich ein Wachstumsfaktor von 1 + 0,02 = 1,02, was zum 1.1.2013 zum Kapitalstand $a_5 = 1.000 \cdot 1{,}02^{4-1} = 1.061{,}21$ Euro führt.

1.2 Reihen

1.2.1 Grundlagen

Summieren wir die ersten n Glieder einer Folge $[a_n]$ mit den Gliedern $a_1, a_2, a_3, \ldots$, so ergibt sich die sog. **n-te Teilsumme**

$$s_n = \sum_{i=1}^{n} a_i = a_1 + a_2 + a_3 + \ldots + a_n \,. \qquad \text{(II.5)}$$

Die Folge der n-ten Teilsummen $[s_n]$ heißt **Reihe**. Je nach zugrunde liegender Folge sprechen wir von arithmetischen oder geometrischen Reihen.

1.2.2 Arithmetische Reihen

Wie wir aus Abschnitt 1.1.2 wissen, erhalten wir die Glieder der arithmetischen Folge über das Bildungsgesetz $a_n = a_1 + (n-1) \cdot d$. Bilden wir die n-te Teilsumme der Glieder der arithmetischen Folge, schreiben diese sowohl in regulärer als auch in umgekehrter Reihenfolge und addieren jeweils die untereinander stehenden Glieder, so erhalten wir:

$$\begin{array}{rlll} s_n = & a_1 & + \; a_1 + \; d + \ldots + & a_1 + (n-1) \cdot d \\ s_n = & a_1 + (n-1) \cdot d + & a_1 + (n-2) \cdot d + \ldots + & a_1 \\ \hline 2s_n = & 2a_1 + (n-1) \cdot d + & 2a_1 + (n-1) \cdot d + \ldots + & 2\,a_1 + (n-1) \cdot d \end{array}$$

Wir erkennen, dass die Addition beider Summen n-mal die gleichen Glieder liefert, sodass wir

$$2s_n = n \cdot [2a_1 + (n-1) \cdot d] = n \cdot [a_1 + a_1 + (n-1) \cdot d] = n(a_1 + a_n)$$

erhalten. Die n-te Teilsumme der arithmetischen Reihe beträgt damit

$$s_n = \frac{n}{2} \cdot (a_1 + a_n) = n \cdot a_1 + \frac{n \cdot (n-1)}{2} \cdot d \,. \qquad \text{(II.6)}$$

Beispiele:

1. Oma Helena hat durch den Tod ihres Gatten eine Barerbschaft in Höhe von 100.000 Euro gemacht. Da sie wenig Vertrauen in das Bankwesen hat, zahlt sie dieses Geld monatlich und in Teilbeträgen auf ein eigens dafür angelegtes Konto ein. Diese Zahlungen beginnen am 1. Januar des Jahres 2005 mit einem Betrag von 5.000 Euro (a_1).

Am Anfang jedes Folgemonats zahlt sie allerdings nur noch einen um jeweils 100 Euro reduzierten Betrag (d = – 100) ein. Wie viel Euro der Erbschaft hat sie nach einem Jahr bzw. 12 Monaten (n = 12) noch bar Zuhause?

Wenden wir (II.6) auf dieses Problem an, erhalten wir die Gesamteinzahlung innerhalb eines Jahres als

$$s_{12} = 12 \cdot 5.000 + \frac{12 \cdot (12-1)}{2} \cdot (-100) = 53.400\,,$$

was zu einem Erbschaftsrest von 100.000 – 53.400 = 46.600 Euro führt.

2. Für die *Summe der ersten n natürlichen Zahlen* gilt

$$s_n = \sum_{i=1}^{n} i = \frac{n}{2} \cdot (1+n)$$

Dieser Zusammenhang wird noch besonders bei finanzmathematischen Umformungen in den nachfolgenden Abschnitten relevant sein.

1.2.3 Geometrische Reihen

In Abschnitt II 1.1.3 wurde bereits behandelt, dass die Glieder einer geometrischen Folge durch das Bildungsgesetz $a_n = a_1 \cdot q^{n-1}$ beschrieben sind. Bilden wir die n-te Teilsumme s_n der geometrischen Folge und stellen dieser die mit dem Faktor q multiplizierte n-te Teilsumme gegenüber, so erhalten wir für die Differenz beider Ausdrücke:

$$\begin{array}{rcl} s_n &=& a_1 + a_1 \cdot q + a_1 \cdot q^2 + \ldots + a_1 \cdot q^{n-1} \\ q \cdot s_n &=& \phantom{a_1 +{}} a_1 \cdot q + a_1 \cdot q^2 + \ldots + a_1 \cdot q^{n-1} + a_1 \cdot q^n \\ \hline s_n - q \cdot s_n &=& a_1 + 0 \quad + 0 \quad + \ldots + 0 \quad - a_1 \cdot q^n \end{array}$$

Es resultiert also

$$s_n - q \cdot s_n = a_1 - a_1 \cdot q^n$$

bzw.

$$s_n \cdot (1-q) = a_1 \cdot (1-q^n).$$

Daraus folgt als allgemeine Formel zur Bestimmung der n-ten Teilsumme der geometrischen Reihe

$$s_n = a_1 \cdot \frac{1-q^n}{1-q}\,. \tag{II.7}$$

Beispiel:

Ein Arbeitnehmer entschließt sich jährlich zum 1. Januar r = 2.000 Euro auf ein Sparkonto einzuzahlen, worauf er jeweils am Jahresende einen Zins von 5 % (p) erhält. Welches Kapital hat er nach 3 Jahren gebildet?

Der im ersten Jahr gezahlte Betrag von 2.000 Euro wird genau 3 Jahre verzinst, d.h. er wird auf $r \cdot (1 + p/100)^3$ anwachsen. Der im zweiten Jahr gezahlte Betrag wird nur noch 2 Jahre verzinst, d.h. er wächst auf $r \cdot (1 + p/100)^2$ an. Die letzte Zahlung wächst schließlich auf $r \cdot (1 + p/100)$ an. Als Summe dieser Beträge ergibt sich mit q = (1 + p/100)

$$K_3 = r \cdot q + r \cdot q^2 + r \cdot q^3 = r \cdot q \cdot (1 + q + q^2)\,.$$

Da der Klammerausdruck nichts anderes als das dritte Glied einer geometrischen Reihe mit $a_1 = 1$ und $q = 1{,}05$ ist, können wir das angesammelte Kapital als

$$K_3 = r \cdot q \cdot \left(\frac{1-q^3}{1-q} \right) = 2.000 \cdot 1{,}05 \cdot \left(\frac{1-1{,}05^3}{1-1{,}05} \right) = 6.620{,}25 \text{ Euro}$$

berechnen.

1.3 Einige spezielle Reihen

1.3.1 Unendliche geometrische Reihe

Betrachten wir die unter II 1.2.3 behandelte geometrische Reihe mit der Bildungsvorschrift

$$s_n = a_1 \cdot \frac{1-q^n}{1-q} \quad \text{mit} \quad q \neq 1$$

näher, können wir feststellen, dass sich im Fall von $|q| < 1$ bei $n \to \infty$ der Term q^n immer mehr dem Wert Null annähert bzw. im Fall $|q| > 1$ gegen ∞ geht. Bei $|q| > 1$ ist die Reihe also divergent, wohingegen sie bei $|q| < 1$ konvergent ist. Konkret konvergiert sie gegen

$$s = \frac{a_1}{1-q} \quad \text{für} \quad |q| < 1 \; . \tag{II.8}$$

Interessieren wir uns also für den "finalen" Wert einer geometrischen Reihe, so können wir diesen über (II.8) bestimmen. Wir sprechen beim Grenzwert (II.8) auch von einer **unendlichen geometrischen Reihe**.

Beispiel:

Ein Bohrteam erreicht am ersten Bohrtag eine Tiefe von 100 m. Aufgrund der schlechten Bodenbeschaffenheit schafft das Team am nächsten Tag nur noch 50 m. Am dritten Tag sind es nur noch 25 m. Diese schlechte Entwicklung setzt sich kontinuierlich so fort. Welche Bohrtiefe wird bei diesen Gegebenheiten voraussichtlich insgesamt erreicht?

Da $q = 50 / 100 = 0{,}5$ gilt, können wir die maximale Bohrtiefe über den Grenzwert der geometrischen Reihe bzw. die unendliche geometrische Reihe nach (II.8) als

$$s = \frac{100}{1-0{,}5} = \frac{100}{0{,}5} = 200 \text{ m}$$

berechnen.

1.3.2 Die Euler'sche Zahl e

Die Euler'sche Zahl e ist der Grenzwert der konvergierenden Reihe $[s_n]$ mit der Bildungsvorschrift

$$s_n = \sum_{i=0}^{\infty} \frac{1}{i!} = 1 + \frac{1}{1!} + \frac{1}{2!} + \ldots = 2{,}718283\ldots \tag{II.9}$$

2. Finanzmathematische Anwendung

Nach Behandlung der Begriffe Folgen und Reihen sind wir nun in der Lage uns dem Themenkomplex der Finanzmathematik zuzuwenden. Beginnend mit der Erklärung allgemeiner Begrifflichkeiten und verschiedener Arten von Verzinsungen legen wir unseren Schwerpunkt dabei auf Einmalanlagen, Raten- (regelmäßige Einzahlungen) und Rentenverträge (regelmäßige Auszahlungen), Kreditverträge sowie verschiedene Arten von Abschreibungen.

2.1 Allgemeines

Das wohl wichtigste wirtschaftswissenschaftliche Anwendungsgebiet arithmetischer und geometrischer Folgen und Reihen stellt die Finanzmathematik dar. Sie befasst sich mit Fragen der Finanzierung und Investition, beispielhaft

- der Verzinsung eines angelegten Kapitals über eine bestimmte Laufzeit (gemessen in n Perioden),
- der Abzinsung (Rückrechnung von verzinster Auszahlung am Ende der Laufzeit zum ursprünglichen Anlagebetrag),
- der regelmäßigen Einzahlung (Raten) oder Auszahlung (Renten) unter Beachtung der Verzinsung,
- der Tilgung von Krediten und
- der Abschreibung von Anlagegütern.

Wie daraus unschwer zu erkennen ist, ist die Zinsrechnung in der Finanzmathematik von wesentlicher Bedeutung. Daher wird diesem Themenbereich unmittelbar im Anschluss besondere Aufmerksamkeit gewidmet. Bevor aber genau auf Details eingegangen werden kann, sind noch einige wichtige Begriffe zu klären.

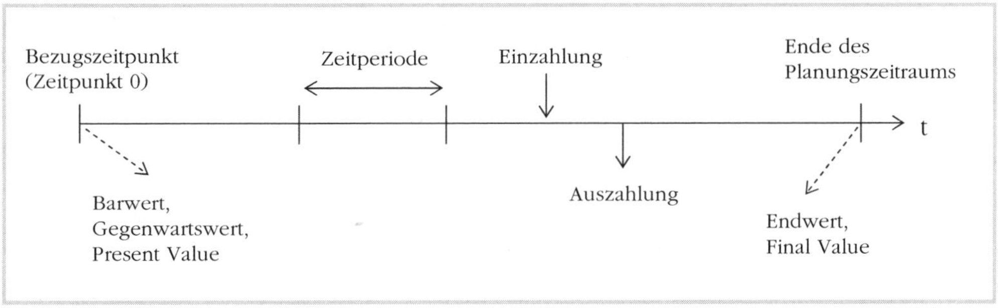

Abbildung II 1: Zeitstrahl

Abbildung II 1 zeigt einen sog. Zeitstrahl, der dazu verwendet wird, die Ein- und Auszahlungsstruktur von Finanzanlagen zu veranschaulichen. Auf diesem werden Zahlungszeitpunkte als Punkte und Zeitperioden als Intervalle abgetragen. Einzahlungen werden durch einen Pfeil von oben, Auszahlungen durch einen Pfeil nach unten veranschaulicht. Insbesondere ein Anfangskapital ("Einzahlung zum Zeitpunkt 0") kann daher auch als Pfeil von oben und ein Endkapital (letzte Auszahlung) als Pfeil nach unten abgebildet werden. Die zu unterschiedlichen Zeitpunkten anfallenden Zahlungen müssen vergleichbar gemacht werden (intertemporaler Vergleich). Abbildung II 1 sagt uns zunächst, dass zu Beginn einer bestimmten Zeitperiode (n Jahre, Monate, Tage etc.) bzw. dem Zeitpunkt 0 ein bestimmter Geldbetrag zur Verfügung steht. Dieser wird als **Barwert**, Gegenwartswert oder Present Value bezeichnet und wird über die Laufzeit der Anlage verzinst. Dabei unterliegt er Mehrungen (Einzahlungen) und Minderungen (Auszahlungen). Am Ende der Laufzeit ergibt sich ein sog. **Endwert** oder Final Value, der auch die Zinsen beinhaltet, die innerhalb der Laufzeit bezahlt wurden (sofern keine Auszahlung der Zinsen im Anlagezeitraum erfolgt). Eine Rückrechnung vom Endwert auf den Barwert bzw. ein Rückgängigmachen der Verzinsung wird **Abzinsung** (Diskontierung) genannt.

2.2 Zinsen

Alle finanzmathematischen Betrachtungen basieren auf der Überlegung, dass für ein Kapital Zinsen bezahlt werden. Zur Veranschaulichung des Prinzips der Verzinsung, legen wir im Folgenden die Notation

K_0 = Anfangskapital (Barwert)

K_n = Endkapital (Endwert) nach n Zinsperioden

p = Zinsfuß (in %)

i = Zinssatz (in Dezimalschreibweise, p/100)

zugrunde. Als Grundlage für die Zinsrechnung folgen wir der üblichen Konvention eines Kalenderjahres (12 Monate) mit 360 Tagen, d.h. Monaten mit einer Länge von 30 Tagen.

2.2.1 Einfache Verzinsung

Die sog. **einfache Verzinsung** kommt besonders bei festverzinslichen Wertpapieren oder bei periodischer Zinsauszahlung zum Einsatz. Es wird für jede Periode n ein Zins vom Anfangskapital K_0 berechnet. Dieser wird entnommen (Auszahlung vom Anlagekonto, Zinsausschüttung bei festverzinslichen Wertpapieren etc.), sodass anders als beim Zinseszins (vgl. II 2.2.2) bei der Berechnung des Zinses für die nächste Periode wieder das Anfangskapital K_0 als Berechnungsgrundlage dient.

Abbildung II 2 zeigt die Zinsentwicklung bei einfacher Verzinsung und die Zusammensetzung des Gesamtkapitals bei einer Anlage über n Perioden. Wir erkennen, dass in jeder der n Zinsperioden der gleiche Zins in Höhe von $i \cdot K_0$ ausbezahlt wird. Addieren wir zu diesen n Zahlungen den anfänglichen Anlagebetrag K_0, so ergibt sich für die Berechnung des Endkapitals K_n die Formel

$$K_n = K_0 + n \cdot i \cdot K_0 = K_0 \cdot (1 + n \cdot i)\,. \qquad \text{(II.10)}$$

Periode	0	1	2	3	...	n
	K_0	$i \cdot K_0$	$i \cdot K_0$	$i \cdot K_0$	...	$i \cdot K_0$

Zinszahlungen in den Perioden 1 bis n

Endkapital = Anfangskapital + Zinsen

Abbildung II 2: Einfache Verzinsung

Beispiel:

Ein Anfangskapital von 1.000 Euro ergibt bei einfacher Verzinsung mit 3 % p. a. (per annum, pro Jahr) nach 10 Jahren einen Betrag in Höhe von

$$K_{10} = 1.000 \cdot (1 + 10 \cdot 0{,}03) = 1.300 \text{ Euro.}$$

Durch die Umstellung der Formel (II.10) können wir auch das Anfangskapital K_0, die Laufzeit n und den Zinssatz i berechnen, wenn jeweils die anderen Größen bekannt sind. Interessieren wir uns dafür, welches Anfangskapital K_0 bei einem Zinssatz i und einer Laufzeit n angelegt werden muss, um ein Endkapital von K_n zu erzielen, so können wir dies über

$$K_0 = \frac{K_n}{1 + n \cdot i} \qquad \text{(II.11)}$$

ermitteln. Wollen wir wissen, wie viele Perioden n ein Kapital K_0 bei einem Zinssatz i angelegt werden muss, um ein Endkapital von K_n zu erzielen, nutzen wir

$$n = \frac{K_n - K_0}{i \cdot K_0}. \qquad \text{(II.12)}$$

Zu welchem Zinssatz i ein Kapital K_0 über n Perioden angelegt werden muss, um ein Endkapital von K_n zu erzielen, beantwortet

$$i = \frac{K_n - K_0}{n \cdot K_0}. \qquad \text{(II.13)}$$

Beispiele:

1. Ein Anfangskapital von 15.000 Euro ergibt nach einer Anlagezeit von 5 Jahren ein Endkapital von 20.000 Euro. Bei Unterstellung einfacher Verzinsung lag der Zinssatz i p. a. bei

   $$i = \frac{20.000 - 15.000}{5 \cdot 15.000} = 0{,}0667$$

   bzw. der Zinsfuß bei 6,67 %.

2. Um nach 10 Jahren bei einer einfachen Verzinsung von 2 % p. a. einen Betrag von 3.000 Euro zu erhalten, muss heute folgender Betrag (Barwert) angelegt werden:

   $$K_0 = \frac{3.000}{1 + 10 \cdot 0{,}02} = 2.500 \text{ Euro}$$

Eine besondere Anwendung der einfachen Verzinsung ergibt sich bei der Geldanlage in **festverzinsliche Wertpapiere**. Erwerben wir eine p%ige Bundesobligation im Wert von K_0 (Nennwert) und einer Laufzeit von n Jahren, so erhalten wir jährlich genau $i \cdot K_0$ ausgezahlt. Bei einem *Ausgabekurs von 100 % und ohne Berücksichtigung von Gebühren* ist die Rendite oder auch der *Effektivzins bei einfacher Verzinsung* eines solchen Investments *gleich dem Nominalzins* i = p/100, zu dem das Papier ausgegeben wurde. Wird unter oder über dem Nennwert emittiert oder fallen Gebühren an, entspricht die effektive (tatsächliche) Verzinsung nicht länger dem Nominalzins.

Beispiel:

Eine 7%ige Bundesanleihe (Nennwert 20.000 Euro) wird zu einem Kurs von 97 % erworben. Dabei fallen Provisionen in Höhe von 1,5 % vom Ausgabewert an. Wie hoch ist die effektive Verzinsung (der durchschnittliche Wertzuwachs) bei einer Laufzeit von 20 Jahren?

Für den Erwerb des Papiers ist insgesamt folgende Anfangsinvestition erforderlich:

	Kurswert	19.400 Euro	(97 % von 20.000)
+	Provisionen	291 Euro	(1,5 % von 19.400)
=	Investition	19.691 Euro	

In jedem der 20 Jahre Laufzeit wird ein Zins von 7 % des Nennwertes bezahlt, was zu einem Gesamtzinsertrag von 20 · (0,07 · 20.000) = 20 · 1.400 = 28.000 Euro führt.

Um nun Formel (II.13) anwenden zu können, ist zu beachten, dass sich K_n bei einem festverzinslichen Wertpapier nicht als Summe aus Anfangsinvestition und Gesamtzinsertrag, sondern als Summe aus dem Nennwert und den gesamten Zinserträgen ergibt. Am Laufzeitende wird bei einem festverzinslichen Wertpapier nämlich immer der Nennwert ausbezahlt. Die Anfangsinvestition ist als K_0 zu betrachten.

Die effektive Verzinsung liegt damit p. a. bei

$$i = \frac{(20.000 + 28.000) - 19.691}{20 \cdot 19.691} = 0{,}0719 = 7{,}19\ \%.$$

Der Nominalzins in Höhe von 7 % würde nur dann der effektiven Verzinsung entsprechen, wenn der Ausgabekurs bei 100 % liegt und keinerlei Gebühren oder Provisionen anfallen. Aufgrund der Ausgabe unter Nennwert und der geringen Gebühren können hier 0,19 Prozentpunkte mehr als der Nominalzins erzielt werden.

Auch bei **Ratenkreditverträgen**, für die der deutsche Gesetzgeber seit 1973 die Angabe des Effektivzinssatzes zur Pflicht gemacht hat, ist eine Unterscheidung in Nominal- und Effektivzins von Bedeutung, da hier nicht selten die Zinsen von der Restkaufsumme und nicht von der Restschuld berechnet werden. Man spricht bei solchen Verträgen auch von Verträgen mit *Laufzeitzinssatz*. Der effektive Zinssatz eines solchen Vertrages gibt an, welchen Zinssatz wir anwenden müssten, um bei Berücksichtigung der Tilgung genau auf die Belastung aus dem Vertrag (Zinsen + ggf. Gebühren) als Zinsbetrag zu kommen. Dieser effektive Zinssatz ist bei Vertragsvergleichen zugrunde zu legen.

Beispiel:

Beim Kauf einer Eigentumswohnung im Wert von 200.000 Euro sind 28 % Anzahlung zu leisten. Für die Restkaufsumme wird ein Zins von jährlich 0,5 % vereinbart. Zinsen und Tilgungen sollen in 36 gleichen Jahresraten bezahlt werden. Wie hoch ist die jährliche Rate und die Effektivverzinsung p. a.?

Auf die Restkaufsumme von 200.000 – (0,28 · 200.000) = 144.000 Euro fallen jährlich 144.000 · 0,005 = 720 Euro Zinsen an, was zusammen mit der jährlichen Tilgung von 144.000 / 36 = 4.000 zu einer Jahresrate von 4.720 Euro führt. Die Summe der Zinszahlungen liegt bei 36 · 720 = 25.920 Euro, was die Belastung b aus dem Vertrag darstellt.

Zur Berechnung von i_{eff} muss die Tilgung von jährlich 4.000 Euro berücksichtigt werden, d.h. je einen Monat lang verzinsen sich 144.000, 140.000, 136.000, ... Somit gilt für die Zinsen $z = i_{eff} \cdot (144.000 + 136.000 + \ldots)$. Da die Restschulden eine arithmetische Reihe mit dem Anfangsglied 144.000 und d = –4.000 darstellen, können wir ihre Summe über 36 Jahre nach (II.6) als $s_{36} = 36 \cdot 144.000 + (36 \cdot 35 / 2) \cdot (-4.000) = 2.664.000$ Euro ermitteln. Der Zinsbetrag z muss nun der Belastung b gleichgesetzt werden, d.h. $b = i_{eff} \cdot s_{36}$. Der Effektivzins ergibt sich daraus bei einfacher Verzinsung zu

$$i_{eff} = \frac{b}{s_{36}} = \frac{\text{Zinssumme}}{\text{Restschuldsumme}} = \frac{25.920}{2.664.000} = 0{,}0097 \text{ p. a.}$$

bzw. 0,97 %. Dies entspricht genau genau dem Durchschnitt der folgenden Folge:

$$\underbrace{\frac{720}{144.000} = 0{,}005}_{\text{1. Jahr}}, \underbrace{\frac{720}{140.000} = 0{,}00514}_{\text{2. Jahr}}, \underbrace{\frac{720}{136.000} = 0{,}00529}_{\text{3. Jahr}}, \ldots, \underbrace{\frac{720}{4.000} = 0{,}18}_{\text{36. Jahr}}$$

Bisher gingen alle Berechnungen davon aus, dass ein Anfangskapital K_0 am Anfang des Jahres eingezahlt wurde. Erfolgt eine Einzahlung jedoch während des Jahres (sog. **unterjährige Einzahlung**), so ist der Zinssatz i zu korrigieren. Der neue Zinssatz i_{neu} für den Rest dieses angebrochenen Anlagejahres (bis zum letzten Tag des Monats Dezember) ergibt sich aus dem Jahreszinssatz $i_{p.a.}$ als

$$i_{neu} = \frac{\text{verbleibende Tage des Jahres}}{360} \cdot i_{p.a.}, \qquad \text{(II.14)}$$

wobei bei den verbleibenden Tagen des Jahres der Einzahlungstag nicht gerechnet wird und ein Auszahlungstag als Zinstag zählt.

Beispiel:

Ein Kapital in Höhe von 1.000 Euro wird am 6.11. bei einem Zinssatz von 5 % p. a. angelegt. Welches Endkapital liegt zum Jahresende vor?

$$K_1 = 1.000 \cdot (1 + \frac{54}{360} \cdot 0{,}05) = 1007{,}50 \text{ Euro}$$

2.2.2 Zinseszins

Werden die Zinsen zum Zeitpunkt der Fälligkeit (in der Regel am Jahresende) nicht entnommen, sondern auf dem Anlagekonto belassen (kapitalisiert), so wird in der Folgeperiode nicht nur der ursprüngliche Anlagebetrag, sondern nun auch die auf dem Konto belassenen Zinsen verzinst. Wir sprechen dabei von einem sog. **Zinseszinseffekt**, da es "Zinsen auf die Zinsen" gibt.

Abbildung II 3 veranschaulicht die Entwicklung der Zinsen und des Gesamtkapitals bei Berücksichtigung des Zinseszinseffektes. Wir erkennen, dass sich die Zinsberechnung in Periode 1 zunächst nur auf K_0 bezieht. Nach der ersten Zinsgutschrift

Z_1 wird diese dann neben K_0 bei der Berechnung jedes weiteren Zinses berücksichtigt. Analoges gilt für alle weiteren Zinszahlungen. Dies hat zur Folge, dass die Zinsgutschrift von Periode zu Periode steigt und nicht wie bei der einfachen Verzinsung konstant bleibt. Allgemein gilt $Z_t = K_{t-1} \cdot i$. Da jeweils der auf dem Anlagekonto vorhandene Kapitalbestand verzinst wird, zeigt Abbildung II 3 außerdem, dass sich das Gesamtkapital in der Form $K_t = K_{t-1} \cdot (1 + i)$ entwickelt.

Zinsentwickung:

	Periode 1	Periode 2	Periode 3	...
	$Z_1 = K_0 \cdot i$	$Z_2 = (\underbrace{K_0 + Z_1}_{K_1}) \cdot i$	$Z_3 = (\underbrace{K_0 + Z_1 + Z_2}_{K_2}) \cdot i$	...

Entwicklung des Gesamtkapitals:

Einzahlung	Periode 1	Periode 2	Periode 3	...
K_0	$K_1 = K_0 \cdot (1+i)$	$K_2 = K_1 \cdot (1+i)$	$K_3 = K_2 \cdot (1+i)$	...

Abbildung II 3: Zinseszins

Betrachten wir die Entwicklung des Gesamtkapitals in der Form

$$K_1 = K_0 \cdot (1+i)$$
$$K_2 = K_1 \cdot (1+i) = [K_0 \cdot (1+i)] \cdot (1+i) = K_0 \cdot (1+i)^2$$
$$K_3 = K_2 \cdot (1+i) = [K_0 \cdot (1+i)^2] \cdot (1+i) = K_0 \cdot (1+i)^3,$$

so lässt sich eine eindeutige Systematik erkennen. Es handelt sich um eine geometrische Folge. Wird ein Anfangskapital über n Perioden verzinst und werden die Zinsen kapitalisiert, so ergibt sich das Endkapital über

$$K_n = K_0 \cdot (1+i)^n, \qquad \text{(II.15)}$$

wobei der Faktor $1 + i \equiv q$ auch als **Aufzinsungsfaktor** bezeichnet wird.

Beispiele:

1. Ein Anfangskapital von 1.000 Euro ergibt nach 10 Jahren bei jährlicher Verzinsung mit 3 % p. a. unter Zinseszinsen einen Betrag in Höhe von

   $$K_{10} = 1.000 \cdot (1+0{,}03)^{10} = 1.343{,}92 \text{ Euro},$$

   also 43,92 Euro mehr, als bei einfacher Verzinsung (vgl. Abschnitt II 2.2.1).

2. Zum 1. September werden 5.000 Euro bei einem Zins von 5 % p. a. für genau 12 Monate angelegt. Die Zinsgutschrift erfolgt am Ende des Kalenderjahres, d.h. per 31.12. Welches Endkapital ergibt sich nach dieser Anlagezeit, wenn der Zinseszinseffekt berücksichtigt wird (a)? Welches Endkapital wird erreicht, wenn der Betrag erst am 1. Dezember einbezahlt wird (b)?

   a) Da im alten Jahr genau 4 und im neuen Jahr genau 8 Anlagemonate vorliegen, ergibt sich das Endkapital zum 31.12. und 30.08. zu

$$K_{31.12.} = 5.000,00 \cdot \left(1 + \frac{4}{12} \cdot 0,05\right) = 5.083,33 \text{ Euro}$$

$$K_{30.08.} = 5.083,33 \cdot \left(1 + \frac{8}{12} \cdot 0,05\right) = 5.252,78 \text{ Euro.}$$

Da der Zins für das alte Jahr am 31.12. gutgeschrieben wird, kommt es im Folgejahr zu einem Zinseszinseffekt. Der Zeitpunkt der Zinsgutschrift spielt also eine entscheidende Rolle. Den Beginn der Verzinsung bezeichnet man in diesem Zusammenhang auch als *Wertstellung*.

b) Im alten Jahr verbleibt nun genau 1 Monat und im neuen 11 Monate zur Verzinsung des Kapitals. Wir erhalten damit

$$K_{31.12.} = 5.000,00 \cdot \left(1 + \frac{1}{12} \cdot 0,05\right) = 5.020,83 \text{ Euro}$$

$$K_{30.11.} = 5.020,83 \cdot \left(1 + \frac{11}{12} \cdot 0,05\right) = 5.250,95 \text{ Euro.}$$

Das Endkapital ist also geringer. Wählen wir den Einzahlungszeitpunkt genau in der Jahresmitte (1.7.), so erhalten wir den maximal möglichen Endkapitalwert. Es ergibt sich dann $K_{30.06.}$ = 5.253,13 Euro.

Wie bereits bei der einfachen Verzinsung, erlaubt uns auch die Umstellung von (II.15) nach den Variablen i, n und K_0 die Beantwortung weiterführender Fragestellungen. So wurde ein Anfangskapital K_0, dass bei Kapitalisierung der Zinsen über einen Zeitraum von n Perioden auf K_n angewachsen ist, zu einem Zinssatz von

$$i = \sqrt[n]{\frac{K_n}{K_0}} - 1 \qquad \text{(II.16)}$$

angelegt. Die Laufzeit einer Anlage können wir bei vorliegenden Werten K_n, K_0 und i über

$$n = \frac{\ln K_n - \ln K_0}{\ln(1+i)} \qquad \text{(II.17)}$$

bestimmen und für K_0 ergibt sich

$$K_0 = \frac{K_n}{(1+i)^n}. \qquad \text{(II.18)}$$

Statt eines Zinszuschlages wird hier ein Zinsabschlag vorgenommen. Wir sagen, dass das Kapital K_n auf einen früheren Zeitpunkt abgezinst oder diskontiert wird. Der Faktor $v = 1 / q = 1 / (1 + i)$, der nichts anderes als der reziproke Aufzinsungsfaktor ist und die Verzinsung rückgängig macht, wird daher auch als **Abzinsungs- oder Diskontfaktor** bezeichnet.

Beispiel :

Welches Anfangskapital muss bei einem Zinssatz von 4 % p. a. angelegt werden, um bei Zinskapitalisierung (Zinsen verbleiben auf dem Anlagekonto) am Ende des 5. Anlagejahres 1.500 Euro zu erhalten?

$$K_0 = \frac{K_n}{(1+i)^n} = \frac{1.500}{(1+0,04)^5} = 1.232,89 \text{ Euro}$$

2.2.3 Unterjährige und stetige Verzinsung

Bisher sind wir davon ausgegangen, dass innerhalb des Kalenderjahres eine einfache Verzinsung mit einem Zinsfuß von p % p. a. erfolgt. Die Zinsgutschrift (Wertstellung) erfolgte immer zum 31.12. des Anlagejahres. Nun besteht aber auch die Möglichkeit eine sog. **unterjährige Verzinsung** vorzunehmen. Das heißt, der Zinszuschlag oder -abschlag erfolgt unterjährig, z.B. vierteljährlich (quartalsweise), monatlich, wöchentlich oder sogar täglich. Somit ergibt sich gemäß der Zinseszinsformel (II.15)

$$K_{\text{Quartal n}} = K_0 \cdot (1 + i_{\text{Quartal}})^{\text{n Quartale}} \tag{II.19a}$$

$$K_{\text{Monat n}} = K_0 \cdot (1 + i_{\text{Monat}})^{\text{n Monate}} \tag{II.19b}$$

...

Dies bedeutet, dass wenn z.B. der Quartalszinssatz (p. q.) gegeben ist, das Endkapital nach n Quartalen mittels (II.19a) berechnet werden kann. Liegt ein Monatsszinssatz (p. m.) oder ein Tageszinssatz (p. t.) vor, gilt die entsprechende Vorgehensweise.

Beispiel:

Eine Summe von 1.000 Euro soll bei einem Zinssatz von 0,3 % p. q. genau 8 Quartale lang verzinst werden. Bei Zinseszins führt dies zu einem Endkapital von

$$K_8 = 1.000 \cdot (1 + 0{,}003)^8 = 1.024{,}25 \text{ Euro.}$$

Liegt der Jahreszinssatz (p. a.) und die Anzahl der Jahre vor, soll aber unterjährig verzinst werden, so müssen der Zinssatz und die Jahresanzahl auf die gewünschten Zinsperioden umgerechnet werden. Ist n die Anzahl der Jahre und i der Jahreszins, so ergibt sich das Endkapital nach n Jahren bei vierteljährlicher Verzinsung als

$$K_n = K_0 \cdot \left(1 + \frac{i}{4}\right)^{4 \cdot n},$$

bei monatlicher Verzinsung als

$$K_n = K_0 \cdot \left(1 + \frac{i}{12}\right)^{12 \cdot n}.$$

Dies führt für den t-ten Teil eines Jahres allgemein zu

$$K_n = K_0 \cdot \left(1 + \frac{i}{t}\right)^{t \cdot n}. \tag{II.20}$$

Beispiel:

Ein Kapital von 1.000 Euro wird zu 3 % p. a. für 3 Jahre verzinst. Die Zinsfeststellung und -gutschrift erfolgt monatlich. Unter Berücksichtigung des Zinseszinseffektes liegt der Kapitalstand nach dieser Anlagedauer bei

$$K_3 = 1.000 \cdot \left(1 + \frac{0{,}03}{12}\right)^{3 \cdot 12} = 1.094{,}05 \text{ Euro.}$$

Um den gleichen Endwert bei jährlicher Verzinsung bzw. Zinsfeststellung und -gutschrift am Jahresende zu erhalten, wäre nach (II.16) ein Zinssatz p. a. von

$$i = \sqrt[3]{\frac{1.094,05}{1.000}} - 1 = 0,0304$$

erforderlich. Dieser Zinssatz wird auch als effektiver Jahreszins i_{eff} bezeichnet. Führen wir analoge Berechnungen auch für halbjährliche, vierteljährliche, wöchentliche und monatliche Verzinsung durch, so erhalten wir folgende Ergebnisse:

Art der Verzinsung	K_3	i_{eff}
halbjährliche Verzinsung	1.093,443	0,030225
vierteljährliche Verzinsung	1.093,807	0,030339
monatliche Verzinsung	1.094,051	0,030416
wöchentliche Verzinsung	1.094,144	0,030445
tägliche Verzinsung	1.094,170	0,030453

Bei Betrachtung der Werte von K_3 für kleiner werdende Zinsperioden (bzw. steigendes t in (II.20)) stellen wir fest, dass der Endkapitalwert anscheindend konvergiert. Wir wollen diese Beobachtung im Folgenden näher untersuchen.

Setzen wir in (II.20) $\frac{i}{t} = \frac{1}{x}$ bzw. $t = i \cdot x$, so erhalten wir

$$K_n = K_0 \cdot \left[\left(1 + \frac{1}{x}\right)^x\right]^{i \cdot n}.$$

Da der Ausdruck in eckigen Klammern für $x \to \infty$, d.h. für "unendlich viele unendlich kleine Zinsperioden" gegen die Euler'sche Zahl e konvergiert, erhalten wir

$$K_n = K_0 \cdot e^{i \cdot n}. \qquad \text{(II.21)}$$

Dies bedeutet, dass ein Anfangskapital K_0 bei **stetiger Verzinsung** mit einem Satz i p. a. in n Jahren auf einen Wert gemäß (II.21) wächst. Wird auf die Entsprechung der Periodenzeiteinheiten (Tage, Monate etc.) und der Zinssätze geachtet, besitzt (II.21) auch für andere Periodizitäten als Jahre Gültigkeit.

Beispiele:

1. Berechnen wir für unser vorhergehendes Beispiel mit Anlagebetrag 1.000 Euro, Laufzeit 3 Jahre und 3 % Zins p. a. den Wert von K_3 bei stetiger Verzinsung, so erhalten wir

   $$K_3 = 1.000 \cdot e^{0,03 \cdot 3} = 1.094,174 \text{ Euro},$$

   was mit $i_{eff} = 0,030455$ einhergeht.

2. Zu welchem Zinssatz (p. a.) muss ein Kapital in Höhe von 5.000 Euro angelegt werden, um nach 5 Jahren bei stetiger Verzinsung 7.000 Euro zu erbringen?

   $$7.000 = 5.000 \cdot e^{i \cdot 5} \qquad |:5.000$$

   $$\frac{7.000}{5.000} = e^{i \cdot 5} \qquad |\ln$$

   $$\ln 1,4 = i \cdot 5 \qquad |:5$$

   $$i = \frac{\ln 1,4}{5} = 0,0673 = 6,73\ \%$$

2.3 Raten

Besonders bei Sparverträgen ist es häufig der Fall, dass in gewissen Abständen Einzahlungen auf Anlagekonten vorgenommen werden. Dabei können sowohl Zinssatz als auch Einzahlungen im Zeitverlauf in ihrer Höhe variieren. Der einfachste Fall liegt vor, wenn Zinssatz und Einzahlungen über einen gewissen Zeitraum fixiert werden. Wird jeweils *zu Beginn eines Jahres* dieselbe Rate r eingezahlt, so lässt sich der Kapitalstand bei einer Verzinsung mit dem Satz i nach n Jahren mittels Abbildung II 4 veranschaulichen.

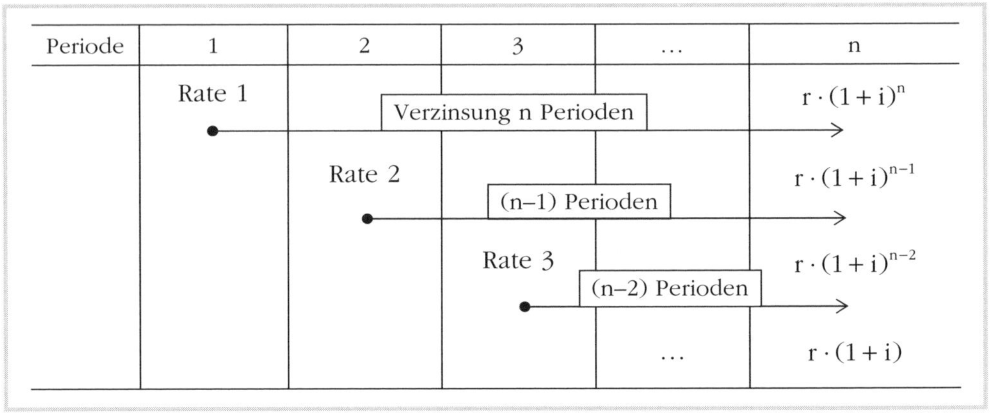

Abbildung II 4: Endkapital bei vorschüssigen Ratenverträgen

Wir erkennen, dass die erste Rate bis zum Ende des Anlagehorizonts, also genau n Perioden verzinst wird. Die zweite Rate wird eine Periode weniger verzinst, usw. Damit ergibt sich als Endkapital nach n Perioden

$$\begin{aligned} K_n &= r \cdot (1+i)^n + r \cdot (1+i)^{n-1} + r \cdot (1+i)^{n-2} + \ldots + r \cdot (1+i) \\ &= r \cdot q^n + r \cdot q^{n-1} + r \cdot q^{n-2} + \ldots + r \cdot q \\ &= r \cdot q \cdot (1 + q + \ldots + q^{n-1}). \end{aligned}$$

Da der Klammerausdruck nichts anderes als das n-te Glied einer geometrischen Reihe ist, können wir ihn durch

$$s_n = \frac{1-q^n}{1-q}$$

ersetzen. Wir erhalten damit den Endwert einer Ratenzahlung mit konstanten Einzahlungen r und Verzinsung über n Jahre mit dem Satz i als

$$K_n = r \cdot q \cdot \frac{1-q^n}{1-q} \quad \text{mit} \quad q \equiv (1+i) \neq 1. \tag{II.22}$$

Diese Formel haben wir bereits unter II 1.2.3 als Anwendungsbeispiel für die geometrische Reihe kennengelernt. Für ein Rechenbeispiel verweisen wir daher auf diesen Abschnitt. Betrachten wir stattdessen ein einfaches Beispiel für eine wachsende Rate.

Beispiel:

Ein Sparvertrag mit einer Laufzeit von 3 Jahren und einen festen Zins von 3 % p. a. sieht jedes Jahr eine Verdopplung des Einzahlungsbetrages des Vorjahres vor. Die erste Einzahlung in Höhe von 2.000 Euro erfolgt am 01.01.2005. Wie hoch ist das Endkapital am Ende der Laufzeit?

Mit $r_1 = 2.000$, $r_2 = 4.000$ und $r_3 = 8.000$ erhalten wir

$$\begin{aligned} K_3 &= 2.000 \cdot (1+0{,}03)^3 + 4.000 \cdot (1+0{,}03)^2 + 8.000 \cdot (1+0{,}03)^1 \\ &= \sum_{t=1}^{3} 8.000 \cdot 0{,}5^{t-1} \cdot (1+0{,}03)^t = 14.669{,}05 \text{ Euro.} \end{aligned}$$

Je nach Fragestellung können wir (II.22) auch nach den anderen Variablen auflösen. So erhalten wir für die Rate r und die Laufzeit n

$$r = \frac{K_n}{q} \cdot \frac{1-q}{1-q^n} \tag{II.23}$$

$$n = \frac{\ln\left(1 + \frac{(q-1) \cdot K_n}{r \cdot q}\right)}{\ln q}. \tag{II.24}$$

Beispiel:

Wie hoch müsste der jährlich gleich bleibende Einzahlungsbetrag (jeweils zum 01.01. eines Jahres) bei einem Bausparvertrag sein, um bei einem Zinssatz von 2,5 % p. a. und einer Laufzeit von 20 Jahren ein Endkapital von genau 25.000 Euro zu erhalten?

Mit $q \equiv 1 + i = 1 + 0{,}025 = 1{,}025$ erhalten wir

$$r = \frac{25.000}{1{,}025} \cdot \frac{1-1{,}025}{1-1{,}025^{20}} = 954{,}81 \text{ Euro.}$$

Um vom Endwert, der Laufzeit und der Rate auf die Verzinsung zu schließen, müssen die Lösungen der Gleichung (n+1)-ten Grades

$$q^{n+1} - \frac{K_n + r}{r} \cdot q + \frac{K_n}{r} = 0 \tag{II.25}$$

bestimmt werden. Dies ist jedoch nur näherungsweise mit numerischen Verfahren (z.B. Newton-Verfahren) möglich, die wir in Kapitel III noch kennenlernen werden.

Bisher sind wir davon ausgegangen, dass die erste und jede weitere Einzahlung jeweils zu Beginn einer Periode erfolgen. Man spricht in diesem Fall von **vorschüssiger Einzahlung**. Werden Einzahlungen erst am Ende einer Periode vorgenommen, so liegt eine sog. **nachschüssige Einzahlung** vor. Hierbei ist zu beachten, dass dadurch z.B. von einer Bank für die Periode, in der die Einzahlung erfolgt, kein Zins bezahlt wird, denn das Geld steht der Bank ja nicht zur Verfügung.

Bezeichnen wir die nachschüssige Rate mit $\bar{r}$, so können wir das Endkapital bei nachschüssiger Ratenzahlung mittels Abbildung II 5 veranschaulichen. Wie deutlich zu erkennen ist, wird die erste Rate erst ab Periode 2, also nur n – 1 Perioden verzinst. Analoges gilt auch für die anderen Ratenzahlungen. Im Vergleich zur vorschüssigen Einzahlung wird also jede Rate eine Periode weniger verzinst. Die letzte Ratenzahlung in Periode n wird daher nicht mehr verzinst.

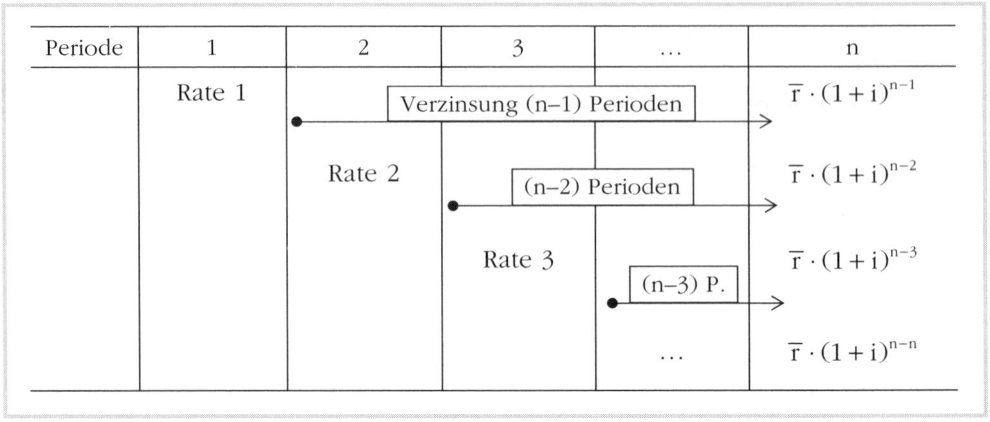

Abbildung II 5: Endkapital bei nachschüssigen Ratenverträgen

Für das Endkapital $\bar{K}_n$ bei nachschüssigen Ratenverträgen erhalten wir damit

$$\bar{K}_n = \bar{r} \cdot (1+i)^{n-1} + \bar{r} \cdot (1+i)^{n-2} + ... + \bar{r} \cdot (1+i),$$

woraus sich nach Vereinfachung mittels der darin steckenden geometrischen Reihe

$$\bar{K}_n = \bar{r} \cdot \frac{1-q^n}{1-q} \quad \text{mit} \quad q = (1+i) \neq 1 \tag{II.26}$$

ergibt. Im Gegensatz zu vorschüssigen Verträgen bzw. (II.22) taucht hier als der zusätzliche Faktor q nicht mehr auf. Das Endkapital eines nachschüssigen Ratenvertrages ist also aufgrund von $K_n = \bar{K}_n \cdot q$ immer geringer als das eines vorschüssigen. Stellen wir (II.26) nach den Größen $\bar{r}$ und n um, ergibt sich

$$\bar{r} = \bar{K}_n \cdot \frac{1-q}{1-q^n} \tag{II.27}$$

$$n = \frac{\ln\left(1 + \frac{(q-1) \cdot \bar{K}_n}{\bar{r}}\right)}{\ln q}. \tag{II.28}$$

Auch hier lässt sich der Zinssatz nur aus einem Polynom ermitteln. Dieses ist nun aber n-ten Grades und hat die Form

$$q^n - \frac{\bar{K}_n}{\bar{r}} \cdot q + \frac{\bar{K}_n - \bar{r}}{\bar{r}} = 0. \tag{II.29}$$

Es kann wiederum nur näherungsweise gelöst werden.

Beispiel:

Wie viele Jahre muss in einen Ratensparvertrag (Einzahlung von 500 Euro jeweils zum Jahresende) eingezahlt werden, um bei einem Zinssatz von 4 % p. a. ein Endkapital von 15.500 Euro zu erzielen?

$$n = \frac{\ln\left(1 + \frac{((1+0{,}04)-1) \cdot 15.500}{500}\right)}{\ln\,(1+0{,}04)} = 20{,}56 \text{ Jahre}$$

2.4 Renten

Im Vergleich zu Ratenverträgen handelt es sich bei **Renten** nicht um wiederkehrende Einzahlungen sondern um *über mehrere Perioden verteilte Auszahlungen*. Nach Einzahlung eines Anfangswertes (Rentenbarwert) auf ein Anlagekonto sinkt also durch die periodischen Renten der Wert auf dem Konto, wodurch auch der Zins sinkt, der vom Kreditinstitut oder der Versicherung bezahlt wird. Je nachdem, ob die Auszahlung am Periodenanfang oder -ende erfolgt, kann wieder zwischen einer vor- und einer nachschüssigen Betrachtungsweise unterschieden werden. Analog zur Zins- bzw. Ratenrechnung bezeichnen wir im Folgenden bei vorschüssigen Renten den Rentenbarwert mit R_0, den Rentenendwert nach n Rentenzahlungen mit R_n und die Rente mit r. Im nachschüssigen Fall verwenden wir entsprechend die Symbole $\overline{R}_0$, $\overline{R}_n$ und $\overline{r}$.

2.4.1 Nachschüssige Renten

Interessieren wir uns dafür, welcher Betrag auf ein Anlagekonto eingezahlt werden muss, um daraus über eine Laufzeit von n Jahren *nachschüssig* (jeweils *am Jahresende*) eine Rente $\overline{r}$ entnehmen zu können, können wir dies nur dadurch bestimmen, dass wir alle Renten auf den Zeitpunkt 0 abzinsen und die Einzelbarwerte addieren.

Abbildung II 6 zeigt, dass bei nachschüssiger Betrachtung die Rente, die am Ende der ersten Periode ausgezahlt wird, insgesamt nur diese eine Periode auf dem Anlagenkonto liegt und daher auch nur diese eine Periode verzinst wird. Bei Rückrechnung auf den Barwert wird also auch nur für eine Periode mit dem Diskontfaktor $v \equiv 1 / q = 1 / (1 + i)$ abgezinst. Die zweite Rentenzahlung liegt genau 2 Perioden auf dem Konto. Man erhält für 2 Perioden Zinsen. Es wird also auch 2 Perioden, d.h. mit v^2 abgezinst. Ähnliches gilt für alle weiteren Rentenzahlungen.

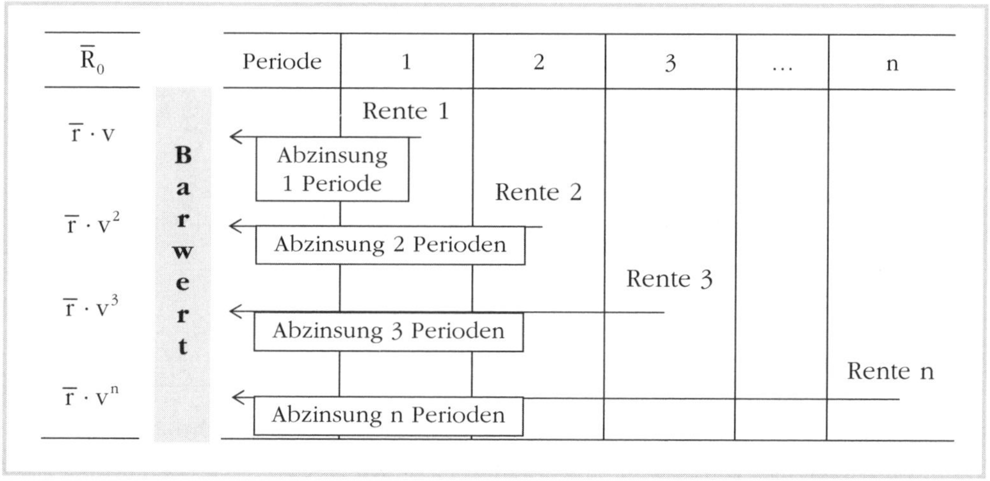

Abbildung II 6: Barwert nachschüssiger Renten

Für den Barwert einer nachschüssigen Rente können wir damit

$$\begin{aligned}\overline{R}_0 &= \overline{r} \cdot v + \overline{r} \cdot v^2 + \overline{r} \cdot v^3 + \ldots + \overline{r} \cdot v^n \\ &= \overline{r} \cdot v \cdot (1 + v + \ldots + v^{n-1})\end{aligned}$$

festhalten. Da der Klammerausdruck wieder das n-te Glied einer geometrischen Reihe mit

$$s_n = \frac{1 - v^n}{1 - v}$$

ist, folgt für den Barwert der nachschüssigen Rente über n Jahre

$$\overline{R}_0 = \overline{r} \cdot v \cdot \frac{1 - v^n}{1 - v}. \qquad \text{(II.30)}$$

Beispiel:

Wieviel kostet eine Rente von jährlich 10.000 Euro, die bei einem Zinssatz i = 0,05 über 15 Jahre nachschüssig ausgezahlt wird?

Mit v = 1 / 1,05 erhalten wir

$$\overline{R}_0 = 10.000 \cdot \tfrac{1}{1{,}05} \cdot \frac{1 - (\frac{1}{1{,}05})^{15}}{1 - \frac{1}{1{,}05}} = 103.796{,}58\,.$$

Für den Restwert nach n Jahren $\overline{R}_n$ (vgl. auch (II.45) im Tilgungsabschnitt II 2.5), die Rentenauszahlung $\overline{r}$ und die Laufzeit n gilt bei nachschüssigen Renten

$$\overline{R}_n = \overline{R}_0 \cdot q^n - \overline{r} \cdot \frac{1 - q^n}{1 - q}, \qquad \text{(II.31)}$$

$$\overline{r} = \frac{\overline{R}_0}{v} \cdot \frac{1 - v}{1 - v^n} \qquad \text{(II.32)}$$

und

$$n = \frac{\ln\left(1 - \dfrac{\overline{R}_0 \cdot (1 - v)}{\overline{r} \cdot v}\right)}{\ln v}. \qquad \text{(II.33)}$$

Für die Bestimmung des Zinssatzes ist die Gleichung (n+1)-ten Grades

$$v^{n+1} - \left(1 + \frac{\overline{R}_0}{\overline{r}}\right) \cdot v + \frac{\overline{R}_0}{\overline{r}} = 0 \qquad \text{(II.34)}$$

zu lösen.

Beispiel:

Ein Lottogewinn in Höhe von 200.000 Euro soll auf ein spezielles Anlagekonto eingezahlt und in Form einer nachschüssigen Rente über eine Laufzeit von 7 Jahren ausgezahlt werden. Das Kreditinstitut bietet einen Zins von 5 % p. a. Wie hoch ist die jährliche Rentenauszahlung (a) und wie hoch ist nach 4 Jahren der Restwert auf dem Anlagekonto (b)?

a) $\overline{r} = \frac{200.000}{\frac{1}{1,05}} \cdot \frac{1-\frac{1}{1,05}}{1-\left(\frac{1}{1,05}\right)^7} = 34.563,96$

b) $\overline{R}_4 = 200.000 \cdot 1,05^4 - 34.563,96 \cdot \frac{1-1,05^4}{1-1,05} = 94.126,26$

Abschließend wollen wir noch einen **Sonderfall** aufführen, der in der Praxis relativ häufig vorkommt, und zwar eine nachschüssige Rente, die jedes Jahr um den Faktor w = (1 + g) wächst. Es gilt in diesem Fall für die Entwicklung der Rentenzahlungen Folgendes:

1. Jahr	2. Jahr	3. Jahr	...	n. Jahr
$\overline{r}$	$\overline{r} \cdot w$	$\overline{r} \cdot w^2$	...	$\overline{r} \cdot w^{n-1}$

Aus diesem Verlauf können wir für den Barwert einer solchen nachschüssigen Rente die allgemeine Formel

$$\overline{R}_0 = \overline{r} \cdot \frac{1-\left(\frac{w}{q}\right)^n}{i-g} \tag{II.35}$$

herleiten. Ist der Zinssatz i größer als g und läuft n gegen unendlich, so gilt zudem

$$\overline{R}_0 = \frac{\overline{r}}{i-g} \quad \text{für } i > g \text{ und } n \to \infty. \tag{II.36}$$

Dabei handelt es sich um eine sog. *ewige Rente.*

2.4.2 Vorschüssige Renten

Bei einer *vorschüssigen Rente* erfolgt die *Auszahlung* des Rentenbetrages jeweils zu *Beginn einer Periode.* Dies bedeutet, dass der Bank das angelegte Geld für einen kürzeren Zeitraum zur Verfügung steht und so auch der Zins im Vergleich zur nachschüssigen Rente geringer ausfällt. Da eine vorschüssige Rente also dem Anleger Zinsen kostet bzw. früher ausgezahlt wird, ist eine *vorschüssige Rente stets teurer als eine nachschüssige Rente,* d.h. es muss heute mehr angelegt werden, um die gleichen Rentenauszahlungen zu erlangen.

Abbildung II 7 veranschaulicht die Barwertbestimmung bei vorschüssigen Renten. Da bei vorschüssigen Renten die Auszahlung jeweils zum Periodenanfang erfolgt, wird die erste Rente unmittelbar nach Einzahlung des Anfangswertes wieder ausgeschüttet. Die Bank bezahlt keinen Zins für diese erste Rente. Es ist somit auch keine Abzinsung erforderlich. Die zweite Rentenauszahlung liegt die komplette erste Periode auf dem Anlagekonto, sodass für diese eine Periode ein Zins bezahlt wird. Da die Auszahlung bereits zu Beginn der zweiten Periode erfolgt, gibt es für diese keine Zinsen mehr. Es ist also nur eine Abzinsung für eine Periode vorzunehmen. Analoges gilt für die weiteren Perioden.

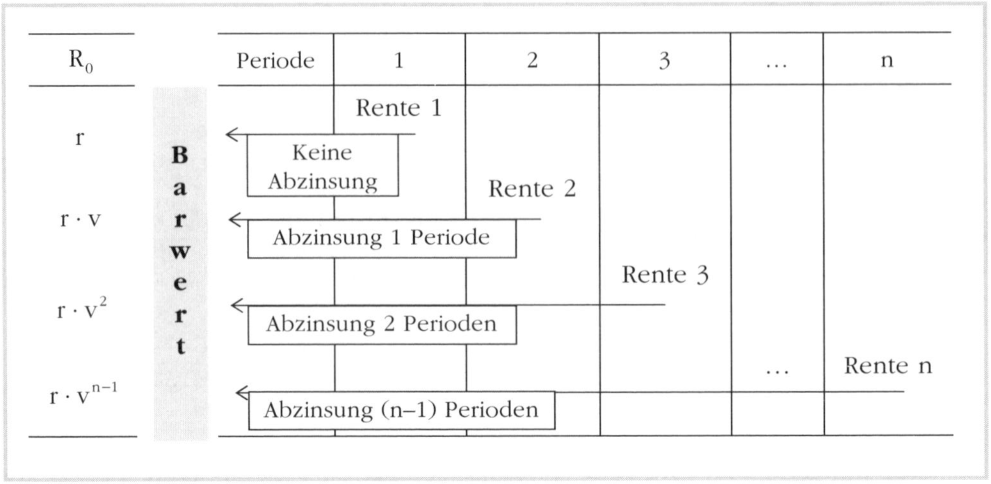

Abbildung II 7: Barwert vorschüssiger Renten

Damit ergibt sich für den Barwert vorschüssiger Renten

$$R_0 = r + r \cdot v + r \cdot v^2 + \ldots + r \cdot v^{n-1},$$

woraus sich nach Vereinfachung mittels der darin steckenden geometrischen Reihe

$$R_0 = r \cdot \frac{1-v^n}{1-v} \tag{II.37}$$

bestimmen lässt. Im Vergleich zum Barwert der nachschüssigen Rente (II.30) erkennen wir, dass in (II.37) die Rente nicht mehr mit dem Diskontfaktor v multipliziert wird, d.h. der Barwert der vorschüssigen Rente immer höher ist als jener der nachschüssigen (Multiplikation mit $v < 1$ reduziert Barwert). Es gilt $\overline{R}_0 = R_0 \cdot v$.

Beispiel:

In einem Beispiel des vorhergehenden Abschnitts II 2.4.1 hatten wir berechnet, dass eine Rente von jährlich 10.000 Euro, die bei einem Zinssatz $i = 0{,}05$ über 15 Jahre nachschüssig ausgezahlt wird, 103.796,58 Euro kostet. Bei vorschüssiger Auszahlung müssten wir hingegen

$$R_0 = 10.000 \cdot \frac{1-(\frac{1}{1{,}05})^{15}}{1-\frac{1}{1{,}05}} = 108.986{,}41 \text{ Euro}$$

anlegen. Diesen Betrag können wir natürlich auch über $R_0 = \overline{R}_0 \cdot q$ bestimmen.

Die Größen R_n, r und n erhalten wir bei vorschüssiger Betrachtung wie folgt:

$$R_n = R_0 \cdot q^n - r \cdot q \cdot \frac{1-q^n}{1-q} \tag{II.38}$$

$$r = R_0 \cdot \frac{1-v}{1-v^n} \tag{II.39}$$

$$n = \frac{\ln\left(1 - \frac{R_0 \cdot (1-v)}{r}\right)}{\ln v} \tag{II.40}$$

Den Zinssatz erhalten wir über das Polynom

$$v^n - \frac{R_0}{r} \cdot v + \frac{R_0 - r}{r} = 0 \,. \tag{II.41}$$

Beispiel:

Mit welchem Kontostand am Ende der Anlagezeit kann ein Anleger rechnen, wenn er sich 100.000 Euro in Form einer vorschüssigen Rente in Höhe von jährlich 10.000 Euro über einen Zeitraum von 10 Jahren bei einem Zins von 3 % p. a. auszahlen lässt?

$$\begin{aligned} R_{10} &= 100.000 \cdot (1+0,03)^{10} - 10.000 \cdot (1+0,03) \cdot \frac{1-(1+0,03)^{10}}{1-(1+0,03)} \\ &= 134.391,64 - 118.077,96 \\ &= 16.313,68 \text{ Euro} \end{aligned}$$

Wenn also Renten und Anlagebetrag nicht aufeinander abgestimmt sind, verbleibt am Laufzeitende ein Restbetrag auf dem Anlagekonto. Andernfalls wird der Kontostand vollständig aufgezehrt.

2.4.3 Kombinationen aus Raten und Renten

In der Regel wird der Anfangswert (Barwert) einer Rente nicht als Einmalzahlung auf ein Anlagekonto erbracht. In der Praxis ist es bei solchen Verträgen eher der Fall, dass der Barwert der Rente über eine gewisse Laufzeit durch Ratenzahlungen angesammelt und dann ausgezahlt wird. Auch Ruhephasen zwischen Rateneinzahlung und Rentenauszahlung sind denkbar. Es kann außerdem vorkommen, dass sich innerhalb der Laufzeit die Zinssätze oder die Fälligkeiten (vorschüssig, nachschüssig) ändern. Zudem ist eine Änderung der Verteilung des Restwertes einer Rente ab einem bestimmten Zeitpunkt möglich. Abbildung II 8 zeigt ein typisches Konstrukt.

Beispiel 1:

Bei einem Ratensparvertrag ergab sich nach einer Laufzeit von 20 Jahren ein Endwert von 45.550 Euro. Dieser Betrag soll nun zunächst für 3 Jahre (ab dem 01.01.) bei einem Zins von 3,5 % als Festgeld angelegt werden. Anschließend soll aus dem so entstehenden Kapital eine Rente über 10 Jahre bei einem Zinssatz von 4 % finanziert werden. Wie hoch ist die jährliche Rente, wenn sie am Jahresende ausbezahlt wird?

Der Barwert der durchzuführenden Zinseszinsrechnung ergibt sich aus dem Endwert des Ratensparvertrags und beläuft sich auf 45.550 Euro. Die Verzinsung dieses Kapitals über 3 Jahre bei 3,5 % ergibt einen Endwert von

$$K_3 = 45.550 \cdot (1+0,035)^3 = 50.502,10 \,.$$

Diese 50.502,10 Euro sind nun wiederum Grundlage für die Berechnung der Rente. Konkret entspricht der Betrag dem Rentenbarwert. Mit v = 1 / 1,04 erhalten wir einen jährlichen Rentenbetrag von

$$\bar{r} = \frac{50.502,10}{\frac{1}{1,04}} \cdot \frac{1-\frac{1}{1,04}}{1-\left(\frac{1}{1,04}\right)^{10}} = 6.226,45 \text{ Euro.}$$

Beispiel 2:

Es wird eine vorschüssige Rente für 100.000 Euro gekauft, die bei einem Zins von 3 % p. a. vorschüssig 8.000 Euro jährlich auszahlt. Nach 8 Jahren sollen aus dem Restwert noch 4 gleich große vorschüssige Rentenzahlungen erfolgen. Wie hoch sind diese?

Nach (II.38) erhalten wir für den Restwert der vorschüssigen Rente

$$R_8 = 100.000 \cdot 1,03^8 - 8.000 \cdot 1,03 \cdot \frac{1-1,03^8}{1-1,03} = 53.404,16 \text{ Euro,}$$

womit wir über (II.39) die vorschüssigen Rentenzahlungen

$$r = 53.404,16 \cdot \frac{1-\frac{1}{1,03}}{1-\left(\frac{1}{1,03}\right)^4} = 13.948,70 \text{ Euro}$$

bestimmen können.

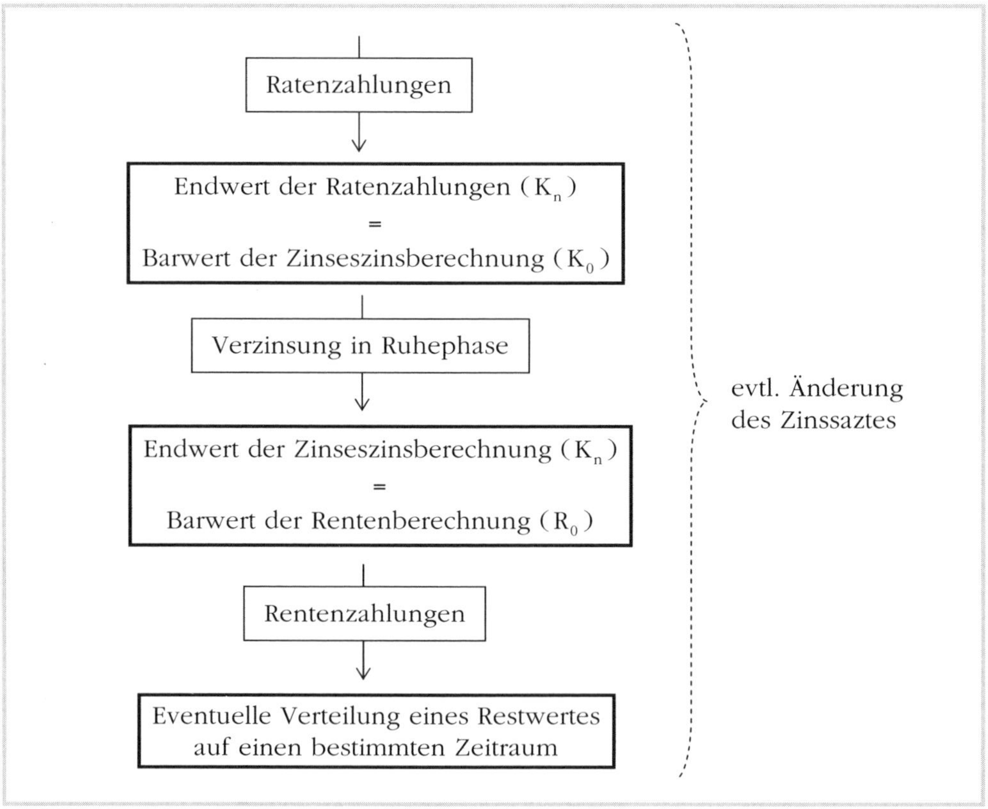

Abbildung II 8: Kombinationen aus Raten und Renten

2.4.4 Unterjährige Raten und Renten

Bisher sind wir bei den behandelten Raten und Renten davon ausgegangen, dass eine jährliche Zahlung und damit eine jährliche Zinsfeststellung und -zahlung (Wertstellung) erfolgt. In der Praxis kommt es aber häufig zu monatlichen oder vierteljährlichen Zahlungen. Liegt ein Monatszins und die Anzahl der Anlagemonate (analog bei Quartalen) vor, so können die bisherigen Formeln für Raten und Renten auch bei unterjähriger Zahlweise wie gewohnt angewendet werden.

Beispiel:

Christian verpflichet sich, in einen Bausparvertrag monatlich jeweils zum 1. des Monats 200 Euro einzuzahlen. Die Bank bietet ihm eine monatliche Verzinsung von 0,5 % p.m. Wie hoch ist das Bausparguthaben nach einem Jahr?

$$K_{\text{Ende 1.Jahr}} = 200 \cdot 1{,}005 \cdot \frac{1-1{,}005^{12}}{1-1{,}005}$$

Liegt der Monatszinssatz (i = 0,005) und die dazugehörige Anzahl an Monaten (n = 12) vor, so kann das Endkapital also mit der bereits bekannten Formel für vorschüssige Raten berechnet werden.

Bei *vorliegendem Jahreszinssatz,* aber unterjähriger Zahlweise bestehen zwei möglichkeiten den Endkapitalwert bei Ratenverträgen zu bestimmen. Die erste sieht vor, die Summe der Monatszahlungen (Quartalszahlungen) unter Berücksichtigung einfacher Verzinsung in äquivalente Jahreszahlungen umzurechnen, für die dann Zinseszinsen berechnet werden.

Beispiel:

Ein Zielsparvertrag setzt eine vorschüssige, quartalsweise Einzahlung von 200 Euro voraus. Die Bank bietet einen Zins von 5 % p. a. bei einer Laufzeit von 5 Jahren. Wie hoch ist das Kapital nach 5 Jahren?

<u>1. Schritt:</u> Berechnung von K_1 bei einfacher Verzinsung

Bei einfacher Verzinsung erhalten wir am Ende des ersten Jahres

$$K_1 = r \cdot (1 + \underbrace{i}_{\text{Jahreszins}}) + r \cdot (1 + \underbrace{3 \cdot \tfrac{i}{4}}_{\substack{\text{Zins anteilig} \\ \text{f. 3 Quartale}}}) + r \cdot (1 + \underbrace{2 \cdot \tfrac{i}{4}}_{\substack{\text{Zins anteilig} \\ \text{f. 2 Quartale}}}) + r \cdot (1 + \underbrace{1 \cdot \tfrac{i}{4}}_{\substack{\text{Zins anteilig} \\ \text{f. 1 Quartal}}})$$

$$= 4 \cdot r + \frac{r \cdot i}{4} \cdot (4+3+2+1) = 4 \cdot r + \frac{r \cdot i}{4} \cdot \frac{4 \cdot 5}{2} = 4 \cdot r + \frac{5 \cdot r \cdot i}{2},$$

wobei die Klammer (4 + 3 + 2 + 1) das 4. Glied einer arithmetischen Reihe enthält und daher wie angeführt umgeformt werden kann. Konkret erhalten wir also für dieses Beispiel

$$K_1 = 4 \cdot 200 + \frac{5 \cdot 200 \cdot 0{,}05}{2} = 825{,}00 \text{ Euro.}$$

<u>2. Schritt:</u> Berücksichtigung des Zinseszinses über die gesamte Laufzeit

Der Wert K_1 wird am Jahresende gutgeschrieben, sodass nun von einer nachschüssigen Betrachtungsweise auszugehen ist. Da sich K_1 in jeder Folgeperiode identisch ergibt, ist lediglich noch der Zinseszinseffekt zu berücksichtigen.

$$\begin{aligned}\bar{K}_5 &= \bar{K}_1 \cdot q^4 + \bar{K}_1 \cdot q^3 + \bar{K}_1 \cdot q^2 + \bar{K}_1 \cdot q^1 + \bar{K}_1 \\ &= \bar{K}_1 \cdot \left(1 + q^1 + q^2 + q^3 + q^4\right) \\ &= \bar{K}_1 \cdot \frac{1-q^5}{1-q}\end{aligned}$$

Wir erhalten also für das Endkapital bei unterjähriger Zahlung hier

$$\bar{K}_5 = 825 \cdot \frac{1-1{,}05^5}{1-1{,}05} = 4.558{,}65\ .$$

Eine zweite Möglichkeit, unterjährige Ratenzahlungen bei *gegebenem Jahreszins* zu behandeln, besteht darin, den Jahreszinssatz in den entsprechenden Monatszins (Quartalszins) umzurechnen, der dann bei monatlicher (vierteljährlicher) Zinskapitalisierung zum selben Ergebnis wie bei jährlicher Zinsberechnung führt. Exakt ist dies allerdings nur bei bekanntem Endwert möglich, da nur in diesem Fall ein genauer unterjähriger Zinsfaktor bestimmt werden kann. Bei unbekanntem Endwert kann ein Näherungswert für den unterjährigen Zinsfaktor bestimmt werden. Aus der Überlegung, dass 1 Euro monatlich (q_m) bzw. jährlich (q) verzinst denselben Endwert besitzen soll, lässt sich nämlich aufgrund $q_m^{12} = q$ die Relation

$$q_m = \sqrt[12]{q}$$

ermitteln.

Beispiel:

Greifen wir auf unser vorhergehendes Beispiel zurück, so können wir bei bekanntem Endwert K_5 = 4.558,65 Euro den vierteljährlichen Zinsfaktor $q_q = 1 + i_q$ durch Lösen der Gleichung

$$\begin{aligned}K_5 &= r \cdot q_q^{20} + r \cdot q_q + \ldots + r \cdot q_q \\ &= r \cdot q_q \cdot \frac{1-q_q^{20}}{1-q_q}\end{aligned}$$

bestimmen. Mittels entsprechender iterativer Verfahren (Suchen der Lösung durch Probieren) erhalten wir die Lösung q_q = 1,01228937. Nur bei diesem q_q erhalten wir genau den Betrag 4.558,65 Euro. Da wir aber gerade K_5 in empirischen Fragestellungen bestimmen wollen, können wir uns der Näherung

$$q_q = \sqrt[4]{q} = \sqrt[4]{1{,}05} = 1{,}01227223$$

bedienen, die uns zu

$$K_5 = r \cdot q_q \cdot \frac{1-q_q^{20}}{1-q_q} = 4.557{,}80 \text{ Euro}$$

führt. Dieser Wert liegt sehr nah am exakten Wert 4.558,65 Euro.

Bei unterjährigen Renten ist häufig eine unterjährige Verrechnung - mit entsprechend einfacher Verzinsung - vereinbart. Durch Berechnung eines äquivalenten Monatszinsfaktors $q_m = \sqrt[12]{q}$ (bzw. Quartalszinsfaktors $q_q = \sqrt[4]{q}$) kann in diesem Fall trotzdem die normale Rentenberechnung angewendet werden.

Beispiel:

Eine Summe von 100.000 Euro soll bei einem Zins von 4% p. a. über 4 Jahre in Monatsraten vorschüssig ausbezahlt werden. Wie hoch ist die monatliche Rente?

$$q = 1 + 0,04 = 1,04 \qquad \rightarrow q_m = \sqrt[12]{1,04} = 1,003274 \qquad \rightarrow v_m = \frac{1}{q_m} = 0,996737$$

$$r = 100.000 \cdot \frac{1 - 0,996737}{1 - 0,996737^{4 \cdot 12}} = 2.247,35 \text{ Euro}$$

Eine analoge Vorgehensweise gilt bei unterjährigen Tilgungen (vgl. II 2.5).

2.5 Tilgungen

2.5.1 Allgemeines

Bei der Tilgungsrechnung wird eine Anfangsschuld (z.B. Auszahlung aus Bankkredit) durch regelmäßige oder unregelmäßige Raten über einen bestimmten Zeitraum beglichen. Die zu zahlenden Raten setzen sich zusammen aus Schuldzinsen z (auf die Restschuld) und Schuldtilgung t, die in der Regel jeweils auf ein Jahr bezogen sind. Schuldzinsen und tilgung zusammen werden als sog. Annuität a bezeichnet.

$$a = z + t \qquad \text{(II.42)}$$

Am Ende der Laufzeit n ist die Schuld getilgt, sodass also die Anfangsschuld S_0 gleich der Summe der Tilgungen sein muss.

$$S_0 = \sum_{i=1}^{n} t_i \qquad \text{(II.43)}$$

Die Restschuld *nach k Jahren* (bzw. am *Ende des k-ten Jahres*) S_k ergibt sich als Differenz aus Anfangsschuld und den bis dahin geleisteten Tilgungen.

$$S_k = S_0 - \sum_{i=1}^{k} t_i \qquad \text{(II.44)}$$

In der Praxis trifft man häufig auf zwei Arten von Tilgungen. Die sog. **Abzahlungstilgung** zeichnet sich durch *Annuitäten in abnehmender Höhe* aus, die sich aus einem gleich bleibenden Tilgungsbetrag t und einem abnehmenden Zins zusammensetzen (vgl. nachfolgendes Beispiel). Im Vergleich dazu weist die **Annuitätentilgung** (vgl. Abschnitt II 2.5.2) *Annuitäten in gleich bleibender Höhe* auf, die sich aus zunehmenden Tilgungsbeträgen t_i und abnehmenden Zinsen z_i zusammensetzen. Da durch die Tilgung die Restschuld und damit die Zinsbelastung abnimmt, müssen die Tilgungsraten von Jahr zu Jahr steigen, damit die Summe aus Zinsen und Tilgung die gleiche Annuität ergibt.

Bei Tilgungsrechnungen ist es oft von Vorteil und in der Praxis üblich, einen sog. **Tilgungsplan** zu erstellen. Dieser zeigt übersichtlich die Entwicklung der Schuld über die gesamte Laufzeit und beinhaltet die Entwicklung von Restschuld (Jahresanfang JA und Jahresende JE), Zinsen, Tilgung und Annuität.

Beispiel (Abzahlungstilgung):

Anfangsschuld: 40.000 Euro, Laufzeit: 4 Jahre, Schuldzins: 9 % p. a.

Jahr	Restschuld JA	Zinsen	Tilgung	Annuität	Restschuld JE
1	40.000,00	3.600,00	10.000,00	13.600,00	30.000
2	30.000,00	2.700,00	10.000,00	12.700,00	20.000
3	20.000,00	1.800,00	10.000,00	11.800,00	10.000
4	10.000,00	900,00	10.000,00	10.900,00	0
Σ	100.000,00	9.000,00	40.000,00	49.000,00	

Wie wir erkennen, werden die Zinsen jeweils von der Restschuld am Jahresanfang berechnet. Die Annuität entsteht aus Zins und Tilgung, die Summe der Tilgungen entspricht der Anfangsschuld und die Restschuld am Jahresende ergibt sich jeweils aus Restschuld am Jahresanfang abzüglich Tilgung. Für die Restschuld am Jahresende gilt der Zusammenhang $S_k = S_0 - k \cdot t$. Der Tilgungsbetrag ergibt sich aufgrund von $S_n = 0$ durch Nullsetzen dieses Zusammenhangs und Auflösen nach t zu $t = S_0 / n$.

Aus einem derartigen Tilgungsplan kann leicht die *Effektivverzinsung* des Darlehens berechnet werden. Es gilt hier

$$i_{eff} = \frac{\sum \text{Zinsen}}{\sum \text{Restschuld JA}} = \frac{9.000}{100.000} = 0{,}09 = 9\ \%.$$

Bei jährlicher Zahlweise mit konstantem Zinssatz und ohne Gebühren und Ausgabeabschläge ergibt sich hier der Nominalzins.

2.5.2 Annuitätische Tilgung

Wie bereits erwähnt, liegen bei der annuitätischen Tilgung stets konstante Annuitäten vor. Die Entwicklung der Restschuld *am Ende* des k-ten Jahres S_k bei dieser Tilgungsart können wir mittels folgender Tabelle veranschaulichen:

S_1	S_2	S_3	...
$S_1 = S_0 \cdot (1+i) - a$	$S_2 = S_1 \cdot q - a$	$S_3 = S_2 \cdot q - a$	...
$= S_0 \cdot q - a$	$= (S_0 \cdot q - a) \cdot q - a$	$= (S_0 \cdot q^2 - a \cdot q - a) \cdot q - a$	
	$= S_0 \cdot q^2 - a \cdot q - a$	$= S_0 \cdot q^3 - a \cdot q^2 - a \cdot q - a$	

Allgemein können wir damit zunächst festhalten, dass für die Restschuld S_n am Laufzeitende des Kredits

$$\begin{aligned} S_n &= S_0 \cdot q^n - a \cdot q^{n-1} - a \cdot q^{n-2} - \ldots - a \\ &= S_0 \cdot q^n - a \cdot (\underbrace{q^{n-1} + q^{n-2} + \ldots + 1}_{\text{geom. Reihe}}) \end{aligned}$$

bzw.

$$S_n = S_0 \cdot q^n - a \cdot \frac{1-q^n}{1-q} \tag{II.45}$$

gilt. Diese Formel ist uns in etwas anderer Notation bereits als (II.31) begegnet und zeigt eine erste Verwandschaft von nachschüssigen Renten und Annuitätentilgungen auf. Da die Schuld nach n Jahren getilgt sein soll, können wir (II.45) gleich Null setzen, wodurch wir nach einigen Umformungen folgende allgemeine Formel zur Berechnung der Annuität erhalten.

$$a = S_0 \cdot q^n \cdot \frac{1-q}{1-q^n} \tag{II.46}$$

Für jede annuitätische Tilgung gilt der in Abbildung II 9 dargestellte allgemeine Tilgungsplan. Die Tilgung t_1 wird auch als *Anfangstilgung* bezeichnet. In einem Kreditvertrag kann die Annuität also explizit oder implizit über die Angabe der Anfangstilgung festgelegt werden. Sie ist bei Hypothekendarlehen meist ein Prozentsatz der Anfangsschuld und liefert zusammen mit der ersten Zinszahlung die für alle Folgeperioden konstante Annuität.

	Restschuld JA	Zinsen	Tilgung	Annuität	Restschuld JE
1	S_0	$z_1 = S_0 \cdot i$	t_1	$a = z_1 + t_1$	$S_1 = S_0 - t_1$
2	$S_1 = S_0 - t_1$	$z_2 = S_1 \cdot i = (S_0 - t_1) \cdot i$ $= z_1 - t_1 \cdot i$	$t_2 = a - z_2$ $= (z_1 + t_1) - (z_1 - t_1 \cdot i)$ $= t_1 \cdot (1 + i)$	$a = z_2 + t_2$ $= z_1 + t_1$	$S_2 = S_1 - t_2$
3	$S_2 = S_1 - t_2$	$z_3 = S_2 \cdot i$ $= z_2 - t_2 \cdot i$	$t_3 = a - z_3$ $= (z_2 + t_2) - (z_2 - t_2 \cdot i)$ $= t_2 \cdot (1 + i)$ $= t_1 \cdot (1 + i)^2$	$a = z_3 + t_3$ $= z_1 + t_1$	$S_3 = S_2 - t_3$
...	...	...	...	...	
k	$S_{k-1} = S_{k-2} - t_{k-1}$	$z_k = z_{k-1} - t_{k-1} \cdot i$	$t_k = t_1 \cdot (1 + i)^{k-1}$	$a = z_k + t_k$ $= z_1 + t_1$	$S_k = S_{k-1} - t_k$

Abbildung II 9: Allgemeiner Tilgungsplan bei annuitätischer Tilgung

Aus der Abbildung ist ersichtlich, dass die Tilgungsraten eine geometrische Folge mit

$$t_{k+1} = t_k \cdot (1+i) = t_1 \cdot q^k \tag{II.47}$$

bilden und die Summe der Tilgungsleistungen nach k Jahren wegen

$$\sum t_k = t_1 + t_1 \cdot q + t_1 \cdot q^2 + \ldots + t_1 \cdot q^{k-1}$$

bei

$$\sum t_k = t_1 \cdot \frac{1-q^k}{1-q} \tag{II.48}$$

liegt. Die Restschuld nach n Jahren können wir daher alternativ zu (II.45) auch als

$$S_n = S_0 - t_1 \cdot \frac{1-q^n}{1-q} \tag{II.49}$$

ausdrücken. Erneut gleich Null gesetzt erhalten wir

$$S_0 = t_1 \cdot \frac{1-q^n}{1-q}. \tag{II.50}$$

(II.50) zeigt uns, dass der Barwert aller Annuitäten bei vollständiger Tilgung gerade der Anfangsschuld ist und Annuitätenzahlungen praktisch *nachschüssige Rentenzahlungen* sind.

Wieder können wir je nach Fragestellung mit Hilfe der abgeleiteten Formeln von unterschiedlich gegebenen Größen auf gesuchte schließen. Sind etwa Anfangstilgung, Anfangschuld und Zinsfaktor bekannt, so kann die *Tilgungszeit* über

$$n = \frac{\ln\left(1 - \frac{S_0 \cdot (1-q)}{t_1}\right)}{\ln q} \tag{II.51a}$$

bestimmt werden, was sich aus Umformung von (II.50) ergibt. Bei vorliegender Anfangsschuld, Annuität und Zinssatz können wir auch

$$n = \frac{\ln a - \ln\left(a + S_0 \cdot (1-q)\right)}{\ln q} \tag{II.51b}$$

verwenden, was aus (II.46) resultiert. Wollen wir die *Anfangsschuld* aus vorliegender Verzinsung und Annuität bestimmen, können wir

$$S_0 = \frac{a}{q^n} \cdot \frac{1-q^n}{1-q} \tag{II.52}$$

heranziehen, was sich ebenfalls aus (II.46) ergibt. Die *Verzinsung* können wir bei gegebener Anfangsschuld, Annuität und Laufzeit über die Lösung der Gleichung

$$q^{n+1} - \frac{S_0 + a}{S_0} \cdot q^n + \frac{a}{S_0} = 0 \tag{II.53}$$

bestimmen.

Beispiel:

Ein Darlehen in Höhe von 100.000 Euro soll bei einem Zinssatz von 8 % p. a. über eine Laufzeit von 15 Jahren annuitätisch getilgt werden.

a) Wie hoch ist die Zinsbelastung des Schuldners im 5. Jahr der Tilgung?

b) Wie hoch ist die Restschuld im 5. Jahr?

a) 1. Berechnung der Annuität:

$$a = 100.000 \cdot 1{,}08^{15} \cdot \frac{1-1{,}08}{1-1{,}08^{15}} = 11.682{,}95 \text{ Euro}$$

2. Berechnung der Tilgung im 5. Jahr (dazu Ermittlung der Tilgung im 1. Jahr):

$t_1 = a - z_1 = 11.682{,}95 - 100.000 \cdot 0{,}08 = 3.682{,}95$ Euro

$t_5 = t_1 \cdot (1+i)^{5-1} = 3.682{,}95 \cdot (1+0{,}08)^4 = 5.010{,}61$ Euro

3. Berechnung der Zinsbelastung:

$a_5 = t_5 + z_5 \quad \rightarrow \quad 11.682{,}95 = 5.010{,}61 + z_5 \quad \leftrightarrow \quad z_5 = 6.672{,}34$ Euro

b) $S_5 = 100.000 - 3.682{,}95 \cdot \frac{1-1{,}08^5}{1-1{,}08} = 78.393{,}60$ Euro

Abschließend sei noch erwähnt, dass Tilgungszahlungen in der Praxis meist nicht jährlich, sondern monatlich oder vierteljährlich erfolgen. Dann wird die Annuität einfach durch 12 bzw. 4 geteilt.

2.6 Abschreibungen

Wird von einem Unternehmen ein Anlagegut erworben, so wird dieses mit seinen Anschaffungskosten in den Büchern der Unternehmung erfasst. Im Zeitverlauf unterliegen Anlagegüter nun aber einer gewissen Wertminderung, sei es durch technischen Verschleiß oder wirtschaftlichen Wertverlust aufgrund technologischer Weiterentwicklungen, die es notwendig macht, diesen anfänglichen Wert anzupassen. Den dazu vorgenommenen Korrekturvorgang bzw. die buchhalterische Erfassung der Wertminderung wird **Abschreibung** genannt. Dem Prinzip nach wird in den Abschreibungsperioden (i. d. R. Jahre) bzw. am *Periodenende* der Wert des Anlagegutes um die Abschreibungsraten nach unten korrigiert. Der nach Abzug verbleibende Betrag entspricht dem sog. Restbuchwert.

Wir wollen im Folgenden die Anschaffungskosten mit K_0, die Nutzungsdauer des Anlagegutes mit n, die Abschreibungsrate im k-ten Jahr mit r_k, den Restbuchwert nach k Perioden mit K_k und den Restwert am Ende der Nutzungsdauer mit K_n bezeichnen. Wir unterscheiden außerdem drei Arten von Abschreibungen, die lineare, die geometrisch degressive und die arithmetisch degressive (digitale) Abschreibung.

Bei der **linearen Abschreibung** wird die Differenz zwischen dem Anschaffungswert K_0 und dem gewünschten Restwert R_n (gewöhnlich $R_n = 0$) gleichmäßig auf die Nutzungsdauer verteilt. Die Abschreibungsraten sind daher in jeder Periode identisch und belaufen sich auf

$$r = \frac{K_0 - K_n}{n}. \qquad \text{(II.54)}$$

Als Restwert (Restbuchwert) nach k Jahren Abschreibung erhalten wir bei linearer Abschreibung somit

$$R_k = K_0 - k \cdot r = K_0 - k \cdot \frac{K_0 - K_n}{n}. \qquad \text{(II.55)}$$

Beispiel:

Eine Anlage mit 4 Jahren Nutzungsdauer und Anschaffungskosten von 10.000 Euro soll linear über die Nutzungszeit abgeschrieben werden. Der Restbuchwert nach der letzten Abschreibung soll bei Null liegen. Wir erhalten damit unter Nutzung von (II.54) und (II.55) folgenden *Abschreibungsplan*:

Ende Nutzungsjahr	Abschreibungsbasis	Abschreibungsbetrag	Restbuchwert
1	10.000	2.500	7.500
2	7.500	2.500	5.000
3	5.000	2.500	2.500
4	2.500	2.500	0
Σ		10.000	

Die **degressive Abschreibung** wird bei Anlagegütern herangezogen, die in den ersten Jahren der Nutzung einer relativ hohen Wertminderung unterliegen, die in den Folgejahren dann aber immer geringer wird. Der Abschreibungsbetrag nimmt also von Periode zu Periode ab. Ist der *Abschreibungsbetrag* immer ein *fester Anteil i vom Restbuchwert*, so ergibt sich folgender allgemeine Abschreibungsplan:

Jahr	Abschreibung	Restwert am Ende des k-ten Jahres
0	-	K_0
1	$r_1 = K_0 \cdot i$	$K_1 = K_0 - K_0 \cdot i = K_0 \cdot (1-i)$
2	$r_2 = K_1 \cdot i$	$K_2 = K_1 - K_1 \cdot i = K_1 \cdot (1-i) = K_0 \cdot (1-i)^2$
...	...	...
k	$r_k = K_{k-1} \cdot i$	$K_k = K_{k-1} \cdot (1-i) = K_0 \cdot (1-i)^k$

Die Abschreibungsrate im k-ten Jahr entspricht also

$$r_k = K_{k-1} \cdot i = K_{k-2} \cdot (1-i) \cdot i = ... = K_0 \cdot (1-i)^{k-1} \cdot i. \quad \text{(II.56)}$$

Da $K_k / K_{k-1} = 1 - i$ konstant ist, handelt es sich bei der Restwertentwicklung um die Glieder einer geometrischen Folge, sodass sich für den Restwert am Ende des k-ten Jahres

$$K_k = K_0 \cdot (1-i)^k \quad \text{(II.57)}$$

ergibt. Aufgrund der (fallenden) geometrischen Folge, wird diese Abschreibungsform auch als *geometrisch degressive Abschreibung* bezeichnet.

Beispiel:

Eine Anlage mit 4 Jahren Nutzungsdauer und Anschaffungskosten von 10.000 Euro soll mit einem Abschreibungssatz von 20% geometrisch degressiv über die Nutzungszeit abgeschrieben werden. Wir erhalten unter Nutzung von (II.56) und (II.57) folgenden Abschreibungsplan:

Ende Nutzungsjahr	Abschreibungsbasis	Abschreibungsbetrag	Restbuchwert
1	10.000	2.000	8.000
2	8.000	1.600	6.400
3	6.400	1.280	5.120
4	5.120	1.024	4.096
Σ		5.094	

Wir erkennen, dass wir hier anders als bei der linearen Abschreibung am Ende der Nutzungsdauer keinen Restbuchwert von 0 erreichen können. Um diesen Nachteil auszugleichen, kann im Verlauf der Nutzungsdauer zur linearen Abschreibung übergegangen werden. Für die Berechnung der linearen Abschreibungsrate für das Jahr des Übergangs und die folgenden Jahre (diese Rate ist ja konstant) sind der beim Übergang noch vorhandene Restbuchwert und die restliche Nutzungsdauer zugrunde zu legen.

Optimal (aus steuerlichen Gesichtspunkten) ist der Übergang zu einem Zeitpunkt, zu dem erstmalig die dann berechnete lineare Abschreibungsrate die degressive Abschreibungsrate übertrifft oder mit ihr übereinstimmt. Ist m das Jahr des Übergangs, gilt für den optimalen Übergang (vgl. Aufgabe II-27)

$$m \geq n + 1 - \frac{1}{i} .$$

In unserem Beispiel würde der *Sonderfall* m ≥ (4 + 1 – 1 / 0,2 = 0) gelten. Dies bedeutet, dass kein Übergang während der Laufzeit erfolgt, sondern direkt mit der linearen Abschreibung begonnen werden sollte. Dies ist unmittelbar einleuchtend, da im ersten Jahr ein linearer Abschreibungsbetrag von 10.000 / 4 = 2.500 Euro dem niedrigeren degressiven Wert 2.000 Euro gegenüberstehen würde.

Ergibt sich bei der Berechnung des optimalen m eine Dezimalzahl, so ist diese immer *aufzurunden*, um das Übergangsjahr zu bestimmen. Würden wir z.B. bei m ≥ 3,2 abrunden, würden wir beim Übergang einen Fehler machen, da bei m = 3 die lineare Abschreibung noch unter der degressiven liegt.

Verringern sich die Abschreibungsraten von Jahr zu Jahr um einen festen Betrag d, gilt also allgemein

$$r_{k+1} = r_k - d ,$$

so erhalten wir im Zeitverlauf die Folge der Abschreibungsraten

$$r_1,\ r_1 - d,\ r_1 - 2d,\ \ldots ,$$

d. h. die Abschreibung im k-ten Jahr liegt bei

$$r_k = r_1 - (k-1) \cdot d. \tag{II.58}$$

Den Restwert nach k Jahren erhalten wir über

$$K_k = K_0 - [r_1 + (r_1 - d) + (r_1 - 2d) + \ldots + (r_1 - (k-1) \cdot d)].$$

In der eckigen Klammer steht dabei das k-te Glied der entsprechenden arithmetischen Reihe mit der Summe

$$\begin{aligned} K_k &= K_0 - \frac{k}{2} \cdot [r_1 + r_1 - (k-1) \cdot d] \\ &= K_0 - \frac{k}{2} \cdot [2r_1 - (k-1) \cdot d], \end{aligned} \tag{II.59}$$

die schließlich den Restwert nach k Jahren Abschreibung mit r_1 als erster Abschreibungsrate und d als dem Minderungsbetrag der Abschreibungsrate liefert. Die hier vorliegende Abschreibungsart wird aufgrund der auftretenden arithmetischen Reihe auch als *arithmetisch degressive Abschreibung* bezeichnet.

Es gilt bei (II.59), dass die erste Abschreibungsrate bei arithmetisch degressiver Abschreibung mindestens gleich der linearen Rate sein muss und höchstens gleich der doppelten linearen Rate sein darf (vgl. Aufgabe II-28).

$$\frac{K_0 - K_n}{n} \leq r_1 \leq 2 \cdot \frac{K_0 - K_n}{n} \qquad \text{(II.60)}$$

Beispiel:

Eine Anlage mit 4 Jahren Nutzungsdauer und Anschaffungskosten von 10.000 Euro soll mit r_1 = 3.000 Euro und d = 500 Euro arithmetisch degressiv abgeschrieben werden. Wir erhalten damit unter Nutzung von (II.58) und (II.59) folgenden Abschreibungsplan:

Ende Nutzungsjahr	Abschreibungsbasis	Abschreibungsbetrag	Restbuchwert
1	10.000	3.000	7.000
2	7.000	2.500	4.500
3	4.500	2.000	2.500
4	2.500	1.500	1.000
Σ		9.000	

Das hier zulässige Intervall für r_1 ist $2.500 \leq r_1 \leq 5.000$, sodass der verwendete Betrag von 3.000 Euro gerechtfertigt ist. Wir erkennen außerdem, dass auch bei der arithmetisch degressiven Abschreibung die Summe der Abschreibungen nicht gleich den Anschaffungskosten ist. Es verbleibt also am Ende der Nutzungsdauer ein Restwert.

3. Aufgaben

Folgen, Reihen, Zinsen:

Aufgabe II-1

Frau S. will 150.000 Euro für fünf Jahre anlegen. Sie erhält 2 Angebote. Bank A bietet 6,5 % Zinsen bei jährlichem Zinstermin. Bank B zahlt nach 5 Jahren 200.000 Euro aus. Welches Angebot ist günstiger? Begründen Sie Ihre Antwort über einen Vergleich

a) der Endkapitale, b) der Barwerte, c) der Zinssätze!

Aufgabe II-2

Welches Endkapital erhält man bei jährlicher Verzinsung aus einem Kapital von 100.000 Euro nach 5 Jahren bei einem Zinssatz von 6 % p. a.? Wie hoch wäre das Endkapital bei monatlicher Verzinsung und Zinsfeststellung?

Aufgabe II-3

Das Bruttoinlandsprodukt (BIP) in Westdeutschland betrug 1960 999 Mrd. DM, 1990 2.524 Mrd. DM. Wie hoch war das durchschnittliche jährliche BIP-Wachstum über diesen Zeitraum von 30 Jahren?

Aufgabe II-4

Ein Entwicklungsland hatte Ende 1990 genau 30 Mio Einwohner. Bis Ende 2000 wuchs die Bevölkerung auf 40 Mio Einwohner an.

a) Um wie viel Prozent nahm die Einwohnerzahl im betrachteten Zeitraum durchschnittlich pro Jahr zu?
b) Wann wird das Land 50 Mio Einwohner, wann 60 Mio Einwohner haben, wenn von einem unveränderten Bevölkerungswachstum ausgegangen wird?

Aufgabe II-5

Ein Unternehmer erzielt im ersten Jahr seiner Tätigkeit einen Jahresumsatz von 1,2 Mio. Euro. In den darauf folgenden Jahren steigt der Umsatz jeweils um 5 %. Wie hoch ist der durchschnittliche Jahresumsatz, berechnet über 20 Jahre?

Aufgabe II-6

Ein "bescheidener" Student möchte ein halbes Jahr (26 Wochen) arbeiten. Er bietet seinem potenziellen Arbeitgeber an, in der ersten Woche für einen Euro-Cent und in der zweiten Woche für 2 Euro-Cent zu arbeiten. In den folgenden Wochen soll sich wiederum sein Gehalt von Woche zu Woche verdoppeln. Wie viel würde der Student nach dem halben Jahr insgesamt verdient haben? Wie hoch wäre sein letztes Wochengehalt?

Aufgabe II-7

Es seien zwei Zahlungen Z_1 und Z_2 gegeben: Z_1 = 700 Euro, fällig am 31.12.2003 (24.00 Uhr) sowie Z_2 = 1.000 Euro, fällig am 1.1.2007 (00.00 Uhr).

a) Welche Zahlung hat am 1.1.2000 den höheren Wert?

1. bei p = 8 % p.a. 2. bei p = 20 % p.a.

b) Bei welchem Zinssatz haben beide Zahlungen denselben Wert?

Aufgabe II-8

Ein Kapital von 50.000 Euro wird mit 8 % p. a. verzinst. Die Zinseszinsen werden jedoch vierteljährlich berechnet und kapitalisiert.

a) Auf welchen Endwert ist das Kapital nach 20 Jahren angewachsen?

b) Wie hoch ist die effektive Jahresverzinsung?

c) Welche stetige Verzinsung entspricht der Effektivverzinsung von b)?

Aufgabe II-9

Welches Endkapital erzielt man bei viermonatiger Verzinsung, wenn man 100.000 Euro für 20 Jahre anlegt und ein Zins von 6 % p. a. gewährt wird?

Aufgabe II-10

Herr Maier erwirbt ein festverzinsliches Wertpapier zum Nominalwert von 5.000 Euro mit einer Laufzeit von 1 Jahr. Der Nominalzins beträgt 4 %. Wie hoch darf der Ausgabekurs höchstens sein, wenn der Effektivzins mindestens 5 % betragen soll?

Aufgabe II-11

Auf ein Konto A werden zu Anfang eines Jahres 5.000 Euro eingezahlt. Auf ein anderes Konto B werden jeweils am Ende des ersten und am Ende des zweiten Jahres 2.800 Euro eingezahlt. Bei welchem Zinssatz p. a. sind die Werte am Ende des 2. Jahres auf beiden Konten gleich groß? Gehen Sie von einer Zinsfeststellung am Jahresende aus.

Aufgabe II-12

Ein Anfangskapital K_0 wird 10 Jahre lang jährlich zu 7 % verzinst.

a) Wie hoch müsste der Jahreszinssatz bei stetiger Verzinsung sein, damit sich das gleiche Endkapital ergibt?

b) Wie hoch müsste der Jahreszinssatz bei vierteljährlicher Verzinsung sein, damit sich das gleiche Endkapital ergibt?

Aufgabe II-13

Nach wie viel Jahren hat Geld bei einer monatlichen Inflationsrate von 1 % die Hälfte seines Wertes verloren?

Raten und Renten:

Aufgabe II-14

Der ehemalige Student S. bekommt vom Bundesverwaltungsamt einen Bescheid wegen seiner BAföG-Rückzahlung, die ab dem nächsten Jahr beginnen soll. Er hat nach diesem Bescheid jährliche Raten am Jahresende in Höhe von 2.400 Euro über einen Zeitraum von 11 Jahren zu leisten. Alternativ wird ihm angeboten, das Darlehen sofort zurückzubezahlen. In diesem Fall wird ihm ein Nachlass von 9.000 Euro auf die Darlehensschuld gewährt. S. hat dieses Geld zur Verfügung und zu 5 % angelegt. Seine Bank garantiert ihm diesen Zins - aufgrund steigender Zinserwartungen - für die nächsten 11 Jahre. Was würden Sie S. empfehlen? Soll er das Darlehen sofort oder in jährlichen Raten zurückzahlen?

Aufgabe II-15

Sie treten mit 24 Jahren ins Berufsleben ein und verdienen 50.000 Euro pro Jahr. Ihr Gehalt wächst mit 3 % pro Jahr. Von ihrem Jahresgehalt zahlen Sie am Ende jeden Jahres 15 % in eine private Rentenversicherung ein. Die Rente soll ab dem 65. Lebensjahr 25 Jahre lang als konstanter Betrag am Ende jeden Jahres ausbezahlt werden. Die Verzinsung des Rentenkontos beträgt 4 %.

a) Wie hoch ist das angesparte Kapital zu Beginn des Ruhestands?

b) Wie hoch ist die jährliche Rentenzahlung?

Aufgabe II-16

Herr Liebling zahlt jeden Quartalsanfang eine Prämie von 200 Euro an eine Versicherung. Welchen Betrag hätte er nach 12 Jahren zur Verfügung, wenn er die Prämie alternativ zu einem Jahreszins von 4 % anlegen könnte und

a) die Zinsfeststellung am Quartalsende,

b) die Zinsfeststellung am Jahresende

stattfindet?

Aufgabe II-17

Ein Schenkungsvertrag, demzufolge jeweils zu Jahresbeginn 5 Jahre lang je 10.000 Euro und in den folgenden 5 Jahren je 20.000 Euro übereignet werden sollen, wird zu Beginn des ersten Jahres steuerlich erfasst. Bemessungsgrundlage der Steuer ist der Wert der Gesamtschenkung bezogen auf diesen Termin. Wie hoch ist dieser Wert bei einem Zinssatz von 5 %?

Aufgabe II-18

Ein Arbeitnehmer lässt per Dauerauftrag zu jedem Monatsende 80 Euro auf sein Sparkonto überweisen. Welchen Betrag hat er nach 7 Jahren bei einem Jahreszins von 6 % p. a. angespart? Zeigen Sie Ihren Rechenweg zunächst formal auf, bevor sie mit konkreten Zahlen rechnen!

Aufgabe II-19

Paul erhält ab dem Jahr 2030 eine jährliche vorschüssige Rente, die 20 Jahre lang gezahlt wird und jedes Jahr um 3 % wächst. Die erste Rentenzahlung (am 1. Januar 2030) beträgt 2.000 Euro. Wie hoch ist der Barwert der gesamten Rentenzahlungen am 1. Januar 2010? Unterstellen Sie bei den gesamten Berechnungen einen Zinssatz von 5 % p. a.!

Aufgabe II-20

Ein Arbeitnehmer lässt per Dauerauftrag zu jedem Quartalsanfang 80 Euro auf sein Sparkonto überweisen. Welchen Betrag hat er nach 10 Jahren bei einem Jahreszins von 9 % angespart? Wie groß ist der Unterschiedbetrag im Vergleich zur Überweisung am Quartalsende?

Aufgabe II-21

Sie haben in einer Lotterie gewonnen. Als Hauptpreis können Sie unter folgenden Alternativen auswählen:

a) Zahlung von 300.000 Euro jeweils am Jahresende über einen Zeitraum von 20 Jahren

b) einmalige Zahlung von 3 Mio. Euro.

Für welche Alternative entscheiden Sie sich? Der relevante Diskontierungssatz beträgt 8 % p.a.

Aufgabe II-22

Welche Summe muss man angespart haben, wenn eine vierteljährliche nachschüssige Rente von 3.000 Euro für die Dauer von 10 Jahren gezahlt werden soll und die Bank einen Zins von 6 % p. a. gewährt?

Aufgabe II-23

Welcher Betrag muss für eine monatliche Rente von 1.000 Euro über 5 Jahre heute einbezahlt werden, wenn die Rente

a) vorschüssig b) nachschüssig

ausbezahlt werden soll und als Monatszinssatz 0,5 % anzusetzen ist?

Tilgungen:

Aufgabe II-24

Ein Darlehen über 50.000 Euro wird jährlich mit 7,5 % verzinst. Am Ende eines jeden Jahres werden 7.000 Euro annuitätisch zurückgezahlt.

a) Berechnen Sie die Restschuld nach 10 Jahren?

b) Nach wie vielen Jahren ist die Schuld vollständig getilgt? Berechnen Sie die Restannuität im letzten Jahr?

c) Welche Annuität müsste 10 Jahre lang gezahlt werden, damit das Darlehen getilgt wäre?

Aufgabe II-25

Eine Schuld von 150.000 Euro soll in 10 Jahren (bei 9% p. a.) annuitätisch getilgt werden. Ermitteln Sie

a) die Annuität,

b) die Tilgung im letzten Jahr,

c) die Restschuld nach 5 Jahren.

d) Wie hoch wäre die Tilgungszeit bei einer Annuität von

(1) 14.000 Euro/Jahr, (2) 13.500 Euro/Jahr?

Aufgabe II-26

Zur Tilgung eines Darlehens in Höhe von 15.000 Euro mit einem jährlichen Zinssatz von 11 % werden jeweils zum Jahresende 750 Euro zuzüglich anfallender Zinsen bezahlt.

a) Welcher Geldbetrag muss insgesamt für Zinszahlungen während der gesamten Laufzeit aufgewendet werden?

b) Mit welchem konstanten Betrag (Tilgung und Zinsen) zum jeweiligen Jahresende könnte das Darlehen innerhalb der gleichen Laufzeit auch getilgt werden?

Abschreibungen:

Aufgabe II-27

In Abschnitt II 2.6 wurde gesagt, dass für das optimale Jahr m des Übergangs von einer geometrisch degressiven auf eine lineare Abschreibung der Zusammenhang

$$m \geq n + 1 - \frac{1}{i}$$

gilt. Beweisen Sie die Gültigkeit dieser Beziehung!

Aufgabe II-28

Zeigen Sie die Gültigkeit von (II.60) bzw. des Zusammenhangs

$$\frac{K_0 - K_n}{n} \leq r_1 \leq 2 \cdot \frac{K_0 - K_n}{n}.$$

Aufgabe II-29

Ein Pkw mit Anschaffungskosten in Höhe von 260.000 Euro soll innerhalb von 12 Jahren zuerst degressiv mit einem Satz von 25 %, dann nach optimalem Übergang linear auf Null abgeschrieben werden. Stellen Sie den Abschreibungsplan auf!

III Funktionen einer Variablen

Funktionen dienen allgemein der Beschreibung der gegenseitigen Abhängigkeiten mehrerer Faktoren. So hängen beispielsweise Absatzmengen von Güterpreisen oder Gesamtkosten von produzierten Stückzahlen ab.

Beginnend mit der formalen Definition des Funktionsbegriffs, Betrachtung verschiedener Darstellungsformen von Funktionen und Behandlung wesentlicher Funktionsklassen und -eigenschaften, befassen wir uns in diesem Kapitel hauptsächlich mit konkreten elementaren mathematischen Funktionen (algebraische und transzendente Funktionen). Diese sind von besonderer Wichtigkeit, da kompliziertere und vor allem praxisgerechtere Funktionen fast immer durch Zusammensetzung elementarer Funktionen entstehen. Wir werden auch spezielle ökonomische Funktionen näher betrachten.

Nach diesem Funktionsüberblick gehen wir auf die Differenzialrechnung über. Wir werden hierbei die Technik des Differenzierens (Ableitens) von Funktionen eingehend behandeln und einen anschaulichen Regelüberblick herausarbeiten. Aus dem Blickwinkel ökonomischer Anwendungen werden außerdem vor allem Elastizitäten und Wachstumsraten von Interesse sein.

1. Funktionsbegriff und Funktionseigenschaften

In diesem Abschnitt definieren wir allgemein den Funktionsbegriff, veranschaulichen die Möglichkeiten der Darstellung von Funktionen (Funktionsgleichung, Wertetabelle, Graph) und legen besonderes Augenmerk auf zentrale Eigenschaften von Funktionen (Nullstellen, Extrema, Steigung, Beschränktheit, Krümmung, Symmetrie, Grenzwerte und Stetigkeit).

1.1 Definition

In der Mathematik dienen Funktionen der Beschreibung der gegenseitigen Abhängigkeit verschiedener Größen. Sie nehmen insbesondere in den Wirtschaftswissenschaften eine herausragende Rolle ein, da wir hier häufig vor das Problem gestellt sind, Wirkungszusammenhänge zwischen ökonomischen Größen zu beschreiben. So interessieren wir uns beispielsweise für die Abhängigkeit des Gewinns von Produktionskosten und Verkaufspreis oder die Abhängigkeit der Nachfrage nach einem Gut von seinem Preis, dem Einkommen der Nachfrager und anderen Faktoren. Typische ökonomische Funktionen sind darüber hinaus z.B. Produktions- und Sparfunktionen.

Der Funktionsbegriff basiert auf sog. Abbildungen. Betrachten wir dazu zwei Mengen X und Y. Jede dieser Mengen bestehe aus einer gewissen Anzahl von Elementen. Werden nun den Elementen $x \in X$ Elemente $y \in Y$ zugeordnet, so sprechen wir von einer **Abbildung**. Formal drücken wir eine solche Zuordnung als

$$f: X \rightarrow Y \qquad \text{(III.1)}$$

aus. Die Menge X wird dabei als *Definitionsbereich* D(f) und die Menge Y als *Wertebereich* W(f) *der Abbildung* f bezeichnet. Das Ergebnis der Abbildung (III.1) sind Wertepaare (x, y). Eine Abbildung können wir daher in einem Venn-Diagramm dadurch beschreiben, dass wir zugeordnete Elemente der Mengen verbinden (vgl. Abbildung III 1).

Eine **eindeutige Abbildung** liegt vor, wenn einem Element des Definitionsbereiches höchstens ein Element des Wertebereiches zugeordnet wird. Einem Element des Wertebereiches könnten durchaus mehrere Elemente des Definitionsbereiches zugeordnet sein. Von einer **eineindeutigen Abbildung** sprechen wir hingegen, wenn jedem Element des Definitionsbereiches genau ein Element des Wertebereiches und umgekehrt jedem Element des Wertebereiches genau ein Element des Definitionsbereiches zugeordnet ist. Sind einem Element des Definitionsbereiches mehrere Elemente des Wertebereiches zugeordnet, liegt eine **mehrdeutige Abbildung** vor (vgl. Abbildung III 1).

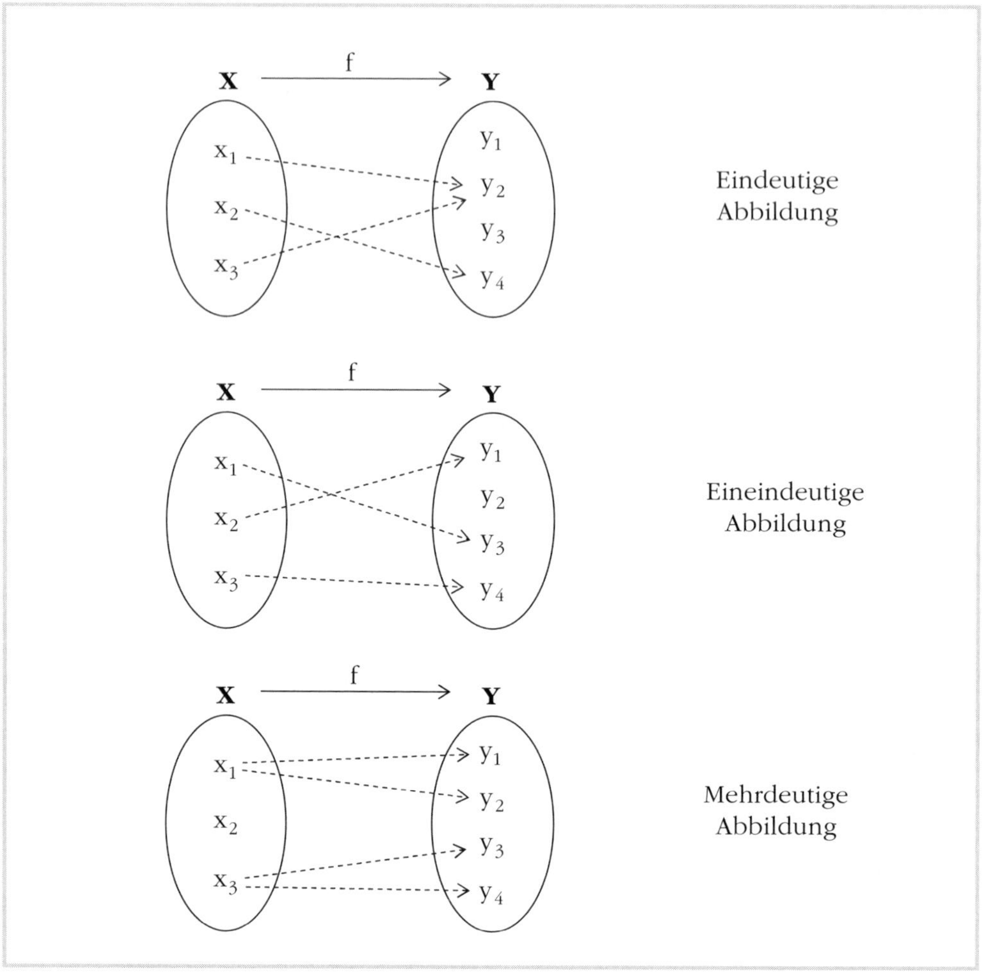

Abbildung III 1: Abbildungen

Mehrdeutige Abbildungen werden als **Relationen**, ein- und eineindeutige Abbildungen als **Funktionen** bezeichnet. Durch eine Funktion wird also jedem Element der Menge X höchstens ein Element der Menge Y zugeordnet. X heißt nun *Definitionsbereich* D(f) *der Funktion*, während Y als *Wertebereich* W(f) *der Funktion* bezeichnet wird. D(f) kann eine beliebige endliche oder unendliche Menge sein. Häufig sind es die reellen Zahlen oder Teilmengen aus diesen.

1.2 Darstellungsformen

Funktionen lassen sich prinzipiell als Gleichung, Wertetabelle oder als Graph in einem Koordinatensystem darstellen, wobei jedoch nicht immer alle drei Darstellungsformen für eine Funktion möglich oder sinnvoll sind.

1. Funktionsgleichung

In vielen Fällen können wir Abbildungen zwischen den Elementen $x \in X$ und den Elementen $y \in Y$ durch eine Gleichung (z.B. $y = 2x + 1$) beschreiben, die dann als Funktionsgleichung bezeichnet wird. Um aufzuzeigen, dass zwischen x und y eine Funktionsbeziehung besteht, können wir allgemein

$$y = f(x) \quad \text{mit} \quad x \in D(f) \qquad \text{(III.2a)}$$

schreiben. Das bedeutet, dass y eine Funktion von x ist. Wir bezeichnen x auch als *unabhängige* Veränderliche (Variable), da sie frei aus D(f) gewählt werden kann, und y auch als *abhängige* Veränderliche, da sich y über die Funktion aus dem gewählten x-Wert ergibt. Hängt der Funktionswert nur von einer Variablen ab, liegen sog. *Funktionen einer Variablen* vor, die Thema dieses Kapitels sind. *Funktionen mehrerer Variablen* werden in Kapitel IV behandelt.

Kann eine Funktion in der Form (III.2a) dargestellt werden, d.h. ist die Funktionsgleichung nach der abhängigen Veränderlichen aufgelöst, so wird die Funktionsgleichung *explizit* genannt (z.B. $y = x^3 + x^2 - 5$, $y = \sqrt{x-1}$, $y = \ln(x+5)$). Von einer *impliziten* Form sprechen wir, wenn die Funktionsgleichung die Form

$$y - f(x) = f(x, y) = 0 \quad \text{mit} \quad x \in D(f) \qquad \text{(III.2b)}$$

aufweist (z.B. $e^x + y - 1 = 0$, $\ln x + \ln y^2 = 0$). Dabei ist zu beachten, dass nicht jede implizit gegebene Funktionsgleichung durch Umformung in eine explizite Form gebracht werden kann (z.B. $x^3 + y^3 + x^2y + y^2x + x^2 + y = 0$).

Außerdem ist nicht jede Funktion als Gleichung darstellbar (Ausweichen auf z.B. Wertetabellen erforderlich) und nicht jede Gleichung stellt eine Funktion dar, wie folgendes Beispiel zeigt.

Beispiel:

Die Gleichung $x^2 + y^2 = 1$ mit Definitionsbereich $x \in [-1; 1]$ liefert das nebenstehende Bild (sog. Einheitskreis). Mit Ausnahme der beiden Randpunkte werden hier jedem Wert des Definitionsbereiches zwei Werte des Wertebereichs zugeordnet. Es liegt hier also definitionsgemäß keine Funktion, sondern eine Relation vor.

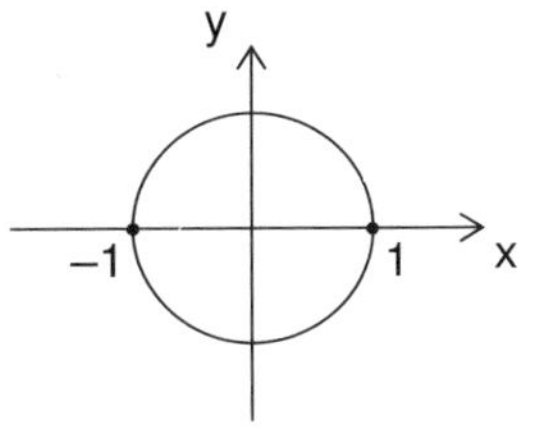

Wie (III.2a) und (III.2b) zeigen, ist eine Funktion nur dann vollständig beschrieben und ihr Verlauf klar, wenn neben der Funktionsgleichung auch ihr Definitionsbereich angegeben ist. Besonders bei Funktionen aus der wirtschaftswissenschaftlichen Praxis ist eine Definitionsbereichsangabe bedeutsam.

Beispiele:

1. Ist $y = x$ für $x \in \mathbb{R}$ definiert, so ergibt sich grafisch die Winkelhalbierende im Koordinatensystem (vgl. Punkt 3 dieses Unterabschnitts). Legen wir jedoch den Definitionsbereich $0 \leq x \leq 4$ und $x \neq 1$ fest, so besteht die Funktion aus zwei Zweigen, die durch $0 \leq x < 1$ und $1 < x \leq 4$ definiert sind.
2. Gegeben sei die Funktion $y = 25x$ für $x \in [0;\infty[$, wobei y den Umsatz, den ein Unternehmen mit einem bestimmten Produkt erwirtschaftet, der Wert 25 den Preis des Produktes und x die abgesetzte Menge darstellen. Da es keine negativen Mengen geben kann, macht hier nur ein Definitionsbereich Sinn, der sich aus positiven Zahlen zusammensetzt.

2. Wertetabelle

Eine Wertetabelle ergibt sich in der Regel aus empirisch gewonnenen Daten (z.B. Umfragen) oder einer Funktionsgleichung und ist Grundlage für die Erstellung des Funktionsgraphen. Um eine Wertetabelle erstellen zu können, muss zunächst definiert werden, für welche Werte der unabhängigen Veränderlichen die dazugehörigen Werte der abhängigen Veränderlichen ermittelt werden sollen. Dabei sollte man sich auf einen ausgewählten Bereich mit einem bestimmten Abstand zwischen den einzelnen Werten der unabhängigen Veränderlichen beschränken.

Bezeichnen wir eine konkrete Ausprägung von x mit α (bzw. α_i) und eine von y mit β (bzw. β_i), so können wir die Struktur der Wertetabelle für eine Funktion einer Variablen allgemein wie folgt darstellen:

$x \in D(f)$	α_1	α_2	...	α_n
$y \in W(f)$	$\beta_1 = f(\alpha_1)$	$\beta_2 = f(\alpha_2)$	...	$\beta_n = f(\alpha_n)$

Beispiel:

Zu erstellen sei die Wertetabelle für $x \in [1;5]$ mit Laufweite $\Delta x = 1$ für die Funktionsgleichung $y = x^2 - x + 1$.

x	1	2	3	4	5
Berechnung	$1^2 - 1 + 1$	$2^2 - 2 + 1$	$3^2 - 3 + 1$	$4^2 - 4 + 1$	$5^2 - 5 + 1$
y = f(x)	1	3	7	13	21

3. Funktionsgraphen

Die graphische Darstellung einer Funktion wird als Funktionskurve oder -graph bezeichnet. Dieser Graph wird, sofern es sich um Funktionen einer unabhängigen Veränderlichen handelt, in einem sog. *kartesischen Koordinatensystem* (vgl. Abbildung III 2) anschaulich dargestellt. Dieses besteht aus einer waagrechten, der sog. *Abszissen- oder x-Achse* und einer senkrechten, der sog. *Ordinaten- oder y-Achse.* Der Schnittpunkt beider Achsen wird als Nullpunkt oder Ursprung bezeichnet.

Das Koordinatensystem lässt sich in vier Sektoren (sog. Quadranten) einteilen, in denen die darin liegenden x- und y-Werte jeweils gewisse Vorzeichen besitzen.

Quadrant	I	II	III	IV
Abszisse	positiv	negativ	negativ	positiv
Ordinate	positiv	positiv	negativ	negativ

Durch Eintragung der Wertepaare (Koordinaten) aus einer Wertetabelle in das Koordinatensystem erhalten wir lediglich die Grundstruktur des Graphen einer Funktion, da eine kontinuierliche Funktion durch eine Wertetabelle nicht vollständig beschrieben werden kann. Ein lineares Verbinden der Punkte ist (abgesehen von linearen Funktionen) zu vermeiden. Einen Sonderfall stellen sog. diskrete Funktionen (vgl. Abschnitt III 1.3) dar, deren Definitionsbereich aus einer Menge isolierter Werte besteht. Für diese ist der Funktionsgraph nämlich bereits nach Eintragung der Punkte fertiggestellt.

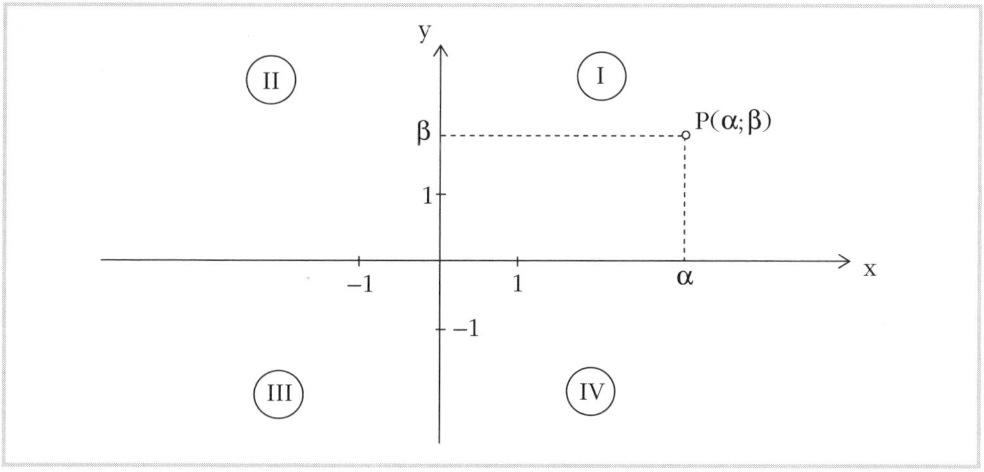

Abbildung III 2: Kartesisches Koordinatensystem

Neben einer Wertetabelle ist vor allem die Kenntnis der wesentlichen Eigenschaften einer gegebenen Funktion von Vorteil, um ihren Funktionsgraphen zu zeichnen. Zu diesen zählen etwa die Lage der Nullstellen, Minima und Maxima sowie Wendepunkte, die wir im Folgenden noch kennenlernen werden.

1.3 Verschiedene Funktionstypen

Nach ihrem qualitativen Verlauf können wir Funktionen in die folgenden fünf Klassen (Typen) einteilen:

1. Zusammengesetzte Funktionen

Eine Funktion y = f(g(x)) wird als zusammengesetzte Funktion bezeichnet. Durch die Substitution z = g(x), d.h. ein Ersetzen der Funktion g(x) durch eine neue Variable z, kann eine derartige Funktion in die Funktion y = f(z) überführt werden. Die Funktion g(x) heißt dabei *innere*, die Funktion f(z) *äußere Funktion.*

Beispiel:

$$y = \sqrt{x^2 - 2x + 1} \xrightarrow{\text{Substitution: } z = x^2 - 2x + 1} y = \sqrt{z}$$

Definitions- und Wertebereich einer zusammengesetzten Funktion können sowohl durch die innere als auch durch die äußere Funktion beschränkt sein. Entspricht der Definitionsbereich der äußeren Funktion dem Wertebereich der inneren Funktion, d.h. ist die Funktion y = f(z) überall dort definiert, wo z = g(x) Werte besitzt, dann ist die Funktion y = f(g(x)) im Bereich $x \in D(g)$ definiert.

Beispiel: $D(f) = W(g)$

Für die Funktion $y = (x - 1)^2$ gilt nach Substitition z = g(x) = x − 1 der Zusammenhang $y = f(z) = z^2$. Die Funktion g(x) besitzt den Definitionsbereich $D(g) = \mathbb{R}$ und den Wertebereich $W(g) = \mathbb{R}$. Für f(z) gilt $D(f) = \mathbb{R}$ und $W(f) = \mathbb{R}$. Somit resultiert D(f) = W(g), d.h. die Funktion $y = (x-1)^2$ ist im Bereich $x \in (W(g) = \mathbb{R})$ definiert.

Ist die Funktion y = f(z) nicht mehr für alle $z \in W(g)$ definiert, sondern durch die *Eigenschaften der äußeren Funktion eingeschränkt*, so ist y = f(g(x)) nicht mehr für alle $x \in D(g)$ definiert, sondern beschränkt auf Teilmengen von D(g).

Beispiel: $D(f) \subset W(g)$

$y = \sqrt{x^2 - 1}$ mit $z = g(x) = x^2 - 1$ und $y = f(z) = \sqrt{z}$

Es gilt $D(g) = \mathbb{R}$ und $W(g) = \{y \in \mathbb{R} | y \geq -1\}$. Die äußere Funktion $y = f(z) = \sqrt{z}$ ist nur für $z \geq 0$ definiert, d.h. nicht auf dem gesamten Wertebereich W(g) der inneren Funktion, sondern nur für $x^2 - 1 \geq 0$. Den Definitionsbereich der zusammengesetzten Funktion erhalten wir daher über $x^2 - 1 \geq 0 \leftrightarrow x^2 \geq 1 \leftrightarrow |x| \geq 1$ zu $D(f) = \{x \in \mathbb{R} | |x| \geq 1\}$. Dadurch wird offensichtlich, dass der Definitionsbereich der zusammengesetzten Funktion nur noch eine Teilmenge des Wertebereichs der inneren Funktion ist, d.h. $D(f) \subset W(g)$ gilt.

Durch Restriktionen des Wertebereichs der inneren Funktion kann der Definitionsbereich der äußeren Funktion den Wertebereich der inneren Funktion als echte Teilmenge enthalten. Die zusammengesetzte Funktion y = f(g(x)) ist dann für den Bereich $x \in D(g)$ definiert.

Beispiel: $D(f) \supset W(g)$

$y = e^{\sqrt{x-1}}$ mit $z = g(x) = \sqrt{x-1}$ und $y = f(z) = e^z$

Es gilt $D(g) = \{x \in \mathbb{R} | x \geq 1\}$ und $W(g) = \{z \in \mathbb{R} | z \geq 0\}$. Die äußere Funktion $y = e^z$ wäre zwar eigentlich für jedes $z \in \mathbb{R}$ definiert, jedoch wird ihr Definitionsbereich durch den Wertebereich der inneren Funktion beschränkt. Es gilt daher $D(f) \supset W(g)$ und der Definitionsbereich der zusammengesetzten Funktion liegt bei $x \in \{x \in \mathbb{R} | x \geq 1\}$.

2. Kontinuierliche und diskrete Funktionen

Besteht der Definitionsbereich D(f) einer Funktion aus *allen reellen Zahlen eines Intervalls* und sind allen Punkten von D(f) entsprechende Funktionswerte zugeordnet, sprechen wir von einer *kontinuierlichen* oder *stetigen Funktion*. Setzt sich der Definitionsbereich (und damit auch der Wertebereich) einer Funktion nur aus isolierten Punkten zusammen, liegt eine *diskrete Funktion* vor. Graphisch zeigt sich diese Eigenschaft wie in Abbildung III 3 dargestellt.

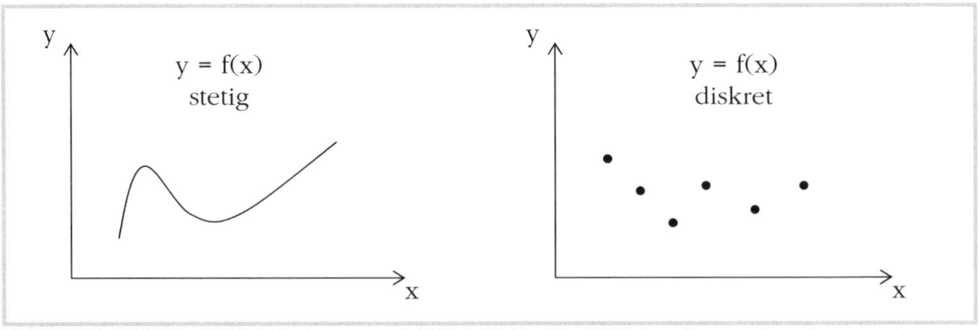

Abbildung III 3: Stetige und diskrete Funktionen

3. Eindeutige und eineindeutige Funktionen

Wird jedem Element des Definitionsbereichs $\alpha \in D(f)$ genau ein Element des Wertebereichs $\beta \in W(f)$ zugeordnet, so spricht man von einer *eindeutigen Funktion*. Dabei können verschiedene Punkte α_1, $\alpha_2 \in D(f)$ denselben Wert $\beta \in W(f)$ besitzen (vgl. Abbildung III 4), d.h. $\beta = f(\alpha_1) = f(\alpha_2)$ für $\alpha_1 \neq \alpha_2$. Gibt es zu jedem $\alpha \in D(f)$ genau ein $\beta \in W(f)$ und umgekehrt, liegt eine *eineindeutige Funktion* vor.

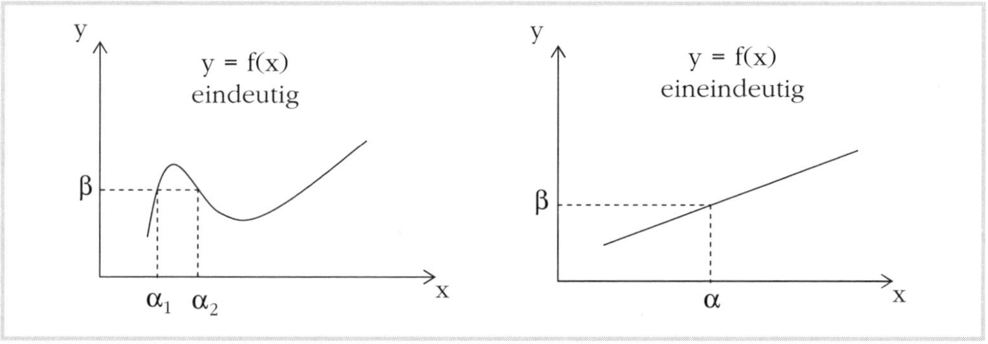

Abbildung III 4: Eindeutige und eineindeutige Funktionen

4. Umkehrbare Funktionen

Ist es möglich eine Funktion $y = f(x)$ nach der Variablen x aufzulösen, sodass sich $x = g(y)$ ergibt, so heißt die Funktion f(x) umkehrbar. Vertauschen wir in der nach x aufgelösten Funktion die Variablen x und y, d.h. $y = g(x)$, so entsteht die sog. Umkehrfunktion zur Funktion $y = f(x)$, für die wir auch $y = f^{-1}(x)$ schreiben können. Das $^{-1}$ ist dabei nicht mit einer negativen Potenz zu verwechseln.

Es gilt generell, dass der Definitionsbereich (Wertebereich) der Umkehrfunktion gleich dem Wertebereich (Definitionsbereich) der Ausgangsfunktion ist.

$$D(f^{-1}) = W(f) \qquad W(f^{-1}) = D(f) \qquad \text{(III.3)}$$

Deshalb kann eine Umkehrfunktion nur für *eineindeutige Funktionen* existieren. Grafisch können wir die Umkehrbarkeit einer Funktion damit daran feststellen, dass *jede* zur x-Achse parallele Gerade den Graphen der Funktion nie in mehreren Punkten schneidet. Die beiden Funktionen im nachfolgenden Beispiel sind so typische Fälle nicht umkehrbarer Funktionen.

Beispiele:

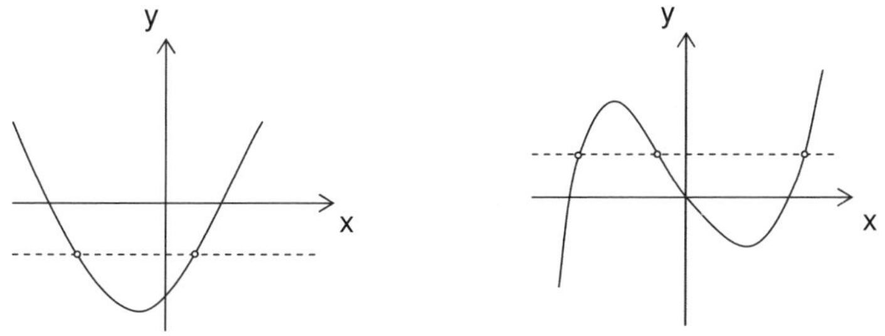

Grafisch ergibt sich die Umkehrfunktion durch *Spiegelung* der ursprünglichen Funktion an der *Winkelhalbierenden* des ersten und dritten Quadranten des Koordinatensystems. Die Umkehrfunktion der Umkehrfunktion liefert somit wieder die Ausgangsfunktion.

Beispiel 1:

$y = 2x + 1$ mit $x \in \mathbb{R}$

1. Umstellung nach x:

   $x = 0{,}5y - 0{,}5$ für $y \in \mathbb{R}$

2. Variablentausch:

   $y = 0{,}5x - 0{,}5$ für $x \in \mathbb{R}$

Die Umkehrfunktion zu $y = 2x + 1$ ist also $y = 0{,}5x - 0{,}5$. Grafisch zeigt sich ihre Ermittlung nebenstehend.

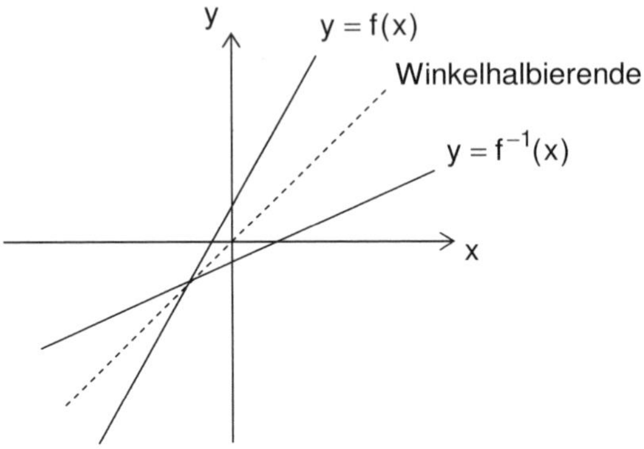

Beispiel 2:

$y = x^2$ mit $D(f) = \mathbb{R}$, $W(f) = \mathbb{R}^+$

Beim Auflösen nach x und nach Variablentausch erhalten wir hier:

$y = \sqrt{x}$ mit $D(g) = \mathbb{R}^+$, $W(g) = \mathbb{R}^+$

(III.3) ist also klar nicht gegeben.

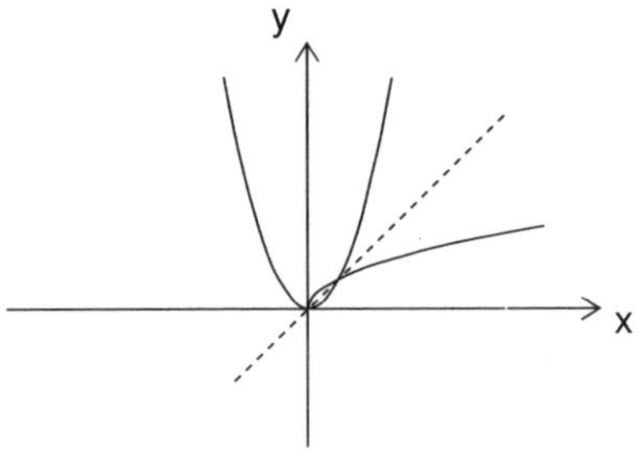

5. Abschnittsweise definierte Funktionen

Eine Funktion kann in verschiedenen Intervallen ihres Definitionsbereichs durch unterschiedliche Funktionszweige beschrieben werden, wobei die Teildefinitionsbereiche disjunkt sein müssen. So gilt etwa für eine aus zwei Zweigen zusammengesetzte Funktion

$$y = f(x) = \begin{cases} g(x) & \text{für } x \in D(g) \\ h(x) & \text{für } x \in D(h) \end{cases}. \tag{III.4}$$

Beispiel:

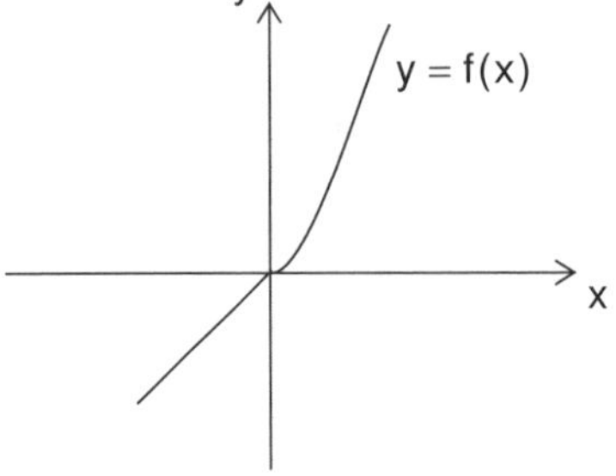

$$y = f(x) = \begin{cases} x & \text{für } -\infty < x < 0 \\ x^2 & \text{für } \quad 0 \le x < +\infty \end{cases}$$

1.4 Funktionseigenschaften

Die Kenntnis verschiedener Funktionseigenschaften erlaubt Rückschlüsse auf die zugrunde liegende Funktion. So ist es beispielsweise im Zusammenhang mit ökonomischen Funktionen interessant zu wissen, bei welchem Preis die nachgefragte Menge auf Null fällt (*Nullstelle*) oder bei welcher Produktionsmenge die Stückkosten ihr *Minimum* erreichen. Zusätzlich kann eine Analyse von *Bereichen, in denen eine Funktion* (z.B. Grenzkostenfunktion) *steigt oder fällt* etwa bei der Entscheidung über die Annahme von Zusatzaufträgen als Entscheidungshilfe dienen.

Wir wollen nun zunächst die wichtigsten Eigenschaften von Funktionen allgemein betrachten. Eine konkrete Beschreibung erfolgt funktionsspezifisch unter III 2.

1. Nullstellen

Als Nullstelle einer Funktion $y = f(x)$ bezeichnen wir den Wert $x = \alpha$, für den die abhängige Veränderliche den Wert Null annimmt, d.h. für den $y = f(\alpha) = 0$ gilt. Die Nullstellen einer Funktion liegen dort vor, wo der Funktionsgraph die Abszisse schneidet oder berührt, da die Gleichung der Abszisse gerade $y = 0$ ist. Liegt ein Schnittpunkt vor, sprechen wir von einer *einfachen Nullstelle* (α_1). Bei einem Berührpunkt handelt es sich um eine *doppelte Nullstelle* (α_2) (vgl. Abbildung III 5). Auch dreifache (α_3) und n-fache Nullstellen sind denkbar.

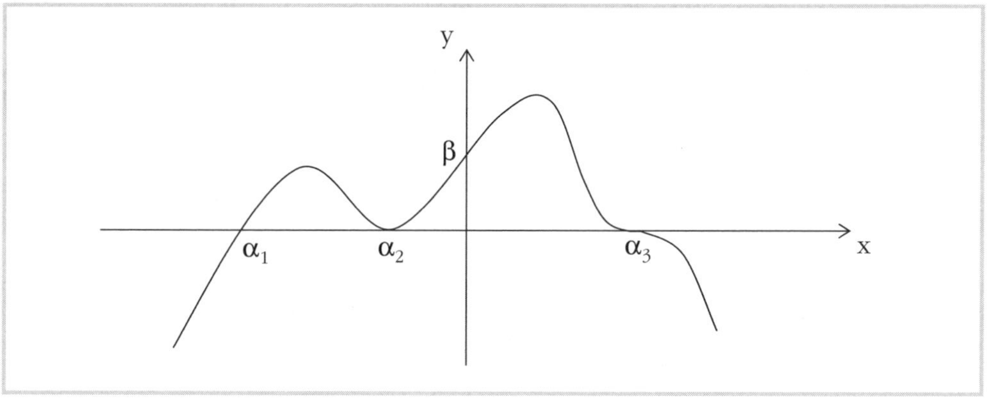

Abbildung III 5: Nullstellen

Zur Ermittlung der Nullstellen einer Funktion wird $y = 0$ in die Funktionsgleichung $y = f(x)$ bzw. $f(x, y) = 0$ eingesetzt und die resultierende Gleichung $f(x) = 0$ bzw. $g(x, 0) = 0$ nach den in Kapitel I beschriebenen Verfahren nach der unabhängigen Veränderlichen x aufgelöst. Die Lösungen der Gleichung sind schließlich die gesuchten Nullstellen. Zur Bestimmung der *Schnittstellen mit der Ordinate* (Gleichung der Ordinate: $x = 0$) kann analog vorgegangen werden. In die Funktionsgleichung wird also $x = 0$ eingesetzt, sodass die gesuchten Schnittstellen als Lösungen der Gleichung $y = f(0)$ bzw. $f(0, y) = 0$ resultieren. In Abbildung III 5 liegt die Schnittstelle z.B. bei $y = \beta$.

Beispiel:

Gegeben sei die Funktion $y = f(x) = x^3 + x^2$ für $x \in \mathbb{R}$.

1. Nullstellen: $x^3 + x^2 = 0 \leftrightarrow x^2 \cdot (x+1) = 0 \leftrightarrow x = 0 \vee x = -1$

   Die betrachtete Funktion besitzt zwei Nullstellen und zwar $x = -1$ und $x = 0$. Bei $x = 0$ liegt eine doppelte Nullstelle vor (erkennbar am ^{2} in der Berechnung).

2. Schnittstellen mit der y-Achse: $y = 0^3 + 0^2 \leftrightarrow y = 0$

   Bei dieser speziellen Funktion liegt die Schnittstelle mit der y-Achse bei $y = 0$. Dies ist nicht verwunderlich, da immer, wenn eine Funktion eine Nullstelle bei $x = 0$ besitzt, die Schnittstelle mit der y-Achse bei $y = 0$ liegt.

2. Extrema

Als Extrema bezeichnen wir die größten (Maxima) oder kleinsten (Minima) Funktionswerte, die sich innerhalb eines bestimmten Intervalls für die Werte der unabhängigen Veränderlichen (*relative Extrema*) oder innerhalb des gesamten Definitionsbereichs (*absolute Extrema*) ergeben. Werden die Extremwerte einer Funktion genau an den Rändern des Definitionsbereichs angenommen, sprechen wir auch von *Randextrema*.

a) Relative Extrema

Eine Funktion $y = f(x)$ hat an der Stelle $\alpha \in D(f)$ ein relatives (lokales) Maximum bzw. Minimum, wenn $f(\alpha)$ in einer Umgebung $U(\alpha)$ von α (bzw. einem Intervall, dass α enthält) der größte bzw. kleinste Funktionswert ist. Formal muss also für ein *relatives Maximum*

$$f(x) \leq f(\alpha) \quad \text{für alle } x \in U(\alpha) \tag{III.5a}$$

und ein *relatives Minimum*

$$f(x) \geq f(\alpha) \quad \text{für alle } x \in U(\alpha) \tag{III.5b}$$

gelten (vgl. Abbildung III 6).

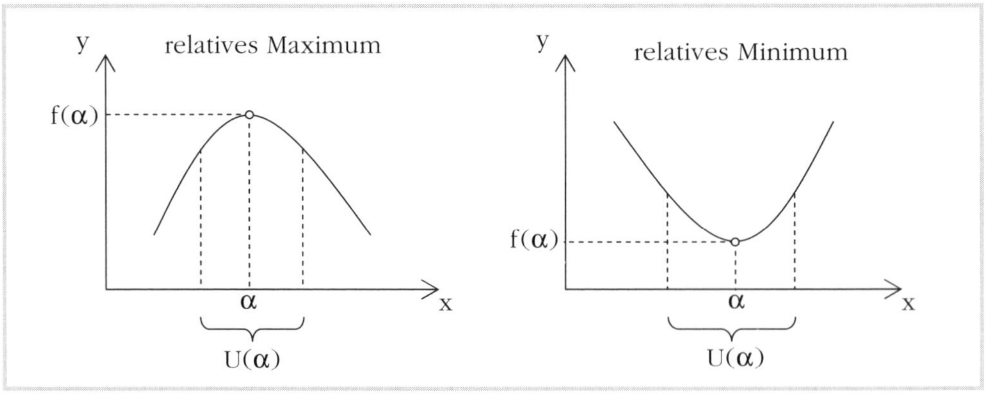

Abbildung III 6: Relative Extrema

b) Absolute Extrema

Erweitern wir die bei relativen Extrema beschriebene Umgebung $U(\alpha)$ auf den gesamten Definitionsbereich D(f) der zu betrachtenden Funktion, so liegt bei den $\alpha \in D(f)$ ein absolutes (globales) Maximum bzw. Minimum vor, bei denen $f(\alpha)$ den größten bzw. kleinsten Wert annimmt.

Es gilt daher analog für ein *absolutes Maximum*

$$f(x) \leq f(\alpha) \quad \text{für alle } x \in D(f) \tag{III.6a}$$

und für ein *absolutes Minimum*

$$f(x) \geq f(\alpha) \quad \text{für alle } x \in D(f)\,. \tag{III.6b}$$

Anhand Abbildung III 7 kann dies nachvollzogen werden.

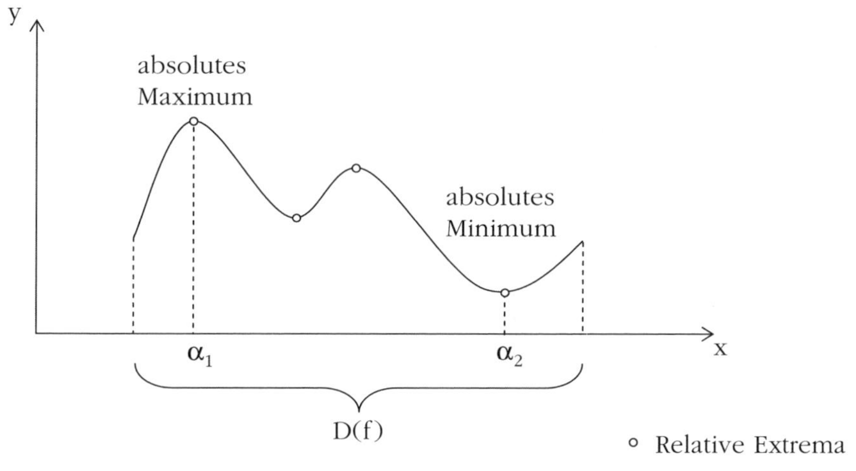

Abbildung III 7: Absolute Extrema

Abschließend sei erwähnt, dass Maxima und Minima i. d. R. nur in Punkten definiert sind (vgl. etwa Abbildung III 7). Eine Ausnahme stellen hier lediglich Funktionen dar, die Bereiche horizontalen Verlaufs aufweisen. Hier können Maxima bzw. Minima auch auf Intervallen definiert sein.

3. Steigung

Nehmen für zunehmende Werte der unabhängigen Veränderlichen x auch die Funktionswerte zu, sprechen wir von *steigenden Funktion.*

$$\alpha_1 < \alpha_2 \rightarrow f(\alpha_1) < f(\alpha_2) \tag{III.7a}$$

Nehmen die Funktionswerte hingegen bei steigendem x ab, so liegt eine *fallende Funktion* vor.

$$\alpha_1 < \alpha_2 \rightarrow f(\alpha_1) > f(\alpha_2) \tag{III.7b}$$

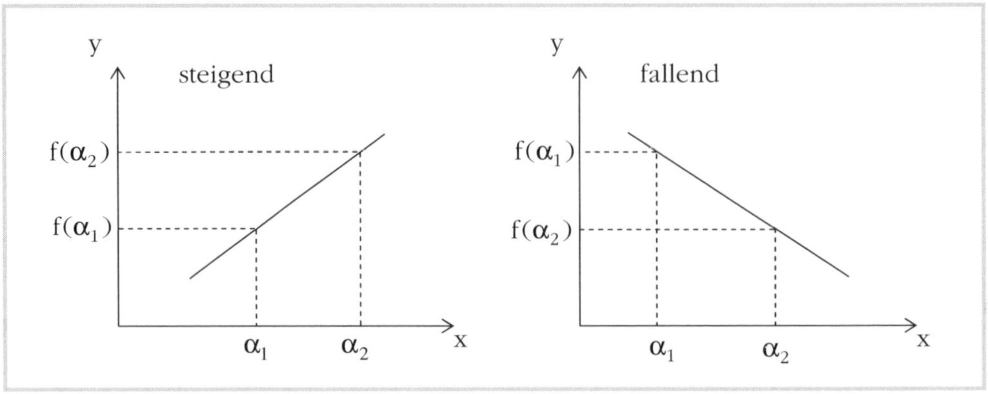

Abbildung III 8: Steigung

Sind die Bedingungen (III.7a) bzw. (III.7b) für alle Elemente innerhalb eines gewissen Intervalls I, also für alle α_1, $\alpha_2 \in$ I erfüllt, so wird die betrachtete Funktion als *streng monoton steigend* bzw. *streng monoton fallend* innerhalb des Intervalls I bezeichnet. Kommt es innerhalb des betrachteten Intervalls I bei zunehmenden oder abnehmenden x-Werten ($\alpha_1 < \alpha_2$ bzw. $\alpha_1 > \alpha_2$) auch nur einmal zu gleich bleibenden Funktionswerten $f(\alpha_1) = f(\alpha_2)$, so kann die Funktion nicht mehr als streng monoton, sondern nur noch als *monoton steigend* bzw. *fallend* im Intervall I bezeichnet werden.

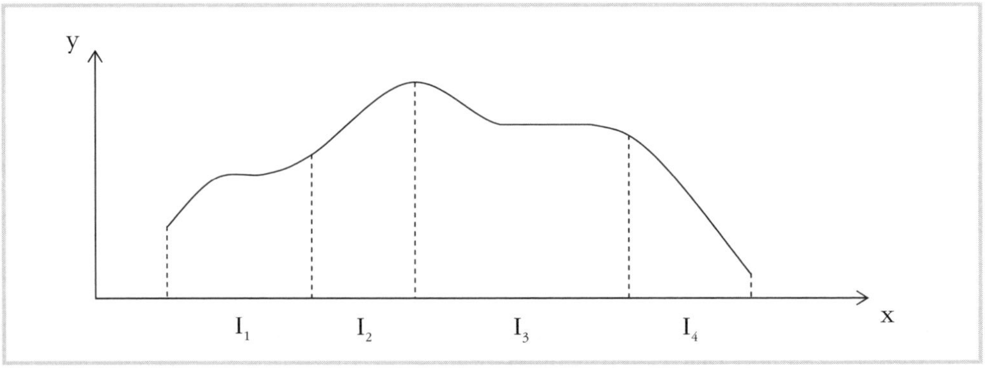

Abbildung III 9: Steigende und fallende Funktion

Abbildung III 9 zeigt eine Funktion, die im Intervall I_1 monoton steigend, in I_2 streng monoton steigend, in I_3 monoton fallend und in I_4 streng monoton fallend ist. Wir erkennen, dass durch das Maximum die Funktion von einem steigenden in einen fallenden Verlauf übergeht.

4. Beschränktheit

Eine Funktion $y = f(x)$ heißt *nach oben beschränkt*, wenn ihre Funktionswerte einen bestimmten Wert, die obere Schranke $Z \in \mathbb{R}$, nicht überschreiten, d.h. wenn gilt

$$f(x) \leq Z \text{ für alle } x \in D(f). \qquad \text{(III.8a)}$$

Sie ist *nach unten beschränkt*, wenn ihre Funktionswerte die sog. untere Schranke $z \in \mathbb{R}$ nicht unterschreiten, d.h.

$$f(x) \geq z \text{ für alle } x \in D(f) \qquad \text{(III.8b)}$$

gilt.

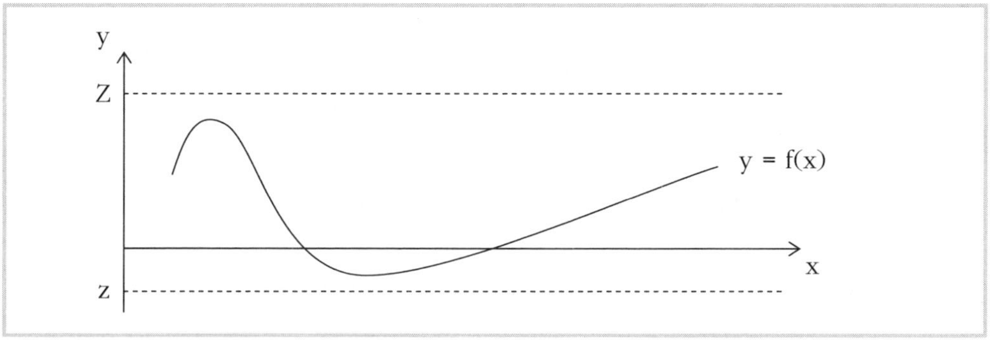

Abbildung III 10: Beschränktheit

Ist (III.8a) oder (III.8b) gegeben, ist die Funkton y = f(x) *beschränkt*. So ist z.B. die Funktion in Abbildung III 10 beschränkt, wobei hier sogar eine obere und eine untere Grenze für die Funktionswerte vorliegt. An der Abbildung erkennen wir zugleich, dass eine Schranke nicht notwendigerweise erreicht werden muss. Voraussetzung ist lediglich, dass die Funktion den durch die Schranken definierten Bereich der y-Werte nicht verlässt.

5. Krümmung

Grundsätzlich unterscheiden wir bei der Beschreibung der Krümmung einer Funktion die Begriffe konvex und konkav. Wir sagen allgemein, dass eine Funktion dann in einem bestimmten durch die x-Werte α_1 und α_2 definierten Intervall *streng konkav* ist, wenn die Funktion in diesem Intervall *stets über* der Strecke verläuft, die die beiden Punkte $P_1(\alpha_1; f(\alpha_1))$ und $P_2(\alpha_2; f(\alpha_2))$ verbindet. Abbildung III 11 veranschaulicht dies. Verläuft die Funktion im betrachteten Intervall jedoch *stets unterhalb* der Verbindungsstrecke, ist die Funktion im betrachteten Invervall *streng konvex* (vgl. Abbildung III 12). Für Geraden gilt generell, dass sie sowohl konkav als auch konvex sind.

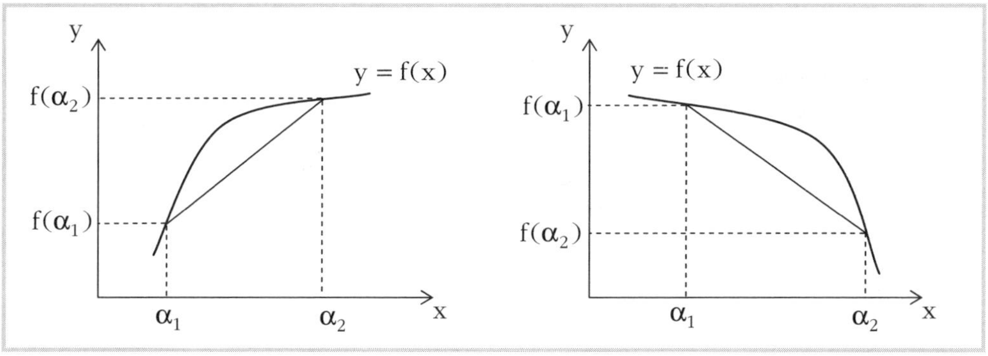

Abbildung III 11: Konkave Funktionen

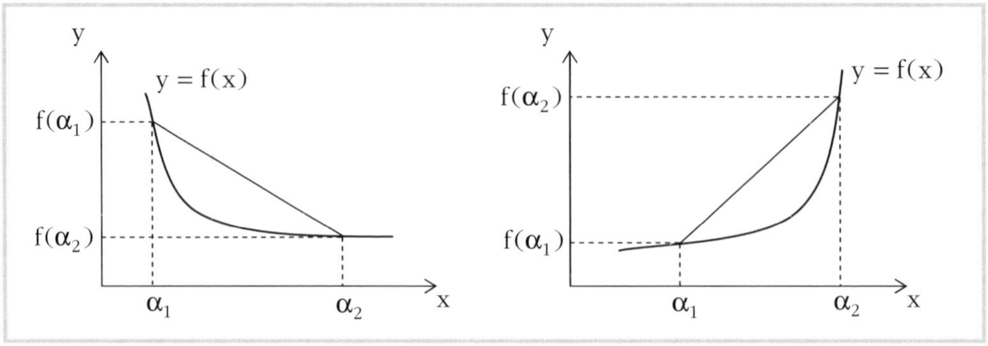

Abbildung III 12: Konvexe Funktionen

Eine Funktion, die in ihrem Definitionsbereich D(f) sowohl konvexe als auch konkave Bereiche aufweist, ist dort weder konkav noch konvex. Zur Veranschaulichung dieser vielleicht etwas verwirrenden Aussage betrachten wir Abbildung III 13. Die linke Grafik zeigt eine typische Parabel, die für jedes $x \in \mathbb{R}$ definiert und im gesamten Definitionsbereich konvex ist. Für die rechte Funktion, die ebenfalls für alle reellen Zahlen definiert ist, kann eine derartige Aussage nicht getroffen werden, da unsere "Streckenlösung" aufgrund der Krümmungsänderungen im Definitionsbereich kein eindeutiges Ergebnis liefern kann. Auch wenn sie konkave und konvexe Intervalle aufweist (I_1 konkav, I_2 konvex, I_3 konkav und konvex), ist sie im ganzen Definitionsbereich weder konkav noch konvex.

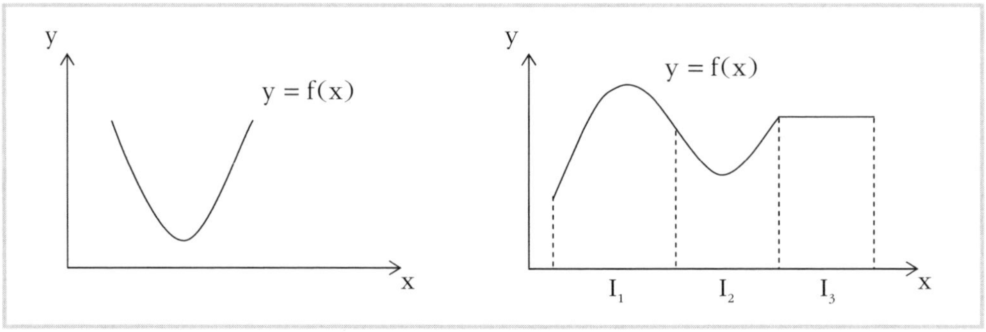

Abbildung III 13: Krümmungsbeispielfunktionen

6. Symmetrie

Eine Funktion y = f(x) heißt *spiegelsymmetrisch* zur y-Achse wenn gilt

$$f(-x) = f(x) \text{ für alle } x \in D(f) \tag{III.9a}$$

Sie wird als *punktsymmetrisch* zum Ursprung bezeichnet, wenn

$$f(-x) = -f(x) \text{ für alle } x \in D(f) \tag{III.9b}$$

erfüllt ist.

Beispiel 1:

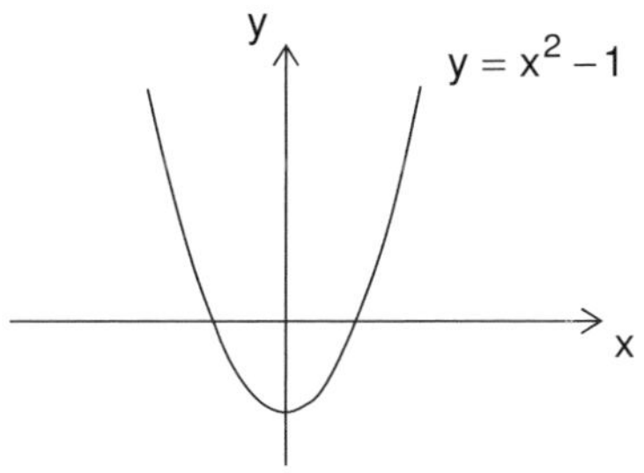

$y = f(x) = x^2 - 1$

$f(-x) = (-x)^2 - 1 = x^2 - 1 = f(x)$

$\rightarrow$ f(x) ist spiegelsymmetrisch.

Beispiel 2:

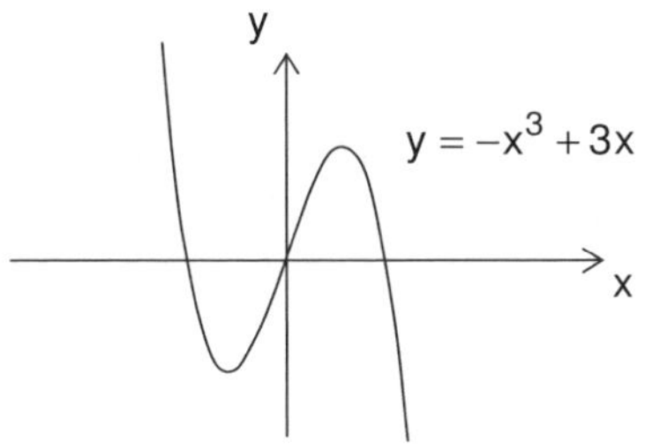

$y = f(x) = -x^3 + 3x$

$f(-x) = -(-x)^3 + 3(-x) = -(-x^3 + 3x) = -f(x)$

$\rightarrow$ f(x) ist punktsymmetrisch.

7. Grenzwerte

Kommen die Funktionswerte einer Funktion $y = f(x)$ bei beliebiger Annäherung von x an eine Stelle α einer Zahl φ immer näher, so bezeichnen wir φ als den *Grenzwert der Funktion an der Stelle* α und schreiben

$$\lim_{x \to \alpha} f(x) = \varphi . \qquad \text{(III.10)}$$

Abbildung III 14 veranschaulicht den Grenzwertgedanken anhand einer einfachen abschnittsweise definierten Funktion, wobei die anderen eingetragenen Werte im Laufe der folgenden Betrachtungen benötigt werden.

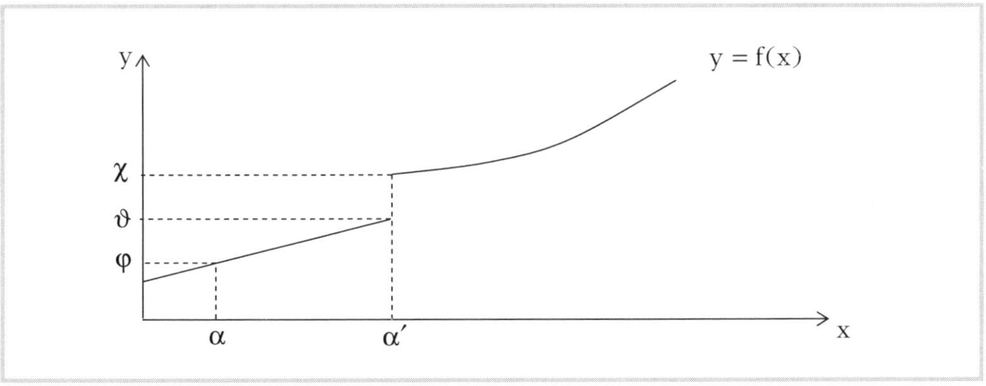

Abbildung III 14: Grenzwerte

Beispiele:

1. $\lim\limits_{x \to 0} (x^4 + 4x^2 - 5) = -5$

   Nähert sich x immer mehr dem Wert Null an, so wird der Term $x^4 + 4x^2$ verschwindend gering. Der Grenzwert liegt damit bei –5.

2. $\lim\limits_{x \to 2} \dfrac{x^2 - 3}{-x^4 + 14} = -\dfrac{1}{2}$

   Nähert sich x immer mehr dem Wert 2 an, so ergibt sich nämlich final der Wert

   $\dfrac{2^2 - 3}{-2^4 + 14} = \dfrac{1}{-2} = -\dfrac{1}{2}.$

Besitzt eine Funktion y = f(x) die Eigenschaft, dass ihre Funktionswerte über alle Grenzen hinauswachsen, wenn x gegen α geht, so nennen wir sie *an der Stelle* α divergent und ordnen ihr dort den *uneigentlichen Grenzwert* $+\infty$ zu. Wir schreiben

$$\lim_{x \to \alpha} f(x) = +\infty\,. \qquad \text{(III.11a)}$$

Fällt f(x) unbegrenzt, wenn sich x *der Stelle* α immer mehr nähert, gilt

$$\lim_{x \to \alpha} f(x) = -\infty\,. \qquad \text{(III.11b)}$$

Beispiele:

1. $\lim\limits_{x \to 3} \dfrac{+3x}{(x-3)^2} = +\infty$

2. $\lim\limits_{x \to -2} \dfrac{-3}{(x+2)^4} = -\infty$

Betrachten wir nun in Abbildung III 14 den x-Wert α'. Es fällt hier auf, dass wir uns verschiedenen Funktionswerten nähern, je nachdem, ob wir uns von links oder rechts an α' annähern. In diesem Zusammenhang sprechen wir davon, dass y = f(x) *an der Stelle* α' den *linksseitigen Grenzwert* ϑ besitzt, wenn bei Annäherung an α' von links (von unten) die Funktionswerte f(x) der Zahl ϑ immer näher kommen. Wir schreiben

$$\lim_{x \to \alpha'-} f(x) = \vartheta\,. \qquad \text{(III.12)}$$

Analog handelt es sich bei der Annäherung an α' von rechts (von oben) um den *rechtsseitigen Grenzwert* χ von f(x) *an der Stelle* α' und wir schreiben

$$\lim_{x \to \alpha'+} f(x) = \chi\,. \qquad \text{(III.13)}$$

Eine Funktion y = f(x) besitzt allgemein einen Grenzwert φ an der Stelle x = α, wenn links- und rechtsseitige Grenzwerte existieren und gleich φ sind. Es gilt also

$$\lim_{x \to \alpha-} f(x) = \lim_{x \to \alpha+} f(x) = \varphi \quad \leftrightarrow \quad \lim_{x \to \alpha} f(x) = \varphi\,. \qquad \text{(III.14)}$$

Die Funktion in Abbildung III 14 besitzt demnach an der Stelle x = α' keinen Grenzwert, da die links- und rechtsseitigen Grenzwerte (ϑ und χ) unterschiedlich sind.

Beispiel:

Betrachten wir die folgende abschnittsweise definierte Funktion:

$$f(x) = \begin{cases} 3x+1 & \text{für } x \leq 2 \\ -x+3 & \text{für } x > 2 \end{cases}$$

Bei linksseitiger Annäherung an den Wert x = 2 ist in der Grenzwertbetrachtung der Term 3x + 1 zu verwenden, da dieser für x ≤ 2 die Funktionswerte bestimmt. Wir erhalten damit

$$\lim_{x \to 2-} f(x) = \lim_{x \to 2-} (3x+1) = 7\,.$$

Bei rechtsseitiger Annäherung ist entsprechend der Term –x + 3 heranzuziehen, sodass

$$\lim_{x \to 2+} f(x) = \lim_{x \to 2+} (-x+3) = 1$$

gilt. Folglich besitzt die Funktion f(x) an der Stelle x = 2 keinen Grenzwert.

Resultat einer links- oder rechtsseitigen Annäherung an einen Wert x = α' kann auch ein uneigentlicher Grenzwert sein. Falls f(x) bei Annäherung an α' von links über alle Grenzen wächst bzw. unter alle Grenzen fällt, erhalten wir

$$\lim_{x \to \alpha'-} f(x) = +\infty \quad \text{bzw.} \quad \lim_{x \to \alpha'-} f(x) = -\infty\,.$$

Falls f(x) bei Annäherung an α' von rechts über alle Grenzen wächst bzw. unter alle Grenzen fällt, ergibt sich

$$\lim_{x \to \alpha'+} f(x) = +\infty \quad \text{bzw.} \quad \lim_{x \to \alpha'+} f(x) = -\infty\,.$$

Beispiele:

1. $f(x) = \frac{1}{x}$ Skizze:

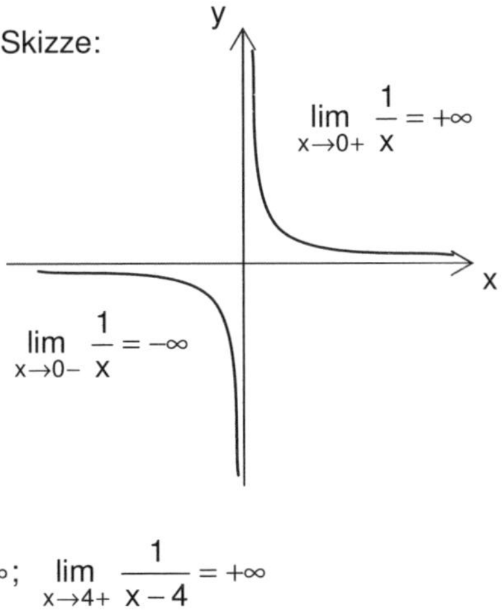

2. $\lim_{x \to 4-} \frac{1}{x-4} = -\infty;\quad \lim_{x \to 4+} \frac{1}{x-4} = +\infty$

Nähern sich die Werte einer Funktion y = f(x) bei *unbegrenzt wachsendem x* immer mehr dem Wert φ an, so ist φ der *Grenzwert der Funktion* und wir schreiben

$$\lim_{x \to +\infty} f(x) = \varphi\,. \tag{III.15}$$

Nähern sich die Werte von f(x) bei *unbegrenzt fallendem x* immer mehr dem Wert φ an, so ist φ der *Grenzwert der Funktion* und wir schreiben

$$\lim_{x \to -\infty} f(x) = \varphi. \qquad \text{(III.16)}$$

In den Fällen (III.15) und (III.16) sagen wir auch, dass die Gerade y = φ eine sog. *Asymptote* der Funktion y = f(x) ist, da sich der Graph von y = f(x) dieser Gerade immer mehr annähert, je größer bzw. kleiner x wird.

Beispiel:

$\lim\limits_{x \to +\infty} \frac{1}{x^3} = 0; \quad \lim\limits_{x \to -\infty} \frac{1}{x^3} = 0$ liefert die Asymptote y = 0, d.h. die x-Achse.

Wenn eine Funktion y = f(x) bei unbegrenzt wachsendem (fallendem) x über (unter) alle Grenzen wächst (fällt), ordnen wir ihr ebenfalls einen uneigentlichen Grenzwert zu. Es sind dabei folgende Fälle denkbar:

$$\lim_{x \to +\infty} f(x) = +\infty \qquad \lim_{x \to +\infty} f(x) = -\infty \qquad \lim_{x \to -\infty} f(x) = +\infty \qquad \lim_{x \to -\infty} f(x) = -\infty$$

Beispiele:

1. $\lim\limits_{x \to +\infty} (x^2 + 1) = +\infty; \quad \lim\limits_{x \to -\infty} (x^2 + 1) = +\infty$
2. $\lim\limits_{x \to +\infty} (x^3 + 4x + 7) = +\infty; \quad \lim\limits_{x \to -\infty} (x^3 + 4x + 7) = -\infty$

Bei der Rechnung mit Grenzwerten sind eine Reihe wichtiger Vorschriften (*Grenzwertsätze*) zu beachten. Bevor wir näher auf diese eingehen, sind jedoch die *Grenzwerte wichtiger Funktionen* näher zu betrachten, da uns diese zusammen mit den Grenzwertsätzen die Grenzwertbestimmung selbst bei komplexen zusammengesetzten Funktionen erleichtern. Wir skizzieren dabei zum besseren Verständnis einige Beispielfunktionen. Unter Abschnitt III 2 werden wir diese speziellen Funktionen und ihre Eigenschaften ausführlich behandeln.

Für *Potenzfunktionen* (vgl. Abschnitt III 2.1.1) und ihre *Kehrwerte* (vgl. Abschnitt III 2.1.2) gilt Folgendes:

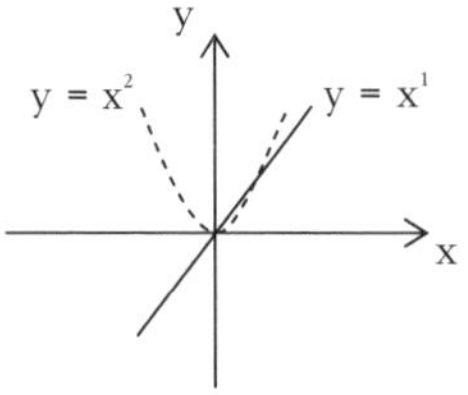

$$\lim_{x \to +\infty} x^n = +\infty \quad \text{für} \quad n \in \mathbb{R}^+ \qquad \text{(III.17a)}$$

$$\lim_{x \to -\infty} x^n = \begin{cases} +\infty & \text{für} \quad n \in \mathbb{N} \text{ und gerade} \\ -\infty & \text{für} \quad n \in \mathbb{N} \text{ und ungerade} \end{cases} \qquad \text{(III.17b)}$$

$$\lim_{x \to 0} x^n = 0 \quad \text{für} \quad n \in \mathbb{R}^+ \qquad \text{(III.17c)}$$

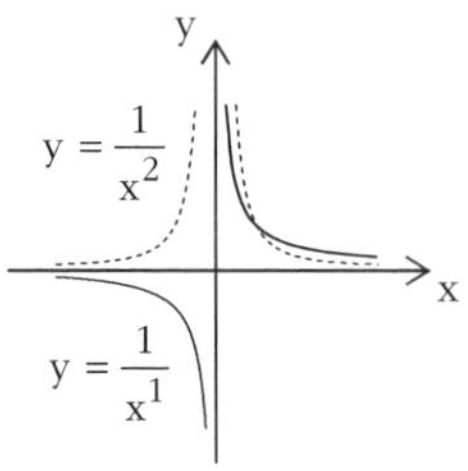

$$\lim_{x \to +\infty} \frac{1}{x^n} = \lim_{x \to -\infty} \frac{1}{x^n} = 0 \quad \text{für } n \in \mathbb{R}^+ \qquad \text{(III.17d)}$$

$$\lim_{x \to 0+} \frac{1}{x^n} = +\infty \quad \text{für} \quad n \in \mathbb{R}^+ \qquad \text{(III.17e)}$$

$$\lim_{x \to 0-} \frac{1}{x^n} = \begin{cases} +\infty & \text{für} \quad n \in \mathbb{N} \text{ und gerade} \\ -\infty & \text{für} \quad n \in \mathbb{N} \text{ und ungerade} \end{cases} \qquad \text{(III.17f)}$$

Für *Exponenzialfunktionen* (vgl. Abschnitt III 2.1.4.1) gilt Folgendes:

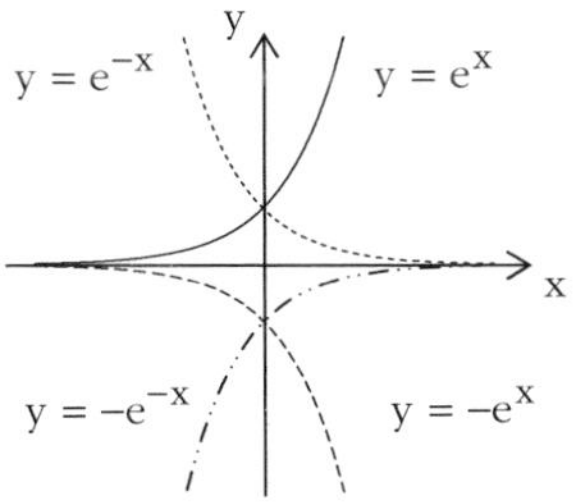

$$\lim_{x\to+\infty} a^x = \begin{cases} 0 & \text{für } 0<a<1 \\ 1 & \text{für } a=1 \\ +\infty & \text{für } a>1 \end{cases}, \qquad \text{(III.18a)}$$

$$\lim_{x\to+\infty} a^{-x} = \begin{cases} +\infty & \text{für } 0<a<1 \\ 1 & \text{für } a=1 \\ 0 & \text{für } a>1 \end{cases} \qquad \text{(III.18b)}$$

$$\lim_{x\to0} a^x = \lim_{x\to0} a^{-x} = 1 \quad \text{für} \quad a>1 \qquad \text{(III.18c)}$$

Bei der Interpretation von (III.18a), (III.18b) und der nebenstehenden Grafik ist zu beachten, dass

$$\left(\tfrac{1}{a}\right)^{-x} = a^x \text{ bzw. } \left(\tfrac{1}{a}\right)^{x} = a^{-x}.$$

Dadurch kann jede Funktion mit $0 < a < 1$ in eine Funktion mit $a > 1$ transformiert werden. An der Gestalt der Funktion ändert sich durch eine solche Transformation nichts. So ist z.B. $0{,}2^x = 1/5^x = 5^{-x}$. Für negative a nehmen die Grenzwerte (III.18a) bis (III.18c) negative Vorzeichen an.

Da e^x stärker wächst als jede Potenz, erhalten wir

$$\lim_{x\to+\infty} \frac{x^n}{e^x} = 0 \quad \text{für} \quad n \in \mathbb{R}. \qquad \text{(III.18d)}$$

Außerdem gilt:

$$\lim_{x\to+\infty}\left(1+\frac{1}{x}\right)^x = \lim_{x\to0+}(1+x)^{\frac{1}{x}} = e \qquad \text{(III.18e)}$$

$$\lim_{x\to+\infty}\left(1-\frac{1}{x}\right)^x = \lim_{x\to0+}(1-x)^{\frac{1}{x}} = \frac{1}{e} \qquad \text{(III.18f)}$$

Für *Logarithmusfunktionen* (vgl. Abschnitt III 2.1.4.2) gilt:

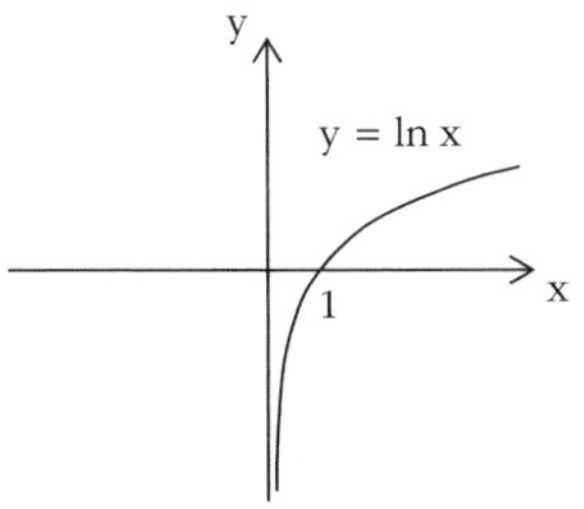

$$\lim_{x\to+\infty} \log_a x = +\infty \quad \text{für} \quad a>1 \qquad \text{(III.19a)}$$

$$\lim_{x\to1} \log_a x = 0 \quad \text{für} \quad a>1 \qquad \text{(III.19b)}$$

$$\lim_{x\to0+} \log_a x = -\infty \quad \text{für} \quad a>1 \qquad \text{(III.19c)}$$

Im Fall $0 < a < 1$ kehren sich die Vorzeichen in (III.18a) und (III.18c) um. Für $a = 1$ und $a < 0$ ist die Logarithmusfunktion nicht definiert.

Nehmen wir nun an, dass die Definitionsbereiche zweier Funktionen f(x) und g(x) gleich sind (D(f) = D(g)) und für $\alpha \in D(f)$ bzw. $\alpha \in D(g)$ die Grenzwerte

$$\varphi = \lim_{x\to\alpha} f(x) \quad \text{und} \quad \varphi' = \lim_{x\to\alpha} g(x)$$

existeren, so gelten folgende *Rechenregeln für Grenzwerte* (*Grenzwertsätze*):

Der Grenzwert einer Summe (Differenz) ist gleich der Summe (Differenz) der Grenzwerte, d.h.

$$\lim_{x\to\alpha}(f(x)\pm g(x)) = \lim_{x\to\alpha} f(x) \pm \lim_{x\to\alpha} g(x) = \varphi \pm \varphi'. \quad \text{(III.20)}$$

Analoges gilt auch für Produkte und Quotienten.

$$\lim_{x\to\alpha}(f(x)\cdot g(x)) = \lim_{x\to\alpha} f(x) \cdot \lim_{x\to\alpha} g(x) = \varphi \cdot \varphi' \quad \text{(III.21a)}$$

$$\lim_{x\to\alpha} \frac{f(x)}{g(x)} = \frac{\lim\limits_{x\to\alpha} f(x)}{\lim\limits_{x\to\alpha} g(x)} = \frac{\varphi}{\varphi'} \quad \text{für} \quad g(x) \neq 0 \text{ und } \varphi' \neq 0 \quad \text{(III.21b)}$$

Ferner gelten im Zusammenhang mit Konstanten k die folgenden Regeln:

$$\lim_{x\to\alpha} f(x) = k, \quad \text{falls } f(x) = k \quad \text{(III.22)}$$

$$\lim_{x\to\alpha} (f(x)+k) = \lim_{x\to\alpha} f(x) + k = \varphi + k \quad \text{(III.23)}$$

$$\lim_{x\to\alpha} k\cdot f(x) = k \cdot \lim_{x\to\alpha} f(x) = k\cdot\varphi \quad \text{(III.24)}$$

Für Potenzen, Wurzeln und Logarithmen gilt:

$$\lim_{x\to\alpha} (f(x))^n = \left(\lim_{x\to\alpha} f(x)\right)^n = \varphi^n \quad \text{bzw.} \quad \lim_{x\to\alpha} \sqrt[n]{f(x)} = \sqrt[n]{\lim_{x\to\alpha} f(x)} = \sqrt[n]{\varphi} \quad \text{(III.25)}$$

$$\lim_{x\to\alpha} (a^{f(x)}) = a^{\lim\limits_{x\to\alpha} f(x)} = a^{\varphi} \quad \text{(III.26)}$$

$$\lim_{x\to\alpha} (\log_a f(x)) = \log_a \left(\lim_{x\to\alpha} f(x)\right) = \log_a \varphi \quad \text{mit } a > 0,\ \varphi > 0 \quad \text{(III.27)}$$

Solange die Grenzwerte φ und φ' existieren, kann in (III.20) bis (III.27) überall α durch $+\infty$ oder $-\infty$ ersetzt werden. Für uneigentliche Grenzwerte gelten die Formeln (III.20) bis (III.27) im Allgemeinen nicht.

Beispiele:

1. $$\lim_{x\to+\infty} \frac{3+x^{-1}}{e^{-x}-1} = \frac{\lim\limits_{x\to+\infty}(3+x^{-1})}{\lim\limits_{x\to+\infty}(e^{-x}-1)} = \frac{\lim\limits_{x\to+\infty} 3 + \lim\limits_{x\to+\infty} \frac{1}{x}}{\lim\limits_{x\to+\infty} e^{-x} - \lim\limits_{x\to+\infty} 1} = \frac{3}{-1} = -3$$

2. $$\lim_{x\to+\infty} (10\cdot e^{-1{,}5x}) = \left(\lim_{x\to+\infty} 10\right)\cdot\left(\lim_{x\to+\infty} e^{-1{,}5x}\right) = 10\cdot 0 = 0$$

Ein Problem bei der Bestimmung von Grenzwerten resultiert, wenn sich sog. unbestimmte Ausdrücke, wie z.B. ∞/∞ ergeben, die eine Grenzwertangabe erschweren. Dies tritt vor allem bei *gebrochen rationalen Funktionen* (vgl. Abschnitt III 2.1.2) auf, da hier bei Untersuchung des Verhaltens im Unendlichen sowohl Zähler als auch Nenner gegen unendlich streben können. Neben der Nutzung der Regel von l' Hospital (vgl. Abschnitt III 3.8), die auch bei anderen Funktionstypen und anderen Arten unbestimmter Ausdrücke anwendbar ist, können wir uns hier eines einfachen Verfahrens bedienen, mit dem wir dennoch einen Grenzwert bestimmen können. Bei diesem müssen wir zunächst jeweils im Zähler und Nenner der betrachteten Funktion die höchste Potenz ausklammern. Daran anschließend sind drei Fälle zu unterscheiden, die wir unmittelbar anhand von Beispielen erklären wollen:

Beispiel 1: Zähler und Nenner haben den gleichen Grad.

$$\lim_{x\to+\infty} \frac{5x^2+x-3}{x^2-5x+1} = \lim_{x\to+\infty} \frac{x^2\cdot\left(5+\frac{1}{x}-\frac{3}{x^2}\right)}{x^2\cdot\left(1-\frac{5}{x}+\frac{1}{x^2}\right)} = \lim_{x\to+\infty} \frac{5+\frac{1}{x}-\frac{3}{x^2}}{1-\frac{5}{x}+\frac{1}{x^2}} = \frac{5}{1} = 5$$

Beispiel 2: Der Nenner hat einen größeren Grad als der Zähler.

$$\lim_{x\to+\infty} \frac{x^2+4x+3}{x^3+x^2-2} = \lim_{x\to+\infty} \frac{x^2\cdot\left(1+\frac{4}{x}+\frac{3}{x^2}\right)}{x^3\cdot\left(1+\frac{1}{x}-\frac{2}{x^3}\right)} = \left(\lim_{x\to+\infty} \frac{1}{x}\right)\cdot\left(\lim_{x\to+\infty} \frac{1+\frac{4}{x}+\frac{3}{x^2}}{1+\frac{1}{x}-\frac{2}{x^3}}\right) = 0\cdot 1 = 0$$

Beispiel 3: Der Zähler hat einen größeren Grad als der Nenner.

$$\lim_{x\to+\infty} \frac{-x^3-4x-1}{5x-3} = \lim_{x\to+\infty} \frac{x^3\cdot\left(-1-\frac{4}{x^2}-\frac{1}{x^3}\right)}{x\cdot\left(5-\frac{3}{x}\right)} = \left(\lim_{x\to+\infty} x^2\right)\cdot\left(\lim_{x\to+\infty} \frac{-1-\frac{4}{x^2}-\frac{1}{x^3}}{5-\frac{3}{x}}\right)$$

Da der zweite Grenzwert negativ ist (–0,2), verhält sich die Funktion wie $-x^2$, d.h.

$$\lim_{x\to+\infty} -x^2 = -\infty = \lim_{x\to+\infty} \frac{-x^3-4x-1}{5x-3}$$

In diesem Fall spielen also das Vorzeichen des zweiten Grenzwertes und der Grad des Terms beim ersten Teilgrenzwert die entscheidende Rolle.

Zusammenfassend können wir also festhalten, dass bei Vorliegen einer gebrochen rationalen Funktion

$$y = f(x) = \frac{a_n x^n + a_{n-1}x^{n-1} + \ldots + a_1 x + a_0}{b_m x^m + b_{m-1}x^{m-1} + \ldots + b_1 x + b_0}$$

drei Fälle hinsichtlich der Grenzwertbestimmung zu unterscheiden sind:

Ist $n = m$, d.h. der Grad des Zählers gleich dem Grad des Nenners, ergibt sich

$$\lim_{x\to+\infty} f(x) = \lim_{x\to-\infty} f(x) = \frac{a_n}{b_m}, \qquad \text{(III.28a)}$$

d.h. der Grenzwert ist der Quotient der Koeffizienten der höchsten Potenzen. Es bildet also die Gerade $y = a_n / b_m$ nach beiden Seiten die Asymptote (Gerade an die sich die Funktion annähert).

Ist $n < m$, also der Grad des Zählers kleiner als der Grad des Nenners, so gilt

$$\lim_{x\to+\infty} f(x) = \lim_{x\to-\infty} f(x) = 0, \qquad \text{(III.28b)}$$

d.h. die Abszisse ($y = 0$) bildet nach beiden Seiten die Asymptote der Funktion.

Ist $n > m$, also der Grad des Zählers größer als der Grad des Nenner, verhält sich die Funktion $y = f(x)$ im Unendlichen wie $x^{n-m} \cdot \operatorname{sgn}(a_n/b_m)$, wobei $\operatorname{sgn}(a_n/b_m)$ das Vorzeichen von a_n/b_m ist.

8. Stetigkeit

Anschaulich bezeichnen wir eine Funktion als *stetig* innerhalb eines Intervalls I, wenn der Graph der Funktion in diesem Intervall ohne Unterbrechung gezeichnet werden kann. Abbildung III 15 verdeutlicht dies. Eine abschnittsweise definierte Funktion kann demnach unstetig sein, muss es aber nicht.

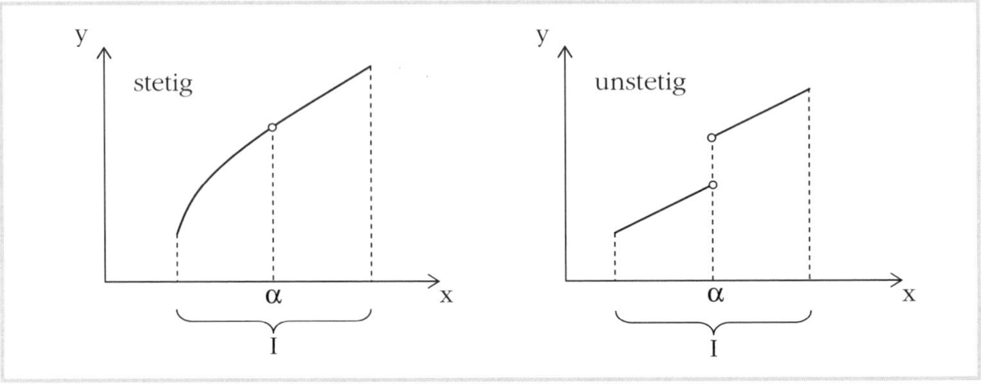

Abbildung III 15: Stetige und unstetige Funktionen

Mathematisch präzise gilt, dass eine Funktion y = f(x) *an einer Stelle* x = α ihres Definitionsbereichs D(f) *stetig* ist, wenn ein endlicher Grenzwert existiert und dieser gleich dem Funktionswert ist, d.h.

$$\lim_{x \to \alpha} f(x) = f(\alpha) < \infty . \tag{III.29}$$

Beispiel:

Die Funktion $y = f(x) = x^2 + 4$ ist an der Stelle x = 3 stetig, da der Funktionswert an der Stelle 3 gleich $f(3) = 3^2 + 4 = 13$ ist und dies dem Grenzwert an selbiger Stelle entspricht:

$$\lim_{x \to 3} (x^2 + 4) = 13$$

Eine Funktion y = f(x) heißt *in einem Intervall I stetig,* falls f(x) an jeder Stelle des Intervalls stetig ist. Allgemein sind alle Polynome (vgl. Abschnitt III 2.1.1) im gesamten Definitionsbereich stetig. Gebrochen rationale Funktionen (vgl. Abschnitt III 2.1.2) sind mit Ausnahme der Nullstellen des Nenners ebenfalls überall stetig.

Beispiele:

1. $f(x) = \dfrac{x-1}{(x+5)^2}$ ist außer an der Stelle x = –5 überall stetig.

2. $f(x) = e^{x^2+1}$ ist stetig, da $x^2 + 1$ stetig und $e^{g(x)}$ für stetige g(x) ebenfalls stetig ist.

3. $f(x) = \dfrac{3x+5}{\sqrt{x^4+1}}$ ist stetig, da Zähler und Nenner stetige Funktionen sind.

   Der Nenner besitzt keine Nullstelle und ist für ganz $\mathbb{R}$ definiert, da $x^4 + 1$ immer größer als Null ist.

Ist eine Funktion y = f(x) an einer Stelle x = α nicht stetig, so heißt sie dort *unstetig* bzw. wir sagen, dass dort eine Unstetigkeitsstelle vorliegt. In einem solchen Fall liefert also die Annäherung an x = α aus verschiedenen Richtungen nicht denselben Grenzwert oder der Grenzwert ist unendlich. Wir können allgemein drei Arten von Unstetigkeitsstellen unterscheiden:

Eine sog. *Polstelle* liegt bei *gebrochen rationalen Funktionen* vor, wenn der Funktionswert bei Annäherung an einen Wert x = α gegen unendlich geht. Anders ausgedrückt ist eine Polstelle eine Nullstelle des Nenners, die nicht gleichzeitig dazu führt, dass auch der Zähler Null wird (für Näheres dazu vgl. Abschnitt III 2.1.2).

Beispiel:

Die Funktion y = 1/x besitzt an der Stelle x = 0 eine Polstelle, da Folgendes gilt:

$$\lim_{x \to 0-} \frac{1}{x} = -\infty, \quad \lim_{x \to 0+} \frac{1}{x} = +\infty$$

Sprungstellen (vgl. rechte Grafik in Abbildung III 15) sind häufig bei Funktionen anzutreffen, die aus verschiedenen Stücken zusammengesetzt sind, d.h. bei abschnittsweise definierten Funktionen. Typisch für einen Sprung ist, dass links- und rechtsseitiger Grenzwert an der betrachteten Stelle unterschiedlich sind.

Beispiel:

Für die folgende Funktion kann vermutet werden, dass an den Stellen x = 1 und x = –1 Sprungstellen vorliegen.

$$y = f(x) = \begin{cases} x & \text{für} \quad x < -1 \\ \frac{1}{2}x & \text{für} \quad -1 \le x \le 1 \\ x & \text{für} \quad x > 1 \end{cases}$$

1. Nachweismöglichkeit: Grafik

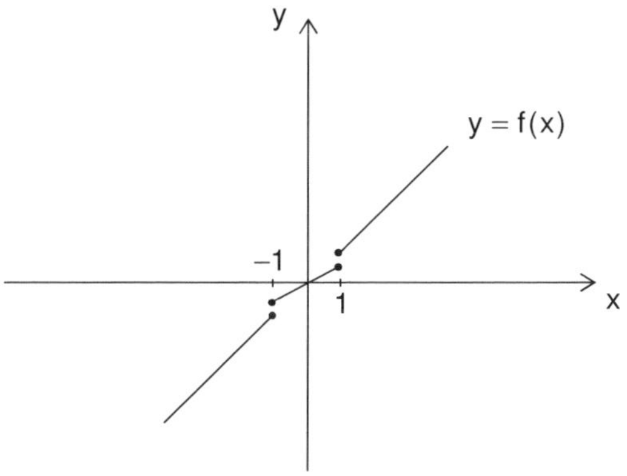

2. Nachweismöglichkeit: Grenzwertbetrachtung

Stelle x = 1:

$$f(1) = \frac{1}{2} \cdot 1 = \frac{1}{2} \quad \neq \quad \lim_{x \to 1+} f(x) = 1,$$ da y = x der relevante Term ist.

Stelle $x = -1$:

$$f(-1) = \frac{1}{2} \cdot (-1) = -\frac{1}{2} \quad \neq \quad \lim_{x \to -1-} f(x) = -1 \text{, da } y = x \text{ der relevante Term ist.}$$

Eine letzte Möglichkeit der Entstehung einer Unstetigkeitsstelle stellt eine *Lücke* dar. Eine solche liegt für eine Funktion $y = f(x)$ an einer Stelle $x = \alpha$ vor, wenn der Grenzwert

$$\lim_{x \to \alpha} f(x) = \varphi$$

existiert, obwohl der Funktionswert an der Stelle $y = f(x)$ nicht definiert ist oder ungleich φ ist. Alternativ können wir auch sagen, dass Lücken für solche Werte $x = \alpha$ vorliegen, die dazu führen, dass sowohl der Nenner als auch der Zähler einer gebrochen rationalen Funktion Null wird. Sie haben jedoch kaum praktische Bedeutung, da sie durch geeignete Definition des Funktionswertes an der betreffenden Stelle beseitigt werden können.

Beispiel:

Betrachten wir die Funktion

$$y = f(x) = \frac{x^3 - x^2}{x - 1} \quad \text{mit } D(f) = \mathbb{R} \setminus \{1\},$$

deren Nenner und Zähler an der Stelle $x = 1$ gleich Null wird und somit dort eine Lücke aufweist. Berechnen wir noch die beiden einseitigen Grenzwerte, so erhalten wir

$$\lim_{x \to 1-} \frac{x^3 - x^2}{x - 1} = \lim_{x \to 1-} \frac{x^2(x-1)}{x - 1} = \lim_{x \to 1-} x^2 = 1 \quad \text{und} \quad \lim_{x \to 1+} x^2 = 1\,.$$

Aufgrund der Gleichheit folgt also

$$\lim_{x \to 1} \frac{x^3 - x^2}{x - 1} = 1\,.$$

Es existiert also ein Grenzwert, obwohl die Funktion an der Stelle $x = 1$ nicht definiert ist. Wir sehen erneut, dass eine Lücke vorliegt. Wenn wir nun $f(1) = 1$ definieren, d.h.

$$y = f(x) = \begin{cases} \dfrac{x^3 - x^2}{x - 1} & \text{für } x \neq 1 \\ 1 & \text{für } x = 1 \end{cases}$$

setzen, so ist die Lücke geschlossen und die Funktion ist stetig. Lücken bezeichnet man daher auch als hebbare Unstetigkeitsstellen, die durch eine sog. stetige Ergänzung behoben werden können.

Neben den behandelten drei Fällen gilt als Unstetigkeit auch ein sog. oszillierendes Verhalten, bei dem eine Funktion an einer Stelle nicht nur einen, sondern mehrere Werte annehmen kann. Dabei handelt es sich allerdings genau genommen um keine Funktion mehr (vgl. Abschnitt III 1.1).

2. Elementare Funktionen

Inhalt dieses Abschnitts ist die detaillierte Betrachtung elementarer mathematischer Funktionen. Konkret behandeln wir algebraische (ganz rationale, gebrochen rationale, Potenz- und Wurzelfunktionen), transzendente (Exponenzial- und Logarithmusfunktionen) und einige Sonderfunktionen (Absolut-, Maximum-, Minimum-, Vorzeichenfunktion). Im Anschluss daran gehen wir auf wichtige ökonomische Funktionen ein. Insbesondere beschreiben wir Angebots- und Nachfrage-, Kosten-, Umsatz- und Gewinnfunktionen.

2.1 Elementare Funktionen

Beschränken wir uns auf *reelle Funktionen* y = f(x), deren Definitionsbereich D(f) und Wertebereich W(f) reellwertig sind, können wir zwischen algebraischen und transzendenten Funktionen unterscheiden. In *algebraischen Funktionen* ist die unabhängige Veränderliche ausschließlich durch die elementaren Operationen Addition, Subtraktion, Multiplikation, Division, Potenzieren und Radizieren (Wurzelziehen) verknüpft. Sie lassen sich wie in Abbildung III 16 unterscheiden. *Transzendente Funktionen* können nicht mittels elementarer Operationen dargestellt werden. Die wichtigsten transzendenten Funktionen sind die Exponentialfunktion und die Logarithmusfunktion. Sonderfunktionen weisen spezielle Charakteristika auf, die wir im Detail betrachten werden. Zu ihnen gehören die Absolut-, Minimum-, Maximum- und Vorzeichenfunktion.

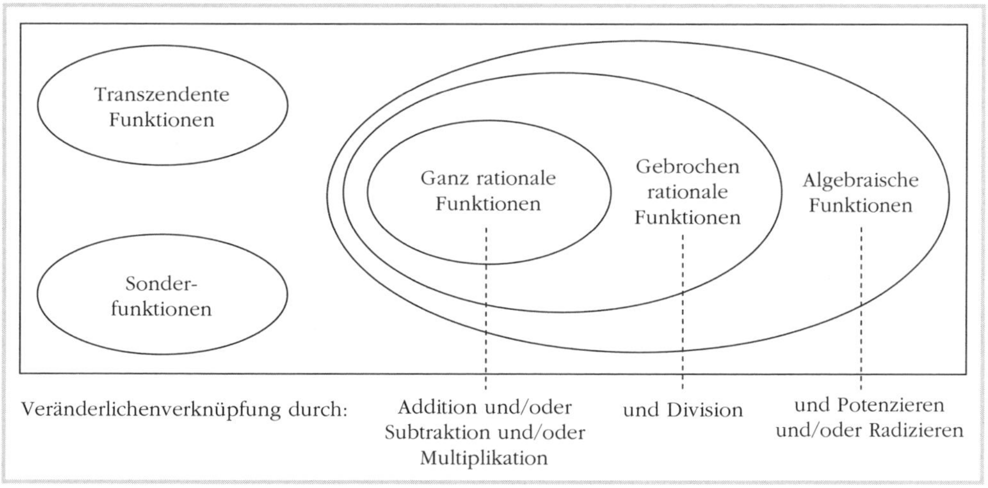

Abbildung III 16: Elementare mathematische Funktionen

2.1.1 Ganz rationale Funktionen

Eine Funktion $y = p_n(x)$, bei der in der Funktionsgleichung nur die Operationen Addition, Subtraktion und Multiplikation auftauchen bzw. deren Funktionsgleichung die Gestalt

$$y = p_n(x) = a_0 + a_1 \cdot x + a_2 \cdot x^2 + \ldots + a_n \cdot x^n = \sum_{i=0}^{n} a_i \cdot x^i \quad \text{mit } a_i \in \mathbb{R} \qquad \text{(III.30)}$$

hat, wird als *Polynom n-ten Grades* bezeichnet. Die Werte a_i sind die *Koeffizienten* und a_0 der absolute Koeffizient (sog. Absolutglied) der Funktion. Die wesentlichen Eigenschaften solcher Funktionen sind:

- Ein Polynom ist für alle $x \in \mathbb{R}$ definiert, im gesamten Definitionsbereich *stetig* und besitzt daher keine Lücken, Sprung- oder Polstellen.
- Der Schnittpunkt mit der y-Achse hat die Koordinaten $P(0; a_0)$.
- Nach dem sog. *Fundamentalsatz der Algebra* besitzt ein Polynom n-ten Grades *genau n Nullstellen*, die jedoch nicht reell sein müssen und auch mehrfach vorkommen können. Ein Polynom n-ten, ungeraden Grades hat jedoch mindestens eine *reelle* Nullstelle. Ein Polynom n-ten, geraden Grades hat maximal n *reelle* Nullstellen.
- Hinsichtlich des *Verhaltens von Polynomen im Unendlichen* ist eine Fallunterscheidung zwischen geradem und ungeradem Polynomgrad vorzunehmen.

  Fall 1: ungerader Polynomgrad

  - Höchste Potenz mit positivem Koeffizienten: $x \rightarrow +\infty \,:\, y \rightarrow +\infty$

    z. B. $y = 2x^3$, $y = x$ $\qquad x \rightarrow -\infty \,:\, y \rightarrow -\infty$
  - Höchste Potenz mit negativem Koeffizienten: $x \rightarrow +\infty \,:\, y \rightarrow -\infty$

    z. B. $y = -2x^3, y = -x$ $\qquad x \rightarrow -\infty \,:\, y \rightarrow +\infty$

  Fall 2: gerader Polynomgrad

  - Höchste Potenz mit positivem Koeffizienten: $x \rightarrow \pm\infty \,:\, y \rightarrow +\infty$

    z. B. $y = 3x^4$, $y = x^2$
  - Höchste Potenz mit negativem Koeffizienten: $x \rightarrow \pm\infty \,:\, y \rightarrow -\infty$

    z. B. $y = -3x^4$, $y = -x^2$

  Ein Polynom ungeraden Grades strebt also auf einer Seite immer gegen $+\infty$ und auf der anderen immer gegen $-\infty$, je nachdem welches Vorzeichen der Koeffizient der höchsten Potenz der Variablen besitzt. Ein Polynom geraden Grades strebt auf beiden Seiten gegen $+\infty$ bzw. $-\infty$ je nach vorliegendem Vorzeichen des Koeffizienten der höchsten Potenz der unabhängigen Variablen.

Wir wollen im Folgenden eine Reihe spezieller Ausprägungen von Polynomen näher betrachten, die wir v. a. im Zusammenhang mit ökonomischen Funktionen in Abschnitt III 2.3 noch benötigen werden.

1. Polynome ersten Grades

Eine Funktion des Typs

$$y = p(x) = a_0 + a_1 \cdot x \tag{III.31}$$

wird als *lineare Funktion* oder *Gerade* bezeichnet. Dabei gibt a_1 die *Steigung* der Geraden und a_0 den Schnittpunkt der Geraden mit der y-Achse an. Je nachdem, welches Vorzeichen a_1 besitzt, steigt oder fällt die Gerade. Abbildung III 17 veranschaulicht dies. Besitzt eine Gerade die Steigung $a_1 = 0$ und einen absoluten Koeffizient $a_0 \neq 0$, so ist sie eine *Parallele zur x-Achse* mit $y = a_0$. Für $a_0 = a_1 = 0$ ergibt sich die Abszisse mit $y = 0$.

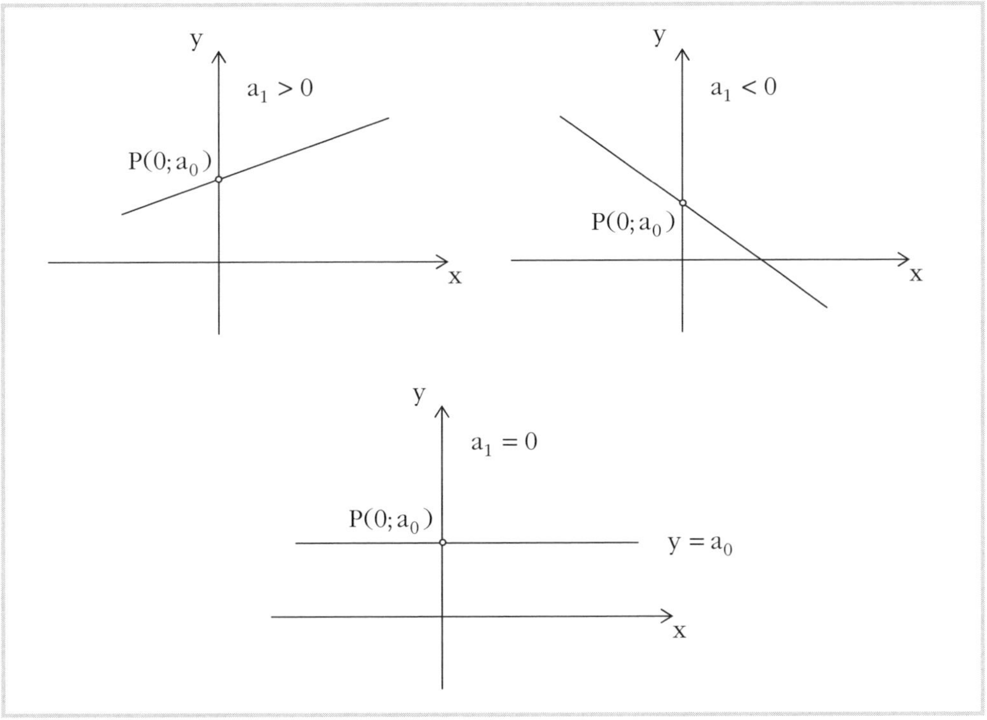

Abbildung III 17: Lineare Funktionen

Die *reelle Nullstelle* einer Geraden (y = 0) ergibt sich bei $a_1 \neq 0$ stets aus

$$x = -\frac{a_0}{a_1}. \tag{III.32}$$

Beispiel:

Die Nullstelle einer Geraden $y = 2x - 1$ liegt bei

$$x = -\frac{(-1)}{2} = 0{,}5\,.$$

Liegen *zwei beliebige Punkte* $P_1(\alpha_1;\ \beta_1)$ und $P_2(\alpha_2;\ \beta_2)$ einer Geraden vor, können wir die *Geradensteigung* über

$$a_1 = \frac{\beta_2 - \beta_1}{\alpha_2 - \alpha_1} \qquad \text{(III.33)}$$

bestimmen. Abbildung III 18 veranschaulicht den Hintergrund von (III.33).

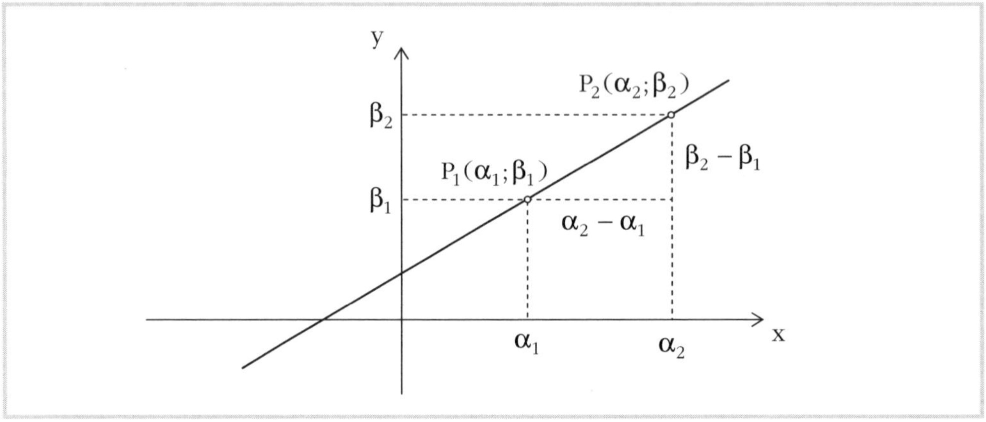

Abbildung III 18: Geradensteigung aus zwei Punkten

Beispiel:

Die Punkte $P_1(1;\ 2)$ und $P_2(-3;\ 5)$ liegen auf einer Geraden. Wir können damit die Geradensteigung wie folgt ermitteln:

$$a_1 = \frac{5-2}{-3-1} = -\frac{3}{4}$$

Ist die Steigung a_1 einer Geraden und ein auf ihr liegender Punkt $P(\alpha;\ \beta)$ bekannt, kann die Geradengleichung durch Einsetzen der vorliegenden Werte in die sog. *Punktsteigungsform* (oder Punktrichtungsform) aufgestellt werden. Diese lautet

$$y = a_1 \cdot (x - \alpha) + \beta\,. \qquad \text{(III.34)}$$

Beispiel:

Von einer Geraden sind der Punkt $P(1;\ -2)$ und die Steigung $a_1 = 2$ bekannt. Als Gleichung der Geraden erhalten wir damit

$$y = 2 \cdot (x-1) - 2 \quad \leftrightarrow \quad y = 2x - 4\,.$$

Sind lediglich zwei Punkte $P_1(\alpha_1;\ \beta_1)$ und $P_2(\alpha_2;\ \beta_2)$ einer Geraden bekannt, kann zunächst die Steigung errechnet und anschließend die Punktsteigungsform zur Ermittlung der Geradengleichung herangezogen werden. Vorteilhafter ist jedoch die Nutzung der sog. *Zweipunkteform der Geradengleichung*

$$\frac{\beta_2 - \beta_1}{\alpha_2 - \alpha_1} = \frac{\beta_1 - y}{\alpha_1 - x} \quad \leftrightarrow \quad y = \frac{\beta_2 - \beta_1}{\alpha_2 - \alpha_1} \cdot (x - \alpha_1) + \beta_1\,, \qquad \text{(III.35)}$$

die sich allerdings aus eben jener Vorgehensweise ableiten lässt. Welche Punkte dabei als P_1 bzw. P_2 gewählt werden, ist für das Ergebnis bedeutungslos.

Beispiel:

Die Punkte $P_1(-1; 2)$ und $P_2(-3; -5)$ liegen auf einer Geraden, die durch die Gleichung

$$y = \frac{-5-2}{-3-(-1)} \cdot (x-(-1)) + 2 \quad \leftrightarrow \quad y = 3{,}5x + 5{,}5$$

beschrieben wird.

2. Polynome zweiten Grades

Eine Funktion des Typs

$$y = p(x) = a_0 + a_1 \cdot x + a_2 \cdot x^2 \tag{III.36}$$

wird als *quadratische Funktion* oder *Parabel* bezeichnet. Ihr Maximum bzw. Minimum heißt *Scheitel*. Wieder hat hier das Vorzeichen des Koeffizienten vor der höchsten Potenz entscheidende Auswirkungen auf den Verlauf des Graphen. Für Werte $a_2 > 0$ ist die Parabel nach oben geöffnet, für $a_2 < 0$ nach unten geöffnet (vgl. Abbildung III 19).

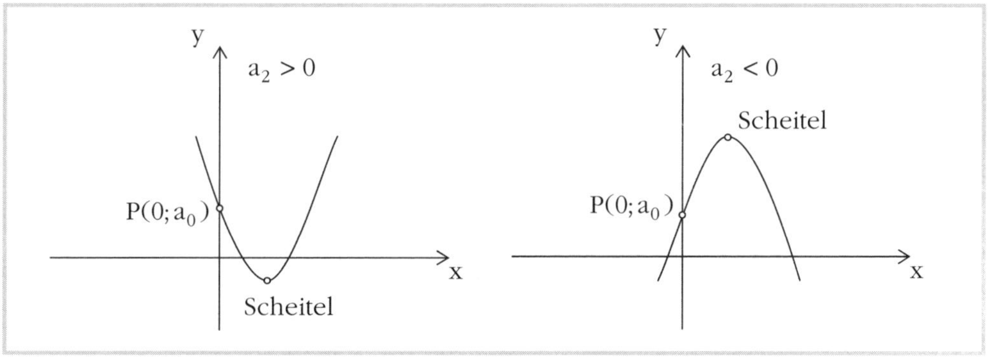

Abbildung III 19: Nach oben/unten geöffnete Parabeln

Neben dem Vorzeichen hat der konkrete Wert von a_2 weitere Einflüsse auf die Gestalt des Graphen der Parabel. Es liegt eine sog. *Normalparabel* vor, wenn $a_2 = \pm 1$ gilt. Für $a_2 > 1 \vee a_2 < -1$ ist die Parabel im Vergleich nur Normalparabel *gestaucht*, für $-1 < a_2 < 1$ *gestreckt*. Abbildung III 20 verdeutlicht dies.

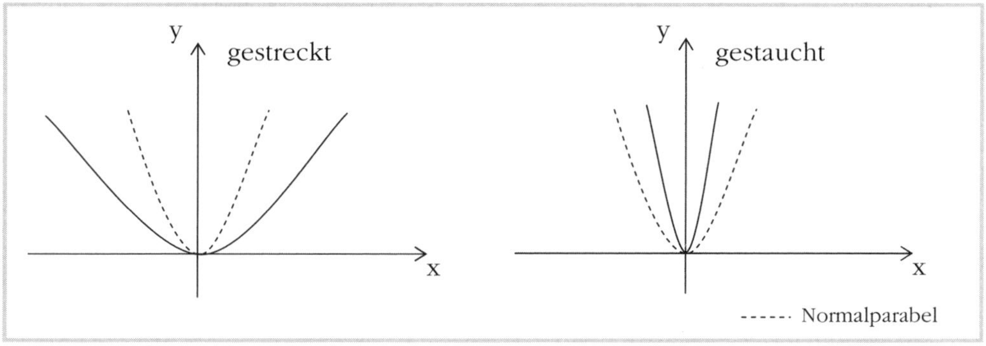

Abbildung III 20: Gestauchte und gestreckte Parabeln

Um die *Gleichung einer Parabel* bestimmen zu können, benötigen wir die Koordinaten von 3 Punkten, die auf der Parabel liegen. Diese werden in ein sog. Gleichungssystem (vgl. Kapitel VI für eine intensive Behandlung der Lösung von Gleichungssystemen) übertragen, welches schließlich gelöst wird.

Beispiel:

Es soll die Gleichung der Parabel bestimmt werden, auf der die Punkte $P_1(-1; 0)$, $P_2(1; 0)$ und $P_3(2; 3)$ liegen. Dazu wird anhand der allgemeinen Parabelgleichung (III.36) durch einsetzen der gegebenen Punkte das folgende Gleichungssystem (für jede gesuchte Größe a_0, a_1 und a_2 eine Gleichung) aufgestellt:

$$\begin{aligned} \text{I:} \quad & 0 = a_0 + a_1 \cdot (-1) + a_2 \cdot (-1)^2 \\ \text{II:} \quad & 0 = a_0 + a_1 \cdot 1 + a_2 \cdot 1^2 \\ \text{III:} \quad & 3 = a_0 + a_1 \cdot 2 + a_2 \cdot 2^2 \end{aligned}$$

Subtrahieren wir Gleichung II von Gleichung I, erhalten wir

$$-2 \cdot a_1 = 0 \quad \leftrightarrow \quad a_1 = 0 .$$

Gleichung III minus Gleichung II ergibt

$$3 = a_1 + 3 \cdot a_2 \quad \leftrightarrow \quad a_2 = 1 - \tfrac{1}{3} \cdot a_1 .$$

Die Verbindung dieser beiden Ergebnisse führt zu

$$a_2 = 1 - \tfrac{1}{3} \cdot 0 = 1 .$$

a_1 und a_2 eingesetzt in Gleichung II liefert

$$0 = a_0 + 0 \cdot 1 + 1 \cdot 1^2 \quad \leftrightarrow \quad a_0 = -1 ,$$

sodass sich für die gesuchte Gleichung Folgendes ergibt:

$$y = -1 + 0 \cdot x + 1 \cdot x^2 \quad \leftrightarrow \quad y = x^2 - 1$$

Ist einer der vorliegenden Punkte der Scheitel S der Parabel, so reichen 2 Punkte ($S(\alpha_S; \beta_S)$, $P(\alpha_P; \beta_P)$) aus, um die Parabelgleichung zu bestimmen. Wir verwenden nämlich dann die sog. *Scheitelform der Parabelgleichung*

$$y = a_2 \cdot (x - \alpha_S)^2 + \beta_S . \tag{III.37}$$

Beispiel:

Aus dem Scheitel S(1; 2) und dem Punkt P(–3; –4) soll die Gleichung der dazugehörigen Parabel bestimmt werden.

1. Schritt: Berechnung von a_2 aus (III.37) durch Einsetzen der gegebenen Punkte

$$-4 = a_2 \cdot (-3 - 1)^2 + 2 \quad \leftrightarrow \quad a_2 = -\tfrac{3}{8}$$

2. Schritt: Aufstellen der Gleichung

$$y = -\tfrac{3}{8} \cdot (x - 1)^2 + 2 \quad \leftrightarrow \quad y = -\tfrac{3}{8} x^2 + \tfrac{3}{4} x + \tfrac{13}{8}$$

Bei der Ermittlung der *Nullstellen* von Parabeln sind drei Fälle zu unterscheiden (vgl. Abbildung III 21). Verläuft die Parabel vollkommen ober- oder unterhalb der x-Achse existiert *keine reelle Nullstelle*. Berührt die Parabel die x-Achse, so liegt *eine doppelte reelle Nullstelle* vor. Schneidet die Parabel die x-Achse, gibt es immer *zwei einfache reelle Nullstellen.*

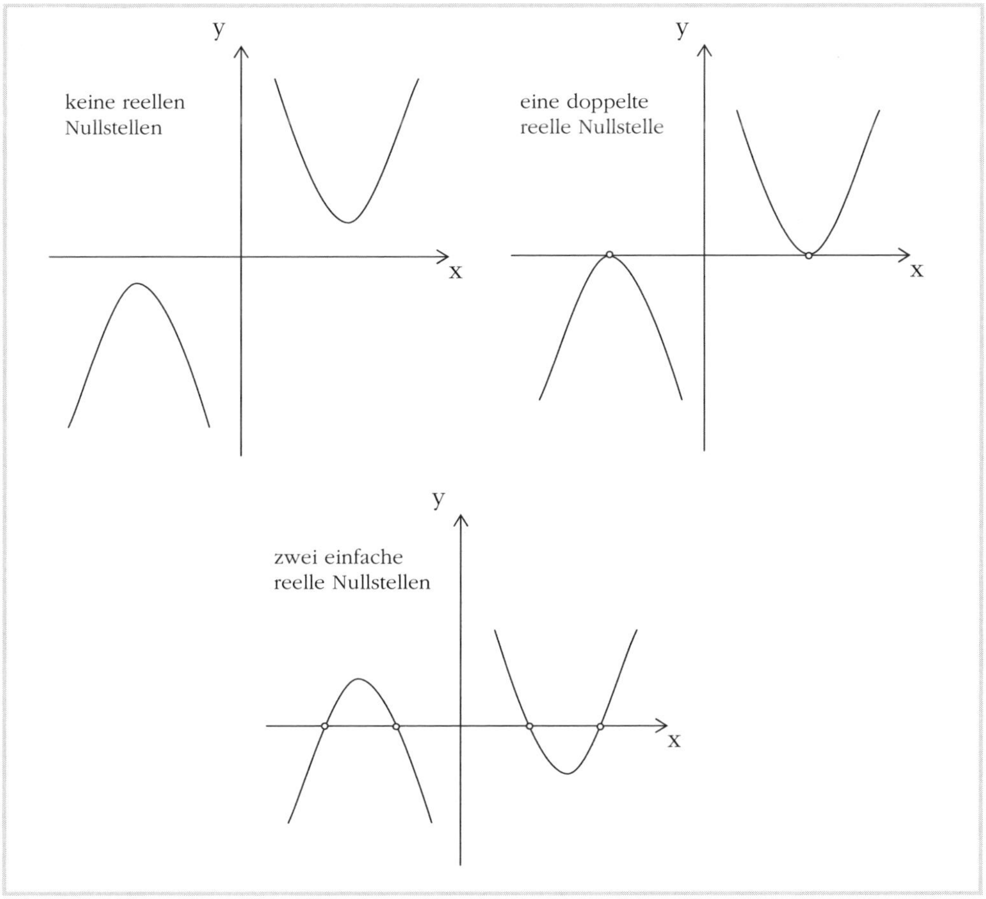

Abbildung III 21: Nullstellen bei Parabeln

Wie bei jeder anderen Funktion, muss auch bei Parabeln zur Bestimmung der reellen Nullstellen die Funktionsgleichung gleich Null gesetzt werden. Resultat ist eine quadratische Gleichung, die wir nach den in Abschnitt I 3.5.2 behandelten Vorschriften lösen können. Es gilt also für die Nullstellen einer Parabel Folgendes:

$$x_{1,2} = \frac{-a_1 \pm \sqrt{D}}{2 \cdot a_0} \qquad \text{wobei} \quad D = a_1^2 - 4 \cdot a_2 \cdot a_0 \tag{III.38}$$

Fälle: $D > 0$: zwei einfache reelle Nullstellen

$D = 0$: eine doppelte reelle Nullstelle

$D < 0$: keine reelle Nullstelle

Beispiele:

Eine Parabel mit $a_0 = -3$, $a_1 = -2$ und $a_2 = 1$ besitzt die beiden einfachen reellen Nullstellen $x = -1$ und $x = 3$. Bei $a_0 = 1$, $a_1 = -2$ und $a_2 = 1$ fallen die beiden einfachen reellen Nullstellen zusammen, sodass sich die doppelte reelle Nullstelle $x = 1$ ergibt. Im Fall von $a_0 = 3$, a_1

= –2 und a_2 = 1 existiert keine reelle Nullstelle, was auch ohne Berechnung daran zu erkennen ist, dass die Parabel nach oben geöffnet ist ($a_2 > 0$) und ihre Schnittstelle mit der Ordinate bei y = 3 liegt.

Die ersten beiden Parabeln erfüllen klar den Fundamentalsatz der Algebra, da zwei verschiedene bzw. zwei zusammenfallende reelle Nullstellen vorliegen. Bei der letzten Parabel ohne reelle Nullstellen ist er auch erfüllt, was aber nicht auf Anhieb zu erkennen ist. Es existieren für diese Parabel zwar keine reellen Nullstellen, jedoch zwei sog. *komplexe Nullstellen* $x = 1 + \sqrt{2} \cdot i$ und $x = 1 - \sqrt{2} \cdot i$, wobei i die sog. *imaginäre Zahl* $\sqrt{-1}$ darstellt. Da wir uns im Rahmen dieses Lehrbuchs jedoch ausschließlich mit reellen Zahlen und nicht mit komplexen Zahlen beschäftigen, wollen wir darauf nicht näher eingehen.

Abschließend wollen wir uns noch der *Nullstellenbestimmung bei Polynomfunktionen höheren Grades* widmen. Das Verfahren, mit dem wir uns dabei beschäftigen, ist die sog. *Polynomdivision.* Das Newton-Verfahren, welches ebenfalls zur Nullstellenbestimmung verwendet werden kann, wird im Rahmen der Kurvendiskussion unter III 3.5 behandelt.

Sind für ein Polynom eine oder mehrere Nullstellen bekannt, kann durch Ausklammern ein Restpolynom bestimmt werden, das einen entsprechend der Anzahl der ausgeklammerten Nullstellen niedrigeren Grad besitzt. Wir sprechen dabei auch vom Abspalten von Nullstellen oder von einer Polynomdivision. Liegt also für ein Polynom $p_n(x) = a_0 + a_1 \cdot x + a_2 \cdot x^2 + ... + a_n \cdot x^n$ eine Nullstelle x = α vor, so ist $p_n(x)$ aufgrund der Ausklammerungsoperation

$$p_n(x) : (x - \alpha) = \overline{p}_{n-1}(x) \qquad \text{(III.39a)}$$

darstellbar als

$$p_n(x) = \overline{p}_{n-1}(x) \cdot (x - \alpha)\,. \qquad \text{(III.39b)}$$

Da ein Produkt immer dann gleich Null ist, wenn einer der Faktoren gleich Null ist, muss zur Bestimmung der weiteren Nullstellen nur noch das Restpolynom gleich Null gesetzt und nach x aufgelöst werden. Führen wir die Polynomdivision für eine Parabel mit einer bekannten Nullstelle durch, ist das Restpolynom eine Funktion ersten Grades, die wir zur Bestimmung der verbleibenden Nullstelle relativ einfach gleich Null setzen und nach x auflösen können. Liegt eine Funktion dritten Grades mit bekannter Nullstelle vor, ist das Restpolynom zweiten Grades. Die verbleibenden Nullstellen können also nur durch das Lösen einer quadratischen Gleichung bestimmt werden. Bei einer Funktion vierten Grades führt eine Polynomdivision zu einem Restpolynom dritten Grades. Da aber zur endgültigen Bestimmung aller Nullstellen maximal ein Restpolynom zweiten Grades vorliegen darf, müsste in einem solchen Fall eine weitere Nullstelle bekannt sein, die eine weitere Polynomdivision für das Restpolynom ermöglicht und schließlich eine Funktion zweiten Grades als Restpolynom liefert.

Beispiel 1:

Gegeben sei die Funktion $p_3(x) = x^3 + 2x^2 - 1$ und eine ihrer Nullstellen x = –1. Um das Restpolynom $p_2(x)$ zu bestimmen, divideren wir nun $p_3(x)$ durch (x – (–1)) = (x + 1) und erhalten damit das auf der Folgeseite dargestellte Ergebnis. Die zu subtrahierenden Terme im Verlauf der Berechnung ergeben sich gemäß den üblichen Divisionsregeln jeweils aus dem Produkt aus (x + 1) und den Einzeltermen des Restpolynoms (vgl. Pfeile).

$$
\begin{array}{l}
(x^3 + 2x^2 - 1) : (x + 1) = x^2 + x - 1 \\
\underline{-(x^3 + x^2)} \leftarrow \\
\quad x^2 - 1 \\
\quad \underline{-(x^2 + x)} \leftarrow \\
\qquad -x - 1 \\
\qquad \underline{-(-x - 1)} \leftarrow \\
\qquad\quad 0
\end{array}
$$

Der Funktionsterm und die Nullstellenbedingung lassen sich nun wie folgt darstellen:

$$p_3(x) = (x^2 + x - 1) \cdot (x + 1) = 0$$

Ein Produkt ist immer dann Null, wenn einer der Faktoren gleich Null ist. Somit ergibt sich

$$x^2 + x - 1 = 0 \quad \vee \quad x + 1 = 0\,.$$

Die erste Nullstelle $x = -1$ war bereits bekannt, sodass nur noch die quadratische Gleichung nach den bisher verwendeten Regeln zu lösen ist. Es ergeben sich daraus die weiteren beiden Nullstellen $x = 0{,}62$ und $x = -1{,}62$.

Beispiel 2:

Für $p_4(x) = x^4 - x^3 - 7x^2 + x + 6$ sind die Nullstellen $x = -2$ und $x = 1$ bekannt. Um zunächst $p_3(x)$ zu bestimmen rechnen wir wie folgt:

$$
\begin{array}{l}
(x^4 - \;\; x^3 - 7x^2 + x + 6) : (x + 2) = x^3 - 3x^2 - x + 3 \\
\underline{-(x^4 + 2x^3)} \\
\quad -3x^3 - 7x^2 \\
\quad \underline{-(-3x^3 - 6x^2)} \\
\qquad -x^2 + \;x \\
\qquad \underline{-(-x^2 - 2x)} \\
\qquad\qquad 3x + 6 \\
\qquad\qquad \underline{-(3x + 6)} \\
\qquad\qquad\quad 0
\end{array}
$$

Diese Berechnung lässt also zunächst die Darstellung $p_4(x) = (x^3 - 3x^2 - x + 3)(x + 2)$ zu. Eine weitere Polynomdivision des Restpolynoms mit der weiteren Nullstelle liefert folgendes Ergebnis:

$$
\begin{array}{l}
(x^3 - 3x^2 - x + 3) : (x - 1) = x^2 - 2x - 3 \\
\underline{-(x^3 - \;x^2)} \\
\quad -2x^2 - \;x \\
\quad \underline{-(-2x^2 + 2x)} \\
\qquad -3x + 3 \\
\qquad \underline{-(-3x + 3)} \\
\qquad\quad 0
\end{array}
$$

Dieses Polynom $p_2(x)$ hätten wir natürlich auch direkt in einem Schritt durch Division von $p_4(x)$ durch $(x + 2)(x - 1) = x^2 + x - 2$ bestimmen können. Insgesamt erhalten wir mit beiden Vorgehensweisen die Darstellung $p_4(x) = (x^2 - 2x - 3)(x - 1)(x + 2)$. Die verbleibenden Nullstellen können wir also wieder über das Lösen der quadratischen Gleichung $x^2 - 2x - 3 = 0$ bestimmen. Es resultiert $x = 3$ und $x = -1$.

Wir können so das Polynom in der Produktform $p_4(x) = (x + 2)(x - 1)(x - 3)(x + 1)$ darstellen, aus der wir die Nullstellen (x-Werte, für die die Einzelfaktoren Null werden) direkt ablesen können. Die Potenz der Klammern gibt uns Auskunft über die Art der Nullstellen. Da hier nur Potenzen von 1 vorkommen, liegen insgesamt vier einfache Nullstellen vor. Sollte es im Zuge der Berechnungen vorkommen, dass eine Nullstelle $x = \alpha$ insgesamt m-mal festgestellt wird, wird diese in der Produktform über einen Faktor $(x - \alpha)^m$ dargestellt und als *m-fache Nullstelle* bezeichnet.

Zum Abschluss des Abschnitts Polynomfunktionen soll nun noch das sog. *Horner-Schema* kurz vorgestellt werden. Es handelt sich dabei um eine alternative Darstellung des Funktionsterms von Polynomfunktionen, die die Berechnung von Funktionswerten erleichtern soll. Beim Horner-Schema ordnen wir die Variablen nach absteigenden Exponenten, d.h. im Vergleich zur bisherigen Anordnung gerade umgekehrt. Um das Schema zu erlangen, multiplizieren wir schrittweise mit der Variablen x und addieren jeweils den nächsten Koeffizienten, sodass wir konkret für ein Polynom n-ten Grades

$$p_n(x) = a_n \cdot x^n + a_{n-1} \cdot x^{n-1} + \ldots + a_1 \cdot x + a_0 \qquad \text{(III.40a)}$$

einen geschachtelten Ausdruck

$$p_n(x) = (\ldots(a_n \cdot x + a_{n-1}) \cdot x + a_{n-2}) \cdot x + \ldots + a_1) \cdot x + a_0 \qquad \text{(III.40b)}$$

erhalten, bei dem die Klammern von innen nach außen auszuwerten sind. (III.40b) ist das sog. Horner-Schema eines Polynoms $p_n(x)$, das durch Ausmultiplizieren der Klammern wieder in die Form (III.40a) überführt werden kann. Fehlt einmal ein Exponent, so ist definitionsgemäß der zugehörige Koeffizient gleich Null.

Beispiele:

1. $p_4(x) = 5x^4 + 3x^3 - 2x^2 + x - 1$
   $= (((5x + 3) \cdot x - 2) \cdot x + 1) \cdot x - 1$

2. $p_5(x) = 2x^5 - 3x^3 + x^2 - 10$
   $= ((((2x) \cdot x - 3) \cdot x + 1) \cdot x) \cdot x - 10$

Der Vorteil des Horner-Schemas liegt in der wesentlich geringeren Anzahl von Multiplikationen, die zur Funktionswertbestimmung erforderlich sind. Während in der klassischen Funktionsdarstellung $1 + 2 + 3 + \ldots + n = n(n + 1)/2$ Multiplikationen und n Additionen auszuführen wären, sind es beim Horner-Schema nur n Multiplikationen mit ebenfalls n Additionen.

2.1.2 Gebrochen rationale Funktionen

Den Quotienten zweier Polynome $p_n(x)$ und $q_m(x)$ nennen wir *gebrochen rationale Funktion* r(x), d.h. es gilt

$$y = r(x) = \frac{p_n(x)}{q_m(x)} = \frac{a_0 + a_1 \cdot x + a_2 \cdot x^2 + \ldots + a_n \cdot x^n}{b_0 + b_1 \cdot x + b_2 \cdot x^2 + \ldots + b_m \cdot x^m} = \frac{\sum_{i=0}^{n} a_i \cdot x^i}{\sum_{j=0}^{m} b_j \cdot x^j}. \qquad \text{(III.41)}$$

Während die *Eigenschaften* ganz rationaler Funktionen in einem kompakten Überblick dargestellt werden konnten, bedarf es bei gebrochen rationalen Funktionen zur besseren Verständlichkeit einer detaillierteren Betrachtung.

1. Definitionsbereich

Während ganz rationale Funktionen für ganz $\mathbb{R}$ definiert sind, ist der *Definitionsbereich* einer gebrochen rationalen Funktion eingeschränkt, da das Nennerpolynom nicht gleich Null werden darf. Der Definitionsbereich einer gebrochen rationalen Funktion r(x) ist daher gegeben durch

$$D(r) = \mathbb{R} \setminus \{\text{Nullstellen von } q_m(x)\}. \qquad \text{(III.42)}$$

2. Stetigkeit

Gebrochen rationale Funktionen sind im Allgemeinen *nur dort stetig, wo das Nennerpolynom keine Nullstellen besitzt* (vgl. dazu auch Abschnitt III 1.4 Punkt 8). Liegen Nennernullstellen vor, so ist zu unterscheiden, ob eine Lücke oder eine Polstelle vorliegt. Im Falle einer Lücke kann durch entsprechende Funktionswertdefinition die Unstetigkeitsstelle beseitigt werden (hebbare Unstetigkeitsstelle). Bei Polstellen ist dies nicht möglich. Die Funktion bleibt an der Polstelle unstetig.

3. Nullstellen

Die *Nullstellen* einer gebrochen rationalen Funktion sind die Punkte, für die das Zählerpolynom, jedoch nicht gleichzeitig das Nennerpolynom den Wert Null annimmt (denn letztere gehören nicht zum Definitionsbereich):

$$\begin{aligned} x = \alpha \text{ ist Nullstelle} \quad &\leftrightarrow \quad r(\alpha) = \frac{p_n(\alpha)}{q_m(\alpha)} = 0 \\ &\leftrightarrow \quad p_n(\alpha) = 0 \text{ und } q_m(\alpha) \neq 0 \end{aligned} \qquad \text{(III.43)}$$

Beispiel:

Zu bestimmen seien die Nullstellen folgender Funktion:

$$r(x) = \frac{x-1}{x^2+4x-2}$$

1. Nullsetzen des Zählers: $x - 1 = 0 \quad \leftrightarrow \quad x = 1$

2. Prüfung des Nenners: $q(1) = 1^2 + 4 \cdot 1 - 2 = 3 \quad \neq \quad 0$

Es liegt also für x = 1 eine Nullstelle vor.

4. Polstellen

Polstellen (oder Singularitäten) liegen dort vor, wo das Nennerpolynom seine Nullstellen besitzt, ohne dass das Zählerpolynom gleichzeitig den Wert Null annimmt (andernfalls würde eine Lücke vorliegen):

$$x = \alpha \text{ ist Polstelle} \quad \leftrightarrow \quad q_m(\alpha) = 0 \text{ und } p_n(\alpha) \neq 0 \qquad \text{(III.44)}$$

Wir wollen diesen Sachverhalt nun etwas näher beleuchten um den Zusammenhang zwischen (III.44) und der unter III 1.4 Punkt 8 aufgeführten Definition von Polstellen über Grenzwerte aufzuzeigen. Betrachten wir dazu Abbildung III 22. Die dort abgebildeten Polynome $p_n(x)$ und $q_m(x)$ erfüllen an der Stelle $x = \alpha$ die Bedingungen aus (III.44), d.h. $p_n(\alpha) \neq 0$ und $q_m(\alpha) = 0$. $x = \alpha$ ist eine Polstelle. (Die Grafik wurde zudem so gestaltet, dass $p_n(x) > 0$ für alle x gilt.) Wenn wir uns nun der Nullstelle des Nennerpolynoms $x = \alpha$ aus dem Bereich mit $q_m(x) > 0$ nähern, so wird der Funktionswert der gebrochen rationalen Funktion r(x) beliebig groß. Dagegen strebt r(x) gegen $-\infty$, wenn wir uns aus dem negativen Bereich des Nennerpolynoms seiner Nullstelle nähern. Es gilt also in diesem Fall

$$\lim_{x \to \alpha-} r(x) = -\infty \quad \text{und} \quad \lim_{x \to \alpha+} r(x) = +\infty .$$

Der Funktionswert geht also bei Annäherung an die Polstelle gegen unendlich. Dies entspricht genau der Definition einer Polstelle in Abschnitt III 1.4 (Punkt 8).

Das hier konstruierte Beispiel ist nur ein möglicher Fall für das Verhalten der Funktion an der Polstelle. Nach welcher Richtung die Funktion genau strebt, ob nach $+\infty$ oder $-\infty$, hängt von den Vorzeichen der beiden Polynome ab und ist im Einzelnen leicht zu entscheiden (vgl. nachfolgende Beispiele).

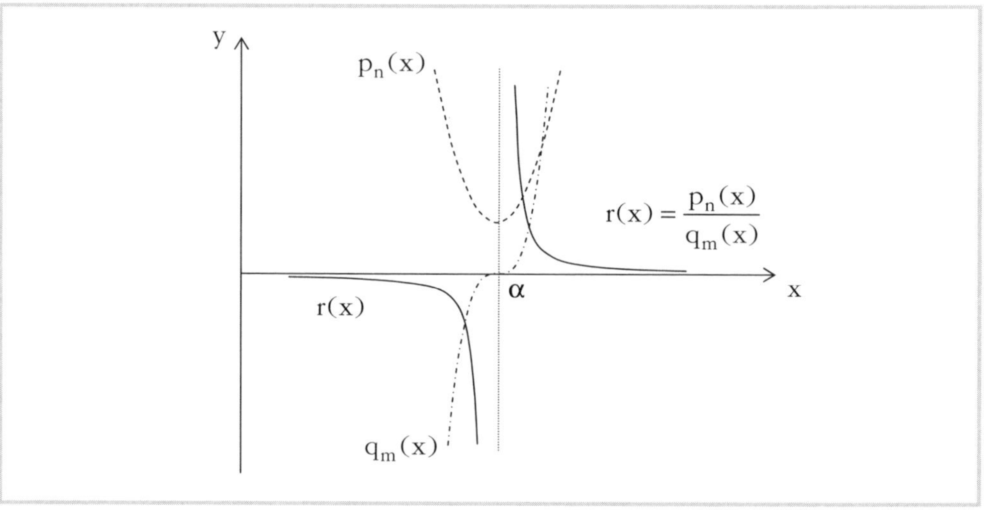

Abbildung III 22: Polstellen bei gebrochen rationalen Funktionen

Beispiel:

Bestimmung der Polstelle folgender Funktion:

$$r(x) = \frac{x^3 - x}{x + 5}$$

1. Nullsetzen des Nenners: $x + 5 = 0 \quad \leftrightarrow \quad x = -5$

2. Prüfung des Zählers: $p(-5) = (-5)^3 - 3 = -128 \quad \neq 0$

Bei $x = -5$ liegt demnach eine Polstelle vor.

Liegt im Nennerpolynom eine einfache Nullstelle vor, sprechen wir von einer *einfachen Polstelle.* Bei einer mehrfachen Nullstelle hingegen handelt es sich um eine *mehrfache Polstelle.*

Existiert eine r-fache Nullstelle des Nennerpolynoms, so führt ein ungerades r immer zu einer *ungeraden Polstelle*, bei der ein Zweig der Funktion gegen $+\infty$ und der andere gegen $-\infty$ strebt. Bei geradem r erhalten wir eine *gerade Polstelle*, bei der beide Zweige gegen $+\infty$ oder $-\infty$ streben (vgl. Abbildung III 23).

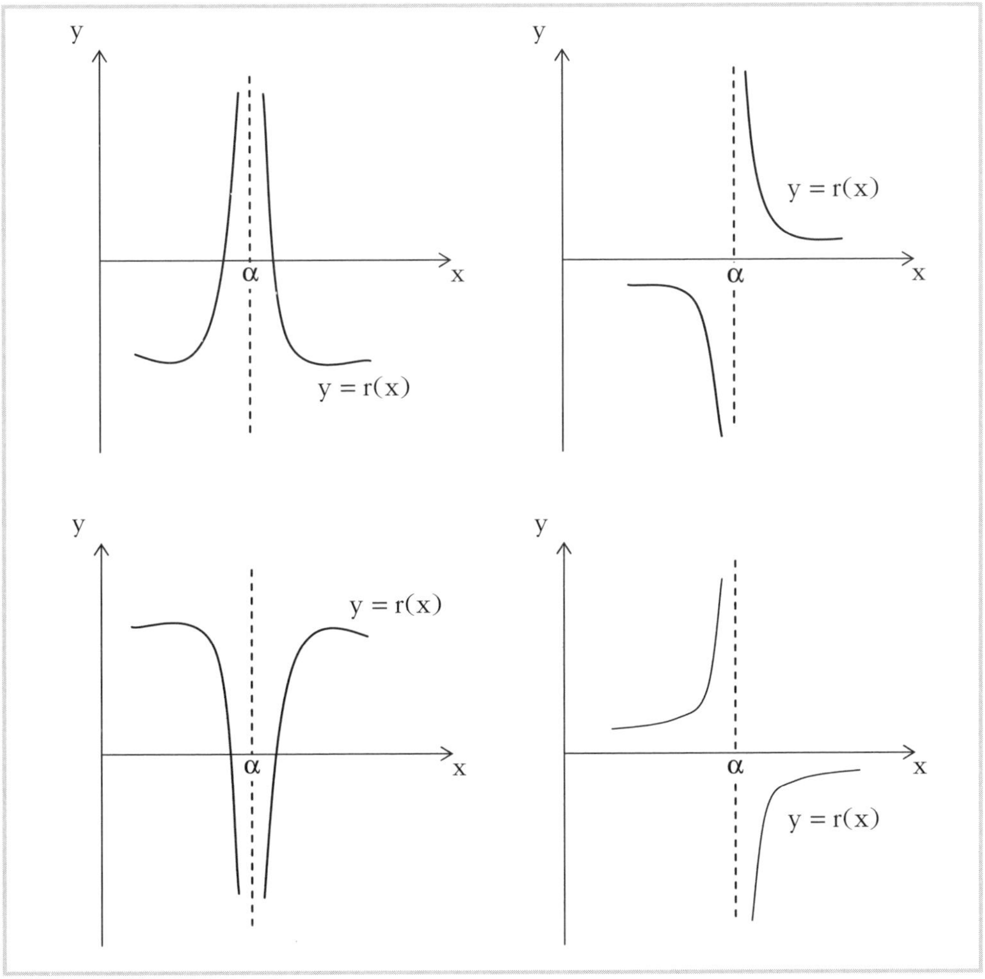

Abbildung III 23: Gerade (links) und ungerade (rechts) Polstellen

5. Asymptoten

Nähert sich eine gebrochen rationale Funktion $y = r(x) = p_n(x) / q_m(x)$ für $x \rightarrow +\infty$ oder $x \rightarrow -\infty$ immer stärker einer Geraden oder beliebigen anderen Kurve an, so ist diese Kurve die sog. *Asymptote*. Um diese zu bestimmen, können wir uns entweder unserer Erkenntnisse über gebrochen rationale Funktionen aus Abschnitt III 1.4 (Punkt 7) bedienen oder, um auch Aussagen über die Annäherungsrichtung (von oben oder von unten) machen zu können, Zähler durch Nenner divideren (Polynomdivision) um eine Form

$$r(x) = \frac{p_n(x)}{q_m(x)} = \overline{q}_{n-m}(x) + \frac{\tilde{p}_k(x)}{q_m(x)} \qquad \text{für} \quad q_m(x) \neq 0 \qquad \text{(III.45)}$$

zu erhalten. Der erste Summand (Polynom vom Grad n – m) ist dabei der *ganz rationale Anteil* von r(x) und der zweite der *gebrochen rationale Rest* von r(x). Anders ausgedrück ist $\overline{q}_{n-m}(x)$ das Ergebnis und $\tilde{p}_k(x)$ der Restterm, der bei Durchführung der Polynomdivision verbleibt (vgl. nachfolgende Beispiele). Beim Grenzübergang $x \to \pm\infty$ strebt der gebrochen rationale Rest gegen Null, da der Zählergrad k stets kleiner ist als der Nennergrad m, d.h. der Nenner schneller wächst als der Zähler. Für $x \to \pm\infty$ nähert sich also r(x) dem ganz rationalen Anteil an, der damit die Asymptote darstellt. Es gilt also für die *Asymptote*

$$y = \overline{q}_{n-m}(x)\,. \qquad \text{(III.46)}$$

Hinsichtlich der Grade von Zähler- und Nennerpolynom müssen wir drei Fälle unterscheiden:

<u>Fall 1:</u> m = n

Sind Zähler und Nennergrad identisch, ergibt sich als ganz rationaler Anteil die Konstante $\overline{q}_0 = a_n / b_m$, d.h. die Asymptote ist eine Gerade mit der Gleichung $y = a_n / b_m$ bzw. eine Parallele zur x-Achse.

<u>Fall 2:</u> n < m

Ist der Zähler- kleiner als der Nennergrad, besitzt die gebrochen rationale Funktion keinen ganz rationalen Anteil, d.h. die Asymptote ist die Gerade y = 0 bzw. die x-Achse.

<u>Fall 3:</u> n > m

Ist der Zähler- größer als der Nennergrad, ergibt sich als ganz rationaler Anteil ein Polynom vom Grad $n - m \geq 1$, dem sich die Funktion asymptotisch nähert.

Mit diesen Fällen sind die Asymptoten bestimmt, jedoch noch keine Aussagen über die *Annäherungsrichtung* der Funktion an die Asymptote getroffen. Hierüber entscheidet das *Vorzeichen des gebrochen rationalen Rests.* Dieses ergibt sich aus dem Vorzeichen der größten Potenzen im Zähler *und* im Nenner, wobei zu unterscheiden ist, ob die Exponenten gerade oder ungerade sind.

Ist das Vorzeichen für $x \to +\infty$ ($x \to -\infty$) *positiv*, ist der Funktionswert der rationalen Funktion größer als der Asymptotenwert, d.h. die Annäherung erfolgt *von oben.* Ist es für $x \to +\infty$ ($x \to -\infty$) *negativ*, liegt eine Annäherung *von unten* vor.

Beispiel zu Fall 1:

$$r(x) = \frac{x^2}{-x^2 - 1} \;:\; n = m = 2$$

Die Polynomdivision liefert für diese Funktion folgendes Resultat:

$$x^2 : (-x^2 - 1) = \textcircled{-1} \quad \longleftarrow \text{ganz rationaler Anteil}$$

$$\underline{-(x^2 + 1)}$$

$$\textcircled{-1} \quad \longleftarrow \text{Zähler des gebrochen rationalen Rests}$$

Wir können r(x) also in der Form

$$r(x) = -1 + \frac{-1}{-x^2 - 1}$$

darstellen, die besagt, dass y = –1 die Asymptote ist. Das gleiche Resultat hätten wir auch erzielt, wenn wir $y = a_n / b_m = 1 / (-1) = -1$ berechnet hätten.

Skizze:

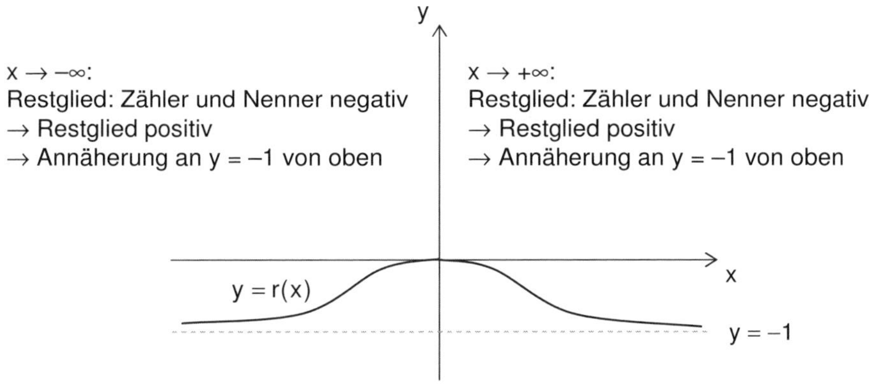

Beispiel zu Fall 2:

$$r(x) = \frac{1}{x-2} : n = 0 \; < \; m = 1$$

Eine Polynomdivision ist hier nicht erforderlich, da bei n < m immer y = 0 die Asymptote ist und die ursprüngliche Funktion direkt das gebrochen rationale Restglied darstellt.

Skizze:

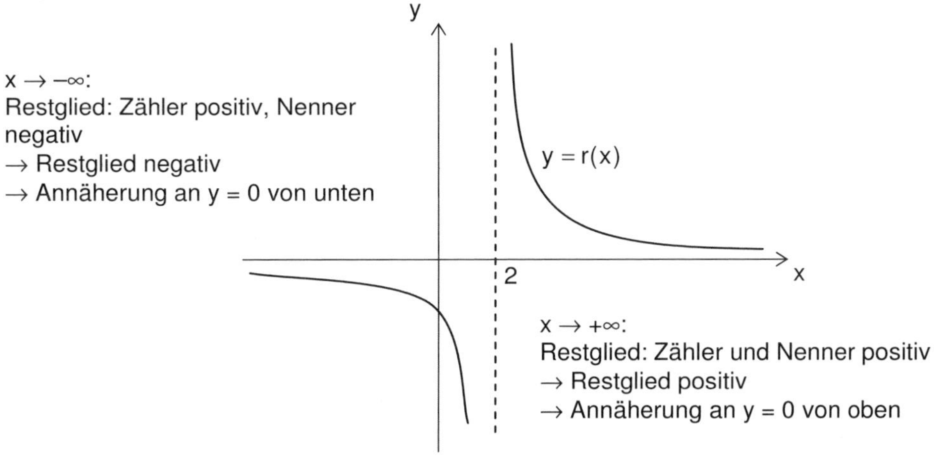

Beispiel zu Fall 3:

$$r(x) = \frac{x^3 + 3x^2 + 2}{x^2 - 2} : n = 3 > m = 2$$

Die Polynomdivision liefert in diesem Fall folgendes Ergebnis:

$$(x^3 + 3x^2 + 2) : (x^2 - 2) = x + 3$$
$$\underline{-(x^3 - 2x)}$$
$$2x + 3x^2$$
$$\underline{-(3x^2 - 6)}$$
$$2x + 6 + 2$$

Dies lässt die Darstellung in der Form

$$r(x) = x + 3 + \frac{2x + 8}{x^2 - 2}$$

zu, d.h. die Asymptote ist $y = x + 3$.

Skizze:

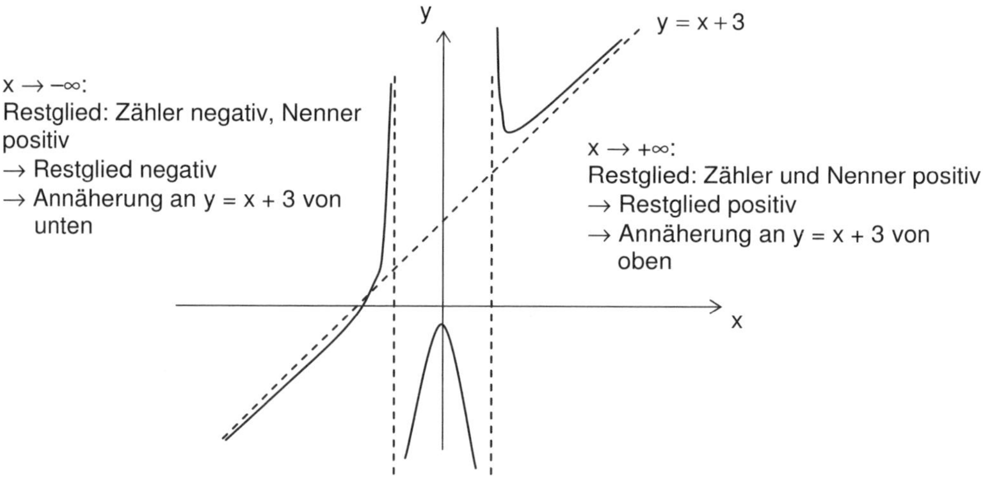

2.1.3 Algebraische Funktionen

Eine *algebraische Funktion* besitzt allgemein die Form

$$y = \sqrt{r(x)} \quad \text{mit} \quad r(x) = \frac{p_n(x)}{q_m(x)} \quad \text{und} \quad q_m(x) \neq 0\,. \qquad \text{(III.47)}$$

Da die Diskriminante (Wert unter der Wurzel) nicht negativ sein kann, ist der Definitionsbereich dieser Funktionen stark eingeschränkt. Konkret bedeutet dies, dass bei algebraischen Funktionen stets $r(x) \geq 0$ gelten muss.

Beispiele:

1. $f(x) = \sqrt{x^2 - 1}$

   Diese Funktion ist nur für $x^2 - 1 \geq 0$, d.h. für $|x| \geq 1$ definiert, da andernfalls der Wert unter der Wurzel negativ wäre.

2. $f(x) = \sqrt{\frac{5x}{x-4}}$

   Diese Funktion ist zunächst beschränkt durch die Tatsache, dass der Term x – 4 nicht gleich Null, also x nicht gleich 4 sein darf. Des Weiteren muss

$$\frac{5x}{x-4} \geq 0$$

   gelten. Dies ist nur für x > 4 und x ≤ 0 erfüllt. Für den Definitionsbereich folgt damit insgesamt $D(f) = \{x \in \mathbb{R} | x \leq 0 \vee x > 4\}$.

   Es gibt eine Nullstelle bei $\frac{5x}{x-4} = 0 \leftrightarrow x = 0$ und einen Pol bei x = 4.

Funktionen des Typs $f(x) = \sqrt[n]{x}$ mit $x \geq 0$ (Umkehrfunktion zur Potenzfunktion $f(x) = x^n$) heißen *Wurzelfunktionen*. Sie verlaufen stets durch den Punkt P(1; 1) und besitzen nur im ersten Quadranten des Koordinatensystems Funktionswerte. Zudem wird bei zunehmendem n der Graph immer flacher (vgl. Abbildung III 24).

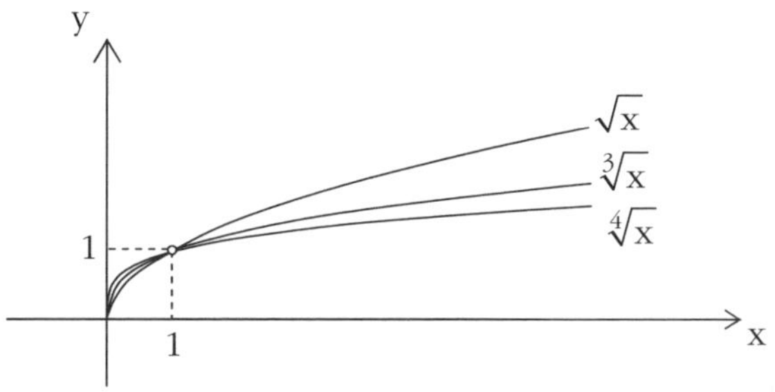

Abbildung III 24: Wurzelfunktionen

2.1.4 Transzendente Funktionen

Wie bereits erwähnt, sind transzendente Funktionen jene Funktionen, die sich nicht mehr durch Polynome und Wurzeln eindeutig beschreiben lassen. Typische Vertreter dieser Klasse sind die Exponenzial- und Logarithmusfunktion.

2.1.4.1 Exponenzialfunktion

Eine Funktion des Typs

$$y = f(x) = a^x \quad \text{mit} \quad a > 0, \tag{III.48}$$

bei der die *unabhängige Veränderliche im Exponenten* steht, heißt *Exponenzialfunktion zur Basis a*. Da die Exponenzialfunktion nur für positive Basen a > 0 im Bereich $x \in \mathbb{R}$ definiert ist, ist der Funktionswert ebenfalls stets positiv, sodass für den Wertebereich $W(f) = \mathbb{R}^+$ gilt.

Einen bedeutenden Sonderfall von (III.48) stellt die *Exponenzialfunktion zur Basis e* (Euler'sche Zahl) oder kurz *e-Funktion*, d.h. $f(x) = e^x$, dar. Einen Anwendungsfall derartiger Funktionen haben wir bereits im Abschnitt II 2.2.3 in Form der stetigen Verzinsung kennengelernt. Wegen (I.93) kann jede Funktion des Typs $f(x) = a^x$ auch durch eine e-Funktion dargestellt werden:

$$f(x) = a^x = e^{x \cdot \ln a}$$

Es sei außerdem erwähnt, dass wir zur Verknüpfung von Exponenzialfunktionen die in Kapitel I behandelten Potenzrechenregeln (I.80), (I.81), (I.84), (I.86) und (I.89), d.h. $a^x \cdot a^y = a^{x+y}$, $a^x / a^y = a^{x-y}$, $a^{n \cdot x} = (a^x)^n$, $a^{-x} = 1/a^x$ und $a^{\frac{x}{n}} = \sqrt[n]{a^x}$, anwenden können.

Die wichtigsten *Eigenschaften* von Exponenzialfunktionen wollen wir im Folgenden im Detail betrachten:

- Da eine Exponenzialfunktion $f(x) = a^x$ nur für $a > 0$ definiert ist, gibt es grundsätzlich kein x für das a^x den Wert Null annimmt. Es existieren also *keine Nullstellen* und der Graph verläuft *vollständig oberhalb der Abszisse.*
- Für $x = 0$ nimmt jede Exponenzialfunktion den Wert 1 an, da $a^0 = 1$ gilt. Alle Exponenzialfunktionen verlaufen also durch den Punkt P(0; 1).
- Abbildung III 25 zeigt das Funktionsverhalten für verschiedene Werte von a:

  $a = 1$: Da $f(x) = 1^x = 1$ für alle x gilt, liegt eine Parallele zur x-Achse vor.

  $a > 1$: Die Kurve ist *streng monoton steigend* und wird steiler, je größer a wird. Dies ist der unter ökonomischen Gesichtspunkten wichtigste Fall. Darunter fällt auch $y = e^x$. Für $x \to +\infty$ gilt $y \to +\infty$. Für $x \to -\infty$ gilt $y \to 0$, d.h. die Funktion nähert sich der x-Achse an, die somit Asymptote ist.

  $0 < a < 1$: Die Kurve ist *streng monoton fallend* und nähert sich für $x \to +\infty$ asymptotisch der x-Achse ($y \to 0$). Für $x \to -\infty$ gilt $y \to +\infty$.

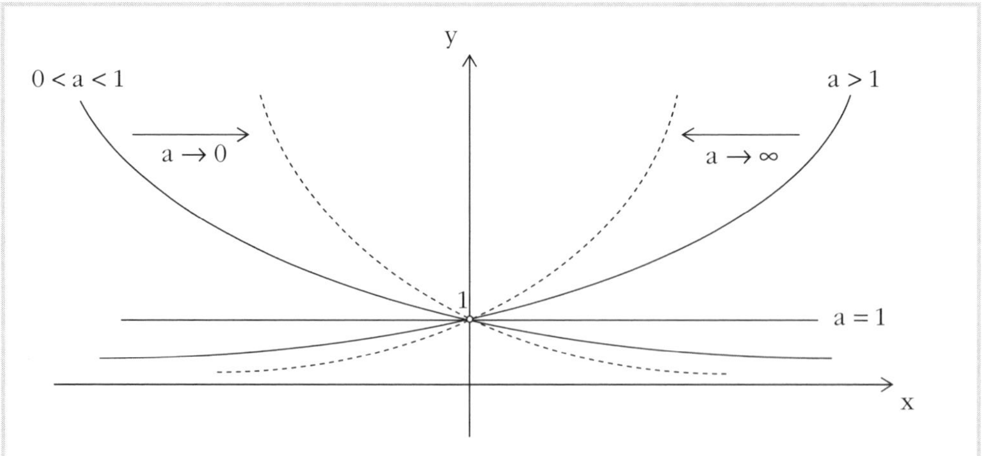

Abbildung III 25: Verlauf von Exponenzialfunktionen

- Als streng monoton steigende bzw. fallende, im gesamten Definitionsbereich stetige Funktion besitzt eine Exponenzialfunktion *keine Extrema.*
- Exponenzialfunktionen sind für $a \neq 1$ *nach oben unbeschränkt. Nach unten* sind sie jedoch wegen $y > 0$ *beschränkt.*
- Durch Spiegelung der Funktion $f(x) = a^x$ an der y-Achse erhält man die Funktion $f(x) = a^{-x}$.

2.1.4.2 Logarithmusfunktion

Die Umkehrfunktion zur Exponenzialfunktion zur Basis a wird als *Logarithmusfunktion zur Basis a* bezeichnet. Sie wird mit

$$y = f(x) = \log_a x \quad \text{mit } a > 0 \wedge a \neq 1 \text{ und } x > 0 \qquad \text{(III.49)}$$

bezeichnet, ist also nur für positive Basen definiert und ihr Definitionsbereich ist auf die Halbachse $x > 0$ beschränkt (entspricht dem Wertebereich der Exponenzialfunktion). Zur Wiederholung sei erwähnt, dass der Logarithmus zur Basis e als natürlicher Logarithmus bezeichnet wird, d.h. $f(x) = \log_e x = \ln x$ gilt, und wir unter dem dekadischen Logarithmus den Logarithmus zur Basis 10, d.h. $f(x) = \log_{10} x = \log x$ verstehen. Jeder allgemeine Logarithmus (III.49) kann außerdem immer auf den natürlichen oder dekadischen Logarithmus zurückgeführt werden, da gilt (vgl. Abschnitt I 3.4.4)

$$f(x) = \log_a x = \frac{\log x}{\log a} = \frac{\ln x}{\ln a}.$$

Zudem ist zu beachten, dass für die Verknüpfung mehrerer Logarithmen die bereits in Kapitel I aufgeführten Regeln (I.97) bis (I.99), d.h. $\log_a (x \cdot y) = \log_a x + \log_a y$, $\log_a (x/y) = \log_a x - \log_a y$, $\log_a x^n = n \cdot \log_a x$, $\log_a (1/x) = -\log_a x$ und $\log_a (\sqrt[n]{x}) = 1/n \cdot \log_a x$, gelten.

Da die Logarithmusfunktion die *Umkehrfunktion* zur Exponenzialfunktion darstellt ($y = a^x \leftrightarrow x = \log_a y$), ergibt sie sich graphisch durch Spiegelung der Exponenzialfunktion an der Winkelhalbierenden des ersten und dritten Quadranten des Koordinatensystems (vgl. Abbildung III 26). Deshalb ist der Wertebereich der Exponenzialfunktion gleich dem Definitionsbereich der Logarithmusfunktion und umgekehrt. Es gilt also:

$$W(y = a^x) = \{y \mid y > 0\} \quad \leftrightarrow \quad D(y = \log_a x) = \{x \mid x > 0\}$$
$$D(y = a^x) = \{x \mid x \in \mathbb{R}\} \quad \leftrightarrow \quad W(y = \log_a x) = \{x \mid x \in \mathbb{R}\}$$

Da die Umkehrfunktion der Umkehrfunktion wieder die Ausgangsfunktion ist, ist die Exponentialfunktion natürlich auch die Umkehrfunktion der Logarithmusfunktion ($y = \log_a x \leftrightarrow x = a^y$).

Elementare *Eigenschaften* der Logarithmusfunktion sind die Folgenden:

- Die Gleichung $f(x) = \log_a x = 0$ ist für beliebige $a > 0$ aufgrund von $a^0 = 1$ immer an der Stelle $x = 1$ erfüllt. Alle Logarithmusfunktionen besitzen also dort eine Nullstelle. Es handelt sich dabei um die *einzige Nullstelle,* da die Logarithmusfunktion als Umkehrfunktion zur Exponentialfunktion im gesamten Definitionsbereich *stetig und streng monoton steigend oder fallend* ist. Folglich schneiden alle Logarithmusfunktionen die Abszisse bei $x = 1$.

- Da jede Logarithmusfunktion in ihrem gesamten Definitionsbereich stetig und streng monoton steigend oder fallend ist, existieren *keine Extrema.*
- Jede Logarithmusfunktion ist außerdem nach oben und unten *unbeschränkt.*
- Abhängig von der Basis a des Logarithmus zeigt sich ein unterschiedlicher Verlauf des Funktionsgraphen (vgl. Abbildung III 26 und III 27):

$a = 1$: Versuchen wir $\log_1 x$ über (log x) / (log 1) zu berechnen, stellen wir fest, dass der Ausdruck aufgrund von $\log 1 = 0$ nicht definiert ist. Es exisitert also keine Logarithmusfunktion für $a = 1$.

$a > 1$: Die Kurve ist *streng monoton steigend.* Dies ist wiederum der ökonomisch relevante Fall. Darunter fallen auch $y = \log x$ und $y = \ln x$. Für $0 < x < 1$ ist sie negativ und kommt steil aus dem Wertebereich $y = -\infty$. Die y-Achse ist die Asymptote, denn für $x \to 0$ geht $y \to -\infty$. Für $1 \leq x < +\infty$ sind die Funktionswerte positiv und die Funktion wird mit zunehmendem x immer flacher. Je größer a ist, desto stärker gekrümmt verläuft die Funktion.

$0 < a < 1$: Die Kurve ist *streng monoton fallend.* Sie ist positiv im Intervall $0 < x < 1$ und kommt in diesem steil von $y = \infty$. Die y-Achse ist Asymptote, denn für $x \to 0$ geht $y \to +\infty$. Im Bereich $1 \leq x < +\infty$ wird die Funktion negativ und verläuft immer flacher.

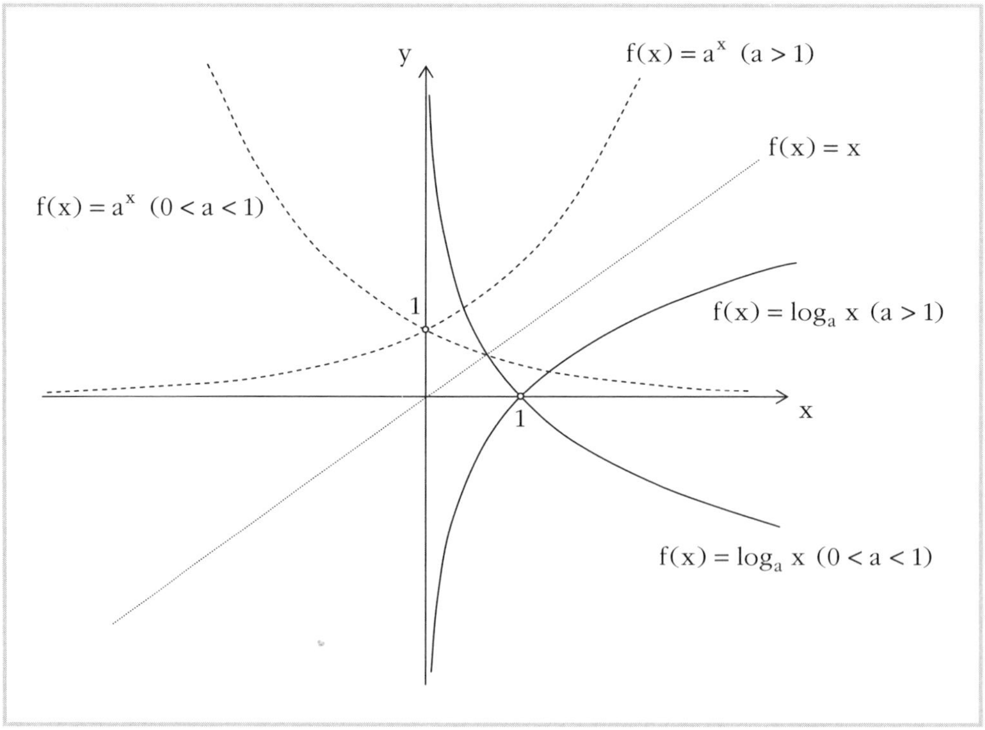

Abbildung III 26: Exponenzial- und Logarithmusfunktionen

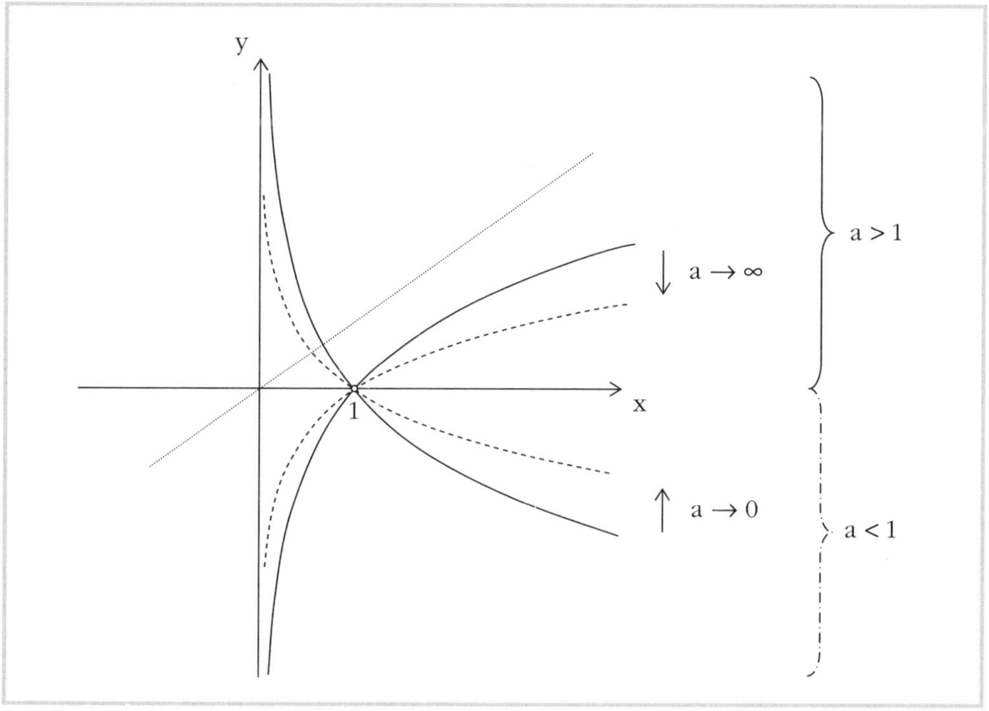

Abbildung III 27: Verlauf von Logarithmusfunktionen

2.2 Spezielle Funktionen

Ergänzend zu den bisher behandelten Funktionstypen wollen wir nun noch einige spezielle Funktionen aufführen. Es erfolgt dabei eine Beschränkung auf die *Absolut-*, die *Minimum-* und *Maximum-* sowie die *Vorzeichenfunktion.*

2.2.1 Absolutfunktion

Im Abschnitt I 3.3.2 haben wir bereits den Begriff des Absolutbetrages einer Zahl kennengelernt, der durch senkrechte Striche symbolisiert wurde und den nicht negativen Wert dieser Zahl darstellte. Bei einer Absolutfunktion handelt es sich um nichts anderes als eine abschnittsweise definierte Funktion der folgenden Form:

$$y = |f(x)| = \begin{cases} f(x) & \text{für } f(x) \geq 0 \\ -f(x) & \text{für } f(x) < 0 \end{cases} \qquad \text{(III.50)}$$

Die *Funktionswerte* einer solchen für alle $x \in \mathbb{R}$ definierten Funktion sind also ebenfalls stets *nichtnegativ.*

Beispiel:

Fall f(x) = x:

$$y = |x| = \begin{cases} x & \text{für} \quad x \geq 0 \\ -x & \text{für} \quad x < 0 \end{cases}$$

Grafisch ergibt sich folgender Funktionsverlauf:

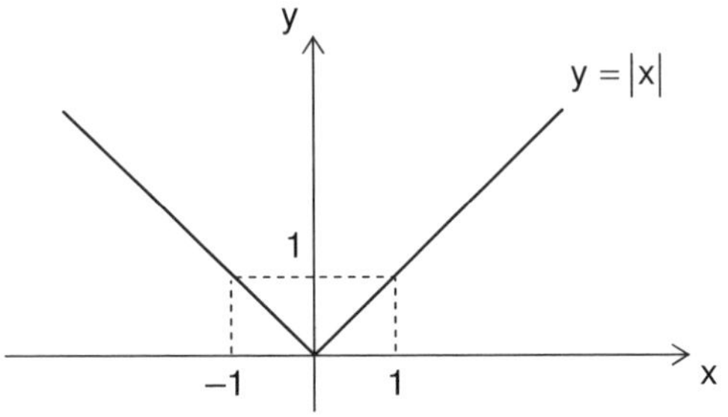

Bei dieser Funktion handelt es sich also um eine stetige Funktion, die stets oberhalb der x-Achse verläuft und ihr Minimum im Ursprung hat.

2.2.2 Minimum- und Maximumfunktion

Durch die sog. *Maximumfunktion*

$$f(x) = \max\{g(x);\ h(x)\} \tag{III.51a}$$

wird eine Funktion

$$f(x) = \begin{cases} g(x) & \text{falls} \quad g(x) \geq h(x) \\ h(x) & \text{falls} \quad g(x) < h(x) \end{cases} \tag{III.51b}$$

dargestellt. Dies bedeutet, dass f(x) durch den jeweils größeren Wert der beiden zur Auswahl stehenden Funktionen g(x) und h(x) bestimmt wird.

Die *Minimumfunktion*

$$f(x) = \min\{g(x);\ h(x)\} \tag{III.52a}$$

ist dementsprechend definiert als

$$f(x) = \begin{cases} g(x) & \text{falls} \quad g(x) \leq h(x) \\ h(x) & \text{falls} \quad g(x) > h(x). \end{cases} \tag{III.52b}$$

Für beide Funktionen kann die Gleichheit g(x) = h(x) auch in der jeweils zweiten Fallunterscheidung berücksichtigt werden.

Zwischen der Minimum- und Maximumfunktion besteht allgemein die Beziehung

$$\max\{g(x);\ h(x)\} = -\min\{-g(x);\ -h(x)\}\,. \tag{III.53}$$

Beispiel:

Die beiden Funktionen $f(x) = \max\{3;\ x^2 - 1\}$ und $f(x) = -\min\{-3; -x^2 + 1\}$ sind identisch.

Beispiel zur Maximumfunktion:

Gegeben sei die Funktion f(x) = max{x – 2; 1}:

$$f(x) = \begin{cases} x-2 & \text{falls } x-2 \geq 1 \\ 1 & \text{falls } x-2 < 1 \end{cases} \quad \leftrightarrow \quad f(x) = \begin{cases} x-2 & \text{falls } x \geq 3 \\ 1 & \text{falls } x < 3 \end{cases}$$

Grafisch ergibt sich daraus folgendes Bild, da im Bereich $x \geq 3$ die Funktion $g(x) = x - 2$ und im Bereich $x < 3$ die Funktion $h(x) = 1$ gilt:

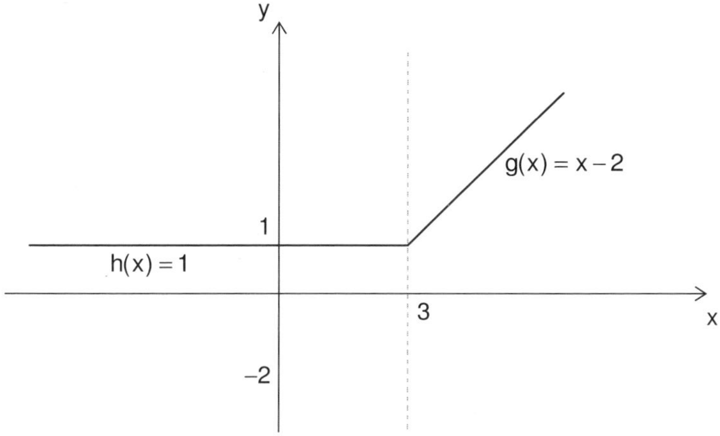

Beispiel zur Minimumfunktion:

Gegeben sei die Funktion f(x) = min{2; –x + 1}:

$$f(x) = \begin{cases} 2 & \text{falls } 2 \leq -x+1 \\ -x+1 & \text{falls } 2 > -x+1 \end{cases} \quad \leftrightarrow \quad f(x) = \begin{cases} 2 & \text{falls } x \leq -1 \\ -x+1 & \text{falls } x > -1 \end{cases}$$

Da im Bereich $x \leq -1$ die Funktion $g(x) = 2$ und im Bereich $x > -1$ die Funktion $h(x) = -x + 1$ gilt, ergibt sich hier folgendes Bild:

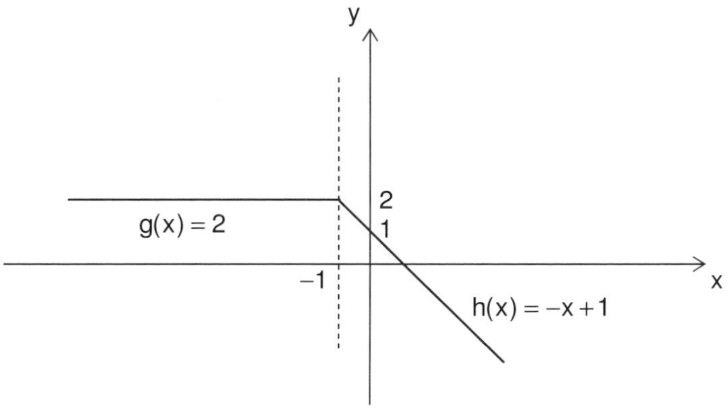

2.2.3 Vorzeichenfunktion

Interessieren wir uns nur für die Vorzeichen der Werte einer Funktion, können wir diese über die sog. *Vorzeichenfunktion*

$$\operatorname{sign}(f(x)) = \begin{cases} +1 & \text{für} \quad f(x) > 0 \\ 0 & \text{für} \quad f(x) = 0 \\ -1 & \text{für} \quad f(x) < 0 \end{cases} \tag{III.54}$$

ausdrücken. Grafisch ergibt sich die Vorzeichenfunktion wie in Abbildung III 28 veranschaulicht. Diese Abbildung zeigt, dass die Vorzeichenfunktion immer dann den Wert +1 annimmt, wenn die betrachete Funktion f(x) über der x-Achse verläuft bzw. den Wert –1 annimmt, wenn f(x) unter der x-Achse liegt.

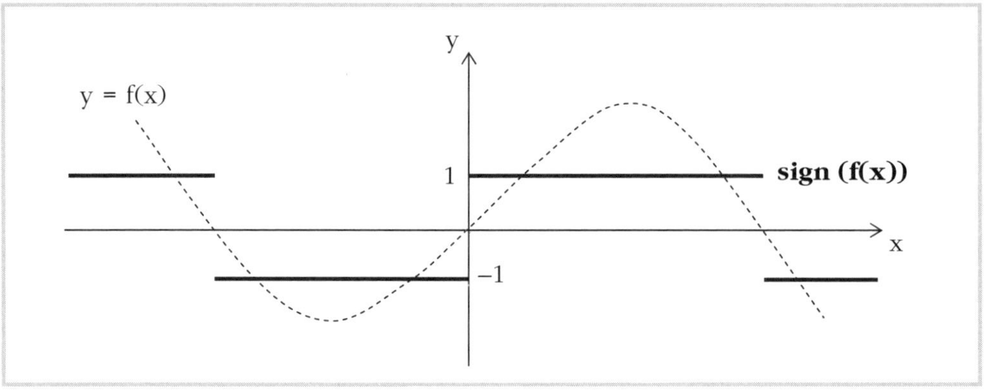

Abbildung III 28: Vorzeichenfunktion

Beispiel:

$$\operatorname{sign}(x^3 - 27) = \begin{cases} +1 & \text{für} \quad x^3 - 27 > 0 \\ 0 & \text{für} \quad x^3 - 27 = 0 \\ -1 & \text{für} \quad x^3 - 27 < 0 \end{cases} \leftrightarrow \operatorname{sign}(x^3 - 27) = \begin{cases} +1 & \text{für} \quad x > 3 \\ 0 & \text{für} \quad x = 3 \\ -1 & \text{für} \quad x < 3 \end{cases}$$

Skizze:

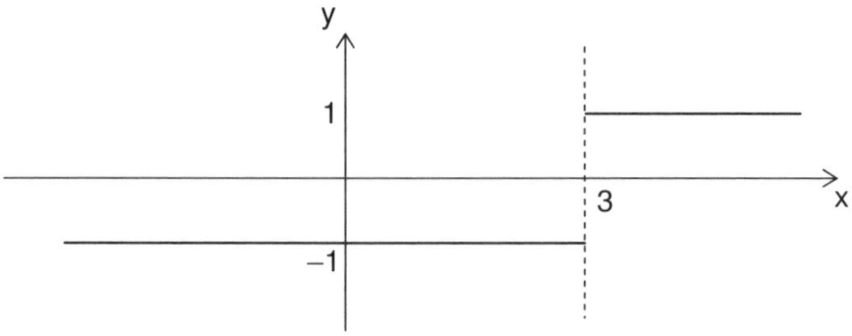

2.3 Ökonomische Funktionen

Häufig werden mathematische Funktionen zur Darstellung ökonomischer Sachverhalte herangezogen. Wir sprechen dann von sog. *ökonomischen Funktionen.* Im Folgenden werden Angebots- und Nachfrage-, Umsatz-, Kosten- und Gewinnfunktionen als wichtige Vertreter dieser Funktionsklasse kurz vorgestellt.

2.3.1 Angebots- und Nachfragefunktionen

Auf einem Markt kann das Verhalten von Anbietern und Nachfragern durch sog. Angebots- und Nachfragefunktionen beschrieben werden. Die **Angebotsfunktion** beschreibt den Zusammenhang zwischen der angebotenen Menge x^S (S: Supply = Angebot) und dem Preis p. Formal bedeutet dies

$$x^S = \underset{+}{f(p)}\,. \tag{III.55}$$

Diese Funktion ist *monoton wachsend*, da bei steigenden Marktpreisen die Anbieter ihre Angebotsmenge erhöhen werden. Mit dem "+"-Zeichen in der Formel wollen wir genau dieses Verhalten ausdrücken. Die **Nachfragefunktion**, die die Beziehung zwischen nachgefragter Menge x^D (D: Demand = Nachfrage) in Abhängigkeit vom Preis p beschreibt, lautet

$$x^D = \underset{-}{f(p)}\,. \tag{III.56}$$

Hier liegt eine *monoton fallende* Funktion vor, da bei steigenden Marktpreisen in der Regel die Güternachfrage zurückgeht. Dies drücken wir durch das "–"-Zeichen in der Formel aus. Der Definitions- und Wertebereich der beiden Funktionen ist natürlich nur auf positive Werte beschränkt. Der Schnittpunkt zwischen (III.55) und (III.56) definiert den sog. **Gleichgewichtspreis** p*, bei dem angebotene und nachgefragte Menge übereinstimmen. Wir sprechen dann auch von der **Gleichgewichtsmenge** x*.

Bei Berechnungen und graphischen Darstellungen von Angebots- und Nachfragefunktionen bedient man sich häufig derer *Umkehrfunktionen*, also im Fall der Angebotsfunktion

$$p = \underset{+}{p(x^S)} \tag{III.57}$$

und der Nachfragefunktion

$$p = \underset{-}{p(x^D)}\,. \tag{III.58}$$

Auch in dieser Form bleibt die Angebotsfunktion monoton steigend und die Nachfragefunktion monoton fallend. Nehmen wir an, beide Funktionen sind linear (Angebotsfunktion: $p = a_0 + a_1 \cdot x^S$, Nachfragefunktion: $p = b_0 - b_1 \cdot x^D$), so können wir das Marktgleichgewicht mittels Abbildung III 29 darstellen.

Die Nullstelle der Nachfragefunktion nennen wir **Sättigungsmenge**. Dies bedeutet, dass die Nachfrager maximal diese Menge nachfragen und nicht mehr.

$$p(x^D) = 0 \tag{III.59}$$

Der Schnittpunkt der Nachfragefunktion mit der p-Achse stellt den sog. **Prohibitivpreis** dar. Dies ist der Preis, bei dem die Nachfrage auf Null sinkt.

$$p(x^D = 0) \tag{III.60}$$

Der Preis bei dem die angebotene Menge bei Null liegt, heißt **Mindestpreis**. Erst ab diesem Preis bieten die Unternehmen an.

$$p(x^S = 0) \tag{III.61}$$

Im Schnittpunkt von Angebots- und Nachfragekurve ergibt sich das **Marktgleichgewicht** G(x*; p*). Hier sind Angebot und Nachfrage gleich.

$$p(x^S) = p(x^D) \tag{III.62}$$

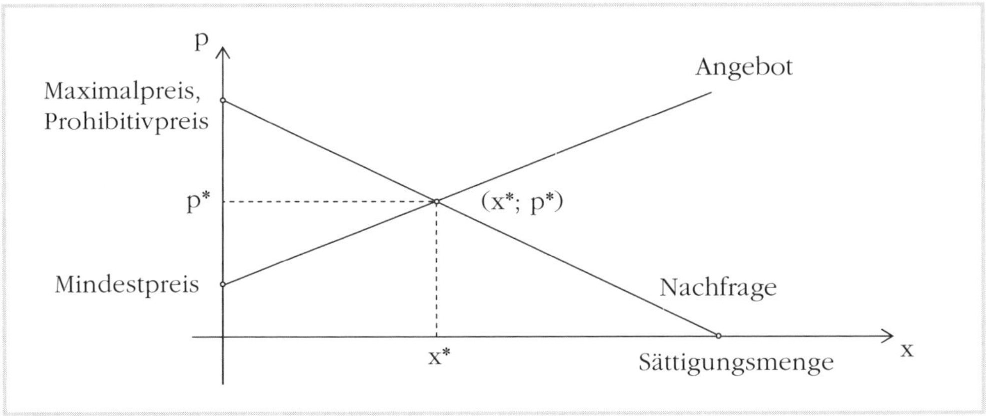

Abbildung III 29: Angebots- und Nachfragefunktion

Beispiel:

Betrachten wir einen Markt auf dem für die Angebotsfunktion $p(x^D) = 500 - 2,5x$ und für die Nachfragefunktion $p(x^S) = 100 + 1,5x$ gilt. Es ergeben sich hier folgende Werte (III.59) bis (III.62):

Sättigungsmenge: $500 - 2,5x = 0 \leftrightarrow x = 200$

Prohibitivpreis: $p = 500 - 2,5 \cdot 0 = 500$

Mindestpreis: $p = 100 + 2,5 \cdot 0 = 100$

Marktgleichgewicht: $500 - 2,5x = 100 + 1,5x \leftrightarrow x = 100 \rightarrow p(100) = 250$

Nehmen wir nun an, der Marktpreis würde durch staatliche Maßnahmen auf p = 200 Euro festgelegt. Dann gilt für Angebot und Nachfrage:

$$p(x^D) = 500 - 2,5x \quad \leftrightarrow \quad x^D = -0,4p + 200 \quad \rightarrow \quad x^D(200) = 120$$

$$p(x^S) = 100 + 1,5x \quad \leftrightarrow \quad x^S = \frac{2}{3}p - \frac{200}{3} \quad \rightarrow \quad x^S(200) = 66,67$$

Wir erkennen, dass bei diesem Preis die nachgefragte Menge über der angebotenen Menge liegt. Es herrscht ein sog. *Nachfrageüberschuss*. Der umgekehrte Fall wird als *Angebotsüberhang* bezeichnet.

2.3.2 Umsatzfunktion

Eine Umsatz- oder Erlösfunktion gibt den Umsatz R (engl. Revenue) in Geldeinheiten in Abhängigkeit von der abgesetzten Gütermenge x in Mengeneinheiten an. Da Umsatz = Preis · Menge ist, gilt also

$$R(x) = \overline{p} \cdot x \,. \qquad \text{(III.63)}$$

Diese Funktion (III.63) ist nur auf einem Markt mit *vollständiger Konkurrenz* gültig. Auf einem solchen Markt gibt es eine Vielzahl von kleinen Anbietern, von denen jedes einzelne Unternehmen keinen Einfluss auf den Marktpreis hat. Es ist sog. Preisnehmer und kann zu dem gegebenen Marktpreis $\overline{p}$ alles absetzen.

Ein Unternehmen unter *unvollständiger Konkurrenz* (z.B. ein Monopol oder ein Unternehmen unter monopolistischer Konkurrenz) hat hingegen einen gewissen Preiseinfluss. Es sieht sich einer monoton fallenden Preis-Absatz-Funktion p(x) gegenüber. Das Unternehmen kann zwar z.B. den Preis erhöhen, muss aber berücksichtigen, dass dann auch die abgesetzte (nachgefragte) Menge sinkt. Die Erlösfunktion ist dann nichtlinear und lautet

$$R(x) = p(x) \cdot x \,. \qquad \text{(III.64)}$$

Liegt anstatt p(x) die Funktion x(p) vor, so können wir den Umsatz auch alternativ über R(p) = x(p) · p bestimmen.

Abbildung III 30 zeigt die jeweiligen Verläufe der Umsatzfunktion bei linearen Preis-Absatz-Funktionen (Nachfragefunktionen). Bei einer Menge von Null ist der Umsatz auch Null. Die Umsatzfunktion beginnt daher im Ursprung.

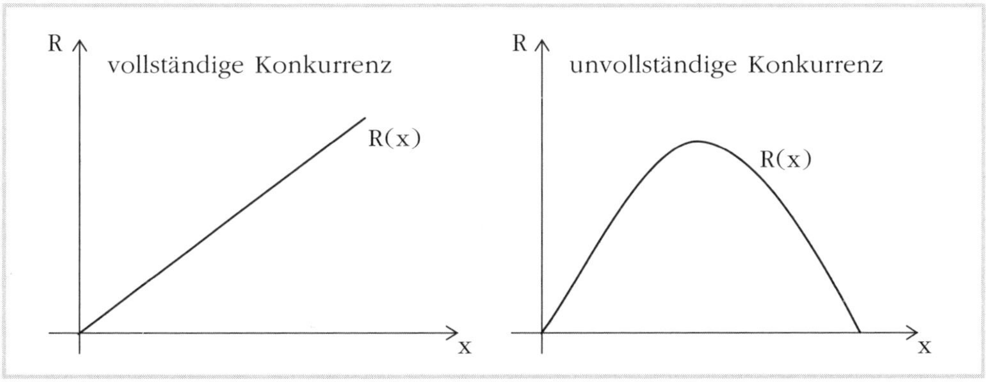

Abbildung III 30: Umsatzfunktionen bei linearer Preis-Absatz-Funktion

Beispiele:

1. Auf einem Markt mit vollständiger Konkurrenz herrscht für ein bestimmtes Produkt ein Preis von 10 Geldeinheiten. Für einen Anbieter eines solchen Produkts gilt daher die Umsatzfunktion R(x) = 10x.
2. Die Preis-Absatz-Funktion eines Monopolisten hat die Form $p(x) = 11e^{-0,1x}$. Es ergibt sich für diesen dann eine Umsatzfunktion von $R(x) = 11xe^{-0,1x}$.

2.3.3 Kostenfunktion

Die **Gesamtkostenfunktion** beschreibt den Zusammenhang zwischen den Gesamtkosten C und der produzierten Menge x (Output):

$$C = \underset{+}{C(x)}$$

Sie setzt sich zusammen aus einem outputunabhängigen Anteil (z.B. Versicherungsbeiträge, Mieten, usw.), den sog. **fixen Kosten** C_f, und einem von der Produktionsmenge x abhängigen Anteil (z.B. Fertigungsmaterial, Betriebsstoffe, usw.), den sog. **variablen Kosten** $C_v(x)$. Es gilt also

$$C(x) = C_f + C_v(x) . \tag{III.65}$$

Werden die Gesamtkosten C(x) durch die produzierte Menge x dividiert, erhalten wir die **Durchschnitts- oder Stückkosten** AC (engl. Average Costs)

$$AC(x) = \frac{C(x)}{x} . \tag{III.66}$$

AC(x) gibt an, wie viel die Produktion einer Einheit kostet, wenn genau x Einheiten produziert werden. Setzen wir (III.65) in (III.66) ein, so erkennen wir, dass sich die Stückkosten aus den **variablen Stückkosten** AVC (engl. Average Variable Costs) und den **fixen Stückkosten** AFC (engl. Average Fix Costs) zusammensetzen:

$$AC(x) = \frac{C_f}{x} + \frac{C_v(x)}{x} = AFC(x) + AVC(x) \tag{III.67}$$

Bei AFC(x) ist die sog. **Fixkostendegression** zu beachten (vgl. Abbildung III 31). besondere Bedeutung beizumessen. Legen wir die Fixkosten, die immer in Höhe C_f anfallen, auf die produzierte Menge x um, so werden sie pro Einheit (AFC(x)) immer geringer, je mehr man produziert. Es gilt also

$$\lim_{x \to +\infty} AFC(x) = 0 .$$

Wenn sehr wenig produziert wird, wachsen die AFC(x) allerdings auch überproportional an:

$$\lim_{x \to 0+} AFC(x) = +\infty$$

Da C_f eine Konstante ist, verhält sich AFC(x) qualitativ wie die Funktion 1/x, wobei AFC(x) jedoch nur für x > 0 definiert ist.

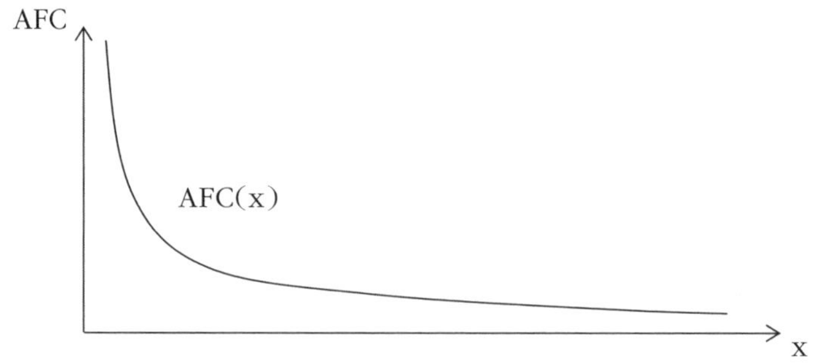

Abbildung III 31: Fixkostendegression

Je nachdem, wie C steigt, wenn mehr produziert wird, können wir vier *Arten von Kostenfunktionen* unterscheiden, über die die nachfolgende Tabelle einen ersten Überblick gibt.

C(x)	Verlauf	AVC(x)
linear (proportional)	linear	konstant
progressiv	konvex	wachsend
degressiv	konkav	fallend
ertragsgesetzlich	s-förmig	fallend/wachsend

Im *linearen Fall* hat die Kostenfunktion den Aufbau

$$C(x) = C_f + \underbrace{AVC \cdot x}_{C_v(x)},$$

wobei sich die variablen Kosten $C_v(x)$ durch Multiplikation der Stückzahl x mit den durchschnittlichen variablen Kosten AVC ergeben. Die *Gesamtkosten* wachsen also *proportional* mit der produzierten Menge. Diese lineare Gesamtkostenfunktion ergibt sich grafisch (wie jede andere Gesamtkostenfunktion auch) durch paralleles Verschieben der Funktion $C_v(x)$ um C_f nach oben (vgl. Abbildung III 32).

Die *variablen Stückkosten* sind für eine lineare Kostenfunktion immer *konstant* und die Stückkostenfunktion AC(x) nähert sich aufgrund des Fixkostendegressionseffektes von oben dieser Konstante asymptotisch an.

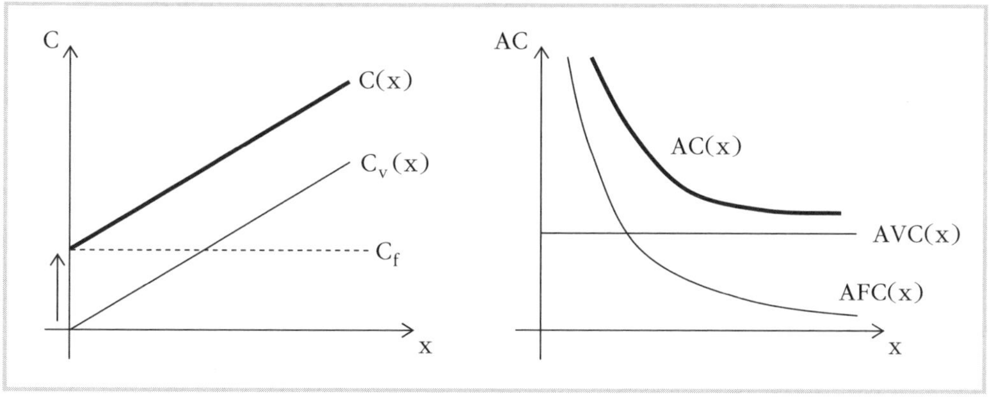

Abbildung III 32: Lineare Kostenfunktion

Beispiel:

$C(x) = 1{,}5x + 70 \quad \rightarrow \quad C_v(x) = 1{,}5x \qquad C_f = 70$

$AC(x) = 1{,}5 + \frac{70}{x} \quad \rightarrow \quad AVC(x) = 1{,}5 \qquad AFC(x) = \frac{70}{x}$

Wenn die *Gesamtkostenfunktion progressiv* wächst (konvex), zeigt sie das in Abbildung III 33 dargestellte Verlaufsmuster. Die *variablen Stückkosten* AVC(x) *steigen* in diesem Fall, wobei dieser Anstieg progressiv, linear oder auch degressiv sein kann.

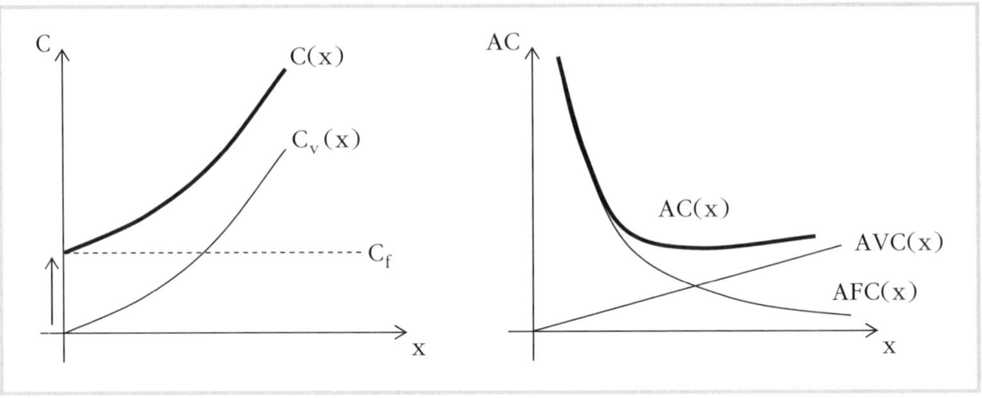

Abbildung III 33: Progressive Kostenfunktion

Beispiel:

$$C(x) = 0{,}1x^2 + 25 \quad \rightarrow \quad C_v(x) = 0{,}1x^2 \qquad C_f = 25$$

$$AC(x) = 0{,}1x + \frac{25}{x} \quad \rightarrow \quad AVC(x) = 0{,}1x \qquad AFC(x) = \frac{25}{x}$$

Wächst die *Gesamtkostenfunktion* C(x) *degressiv* (konkav), *fallen* die *variablen Stückkosten* AVC(x). Die Funktionen weisen die in Abbildung III 34 dargestellten Verläufe auf.

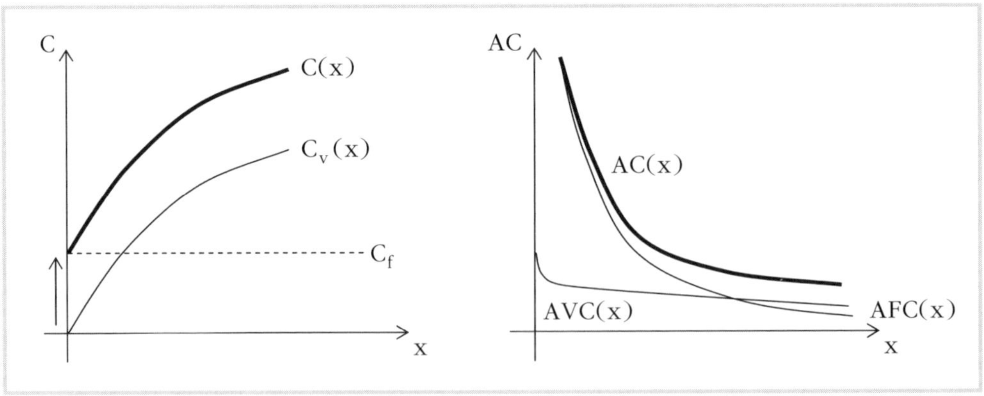

Abbildung III 34: Degressive Kostenfunktion

Beispiel:

$$C(x) = x^{0,7} + 55 \quad \rightarrow \quad C_v(x) = x^{0,7} \qquad C_f = 55$$

$$AC(x) = x^{-0,3} + \frac{55}{x} \quad \rightarrow \quad AVC(x) = \frac{1}{x^{0,3}} \qquad AFC(x) = \frac{55}{x}$$

Eine *ertragsgesetzliche Gesamtkostenfunktion* weist einen *s-förmigen Verlauf* auf. Sie besitzt einen degressiv steigenden Abschnitt, der nach Überschreiten eines Wendepunktes W in einen progressiv steigenden Abschnitt übergeht. Im Wendepunkt liegt ein linearer Verlauf vor. Dieser kann sich in der Praxis auch über einen längeren Abschnitt erstrecken.

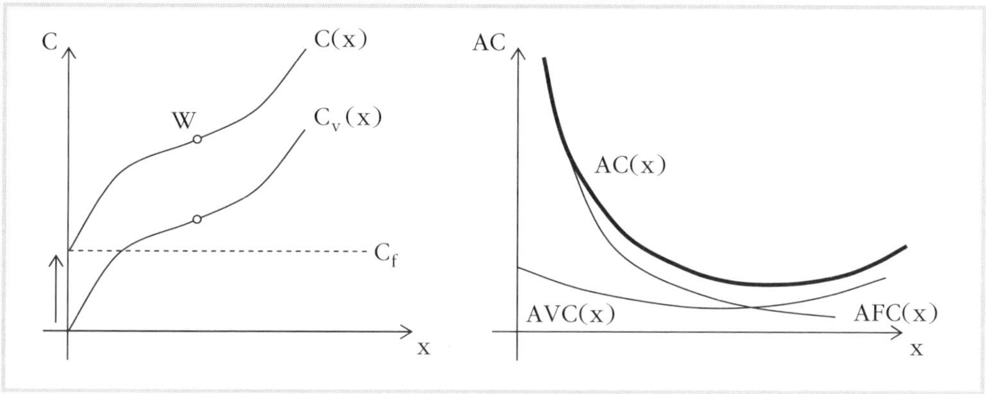

Abbildung III 35: Ertragsgesetzliche Kostenfunktion

Beispiel:

$$C(x) = \tfrac{1}{5}x^3 - 3x^2 + 9x + 10 \quad \rightarrow \quad C_v(x) = \tfrac{1}{5}x^3 - 3x^2 + 9x \qquad C_f = 10$$

$$AC(x) = \tfrac{1}{5}x^2 - 3x + 9 + \frac{10}{x} \quad \rightarrow \quad AVC(x) = \tfrac{1}{5}x^2 - 3x + 9 \qquad AFC(x) = \frac{10}{x}$$

Damit sind alle möglichen Kostenverläufe abgebildet. Häufig trifft man allerdings auch auf *unstetige Kostenverläufe*, die meist durch Fixkostenveränderungen bei Erreichen bestimmter Produktionsmengen geprägt sind.

Beispiel:

$$C(x) = \begin{cases} x + 50 & \text{für} \quad 0 \le x \le 100 \\ x + 70 & \text{für} \quad 100 < x \le 200 \\ x + 100 & \text{für} \quad 200 < x \le 300 \end{cases}$$

Hier ändert sich bei steigender Produktionsmenge der Fixkostenanteil der Kostenfunktion, da z.B. ein Ausbau der Produktionsanlagen erforderlich wird. Denkbar wäre auch eine Veränderung der variablen Stückkosten (hier konstant 1 Geldeinheit) aufgrund von z.B. Mengenrabatten beim Einkauf des Fertigungsmaterials.

2.3.4 Gewinnfunktion

Da *Gewinn* allgemein als **Umsatz minus Kosten** definiert ist, ergibt sich die Gewinnfunktion G(x) als Differenz aus Umsatzfunktion R(x) und Kostenfunktion C(x):

$$G(x) = R(x) - C(x) = p(x) \cdot x - C(x) \qquad \text{(III.68)}$$

Der Bereich in dem die Gewinnfunktion überhalb der x-Achse liegt ($G(x) > 0$), wird als **Gewinnzone** bezeichnet. Der Punkt an dem $G(x) = 0$ gilt, heißt **Gewinn-**

schwelle (oder engl. Break-Even-Point, BEP). Die Gewinnschwelle ergibt sich sowohl als Nullstelle von G(x) als auch als Schnittpunkt vom Umsatz- und Kostenfunktion:

$$G(x) = 0$$

$$R(x) - C(x) = 0 \quad \leftrightarrow \quad R(x) = C(x)$$

Wird nicht produziert (x = 0), liegt ein negativer Gewinn bzw. ein Verlust in Höhe der Fixkosten vor. Es gilt nämlich:

$$G(x) = R(x) - C(x) = [p(x) \cdot x] - [C_f + C_v(x)]$$

$$\rightarrow G(0) = [p(0) \cdot 0] - [C_f + C_v(0)] = -C_f$$

Diese wesentlichen Eigenschaften von Gewinnfunktionen sind in Abbildung III 36 für den Fall einer linearen Kosten- und einer linearen Umsatzfunktion im Überblick zusammengestellt. Es ist darin auch eine natürliche Gewinngrenze enthalten. Irgendwann erreichen die Fertigungsanlagen einer Unternehmung ihre Kapazitätsgrenze, d.h. es können nicht mehr Mengeneinheiten produziert werden. Bei dieser Grenze erreicht dann natürlich auch der Gewinn sein Maximum.

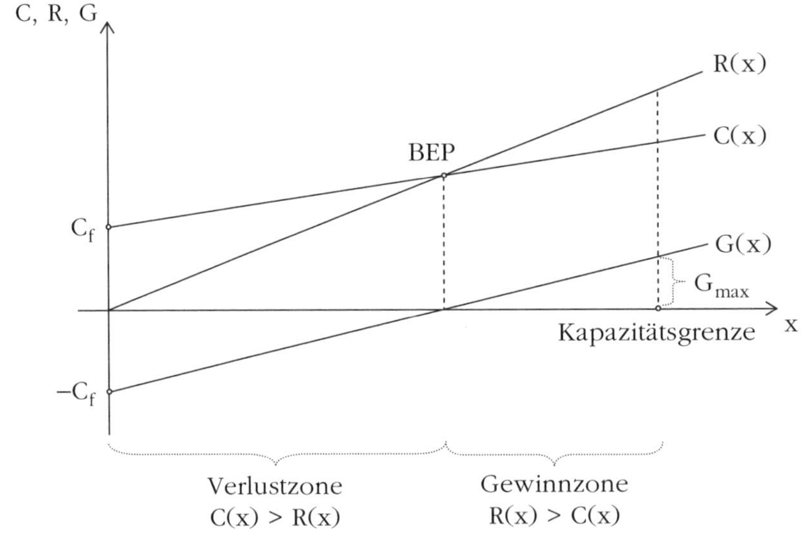

Abbildung III 36: Lineare Gewinnfunktion

Beispiel:

Nicht immer müssen Gewinnfunktionen einen linearen Verlauf wie in Abbildung III 36 aufweisen. Liegen etwa eine quadratische Umsatzfunktion $R(x) = -0,2x^2 + 5x$ und Kostenfunktion $C(x) = 0,4x^2 + 10$ vor, so ist die Gewinnfunktion ebenfalls quadratisch.

$$G(x) = R(x) - C(x) = [-0,2x^2 + 5x] - [0,4x^2 + 10] = -0,6x^2 + 5x - 10$$

Wird hier nicht produziert, resultiert ein Verlust in Höhe der Fixkosten der Produktion von $C_f = 10$. Die Gewinnzone können wir bestimmen, indem wir zunächst die Nullstellen der Gewinnfunktion bestimmen. Wir erhalten

$$-0{,}6x^2 + 5x - 10 = 0 \quad \leftrightarrow \quad x_1 = 3{,}33;\ x_2 = 5\,.$$

Die Gewinnbedingung lautet G(x) > 0. Dies beschreibt den Bereich, in dem die Gewinnfunktion (nach unten geöffnete Parabel) oberhalb der Abszisse verläuft. Mit Hilfe der ermittelten Nullstellen lässt sich die Gewinnzone als]3,33; 5[angeben. Da bei den meisten Gütern aber nur ganze Stück produziert werden können, ist die Gewinnzone besser als [4; 5[zu formulieren, wobei aufzurunden ist, da sich für x = 3 ein Verlust ergeben würde.

Skizzieren wir die *Gewinnfunktion allgemein*, erhalten wir folgendes Ergebnis:

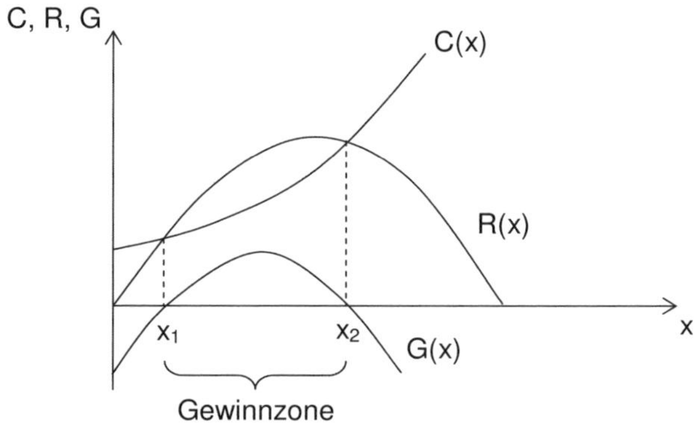

Werden 4 Einheiten produziert, führt dies aufgrund $C_v(4) = 0{,}4 \cdot 4^2 = 6{,}4$ und $C_f = 10$ zu den Gesamtkosten $C(4) = 0{,}4 \cdot 4^2 + 10 = 16{,}4$ und mit $R(4) = -0{,}2 \cdot 4^2 + 5 \cdot 4 = 16{,}8$ zum Gewinn $G(4) = 16{,}8 - 16{,}4 = 0{,}4$ oder $G(4) = -0{,}6 \cdot 4^2 + 5 \cdot 4 - 10 = 0{,}4$. Für die Durchschnittskosten gilt

$$AC(x) = \frac{0{,}4x^2 + 10}{x} = 0{,}4x + \frac{10}{x} \rightarrow AC(4) = 0{,}4 \cdot 4 + \frac{10}{4} = \underbrace{1{,}6}_{AVC(4)} + \underbrace{2{,}5}_{AFC(4)} = 4{,}1\,.$$

Durch Division der Gesamtgewinnfunktion G(x) durch die produzierte Menge x erhalten wir den **Stückgewinn**

$$g(x) = \frac{G(x)}{x}\,. \tag{III.69a}$$

Alternativ kann der Stückgewinn auch als Differenz aus Preis und Stückkosten, also als

$$g(x) = p(x) - AC(x)\,, \tag{III.69b}$$

ermittelt werden, da

$$g(x) = \frac{G(x)}{x} = \frac{R(x) - C(x)}{x} = \frac{p(x) \cdot x}{x} - \frac{C(x)}{x} = p(x) - AC(x)$$

gilt.

Werden von der Erlösfunktion R(x) nur die variablen Kosten $C_v(x)$ abgezogen, erhalten wir den sog. **Deckungsbeitrag** D(x). Er entspricht dem Beitrag der Produktion zur Deckung der fixen Kosten. Erst wenn der Deckungsbeitrag größer als die fixen Kosten ist, entsteht ein Gewinn.

$$D(x) = R(x) - C_v(x) = G(x) + C_f \qquad \text{(III.70)}$$

Die Deckungsbeitragsfunktion entsteht somit durch Parallelverschiebung der Gewinnfunktion um die Fixkosten nach oben. Sie gibt die Gewinnzone in dem Bereich an, in dem D(x) über der Fixkostenparallele zur x-Achse liegt.

Der **Stückdeckungsbeitrag** d(x) ergibt sich als

$$d(x) = \frac{D(x)}{x} = p(x) - AVC(x)\,, \qquad \text{(III.71)}$$

wobei $d(x) \geq g(x)$ gilt.

Beispiel:

Für unser vorhergehendes Beispiel liegt der Stückgewinn bei g(4) = G(4) / 4 = 0,4 / 4 = 0,1. Der Deckungsbeitrag liegt bei D(4) = G(4) + 10 = 0,4 + 10 = 10,4. Dieses Ergebnis erhalten wir auch durch Einsetzen von x = 4 in $D(x) = -0{,}6x^2 + 5x$. Es wird also durch die Produktion von 4 Einheiten ein Beitrag von 10,4 zur Deckung der Fixkosten geliefert. Da dieser Beitrag die Fixkosten übersteigt, entsteht der berechnete Gewinn. Der Stückdeckungsbeitrag lag bei d(4) = D(4) / 4 = 10,4 / 4 = 2,6.

Grafisch zeigt sich die *Deckungsbeitragsfunktion* wie folgt:

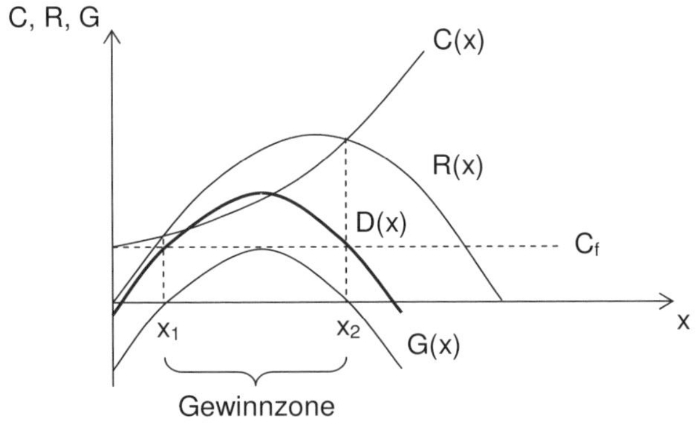

3. Differenzialrechnung

Die Differenzialrechnung wird überwiegend zur Analyse von Funktionseigenschaften (Extrema, Wendepunkte, usw.) eingesetzt. Aufgrund ihrer enormen Bedeutung definieren wir daher im Folgenden nach einem kurzen allgemeinen Abschnitt zunächst den Begriff des Differenzialquotienten einer Funktion $y = f(x)$, der auch als erste Ableitung von $f(x)$ nach x bezeichnet wird. Da generell die Bestimmung des Differenzialquotienten ein aufwändiger Vorgang ist, stellen wir außerdem vereinfachte Techniken zur Differenzierung vor. Den Nutzen der Differenzialrechnung veranschaulichen wir schließlich im Rahmen allgemeiner Kurvendiskussionen, ökonomischer Funktionen, Elastizitäten, Wachstumsraten, dem Newton-Verfahren zur Nullstellenbestimmung und der Regel von l'Hospital.

3.1 Einführung

In den Abschnitten III 1 und III 2 haben wir Eigenschaften von Funktionen betrachtet, die für einen festen Funktionswert $x = \alpha$ oder für ein Intervall I galten. Typische Beispiele dafür waren Nullstellen und Extrema oder die Krümmung. Wir sprechen in diesem Zusammenhang auch von *statischen Eigenschaften* einer Funktion. Im Gegensatz dazu befasst sich eine *dynamische Betrachtungsweise* mit dem Vergleich von Funktionseigenschaften an verschiedenen Stellen. Es geht also um Eigenschaften, die relativ zur Funktionsänderung definiert sind. Dazu gehören etwa die Steigung oder Krümmung einer Funktion. Diese dynamischen Eigenschaften sind bei ökonomischen Funktionen sehr wichtig. Wir interessieren uns nämlich typischerweise für Antworten auf Fragestellungen der folgenden Art:

- Welchen Einfluss hat es auf den Gewinn $G(x)$ oder die Kosten $C(x)$, wenn bei einer gewissen Ausbringungsmenge selbige gesenkt oder erhöht wird?
- Wie verändert sich die Nachfrage x^D, wenn ein Unternehmen den Preis erhöht oder senkt?

Konkret ist hier also von Interesse, wie sich die Funktionswerte ändern, wenn die unabhängige Variable an einer Stelle $x = \alpha$ geringfügig verändert wird. Eine *Änderungsrate* ist nichts anderes als ein Maß für die relative Änderung einer Funktion pro Einheit von x an einer Stelle $x = \alpha$.

Die bisherige Argumentation verdeutlicht, dass es nicht um Veränderungen generell geht, sondern um Veränderungen an einer vorgegebenen Stelle der unabhängigen Variablen. So kann es nämlich sein, dass an einer Stelle $x = \alpha_1$ die Funktion stark zunimmt, wenn x erhöht wird; an einer anderen Stelle $x = \alpha_2$ jedoch deutlich abnimmt, wenn x erhöht wird.

Um Änderungsraten genauer analysieren bzw. bestimmen zu können, bedienen wir uns der **Differenzialrechnung** bzw. der Bestimmung von Differenzialquotienten.

3.2 Der Differenzialquotient

Betrachten wir Abbildung III 37, die den Verlauf einer Funktion y = f(x) im Intervall $[\alpha_1; \alpha_2]$ bzw. zwischen den Punkten $P_1(\alpha_1; \beta_1)$ und $P_2(\alpha_2; \beta_2)$ zeigt. Die Differenz der Intervallgrenzen ist darin mit $\Delta x = \alpha_2 - \alpha_1$, die der Funktionswerte mit $\Delta y = \beta_2 - \beta_1 = f(\alpha_2) - f(\alpha_1) = f(\alpha_1 + \Delta x) - f(\alpha_1)$ bezeichnet.

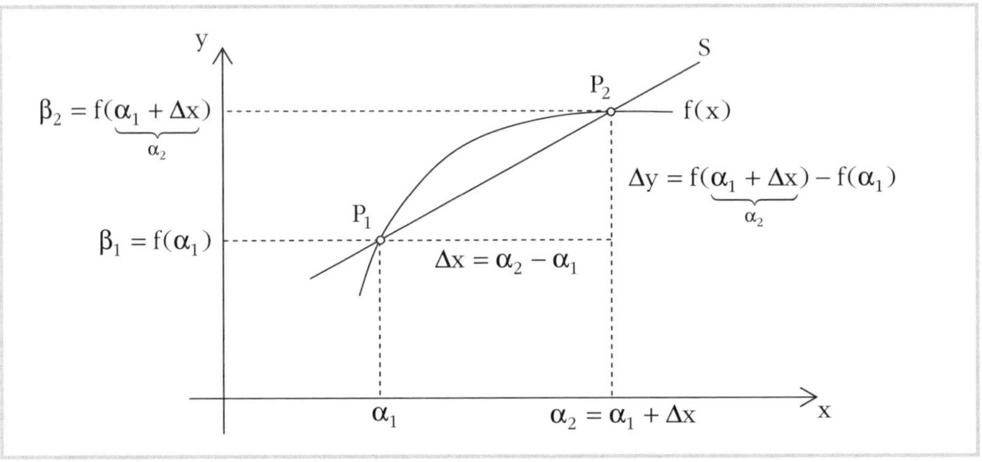

Abbildung III 37: Differenzenquotient

Bestimmen wir die durchschnittliche Veränderung der Funktion im betrachteten Intervall, d.h. die Veränderung von y pro Einheit von x, so ergibt sich

$$\frac{\Delta y}{\Delta x} = \frac{\beta_2 - \beta_1}{\alpha_2 - \alpha_1} = \frac{f(\alpha_2) - f(\alpha_1)}{\alpha_2 - \alpha_1} = \frac{f(\alpha_1 + \Delta x) - f(\alpha_1)}{\Delta x}.$$

Dies entspricht der Steigung der Sekante S. Wird der konkrete Wert α_1 durch die Veränderliche x ersetzt, so ergibt sich der allgemeine Quotient

$$\frac{\Delta y}{\Delta x} = \frac{f(x + \Delta x) - f(x)}{\Delta x}, \tag{III.72}$$

der als **Differenzenquotient** der Funktion y = f(x) an der Stelle x bezeichnet wird. Innerhalb eines Intervalls Δx gibt er die Änderung des Funktionswertes relativ zur Änderung der unabhängigen Veränderlichen an.

Nähert sich der Punkt P_2 immer mehr dem Punkt P_1, streben Δx und Δy gegen Null. Die Sekante zwischen den Punkten P_2 und P_1 schmiegt sich immer enger an die Kurve y = f(x) an und wird schließlich zur Tangente im Punkt P_1 (vgl. Abbildung III 38). Die Steigung der Sekante wird somit zur *Steigung der Tangente.*

Die Tangentensteigung ergibt sich also gerade als Grenzwert der Sekantensteigung bzw. des Differenzenquotienten (III.72) für $\Delta x \to 0$. Dieser Grenzwert ist der sog. **Differenzialquotient** der Funktion y = f(x) an der Stelle x:

$$\frac{dy}{dx} = \lim_{\Delta x \to 0} \frac{\Delta y}{\Delta x} = \lim_{\Delta x \to 0} \frac{f(x+\Delta x) - f(x)}{\Delta x} \qquad \text{(III.73)}$$

(III.73) gibt also die *Steigung* der Kurve (bzw. ihrer Tangente) an der Stelle x an. Der Unterschied zwischen den Symbolen Δy bzw. Δx und den Bezeichnungen dy bzw. dx besteht darin, dass es sich bei Δy und Δx um endlich große Abstände (Differenzen) und bei dy und dx um infinitesimal kleine (unendlich kleine) Strecken (Differenziale) handelt.

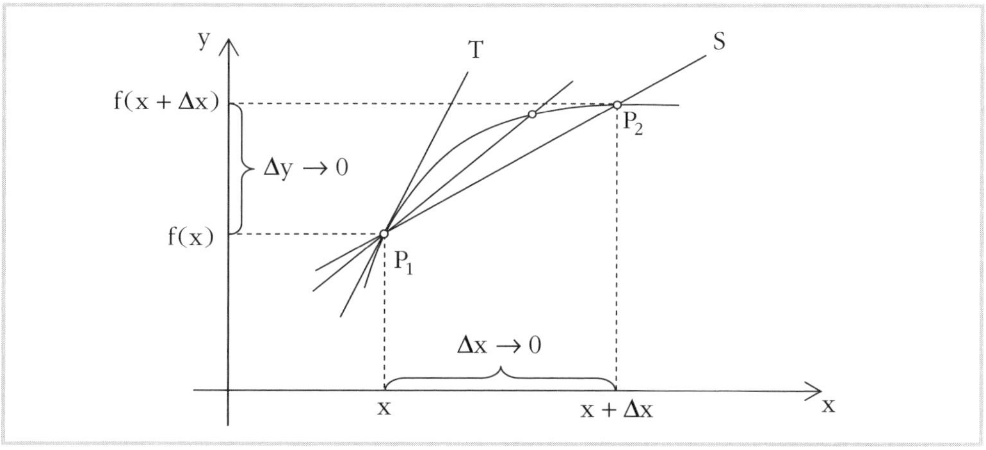

Abbildung III 38: Herleitung Differenzialquotient

Der *Differenzialquotient* wird häufig als die *erste Ableitung der Funktion y = f(x) nach der unabhängigen Variablen x* bezeichnet. Für diese gibt es verschiedene Schreibweisen, die auch in den folgenden Abschnitten Verwendung finden:

$$\frac{dy}{dx} = y' = y'(x) = \frac{df}{dx} = f' = f'(x) = \frac{d}{dx} f(x)$$

Wir sprechen "dy nach dx", "y Strich", "y Strich von x", "df nach dx", "f Strich", "f Strich von x" bzw. "d nach dx von f(x)". Den Vorgang der Berechnung des Differenzialquotienten bzw. der Ableitung nennen wir *Differenzieren.* Dabei geht es stets um die Berechnung des obigen Grenzwertes.

Beispiel:

Zu berechnen sei der Differenzialquotient bzw. die erste Ableitung der stetigen Funktion $f(x) = 3x^2 + 4x + 3$.

$$f'(x) = \lim_{\Delta x \to 0} \frac{f(x+\Delta x) - f(x)}{\Delta x} = \lim_{\Delta x \to 0} \frac{\left[3 \cdot (x+\Delta x)^2 + 4 \cdot (x+\Delta x) + 3\right] - \left[3x^2 + 4x + 3\right]}{\Delta x}$$

$$= \lim_{\Delta x \to 0} \frac{\left[3 \cdot (x^2 + 2 \cdot x \cdot \Delta x + (\Delta x)^2) + 4x + 4 \cdot \Delta x + 3\right] - 3x^2 - 4x - 3}{\Delta x}$$

$$= \lim_{\Delta x \to 0} \frac{3x^2 + 6x \cdot \Delta x + 3 \cdot (\Delta x)^2 + 4x + 4 \cdot \Delta x + 3 - 3x^2 - 4x - 3}{\Delta x}$$

$$= \lim_{\Delta x \to 0} \frac{6x \cdot \Delta x + 3 \cdot (\Delta x)^2 + 4 \cdot \Delta x}{\Delta x} = \lim_{\Delta x \to 0} \frac{\Delta x \cdot (6x + 3 \cdot \Delta x + 4)}{\Delta x}$$

$$= \lim_{\Delta x \to 0} 6x + 3 \cdot \Delta x + 4 = 6x + 4$$

Diese Funktion f'(x) = 6x + 4 gibt nun die Steigung der Funktion f(x) an der Stelle x an. Für den konkreten Wert x = 5 ergibt sich

$$f'(x) = 6x + 4 \quad \rightarrow \quad f'(5) = 6 \cdot 5 + 4 = 34\,.$$

Die Gleichung der Tangente an der Stelle x = 5 wäre daher

$$\begin{aligned} t(x) &= a_1 \cdot (x - \alpha) + \beta \\ &= 34 \cdot (x - 5) + f(5) = 34x - 170 + 3 \cdot 5^2 + 4 \cdot 5 + 3 = 34x - 72. \end{aligned}$$

Dieses Beispiel verdeutlicht nochmals, dass die Bestimmung des Differenzialquotienten im Wesentlichen eine Grenzwertbestimmung ist. Wir erkennen außerdem, dass die erste Ableitung einer Funktion y = f(x) i.d.R. selbst wieder eine Funktion von x ist und durch Einsetzen eines bestimmten Wertes x = α die Steigung $f'(\alpha)$ an dieser Stelle bestimmt werden kann.

Falls der Grenzwert (III.73) für eine Stelle x = α existiert und für jeden beliebigen Grenzübergang $\Delta x \rightarrow 0$ stets eindeutig ist, heißt eine Funktion y = f(x) *an der Stelle* x = α differenzierbar. Existiert der Grenzwert für jede Stelle x des Definitionsbereiches und ist er zudem eindeutig, so ist y = f(x) im *gesamten Definitionsbereich* **differenzierbar**.

Da der Differenzialquotient die Steigung der Funktion angibt, muss eine Funktion, die an einer Stelle x differenzierbar sein soll, dort auch stetig sein. Andernfalls wäre der Grenzwert nicht eindeutig. Es gilt daher, dass *jede differenzierbare Funktion* auch *stetig* ist. Dies gilt jedoch nicht unbedingt auch umgekehrt, wie Abbildung III 39 verdeutlicht. Bei den hier dargestellten Funktionen, die beide stetig sind, bereitet es nämlich Schwierigkeiten an den Spitzen x = α eine eindeutige Steigung zu ermitteln. g(x) besitzt bei x = α keine Tangente, sodass wir nicht mehr von Steigung sprechen können. h(x) besitzt bei x = α hingegen zwei Tangenten. Wir erhalten eine andere Steigung je nachdem von welcher Seite wir uns annähern. Zusammenfassend können wir daher festhalten, dass nur eine stetige Funktion, die keine Ecken, Spitzen oder Ähnliches aufweist, differenzierbar ist.

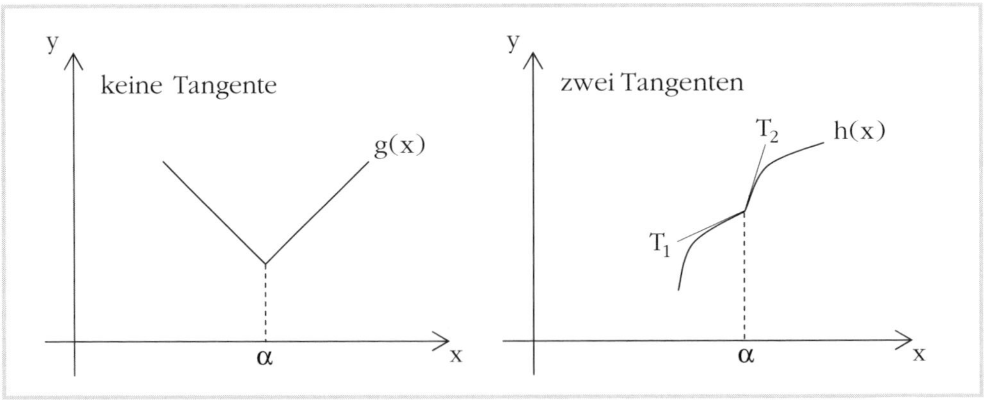

Abbildung III 39: Nicht differenzierbare, aber stetige Funktionen

3.3 Technik des Differenzierens

Grundsätzlich können wir Differenzialquotienten bzw. die erste Ableitung einer Funktion y = f(x) immer mit dem in Abschnitt III 3.2 definierten Grenzwert berechnen. Diese Vorgehensweise ist jedoch recht zeitraubend und aufwändig. Es haben sich deshalb Ableitungsregeln für elementare Funktionen etabliert. Mit diesen wollen wir uns nun im Folgenden eingehend beschäftigen. Wir werden dabei außerdem die Ableitungen bestimmter häufig auftretender Funktionen aufnehmen, die sich aus diesen Regeln ableiten lassen.

1. Potenzfunktion

Eine Potenzfunktion wird abgeleitet, indem der Exponent um eins reduziert und die Variable mit dem ursprünglichen Exponenten multipliziert wird.

$$y = x^n \quad \rightarrow \quad y' = n \cdot x^{n-1} \qquad \text{(III.74)}$$

Beispiele:

1. $y = x^4 \quad \rightarrow \quad y' = 4x^3$

2. $y = \frac{1}{x} = x^{-1} \quad \rightarrow \quad y = -x^{-2} = -\frac{1}{x^2}$

3. $y = \sqrt{x} = x^{\frac{1}{2}} \quad \rightarrow \quad y' = \frac{1}{2} \cdot x^{-\frac{1}{2}} = \frac{1}{2} \cdot \frac{1}{\sqrt{x}} = \frac{1}{2\sqrt{x}}$

4. $y = \sqrt[5]{x^6} = x^{\frac{6}{5}} \quad \rightarrow \quad y' = \frac{6}{5} \cdot x^{\frac{1}{5}} = \frac{6}{5} \cdot \sqrt[5]{x} = \frac{6 \cdot \sqrt[5]{x}}{5}$

2. Natürliche Logarithmusfunktion

Die Ableitung der Logarithmusfunktion zur Basis e entspricht dem Kehrwert der unabhängigen Veränderlichen.

$$y = \ln x \quad \rightarrow \quad y' = \frac{1}{x} \qquad \text{(III.75)}$$

3. Exponenzialfunktion zur Basis e

Die Ableitung der Exponenzialfunktion zur Basis e liefert wieder die ursprüngliche Exponenzialfunktion.

$$y = e^x \quad \rightarrow \quad y' = e^x \qquad \text{(III.76)}$$

4. Konstantenregel

Die Ableitung einer konstanten Funktion ist gleich Null, da der Graph einer konstanten Funktion eine Parallele zur x-Achse ist, die überall die Steigung Null besitzt. Ein konstanter Faktor kann beim Differenzieren stets vor die Ableitung gezogen werden.

$$y = a \quad \rightarrow \quad y' = 0 \qquad \text{(III.77a)}$$

$$y = a \cdot g(x) \quad \rightarrow \quad y' = a \cdot g'(x) \qquad \text{(III.77b)}$$

Beispiele:

1. $y = 2 \;\rightarrow\; y' = 0$
2. $y = 3x^3 \;\rightarrow\; y' = 9x^2$ Es gilt also allgemein $y = a \cdot x^n \;\rightarrow\; y' = a \cdot n \cdot x^{n-1}$.

5. Summenregel

Ergibt sich eine Funktion als Summe zweier differenzierbarer Funktionen f(x) und g(x), so ist die Ableitung dieser Funktion gleich der Summe der Ableitungen $f'(x)$ und $g'(x)$.

$$y = f(x) \pm g(x) \;\rightarrow\; y' = f'(x) + g'(x) \qquad \text{(III.78)}$$

Beispiele:

1. $y = 2x^2 - \ln x \;\rightarrow\; y' = 4x - \frac{1}{x}$
2. $y = 3 - \frac{\ln x}{3} + \frac{1}{\sqrt{x}} \;\rightarrow\; y' = -\frac{1}{3x} - \frac{1}{2\sqrt{x^3}}$

   Nebenrechnung: $h(x) = \frac{1}{\sqrt{x}} = x^{-\frac{1}{2}} \;\rightarrow\; h'(x) = -\frac{1}{2}x^{-\frac{3}{2}} = -\frac{1}{2\sqrt{x^3}}$
3. $y = \ln(2x) + x^{-1} \cdot (\sqrt{x})^2 \;\rightarrow\; y' = \frac{1}{x}$

   Nebenrechnungen: $f(x) = \ln(2x) = \ln 2 + \ln x \;\rightarrow\; f'(x) = 0 + \frac{1}{x} = \frac{1}{x}$

   $g(x) = x^{-1} \cdot (\sqrt{x})^2 = x^{-1} \cdot x = 1 \;\rightarrow\; g'(x) = 0$

6. Produktregel

Ein Produkt zweier differenzierbarer Funktionen wird nach der Regel

$$y = f(x) \cdot g(x) \;\rightarrow\; y' = f'(x) \cdot g(x) + g'(x) \cdot f(x) \qquad \text{(III.79)}$$

abgeleitet, wobei es wegen der Symmetrie der Formel gleichgültig ist, welchen Faktor wir als f(x) und welchen als g(x) bezeichnen. Ein Produkt aus mehr als zwei differenzierbaren Funktionen können wir durch wiederholte Anwendung der Produktregel differenzieren. Im Falle dreier Faktoren bzw. $y = f(x) \cdot g(x) \cdot h(x)$ ergibt sich damit die Ableitung z.B. zu

$$y' = f'(x) \cdot g(x) \cdot h(x) + f(x) \cdot g'(x) \cdot h(x) + f(x) \cdot g(x) \cdot h'(x).$$

Beispiele:

1. $y = x^4 \cdot e^x \;\rightarrow\; y' = 4x^3 \cdot e^x + e^x \cdot x^4 = e^x \cdot (x^4 + 4x^3)$
2. $y = x^2 \cdot \ln x \;\rightarrow\; y' = 2x \cdot \ln x + \frac{1}{x} \cdot x^2 = x \cdot (2\ln x + 1)$
3. $y = (4 - 2x) \cdot (x - 1) \;\rightarrow\; y' = -2 \cdot (x - 1) + 1 \cdot (4 - 2x) = -2x + 2 + 4 - 2x = -4x + 6$
4. $y = x \cdot e^x \cdot \ln x \;\rightarrow\; y' = 1 \cdot e^x \cdot \ln x + x \cdot e^x \cdot \ln x + x \cdot e^x \cdot \frac{1}{x}$

   $= e^x \cdot \ln x + x \cdot e^x \cdot \ln x + e^x = e^x \cdot (\ln x \cdot (1 + x) + 1)$

7. Quotientenregel

Ist eine Funktion als Quotient zweier differenzierbarer Funktionen darstellbar, so lautet ihre erste Ableitung

$$y = \frac{f(x)}{g(x)} \quad \text{mit } g(x) \neq 0 \quad \rightarrow \quad y' = \frac{f'(x) \cdot g(x) - g'(x) \cdot f(x)}{[g(x)]^2}. \qquad \text{(III.80)}$$

Anders als die Produktregel ist diese Formel wegen des Vorzeichens im Zähler nicht symmetrisch. Zähler und Nenner der Ausgangsfunktion dürfen daher beim Ableiten nicht verwechselt werden.

Beispiele:

1. $y = \frac{x^3+4}{x-1} \rightarrow y' = \frac{3x^2 \cdot (x-1) - (1 \cdot (x^3+4))}{(x-1)^2} = \frac{3x^3 - 3x^2 - x^3 - 4}{(x-1)^2} = \frac{2x^3 - 3x^2 - 4}{(x-1)^2}$

2. $y = \frac{\ln x}{x^2} \rightarrow y' = \frac{\frac{1}{x} \cdot x^2 - 2x \cdot \ln x}{x^4} = \frac{x - 2x \cdot \ln x}{x^4} = \frac{1 - 2\ln x}{x^3}$

3. $y = \frac{x^2-1}{x-1} - \frac{x^2-1}{x+2} \quad \rightarrow y' = \frac{2x \cdot (x-1) - (1 \cdot (x^2-1))}{(x-1)^2} - \frac{2x \cdot (x+2) - (1 \cdot (x^2-1))}{(x+2)^2}$

$$\rightarrow y' = \frac{2x^2 - 2x - x^2 + 1}{(x-1)^2} - \frac{2x^2 + 4x - x^2 + 1}{(x+2)^2}$$

$$\rightarrow y' = \frac{(x-1)^2}{(x-1)^2} - \frac{x^2+4x+1}{(x+2)^2} = 1 - \frac{x^2+4x+1}{(x+2)^2}$$

$$\rightarrow y' = \frac{(x+2)^2 - (x^2+4x+1)}{(x+2)^2} = \frac{x^2+4x+4-x^2-4x-1}{(x+2)^2}$$

$$\rightarrow y' = \frac{3}{(x+2)^2}$$

8. Kettenregel

Eine zusammengesetzte Funktion y = f(g(x)) kann bekanntlich durch die *Substitution* z = g(x) in die Form y = f(z) gebracht werden. Die Funktion f(z) ist dabei die äußere, g(x) die innere Funktion. Die Ableitung erfolgt folgendermaßen:

$$y = f(z) \quad \text{mit } z = g(x) \quad \rightarrow \quad y' = \frac{d\,f(z)}{dz} \cdot \frac{d\,g(x)}{dx} = f'(z) \cdot g'(x) \qquad \text{(III.81)}$$

Die Ableitung der äußeren Funktion erfolgt also nach der Substitutionsvariablen z, die Ableitung der inneren Funktion nach der unabhängigen Veränderlichen x. Nach dem Differenzieren ist eine *Resubstitution* durchzuführen, d.h. in der Formel muss für z wieder g(x) eingesetzt werden. Die Multiplikation mit dem Term $g'(x)$ wird im Zusammenhang mit (III.81) auch als *Nachdifferenzieren* bezeichnet.

Beispiele:

1. $y = (x^2 + 3x)^5$

   Substitution: $f(z) = z^5$ mit $z = g(x) = x^2 + 3x$

$\rightarrow y' = f'(z) \cdot g'(x) = 5 \cdot z^4 \cdot (2x+3)$

Resubstitution: $y' = 5 \cdot (x^2+3x)^4 \cdot (2x+3)$

2. $y = \sqrt{x+1}$

   Substitution: $f(z) = \sqrt{z}$ mit $z = g(x) = x+1$

   $\rightarrow y' = f'(z) \cdot g'(x) = \frac{1}{2\sqrt{z}} \cdot 1$

   Resubstitution: $y' = \frac{1}{2\sqrt{x+1}}$

3. $y = e^{x^3-1}$

   Substitution: $f(z) = e^z$ mit $z = g(x) = x^3 - 1$

   $\rightarrow y' = f'(z) \cdot g'(x) = e^z \cdot 3x^2$

   Resubstitution: $y' = 3x^2 \cdot e^{x^3-1}$

4. $y = \ln(3x^3+2)$

   Substitution: $f(z) = \ln z$ mit $z = g(x) = 3x^3+2$

   $\rightarrow y' = f'(z) \cdot g'(x) = \frac{1}{z} \cdot 9x^2$

   Resubstitution: $y' = \frac{9x^2}{3x^3+2}$

Sind drei Funktionen in einer Funktion $y = f(g(h(x)))$ verschachtelt, so lautet die erste Ableitung

$$y' = \frac{d\,f(z)}{d\,z} \cdot \frac{d\,g(w)}{d\,w} \cdot \frac{d\,h(x)}{d\,x}.$$

Beispiel:

$y = [\ln(3x+1)]^3$

Substitution: $f(z) = z^3$ mit $z = g(w) = \ln w$ und $w = h(x) = 3x+1$

$\rightarrow y' = f'(z) \cdot g'(w) \cdot h'(x) = 3z^2 \cdot \frac{1}{w} \cdot 3$

Resubstitution: $y' = 3 \cdot [\ln(3x+1)]^2 \cdot \frac{1}{3x+1} \cdot 3 = \frac{9 \cdot [\ln(3x+1)]^2}{3x+1}$

9. Ableitung einer Umkehrfunktion

Wie bereits behandelt wurde, existiert zu jeder eineindeutigen Funktion y = f(x) eine Umkehrfunktion $x = f^{-1}(y) = g(y)$. Ohne die Umkehrfunktion vorher bestimmen zu müssen, kann ihre Ableitung als *Kehrwert der Ableitung der Ursprungsfunktion* ermittelt werden. Dies lässt sich wie folgt herleiten:

Nach der Kettenregel gilt

$$y = f(x) \quad \text{mit} \quad x = g(y) = g(f(x)).$$

Leiten wir beide Seiten nach x ab, erhalten wir auf der linken Seite 1 und rechts nach der Kettenregel folgenden Ausdruck:

$$1 = \frac{dg}{dy} \cdot \frac{df}{dx}$$

Die Ableitung der Umkehrfunktion $x = f^{-1}(y) = g(y)$ der Funktion y = f(x) kann damit definiert werden als

$$\frac{dg}{dy} = \frac{1}{\frac{df}{dx}} = \frac{1}{f'(x)}. \qquad \text{(III.82)}$$

Beispiel:

1. $y = f(x) = 2x + 4 \rightarrow y' = f'(x) = \frac{df}{dx} = 2 \rightarrow \underbrace{\frac{dg}{dy} = \frac{1}{2}}$

   Ableitung der Umkehrfunktion $x = g(y) = \frac{1}{2}y - 2$

2. $y = f(x) = e^x \rightarrow y' = f'(x) = \frac{df}{dx} = e^x \rightarrow \underbrace{\frac{dg}{dy} = \frac{1}{e^x} = \frac{1}{y}}$

   Ableitung der Umkehrfunktion $x = g(y) = \ln y$

   Würden wir den Differenzialquotienten des natürlichen Logarithmus also nicht kennen, könnten wir ihn wie hier beschrieben berechnen, da die Logarithmusfunktion die Umkehrfunktion zur Exponenzialfunktion ist.

10. Ableitung einer logarithmierten Funktion

Unter der Voraussetzung, dass g(x) > 0 ist, kann die Ableitung einer logarithmierten Funktion der Form y = f(x) = ln(g(x)) mit Hilfe der *Kettenregel* bestimmt werden. Es sei f(z) = ln z mit z = g(x), woraus sich

$$y' = f'(z) \cdot g'(x) = \frac{1}{z} \cdot g'(x)$$

ergibt. Die Resubstitution führt dann zum zusammenfassend dargestellten Ergebnis

$$y = \ln(g(x)) \quad \rightarrow \quad y' = \frac{g'(x)}{g(x)}. \qquad \text{(III.83a)}$$

Mittels ähnlicher Beweisführung lässt sich die Ableitungsregel für einen Logarithmus zur allgemeinen Basis a herleiten:

$$y = \log_a(g(x)) \quad \rightarrow \quad y' = \frac{g'(x)}{g(x) \cdot \ln a} \qquad \text{(III.83b)}$$

Beispiele:

1. $y = \ln\sqrt{x} \rightarrow y' = \frac{\frac{1}{2\sqrt{x}}}{\sqrt{x}} = \frac{1}{2\sqrt{x}\sqrt{x}} = \frac{1}{2x}$

2. $y = \log_2(2x^2) \rightarrow y' = \frac{4x}{2x^2 \cdot \ln 2} = \frac{2}{x \cdot \ln 2}$

11. Ableitung einer Exponenzialfunktion

Allgemein können wir jede Funktion f(x) wie folgt umformen:

$$f(x) = f(x)$$

$$\leftrightarrow \quad \ln(f(x)) = \ln(f(x))$$

Leiten wir beide Seiten nach x ab, erhalten wir unter Beachtung von (III.83a)

$$[\ln(f(x))]' = \frac{f'(x)}{f(x)}.$$

Eine Umstellung nach $f'(x)$ liefert den generellen Zusammenhang

$$f'(x) = f(x) \cdot [\ln(f(x))]'. \tag{III.84}$$

Setzen wir hier z.B. die Exponenzialfunktion $y = f(x) = a^x$ mit a > 0 ein, ergibt sich

$$f'(x) = a^x \cdot [\ln a^x]' = a^x \cdot [x \cdot \ln a]' = a^x \cdot \ln a.$$

Allgemein kann also für eine Exponenzialfunktion zur Basis a mit a > 0 folgende Ableitungsformel festgehalten werden:

$$y = a^x \text{ mit } a > 0 \quad \rightarrow \quad y' = a^x \cdot \ln a \tag{III.85}$$

Beispiele:

1. $y = 2^x \rightarrow y' = 2^x \cdot \ln 2$
2. $y = e^x \rightarrow y' = e^x \cdot \ln e = e^x \cdot 1 = e^x$

Soll eine Funktion $y = a^{g(x)}$ mit a > 0 nach x abgeleitet werden, so können wir für die Herleitung einer allgemeinen Ableitungsformel ebenfalls auf den allgemeinen Zusammenhang (III.84) und auf (III.85) zurückgreifen. Wir erhalten durch Einsetzen von $y = a^{g(x)}$

$$y = a^{g(x)} \quad \rightarrow \quad y' = a^{g(x)} \cdot \underbrace{g'(x) \cdot \ln a}_{(\ln y)'}. \tag{III.86}$$

Beispiele:

1. $y = 2^{x^2+4x-1} \quad \rightarrow \quad y' = 2^{x^2+4x-1} \cdot (2x+4) \cdot \ln 2$

2. $y = e^{3x^2} \quad \rightarrow \quad y' = e^{3x^2} \cdot 6x \cdot \ln e = e^{3x^2} \cdot 6x$

   Das geübte Auge erkennt hier, dass es sich dabei genau um das Ergebnis handelt, welches wir auch mittels Anwendung der Kettenregel erhalten hätten.

Sollte ein Fall auftreten, bei dem die unabhängige Veränderliche sowohl im Exponenten als auch in der Basis auftaucht, kann direkt auf (III.84) zurückgegriffen werden. Das nachfolgende Beispiel verdeutlicht dies.

Beispiel:

$$y = x^x \quad \to \quad y' = x^x \cdot [\ln(x^x)]' = x^x \cdot [x \cdot \ln(x)]' = x^x \cdot \left[1 \cdot \ln x + x \cdot \tfrac{1}{x}\right] = x^x \cdot [\ln x + 1]$$

12. Ableitung einer Logarithmusfunktion zur Basis a:

Die Funktion $y = \log_a x$ mit $a > 0$ besitzt die Umkehrfunktion $x = a^y$. Werden beide Seiten der Umkehrfunktionsgleichung nach x abgeleitet, so ergibt sich unter Nutzung von (III.86)

$$1 = \ln a \cdot a^y \cdot \frac{dy}{dx},$$

woraus nach Auflösen die Ableitung der Logarithmusfunktion resultiert:

$$\frac{dy}{dx} = \frac{1}{a^y \cdot \ln a} = \frac{1}{x \cdot \ln a}$$

Die allgemeine Ableitungsformel für eine Logarithmusfunktion zur Basis a mit $a > 0$ lautet also

$$y = \log_a x \quad \text{mit} \quad a > 0 \quad \to \quad y' = \frac{1}{x \cdot \ln a}. \qquad \text{(III.87)}$$

Beispiele:

1. $y = \log_2 x \quad \to \quad y' = \dfrac{1}{x \cdot \ln 2}$

2. $y = \ln x \quad \to \quad y' = \dfrac{1}{x \cdot \ln e} = \dfrac{1}{x}$

13. Höhere Ableitungen

Ist die erste Ableitung $f'(x)$ einer Funktion f(x) wieder differenzierbar, so kann man sie erneut ableiten. $(f'(x))'$ heißt dann die zweite Ableitung von f(x) und wird als $f''(x)$ bezeichnet.

Die *erste Ableitung* stellt ein Maß für die Änderungsrate des Funktionswertes bei Änderung der unabhängigen Variablen, d.h. für die *Steigung*. Die *zweite Ableitung* kann somit als Änderungsrate der Steigung bei Änderung der unabhängigen Variablen, d.h. als Maß für die *Krümmung* der Funktion aufgefasst werden. Darauf wird im folgenden Abschnitt III 3.6 genauer eingegangen.

Der beschriebene Ableitungsprozess kann sukzessive fortgesetzt werden, sodass man die *dritte Ableitung* $f'''(x)$, die *vierte Ableitung* $f^{(4)}(x)$ bis hin zur *n-ten Ableitung* $f^{(n)}(x)$ erhält. Es gilt also allgemein

$$f^{(n)}(x) = \left(f^{(n-1)}(x)\right)'. \qquad \text{(III.88)}$$

Als weitere Schreibweisen für die Ableitungen einer Funktion y = f(x) nach x finden sich in der Literatur für die zweite, dritte und n-te Ableitung auch die Folgenden:

$$y'' = y''(x) = (y'(x))' = \frac{d}{dx}\left(\frac{dy}{dx}\right) = \frac{d^2y}{dx^2}$$

$$y''' = y'''(x) = (y''(x))' = \frac{d}{dx}\left(\frac{d^2y}{dx^2}\right) = \frac{d^3y}{dx^3}$$

$$\vdots$$

$$y^{(n)} = y^{(n)}(x) = (y^{(n-1)}(x))' = \frac{d}{dx}\left(\frac{d^{n-1}y}{dx^{n-1}}\right) = \frac{d^ny}{dx^n}$$

Beispiele:

1. Zu bestimmen sind sämtliche Ableitungen der Funktion $y = 2x^7 - 0{,}25x^4 + 2x^2 + x - 1$. Wir erhalten:

$$y' = 14x^6 - x^3 + 4x + 1$$
$$y'' = 84x^5 - 3x^2 + 4$$
$$y''' = 420x^4 - 6x$$
$$y^{(4)} = 1.680x^3 - 6$$
$$y^{(5)} = 5.040x^2$$
$$y^{(6)} = 10.080x$$
$$y^{(7)} = 10.080$$
$$y^{(\geq 8)} = 0$$

2. Die ersten drei Ableitungen der Funktion $y = a^x$ lauten wie folgt:

$$y' = a^x \cdot \ln a$$
$$y'' = a^x \cdot (\ln a)^2$$
$$y''' = a^x \cdot (\ln a)^3$$

Es gilt also für diese Funktion allgemein $y^{(n)} = a^x \cdot (\ln a)^n$.

3.4 Das Differenzial

Der Differenzialquotient y' = dy / dx gibt die Steigung einer Funktion y = f(x) bzw. einer Tangente an die Kurve an der Stelle x an. Gehen wir wie in Abbildung III 40 einen kleinen endlichen Schritt Δx von der Stelle x aus weiter, wird sich der Funktionswert von f(x) um Δy auf $f(x + \Delta x)$ ändern. Auf der Tangente resultiert an der Stelle $x + \Delta x$ der Funktionswert $f(x) + f'(x) \cdot \Delta x$. Je kleiner Δx ist, desto näher liegen die beiden Funktionswerte $f(x + \Delta x)$ und $f(x) + f'(x) \cdot \Delta x$ beieinander. Beim Grenzübergang $\Delta x \to 0$ ergibt sich schließlich eine Gleichheit. Es gilt nämlich

$$\lim_{\Delta x \to 0} \Delta y = \lim_{\Delta x \to 0} \big(f(x + \Delta x) - f(x)\big) = \lim_{\Delta x \to 0} \left(\frac{f(x + \Delta x) - f(x)}{\Delta x} \cdot \Delta x \right) = f'(x) \cdot \lim_{\Delta x \to 0} \Delta x \,.$$

Da Δy gegen dy (alternative Schreibweise df) und Δx gegen dx strebt, ergibt sich das sog. **Differenzial** dy einer Funktion $y = f(x)$ als

$$dy = f'(x) \cdot dx \,, \tag{III.89}$$

wobei dy und dx unendlich kleine Größen sind. (III.89) können wir benutzen, um angenäherte Funktionswerte in der Nähe eines Punktes zu bestimmen. Nehmen wir etwa an, uns liegt ein Punkt $P(\alpha; f(\alpha))$ und eine Änderung Δx vor, so können wir zunächst die Veränderung des Funktionswerts approximieren, indem wir die Differenziale dy und dx in (III.89) durch endliche Differenzen ersetzen und $x = \alpha$ einsetzen. Dies liefert $\Delta y \cong f'(\alpha) \cdot \Delta x$. Die Veränderung der Tangentenordinate wird also zur Schätzung der Veränderung von $y = f(x)$ herangezogen. Für die Näherung des Funktionswertes gilt $f(\alpha + \Delta x) \cong f(\alpha) + f'(\alpha) \cdot \Delta x$. Wie Abbildung III 40 zeigt, kann die Differenz zwischen Näherungswert und tatsächlichem Wert (Fehler F) jedoch besonders bei starker Krümmung und/oder großem Δx recht beträchtlich werden.

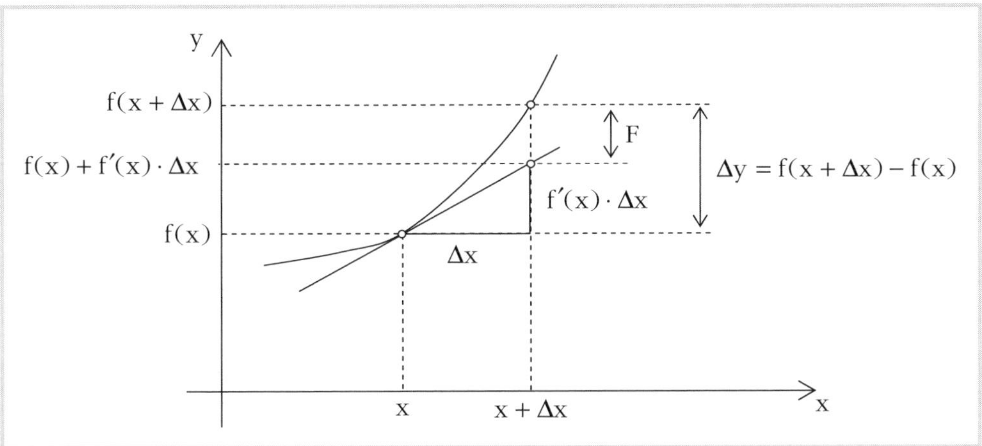

Abbildung III 40: Herleitung Differenzial

Beispiel:

Die Funktion $f(x) = e^{x^2-2}$ besitzt die erste Ableitung $f'(x) = e^{x^2-2} \cdot 2x$. An der Stelle $x = 1$ gilt der Funktionswert $f(1) = 1/e = 0{,}3679$ und die Steigung $f'(1) = 0{,}7358$. Wir können damit für verschiedene Δx folgende Näherungen bestimmen:

Δx	Funktionswert $f(x + \Delta x)$	Näherung von $f(x + \Delta x)$	Fehler
0,1	f(1,1) = 0,4538	0,3679 + 0,7358 · 0,1 = 0,4415	−0,0123
0,2	f(1,2) = 0,5712	0,3679 + 0,7358 · 0,2 = 0,5151	−0,0561
0,3	f(1,3) = 0,7334	0,3679 + 0,7358 · 0,3 = 0,5886	−0,1448
0,4	f(1,4) = 0,9608	0,3679 + 0,7358 · 0,4 = 0,6622	−0,2986
0,5	f(1,5) = 1,2840	0,3679 + 0,7358 · 0,5 = 0,7358	−0,5482

Wie sich zeigen lässt (vgl. Diskussion unter III 3.6), weist die vorliegende Funktion in der Umgebung der Stelle x = 1 eine starke Krümmung auf. Mit zunehmendem Δx weicht der Näherungswert daher deutlich vom tatsächlichen Funktionswert ab. Der Fehler wird also immer größer.

Die Betrachtung der zweiten Ableitung führt uns zum sog. **Differenzial zweiter Ordnung** oder kurz zweitem Differenzial der Funktion y = f(x)

$$\frac{d^2y}{(dx)^2} = f''(x) \quad \rightarrow \quad d^2y = f''(x) \cdot (dx)^2 \,. \tag{III.90a}$$

Ersetzen der Differenziale durch endliche Differenzen erlaubt uns eine weitere Annäherung des Funktionswertes bei Veränderung der unabhängigen Variablen an einer Stelle x um Δx. Analog können wir das Differenzial n-ter Ordnung einer n-mal differenzierbaren Funktion über

$$d^n y = f^{(n)}(x) \cdot (dx)^n \tag{III.90b}$$

bilden und zu Näherungszwecken heranziehen.

3.5 Das Newton-Verfahren

Im Verlauf dieses Buches sind uns bereits mehrfach Problemstellungen begegnet, bei denen Werte der unabhängigen Veränderlichen x gesucht sind, die der Gleichung y = f(x) = 0 genügen. Wir waren also jeweils auf der Suche nach den Nullstellen $x = \alpha_i$ einer Funktion y = f(x). Da diese nicht immer durch einfaches Auflösen der Gleichung f(x) = 0 nach x bestimmbar sind, müssen sie in vielen Fällen *numerisch* bestimmt werden. Bekanntestes Verfahren dazu ist das **Newton-Verfahren**. Voraussetzungen seiner Anwendung sind neben der Bekanntheit der Funktionsgleichung und ihrer Differenzierbarkeit insbesondere das Wissen über die ungefähre Lage der Nullstellen.

Nehmen wir an, wir kennen in groben Zügen die Lage der Nullstelle $x = \alpha$ einer Funktion y = f(x), wie sie in Abbildung III 41 dargestellt ist. Dann können wir eine Stelle α_1 in der Nähe der vermuteten Nullstelle wählen. Der Funktionswert $\beta_1 = f(\alpha_1)$ ist dann ungleich Null, sofern er nicht zufällig mit der gesuchten Nullstelle übereinstimmt. Die Tangente im Punkt $P(\alpha_1; f(\alpha_1))$ schneidet die x-Achse an der Stelle α_2. Aufgrund des monotonen Verhaltens der dargestellten Funktion kann leicht gefolgert werden, dass die Schnittstelle α_2 näher an der gesuchten Nullstelle α als α_1 ist.

Da wir die Steigung der Tangente im Punkt $P(\alpha_1; f(\alpha_1))$ über $f'(\alpha_1)$ bestimmen können, ergibt sich ihre Gleichung nach der Punktsteigungsform der Geradengleichung (III.34) als

$$y = f'(\alpha_1) \cdot (x - \alpha_1) + f(\alpha_1) \,.$$

Nullsetzen und Auflösen nach x liefert für die Schnittstelle α_2 daher

$$\alpha_2 = \alpha_1 - \frac{f(\alpha_1)}{f'(\alpha_1)} \,.$$

Mit Hilfe dieses der Nullstelle x = α nähergerückten Wertes können wir nun die Rechnung wiederholen, d.h. wir berechnen zunächst $f(\alpha_2)$. Liegt $f(\alpha_2)$ noch deutlich von null entfernt, wird erneut mittels $f'(\alpha_2)$ die Tangentengleichung bestimmt und ihre Nullstelle ermittelt:

$$\alpha_3 = \alpha_2 - \frac{f(\alpha_2)}{f'(\alpha_2)}$$

Dieser Vorgang wird so lange wiederholt, bis die gesuchte Nullstelle gefunden ist.

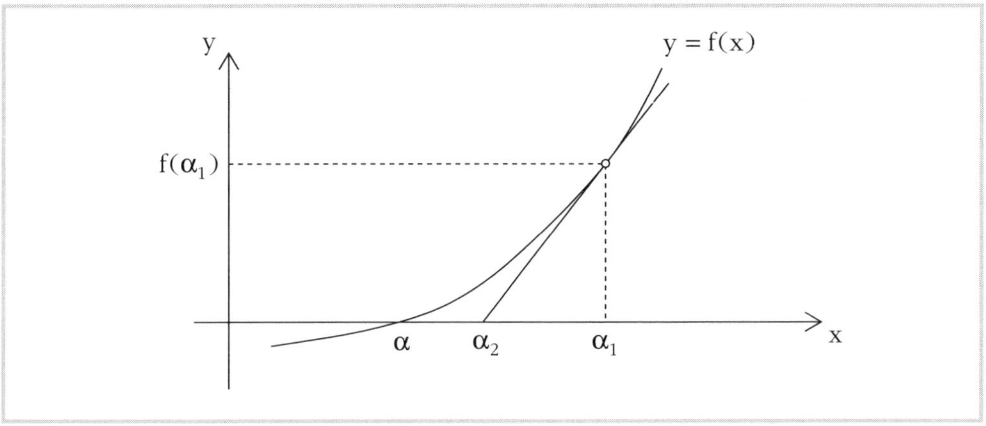

Abbildung III 41: Newton-Verfahren

Beispiel:

Für die Funktion $f(x) = \frac{1}{6}x^5 - x^3 + 1$ gilt $f'(x) = \frac{5}{6}x^4 - 3x^2$. Abbildung III 42 veranschaulicht ihren Verlauf. Wir wissen, dass die Nullstellen ungefähr bei x = –2,5, x = 1 und x = 2,5 liegen. Die exakten Werte lassen sich nun mittels folgender Tabellen berechnen:

	x	f(x)	f '(x)	f(x) / f '(x)
erste Nullstelle	–2,5000	0,3490	13,8021	0,0253
	–2,5253	–0,0123	14,7585	–0,0008
	–2,5245	0,0000	-	-
zweite Nullstelle	1,0000	0,1667	–2,1667	–0,0769
	1,0769	–0,0076	–2,3584	0,0032
	1,0737	0,0000	-	-
dritte Nullstelle	2,5000	1,6510	13,8021	0,1196
	2,3804	0,2496	9,7562	0,0256
	2,3548	0,0099	8,9878	0,0011
	2,3537	0,0000	-	-

3.6 Kurvendiskussion allgemeiner Funktionen

Den Vorgang, sich Informationen über den Verlauf einer Funktion y = f(x) mit Hilfe ihrer Funktionsgleichung und ihrer Ableitungen zu verschaffen, bezeichnet man als **Kurvendiskussion**. Durch die Analyse der ersten Ableitung lässt sich feststellen, in welchen Bereichen die Funktion steigt oder fällt und wo sie ihre Extrema besitzt. Die zweite Ableitung zeigt, wo sie konkav oder konvex ist und wo ihre Wendepunkte liegen. Werden zusätzlich die Nullstellen ermittelt und das asymptotische Verhalten der Funktion untersucht, kann mit dem Wissen um die Stetigkeit der Funktion (differenzierbare Funktionen sind stetig) der Funktionsverlauf relativ genau skizziert werden.

Unter Verwendung der Funktion des vorherigen Beispiels $f(x) = \frac{1}{6}x^5 - x^3 + 1$ mit $D(f) = \mathbb{R}$ wollen wir nun im Folgenden eine Kurvendiskussion exemplarisch durchführen. Die Kurven der Funktion und ihrer ersten und zweiten Ableitung sind in Abbildung III 42 dargestellt.

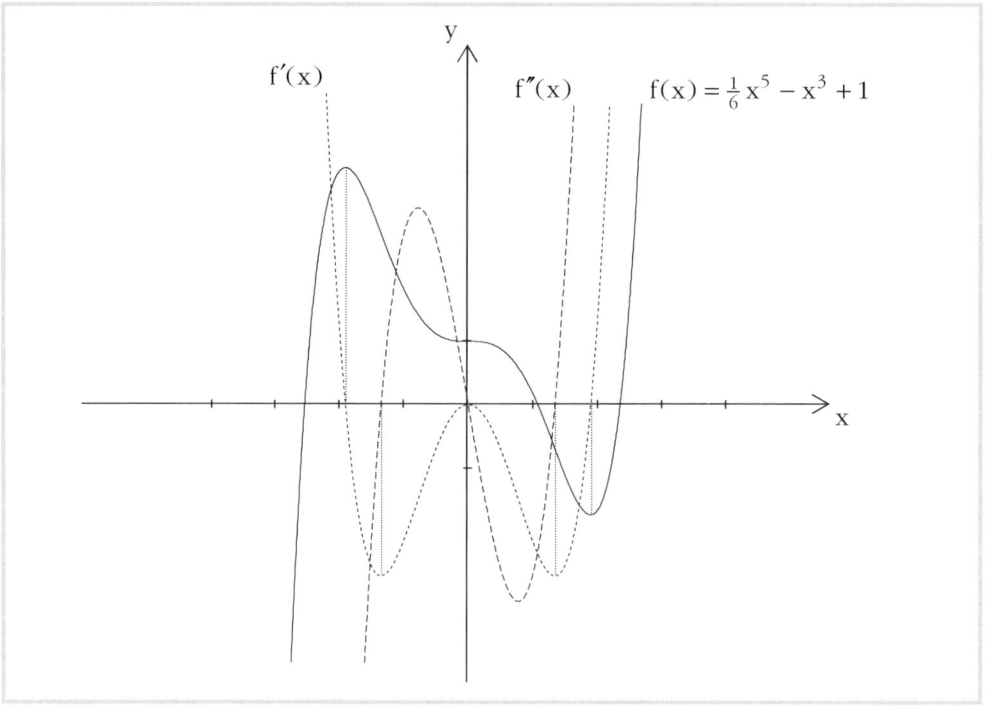

Abbildung III 42: Funktionsbeispiel zur Kurvendiskussion

1. Nullstellen

Bei einem Wert x = α handelt es sich dann um eine Nullstelle, wenn f(α) = 0 gilt. Nullstellen können also durch Nullsetzen der Funktionsgleichung und Auflösen nach x bestimmt werden. Dabei sind die speziellen Eigenschaften einer Funktion zu beachten (z.B. Nullstelle von Logarithmusfunktionen immer bei x = 1) und bei Polynomfunktionen ist auf die Polynomdivision und die Lösungsformel für quadratische Gleichungen zurückzugreifen. Ggf. ist auch die Anwendung des Newton-Verfahrens zur Nullstellenbestimmung notwendig.

Beispiel:

Zur Nullstellenbestimmung ist für unsere Beispielfunktion die Lösung der Gleichung

$$f(x) \overset{!}{=} 0 \quad \rightarrow \quad \tfrac{1}{6}x^5 - x^3 + 1 = 0$$

erforderlich. Wir haben hier das *Nullsetzen der Funktionsgleichung* durch ein *"!"-Zeichen* zum Ausdruck gebracht, um nicht fälschlicherweise den Eindruck zu vermitteln, die zu analysierende Funktion sei y = f(x) = 0, d.h. die x-Achse. Es wird sofort klar, dass ein Auflösen nach x hier nicht möglich und daher ein Rückgriff auf das Newton-Verfahren erforderlich ist. In Abschnitt III 3.5 haben wir damit die Nullstellen dieser Funktion bereits berechnet. Wir erhielten die drei Nullstellen $x_1 = -2{,}52$, $x_2 = 1{,}07$, $x_3 = 2{,}35$.

Mit diesen Nullstellen der Funktionsgleichung und der Betrachtung des Verhaltens der Funktion im Unendlichen lässt sich genau angeben, in welchen Bereichen die Funktion oberhalb und unterhalb der x-Achse verläuft. Es gilt

$$\lim_{x \to +\infty} f(x) = +\infty \text{ und } \lim_{x \to -\infty} f(x) = -\infty .$$

Die Funktion verläuft also in den Intervallen]–∞; –2,52[und]1,07; 2,35[unterhalb der x-Achse. Oberhalb der Abszisse verläuft sie für]–2,52; 1,07[und]2,35; +∞[.

2. Steigung

Die Steigung einer Funktion y = f(x) bzw. ihrer Tangente an einer Stelle x kann durch ihre *erste Ableitung* f′(x) angegeben werden. f(x) steigt in einem Intervall I streng monoton, wenn die erste Ableitung für jedes x dieses Intervalls positiv ist, und fällt entsprechend, wenn sie darin stets negativ ist.

$$\begin{array}{ll} \text{Funktion streng monoton steigend, wenn} & f'(x) > 0 \\ \text{Funktion streng monoton fallend, wenn} & f'(x) < 0 \end{array} \qquad \text{(III.91)}$$

Beispiel 1:

Betrachten wir die im Folgenden skizzierte konvexe Funktion y = f(x). Die Steigung der Tangente an der Stelle α_1 ist negativ und damit auch $f'(\alpha_1)$. Mit zunehmendem x nähert sich die Steigung Null an (Stelle $x = \alpha_2$) und geht schließlich in eine positive Steigung über. Die Stelle $x = \alpha_3$ gehört etwa zu denen mit positiver Steigung. Da die Steigung für jedes $x < \alpha_2$ negativ ist, ist die Funktion im Bereich $]-\infty;\alpha_2[$ streng monton fallend, im Bereich $]\alpha_2; +\infty[$ entsprechend streng monoton steigend.

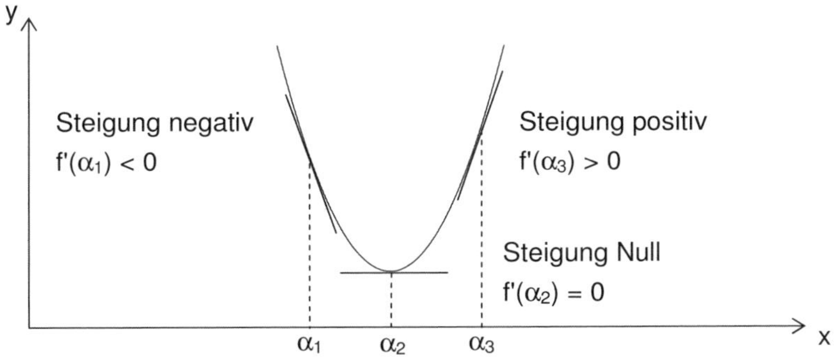

Beispiel 2:

Für unsere Beispielfunktion $f(x) = \frac{1}{6}x^5 - x^3 + 1$ lautet die erste Ableitung $f'(x) = \frac{5}{6}x^4 - 3x^2$. Das Steigungsverhalten der Funktion können wir damit wie folgt charakterisieren:

Die Funktion ist *streng monoton steigend* für

$$\left(f'(x) = \frac{5}{6}x^4 - 3x^2\right) > 0 .$$

Zur genauen Angabe des Steigungsintervalls empfiehlt sich zunächst die Bestimmung der Stellen, für die die Steigung gleich null ist. Wir erhalten daraus

$$f'(x) \overset{!}{=} 0 \quad \rightarrow \quad \frac{5}{6}x^4 - 3x^2 = x^2 \cdot (\frac{5}{6}x^2 - 3) = 0 \quad \leftrightarrow \quad x = 0 \quad \vee \quad x = \pm 1{,}90 .$$

Mit den Nullstellen der ersten Ableitung können wir nun sagen, dass f(x) genau in dem Bereich steigt, in dem die Funktion f'(x) überhalb der x-Achse liegt. Die Funktion f(x) steigt daher in den Intervallen $]-\infty; -1{,}90[$ und $]1{,}90; +\infty[$.

Die Funktion ist *streng monoton fallend* für

$$\left(f'(x) = \frac{5}{6}x^4 - 3x^2\right) < 0 .$$

Das Intervall, in dem f(x) fällt, ist nun vergleichbar mit dem Bereich, in dem die erste Ableitung unterhalb der x-Achse liegt. f(x) fällt daher streng monoton im Intervall $]-1{,}90; 1{,}90[$.

3. Krümmung

Die Frage, ob eine Funktion y = f(x) an einer Stelle x konkav oder konvex gekrümmt ist, kann mittels ihrer *zweiten Ableitung* $f''(x)$ beantwortet werden. f(x) ist in einem Intervall I konvex gekrümmt (die Steigung wird immer größer), wenn die zweite Ableitung für jedes x dieses Intervalls positiv ist, und ist in einem Intervall I konkav gekrümmt (die Steigung wird immer kleiner), wenn die zweite Ableitung darin stets negativ ist.

$$\begin{aligned} &\text{Funktion konvex gekrümmt, wenn} \quad f''(x) > 0 \\ &\text{Funktion konkav gekrümmt, wenn} \quad f''(x) < 0 \end{aligned} \tag{III.92}$$

Der *Zusammenhang zwischen Steigung und Krümmung* einer Funktion y = f(x) kann grafisch mittels Abbildung III 43 veranschaulicht werden. Konvexe Funktionen (bzw. Funktionsbereiche) sind dadurch gekennzeichnet, dass mit zunehmendem x die Steigung der Funktion zunimmt (angedeutet durch die gestrichelten Tangenten), d.h. die Steigungsänderungsrate (ausgedrückt durch die zweite Ableitung) ist positiv. Die Steigung konkaver Funktionen sinkt mit zunehmendem x. Die Steigungsänderungsrate (und damit die zweite Ableitung) ist also negativ.

Beispiel:

Für unsere Funktion $f(x) = \frac{1}{6}x^5 - x^3 + 1$ lautet die zweite Ableitung $f''(x) = \frac{10}{3}x^3 - 6x$. Ihr Krümmungsverhalten können wir damit wie folgt charakterisieren:

Die Funktion ist *konkex gekrümmt* für

$$\left(f''(x) = \frac{10}{3}x^3 - 6x\right) > 0 .$$

Wie bereits bei der Bestimmung der Steigungsbereiche, empfiehlt es sich auch hier, zunächst die Stellen zu ermitteln, an denen die Krümmung gleich Null ist. Wir erhalten damit

$$f''(x) \overset{!}{=} 0 \quad \rightarrow \quad \frac{10}{3}x^3 - 6x = x \cdot (\frac{10}{3}x^2 - 6) = 0 \quad \leftrightarrow \quad x = 0 \quad \vee \quad x = \pm 1{,}34 .$$

Die Funktion f(x) ist in dem Bereich konvex gekrümmt, in dem die zweite Ableitung überhalb der x-Achse verläuft. Dies gilt genau für die Intervalle]–1,34; 0[und]1,34; +∞[.

Die Funktion ist *konkav gekrümmt* für

$$\left(f''(x) = \tfrac{10}{3}x^3 - 6x\right) < 0 .$$

Entscheidend ist daher das Intervall, in dem die zweite Ableitung unterhalb der x-Achse liegt. Dies ist für]–∞; –1,34[und]0; 1,34[der Fall.

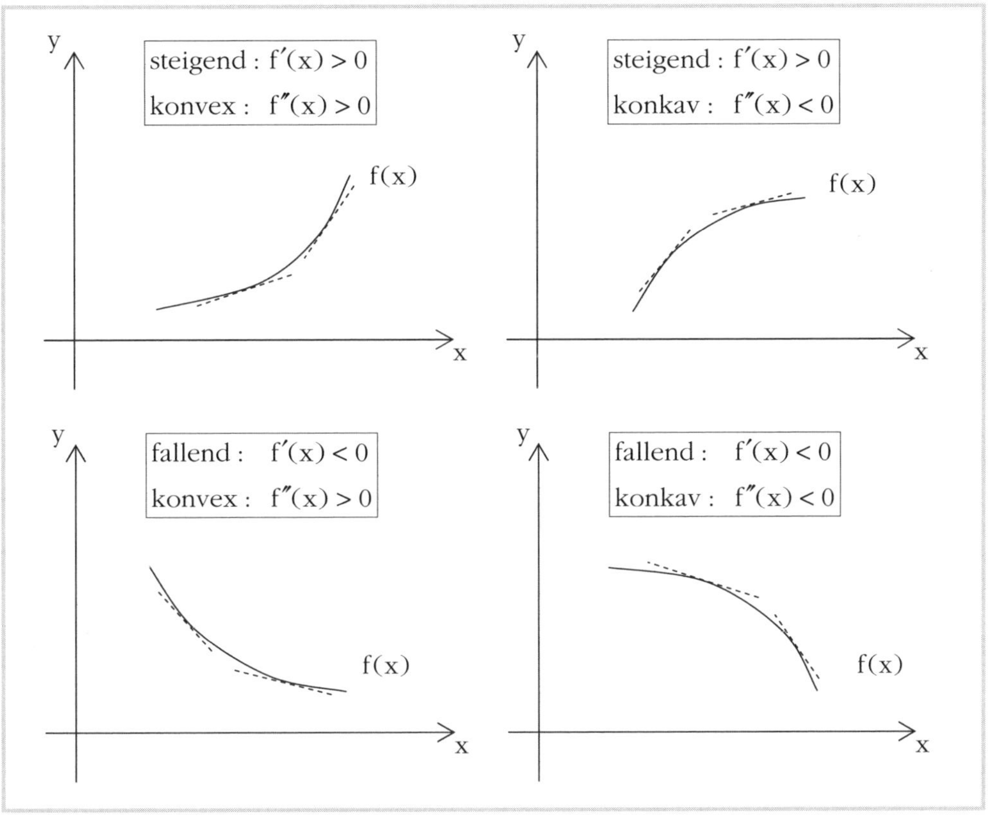

Abbildung III 43: Zusammenhang zwischen Steigung und Krümmung

4. Extrema

Betrachten wir Abbildung III 44 (links), erkennen wir eine Funktion mit relativem Maximum ($x = \alpha_1$) und relativem Minimum ($x = \alpha_2$). Wir sehen deutlich, dass die Steigung der Tangenten an diesen Stellen gleich Null ist (horizontale Tangenten). *Notwendig* für die Existenz eines Maximums oder Minimums an einer Stelle $x = \alpha$ ist also, dass die erste Ableitung dort Null ist, d.h. $f'(\alpha) = 0$ gilt.

Abbildung III 44 (rechts) zeigt, dass allerdings nicht an jeder Stelle mit horizontaler Tangente ein Extremum vorliegen muss. Es kann sich auch um einen Wendepunkt (Krümmungsänderungspunkt) mit horizontaler Tangente handeln. Wir bezeichnen einen solchen als *Sattelpunkt*.

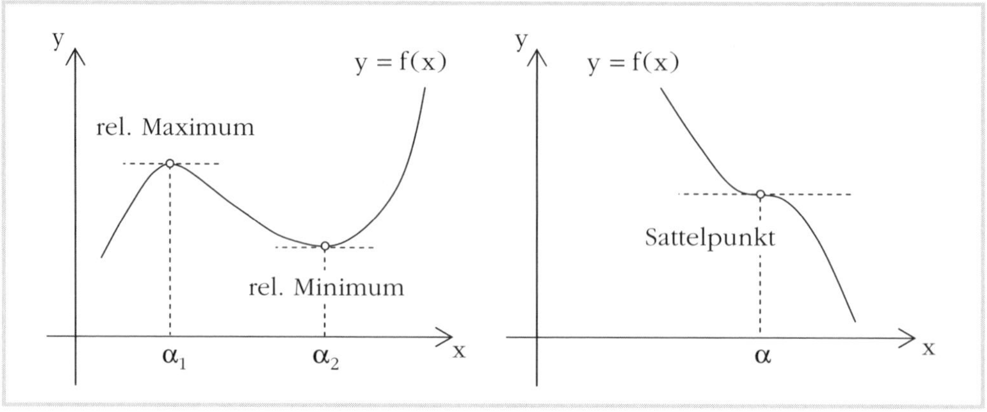

Abbildung III 44: Extrema und Sattelpunkte

Um Extrema von Sattelpunkten unterscheiden zu können, muss die Krümmung an den betroffenen Stellen mit horizontaler Tangente untersucht werden. Offensichtlich ist eine Funktion an der Stelle des Maximums konkav, an der eines Minimums konvex. *Hinreichende* Bedingung für ein Maximum an einer Stelle x = α ist daher $f''(\alpha) < 0$, für ein Minimum $f''(\alpha) > 0$. Zusammenfassend können wir daher folgendes festhalten:

$$\begin{aligned} x = \alpha \text{ ist ein Maximum, wenn } \quad & f'(\alpha) = 0 \quad \wedge \quad f''(\alpha) < 0 \\ x = \alpha \text{ ist ein Minimum, wenn } \quad & f'(\alpha) = 0 \quad \wedge \quad f''(\alpha) > 0 \end{aligned} \qquad \text{(III.93)}$$

Im Falle $f'(\alpha) = 0 \wedge f''(\alpha) = 0$ können wir nicht sofort auf einen Sattelpunkt an der Stelle x = α schließen. Eine Krümmung von Null ist nämlich für die Existenz eines Wendepunktes nicht ausreichend, wie das nachfolgende Beispiel zeigt.

Beispiel:

Für die Funktion $y = f(x) = x^4$ gilt an der Stelle x = 0 sowohl f'(0) = 0 als auch f''(0) = 0. Trotzdem liegt offensichtlich kein Stattelpunkt sondern ein Minimum vor.

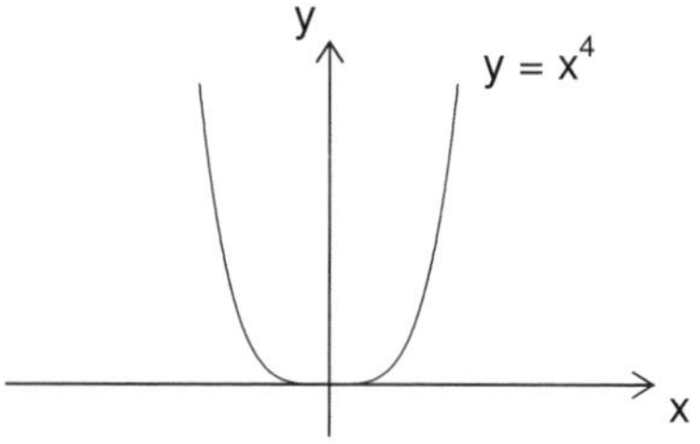

Zur *Feststellung eines Sattelpunktes* für eine Funktion y = f(x), ist wie folgt vorzugehen: Es sei $f^{(m)}(\alpha)$ diejenige Ableitung höherer Ordnung, die an der Stelle x = α zum ersten Mal ungleich Null wird, d.h. $f'(\alpha) = f''(\alpha) = \ldots = f^{(m-1)}(\alpha) = 0$ und $f^{(m)}(\alpha) \neq 0$. Ist m ungerade, liegt an der Stelle x = α ein Sattelpunkt vor. Bei geradem m ergibt sich ein relatives Maximum für $f^{(m)}(\alpha) < 0$ und ein relatives Minimum für $f^{(m)}(\alpha) > 0$.

Beispiel 1:

Für unsere Funktion $f(x) = \frac{1}{6}x^5 - x^3 + 1$ mit $f'(x) = \frac{5}{6}x^4 - 3x^2$ und $f''(x) = \frac{10}{3}x^3 - 6x$ sollen Extrema und eventuelle Sattelpunkte bestimmt werden. Dazu sind zunächst die *Nullstellen der ersten Ableitung* zu bestimmen, da eine Steigung von Null notwendige Bedingung für die Existenz eines Extremas ist.

$$f'(x)\overset{!}{=}0 \quad \rightarrow \quad \tfrac{5}{6}x^4 - 3x^2 = 0$$

Die Lösung dieser Gleichung haben wir bereits im Zusammenhang mit der Steigungsanalyse der Funktion bestimmt. Wir erhalten also als mögliche Extrema x = 0 und x = ±1,90. Die Untersuchung der Krümmung an diesen Stellen liefert folgendes Ergebnis:

$$f''(-1{,}90) = -11{,}46 < 0 \quad \rightarrow \quad x = -1{,}90 \text{ ist Maximum}$$

$$f''(+1{,}90) = +11{,}46 > 0 \quad \rightarrow \quad x = 1{,}90 \text{ ist Minimum}$$

$$f''(0) = 0$$

Wir können also ein Maximum und ein Minimum identifizieren. Die Stelle x = 0 erfordert weitere Betrachtungen. Wir bestimmen dazu die weitere Ableitung

$$f'''(x) = 10x^2 - 6\,,$$

die f'''(0) = –6 liefert und damit die erste Ableitung ist, die für x = 0 einen von Null verschiedenen Wert liefert. Da m = 3 und somit ungerade ist, liegt also an der Stelle x = 0 ein Sattelpunkt vor.

Beispiel 2:

In unserem vorletzten Beispiel hatten wir die Funktion y = f(x) = x^4 betrachtet. Für sie gilt

$$f'(x) = 4x^3 \quad \rightarrow \quad f'(0) = 0$$

$$f''(x) = 12x^2 \quad \rightarrow \quad f''(0) = 0$$

$$f'''(x) = 24x \quad \rightarrow \quad f'''(0) = 0$$

$$f^{(4)}(x) = 24 \quad \rightarrow \quad f^{(4)}(0) = 24\,.$$

Erst die vierte Ableitung liefert für x = 0 einen von Null verschiedenen Wert. Da damit m = 4 und gerade ist, liegt ein Extremwert und kein Sattelpunkt vor. $f^{(4)}(0) = 24$ ist zudem positiv, d.h. x = 0 ist ein Minimum.

Wie wir in Abschnitt III 1.4 gesehen haben, sind neben den bereits abgehandelten relativen Extrema noch *globale Extrema* bestimmbar. Das globale Minimum (Maximum) einer nur auf einem Intervall [α_1; α_2] definierten Funktion y = f(x) ist entweder eines der in diesem Intervall liegenden Minima (Maxima) oder es ist einer der Randwerte. Zur Bestimmung des globalen Minimums (Maximums) sind also zunächst die relativen Minima (Maxima) im Intervall [α_1; α_2] zu bestimmen und dann ihre Funktionswerte mit den Randwerten f(α_1) und f(α_2) zu vergleichen. Besitzt eine Funktion keine relativen Extrema, wissen wir sofort, dass die globalen Extrema am Rand des Definitionsbereichs angenommen werden.

Beispiel:

$f(x) = |x| \quad$ für $\quad x \in [-2; 1]$

Wie die nachfolgende Skizze zeigt, besitzt die Funktion keine relativen Maxima. Es sind f(–2) = 2 und f(1) = 1. x = –2 ist damit globales Maximum. f(x) hat ein relatives Minimum bei x = 0 mit f(0) = 0. Da die Funktion im Definitionsbereich keine kleineren Werte (auch nicht an den Rändern) annimmt, ist x = 0 auch das globale Minimum.

Da es sich bei der hier untersuchten Absolutfunktion um eine abschnittsweise definierte Funktion

$$y = \begin{cases} x & \text{für} \quad x \geq 0 \\ -x & \text{für} \quad x < 0 \end{cases}$$

handelt, können wir dieses Beispiel nutzen, um einen weiteren wichtigen Fakt festzuhalten:

Relative Extrema können auch an den inneren Rändern der Teildefinitionsbereiche *stetiger* und abschnittsweise definierter Funktionen auftreten.

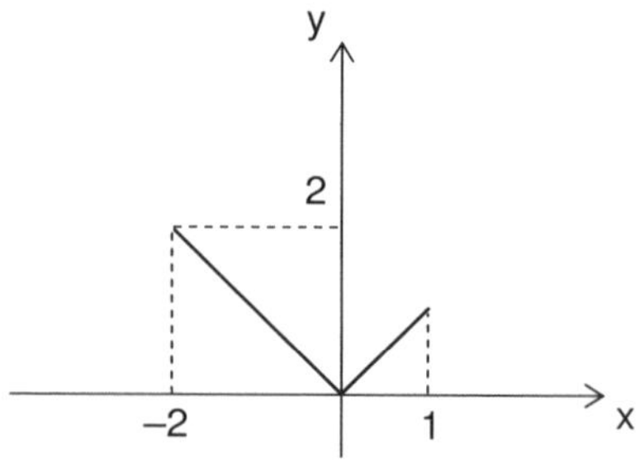

5. Wendepunkte

Eine Stelle x = α, an der sich die Krümmung einer Funktion ändert (konvex auf konkav oder umgekehrt) wird als *Wendestelle*, der zugehörige Punkt W(α; f(α)) als *Wendepunkt* bezeichnet. Es muss also als *notwendige* Bedingung $f''(\alpha) = 0$ gelten, d.h. die zweite Ableitung fmuss Null sein. Wie unser Beispiel $y = f(x) = x^4$ gezeigt hat, ist diese Bedingung nicht hinreichend. Es liegt jedoch immer ein Wendepunkt vor, wenn an einer Stelle mit $f''(\alpha) = 0$ die dritte Ableitung ungleich Null ist, d.h. die *hinreichende* Bedingung $f'''(\alpha) \neq 0$ gilt. Zusammenfassend gilt somit:

$$x = \alpha \text{ ist eine Wendestelle, wenn } \quad f''(\alpha) = 0 \quad \wedge \quad f'''(\alpha) \neq 0 \qquad \text{(III.94)}$$

Sollte $f''(\alpha) = 0 \wedge f'''(\alpha) = 0$ gelten, sind wieder so lange höhere Ableitungen zu bilden bis $f^{(m)}(\alpha) \neq 0$ erfüllt ist. Bei ungeradem m gilt dann, dass x = α eine Wendestelle ist. Ist m gerade liegt hingegen ein Extremwert vor (vgl. obigen Punkt 4).

Beispiel:

Für unsere Funktion $f(x) = \frac{1}{6}x^5 - x^3 + 1$ mit $f''(x) = \frac{10}{3}x^3 - 6x$ und $f'''(x) = 10x^2 - 6$ liefert ein Nullsetzen der zweiten Ableitung

$$f''(x) \overset{!}{=} 0 \quad \rightarrow \quad \tfrac{10}{3}x^3 - 6x = 0$$

die möglichen Wendestellen x = 0 und x = ±1,34, die wir bereits im Zusammenhang mit der Krümmungsanalyse bestimmt haben. Da die Werte f'''(–1,34) = 11,96, f'''(0) = –6 und f'''(+1,34) = 11,96 von Null verschieden sind, liegen drei Wendestellen vor.

Genau genommen ist die Kurvendiskussion noch um die Bestimmung des Definitionsbereiches, der Unstetigkeitsstellen, Asymptoten, Symmetrieeigenschaften, usw. zu erweitern. Da derartige Analysen aber bereits in früheren Abschnitten behandelt wurden, wird an dieser Stelle auf eine erneute Betrachtung verzichtet.

3.7 Diskussion ökonomischer Funktionen

Die Vorschriften und Erkenntnisse aus der Differenzialrechnung (bzw. der Kurvendiskussion des Abschnitts III 3.6) lassen sich auch auf ökonomische Funktionen (vgl. Abschnitt III 2.3) übertragen. Ist y = f(x) eine beliebige ökonomische Funktion (z.B. f(x) = C(x)), interessieren wir uns häufig dafür, wie sich diese verändert, wenn die unabhängige Variable um eine Einheit zu- oder abnimmt. Die Größe

$\Delta y = f(x \pm 1) - f(x)$ bezeichnen wir als *Grenzfunktion*. Sie stellt nichts anderes als den Differenzenquotienten

$$\frac{\Delta y}{\Delta x} = \frac{f(x+\Delta x) - f(x)}{\Delta x}$$

für $\Delta x = \pm 1$ dar. Gehen wir nun davon aus, dass eine Einheit von x verschwindend gering gegenüber dem Niveau von x ist, mit dem wir arbeiten (z.B. eine produzierte Einheit gegenüber Produktionsmengen von zehntausend Stück), unterscheidet sich Δy nur sehr wenig von $f'(x)$. Gerade daher und aufgrund der Tatsache, dass die Arbeit mit Ableitungen bequemer ist als jene mit Differenzen bzw. Differenzenquotienten, wird in der Praxis die *Ableitung selbst als Grenzfunktion* aufgefasst. Sie gibt uns an der Stelle $x = \alpha$ (näherungsweise) die Änderung der Funktion $y = f(x)$ an, wenn die unabhängige Veränderliche ausgehend von $x = \alpha$ um eine Einheit zu- oder abnimmt. Fassen wir die Grenzfunktion als Differenzial von $y = f(x)$ für $dx = 1$ auf, d.h. betrachten wir $df = f'(x) \cdot dx = f'(x) \cdot 1 = f'(x)$, können wir diese Interpretation der Grenzfunktion als (näherungsweise) Funktionsänderung auch aus der Definition des Differenzials (vgl. Abschnitt III 3.4) ableiten. Wird zur Berechnung des Funktionswertes an der Stelle des um eine Einheit veränderten Argumentes ($\Delta x = \pm 1$) die Grenzfunktion herangezogen, gilt $f(x \pm 1) = f(x) \pm f'(x) \cdot 1$. Es entsteht somit ein Fehler, der dem der Approximation der Differenz durch das Differenzial entspricht.

In den folgenden Abschnitten III 3.7.1 bis III 3.7.3 wollen wir nun die Grenzfunktionen einiger ökonomischer Funktionen näher betrachten und analysieren, wozu wir diese in der Praxis einsetzen können. Im Anschluss daran gehen wir auf *Elastizitäten* und *Wachstumsraten* ein, die weitere praxisrelevante Anwendungsgebiete der Differenzialrechnung darstellen.

3.7.1 Kostenfunktion

Wie wir aus Abschnitt III 2.3.3 wissen, gibt die Gesamtkostenfunktion C(x) die Kosten in Abhängigkeit von der produzierten Menge an. Für Unternehmer ist es nun nicht nur von Interesse, wie hoch diese Gesamtkosten sind, sondern auch, wie sich die Kosten verändern, wenn ausgehend von einem bestimmten Produktionsniveau $x = \alpha$ die produzierte Menge um eine Einheit erhöht oder gesenkt wird. Um dies zu erfahren, bedienen wir uns der sog. **Grenzkostenfunktion** $C'(x)$, d.h. der ersten Ableitung der Kostenfunktion C(x) nach x.

$$C(x) \quad \rightarrow \quad C'(x) = \frac{d\,C(x)}{d\,x} \qquad \text{(III.95)}$$

Der Wert $C'(\alpha)$ gibt nun (näherungsweise) an, um wie viele Geldeinheiten sich die Kosten eines Unternehmens verändern, wenn bei einer Produktion von α Stück eine Einheit mehr oder weniger produziert wird. Die Kostenveränderung ist dabei nur auf die variablen Kosten zurückzuführen. Analog können wir auch die Grenzstückkosten $AC'(x)$ interpretieren.

Beispiel:

Gegeben sei die Kostenfunktion $C(x) = 0{,}2x^3 - 100x^2 + 20.000x + 50.000$. Untersuchen wir, welche Kosten eine bei einem Output von 300 Stück zusätzlich produzierte Einheit verursacht und wie sich die Stückkosten verändern.

Die Gesamtkosten erhöhen sich (näherungsweise) um 14.000 Geldeinheiten, da

$$C'(x) = 0{,}6x^2 - 200x + 20.000 \quad \rightarrow \quad C'(300) = 0{,}6 \cdot 300^2 - 200 \cdot 300 + 20.000 = 14.000\,.$$

Die Stückkosten steigen (näherungsweise) um 19,44 Geldeinheiten, da

$$AC(x) = \frac{0{,}2x^3 - 100x^2 + 20.000x + 50.000}{x} = 0{,}2x^2 - 100x + 20.000 + \frac{50.000}{x}$$

$$AC'(x) = 0{,}4x - 100 - \frac{50.000}{x^2} \quad \rightarrow \quad AC'(300) = 0{,}4 \cdot 300 - 100 - \frac{50.000}{300^2} = 19{,}44.$$

Die Grenzkosten $C'(x)$ besitzen an einer Stelle $x = \alpha$ ein Minimum, wenn die Bedingungen $C''(\alpha) = 0 \wedge C'''(\alpha) > 0$ erfüllt sind.

Beispiel:

Für die Kostenfunktion aus dem letzten Beispiel gilt $C''(x) = 1{,}2x - 200$ und $C'''(x) = 1{,}2$. Wir erhalten damit folgendes Grenzkostenminimum:

$$C''(x) = 1{,}2x - 200 \stackrel{!}{=} 0 \quad \rightarrow \quad x = 166{,}67$$

$$C'''(166{,}67) = 1{,}2 > 0$$

Wir erkennen, dass das Ergebnis derartiger Berechnungen auch nicht-ganze Zahlen sein können. Betrachten wir Produkte, deren Einheiten in z.B. kg oder Tonnen gemessen werden, stellt dies kein Problem dar. Können nur Produkte in ganzen Stück hergestellt werden, ist ein solches Ergebnis problematisch und wir müssen weitere Betrachtungen anstellen. Im hier vorliegenden Fall müssten wir also untersuchen ob ein Minimum bei $x = 166$ oder $x = 167$ vorliegt. Dazu berechnen wir $C'(166) = 33.336$ und $C'(167) = 33.334$. Da $C'(166) > C'(167)$ gilt, liegt also ein ökonomisch sinnvolles Minimum bei $x = 167$.

Besitzen die *Durchschnittskosten* bzw. Stückkosten $AC(x)$ an einer Stelle $x = \alpha$ ein *Minimum*, so sind *Grenz- und Durchschnittskosten* an dieser Stelle *identisch*, d.h. es gilt

$$AC'(\alpha) = 0 \wedge AC''(\alpha) > 0 \quad \rightarrow \quad C'(\alpha) = AC(\alpha)\,. \tag{III.96}$$

Diesen Zusammenhang, der analog auch auf jede andere Funktion übertragbar ist, können wir beweisen, indem wir die erste Ableitung von $AC(x)$ bestimmen und gleich Null setzen:

$$AC(x) = \frac{C(x)}{x} \quad \rightarrow \quad AC'(x) = \frac{d\,AC(x)}{dx} = \frac{C'(x) \cdot x - C(x)}{x^2}$$

$$AC'(x) \stackrel{!}{=} 0 \quad \rightarrow \quad \frac{C'(x) \cdot x - C(x)}{x^2} = 0 \quad \leftrightarrow \quad \frac{C'(x) \cdot x}{x^2} - \frac{C(x)}{x^2} = 0$$

$$\leftrightarrow \quad \frac{C'(x)}{x} = \frac{C(x)}{x^2} \quad \leftrightarrow \quad C'(x) = \frac{C(x)}{x} = AC(x)$$

Setzen wir hier $x = \alpha$ ein, erhalten wir die Beziehung aus (III.96). Analog können wir auch zeigen, dass sich an einem Extremwert $x = \alpha$ der durchschnittlichen variablen Kosten $AVC(x)$ die Grenzkosten und die variablen Stückkosten schneiden, d.h. $C'(\alpha) = AVC(\alpha)$ gilt.

Wir wollen diese Beziehungen nun im Zusammenhang mit den unter III 2.3.3 behandelten ertragsgesetzlichen Kostenfunktionen näher analysieren. Wie wir wissen, weist eine solche einen s-förmigen Verlauf auf und besitzt damit sowohl einen konvexen als auch einen konkaven als auch einen linearen Bereich. Wie Abbildung III 45 zeigt, sind für derartige Funktionen drei Outputwerte von besonderem Interesse.

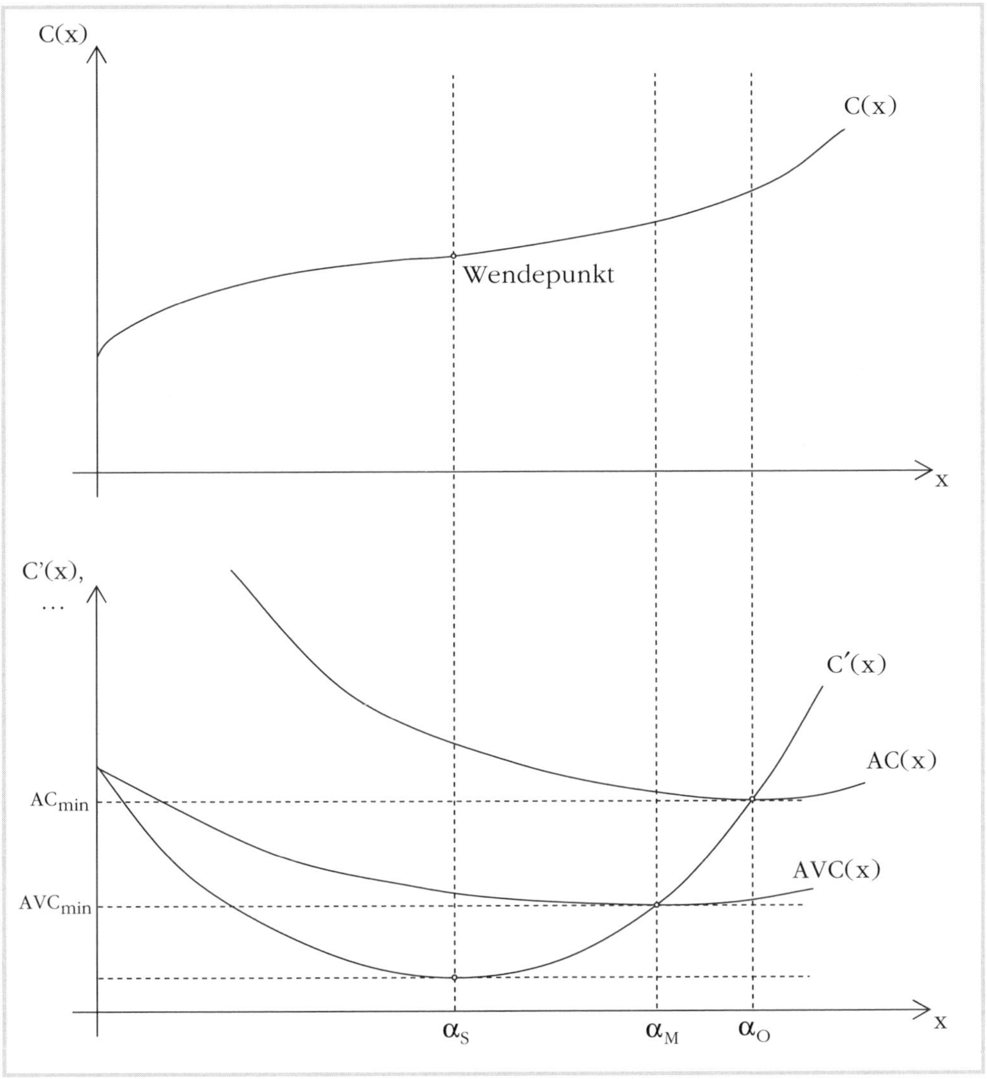

Abbildung III 45: Eigenschaften ertragsgesetzlicher Kostenfunktionen

Die sog. **Schwelle des Ertragsgesetzes** $x = \alpha_S$ ist die Wendestelle der Kostenfunktion C(x) bzw. das Minimum der Grenzkosten $C'(x)$. Am sog. **Betriebsminimum** $x = \alpha_M$ erreichen die variablen Stückkosten AVC(x) ihr Minimum. Den dazugehörigen Funktionswert $AVC(\alpha_M)$ bezeichnen wir als *kurzfristige Preisuntergrenze* AVC_{min}, da ab diesem Punkt zumindest ein Teil der Fixkosten gedeckt sind. Die

Grenzkosten entsprechen an der Stelle des Betriebsminimums $x = \alpha_M$ den variablen Stückkosten, d.h. es gilt

$$C'(\alpha_M) = AVC(\alpha_M) = AVC_{min}\,.$$

Produziert bzw. verkauft ein Unternehmen zum Preis AVC_{min}, so sind bei einer Produktionsmenge von $x = \alpha_M$ gerade noch die variablen Kosten der Produktion gedeckt. Ein Beitrag zur Deckung der fixen Kosten wird nicht geleistet. Da die fixen Kosten kurzfristig unverändert anfallen, auch wenn die Produktion stockt, so ist es sinnvoll, kurzfristig weiter zu produzieren. Sinkt der Preis unter die Grenze AVC_{min}, sind die variablen Kosten nicht mehr gedeckt, sodass ein Marktaustritt sinnvoller ist als eine Weiterproduktion.

Das sog. **Betriebsoptimum** $x = \alpha_O$ liegt an der Stelle, an der die Stückkosten AC(x) ihr Minimum erreichen. Der Wert $AC(\alpha_O)$ wird dabei als *langfristige Preisuntergrenze* AC_{min} bezeichnet. Es gilt im Betriebsoptimum, dass die Grenzkosten gleich den Stückkosten sind, d.h.

$$C'(\alpha_O) = AC(\alpha_O) = AC_{min}\,.$$

Wird zum Preis AC_{min} verkauft, ist für ein Unternehmen zwar der Gewinn gleich Null, doch sind sowohl fixe als auch variable Kosten vollständig gedeckt.

Beispiel:

Bestimmen wir für die Funktion $C(x) = x^3 - 12x^2 + 54x + 248$ die Schwelle des Ertragsgesetzes, das Betriebsminimum und das Betriebsoptimum. Wir benötigen dazu folgende Funktionen:

$$C'(x) = 3x^2 - 24x + 54 \quad \to \quad C''(x) = 6x - 24 \quad \to \quad C'''(x) = 6$$

$$AVC(x) = x^2 - 12x + 54 \quad \to \quad AVC'(x) = 2x - 12 \quad \to \quad AVC''(x) = 2$$

$$AC(x) = x^2 - 12x + 54 + \frac{248}{x} \quad \to \quad AC'(x) = 2x - 12 - \frac{248}{x^2} \quad \to \quad AC''(x) = 2 + \frac{496}{x^3}$$

a) Schwelle des Ertragsgesetzes:

$$C''(x) \overset{!}{=} 0 \quad \to \quad 6x - 24 = 0 \quad \leftrightarrow \quad x = 4$$

$$C'''(4) = 6 > 0 \quad \to \quad x = 4 \text{ ist Wendestelle von } C(x) \text{ und Minimum von } C'(x)$$

b) Betriebsminimum:

$$AVC'(x) \overset{!}{=} 0 \quad \to \quad 2x - 12 = 0 \quad \leftrightarrow \quad x = 6$$

$$AVC''(6) = 2 > 0 \quad \to \quad x = 6 \text{ ist Minimum von } AVC(x)$$

Identitätsnachweis:

$$\left.\begin{array}{l} C'(6) = 3 \cdot 6^2 - 24 \cdot 6 + 54 = 18 \\ AVC(6) = 6^2 - 12 \cdot 6 + 54 = 18 \end{array}\right\} \; C'(6) = AVC(6)$$

Die kurzfristige Preisuntergrenze liegt damit bei 18 Geldeinheiten.

c) Betriebsoptimum:

$$AC'(x) \overset{!}{=} 0 \quad \to \quad 2x - 12 - \frac{248}{x^2} = 0 \quad \leftrightarrow \quad 2x^3 - 12x^2 - 248 = 0$$

Das Newton-Verfahren liefert die Lösung x = 7,958.

$AC''(7{,}958) = 2{,}98 > 0 \quad \rightarrow \quad x = 7{,}958$ ist Minimum von $AC(x)$

Identitätsnachweis:

$$\left.\begin{array}{l} C'(7{,}958) = 3 \cdot 7{,}96^2 - 24 \cdot 7{,}96 + 54 = 53 \\ AC(7{,}958) = 7{,}96^2 - 12 \cdot 7{,}96 + 54 + \dfrac{248}{7{,}96} = 53 \end{array}\right\} \quad C'(7{,}958) = AC(7{,}958)$$

Die langfristige Preisuntergrenze liegt damit bei 53 Geldeinheiten.

Zusatzfrage:

Welchen Einfluss hat eine Erhöhung der Grundsteuer auf das Betriebsminimum dieses Unternehmens?

Die Grundsteuer stellt einen Teil der Fixkosten dar, die auch anfallen, wenn nicht produziert wird. Die Steuererhöhung ist also als Fixkostenerhöhung aufzufassen. Da das Betriebsminimum das Minimum der durchschnittlichen variablen Kosten darstellt, haben die erhöhten Fixkosten keinen Einfluss auf die kurzfristige Preisuntergrenze und die dort produzierte Menge. Auch die Grenzkosten sind von einer Fixkostenerhöhung nicht betroffen, da sie als additive Konstante der Gesamtkosten bei der Ableitung wegfallen.

3.7.2 Umsatzfunktion

Unter III 2.3.2 hatten wir den Umsatz bzw. Erlös R als Produkt aus abgesetzter Menge und dem Preis definiert. Die erste Ableitung der Umsatzfunkton R(x) ist die sog. **Grenzerlösfunktion** oder Grenzumsatzfunktion $R'(x)$. Sie gibt an, um wieviele Geldeinheiten sich der Erlös (näherungsweise) verändert, wenn eine zusätzliche Einheit abgesetzt wird.

Im Fall *vollständiger Konkurrenz* (Anbieter sind Preisnehmer) gilt

$$R(x) = \overline{p} \cdot x \quad \rightarrow \quad R'(x) = \frac{d\,R(x)}{d\,x} = \overline{p}, \qquad \text{(III.97)}$$

wobei $\overline{p}$ der für ein einzelnes Unternehmen gegebene Marktpreis ist. In diesem Fall entspricht also der Grenzerlös $R'(x)$ dem *Durchschnittserlös* AR(x) (AR: Average Revenue), da gilt

$$AR(x) = \frac{R(x)}{x} = \frac{\overline{p} \cdot x}{x} = \overline{p}. \qquad \text{(III.98)}$$

Bei *unvollständiger Konkurrenz* (Anbieter haben Preiseinfluss) gilt hingegen (unter Nutzung der Produktregel)

$$R(x) = p(x) \cdot x \quad \rightarrow \quad R'(x) = \frac{d\,R(x)}{d\,x} = p'(x) \cdot x + p(x) \qquad \text{(III.99)}$$

und

$$AR(x) = \frac{R(x)}{x} = \frac{p(x) \cdot x}{x} = p(x) \qquad \text{(III.100)}$$

Die Differenz zwischen Grenz- und Durchschnittserlös entspricht also

$$R'(x) - AR(x) = p'(x) \cdot x + p(x) - p(x) = p'(x) \cdot x\,.$$

Da eine Preis-Absatz-Funktion (Nachfragefunktion) p(x) den negativen Zusammenhang zwischen Preis und abgesetzter Menge angibt, folgt $p'(x) < 0$. Somit gilt auch $p'(x) \cdot x < 0$, da x > 0. Die Differenz zwischen Grenz- und Durchschnittserlös ist somit negativ. Daraus folgt für den Zusammenhang der beiden Funktionen

$$R'(x) < AR(x). \qquad \text{(III.101)}$$

Bei $R'(x)$ handelt es sich um den Grenzerlös bezüglich der Menge. Im Gegensatz dazu sprechen wir im Falle einer Preis-Absatz-Funktion der Form x = x(p) bei $R'(p)$ vom Grenzerlös bezüglich des Preises. Für diesen gilt

$$R(p) = p \cdot x(p) \quad \rightarrow \quad R'(p) = \frac{d\,R(p)}{d\,p} = x(p) + p \cdot x'(p).$$

Beispiel:

Ein Unternehmer hat durch Erfahrung einen Maximalpreis von 1.000 Geldeinheiten und eine Sättigungsmenge von 5.000 Stück für sein Produkt festgestellt. Er geht zudem von einer linearen Preis-Absatz-Funktion aus. Versuchen wir herauszufinden, bei welcher Menge das Erlösmaximum liegt (a) und welchen Einfluss es auf den Erlös hat, wenn der Absatz ausgehend von einer Absatzmenge von 2.000 Stück um eine Einheit erhöht wird (b).

a) Einsetzen von $P_1(0;\ 1.000)$ und $P_2(5.000;\ 0)$ in die Zweipunkteform der Geradengleichung liefert:

$$p(x) = \frac{0-1000}{5000-0} \cdot (x-0) + 1000 = 1000 - 0{,}2x$$

$$R(x) = p(x) \cdot x = (1.000 - 0{,}2x) \cdot x = 1.000x - 0{,}2x^2 \quad \rightarrow \quad R'(x) = 1.000 - 0{,}4x$$

Ohne Bildung der Erlösfunktion und ihrer Ableitung kann im Fall einer linearen Preis-Absatz-Funktion die Grenzerlösfunktion nach folgendem Muster ermittelt werden:

$$p(x) = 1.000 - 0{,}2x \qquad\qquad R'(x) = 1.000 - 0{,}4x$$

$$\xrightarrow{\quad \cdot 2 \quad}$$

Im Erlösmaximum gilt:

$$R'(x) \overset{!}{=} 0 \quad \rightarrow \quad 1.000 - 0{,}4x = 0 \quad \leftrightarrow \quad x = 2.500$$

$$R''(2.500) = -0{,}4 < 0 \quad \rightarrow \quad x = 2.500 \text{ ist Maximum}$$

b) Der Erlös steigt (näherungsweise) um $R'(2.000) = 1.000 - 0{,}4 \cdot 2.000 = 200$ Geldeinheiten.

Zusatzfrage: Wie wirkt eine Preiserhöhung von 549 auf 550 Geldeinheiten auf den Erlös?

Die Bildung der Umkehrfunktion zu p(x) liefert x(p) = 5.000 – 5p, woraus wir direkt die Grenzerlösfunktion bezüglich des Preises $R'(p) = 5000 - 10p$ aufstellen können. Der Erlös sinkt damit um 490 Geldeinheiten, da $R'(549) = 5.000 - 10 \cdot 549 = -490$.

3.7.3 Gewinnfunktion

Die Gewinnfunktion wurde im Abschnitt III 2.3.4 als G(x) = R(x) – C(x) definiert. Ihre erste Ableitung liefert die **Grenzgewinnfunktion** $G'(x)$, die (näherungsweise) die Änderung des Gewinns bei Erhöhung oder Senkung der produzierten und abgesetzten Menge x um eine Einheit angibt und nichts anderes als die Differenz aus Grenzerlös- und Grenzkostenfunktion ist.

$$G(x) = R(x) - C(x)$$

$$\rightarrow G'(x) = \frac{dG(x)}{dx} = \frac{dR(x)}{dx} - \frac{dC(x)}{dx} = R'(x) - C'(x) \qquad \text{(III.102)}$$

Wie die Erlösfunktion, kann auch die Gewinnfunktion in Abhängigkeit vom Preis p angegeben werden. Dies macht schließlich wieder eine Unterscheidung zwischen Grenzgewinn bezüglich der Menge und bezüglich des Preises erforderlich. Wir wollen uns im Folgenden jedoch auf eine Darstellung wie in (III.102) konzentrieren. Analog zur Bildung der Grenzfunktion in den bereits besprochenen Fällen können wir auch den Grenzstückgewinn $g'(x)$, den Grenzdeckungsbeitrag $D'(x)$ und den Grenzstückdeckungsbeitrag $d'(x)$ bestimmen.

Bei einer Gewinnfunktion G(x) liegt an einer Stelle x = α ein **Gewinnmaximum** vor, wenn die Bedingungen $G'(\alpha) = 0 \wedge G''(\alpha) < 0$ erfüllt sind. Aus der notwendigen Bedingung ergibt sich

$$G'(\alpha) = 0 \quad \leftrightarrow \quad R'(\alpha) - C'(\alpha) = 0 \quad \leftrightarrow \quad R'(\alpha) = C'(\alpha). \qquad \text{(III.103)}$$

Im Gewinnmaximum sind also *Grenzerlös und -kosten gleich*. Die Stelle x = α wird auch als gewinnmaximale Produktionsmenge bezeichnet.

Bei der Ermittlung des Gewinnmaximums wollen wir die im Zusammenhang mit der Erlösfunktion beschriebenen Marktsituationen vollständige ($R(x) = \overline{p} \cdot x$) und unvollständige Konkurrenz ($R(x) = p(x) \cdot x$) näher analysieren. Beginnen wir dabei zunächst mit dem Fall der **vollständigen Konkurrenz**:

Der Gewinn eines Anbieters auf einem derartigen Markt errechnet sich nach

$$G(x) = R(x) - C(x) = \overline{p} \cdot x - C(x),$$

was zu einem Grenzgewinn von

$$G'(x) = R'(x) - C'(x) = \overline{p} - C'(x)$$

führt. Die zweite Ableitung von G(x) erhalten wir daraus zu

$$G''(x) = R''(x) - C''(x) = -C''(x).$$

Nullsetzen der ersten Ableitung von G(x) liefert einen möglichen Extremwert x = α wenn gilt

$$G'(\alpha) \overset{!}{=} 0 \quad \leftrightarrow \quad \overline{p} - C'(\alpha) = 0 \quad \leftrightarrow \overline{p} = C'(\alpha).$$

Wir hätten also zur Bestimmung dieses Werts auch sofort den Preis (Grenzerlös) gleich den Grenzkosten $C'(x)$ setzen können. Damit ein Maximum vorliegt, muss $G''(\alpha) < 0$ bzw. $-C''(\alpha) < 0$ bzw. $C''(\alpha) > 0$ gelten. Im Falle *vollständiger Konkurrenz* resultiert also:

$$\overline{p} = C'(\alpha) \wedge C''(\alpha) > 0 \quad \rightarrow \quad x = \alpha \text{ ist Gewinnmaximum} \qquad \text{(III.104)}$$

Zusammenfassend erreicht also ein Anbieter bei vollständiger Konkurrenz bei derjenigen Angebotsmenge x = α sein Gewinnmaximum, bei der die Grenzkosten $C'(\alpha)$ gleich dem Marktpreis $\overline{p}$ sind und diese Angebotsmenge im konvexen Bereich der Kostenfunktion liegt.

Zum gegebenen Marktpreis $\overline{p}$ wird der Unternehmer also genau die Menge x = α anbieten, die die Gleichung $\overline{p} = C'(x)$ erfüllt. Lösen wir die Gleichung $\overline{p} = C'(x)$ nach x auf, erhalten wir die Angebotsfunktion $x^S = f(\overline{p})$, die unter der Bedingung der Gewinnmaximierung die zu jedem Preis $\overline{p}$ angebotene Menge angibt. Sie entspricht dem ansteigenden Ast der Grenzkostenfunktion, da $C''(x) > 0$. Die Angebotsfunktion ist langfristig allerdings nur für $\overline{p} \geq AC_{min}$ definiert, d.h. nur für Preise, die mindestens der langfristigen Preisuntergrenze entsprechen. Langfristig müssen nämlich sowohl fixe als auch variable Kosten durch den erzielten Preis gedeckt sein. Ein Angebot unter den Durchschnittskosten AC_{min} ist auf Dauer nicht denkbar ($\overline{p} < AC(x) \leftrightarrow \overline{p} \cdot x < C(x)$). Kurzfristig ist sie auch für Preise zwischen der kurz- und langfristigen Preisuntergrenze, also insgesamt für $\overline{p} \geq AVC_{min}$ definiert. Kurzfristig kann der Preis also auch unter den Durchschnittskosten liegen. Es werden dann alle durch die Produktion verursachten variablen Kosten und auch ein Teil der Fixkosten gedeckt. Ein Angebot unter den durchschnittlichen variablen Kosten AVC_{min} ist auch kurzfristig nicht vorstellbar, da hier nicht einmal die durch die Produktion verursachten Kosten gedeckt sind. Jede zusätzlich produzierte Einheit würde das Betriebsergebnis (Gewinn) mindern.

Arbeiten wir nicht direkt mit der Angebotsfunktion $x^S = f(\overline{p})$, sondern mit $\overline{p} = C'(x)$ selbst, können wir das kurz- und langfristige Angebot eines Unternehmens aus der Betrachtung von Abbildung III 46 und III 47 ableiten, die uns in ähnlicher Form bereits im Zusammenhang mit der Definition des Betriebsminimums $x = \alpha_M$ und des Betriebsoptimums $x = \alpha_O$ unter III 3.7.1 begegnet ist. Dem Wert $\overline{p} = AC_{min}$ entspricht die Stelle $x = \alpha_O$ des Betriebsoptimums. Größeren $\overline{p}$ entsprechen x-Werte rechts von $x = \alpha_O$. Die Grenzkosten ab der Stelle des Betriebsoptimums, stellen somit die langfristige Angebotsfunktion eines gewinnmaximierenden polypolistischen Anbieters dar. Analog stellen die Grenzkosten ab der Stelle des Betriebsminimuns, die kurzfristige Angebotsfunktion dar. Aus beiden Angebotsfunktionen können wir bei gegebenem Preis $\overline{p}$ direkt auf die gewinnmaximale Produktions- bzw. Angebotsmenge $x^S(\overline{p})$ schließen.

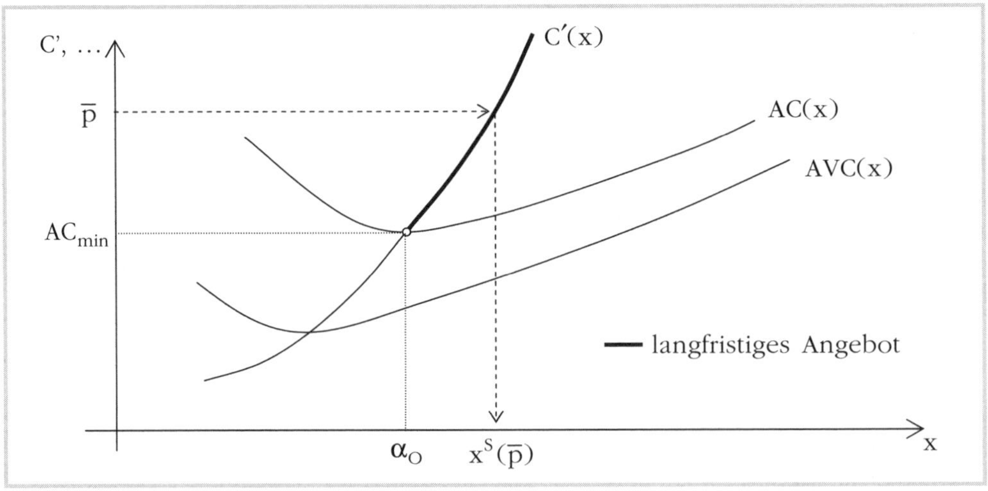

Abbildung III 46: Langfristiges Angebot

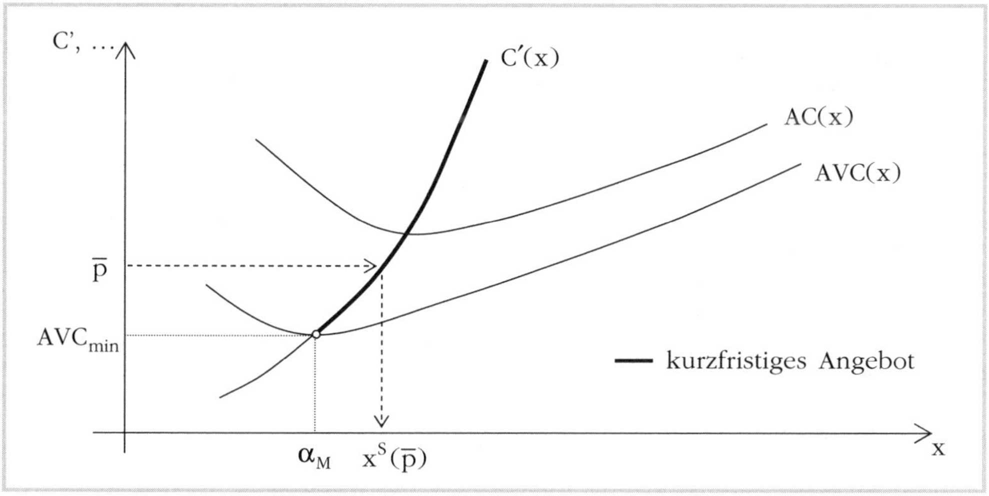

Abbildung III 47: Kurzfristiges Angebot

Abschließend noch zur *Stückgewinnmaximierung* bei vollständiger Konkurrenz: Aufgrund von $G(x) = \overline{p} \cdot x - C(x)$ ist $g(x) = \overline{p} - AC(x)$ und damit $g'(x) = -AC'(x)$ sowie $g''(x) = -AC''(x)$. An einer Stelle $x = \alpha$ liegt somit ein Maximum vor, wenn die Beziehungen $g'(\alpha) = 0$ bzw. $AC'(\alpha) = 0$ und $g''(\alpha) < 0$ bzw. $AC''(\alpha) > 0$ gelten. Das Maximum des Stückgewinns g(x) liegt somit gerade an der Stelle des Minimums von AC(x), d.h. an der Stelle α_o des Betriebsoptimums. Anders ausgedrückt maximiert also ein Unternehmen bei vollständiger Konkurrenz seinen Stückgewinn bei der betriebsoptimalen Ausbringungsmenge $x = \alpha_o$.

Beispiel 1: Lineare Kostenfunktion

Betrachten wir einen Anbieter bei vollständiger Konkurrenz mit der *linearen Kostenfunktion* $C(x) = 4x + 350$. Der Marktpreis betrage 18 Geldeinheiten je Mengeneinheit. Die Kapazitätsgrenze des Anbieters liege bei 90 Mengeneinheiten. Wir erhalten in dieser Situation die Gewinnfunktion

$$G(x) = R(x) - C(x) = 18x - (4x + 350) = 14x - 350,$$

die wie folgt skizziert werden kann:

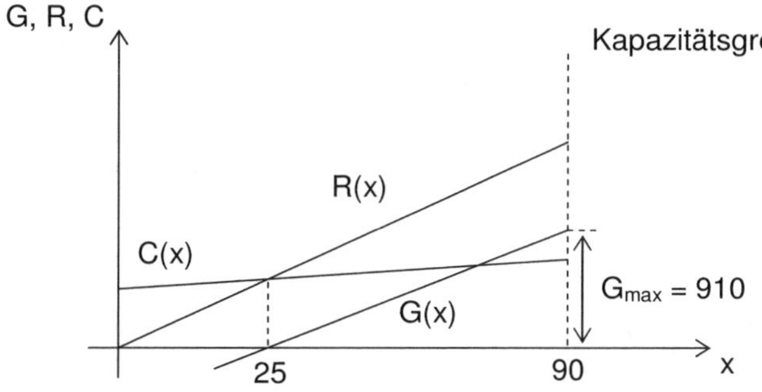

Das Unternehmen tritt nach Überschreitung der Produktionsmenge x = 25, die wir durch Nullsetzen und Auflösen von G(x) bestimmen können, in die Gewinnzone ein und erreicht bei der Kapazitätsgrenze sein Gewinnmaximum von G(90) = 910 Geldeinheiten. Da die Gewinnfunktion linear ist, wird ihr Maximum durch den Rand ihres Definitionsbereichs bzw. die Kapazitätsgrenze bestimmt.

Die Bedingung, dass von einem Unternehmen bei vollständiger Konkurrenz und linearer Kostenfunktion überhaupt ein Gewinn erzielt wird, ist, dass die Gewinnschwelle im Intervall zwischen Null und der Kapazitätsgrenze liegt. Wäre nämlich in unserem Beispiel der Preis bei unveränderten Kosten z.B. 5 Geldeinheiten je Mengeneinheit, so wäre G(x) = x – 350 und die Gewinnschwelle damit x = 350. Da die Produktionskapazität aber bei 90 Mengeneinheiten liegt, wäre das Unternehmen nicht in der Lage, die Gewinnzone zu erreichen. Vorausgesetzt, der Marktpreis ist hoch genug, d.h. die Gewinnschwelle liegt unterhalb der Kapazitätsgrenze, wird also ein Unternehmen bei vollständiger Konkurrenz mit linearer Kostenfunktion immer an der Kapazitätsgrenze produzieren.

Bei konstantem Marktpreis ist der Stückgewinn die Differenz zwischen Marktpreis und Stückkosten, d.h. $G(x) = \bar{p} \cdot x - C(x) \rightarrow g(x) = \bar{p} - AC(x)$. Im vorliegenden Fall gilt

$$g(x) = 14 - \frac{350}{x} \quad \rightarrow \quad g'(x) = \frac{350}{x^2},$$

sodass g'(x) keine Nullstellen und damit g(x) kein Maximum besitzt. Ihr Maximum ist wie auch das der Gewinnfunktion durch die Kapazitätsgrenze bestimmt. Dort nehmen die unter dem Preis $\bar{p}$ liegenden Stückkosten ihr (Rand-)Minimum an (vgl. nachfolgende Skizze).

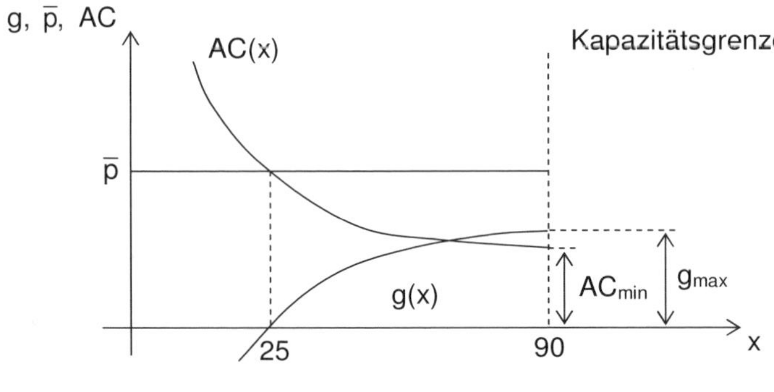

Beispiel 2: Ertragsgesetzliche Kostenfunktion

Betrachten wir nun den Fall vollständiger Konkurrenz mit ertragsgesetzlicher Kostenfunktion $C(x) = x^3 - 12x^2 + 54x + 248$. Der Marktpreis liege bei 62 Geldeinheiten je Mengeneinheit, die Kapazitätsgrenze bei 14 Mengeneinheiten.

Während wir im vorhergehenden Beispiel aufgrund der Linearität der Kostenfunktion nicht von der Bedingung $\bar{p} = C'(x)$ zur Bestimmung der gewinnmaximalen Menge Gebrauch machen konnten, können wir nun darauf zurückgreifen.

$$\bar{p} \overset{!}{=} C'(x) \quad \rightarrow \quad 62 = 3x^2 - 24x + 54$$

Die Lösung dieser quadratischen Gleichung liefert zwei Lösungen, wovon jedoch nur der posive Wert x = 8,32 ökonomisch sinnvoll ist. Da $G(x) = -x^3 + 12x^2 + 8x - 248$, $G'(x) = -3x^2 + 24x + 8$, $G''(x) = -6x + 24$ und damit $G''(8{,}32) < 0$ ist, liegt ein Gewinnmaximum bei x = 8,32 vor. Der Gewinn liegt dabei bei G(8,32) = 73,30 Geldeinheiten.

Der Stückgewinn ist an der Stelle des Betriebsoptimums $x = \alpha_O$ maximal. Es liegt in unserem Fall bei $\alpha_O = 7{,}958$ und $AC_{min} = 53$ (vgl. Beispiel unter III 3.7.1). Daraus folgt für den maximalen Stückgewinn $g_{max} = \bar{p} - AC_{min} = 62 - 53 = 9$.

Bestimmen wir nun noch die langfristige Angebotsfunktion $x^S = f(\bar{p})$. $\bar{p} = C'(x)$ liefert dazu $3x^2 - 24x + 54 = \bar{p}$ bzw. $x^2 - 8x + (18 - \bar{p}/3) = 0$, woraus sich nach Auflösung nach x

$$x_{1,2} = \frac{8 \pm \sqrt{(-8)^2 - 4 \cdot 1 \cdot \left(18 - \frac{\bar{p}}{3}\right)}}{2 \cdot 1}$$

ergibt. Da ökonomisch nur der Wert für "+" in Frage kommt, gilt für die Angebotsfunktion

$$x^S = \frac{8 + \sqrt{(-8)^2 - 4 \cdot 1 \cdot \left(18 - \frac{\bar{p}}{3}\right)}}{2 \cdot 1} = \frac{8 + \sqrt{-8 + \frac{4\bar{p}}{3}}}{2} = \frac{8 + 2 \cdot \sqrt{\frac{\bar{p}}{3} - 2}}{2} = 4 + \sqrt{\frac{\bar{p}}{3} - 2}\,.$$

Diese gilt langfristig nur für $\bar{p} \geq (AC_{min} = 53)$. Für die Kapazitätsgrenze $x = 14$ liefert $3x^2 - 24x + 54 = \bar{p}$ den Preis $\bar{p} = 306$, sodass der Definitionsbereich der langfristigen Angebotsfunktion durch $53 \leq \bar{p} \leq 306$ gegeben ist.

Betrachten wir nun die Gewinnmaximierung eines Unternehmens bei **unvollständiger Konkurrenz**. Auch hier gelten für ein Gewinnmaximum $x = \alpha$ (III.102) und (III.103), d.h.

$$R'(\alpha) = C'(\alpha) \;\wedge\; G''(\alpha) < 0 \quad \rightarrow \quad x = \alpha \text{ ist Maximum}\,. \qquad \text{(III.105)}$$

Allerdings ist zu berücksichtigen, dass

$$R'(x) = p'(x) \cdot x + p(x) \;<\; p(x)\,.$$

Immer wenn also die Preis-Absatz-Funktion in der Form p(x) vorliegt, handelt es sich um unvollständige Konkurrenz.

Der Punkt C auf der Preis-Absatz-Funktion p(x), dessen Abszisse dem Gewinnmaximum $x = \alpha$ entspricht, wird als **Cournot-Punkt** $C(\alpha_C; p(\alpha_C))$ bezeichnet. α_C ist dabei die Cournot-Menge und $p(\alpha_C)$ der Cournot-Preis. Setzt der Unternehmer seinen Preis entsprechend dem Cournot-Preis, erzielt er maximalen Gewinn. Die dabei nachgefragte und abgesetzte Menge ist die Cournot-Menge.

Im Falle einer linearen Kostenfunktion und damit konstanten Grenzkosten kann der Punkt C wie in Abbildung III 48 skizziert werden. Die gewinnmaximale Menge α_C ergibt sich als Schnittpunkt zwischen der Grenzkosten- und der Grenzerlösfunktion. Die Steigung der Kostenfunktion entspricht hier der Steigung der Erlösfunktion. Tragen wir den sich ergebenden Abszissenwert auf der Funktion p(x) ab, erhalten wir den zugehörigen Cournot-Preis $p(\alpha_C)$ bzw. den Cournot-Punkt C. Wie zu erkennen ist, ist für α_C die Differenz zwischen R(x) und C(x), also der Gewinn, maximal (G_{max}).

Für eine ertragsgesetzliche Kostenfunktion, deren Grenzkosten nicht konstant sind (in vielen Fällen realistischer), können wir die angestellten Überlegungen leicht übertragen (vgl. Abbildung III 49). Bei ertragsgesetzlichem Kostenverlauf wachsen die Kosten zunächst unterproportional, d.h. die Grenzkosten fallen. Von einer Bestimmten Menge an, wendet sich der Kostenverlauf und die Gesamtkosten steigen überproportional, d.h. die Grenzkosten steigen nach Durchlaufen eines Minimums. Der maximale Gewinn ergibt sich auch hier an der Stelle, an der die Steigung

$R'(x)$ der Erlösfunktion $R(x)$ und die Steigung $C'(x)$ der Kostenfunktion $C(x)$ gleich sind.

Der Vollständigkeit halber sei erwähnt, dass bei vorliegendem Graph von $G(x)$ lediglich der Abszissenwert des Maximums auf $p(x)$ abzutragen ist, um den Cournot-Preis bzw. den Cournot-Punkt zu ermitteln.

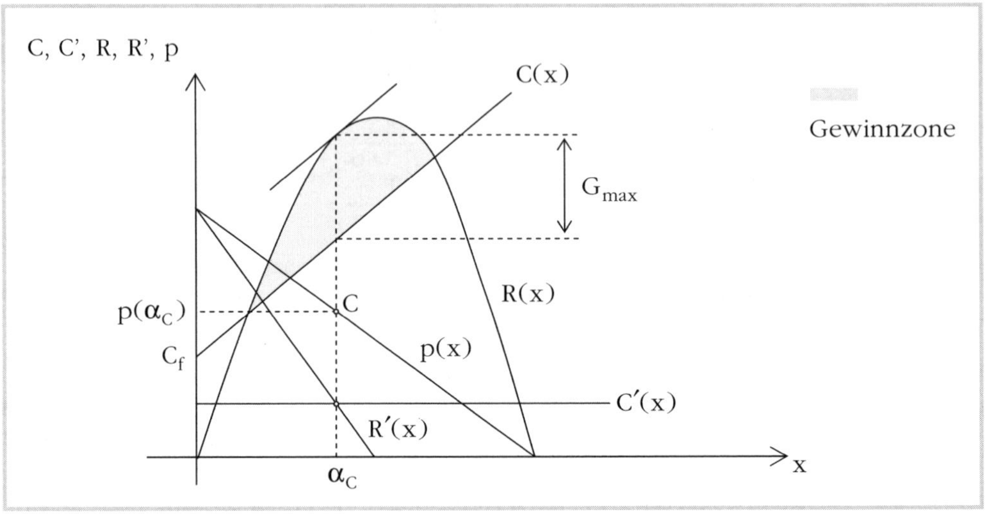

Abbildung III 48: Cournot-Punkt bei linearem Kostenverlauf

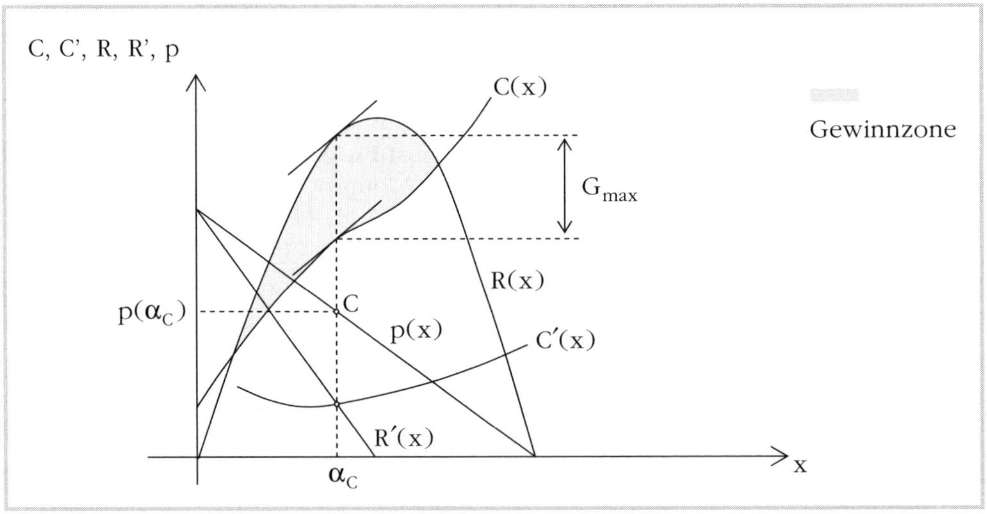

Abbildung III 49: Cournot-Punkt bei ertragsgesetzlichem Kostenverlauf

Beispiel 1:

Ein Unternehmen sieht sich der Kostenfunktion $C(x) = 440 + 3x$ und einer Preis-Absatz-Funktion $p(x) = 100 - 0{,}2x$ gegenüber. Zudem kann es auch in nicht-ganzen Stückzahlen produzieren. Wie hoch ist der Gewinn, der maximal erzielt werden kann?

1. Benötigte Funktionen:

$$G(x) = R(x) - C(x) = p(x) \cdot x - C(x) = (100 - 0{,}2x) \cdot x - (440 + 3x) = -0{,}2x^2 + 97x - 440$$

$$G'(x) = -0{,}4x + 97$$

$$G''(x) = -0{,}4$$

2. Extremwertbestimmung:

$$G'(x) \overset{!}{=} 0 \quad \rightarrow \quad x = 242{,}5$$

$$G''(242{,}5) = -0{,}4 < 0 \quad \rightarrow \quad x = 242{,}5 \text{ ist Maximum}$$

Der maximale Gewinn liegt so bei $G(242{,}5) = -0{,}2 \cdot 242{,}5^2 + 97 \cdot 242{,}5 - 440 = 11.321{,}25$ Geldeinheiten. Der Preis der dazu auf dem Markt vorherrschen muss ist, p(242,5) = 51,5. Der Cournot-Punkt liegt damit bei C(242,5; 51,5).

Beispiel 2:

Besitzt ein Unternehmer die Preis-Absatz-Funktion p(x) = 100 – 1,5x und die bisher schon mehrfach verwendete ertragsgesetzliche Kostenfunktion $C(x) = x^3 - 12x^2 + 54x + 248$, so können wir die gewinnmaximale Produktionsmenge wie folgt ermitteln:

1. Benötigte Funktionen:

$$G(x) = (100 - 1{,}5x) \cdot x - (x^3 - 12x^2 + 54x + 248) = -x^3 + 10{,}5x^2 + 46x - 248$$

$$G'(x) = -3x^2 + 21x + 46$$

$$G''(x) = -6x + 21$$

2. Extremwertbestimmung:

$$G'(x) \overset{!}{=} 0 \quad \rightarrow \quad x_1 = -1{,}75,\ x_2 = 8{,}75 \qquad \text{Ökonomisch sinnvoll ist nur } x = 8{,}75.$$

$$G''(8{,}75) = -31{,}5 < 0 \quad \rightarrow \quad x = 8{,}75 \text{ ist Maximum}$$

Der maximale Gewinn liegt damit bei G(8,75) = 288,48. Der Cournot-Punkt liegt bei C(8,75; 86,88), da p(8,75) = 86,88 ist.

Abschließend sei erwähnt, dass wir den Maximalgewinn G_{max} bei vorliegender Cournot-Menge bzw. gewinnmaximaler Menge $x = \alpha_C$ außer als $G(\alpha_C)$ auch über den Zusammenhang $G_{max} = g(\alpha_C) \cdot \alpha_C = (AR(\alpha_C) - AC(\alpha_C)) \cdot \alpha_C$ bestimmen können. Der Gewinn ergibt sich nämlich als Stückgewinn multipliziert mit der produzierten Menge, d.h. G(x) = g(x) · x, und der Stückgewinn ist nichts anderes als die Differenz aus Durchschnittserlös und -kosten, d.h. g(x) = AR(x) – AC(x).

3.7.4 Elastizitäten

Bisher haben wir mittels der Grenzfunktion $f'(x)$ die absolute Änderung einer Funktion y = f(x) bei Änderung von x um eine Einheit betrachtet. Absolute Größen haben jedoch den Nachteil, dass sie zur Charakterisierung des Änderungsverhaltens oft nicht aussagekräftig genug sind. Die erste Ableitung hat speziell den Nachteil, dass ihr Ergebnis maßsstabsabhängig ist, d.h. davon abhängig ist, wie x und y gemesssen werden (Euro oder Dollar, Gramm oder Kilogramm, ...).

Beispiel:

Betrachten wir zwei Unternehmen A und B, die ausgehend von gewissen Produktionsniveaus x die Menge um eine Einheit $\Delta x = 1$ erhöhen. Diese und die Auswirkungen auf die Produktionskosten C (in Geldeinheiten) sind in nachfolgender Tabelle enthalten:

	Output x	Kosten C	Δx	neuer Output	ΔC	neue Kosten
A	40	200	1	41	6	206
B	400	100	1	401	6	106

Absolut betrachtet sind bei beiden Unternehmen durch die Produktionssteigerung um eine Einheit die Kosten jeweils um 6 Geldeinheiten gestiegen ($\Delta C = 6$). Interessieren wir uns nun aber dafür, bei welchem Unternehmen die Kosten empfindlicher auf eine Produktionserhöhung reagieren, helfen uns diese absoluten Größen nicht weiter.

Bei A bedeutet die Änderung des Outputs um eine Einheit eine Steigerung von 2,5 % (= 1/40 · 100) und bei B nur 0,25 % (= 1/400 · 100). Die Kosten steigen bei A um 3 % (= 6/200 · 100) und bei B um 6 % (= 6/100 · 100). Wir erkennen, dass die Kosten von B empfindlicher auf eine Erhöhung um eine Einheit reagieren. Bei B führt nämlich eine Produktionserhöhung von nur 0,25 % zu einer Kostenerhöhung von 6 %, wohingegen eine beträchtlichere Produktionserhöhung um 2,5 % bei A nur eine Kostensteigerung von 3 % mit sich bringt.

Ein Maß für die Empfindlichkeit der Kosten bzgl einer Produktionsänderung ist der Quotient der hier bestimmten Prozentsätze

$$\frac{\frac{\Delta C}{C}\cdot 100}{\frac{\Delta x}{x}\cdot 100} = \frac{\frac{\Delta C}{C}}{\frac{\Delta x}{x}}.$$

Wir erhalten damit für A den Quotienten 3 % / 2,5 % = 1,2 und für B 6 % / 0,25 % = 24. Unternehmen B reagiert sensibler, was der höhere Quotient zeigt.

Wir wollen nun die Erkenntnisse dieses Beispiels verallgemeinern. Das Verhältnis der relativen Veränderung einer Größe $y = f(x)$ zur relativen Veränderung eines sie bestimmenden Einflussfaktors x bezeichnen wir in diesem Zusammenhang als **Elastizität** $\varepsilon_{y,x}$.

$$\varepsilon_{y,x} = \frac{\text{relative Änderung der Größe } y}{\text{relative Änderung des Einflussfaktors } x} = \frac{\frac{\Delta y}{y}}{\frac{\Delta x}{x}} = \frac{\Delta y}{\Delta x}\cdot\frac{x}{y} \qquad \text{(III.106)}$$

Wir sprechen von der "Elastizität der Größe y bezüglich der Größe x". Lassen wir nun Δx gegen Null gehen, so erhalten wir die sog. **Punktelastizität**

$$\varepsilon_{y,x} = \frac{\frac{dy}{y}}{\frac{dx}{x}} = \frac{dy}{dx}\cdot\frac{x}{y} = \frac{\frac{dy}{dx}}{\frac{y}{x}} = \frac{y'(x)}{\bar{y}(x)} = \frac{\text{erste Ableitung}}{\text{Durchschnittsfunktion}}. \qquad \text{(III.107)}$$

Wir erkennen an (III.107), dass die Elastizität eine *Funktion der unabhängigen Variablen x* ist und sich immer auf einen bestimmten Punkt der betrachteten Funktion bezieht (daher Punktelastizität). Die Elastizität ist zudem eine *dimensionslose Größe*, d.h. unabhängig davon, in welchen Maßeinheiten x und y gemessen werden. (III.107) gibt an einer Stelle $x = \alpha$ (näherungsweise) an, *um wie viel Prozent sich y verändert* (steigt bei $\varepsilon_{y,x} > 0$, fällt bei $\varepsilon_{y,x} < 0$), *wenn x bei $x = \alpha$ um 1 % steigt.* Es gilt allgemein

$$\varepsilon_{y,x} = \frac{1}{\varepsilon_{x,y}}. \qquad \text{(III.108)}$$

Absolut gesehen kann die Elastizität, die natürlich nur für eine differenzierbare Funktion $y = f(x)$ definiert ist, jeden Wert zwischen 0 und ∞ annehmen. Ist an einer Stelle $x = \alpha$ die Beziehung $|\varepsilon_{y,x}| > 1$ erfüllt, so heißt $y = f(x)$ bezüglich x an der betrachteten Stelle *elastisch*. Dies bedeutet, dass $y = f(x)$ sehr sensibel auf Änderungen von x reagiert, und zwar umso sensibler je höher $|\varepsilon_{y,x}|$ ist. Beim Grenzfall $|\varepsilon_{y,x}| = \infty$ sprechen wir von einer *vollkommen elastischen* Reaktion.

Ist an einer Stelle $x = \alpha$ die Beziehung $|\varepsilon_{y,x}| < 1$ erfüllt, so heißt $y = f(x)$ bezüglich x an der betrachteten Stelle *unelastisch*. Dies bedeutet, dass $y = f(x)$ wenig sensibel auf Änderungen von x reagiert. Je kleiner $|\varepsilon_{y,x}|$ ist, desto robuster ist $y = f(x)$ gegenüber Änderungen von x. Im Grenzfall $\varepsilon_{y,x} = 0$ heißt $y = f(x)$ *vollkommen unelastisch* oder *starr*, d.h. die Funktion reagiert auf Änderungen von x überhaupt nicht.

Im Übergang von elastischem zu unelastischem Verhalten, d.h. bei $|\varepsilon_{y,x}| = 1$, nennen wir $y = f(x)$ bezüglich x *ausgeglichen elastisch*, *einheitselastisch* oder *isoelastisch*.

Wir wollen uns nun drei besonderen Elastizitäten zuwenden, die in den Wirtschaftswissenschaften große Bedeutung haben. Dies sind die Preiselastizität der Nachfrage, die Kreuzpreiselastizität und die Einkommenselastizität der Nachfrage.

1. Preiselastizität der Nachfrage

Die Elastizität der Nachfrage (bzw. der nachgefragten Menge) bezüglich des Preises ist definiert als

$$\varepsilon_{x,p} = \frac{dx}{dp} \cdot \frac{p}{x} = \frac{x'(p)}{\overline{x}(p)}. \qquad \text{(III.109)}$$

(III.109) wird auch als *Preiselastizität der Nachfrage* bezeichnet und gibt an, wie sensibel Nachfrager auf Preisänderungen reagieren. Sind die Nachfrager sehr flexibel (elastische Nachfrage), da sie z.B. auf Ersatzprodukte ausweichen können, geht die nachgefragte Menge stark zurück oder steigt stark an. Sind sie hingegen unflexibel (unelastische Nachfrage), da z.B. das von ihnen benötigte Gut nur von einem Anbieter angeboten wird, ändert sich die nachgefragte Menge nur geringfügig oder gar nicht. Abhängig davon, welchen Wert $\varepsilon_{x,p}$ annimmt, ist die Nachfrage mehr oder weniger elastisch und ihr Graph zeigt einen anderen Verlauf. Abbildung III 50 veranschaulicht die möglichen Fälle und die dazu gehörigen Bezeichnungen (D: Demand).

Vollkommen unelastische Nachfrage:
Bei jedem beliebigen Preis wird die gleiche Menge nachgefragt.

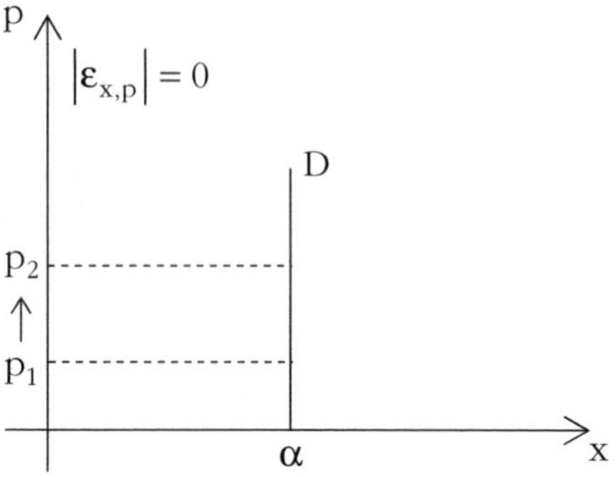

Vollkommen elastische Nachfrage:
Steigt der Preis nur minimal an fällt die Nachfrage auf Null.

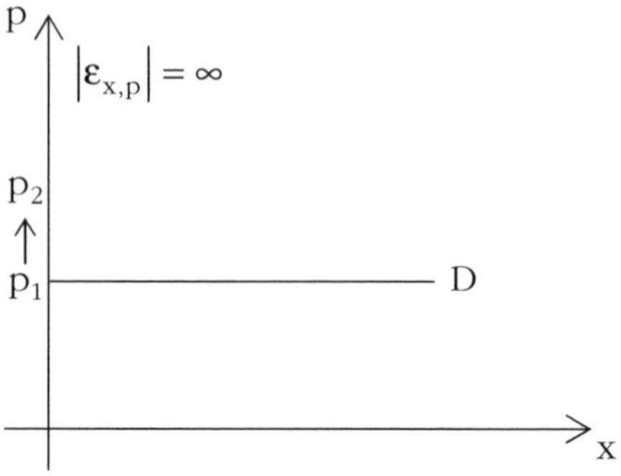

Unelastische Nachfrage:
Preis- führt zu unterprop. Mengenänderung. (z.B. Preis 10% ↑ → Menge 1% ↓)

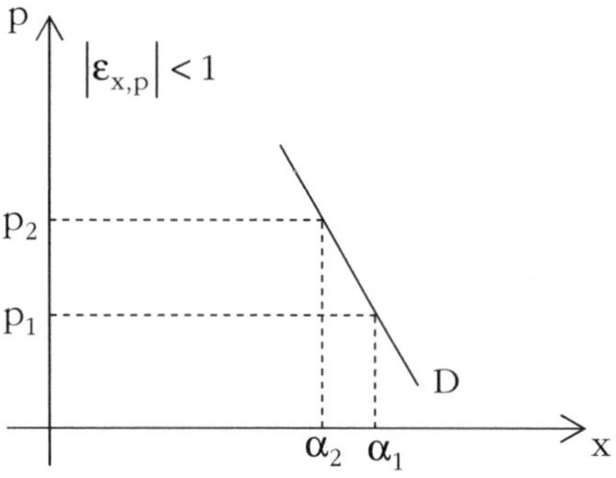

Elastische Nachfrage:
Preis- führt zu überprop. Mengenänderung. (z.B. Preis 10% ↑ → Menge 40% ↓)

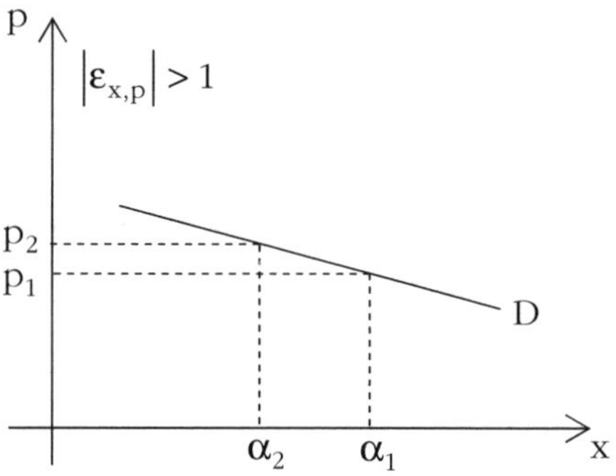

Einheits-/isoelastische Nachfrage:
Preis- und Nachfrageänderung sind proportional (z.B. Preis 10% ↑ → Menge 10% ↓).

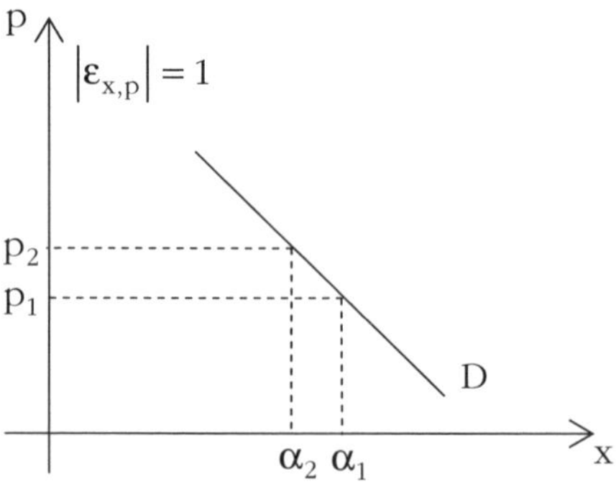

Abbildung III 50: Preiselastizität der Nachfrage

Beispiel 1:

Gegeben sei eine Nachfragefunktion nach Zucker $x^D(p) = 10 + \frac{120}{10p}$. Bestimmen wir die Preiselastizität der Nachfrage an der Stelle p = 3. Es gilt zunächst für die Elastizität

$$\varepsilon_{x,p} = \frac{dx}{dp} \cdot \frac{p}{x} \quad \text{mit} \quad \frac{dx}{dp} = 12 \cdot \left(-\frac{1}{p^2}\right) = \frac{-12}{p^2}.$$

Folglich gilt

$$\varepsilon_{x,p} = \frac{-12}{p^2} \cdot \frac{p}{10 + \frac{120}{10p}} = \frac{-12}{p \cdot (10 + \frac{12}{p})} = \frac{-12}{10p + 12}.$$

Setzen wir p = 3 ein, erhalten wir die gesuchte Elastizität

$$\varepsilon_{x,3} = \frac{-12}{10 \cdot 3 + 12} = -0{,}286.$$

Dieses Ergebnis bedeutet, dass bei einer Preissteigerung um 1 %, also von 3 Geldeinheiten auf 3,03 Geldeinheiten, die nachgefragte Menge um 0,286 %, also von 14 (z.B. kg) auf 13,96 (z.B. kg) zurückgeht. (Der Wert 14 ergibt sich dabei durch Einsetzen von p = 3 in $x^D(p)$.)

Interessieren wir uns für die Nachfrageelastizität des Preises an der Stelle x = 14, können wir diese ganz einfach über (III.108), d.h. über

$$\varepsilon_{x,p} = \frac{1}{\varepsilon_{p,x}} \quad \rightarrow \quad -0{,}286 = \frac{1}{\varepsilon_{p,x}} \quad \leftrightarrow \quad \varepsilon_{p,x} = -3{,}497$$

bestimmen. Mittels der Nachfrageelastizität des Preises können wir z.B. die Frage beantworten, um wie viel Prozent der Preis gesenkt werden muss, um eine Absatzsteigerung von 1 % zu erzielen. Dazu müsste hier der Preis um 3,497 % gesenkt werden.

Beispiel 2:

Bestimmen wir für die Nachfragefunktion $x^D(p) = 12e^{-0,2p}$ die Bereiche elastischer und unelastischer Nachfrage. Es gilt zunächst

$$\varepsilon_{x,p} = \frac{dx}{dp} \cdot \frac{p}{x} = \left(12e^{-0,2p} \cdot (-0{,}2)\right) \cdot \frac{p}{12e^{-0,2p}} = -0{,}2p.$$

Die Nachfrage ist preiselastisch für –0,2p < –1, d.h. für p > 5. Für 0 < p < 5 ist sie unelastisch, für p = 0 starr und für p = 5 einheits-/ isoelastisch.

Von besonderer Bedeutung ist die Preiselastizität der Nachfrage bei Berechnung der *Auswirkungen von Preisänderungen und dem Umsatz*. Um die hier vorherrschenden Gesetzmäßigkeiten besser erklären zu können, bringen wir die sich aus der Umsatzfunktion $R(x) = p(x) \cdot x$ ergebende Grenzerlösfunktion $R'(x)$ in eine spezielle Form.

$$R'(x) = p'(x) \cdot x + p(x) = p(x) \cdot \left[\frac{p'(x) \cdot x}{p(x)} + 1\right] = p(x) \cdot \left[\frac{dp}{dx} \cdot \frac{x}{p(x)} + 1\right]$$

$$= (\varepsilon_{p,x} + 1) \cdot p(x) = \left(1 + \frac{1}{\varepsilon_{x,p}}\right) \cdot p(x)$$

Anhand des Zusammenhangs

$$R'(x) = \left(1 + \frac{1}{\varepsilon_{x,p}}\right) \cdot p(x) \qquad \text{(III.110)}$$

kann nun bestimmt werden, wie sich R(x) bei Preisveränderungen unter Berücksichtigung verschiedener Elastizitäten verhält. Nehmen wir an, dass p steigt, so können wir folgende drei Fälle (vgl. dazu Abbildung III 51) unterscheiden:

Fall 1: $\varepsilon_{x,p} = -1$

Der Umsatz bleibt konstant, da die Preiserhöhung mit einem proportionalen Mengenrückrang einhergeht. Dies bestätigt auch ein Einsetzen von $\varepsilon_{x,p} = -1$ in (III.110), das zu $R'(x) = 0$ führt.

Fall 2: $\varepsilon_{x,p} < -1$

Der Umsatz sinkt, da die Menge stärker zurückgeht als der Preis steigt. Dies zeigt auch $R'(x) > 0$, da der Term $1/\varepsilon_{x,p}$ in (III.110) dann zwischen 0 und –1 liegt.

Fall 3: $-1 < \varepsilon_{x,p} \leq 0$

Der Umsatz steigt, da die Menge weniger stark zurückgeht als der Preis steigt. Es gilt hier $R'(x) < 0$, da der Term $1/\varepsilon_{x,p}$ in (III.110) kleiner als –1 ist.

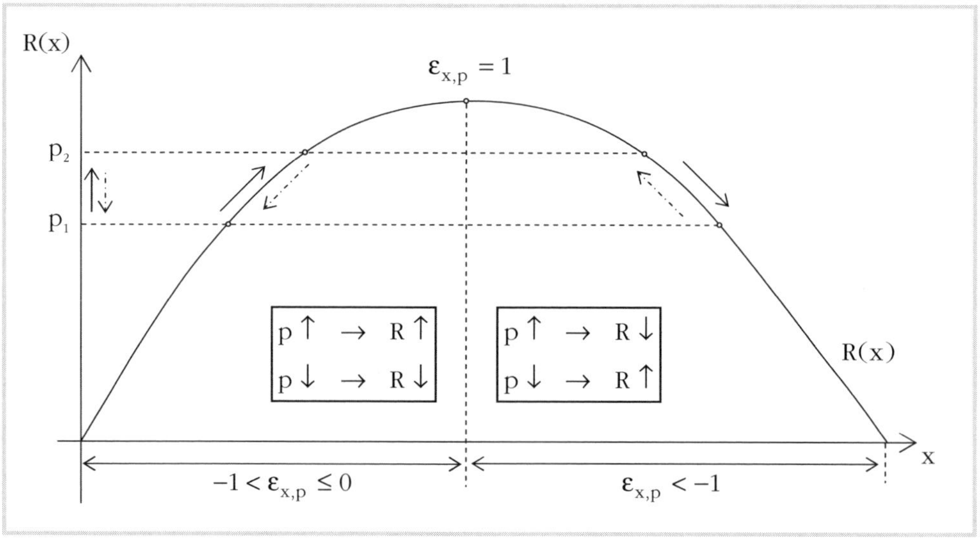

Abbildung III 51: Umsatz und Elastizität

2. Kreuzpreiselastizität

Bei der Kreuzpreiselastizität verbindet man den Preis eines Gutes mit der Nachfrage nach einem anderen Gut. Die sich einstellende Reaktion hängt davon ab, ob es sich bei den betreffenden Gütern um Subsitutions- oder Komplementärgüter handelt. Zwei Güter A und B sind *Substitutionsgüter* (sich ersetzende Güter), wenn ein Preisanstieg bei einem Gut einen Nachfrageanstieg beim anderen Gut auslöst (z.B. Autos unterschiedlicher Hersteller der gleichen Klasse, Kino und Theaterbesuch). Zwei Güter A und B sind *Komplementärgüter* (sich ergänzende Güter), wenn der

Preisanstieg des einen Gutes einen Nachfragerückgang des anderen Gutes bewirkt (z.B. Autos und Benzin, Digitalkameras und Speicherkarten).

Die **Kreuzpreiselastizität** zweier Güter A und B ist folglich definiert als

$$\varepsilon_{x_A,p_B} = \frac{d\,x_A}{d\,p_B} \cdot \frac{p_B}{x_A}. \tag{III.111}$$

Ist $\varepsilon_{x_A,p_B} > 0$, bedeutet dies, dass bei einem Preisanstieg bei Gut B die Nachfrage nach Gut A zunimmt. Es liegt also ein *substitutives Verhältnis* vor. Ist $\varepsilon_{x_A,p_B} < 0$, nimmt bei einem Preisanstieg bei Gut B die Nachfrage nach Gut A ab. A und B sind also *komplementäre Güter*.

3. Einkommenselastizität der Nachfrage

Neben einer Preisänderung kann auch eine Änderung des Einkommens v einen Einfluss auf die Nachfrage haben. Wir können damit die Einkommenselastizität der Nachfrage als

$$\varepsilon_{x,v} = \frac{dx}{dv} \cdot \frac{v}{x} \tag{III.112}$$

definieren. Steigt die Nachfrage nach einem Gut bei steigendem Einkommen, liegt ein sog. *normales Gut* mit $\varepsilon_{x,v} > 0$ vor. Sinkt die Nachfrage nach einem Gut jedoch mit steigendem Einkommen, so spricht man von einem sog. *inferioren Gut* mit $\varepsilon_{x,y} < 0$.

Beispiel:

Gegeben sei die Nachfrage nach einem Gut in Abhängigkeit vom verfügbaren Einkommen v in der Form $x^D(v) = 3e^{-0,1v}$. Ermitteln wir die Einkommenselastizität der Nachfrage an der Stelle v = 1.000 und untersuchen daran, ob es sich bei dem Gut um ein normales oder inferiores Gut handelt. Es gilt

$$\varepsilon_{x,v} = \frac{dx}{dv} \cdot \frac{v}{x} = \left(3e^{-0,1v} \cdot (-0,1)\right) \cdot \frac{v}{3e^{-0,1v}} = -0,1v\,.$$

Es resultiert $\varepsilon_{x,1.000} = -0,1 \cdot 1.000 = -100$. Da $\varepsilon_{x,v} < 0$, liegt ein inferiores Gut vor.

3.7.5 Wachstumsraten

Die Kenntnis der Berechnung von Wachstumsraten ist in der Praxis unerlässlich. Sie beschreiben die *Veränderung einer Größe im Zeitablauf*. Es ist grundsätzlich zwischen stetigen und diskreten Wachstumsraten zu unterscheiden.

3.7.5.1 Stetige Wachstumsraten

Ausgehend von einer Funktion y = f(t), wobei die unabhängige Veränderliche t die Zeit (t: time) darstellt, ist die stetige Wachstumsrate einer Größe y definiert als

$$w_y^s = \frac{\frac{dy}{dt}}{y} = \frac{f'(t)}{f(t)} = \frac{d\ln y}{dt} \; (= \ln y_t - \ln y_{t-1})\,, \tag{III.113}$$

wobei sich der letzte Umformungsschritt aus (III.83a) ergibt.

Beispiel:

Betrachten wir die Formel für die stetige Verzinsung eines Kapitals K_0 mit Zinssatz i aus Abschnitt II 2.2.3, also $K_t = K_0 \cdot e^{i \cdot t}$. Durch Umformung erhalten wir

$$\ln K_t = \ln(K_0 \cdot e^{i \cdot t}) \quad \leftrightarrow \quad \ln K_t = \ln K_0 + \ln e^{i \cdot t} \quad \leftrightarrow \quad \ln K_t = \ln K_0 + i \cdot t\,.$$

Diesen Term können wir zur Bestimmung der stetigen Wachstumsrate w^s nach t ableiten. Wir erhalten

$$w^s_{K_t} = \frac{d \ln K_t}{dt} = i\,,$$

d.h. die stetige Verzinsung zum Zinssatz i stellt nichts anderes als ein stetiges Kapitalwachstum dar.

Betrachten wir nun *Kombination mehrerer Variablen* (u und v) und wie sich dies auf die stetige Wachstumsrate auswirkt:

Fall 1: $y = u \cdot v$

$$\leftrightarrow \ln y = \ln(u \cdot v) \leftrightarrow \ln y = \ln u + \ln v$$

$$w^s_y = \frac{d \ln u}{dt} + \frac{d \ln v}{dt} = w^s_u + w^s_v \qquad \text{(III.114)}$$

Beispiel:

Innerhalb eines Monats wurde eine Preissteigerung von 1,5 % bei einem gleichzeitigen Rückgang der abgesetzten Menge um 5 % festgestellt. Was bedeutet dies für den Umsatz?

$$R(x) = p \cdot x \quad \rightarrow \quad w^s_R = w^s_p + w^s_x$$

$$\rightarrow \quad w^s_R = 0{,}015 + (-0{,}05) = -0{,}035 = -3{,}5\ \%$$

Der Umsatz wird also um 3,5 % zurückgehen.

Fall 2: $y = \frac{u}{v}$

$$\leftrightarrow \ln y = \ln \frac{u}{v} \leftrightarrow \ln y = \ln u - \ln v$$

$$w^s_y = \frac{d \ln u}{dt} - \frac{d \ln v}{dt} = w^s_u - w^s_v \qquad \text{(III.115)}$$

Beispiel:

Für das Einkommen Y einer Volkswirtschaft war innerhalb einer bestimmten Periode ein Anstieg von 10 % bei gleichzeitigem Bevölkerungswachstum N von 3 % zu verzeichnen. Was kann daraus über das Wachstum des Pro-Kopf-Einkommens P ausgesagt werden?

$$P = \frac{Y}{N} \quad \rightarrow \quad w^s_P = w^s_Y - w^s_N$$

$$\rightarrow \quad w^s_P = 0{,}1 - 0{,}03 = 0{,}07 = 7\ \%$$

Fall 3: $y = u + v$

$$\leftrightarrow \ln y = \ln(u + v)$$

$$\rightarrow w_y^s = \frac{d \ln y}{dt} = \frac{u' + v'}{u + v}$$

$$\rightarrow w_y^s = \frac{u \cdot w_u^s + v \cdot w_v^s}{u + v}, \text{ da } \frac{u'}{u} = w_u^s \text{ und } \frac{v'}{v} = w_v^s$$

$$w_y^s = \underbrace{\frac{u}{u + v}}_{\substack{\text{Anteil von u} \\ \text{am Gesamten}}} \cdot w_u^s + \underbrace{\frac{v}{u + v}}_{\substack{\text{Anteil von v} \\ \text{am Gesamten}}} \cdot w_v^s \qquad \text{(III.116)}$$

Beispiel:

In einer Volkswirtschaft teilen sich die Gesamtexporte GE in Dienstleistungsexporte D (30 %) und Warenexporte X (70 %) auf. Es liegen für die abgelaufene Periode die stetigen Wachstumsraten $w_D^S = 5\ \%$ und $w_X^S = 3\ \%$ vor. Was kann daraus über das Wachstum der Gesamtexporte ausgesagt werden?

$$GE = X + D \quad \rightarrow \quad w_{GE}^S = \frac{X}{GE} \cdot w_X^S + \frac{D}{GE} \cdot w_D^S$$

$$\rightarrow \quad w_{GE}^S = 0{,}7 \cdot 0{,}03 + 0{,}3 \cdot 0{,}05 = 0{,}036 = 3{,}6\ \%$$

Fall 4: $y = u^a$

$$\leftrightarrow \ln y = \ln u^a \leftrightarrow \ln y = a \cdot \ln u$$

$$w_y^s = \frac{d \ln y}{dt} = a \cdot \frac{d \ln u}{dt} = a \cdot w_u^s \qquad \text{(III.117)}$$

Beispiel:

Für ein bestimmtes Produkt wurde die Angebotsfunktion $x^S(p) = p^3$ festgestellt. Was bedeutet ein Preiswachstum um 1 % für die Angebotsmenge?

$$w_{x^S}^S = 3 \cdot w_p^S = 3 \cdot 0{,}01 = 0{,}03 = 3\ \%$$

3.7.5.2 Diskrete Wachstumsraten

Eine diskrete Wachstumsrate ist definiert als

$$w_y^d = \frac{\Delta y}{y} = \frac{y_t - y_{t-1}}{y_{t-1}} = \frac{y_t}{y_{t-1}} - 1\,. \qquad \text{(III.118)}$$

Vereinfacht ausgedrückt ist also die Wachstumsrate einer diskreten Größe y der Quotient aus der Veränderung der Größe y zwischen den Perioden t und t–1 und dem Wert der Größe y in Periode t–1. Die Periode t–1 wird dabei als *Basisperiode*, die Periode t als *Vergleichsperiode* bezeichnet.

Beispiel:

Das Bruttoinlandsprodukt (BIP) einer Volkswirtschaft lag 2009 bei 200 Mrd. Geldeinheiten. 2008 war ein BIP von 210 Mrd. Geldeinheiten zu verzeichnen. Das (diskrete) BIP-Wachstum lag bei

$$w_{BIP}^d = \frac{BIP_{2009} - BIP_{2008}}{BIP_{2008}} = \frac{210-200}{200} = 0{,}05 = 5\ \%.$$

Wird von einer konstanten diskreten Wachstumsrate ausgegangen, können die Werte von y in zukünftigen Perioden t = 2, 3, ..., n wie folgt ermittelt werden:

$$\begin{aligned} y_1 &= y_0 \cdot (1 + w_y^d) \\ y_2 &= y_1 \cdot (1 + w_y^d) = y_0 \cdot (1 + w_y^d)^2 \\ &\vdots \\ y_n &= y_0 \cdot (1 + w_y^d)^n \end{aligned}$$

Es liegt also eine geometrische Folge bei konstanter Wachstumsrate w_y^d vor.

Beispiel 1:

Typische Anwendung diskreter Wachstumsraten ist die Verzinsung von Sparguthaben und Zinseszinsen. Erhält man auf ein Sparguthaben von K_0 = 1.000 Euro pro Jahr 3,5 % Zins (i = 0,035), ergibt sich

$$K_n = K_0 \cdot (1 + w_K^d)^n = K_0 \cdot (1+i)^n \quad \rightarrow \quad K_{10} = 1000 \cdot (1 + 0{,}035)^{10} = 1.410{,}60 \text{ Euro.}$$

Beispiel 2:

Der Ölpreis pro Barrel betrug Ende November 2006 46,70 Euro Ende November 2007 ist er auf 97 Euro angestiegen. Wie hoch war die diskrete Jahreswachstumsrate (Inflationsrate)?

$$w_{Öl}^d = \frac{p_{07}}{p_{06}} - 1 = \frac{97}{46{,}7} - 1 = 1{,}0771 = 107{,}71\ \%$$

Ähnlich wie bei stetigen Wachstumsraten kann sich die Größe y auch bei diskreten Wachstumsraten aus *mehreren Variablen* zusammensetzen. Die dabei geltenden Rechenregeln wollen wir nun kurz für zwei Variablen u und v darstellen. Wir bezeichnen dabei mit u_0 und v_0 den Wert in der Basis und mit u_1 und v_1 den Wert in der Vergleichsperiode.

Fall 1: $y = u \cdot v$

$$w_y^d = \frac{u_1 \cdot v_1 - u_0 \cdot v_0}{u_0 \cdot v_0} = \frac{u_1 \cdot v_1}{u_0 \cdot v_0} - 1 = \left(\frac{u_1 - u_0}{u_0} + 1\right) \cdot \left(\frac{v_1 - v_0}{v_0} + 1\right) - 1$$

$$= (w_u^d + 1) \cdot (w_v^d + 1) - 1$$

$$w_y^d = w_u^d + w_v^d + w_u^d \cdot w_v^d \qquad \text{(III.119)}$$

Bei diskreten Wachstumsraten muss also im Unterschied zu stetigen Wachstumsraten das Produkt der Veränderungsraten (Kreuzprodukt) zusätzlich berücksichtigt werden. Wenn die einzelnen Wachstumsraten klein sind (Faustregel: < 10 %), ergibt sich allerdings nur ein geringer Unterschied bzw. ist der Fehler bei vernachlässigung des Kreuzproduktes unmerklich.

Beispiel:

Ein Unternehmen hat seinen Preis um 5 % erhöht. Dadurch ging die abgesetzte Menge um 2 % zurück. Um wie viel Prozent änderte sich der Umsatz?

$$w_R^s = 0{,}05 - 0{,}02 = 0{,}03 = 3\ \%$$

$$w_R^d = 0{,}05 - 0{,}02 - 0{,}05 \cdot 0{,}02 = 0{,}029 = 2{,}9\ \%\ (\approx 3\ \%)$$

Fall 2: $y = \frac{u}{v}$

$$w_y^d = \frac{\frac{u_1}{v_1} - \frac{u_0}{v_0}}{\frac{u_0}{v_0}} = \frac{u_1}{u_0} \cdot \frac{v_0}{v_1} - 1 = \frac{\frac{u_1}{u_0}}{\frac{v_1}{v_0}} - 1 = \frac{\frac{u_1 - u_0}{u_0} + 1}{\frac{v_1 - v_0}{v_0} + 1} - 1$$

$$= \frac{w_u^d + 1}{w_v^d + 1} - 1 = \frac{w_u^d}{w_v^d + 1} + \frac{1}{w_v^d + 1} - 1 = \frac{w_u^d}{w_v^d + 1} + \frac{1}{w_v^d + 1} - \left(\frac{w_v^d + 1}{w_v^d + 1} \right)$$

$$w_y^d = \frac{w_u^d - w_v^d}{1 + w_v^d} \qquad \text{(III.120)}$$

Abschließend wollen wir noch auf drei in der Praxis sehr bedeutsame diskrete Wachstumsraten eingehen. Dazu gehen wir davon aus, dass *quartalsweise Beobachtungen* der Größe y vorliegen.

Durch den Vergleich des Wertes von y im aktuellen Quartal t mit dem entsprechenden Quartal t–4 des Vorjahres erhalten wir die **Jahreswachstumsrate**

$$w_{y,J}^d = \frac{y_t}{y_{t-4}} - 1\,. \qquad \text{(III.121)}$$

Vergleichen wir den Wert von y im aktuellen Quartal t mit dem Wert von y im vorhergehenden Quartal t–1 erhalten wir die **Quartalswachstumsrate**

$$w_{y,Q}^d = \frac{y_t}{y_{t-1}} - 1\,. \qquad \text{(III.122)}$$

Die **annualisierte Wachstumsrate** ergibt sich unter der Annahme, dass sich das Wachstum nicht verändert, durch Umrechnung von $w_{y,Q}^d$ auf ein Jahr:

$$w_{y,a}^d = \left(\frac{y_t}{y_{t-1}} \right)^4 - 1 \qquad \text{(III.123)}$$

Beispiel:

Für eine diskrete Größe y wurden in 2008 und 2009 folgende Ausprägungen festgestellt:

	Quartal 1	Quartal 2	Quartal 3	Quartal 4
2008	100	130	110	140
2009	150	165	180	200

Für das 2. Quartal 2009 ergibt sich daraus die Quartals- und die Jahreswachstumsrate

$$w_{y,Q}^{d} = \frac{165}{150} - 1 = 0{,}1 = 10\ \% \quad \text{bzw.} \quad w_{y,J}^{d} = \frac{165}{130} - 1 = 0{,}27 = 27\ \%.$$

Die annualisierte Wachstumsrate beläuft sich auf

$$w_{y,a}^{d} = 1{,}1^4 - 1 = 0{,}4641 = 46{,}71\ \%.$$

Die Zusammenhänge (III.121) bis (III.123) können wir analog auch auf andere Fristigkeiten übertragen. Bei Monatsdaten ist in den Formeln z.B. lediglich die 4 durch 12 zu ersetzen.

3.7.5.3 Zusammenhänge

Zwischen stetigen und diskreten Wachstumsraten bestehen direkte Beziehungen. So können stetige in diskrete und diskrete in stetige Wachstumsraten umgerechnet werden, ohne die Ausgangsdaten zu kennen. Aus den Zusammenhängen

$$w_y^d = \frac{y_t - y_{t-1}}{y_{t-1}} = \frac{y_t}{y_{t-1}} - 1$$

$$w_y^s = \frac{d \ln y}{dt} = \ln y_t - \ln y_{t-1} = \ln\left(\frac{y_t}{y_{t-1}}\right) \quad \leftrightarrow \quad e^{w_y^s} = \frac{y_t}{y_{t-1}},$$

folgt

$$w_y^d = e^{w_y^s} - 1 \tag{III.124}$$

$$w_y^s = \ln(1 + w_y^d). \tag{III.125}$$

Es gilt dabei stets

$$w_y^d \geq w_y^s. \tag{III.126}$$

Beispiele:

1. $w_y^s = 10\ \% \quad \rightarrow \quad w_y^d = e^{0{,}1} - 1 = 0{,}1052 = 10{,}52\ \%$
2. $w_y^d = 20\ \% \quad \rightarrow \quad w_y^s = \ln(1+0{,}2) = 0{,}1823 = 18{,}23\ \%$

Die *Differenz zwischen diskreten und stetigen Wachstumsraten* wird bei steigendem bzw. sinkendem w_y^d immer größer (vgl. folgendes Zahlenbeispiel und Abbildung III 52).

$$w_y^d = 0{,}1 \qquad w_y^s = \ln(1+0{,}1) = 0{,}0953 \qquad w_y^d - w_y^s = 0{,}0047$$

$$w_y^d = 0{,}2 \qquad w_y^s = \ln(1+0{,}2) = 0{,}1823 \qquad w_y^d - w_y^s = 0{,}0177$$

$$\ldots$$

$$w_y^d = 0{,}9 \qquad w_y^s = \ln(1+0{,}9) = 0{,}6419 \qquad w_y^d - w_y^s = 0{,}2581$$

Wir erkennen, dass erst für $|w^d| < 10\ \%$ aufgrund des relativ geringen Fehlers eine Approximation (Näherung) diskreter durch stetige Wachstumsraten sinnvoll ist.

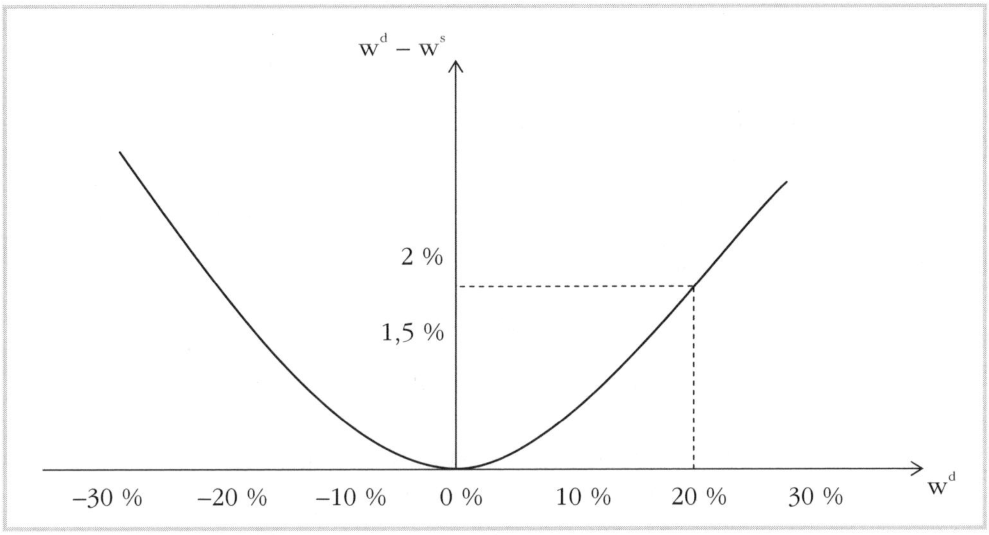

Abbildung III 52: Differenz stetiger und diskreter Wachstumsraten

Die *Vorteile stetiger im Vergleich zu diskreten Wachstumsraten* sind also:

- Bei der Berechnung der Wachstumsrate von Kombinationen von Variablen entfallen die *Kreuzprodukte.*
- Stetige Wachsumsraten sind *symmetrisch*. Um dies zu veranschaulichen, betrachten wir die Größe y, die im Zeitverlauf t_0 bis t_2 folgende Entwicklung zeige, bei der $y_1 > y_0$ gilt:

$$\begin{array}{ccccc} t_0 & & t_1 & & t_2 \\ y_0 & \xrightarrow{(1)} & y_1 & \xrightarrow{(2)} & y_0 \end{array}$$

  Es gilt nun für die Vorzeichen der hier berechenbaren diskreten und stetigen Wachstumsraten Folgendes:

$$\underbrace{w_y^d(1) = \frac{y_1 - y_0}{y_0}}_{\text{positiv}} \qquad \underbrace{w_y^d(2) = \frac{y_0 - y_1}{y_1}}_{\text{negativ}}$$

$$\underbrace{w_y^s(1) = \ln y_1 - \ln y_0}_{\text{positiv}} \qquad \underbrace{w_y^s(2) = \ln y_0 - \ln y_1}_{\text{negativ}}$$

  Bei stetigen Renditen resultiert also bis auf das Vorzeichen der gleiche Wert:

$$|w_y^s(1)| = |w_y^s(2)|$$

  Bei diskreten Renditen dagegen unterscheidet sich nicht nur das Vorzeichen, sondern wegen des unterschiedlichen Bezugszeitpunkts auch der Wert:

$$|w_y^d(1)| \neq |w_y^d(2)|$$

Beispiel:

Der Wert eines Aktienportfolios zeigt folgende Entwicklung:

Jahr	t	t+1	t+2
Wert	1.000	1.500	1.000

Für die Wachstumsraten in diesem Zeitraum gilt:

$$w_y^d(1) = \frac{1500 - 1000}{1000} = 0,5 = 50\ \%$$

$$w_y^d(2) = \frac{1000 - 1500}{1500} = -0,3333 = -33,33\ \%$$

$$|0,5| \neq |-0,3333|$$

$$w_y^s(1) = \ln 1500 - \ln 1000 = 0,4055 = 40,55\ \%$$

$$w_y^s(2) = \ln 1000 - \ln 1500 = -0,4055 = -40,55\ \%$$

$$|0,4055| = |-0,4055|$$

- Eine *stetige mehrperiodige Wachstumsrate* kann als *Summe der einperiodigen Wachstumsraten* ermittelt werden.

$$\ln y_t - \ln y_{t-k} = (\ln y_t - \ln y_{t-1}) + (\ln y_{t-1} - \ln y_{t-2}) + \ldots \\ \ldots + (\ln y_{t-k+1} - \ln y_{t-k}) \tag{III.127}$$

Bei diskreten Wachstumsraten gilt hingegen

$$\frac{y_t - y_{t-k}}{y_{t-k}} = \prod_{i=1}^{k-1} (1 + w_{y,t-i}^d) - 1\,. \tag{III.128}$$

Beispiel:

Ein Unternehmen stellt für einen Zeitraum von vier Jahren folgende stetige einperiodige Umsatzwachstumsraten (jeweils Vorjahresvergleich) fest:

Jahr	t	t+1	t+2	t+3
w_R^s	5 %	1 %	2 %	1 %

Für die Wachstumsrate im gesamten Vierjahreszeitraum gilt nun nach (III.127)

$${}^{ges}w_R^s = 0,05 + 0,01 + 0,02 + 0,01 = 0,09 = 9\ \%\,.$$

Für diskrete Wachstumsraten wäre eine solche Berechnung nicht zulässig. Nehmen wir an, es würde sich bei den Zahlen obiger Tabelle um diskrete Wachstumsraten handeln, so könnten wir die Gesamtwachstumsrate nur über

$${}^{ges}w_R^d = (1+0,05)\cdot(1+0,01)\cdot(1+0,02)\cdot(1+0,01) - 1 = 0,0925 = 9,25\ \%$$

bestimmen.

3.8 Exkurs: Die Regel von l'Hospital

Ist beim Grenzübergang einer gebrochen rationalen Funktion der Zähler (bzw. der Nenner) ungleich Null, während der Nenner (bzw. der Zähler) gegen Null geht, so können wir auf einen Grenzwert des Quotienten von unendlich (bzw. von Null) schließen. Dies haben wir bereits in Abschnitt III 1.4 gesehen. Das gleichzeitige Verschwinden von Zähler und Nenner lässt einen derartigen Schluss jedoch nicht zu.

Ein Ausdruck, der keine eindeutige Aussage hinsichtlich des Grenzwertes zulässt, heißt **unbestimmter Ausdruck**. Dabei geht es um Funktionsverknüpfungen

$$f(x) = \frac{g(x)}{h(x)},\ f(x) = g(x)\cdot h(x),\ f(x) = g(x) \pm h(x) \text{ oder } f(x) = g(x)^{h(x)},$$

die beim Grenzwert

$$\lim_{x\to\alpha} f(x)$$

Ausdrücke der Form

$$\frac{0}{0},\ \frac{\infty}{\infty},\ 0\cdot\infty,\ \infty-\infty,\ 1^{\infty},\ 0^0 \text{ oder } \infty^0$$

ergeben.

Mittels der Differenzialrechnung bzw. der sog. **Regel von l' Hospital** kann jedoch das Grenzverhalten derartiger Ausdrücke untersucht werden. Diese Regel geht vom Quotienten zweier Funktionen

$$f(x) = \frac{g(x)}{h(x)}$$

aus, wobei beide Funktionen beim Grenzübergang gegen Null streben, d.h.

$$\lim_{x\to\alpha} g(x) = 0 \quad \text{und} \quad \lim_{x\to\alpha} h(x) = 0\,.$$

Nehmen wir nun an, dass beide Funktionen etwa gleich schnell gegen ihren Grenzwert konvergieren oder zumindest in einem konstanten Verhältnis, dann weisen die Funktionen in etwa die gleiche Steigung bzw. ein konstantes Steigungsverhältnis auf. Der Quotient der Funktionen strebt in diesem Fall gegen einen endlichen Grenzwert. Dies ist im Wesentlichen die Aussage der Regel von l' Hospital. Sind g(x) und h(x) n-mal differenzierbar, so gilt

$$\lim_{x\to\alpha}\frac{g(x)}{h(x)} = \lim_{x\to\alpha}\frac{g'(x)}{h'(x)} = \ldots = \lim_{x\to\alpha}\frac{g^{(n)}(x)}{h^{(n)}(x)}\,. \qquad \text{(III.129)}$$

Ergibt der Quotient zweier Funktionen also einen unbestimmten Ausdruck 0/0 oder ∞/∞, so können wir den Quotienten der Ableitungen beider Funktionen auf seinen Grenzwert hin untersuchen. Ergibt sich wieder ein unbestimmter Ausdruck, so wiederholen wir den Vorgang so lange, bis ein bestimmter Ausdruck vorliegt.

Beispiele:

1. $\lim\limits_{x \to -4} \frac{x^2+2x-8}{x+4} = \lim\limits_{x \to -4} \frac{2x+2}{1} = -6$

2. $\lim\limits_{x \to 1} \frac{x^5-1}{x^4-1} = \lim\limits_{x \to -4} \frac{5x^4}{4x^3} = \lim\limits_{x \to -4} \frac{5}{4} \cdot x = \frac{5}{4}$

Die Regel von l' Hospital ist aber nicht nur auf die Untersuchung von Quotienten aus Funktionen beschränkt. Alle anderen unbestimmten Ausdrücke lassen sich nämlich durch einfache arithmetische Umformungen in die Standardquotientenform überführen.

Fall 1: $f(x) = g(x) \cdot h(x)$ mit $\lim\limits_{x \to \alpha} g(x) = 0$ und $\lim\limits_{x \to \alpha} h(x) = \infty$

Wir können hier die einfache Umformung

$$f(x) = g(x) \cdot h(x) = \frac{g(x)}{1/h(x)} = \frac{h(x)}{1/g(x)} \tag{III.130}$$

vornehmen, deren Grenzwert einen der beiden unbestimmten Ausdrücke 0/0 oder ∞/∞ ergibt.

Beispiel:

Für f(x) = x · lnx führt der Grenzübergang für $x \to 0+$ zum unbestimmten Ausdruck $0 \cdot -\infty$. Nach (III.130) in Verbindung mit (III.129) können wir jedoch Folgendes bestimmen:

$$\lim_{x \to 0+} x \cdot \ln x = \lim_{x \to 0+} \frac{\ln x}{1/x} = \lim_{x \to 0+} \frac{1/x}{-1/x^2} = \lim_{x \to 0+} (-x) = 0$$

Fall 2: $f(x) = g(x) \pm h(x)$ mit $\lim\limits_{x \to \alpha} g(x) = \lim\limits_{x \to \alpha} h(x) = \infty$

Hier ist die Umformung

$$f(x) = g(x) \pm h(x) = \frac{[g(x) \pm h(x)] \cdot g(x) \cdot h(x)}{g(x) \cdot h(x)} = \frac{1/h(x) \pm 1/g(x)}{1/[g(x) \cdot h(x)]} \tag{III.131}$$

möglich, deren Grenzwert einen unbestimmten Ausdruck der Form 0/0 liefert.

Beispiel:

Für f(x) = 1/x + lnx führt der Grenzübergang für $x \to 0+$ zum unbestimmten Ausdruck $\infty - \infty$. Nach (III.131) und (III.129) erhalten wir unter Berücksichtigung des Ergebnisses des letzten Beispiels jedoch Folgendes:

$$\lim_{x \to 0+} \left(\frac{1}{x} + \ln x \right) = \lim_{x \to 0+} \frac{x + \frac{1}{\ln x}}{x \cdot \frac{1}{\ln x}} = \lim_{x \to 0+} \frac{\frac{x \cdot \ln x + 1}{\ln x}}{\frac{x}{\ln x}} = \lim_{x \to 0+} \frac{1 + x \cdot \ln x}{x} = \lim_{x \to 0+} \frac{1}{x} = \infty$$

Fall 3: $f(x) = g(x)^{h(x)}$ mit $\lim\limits_{x \to \alpha} f(x) = 0^0$, ∞^0 oder 1^∞

Wir können hier die Umformung

$$f(x) = e^{h(x) \cdot \ln(g(x))} = e^{\frac{\ln(g(x))}{1/h(x)}} \qquad \text{(III.132)}$$

vornehmen, sodass

$$\lim_{x \to \alpha} f(x) = e^{\lim\limits_{x \to \alpha} \frac{\ln(g(x))}{1/h(x)}}$$

gilt. Damit sind der unbestimmte Ausdruck 0^0 auf $e^{\infty/\infty}$, ∞^0 auf $e^{\infty/\infty}$ und 1^∞ auf $e^{0/0}$ zurückgeführt.

Beispiel:

Für $f(x) = x^x$ führt der Grenzübergang für $x \to 0+$ zum unbestimmten Ausdruck 0^0. Nach (III.132) und (III.129) erhalten wir unter Berücksichtigung des Ergebnisses zu Fall 1 folgendes Ergebnis:

$$\lim_{x \to 0+} x^x = \lim_{x \to 0+} e^{\frac{\ln x}{1/x}} = \lim_{x \to 0+} e^{x \cdot \ln x} = e^{\lim\limits_{x \to 0+} (x \cdot \ln x)} = e^0 = 1$$

4. Aufgaben

Funktionsgrundlagen

Aufgabe III-1

Handelt es sich bei den folgenden Kurven um Funktionen? Begründen Sie Ihre Aussagen!

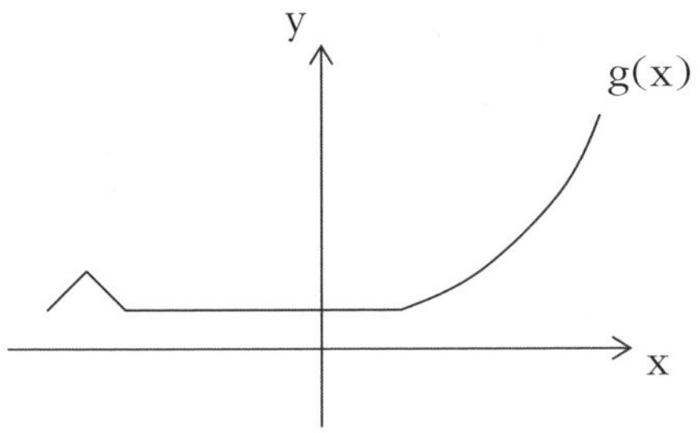

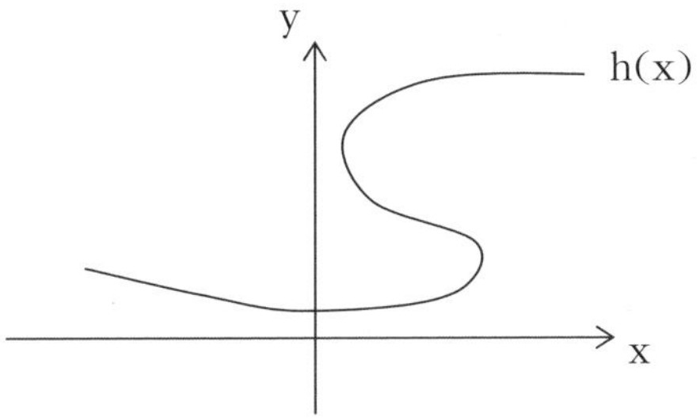

Aufgabe III-2

Beantworten Sie folgende Fragen zum Thema Geraden:

a) Liegt der Punkt P(3; 4) auf der Geraden $p(x) = 3 + 5x$?

b) Welche Gerade mit Steigung 4 verläuft durch den Punkt P(1; –2)?

c) Welche Geradengleichung geht durch die Punkte $P_1(3; 4)$ und $P_2(-2; -2)$?

d) Welche Bedingung müssen zwei Geraden erfüllen, damit sie sich nicht schneiden?

e) Geben Sie zwei Geraden an, die sich im Punkt P(–1; 1) schneiden!

Aufgabe III-3

Bestimmen Sie die Definitionsbereiche folgender Funktionen:

a) $f(x) = 3x + 4$

b) $f(x) = -x^2 - 3x$

c) $f(x) = \dfrac{x+4}{2x-4}$

d) $f(x) = \dfrac{1}{4x^2+4}$

e) $f(x) = \dfrac{x^2}{x^2 - 3x - 4}$

f) $f(x) = \dfrac{x}{\sqrt[4]{x^2 - 16}}$

g) $f(x) = \ln(2 - x)$

h) $f(x) = e^{3\cdot\sqrt{x^2+1}}$

i) $f(x) = \begin{cases} \sqrt{x^2 - 4} & \text{für } |x| > 2 \\ x - 2 & \text{für } |x| \le 2 \end{cases}$

j) $f(x) = \dfrac{e^x}{\ln x}$

Aufgabe III-4

Bestimmen Sie die Nullstellen der folgenden Funktionen:

a) $f(x) = \ln(x-1)$

b) $f(x) = \sqrt[4]{4-x^2}$

c) $f(x) = 3e^{-x} - e^{3x}$

d) $f(x) = \ln(x+1) + \ln x$

e) $f(x) = (x-4)(2x+1)(x^2-1)$

f) $f(x) = x^3 - 2x^2 - x + 2$

g) $f(x) = x^2 + 3x + 2$

Aufgabe III-5

Erklären Sie allgemein, wie sich die Schnittstellen zweier Funktionen bestimmen lassen und ermitteln Sie die Schnittstellen für folgende Paare von Funktionen! Auf welches Problem treffen Sie bei d)? Können Sie die Schnittstelle trotzdem angeben?

a) $f(x) = 2x - 1,\ g(x) = x + 4$

b) $f(x) = x^2 + 3x - 1,\ g(x) = 3x + 3$

c) $f(x) = e^x,\ g(x) = x$

d) $f(x) = \ln x,\ g(x) = -x + 1$

Aufgabe III-6

Bestimmen Sie die Umkehrfunktionen $y = f^{-1}(x)$ folgender Funktionen $y = f(x)$, sofern diese existieren:

a) $y = f(x) = -2x + 5$

b) $y = f(x) = (x^2+1)^2$

c) $y = f(x) = 2\sqrt{4-x}$

d) $y = f(x) = \dfrac{1}{2x-4}$

e) $y = f(x) = e^{4x-1}$

f) $y = f(x) = \sqrt[3]{x^2-1}$

g) $y = f(x) = \log_4(x-2)$

Aufgabe III-7

Bestimmen Sie folgende Grenzwerte:

a) $\lim\limits_{x\to 1}(x^2 - 3x + 5)$

b) $\lim\limits_{x\to 0} e^{x^2+1}$

c) $\lim\limits_{x\to 0} \dfrac{x^3 - 2x - 1}{x^2 + 2}$

d) $\lim\limits_{x\to 2} \dfrac{x^2 + 4x - 12}{x^2 - 5x + 6}$

e) $\lim\limits_{x\to 3} \dfrac{1}{(x-3)^2}$

f) $\lim\limits_{x\to \infty} \dfrac{3x^3 - 1}{-x^3 - 5x^2 + 4}$

g) $\lim\limits_{x\to -\infty} \dfrac{2x}{x^2 - 6}$

h) $\lim\limits_{x\to -\infty} \dfrac{x^5 + x + 6}{2x^4 - x}$

i) $\lim\limits_{x\to \infty} \dfrac{3}{1 - e^{-2x}}$

l) $\lim\limits_{x\to -\infty} \dfrac{e^x + 4}{e^{2x} + 2}$

Aufgabe III-8

Bestimmen Sie

a) $\lim\limits_{x\to -1-} f(x)$ und $\lim\limits_{x\to -1+} f(x)$ für $f(x)=\dfrac{1}{1+x}$

b) $\lim\limits_{x\to 4-} f(x)$ und $\lim\limits_{x\to 4+} f(x)$ für $f(x)=\dfrac{x}{x^2-5x+4}$

c) $\lim\limits_{x\to 1-} f(x)$ und $\lim\limits_{x\to 1+} f(x)$ für $f(x)=\dfrac{1}{\ln x}$

d) $\lim\limits_{x\to 0-} f(x)$ und $\lim\limits_{x\to 0+} f(x)$ für $f(x)=\max\left(0;\dfrac{1}{x}\right)$

e) $\lim\limits_{x\to -2-} f(x)$ und $\lim\limits_{x\to -2+} f(x)$ für $f(x)=\dfrac{(x-3)(x-2)}{(x-2)}$

f) $\lim\limits_{x\to 0-} f(x)$ und $\lim\limits_{x\to 0+} f(x)$ für $f(x)=\dfrac{1}{1+|x|}$

Aufgabe III-9

Untersuchen Sie anhand potenzieller Unstetigkeitsstellen, ob die folgenden Funktionen stetig sind!

a) $f(x)=\begin{cases} x^2-x & \text{für } x\le 2 \\ 2x+1 & \text{für } x>2 \end{cases}$

b) $f(x)=\begin{cases} -0{,}5x & \text{für } x<0 \\ 2x & \text{für } 0\le x\le 1 \\ x+1 & \text{für } x>1 \end{cases}$

c) $f(x)=|x-4|$

d) $f(x)=\dfrac{x^3}{(x-1)^2}$

Aufgabe III-10

Skizzieren Sie den Verlauf folgender Funktionen! Begründen Sie den Verlauf von a) und b) auch anhand der vorliegenden Null- und Polstellen sowie Asymptoten!

a) $f(x)=\dfrac{(x-1)(x+1)^2}{x^2\cdot(x^2-4)}$

b) $f(x)=\dfrac{(x-4)(x-2)^2(x+1)^3}{(x-3)^2\cdot(x-1)}$

c) $f(x)=\min(|x|;x^2-1)$

d) $f(x)=\max(x;x^3)$

e) $f(x)=\min(1;e^x)$

f) $f(x)=\max(-x^2,\log x)$

Experimentieren Sie im online zur Verfügung gestellten Funktionsplotter mit gebrochen rationalen Funktionen, um ein Gespür für ihre vielfältigen Verlaufsmuster zu bekommen!

Differenzialrechnung allgemein

Aufgabe III-11

Beweisen Sie die Gültigkeit der Ableitungsregeln (III.74) bis (III.81) durch Berechnung der entsprechenden Grenzwerte!

Aufgabe III-12

Begründen Sie unter Bezugnahme auf die nachfolgenden Grafiken, warum bei einem derartigen Funktionsverlauf für einen Wendepunkt $x = \alpha$ immer $f''(\alpha) = 0$ und $f'''(\alpha) \neq 0$ gelten muss!

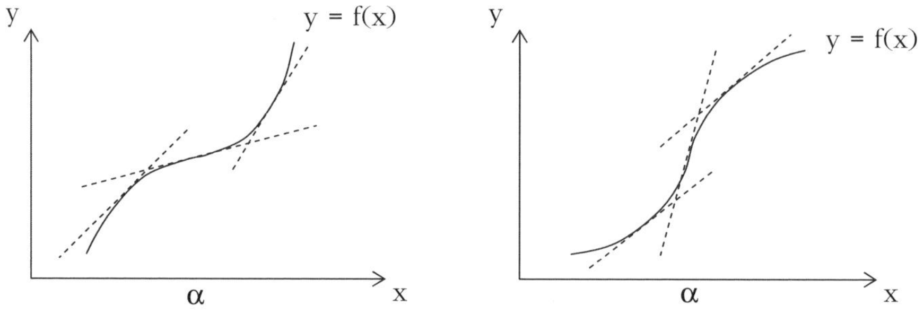

Aufgabe III-13

Bilden Sie die ersten Ableitungen folgender Funktionen:

a) $f(x) = \dfrac{x^2-1}{x-1} - \dfrac{x^2-1}{x+1}$

b) $f(x) = \sqrt{x} + \ln(2x) + x^{-1} \cdot \left(\sqrt{x}\right)^2$

c) $f(x) = \dfrac{1}{\sqrt{e^x}}$

d) $f(x) = \dfrac{2}{e^{-\ln x^2}}$

e) $f(x) = 3^{-\frac{(x+1)^4}{2}}$

f) $f(x) = \sqrt{x\sqrt{x}} \cdot \left(0{,}5x^2 + \dfrac{1}{x}\right)$

g) $f(x) = \dfrac{\log_{10} x}{e^x}$

h) $f(x) = \left(\ln x^2 + \sqrt{x^3}\right)^4$

i) $f(x) = \log_8 (x-1)$

j) $f(x) = \sqrt[3]{\dfrac{\ln x}{x}}$

k) $f(x) = 2^{\ln(0{,}5x^2+5)}$

l) $f(x) = \ln\left(\sqrt{x^3 + x^2}\right)$

m) $f(x) = \log_2\left(\dfrac{e^x + x^5 - 1}{x}\right)$

Aufgabe III-14

Ermitteln Sie von folgenden Funktionen die erste, zweite und dritte Ableitung:

a) $f(x) = \sqrt{x}$ c) $f(x) = x \cdot \sqrt{x}$ e) $f(x) = x \cdot e^{-x}$

b) $f(x) = \ln(2x)$ d) $f(x) = e^{1-x^2}$ f) $f(x) = x \cdot \ln x$

Aufgabe III-15

Bestimmen Sie mittels des Differenzials für die folgenden Funktionen näherungsweise die Änderung der Funktion für die jeweiligen Ausgangs- und Veränderungswerte von x und vergleichen Sie ihre Approximation mit der exakten Funktionsänderung!

a) $f(x) = 7x^3 + 2x^2 - x + 5$ bei $x = 3$ und $\Delta x = 0{,}02$

b) $f(x) = x^2 e^{-0{,}5x^2}$ bei $x = -1$ und $\Delta x = 0{,}1$

c) $f(x) = \sqrt[3]{x^2 + (\ln x)^5}$ bei $x = 10$ und $\Delta x = -1$

Aufgabe III-16

Berechnen Sie mit dem Newton-Verfahren auf drei Stellen nach dem Komma genau die Nullstellen der Funktion $f(x) = x^2 - \ln x - 2$, wenn bekannt ist, dass die Funktion Nullstellen in der Nähe der Werte $x = 0{,}2$ und $x = 2$ besitzt!

Aufgabe III-17

Bestimmen Sie, in welchen Bereichen die Funktionen a) - d) steigen bzw. fallen und in welchen die Funktionen e) - g) konvex bzw. konkav sind!

a) $f(x) = -2x^2 + 6x - 9$ d) $f(x) = \frac{x-1}{x^2 + x + 4}$ g) $f(x) = x^2 e^{-x}$

b) $f(x) = x \cdot \ln x$ e) $f(x) = x^2 \cdot \ln x$

c) $f(x) = (x^2 + 2) \cdot e^{-(x+3)}$ f) $f(x) = \frac{x^2 + 1}{x - 1}$

Aufgabe III-18

Bestimmen Sie die relativen Extrema der Funktionen a) - d) und die Wendestellen der Funktionen e) - g)!

a) $f(x) = x^4 - 2x^3 + 1$ d) $f(x) = x^4 + \frac{1}{x^3}$ g) $f(x) = \frac{1}{x^2 + 1}$

b) $f(x) = \sqrt{x} \cdot e^{-x}$ e) $f(x) = x^3 - 10x^2 + 2x + 1$

c) $f(x) = 2x \cdot \ln x$ f) $f(x) = e^{-\frac{x^2}{2}}$

Aufgabe III-19

Führen Sie für die folgenden Funktionen eine Kurvendiskussion durch!

a) $f(x) = x^3 - 4x$

b) $f(x) = \frac{x^2 - 1}{x^2 - 4}$

c) $f(x) = (x-1)e^{-\frac{x}{2}}$

d) $f(x) = \frac{x^2 - 3x + 2}{x + 1}$

e) $f(x) = x^2 e^{-x}$

Skizzieren Sie jeweils auch den Verlauf der Funktionskurven! Stellen Sie bei a) zusätzlich auch die ersten zwei Ableitungen grafisch dar!

Aufgabe III-20

Ermitteln Sie die Elastizitäten folgender Funktionen:

a) $f(x) = \sqrt{2x + a}$ mit $a > 0$

b) $f(x) = x^n$

c) $f(x) = x \cdot e^{-ax}$ mit $a \in \mathbb{R}$

d) $f(x) = x \cdot \ln(x - 1)$

Allgemeine Differenzialrechnung bei ökonomischen Funktionen

Aufgabe III-21

Einem Unternehmen entstehen bei der Herstellung eines Produktes monatlich fixe Kosten in Höhe von 100.000 Euro und variable Stückkosten in Höhe von 2.500 Euro. Die Nachfrage nach diesem Produkt ist abhängig vom Produktpreis p und ist gegeben durch $x = 100 - 0{,}01p$.

a) Geben Sie eine formelmäßige Darstellung der Kostenfunktion, der Umsatzfunktion, der Gewinnfunktion und der Deckungsbeitragsfunktion an!

b) Ermitteln Sie den maximal möglichen Umsatz, den dazu gehörigen Preis und die umsatzmaximale Ausbringungsmenge!

c) Ermitteln Sie den maximalen Gewinn und den Preis, der dann verlangt wird. Wie hoch ist die gewinnmaximale Produktion?

d) Wie viele Produkte muss das Unternehmen pro Monat mindestens herstellen, um einen Verlust zu vermeiden?

e) Welcher Preis ist mindestens zu fordern und welcher Preis kann maximal verlangt werden, damit ein Verlust vermieden wird?

f) Wie verändert sich (näherungsweise) der Gewinn und der Deckungsbeitrag, wenn bei einem Absatz von 40 Stück der Absatz um eine Einheit reduziert wird?

Aufgabe III-22

Gegeben sei die Gewinnfunktion $G(x) = 92{,}5x - C(x)$ mit x als abgesetzter bzw. produzierter Menge. Die Kostenfunktion laute $C(x) = 225 + 135x - 14x^2 + 0{,}5x^3$ mit $0 \leq x \leq 25$.

Berechnen Sie die gewinnmaximale Absatzmenge und den maximalen Gewinn!

Aufgabe III-23

Gegeben sei die Kostenfunktion $C(x) = 0,5x^3 - 44x^2 + 1.314x$.

Zeigen Sie, dass im Minimum der Durchschnittskostenfunktion AC(x) gilt, dass die Grenzkosten $C'(x)$ gleich den Durchschnittskosten AC(x) sind!

Aufgabe III-24

Ein Unternehmen bei vollständiger Konkurrenz produziert ein in Tonnen (und auch kleineren Mengen) abgesetztes Gut mit $C(x) = \frac{1}{6}x^3 - 50x^2 + 6.000x + 52.000$ als Kostenfunktion. Die Kapazitätsgrenze liege bei x = 180 Tonnen. Der Marktpreis pro Tonne betrage 3.100 Euro.

a) Welche Kosten verursacht eine zusätzlich produzierte Einheit an der Schwelle des Ertragsgesetzes? Berechnen Sie den Näherungswert über die Grenzfunktion und vergleichen Sie ihn mit der exakten Veränderung!

b) Bestimmen Sie die Stelle des Betriebsminimums und die kurzfristige Preisuntergrenze!

c) Bestimmen Sie die Stelle des Betriebsoptimums, wenn bekannt ist, dass dieses nahe 156 Tonnen liegt! Wie hoch ist die langfristige Preisuntergrenze?

d) Bei welcher Angebotsmenge ist der Stückgewinn maximal?

e) Wie lautet die gewinnmaximierende Angebotsfunktion p(x) und in welchem Bereich ist sie langfristig gültig?

Aufgabe III-25

Ein Unternehmen bei vollständiger Konkurrenz produziert mit der Kostenfunktion C(x) = 5x + 500. Seine Kapazitätsgrenze liege bei x = 100 Stück. Es sieht sich einem Marktpreis von 15 Euro je Stück gegenüber.

a) Berechnen Sie die Gewinnschwelle!

b) Bei welchem Absatz wird der Gewinn maximal und wie groß ist dieser?

c) Berechnen Sie das Minimum der Stückkosten und den maximalen Stückgewinn!

Aufgabe III-26

Die Steuer T auf das Einkommen Y eines Steuerpflichtigen soll sich nach der Steuerfunktion $T = a(bY + c)^3 + kY$ berechnen, wobei a, b, c und k positive Konstanten sind. Der Durchschnittsteuersatz AT ergibt sich als Quotient aus T und Y.

Berechnen Sie den Wert von Y, bei dem AT minimiert wird! (Hinweis: Es genügt die Auswertung der notwendigen Bedingung!)

Elastizitäten ökonomischer Funktionen:

Aufgabe III-27

Mit welchem prozentualen Rückgang der Nachfrage ist zu rechnen, wenn der Preis bei einer Nachfrage von 1 Mio. Stück um einen Prozent erhöht wird und die Nachfragefunktion $p(x) = 400 - 0,2\sqrt{x}$ lautet?

Aufgabe III-28

Die Gesamtnachfragefunktion auf einem Markt habe einen linearen Verlauf.

a) Ermitteln Sie aus den in der Tabelle angegebenen Werten die Nachfragefunktion p(x) und setzen Sie die fehlenden Werte ein!

	Stückpreis p	Absatzmenge x	Gesamterlös R
1.	10		
2.	8		32
3.		8	
4.			18
5.	5		
6.		20	0

b) Welche Werte haben Sättigungsmenge und Maximalpreis (Grenzpreis)?

c) Wie hoch ist die Preiselastizität der Nachfrage bei einem Preis von 5 Euro?

Aufgabe III-29

Die Gesamtkostenfunktion eines Unternehmens sei $C(x) = 0{,}3x^2 + 2x + 3$. Die Preis-Absatz-Funktion lautet $p(x) = 300 - 0{,}4x$.

Berechnen Sie die Nachfrageelastizität in Bezug auf den Preis im Gewinnmaximum! Gehen Sie dabei davon aus, dass nur ganze Stück produziert werden können!

Aufgabe III-30

Ein Unternehmen bei unvollständiger Konkurrenz hat für sein Produkt eine Preis-Absatz-Funktion der Form $p(x) = -10x + 1.496$ ermittelt. Seine Kostenfunktion hat die Gestalt $C(x) = \frac{1}{3}x^3 - 8x^2 + 600x + 3.960$. x ist dabei jeweils die abgesetzte bzw. produzierte Menge.

Berechnen Sie die Preiselastizität der Nachfrage im Gewinnmaximum und geben Sie die Höhe der fixen und variablen Kosten im Gewinnmaximum an!

Aufgabe III-31

Ein Unternehmen besitzt die Kostenfunktion $C(x) = 2x^2 + 10x + 32$.

a) Bei welcher Produktion x sind die Durchschnittskosten minimal?

b) Das Unternehmen produziert zunächst die unter a) berechnete Menge x. Aufgrund eines Nachfrageanstiegs um 30 % will das Unternehmen die Produktion entsprechend ausdehnen. Um wie viel Prozent verändern sich dadurch die Grenzkosten?

Aufgabe III-32

Die Nachfragefunktion nach Geld m sei gegeben durch $m = e^{-\alpha \cdot \pi}$ mit $\alpha > 0$. Dabei stellt π die erwartete Inflationsrate dar.

a) Berechnen Sie die Elastizität der Geldnachfrage bzgl. der erwarteten Inflationsrate, d.h. $\varepsilon_{m,\pi}$!

b) Nehmen Sie an, die Nachfrage wäre isoelastisch. Welche Beziehung muss dann zwischen α und π gelten?

Aufgabe III-33

Der Zusammenhang zwischen dem Einkommen Y und dem Konsumausgaben C eines Haushalts kann durch eine Konsumfunktion C = C(Y) angegeben werden. Das nicht für Konsumzwecke verwendete Einkommen ist gegeben durch die Sparfunktion S(Y) = 1 – C(Y). Berechnen und interpretieren Sie für

$$S(Y) = \frac{Y^2 - 900Y - 5.880.000}{Y + 7.500}$$

an der Stelle Y = 5.000 Euro den Wert von $\varepsilon_{S,Y}$ und interpretieren Sie diesen! Geben Sie außerdem an, wie sich die Konsumausgaben (näherungsweise) verändern, wenn sich das Einkommen bei einem Niveau von 5.500 Euro um 100 Euro erhöht!

Wachstumsraten:

Aufgabe III-34

In einem Land sind im vergangenen Jahr die gesamten Konsumausgaben um 8 % und die durchschnittlichen Lebenshaltungskosten aller Haushalte um 5 % gewachsen. Die Bevölkerung nahm um 4 % zu.

a) Um wie viel Prozent nahmen die realen (inflationsbereinigten) Konsumausgaben zu (in stetiger Betrachtungweise)?

b) Wie hoch war die Steigerung des realen Pro-Kopf-Konsums (in stetiger Betrachtungweise)?

Aufgabe III-35

In einem Land betrug im 3. Quartal die (diskrete) annualisierte Quartals-Wachstumsrate 8,2 %. Berechnen Sie

a) die Wachstumsrate gegenüber dem Vorquartal,

b) die stetige annualisierte Wachstumsrate!

Aufgabe III-36

In einem Land betrug im 1. Quartal die (diskrete) Quartals-Wachstumsrate des Bruttoinlandsprodukts 0,4 %. Berechnen Sie

a) die annualisierte Wachstumsrate,

b) die stetige Quartals-Wachstumsrate!

Aufgabe III-37

Ein Konvergenzkriterium des Maastricht-Vertrages besagt, dass die Schuldenquote D eines Landes 60 % nicht übersteigen soll. Sie ist definiert als $D = \frac{B}{Y}$, wobei B der Schuldenstand und Y das Bruttoinlandsprodukt (BIP) ist.

a) Berechnen Sie die diskrete und stetige Wachstumsrate von D, wenn B pro Jahr *diskret* um 1 % wächst und das *diskrete* Wirtschaftswachstum, gemessen am BIP, 2 % beträgt!

b) Berechnen Sie die diskrete und stetige Wachstumsrate von D, wenn B pro Jahr *stetig* um 1 % wächst und das *stetige* Wirtschaftswachstum, gemessen am BIP, 2 % beträgt!

IV Funktionen mehrerer Variablen

In vielen Fällen hängt eine Größe von mehr als nur einer unabhängigen Veränderlichen ab. So wird beispielsweise die Güternachfrage nicht nur vom Preis des entsprechenden Gutes, sondern auch vom Einkommen und den Preisen anderer Güter abhängen.

Mit Funktionen mehrerer Variablen befassen wir uns im ersten Teil dieses Kapitels zunächst allgemein, besprechen verschiedene Darstellungsformen und gehen auf wichtige Funktionseigenschaften ein. Eine besondere Rolle nimmt hier im Vergleich zu Funktionen mit einer Veränderlichen die Steigung ein, da sie nicht mehr eindeutig ist. Im zweiten Teil behandeln wir die Differenzialrechnung und insbesondere die Extremwertbestimmung bei derartigen Funktionen. Von besonderer Bedeutung wird dabei die Extremwertbestimmung unter Nebenbedingungen sein.

1. Begriff, Darstellung, Eigenschaften

Nach einer begrifflichen Einführung in Funktionen mehrerer Variablen legen wir in diesem Abschnitt unser Hauptaugenmerk auf Darstellungsmöglichkeiten derartiger Funktionen und ihre Eigenschaften. Neben der klassischen Funktionsgleichung und Wertetabellen werden wir für Funktionen mit zwei unabhängigen Veränderlichen Graphen im dreidimensionalen Raum näher betrachten. Bei den Funktionseigenschaften behandeln wir speziell Nullstellen, Extrema, Steigung, Krümmung, Grenzwerte und Stetigkeit.

1.1 Begriff

Hängt der Wert einer Funktion y von mehr als einer unabhängigen Veränderlichen bzw. allgemein von n Variablen $x_1, x_2, x_3, ..., x_n$ ab, so sprechen wir von einer *Funktion mit n unabhängigen Variablen* und schreiben

$$y = f(x_1, x_2, ..., x_n) . \qquad \text{(IV.1)}$$

In der Praxis treffen wir vielfach auf Funktionen des Typs (IV.1). Insbesondere bei ökonomischen Fragestellungen sind sie von Relevanz, wie die nachfolgenden Beispiele verdeutlichen sollen.

Beispiele:

1. Nachfragefunktion:

   Die Nachfrage nach einem bestimmten Gut x ist i. d. R. nicht nur von seinem eigenen Preis p abhängig. Zusätzlich können z.B. das Einkommen y der Konsumenten und Preise von Substitutions- oder Komplementärgütern (p^{Sub}, p^{Komp}) die Nachfrage beeinflussen. Die Nachfragefunktion x^D hat dann das Aussehen

   $$x^D = f(p, y, p^{Sub}, p^{Komp}, ...) .$$

2. Angebotsfunktion:

   Das Angebot eines Gutes x wird bestimmt durch seinen Preis p, die Preise anderer Güter p^a, die Preise für Produktionsfaktoren p^{PF}, den Stand des technischen Wissens T, usw. Für eine Angebotsfunktion x^S gilt also allgemein

   $$x^S = f(p, p^a, p^{PF}, T, ...) .$$

3. Kostenfunktion:

   Stellt ein Unternehmen z.B. 4 Produkte her, so werden die Gesamtkosten C durch die jeweiligen Produktionsmengen der einzelnen Güter bestimmt. Es gilt daher für die Kostenfunktion

   $$C = f(x_1, x_2, x_3, x_4) .$$

Damit es sich bei (IV.1) auch wirklich um eine Funktion handelt, muss jedem sog. n-Tupel $(x_1, x_2, \ldots, x_n)$ des Definitionsbereichs D(f) *eindeutig* eine reelle Zahl y zugeordnet sein. Unter einem n-Tupel verstehen wir dabei eine Zusammenstellung von n Zahlen $x_1, x_2, \ldots, x_n$ in vorgegebener Reihenfolge. Ein 2-Tupel (x_1, x_2) heißt ein Paar, ein 3-Tupel (x_1, x_2, x_3) ein Tripel, ein 4-Tupel (x_1, x_2, x_3, x_4) ein Quadrupel. Für die weiteren möglichen Tupel existieren keine besonderen Namen.

Eine besonders wichtige Klasse der Funktionen mehrerer Variablen sind die *linearen Funktionen*. Hier tauchen die unabhängigen Veränderlichen nur in erster Potenz auf und sind ausschließlich durch Addition und Subtraktion verknüpft. Sie haben also die allgemeine Form

$$y = f(x_1, x_2, \ldots, x_n) = a_0 + a_1 \cdot x_1 + a_2 \cdot x_2 + \ldots + a_n \cdot x_n = a_0 + \sum_{i=1}^{n} a_i \cdot x_i \,, \qquad \text{(IV.2)}$$

wobei die a_i und a_0 feste reelle Zahlen sind. Der Definitionsbereich derartiger Funktionen ist die Menge aller möglichen n-Tupel reeller Zahlen, symbolisiert durch die Produktmenge $\mathbb{R}^n = \mathbb{R} \times \mathbb{R} \times \ldots \times \mathbb{R}$. In vielen praktischen Zusammenhängen wird D(f) jedoch eingeschränkt sein. Sind die x_i beispielsweise produzierte Mengen, so können sie nur positiv oder Null sein. Der Definitionsbereich der Funktion hätte dann eine Form $D(f) = \{(x_1, x_2, \ldots, x_n) \mid x_1 \geq 0,\ x_2 \geq 0,\ \ldots,\ x_n \geq 0\}$, d.h. er bestünde aus allen n-Tupeln, die die Ungleichungen $x_1 \geq 0, \ldots, x_n \geq 0$ erfüllen. Die nachfolgenden Beispiele verdeutlichen weitere mögliche Einschränkungen des Definitionsbereichs und veranschaulichen außerdem die oben angesprochene eindeutige Zuordnung von Funktionswerten.

Beispiele:

1. Bei einer Funktion zweier unabhängiger Veränderlicher $y = f(x_1, x_2) = x_1 + x_2$ mit dem Definitionsbereich $D(f) = \{(x_1, x_2) \mid x_1 \in \{1;2\},\ x_2 \in \{3,4\}\}$ wird jedem der $2 \cdot 2 = 4$ Paare genau ein y-Wert zugeordnet.

(x_1, x_2)	y
(1; 3)	4
(1; 4)	5
(2; 3)	5
(2; 4)	6

2. $y = f(x_1, x_2, x_3) = 4x_1 - x_2 + 2x_3$, $D(f) = \{(x_1, x_2, x_3) \mid x_1 \in \{1;2\},\ x_2 \in \{3,4\},\ x_3 \in \{5,6,7\}\}$

(x_1, x_2, x_3)	y	(x_1, x_2, x_3)	y
(1; 3; 5)	11	(2; 3; 5)	15
(1; 3; 6)	13	(2; 3; 6)	17
(1; 3; 7)	15	(2; 3; 7)	19
(1; 4; 5)	10	(2; 4; 5)	14
(1; 4; 6)	12	(2; 4; 6)	16
(1; 4; 7)	14	(2; 4; 7)	18

} $2 \cdot 2 \cdot 3 = 12$ Tripel

3. $y = f(x_1, x_2) = \sqrt{x_1 \cdot x_2}$, $D(f) = \{(x_1, x_2) \in \mathbb{R}^2 \mid x_1 \cdot x_2 \geq 0\}$

Wie bei Funktionen einer Variablen können auch im Fall mehrerer Variablen die Variablenbezeichnungen beliebig sein. Wichtig ist nur die Rechenvorschrift, die angibt, wie der Funktionswert aus den Argumentwerten bestimmt wird. Vorallem in praktischen Zusammenhängen ist es meist üblich, nicht das Funktionssymbol f, sondern für das Funktionssymbol denselben Buchstaben wie für die abhängige Veränderliche zu verwenden.

Beispiele:

1. $z = f(x,y) = x^2 + y^2 - 1$ mit $D(f) = \mathbb{R} \times \mathbb{R} = \mathbb{R}^2$
2. $v = v(w,x,y) = w \cdot e^{x+y}$ mit $D(v) = \mathbb{R} \times \mathbb{R} \times \mathbb{R} = \mathbb{R}^3$

1.2 Darstellungsformen

Funktionen mehrerer Variablen können wir grundsätzlich über eine Funktionsgleichung oder eine Wertetabelle darstellen. Im Falle zweier unabhängiger Veränderlicher ist zudem noch eine grafische Darstellung im dreidimensionalen Raum möglich.

1. Funktionsgleichung

Eine Funktion mit mehreren Veränderlichen kann unter Angabe des Definitionsbereiches durch eine Gleichung angegeben werden. Die *explizite Form* ist gegeben durch

$$y = f(x_1, x_2, ..., x_n) \quad \text{für} \quad (x_1, x_2, ..., x_n) \in D(f), \tag{IV.3}$$

die *implizite Form* durch

$$y - f(x_1, x_2, ..., x_n) = 0$$

bzw.

$$g(x_1, x_2, ..., x_n, y) = 0 \quad \text{für} \quad (x_1, x_2, ..., x_n, y) \in D(g). \tag{IV.4}$$

Beispiele:

Explizite Form: $y = f(x_1, x_2) = x_1 \cdot x_2$ für $(x_1, x_2) \in \mathbb{R}^2$

Implizite Form: $\underbrace{x_1 \cdot x_2 - y}_{g(x_1, x_2, y)} = 0$ für $(x_1, x_2, y) \in \mathbb{R}^3$

2. Wertetabelle

Wie auch bei Funktionen einer Variablen wird zur Erstellung einer Wertetabelle lediglich für ausgewählte Werte der unabhängigen Veränderlichen die abhängige Variable berechnet. Die gesamte Funktion kann damit jedoch nicht eindeutig beschrieben werden. Zudem ist anzumerken, dass nur für Funktionen mit zwei unabhängigen Veränderlichen die Wertetabelle eine noch überschaubare Struktur aufweist.

Beispiel:

Gegeben sei die Funktion $y = f(x_1, x_2) = 2x_1^2 - 2x_1x_2 + 4x_2^2 + 7$ mit $D(f) = \mathbb{R}^2$.

Es soll die Wertetabelle für $x_1 \in [1; 4]$ und $x_2 \in [1; 4]$ in den Schritten $\Delta x_i = 1$ aufgestellt werden. Sie ergibt sich durch Berechnung der Funktionswerte für die 4 · 4 = 16 ausgewählten Paare wie folgt:

$y = f(x_1, x_2)$		x_1			
		1	2	3	4
x_2	1	11	15	23	35
	2	21	23	29	39
	3	39	39	43	51
	4	65	63	65	71

3. Grafische Darstellung

Grundsätzlich benötigen wir für die grafische Darstellung einer Funktion *für jede Variable* (abhängige und unabhängige) *eine Dimension.* Funktionen einer Variablen sind daher in 2 Dimensionen (in $\mathbb{R}^2$) und damit als Kurve in einem kartesischen Koordinatensystem darstellbar. Funktionen zweier Variablen benötigen bereits 3 Dimensionen. Ihr Definitionsbereich ist die sog. *x_1-x_2-Ebene* oder ein Teilbereich daraus. Es handelt sich dabei um alle möglichen reellen Paare (x_1; x_2) bzw. eine Teilmenge daraus. Senkrecht auf dieser Ebene oder Teilebene können die Funktionswerte y aufgetragen werden. Die so entstehenden Punkte (x_1, x_2, y) im dreidimensionalen Raum (in $\mathbb{R}^3$) bilden den Graphen der Funktion. Die Eintragung eines solchen Punktes in ein *dreidimensionales Koordinatensystem* ist in Abbildung IV I am Beispiel P(4;3;2) veranschaulicht.

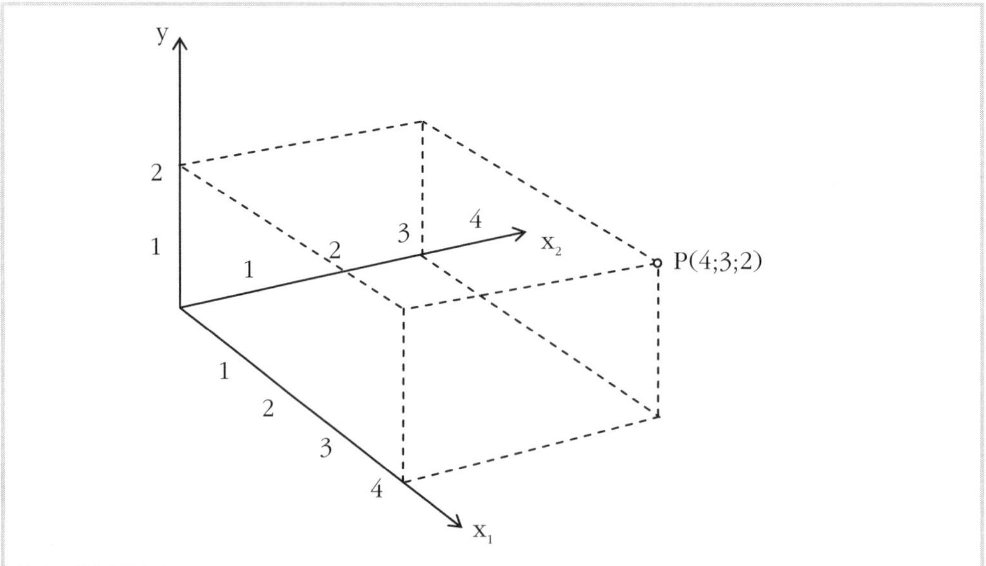

Abbildung IV 1: Punktkonstruktion im dreidimensionalen Raum

Funktionen mit mehr als zwei Variablen lassen sich direkt überhaupt nicht grafisch darstellen. Im Folgenden wird daher nur die grafische Darstellung von Funktionen des Typs $y = f(x_1, x_2)$ behandelt.

Liegt eine *lineare Funktion* mit *zwei unabhängigen Veränderlichen*, d.h. der Form $y = f(x_1, x_2) = a_0 + a_1x_1 + a_2x_2$ vor, ergibt sich eine Ebene im dreidimensionalen Raum. Mittels ihrer Schnittpunkte mit den Koordinatenachsen, für die

$$\begin{aligned} &\text{Schnittpunkt mit der } y\text{-Achse:} && x_1 = x_2 = 0 \\ &\text{Schnittpunkt mit der } x_1\text{-Achse:} && x_2 = y = 0 \\ &\text{Schnittpunkt mit der } x_2\text{-Achse:} && x_1 = y = 0 \end{aligned} \qquad (IV.5)$$

gilt, kann die Funktion einfach grafisch konstruiert werden. Das nachfolgende Beispiel verdeutlicht dies.

Beispiel:

Gegeben sei die Funktion $y = f(x_1, x_2) = -2x_1 - x_2 + 6$, deren Schnittpunkte mit den Koordinatenachsen sich wie folgt ergeben:

Schnittpunkt mit der y-Achse:	$x_1 = x_2 = 0$	$\rightarrow$	$y = 6$	$\rightarrow$	$P_y(0, 0, 6)$
Schnittpunkt mit der x_1-Achse:	$x_2 = y = 0$	$\rightarrow$	$x_1 = 3$	$\rightarrow$	$P_{x_1}(3, 0, 0)$
Schnittpunkt mit der x_2-Achse:	$x_1 = y = 0$	$\rightarrow$	$x_2 = 6$	$\rightarrow$	$P_{x_2}(0, 6, 0)$

Tragen wir diese drei Punkte in ein dreidimensionales Koordinatensystem ein und verbinden sie durch Geraden, erhalten wir ein durch die Geraden bestimmtes Dreieck. Die auf diesem Dreieck aufliegende unendliche Fläche im dreidimensionalen Raum wird als *schiefe Ebene* bezeichnet und stellt den Graphen der Funktion dar (vgl. Abbildung IV 2).

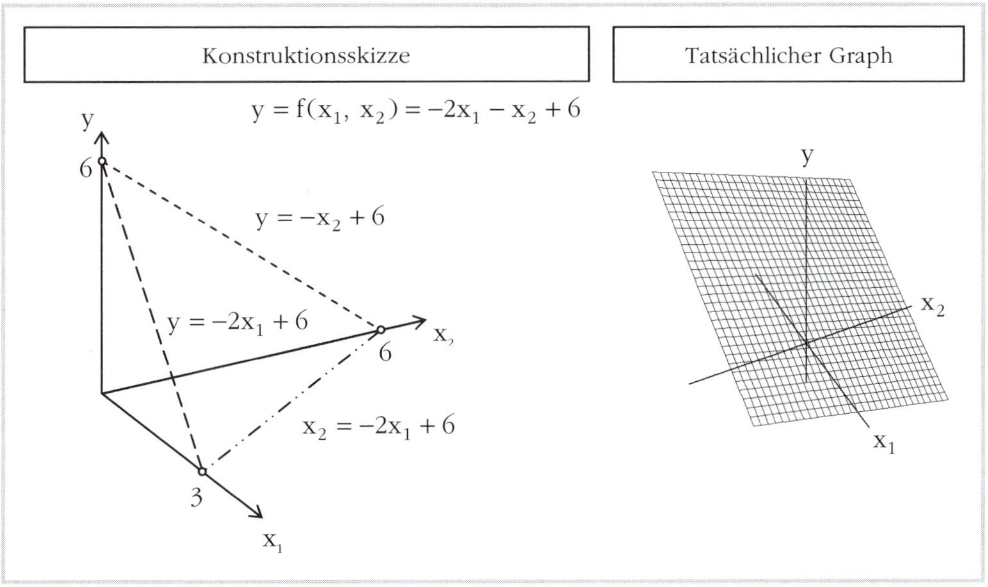

Abbildung IV 2: Ebene

Nichtlineare Funktionen mit zwei Variablen lassen sich häufig nur noch mit Hilfe der EDV in vernünftiger Art und Weise darstellen. Wir bedienen uns in der Praxis sog. *Funktionsplotter*, die für jede Funktion sehr anschauliche Graphen liefern und außerdem bei der Kurvendiskussion unterstützen. Abbildung IV 3 zeigt typische mit derartiger Software erzeugte Funktionsgraphen. Die Graphen von Funktionen des links zu sehenden Typs (*quadratische Funktionen*) bezeichnet man auch als *Rotationsparaboloiden*.

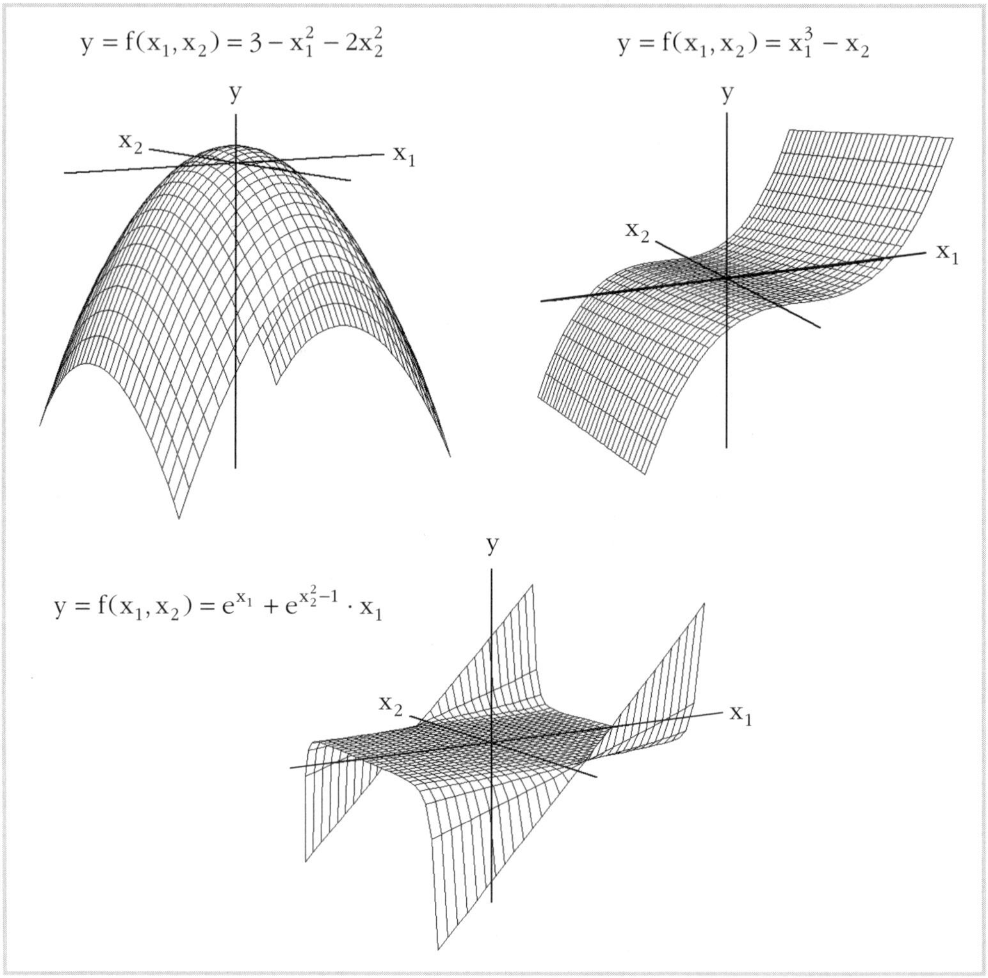

Abbildung IV 3: Graphen nichtlinearer Funktionen

Oftmals ist es in der Praxis wichtig zu wissen, welchen Einfluss eine der unabhängigen Variablen bei Konstanz aller anderen auf den Funktionswert hat. Wir sprechen in diesem Zusammenhang von der sog. **ceteris-paribus-Bedingung**, wenn wir nur eine der unabhängigen Variablen variieren lassen und allen anderen feste Werte zuweisen. Eine Funktion mehrerer unabhängiger Variablen ist also unter der ceteris-paribus-Bedingung nur noch eine Funktion einer Variablen und damit natürlich auch grafisch im zweidimensionalen Raum darstellbar.

Bei Funktionen zweier unabhängiger Variablen bedeutet die ceteris-paribus-Bedingung, dass eine unabhängige Veränderliche variiert, die andere fest ist. Den ceteris-paribus-Gedanken können wir mittels Abbildung IV 4 sehr schön anhand einer quadratischen Funktion zweier unabhängiger Veränderlicher veranschaulichen. Davor sei erwähnt, dass wir im Folgenden eine konkrete Ausprägung der abhängigen Veränderlichen y als β, der unabhängigen Veränderlichen x_1 als α und der unabhängigen Veränderlichen x_2 als ϑ bezeichnen.

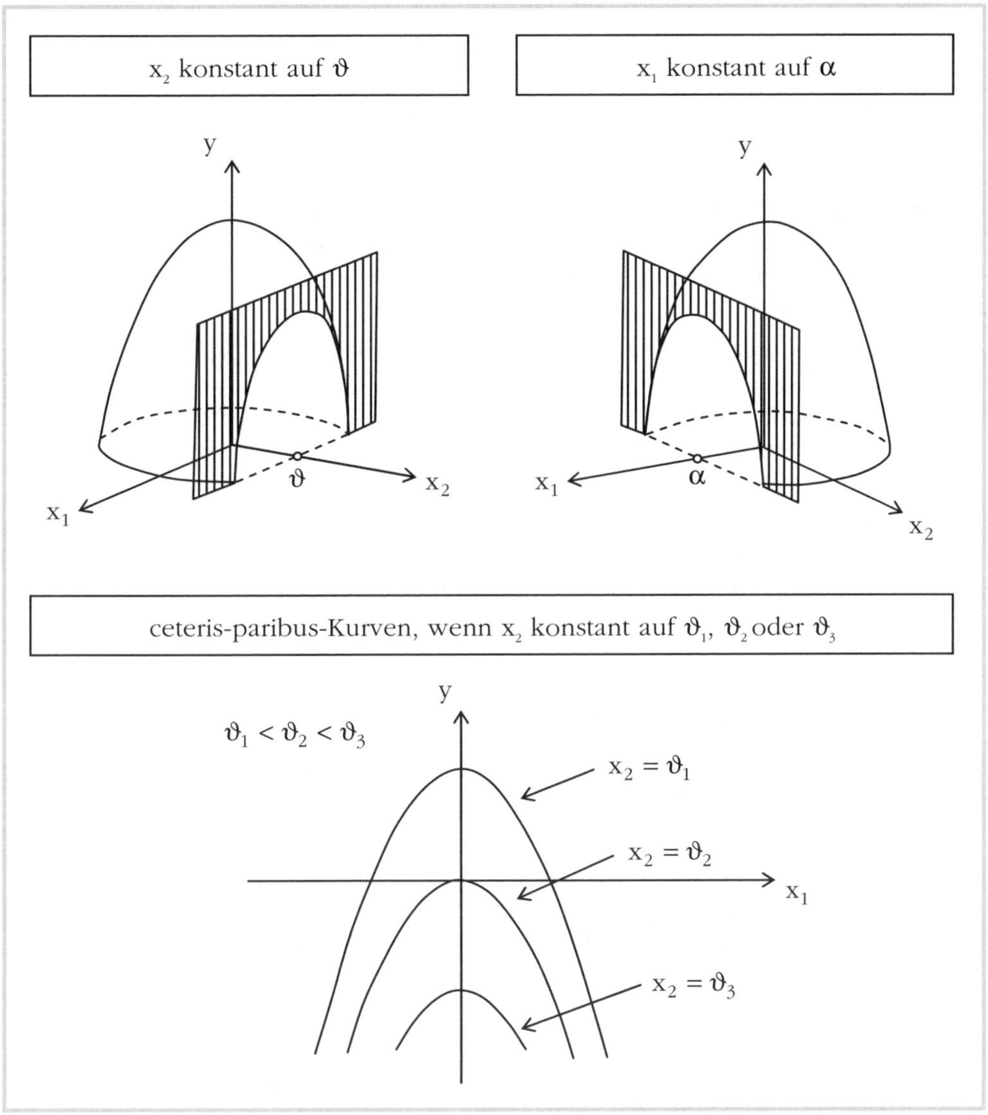

Abbildung IV 4: ceteris-paribus-Bedingung bei quadratischer Funktion

In der linken Grafik in Abbildung IV 4 wird für eine quadratische Funktion $y = f(x_1, x_2)$ die Variable x_2 auf dem Wert ϑ fixiert. Geometrisch bedeutet dies, einen Schnitt Parallel zur x_1-y-Ebene durch die Funktion. Die ausgeschnittene Kurve, auf die x_1-y-Ebene projiziert, hat die Gleichung $y = f(x_1, \vartheta)$ und ist eine Parabel. Je nachdem, welcher Wert ϑ gewählt wird, resultiert eine andere Parabel. Eine Auswahl möglicher Ergebnisse für die Werte ϑ_1, ϑ_2 und ϑ_3 ist im unteren Teil von Abbildung IV 4 skizziert. Das Konstanthalten von x_1 auf einem Wert α bedeutet einen Schnitt parallel zur x_2-y-Ebene (vgl. rechte Grafik), aus der je nach Wahl von α ebenso verschiedene Parabeln resultieren.

Beispiele:

1. Aus der Funktion $y = f(x_1, x_2) = 3 - x_1^2 - 2x_2^2$ erhalten wir durch Fixierung $x_2 = 1$ die Parabel $y = f(x_1, 1) = 3 - x_1^2 - 2 \cdot 1^2 = 1 - x_1^2$. Bei $x_1 = 0$ erhalten wir $y = f(0, x_2) = 3 - 2x_2^2$.
2. Die lineare Funktion $y = f(x_1, x_2) = 2x_1 + 5x_2 - 1$ stellt, wie wir bereits gesehen haben, im Raum eine schiefe Ebene dar. Ihre Schnitte mit den Ebenen $x_1 = \alpha$ = konstant bzw. $x_2 = \vartheta$ = konstant sind Geraden. So ergeben sich etwa $y = f(x_1, 5) = 2x_1 + 24$ für $x_2 = 5$ und $y = f(-1, x_2) = 5x_2 - 3$ für $x_1 = -1$.
3. Gegeben sei die Kostenfunktion $C(x_1, x_2, x_3) = 3x_1 + 5x_2 + 7x_3 + 0{,}5x_1x_2 + 50$.

   Es soll die Kostenfunktion in Abhängigkeit von der produzierten Menge x_1 unter der Bedingung, dass von Produkt 2 die Menge $x_2 = 10$ und von Produkt 3 die Menge $x_3 = 20$ hergestellt wird, aufgestellt werden.

   $C(x_1, 10, 20) = 3x_1 + 5 \cdot 10 + 7 \cdot 20 + 0{,}5x_1 \cdot 10 + 50 = 8x_1 + 240$

Bisher haben wir nur eine Fixierung der unabhängigen Variablen betrachtet. Halten wir in $y = f(x_1, x_2)$ die abhängige Veränderliche auf einem bestimmten Wert $y = \beta$ fest, ergibt sich die in Abbildung IV 5 dargestellte Situation.

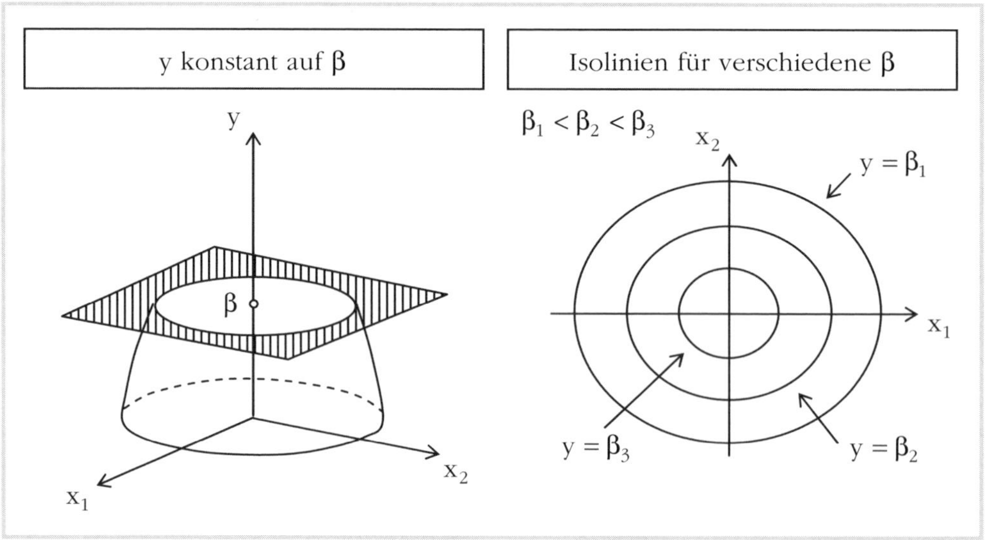

Abbildung IV 5: Isolinien bei quadratischer Funktion

Fixieren wir y auf einem Wert β, bedeutet dies geometrisch, dass eine Ebene parallel zur x_1-x_2-Ebene die Funktion schneidet. Die enstehende Linie ergibt auf die x_1-x_2-Ebene projiziert eine sog. **Isolinie** (vergleichbar mit (Iso-)Höhenlinien auf Landkarten). Auf dieser liegen alle Punkte, d.h. Paare (x_1, x_2) der unabhängigen Veränderlichen, die den gleichen Funktionswert β besitzen. Wie Abbildung IV 5 zeigt, ist eine solche Isolinie nicht zwangsläufig eine Funktion, im Falle quadratischer Funktionen mehrerer unabhängiger Variablen sogar eindeutig eine Relation.

Beispiel:

Für die Funktion $y = f(x_1, x_2) = 3 - x_1^2 - 2x_2^2$ erhalten wir die Gleichung der Isolinie zu y = 1 als $1 = 3 - x_1^2 - 2x_2^2$ bzw. $2 = x_1^2 + 2x_2^2$. Dieser Zusammenhang stellt keine Funktion dar.

Ökonomische Anwendung finden Isolinien bei Gewinn- und Kostenfunktionen von Unternehmen, die nur zwei Güter herstellen $(C(x_1; x_2), G(x_1; x_2))$. Isolinien geben hier Produktionsmengenkombinationen an, die die gleichen Kosten verursachen bzw. den gleichen Gewinn einbringen. Auch im Rahmen sog. Produktionsfunktionen $x = x(r_1; r_2)$, die die produzierte Menge x in Abhängigkeit von den Einsatzmengen zweier Produktionsfaktoren r_1 und r_2 (z.B. Arbeit und Kapital) angeben, werden Sie herangezogen. Sie geben hier Kombinationen der Faktormengen an, die den gleichen Output liefern (sog. Isoquanten).

Eine der bekanntesten Anwendungen offenbart sich im Zusammenhang mit *Nutzenfunktionen.* Derartige Funktionen $U = U(x_1; x_2)$ drücken den Nutzen U (engl. Utility) aus, den ein Konsument aus dem Konsum der Mengen x_1 und x_2 zweier Güter zieht. Es gilt allgemein, dass der Nutzen mit zunehmender Menge eines Gutes zunimmt, jedoch mit zunehmender Menge der Nutzenzuwachs immer geringer wird. Wir sprechen von abnehmendem Grenznutzen. Mengenkombinationen $(x_1; x_2)$, die den gleichen Nutzen stiften, liegen auf der gleichen Isolinie, die in diesem speziellen Anwendungsfall als *Indifferenzkurve* bezeichnet wird. Verschiedene Indifferenzkurven einer Nutzenfunktion können sich grundsätzlich nicht schneiden. Dies ist auch unmittelbar einleuchtend, da sie schließlich durch den Schnitt der Nutzenfunktion mit parallelen Ebenen entstehen.

Beispiel:

Aus der Nutzenfunktion $U(x_1, x_2) = \sqrt{x_1} \cdot \sqrt[4]{x_2}$ erhalten wir für das Nutzenniveau U = 2 die Gleichung der dazugehörigen Indifferenzkurve (hier eine Funktion) zu

$$2 = \sqrt{x_1} \cdot \sqrt[4]{x_2} \quad \leftrightarrow \quad 2^4 = \left(\sqrt{x_1}\right)^4 \cdot x_2 \quad \leftrightarrow \quad x_2 = 16 \cdot x_1^{-2} .$$

Alle Kombinationen der Mengen x_1 und x_2, die auf dieser Kurve liegen, stiften den Nutzen U = 2. Grafisch lässt sich diese wie folgt skizzieren:

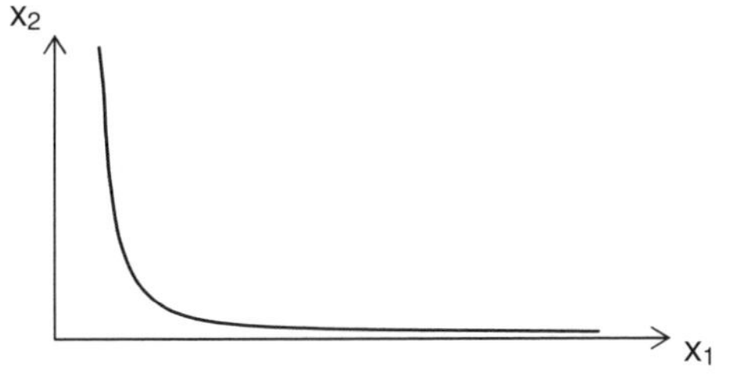

Unsere Betrachtungen zu Isolinien können wir auch auf Funktionen mit n unabhängigen Variablen übertragen. Es liegen dann jedoch keine Linien mehr vor, sondern Flächen im n-Dimensionalen Raum. Betrachten wir etwa eine lineare Funktion mehrerer Veränderlicher (IV.2), so besitzt die zu $y = \beta$ gehörende Gleichung die Form

$$(a_0 - \beta) + \sum_{i=1}^{n} a_i \cdot x_i = 0 . \qquad \text{(IV.6)}$$

Das dadurch erzeugte geometrische Gebilde nennen wir eine (n – 1)-dimensionale *Hyperebene* im n-dimensionalen Raum. Alle n-Tupel $(x_1, x_2, \ldots, x_n)$, die auf dieser Hyperebene liegen, besitzen den gleichen Funktionswert β. Für $n = 3$ ist die Hyperebene eine gewöhnliche Ebene im dreidimensionalen Raum.

1.3 Funktionseigenschaften

Im Folgenden werden wir wichtige Eigenschaften von *Funktionen mit zwei unabhängigen Variablen* behandeln. Wir beschränken uns dabei auf Nullstellen, Extrema, Steigung, Krümmung, Grenzwerte und Stetigkeit. Während wir viele der Eigenschaften von Funktionen einer unabhängigen Veränderlichen auch auf Funktionen mehrerer unabhängiger Veränderlicher übertragen können, ist besondere Aufmerksamkeit nötig, wenn wir uns der Steigung widmen.

1. Nullstellen

Nullstellen einer Funktion $y = f(x)$ haben wir bestimmt, in dem wir den Funktionswert gleich Null setzten. Die Lösung $x = \alpha$ der Bestimmungsgleichung $f(x) = 0$ wurde als Nullstelle bezeichnet. Auch bei einer Funktion $y = f(x_1, x_2)$ erhalten wir durch Nullsetzen des Funktionswertes eine Bestimmungsgleichung $f(x_1, x_2) = 0$, nur dass diese keinen Punkt, sondern die Schnittkurve der Funktion mit der x_1,x_2-Ebene beschreibt. Bei dieser handelt es sich um eine Isolinie (vgl. Abschnitt IV 1.2) für das Niveau $y = 0$. Dies bedeutet, dass alle (x_1, x_2)-Kombinationen, die auf dieser Kurve liegen, den y-Wert Null liefern.

Beispiel:

Zu bestimmen seien die Nullstellen der Funktion $y = f(x_1, x_2) = 2x_1 + x_2 - 5$.

$$f(x_1, x_2) \overset{!}{=} 0 \quad \rightarrow \quad 2x_1 + x_2 - 5 = 0 \quad \leftrightarrow \quad x_2 = -2x_1 + 5$$

2. Extrema

Höchste und tiefste Punkte einer Funktion $y = f(x_1, x_2)$ können wir uns leicht als Bergspitzen und Talsohlen vorstellen. Eine Funktion $y = f(x_1, x_2)$ besitzt allgemein im Punkt $(\alpha, \vartheta) \in D(f)$ ein *relatives Extremum*, wenn für alle Punkte (x_1, x_2) einer Umgebung $U(\alpha, \vartheta)$ des Punktes (α, ϑ) gilt:

Ein *relatives Maximum* bei (α, ϑ) liegt vor, wenn

$$f(x_1, x_2) \leq f(\alpha, \vartheta) \quad \text{für alle} \quad (x_1, x_2) \in U(\alpha, \vartheta) . \qquad \text{(IV.7a)}$$

Ein *relatives Minimum* bei (α, ϑ) ist hingegen gegeben, wenn

$$f(x_1, x_2) \geq f(\alpha, \vartheta) \quad \text{für alle} \quad (x_1, x_2) \in U(\alpha, \vartheta). \qquad \text{(IV.7b)}$$

Sind diese Ungleichungen für alle Punkte $(x_1, x_2) \in D(f)$ des Definitionsbereichs erfüllt, liegt bei (α, ϑ) ein *absolutes (globales) Extremum* vor. Am Maximum liegt also der höchste, am Minimum der niedrigste Funktionswert vor.

Besonders für quadratische Funktionen, die nur ein Extremum besitzen, lässt sich der Sachverhalt des größten bzw. kleinsten Funktionswertes sehr schön mittels Abbildung IV 6 veranschaulichen.

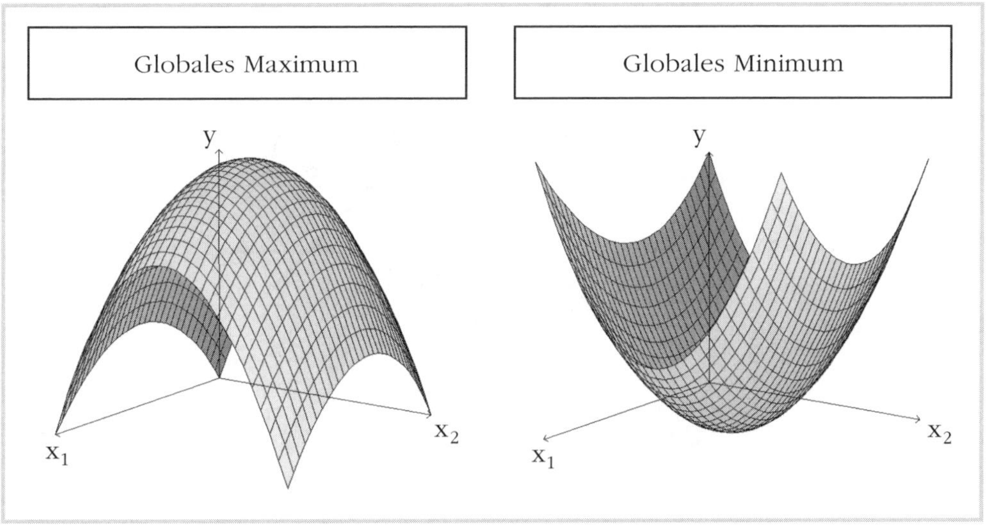

Abbildung IV 6: Maximum und Minimum quadratischer Funktionen

3. Steigung

Die Steigung einer Funktion $y = f(x)$ an einer Stelle $x = \alpha$ konnten wir durch die Steigung der Tangente an die Funktion durch den Punkt $P(\alpha, f(\alpha))$ bestimmen. Mit einer analogen Vorgehensweise bei einer Funktion $y = f(x_1, x_2)$ haben wir jedoch Probleme. Abbildung IV 7 zeigt, dass es nicht mehr ohne weiteres möglich ist, von der Steigung in einem Punkt P zu sprechen, da immer angegeben werden muss, in welcher *Richtung* die Steigung gemessen werden soll. Die Richtung wird allgemein mittels eines Schnittes durch den Punkt P festgelegt. Es entsteht eine Schnittkurve, deren Steigung im Punkt P (= Steigung der Tangente) die Steigung der Fläche in der gewählten Schnittrichtung bedeutet. Abbildung IV 7 zeigt eine Fläche mit dem Schnitt $x_1 = \alpha$ und der Schnittkurve $y = f(\alpha, x_2)$ bzw. dem Schnitt $x_2 = \vartheta$ und der Schnittkurve $y = f(x_1, \vartheta)$. Im Punkt $P(\alpha, \vartheta, \beta)$ fällt die Fläche sowohl in Richtung der x_1- als auch der x_2-Achse. Die eingezeichneten Tangenten verdeutlichen dies.

4. Krümmung

Unsere Betrachtungen zur Krümmung einer Funktion $y = f(x)$ können wir nahezu unverändert auf Funktionen $y = f(x_1, x_2)$ übertragen. Eine *konvex* gekrümmte Funktion $y = f(x_1, x_2)$ besitzt die Eigenschaft, dass die Verbindungslinie zweier beliebiger

Punkte $P_1(\alpha_1, \vartheta_1, \beta_1)$ und $P_2(\alpha_2, \vartheta_2, \beta_2)$ immer vollständig über der Funktion verläuft. Bei einer konkav gekrümmten Funktion liegt diese Verbindungslinie immer unterhalb der Funktionswerte. Die in Abbildung IV 7 skizzierte Funktion ist so z.B. konkav, da bei Verbinden der durch Vierecke oder Dreiecke gekennzeichneten Punkte auffällt, dass die Verbindungslinien stets unter der Funktion verlaufen.

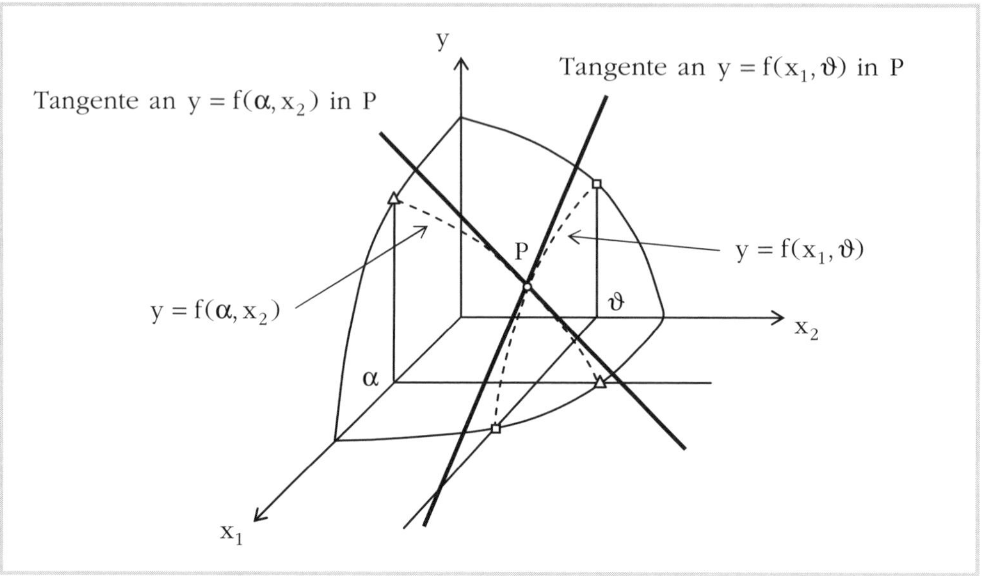

Abbildung IV 7: Steigung und Krümmung einer Fläche

5. Stetigkeit

Auch den Grenzwertbegriff und den Begriff der Stetigkeit können wir einfach von Funktionen $y = f(x)$ auf $y = f(x_1, x_2)$ übertragen. Strebt eine Funktion $y = f(x_1, x_2)$ für $x_1 \rightarrow \alpha$ und $x_2 \rightarrow \vartheta$ gegen den Wert φ, heißt φ der *Grenzwert* der Funktion y an der Stelle (α, ϑ). Wir schreiben

$$\lim_{(x_1, x_2) \rightarrow (\alpha, \vartheta)} f(x_1, x_2) = \varphi . \qquad \text{(IV.8)}$$

Dieser Grenzwert φ ist nur dann definiert, wenn er immer erreicht wird, gleichgültig wie (unabhängig von der Richtung) wir uns der Stelle (α, ϑ) nähern.

Eine Funktion $y = f(x_1, x_2)$ wird an der Stelle (α, ϑ) als *stetig* bezeichnet, wenn der Funktionswert an dieser Stelle dem Grenzwert φ entspricht, d.h. wenn gilt:

$$f(\alpha, \vartheta) = \varphi \qquad \text{(IV.9)}$$

Beispiel:

Prüfen wir, ob die Funktion $f(x_1, x_2) = 3x_1^2 + x_2 + \sqrt{x_1 \cdot x_2} - 5$ an der Stelle (0; 0) stetig ist.

$$\lim_{(x_1, x_2) \rightarrow (0;0)} f(x_1, x_2) = -5 , \quad f(0; 0) = 3 \cdot 0^2 + 0 + \sqrt{0 \cdot 0} - 5 = -5$$

Grenzwert und Funktionswert sind identisch. Die Funktion ist an der Stelle (0; 0) stetig.

2. Differenzialrechnung

Im Abschnitt IV 1.3 hatten wir gesehen, dass sich in jedem Punkt einer Fläche unterschiedliche Steigungen (und auch Krümmungen) ergeben, je nachdem, für welche Schnittkurve durch den entsprechenden Punkt wir sie messen. Diese Problematik führt zur Berechnung einer richtungsabhängigen Steigung (bzw. Krümmung) und läuft formal auf die Bestimmung partieller Ableitungen einer Funktion mit mehreren unabhängigen Variablen hinaus (vgl. 2.2 und 2.3). Diese werden wir unter anderem in diversen ökonomischen Anwendungen (vgl. 2.4), bei partiellen und totalen Differenzialen (vgl. 2.5) und zur Extremwertbestimmung mit oder ohne Nebenbedingungen benötigen (vgl. 2.6).

2.1 Allgemeines

Wie wir in Kapitel III gesehen haben, beschreibt die erste Ableitung einer Funktion $y = f(x)$ die Steigung dieser Funktion Es stellt sich nun die Frage, ob wir eine derartige Ableitung auch für eine Funktion mit mehreren unabhängigen Veränderlichen bestimmen können und ob sie ähnlich interpretiert werden kann.

Abschnitt IV 1.3 zeigte, dass die Steigung einer Fläche in einem Punkt nicht eindeutig ist. Je nachdem aus welcher Richtung wir den Punkt betrachten, ergibt sich eine andere Steigung. Wir konnten feststellen, dass die Steigung einer Fläche in einer definierten Richtung gleich der Steigung der Schnittkurve ist, die bei einem Schnitt in der betreffenden Richtung entsteht. Wie wir aus der ceteris-paribus-Betrachtung in Abschnitt IV 1.2 wissen, entstehen solche Schnittkurven dadurch, dass alle bis auf eine unabhängige Veränderliche konstant gehalten werden. Schnittkurven sind also Funktionen der noch übrig gebliebenen unabhängigen Variablen, sodass ihre Steigung durch Differentiation nach der verbleibenden Variablen bestimmt werden kann. Die Angabe der Richtung entspricht also formal der Angabe, nach welcher unabhängigen Variablen abgeleitet wird bzw. welche konstant gehalten werden. Wir gelangen so zu einer sinnvollen Interpretation der *Ableitung einer Funktion mit mehreren unabhängigen Veränderlichen.* Man *differenziert nach einer unabhängigen Veränderlichen unter Konstanthaltung aller anderen.* Diese Ableitung bezeichnet man als *partiellen Differenzialquotienten.*

2.2 Partielle Ableitungen erster Ordnung

Betrachten wir noch einmal Abbildung IV 7 bzw. die Kurve $y = f(x_1, \vartheta)$ in der Schnittebene $x_2 = \vartheta$, d.h. in Richtung der x_1-Achse. Die Steigung dieser Kurve ist durch den Differenzialquotienten

$$\frac{dy}{dx_1} = \frac{df(x_1, \vartheta)}{dx_1} = \lim_{\Delta x_1 \to 0} \frac{f(x_1 + \Delta x_1, \vartheta) - f(x_1, \vartheta)}{\Delta x_1}$$

beschrieben, d.h. durch die Ableitung nach x_1 unter der Bedingung $x_2 = \vartheta$ konstant. Wir bezeichnen diesen Ausdruck als die partielle Ableitung erster Ordnung nach der Variablen x_1 oder als erste partielle Ableitung nach x_1. Zur Kennzeichnung der Tatsache, dass nur nach einer Variablen unter Konstanthaltung aller übrigen differenziert wird, werden in der Literatur die Differenziale gewöhnlich mit ∂ geschrieben. Auch wir wollen uns dieser Notation anschließen. Wir sprechen jedoch weiterhin "dy nach dx_1".

Ersetzen wir in obiger Ableitung den konkreten Wert ϑ durch die Variable x_2, so können wir die **erste partielle Ableitung** einer Funktion $y = f(x_1, x_2)$ **nach der Variablen x_1** als

$$\frac{\partial y}{\partial x_1} = \frac{\partial f(x_1, x_2)}{\partial x_1} = \lim_{\Delta x_1 \to 0} \frac{f(x_1 + \Delta x_1, x_2) - f(x_1, x_2)}{\Delta x_1} \qquad \text{(IV.10)}$$

ausdrücken. Die **erste partielle Ableitung** einer Funktion $y = f(x_1, x_2)$ **nach der Variablen x_2** ergibt sich analog zu

$$\frac{\partial y}{\partial x_2} = \frac{\partial f(x_1, x_2)}{\partial x_2} = \lim_{\Delta x_2 \to 0} \frac{f(x_1, x_2 + \Delta x_2) - f(x_1, x_2)}{\Delta x_2}. \qquad \text{(IV.11)}$$

Alternative Schreibweisen für die partielle Ableitungen sind

$$\frac{\partial y}{\partial x_1} = y'_{x_1} = y'_{x_1}(x_1, x_2) \quad \text{oder} \quad \frac{\partial f}{\partial x_1} = f'_{x_1} = f'_{x_1}(x_1, x_2)$$

bzw.

$$\frac{\partial y}{\partial x_2} = y'_{x_2} = y'_{x_2}(x_1, x_2) \quad \text{oder} \quad \frac{\partial f}{\partial x_2} = f'_{x_2} = f'_{x_2}(x_1, x_2),$$

wobei die Variable, nach der differenziert wird, jeweils im Index tiefgestellt ist. Wir erkennen daran, dass partielle Ableitungen in der Regel wiederum Funktionen der unabhängigen Veränderlichen sind.

Hinsichtlich der **Technik des Differenzierens** gibt es bei Funktionen mehrerer unabhängiger Variablen keine Besonderheiten, außer der Einschränkung, dass alle Variablen, nach denen nicht differenziert wird, als Konstanten anzusehen sind. Die in Kapitel III behandelten Ableitungsregeln besitzen also auch hier Gültigkeit. In diesem Zusammenhang ist darauf hinzuweisen, dass die Produkt-, Quotienten- und Kettenregel nur dann anzuwenden sind, wenn die Variable, nach der differenziert wird, in beiden Faktoren eines Produktes, im Zähler und Nenner eines Quotienten oder in der inneren Funktion einer zusammengesetzten Funktion auftritt. Die Regeln werden insbesondere nicht benötigt, wenn verschiedene Variablen entsprechend verknüpft sind.

Beispiele:

1. $y = f(x_1, x_2) = x_1 + 3x_2$

   Da bei der Bildung der ersten partiellen Ableitung nach x_1 die Variable x_2 als konstant angesehen wird, fällt der Term $3x_2$ bei der Ableitung als additive Konstante weg:

   $y'_{x_1} = 1$

   Analog fällt der Term x_1 bei der partiellen Ableitung nach x_2 als additiv verknüpfte Konstante weg:

   $y'_{x_2} = 3$

2. $y = f(x_1, x_2) = x_1^2 + x_1 \cdot x_2$

   Es braucht hier nicht die Produktregel angewendet werden, da jeweils ein Faktor des Terms $x_1 \cdot x_2$ beim Differenzieren als eine Konstante anzusehen ist:

   $y'_{x_1} = 2x_1 + x_2$

   $y'_{x_2} = x_1$

3. $y = f(x_1, x_2) = e^{2 \cdot x_1 \cdot x_2}$

   Unter Verwendung der Kettenregel erhalten wir:

   $y'_{x_1} = e^{2 \cdot x_1 \cdot x_2} \cdot 2x_2$

   $y'_{x_2} = e^{2 \cdot x_1 \cdot x_2} \cdot 2x_1$

4. $y = f(x_1, x_2) = \sqrt{x_1 \cdot \ln x_2}$

   Auch hier nutzen wir die Kettenregel und erhalten:

   $$y'_{x_1} = \frac{1}{2} \cdot (x_1 \cdot \ln x_2)^{-\frac{1}{2}} \cdot \ln x_2 = \frac{\ln x_2}{2 \cdot \sqrt{x_1 \cdot \ln x_2}}$$

   $$y'_{x_2} = \frac{1}{2} \cdot (x_1 \cdot \ln x_2)^{-\frac{1}{2}} \cdot \frac{x_1}{x_2} = \frac{x_1}{2x_2 \cdot \sqrt{x_1 \cdot \ln x_2}}$$

5. $y = f(x_1, x_2) = x_2 \cdot e^{x_1^2 + x_2^2}$

   Bei dieser Funktion muss bei der partiellen Ableitung nach x_1 die Kettenregel angewendet werden. Um die Ableitung nach x_2 zu bestimmen ist sowohl die Produkt- als auch die Kettenregel erforderlich:

   $$y'_{x_1} = x_2 \cdot e^{x_1^2 + x_2^2} \cdot 2x_1 = 2x_1 \cdot x_2 \cdot e^{x_1^2 + x_2^2}$$

   $$y'_{x_2} = e^{x_1^2 + x_2^2} + x_2 \cdot e^{x_1^2 + x_2^2} \cdot 2x_2 = (1 + 2x_2^2) \cdot e^{x_1^2 + x_2^2}$$

Wie die ersten partiellen Ableitungen einer Funktion $y = f(x_1, x_2)$ zur Bestimmung der **Steigung** in einem Punkt (α, ϑ) herangezogen werden können, veranschaulicht folgendes Beispiel:

Beispiel:

Gegeben sei die Funktion $y = f(x_1, x_2) = x_1^{-2} - x_1 \cdot x_2 + \ln x_2$. Bestimmen wir für diese den Wert der Steigung im Punkt (1;1) in Richtung der x_1-Achse und in Richtung der x_2-Achse.

$$f'_{x_1}(x_1, x_2) = -2 \cdot x_1^{-3} - x_2 = \frac{-2}{x_1^3} - x_2 \qquad f'_{x_2}(x_1, x_2) = -x_1 + \frac{1}{x_2}$$

Durch Einsetzen des Punktes in die jeweilige Ableitung ergibt sich die Steigung in Richtung der x_1-Achse als

$$f'_{x_1}(1; 1) = \frac{-2}{1^3} - 1 = -3$$

und die Steigung in Richtung der x_2-Achse als

$$f'_{x_2}(1; 1) = -1 + \frac{1}{1} = 0 .$$

Es gilt allgemein, dass eine Funktion $y = f(x_1, x_2, \ldots, x_n)$ mit **n unabhängigen Variablen** genau **n partielle Ableitungen erster Ordnung** besitzt. Es wird nach der i-ten Variablen x_i partiell differenziert, indem nach x_i unter Konstanthaltung aller anderen Variablen differenziert wird:

$$\frac{\partial y}{\partial x_i} = y'_{x_i} = \lim_{\Delta x_i \to 0} \frac{f(x_1, \ldots, x_i + \Delta x_i, \ldots, x_n) - f(x_1, \ldots, x_i, \ldots, x_n)}{\Delta x_i} \qquad \text{(IV.12)}$$

Beispiel:

$y = 4x_1^2 x_2 + x_1 x_2 x_3 + x_2 - x_4$

$y'_{x_1} = 8x_1 x_2 + x_2 x_3$ $\qquad$ $y'_{x_3} = x_1 x_2$

$y'_{x_2} = 4x_1^2 + x_1 x_3 + 1$ $\qquad$ $y'_{x_4} = -1$

Den Schluss dieses Abschnitts wollen wir nutzen, um noch einmal deutlich darauf hinzuweisen (da häufige Fehlerquelle), dass bei der partiellen Ableitung einer Funktion $y = f(x_1, x_2, \ldots, x_n)$ nach x_1 die übrigen unabhängigen Veränderlichen zwar wie Konstanten behandelt werden, jedoch **keine Konstanten** sind. Sie sind nach wie vor veränderliche Größen. Dies lässt sich mittels Abbildung IV 7 für eine Funktion $y = f(x_1, x_2)$ veranschaulichen. Die Steigung einer Kurve $y = f(x_1, \vartheta)$ können wir zwar nur in einem Punkt zu $x_1 = \alpha$ messen, lassen wir den Punkt jedoch der Kurve entlangwandern, beschreibt die erste partielle Ableitung nach x_1 die Steigung in jedem Punkt zu x_1. Dies wurde bereits im Zuge der bisherigen Betrachtungen insbesondere der Steigungsbestimmung deutlich. Ähnlich verhält es sich für die Variable x_2. Variieren wir x_2, so erhalten wir parallele Schnitte mit jeweils neuen Schnittkurven, sodass die Variable x_2 angibt, auf welcher Kurve aus der Kurvenschar wir uns befinden. Die partielle Ableitung (IV.10) beschreibt also die Steigung der Schnittkurve im Punkt (x_1, x_2) in Richtung der x_1-Achse. Sie ist also in jedem Punkt (x_1, x_2), in dem die Funktion differenzierbar ist, erklärt und damit i.d.R. selbst eine Funktion der beiden unabhängigen Veränderlichen x_1 und x_2.

2.3 Partielle Ableitungen höherer Ordnung

Wie für Funktionen $y = f(x)$ können auch für Funktionen mit mehreren unabhängigen Veränderlichen höhere Ableitungen gebildet werden.

Leiten wir die erste partielle Ableitung y'_{x_1} einer sowohl nach x_1 als auch nach x_2 zweimal differenzierbaren Funktion $y = f(x_1, x_2)$ erneut nach x_1 ab, erhalten wir die **zweite partielle Ableitung nach x_1** und schreiben dafür

$$\frac{\partial^2 y}{\partial x_1^2} = (y'_{x_1})'_{x_1} = y''_{x_1 x_1}\,. \qquad \text{(IV.13)}$$

Wird die erste partielle Ableitung y'_{x_2} dieser Funktion $y = f(x_1, x_2)$ erneut nach x_2 abgeleitet, ergibt sich die **zweite partielle Ableitung nach x_2**. Wir schreiben

$$\frac{\partial^2 y}{\partial x_2^2} = (y'_{x_2})'_{x_2} = y''_{x_2 x_2}\,. \qquad \text{(IV.14)}$$

Zudem besteht noch die Möglichkeit, y'_{x_1} partiell nach x_2 und y'_{x_2} partiell nach x_1 abzuleiten. Diese Ableitungen werden als **gemischte partielle Ableitungen zweiter Ordnung** bezeichnet. Wir schreiben

$$\frac{\partial^2 y}{\partial x_1\, \partial x_2} = (y'_{x_1})'_{x_2} = y''_{x_1 x_2} \quad \text{und} \quad \frac{\partial^2 y}{\partial x_2\, \partial x_1} = (y'_{x_2})'_{x_1} = y''_{x_2 x_1}\,, \qquad \text{(IV.15)}$$

wobei die Reihenfolge, in der die Variablen genannt werden, die Differenziationsreihenfolge angibt. Ist $y = f(x_1, x_2)$ zweimal partiell differenzierbar, und sind die gemischten partiellen Ableitungen stetig, so sind diese gleich:

$$\frac{\partial^2 y}{\partial x_1\, \partial x_2} = \frac{\partial^2 y}{\partial x_2\, \partial x_1} \quad \text{d.h.} \quad y''_{x_1 x_2} = y''_{x_2 x_1} \qquad \text{(IV.16)}$$

Die *Reihenfolge der Differentiation* spielt also für die gemischten partiellen Ableitungen *keine Rolle*.

Beispiel:

Gegeben sei die Funktion $y = f(x_1, x_2) = 2x_1^3 + x_1^2 x_2 - 4x_1 x_2^2 - e^{x_1} + \ln x_2$.

Ihre ersten partiellen Ableitungen lauten:

$y'_{x_1} = 6x_1^2 + 2x_1 x_2 - 4x_2^2 - e^{x_1}$ $\qquad$ $y'_{x_2} = x_1^2 - 8x_1 x_2 + \dfrac{1}{x_2}$

Die zweiten partiellen Ableitungen nach x_1 und x_2 lauten:

$y'_{x_1 x_1} = 12x_1 + 2x_2 - e^{x_1}$ $\qquad$ $y'_{x_2 x_2} = -8x_1 - \dfrac{1}{x_2^2}$

Die identischen gemischten partiellen Ableitungen lauten:

$y'_{x_1 x_2} = 2x_1 - 8x_2$ $\qquad$ $y'_{x_2 x_1} = 2x_1 - 8x_2$

Konnten wir die erste partielle Ableitung y'_{x_1} als Steigung der Schnittkurve für $x_2 = \vartheta$ in Richtung der x_1-Achse interpretieren, so ist es konsequent, die zweite partielle Ableitung $y''_{x_1x_1}$ als **Krümmung** derselben Kurve zu deuten. Es gilt:

$$\begin{aligned} f''_{x_1x_1}(\alpha,\vartheta) \geq 0 \quad &\rightarrow \quad \text{Schnittkurve in } x_1\text{-Richtung in } (\alpha,\vartheta) \text{ konvex} \\ f''_{x_1x_1}(\alpha,\vartheta) \leq 0 \quad &\rightarrow \quad \text{Schnittkurve in } x_1\text{-Richtung in } (\alpha,\vartheta) \text{ konkav} \end{aligned} \tag{IV.17}$$

Analog gilt für die Schnittkurve für $x_1 = \alpha$:

$$\begin{aligned} f''_{x_2x_2}(\alpha,\vartheta) \geq 0 \quad &\rightarrow \quad \text{Schnittkurve in } x_2\text{-Richtung in } (\alpha,\vartheta) \text{ konvex} \\ f''_{x_2x_2}(\alpha,\vartheta) \leq 0 \quad &\rightarrow \quad \text{Schnittkurve in } x_2\text{-Richtung in } (\alpha,\vartheta) \text{ konkav} \end{aligned} \tag{IV.18}$$

Besonders bei der Bestimmung der Extrema von Funktionen mit mehreren Variablen (vgl. Abschnitt IV 2.6) werden diese Zusammenhänge noch von Nutzen sein.

Wird der Vorgang des partiellen Differenzierens fortgesetzt, so erhalten wir weitere **partielle Ableitungen höherer Ordnung**. Die *partiellen Ableitungen dritter Ordnung* einer Funktion $y = f(x_1, x_2)$ sind beispielsweise

$$\frac{\partial^3 y}{\partial x_1^3} = y'''_{x_1x_1x_1} \quad \text{und} \quad \frac{\partial^3 y}{\partial x_2^3} = y'''_{x_2x_2x_2}$$

sowie ihre gemischten partiellen Ableitungen dritter Ordnung

$$\frac{\partial^3 y}{\partial x_1^2\, \partial x_2} = y'''_{x_1x_1x_2} \quad \text{und} \quad \frac{\partial^3 y}{\partial x_1\, \partial x_2\, \partial x_1} = y'''_{x_1x_2x_1} \quad \text{und} \quad \frac{\partial^3 y}{\partial x_1\, \partial x_2^2} = y'''_{x_1x_2x_2}\,.$$

Stetigkeit vorausgesetzt, ist die Reihenfolge der Differenziation wiederum unerheblich, d.h. die gemischten partiellen Ableitungen dritter Ordnung identisch:

$$y'''_{x_1x_1x_2} = y'''_{x_1x_2x_1} = y'''_{x_1x_2x_2}$$

Beispiel:

$y = f(x_1, x_2) = 2x_1 + x_1^3 - 3x_2 - x_1x_2$

$y'_{x_1} = 2 + 3x_1^2 - x_2$	$y''_{x_1x_1} = 6x_1$	$y'''_{x_1x_1x_1} = 6$
$y'_{x_2} = -3 - x_1$	$y''_{x_2x_2} = 0$	$y'''_{x_2x_2x_2} = 0$
	$y''_{x_1x_2} = y''_{x_2x_1} = -1$	$y'''_{x_1x_1x_2} = y'''_{x_1x_2x_1} = y'''_{x_1x_2x_2} = 0$

2.4 Partielles und totales Differenzial

In Abschnitt III 3.4 hatten wir den Begriff des Differenzials dy einer Funktion mit einer unabhängigen Veränderlichen $y = f(x)$ kennen gelernt. Es stand für die Wirkung dy einer infinitesimal kleinen Änderung der Variable x und war definiert als $dy = f'(x) \cdot dx$. Der Begriff des Differenzials lässt sich auch auf Funktionen mehrerer unabhängiger Variablen übertragen. Es ist hier allerdings zwischen partiellem und totalem Differenzial zu unterscheiden.

Betrachten wir zur Veranschaulichung eine Funktion Funktion $y = f(x_1, x_2)$. Erhöhen wir die Variable x_1 bei Konstanthaltung von x_2 um den Betrag dx_1, hat dies (auf der Schnittkurve in x_1-Richtung) eine Funktionsänderung $dy_{x_1} = f'_{x_1} \cdot dx_1$ zur Folge. Wir bezeichnen diese infinitesimale Größe als das *partielle Differenzial nach der Variablen x_1*. Analog ergibt sich ein entsprechendes partielles Differenzial nach der Variablen x_2 zu $dy_{x_2} = f'_{x_2} \cdot dx_2$.

Für eine allgemeine Funktion mehrerer Variablen $y = f(x_1, x_2, \ldots, x_n)$ können wir daher das **partielle Differenzial** nach der Variablen x_i wie folgt definieren:

$$dy_{x_i} = \frac{\partial f}{\partial x_i} \cdot dx_i = f'_{x_i} \cdot dx_i \qquad \text{(IV.19)}$$

Bei *gleichzeitiger Änderung* der Variablen x_1 und x_2 bei einer Funktion $y = f(x_1, x_2)$ um die Beträge dx_1 und dx_2 ergibt sich das sog. *totale Differenzial* der Funktion $y = f(x_1, x_2)$. Es entspricht der Summe der einzelnen partiellen Differenziale, also einer Gesamtänderung $dy = dy_{x_1} + dy_{x_2} = f'_{x_1} \cdot dx_1 + f'_{x_2} \cdot dx_2$ des Funktionswertes.

Für eine Funktion $y = f(x_1, x_2, \ldots, x_n)$ ergibt sich das **totale Differenzial** ebenso als Summe der partiellen Differenziale:

$$dy = \frac{\partial f}{\partial x_1} \cdot dx_1 + \frac{\partial f}{\partial x_2} \cdot dx_2 + \ldots + \frac{\partial f}{\partial x_n} \cdot dx_n = \sum_{i=1}^{n} f'_{x_i} \cdot dx_i \qquad \text{(IV.20)}$$

Beispiel:

Betrachten wir eine Produktionsfunktion $x = f(r_1, r_2) = 2r_1^{0,2} \cdot r_2^{0,8}$, wobei r_1 für den Arbeits- und r_2 für den Kapitalinput und x für den Output stehen. Für die vorgegebene Faktorinputkombination $r_1 = 20$ und $r_2 = 10$ sollen die partiellen (a) sowie die totalen Outputänderungen (b) ermittelt werden, wenn die Inputs um dr_1 bzw. dr_2 Einheiten geändert werden.

a) 1. $dx_{r_1} = \frac{\partial f}{\partial r_1} \cdot dr_1 = 0,4r_1^{-0,8} \cdot r_2^{0,8} \cdot dr_1$

$r_1 = 20$ und $r_2 = 10$ eingesetzt liefert $0,2297 \cdot dr_1$. Wird der Arbeitsinput bei *konstantem Kapitalinput* um 0,3 Einheiten reduziert, d.h. $\Delta r_1 = -0,3$, so können wir die Veränderung des Outputs annähern über $\Delta x_{r_1} \cong 0,2297 \cdot \Delta r_1 = 0,2297 \cdot (-0,3) = -0,0689$.

2. $dx_{r_2} = \frac{\partial f}{\partial r_2} \cdot dr_2 = 1,6r_1^{0,2} \cdot r_2^{-0,2} \cdot dr_2$

$r_1 = 20$ und $r_2 = 10$ eingesetzt liefert $1,8379 \cdot dr_2$. Liegt eine Erhöhung des Kapitalinputs um 0,1 Einheiten bei *unverändertem Arbeitsinput* vor, d.h. $\Delta r_2 = 0,1$, so können wir die Veränderung des Outputs annähern über $\Delta x_{r_2} \cong 1,8379 \cdot \Delta r_2 = 1,8379 \cdot 0,1 = 0,1838$.

b) $dx = dx_{r_1} + dx_{r_2} = \frac{\partial f}{\partial r_1} \cdot dr_1 + \frac{\partial f}{\partial r_2} \cdot dr_2 = 0,2297 \cdot dr_1 + 1,8379 \cdot dr_2$

Ersetzen wir nun dr_1 und dr_2 durch $\Delta r_1 = -0,3$ und $\Delta r_2 = +0,1$, d.h. wird der Arbeitsinput um 0,3 Einheiten vermindert und *gleichzeitig* der Kapitalinput um 0,1 Einheiten erhöht (bezogen auf das Ausgangsniveau $r_1 = 20$ und $r_2 = 10$), so können wir die Änderung des Funktionswerts annähern über $\Delta x \cong 0,2297 \cdot \Delta r_1 + 1,8379 \cdot \Delta r_2$ bzw. konkret

$\Delta x \cong 0{,}2297 \cdot (-0{,}3) + 1{,}8379 \cdot 0{,}1 = 0{,}115.$

Dies bedeutet, dass der Output (näherungsweise) um 0,115 Einheiten steigt.

Ein Vergleich mit dem exakten Änderungswert

$\Delta x = f(20-0{,}3;\ 10+0{,}1) - f(20;\ 10) = 2 \cdot 19{,}7^{0{,}2} \cdot 10{,}1^{0{,}8} - 2 \cdot 20^{0{,}2} \cdot 10^{0{,}8} = 0{,}114$

zeigt, dass wir eine recht gute Näherung durch Heranziehen des totalen Differenzials erhalten.

2.5 Ökonomische Anwendungen

Zu den wichtigsten ökonomischen Anwendungsgebieten partieller Ableitungen zählen partielle Grenzfunktionen und partielle Elastizitäten. Mit diesen wollen wir uns in diesem Abschnitt im Detail befassen. Wir gehen außerdem näher auf das Spezialthema Produktionsfunktionen ein.

1. Partielle Grenzfunktionen

Ist $y = f(x_1, x_2, ..., x_n)$ eine ökonomische Funktion, so bezeichnen wir die ersten partiellen Ableitungen f'_{x_i} als partielle Grenzfunktionen von $y = f(x_1, x_2, ..., x_n)$. Der Wert einer partiellen Grenzfunktion f'_{x_i} an einer bestimmten Stelle gibt *näherungsweise* an, wie sich die Funktion $f(x_1, x_2, ..., x_n)$ verändert, wenn x_i ausgehend von dieser Stelle um *eine Einheit* wächst, während alle anderen Variablen konstant gehalten werden. Wir können die Grenzfunktion also als das partielle Differenzial von $y = f(x_1, x_2, ..., x_n)$ für $dx_i = 1$ auffassen (vgl. dazu IV 2.4).

Für verschiedene ökonomische Funktionen haben sich in der Literatur spezielle Begriffe für die Grenzfunktionen eingebürgert. So bezeichnet man z.B. die erste partielle Ableitung einer Kostenfunktion $C(x_1, x_2, ..., x_n)$ als partielle Grenzkostenfunktion C'_{x_i}, die einer Erlösfunktion $R(x_1, x_2, ..., x_n)$ als partielle Grenzerlösfunktion R'_{x_i} und die einer Gewinnfunktion $G(x_1, x_2, ..., x_n)$ als partielle Grenzgewinnfunktion G'_{x_i}

Beispiel:

Die Funktion $C(x_1, x_2, x_3) = 10x_1 + 3x_2^2 + x_3 + 100$ wurde für ein Unternehmen als Kostenfunktion festgestellt, wobei die Variablen x_1, x_2 und x_3 die Produktionsmengen der drei vom Unternehmen produzierten Güter angeben.

Untersuchen wir, wie sich die Produktionskosten verändern, wenn x_2 ausgehend von einem aktuellen Produktionsniveau von 500 Stück um eine Einheit erhöht wird. Die produzierten Stückzahlen der anderen Güter sollen dabei konstant bleiben.

$C'_{x_2} = 6x_2 \quad \rightarrow \quad C'_{x_2}(500) = 6 \cdot 500 = 3.000$

Es ist also näherungsweise von einer Kostenerhöhung um 3.000 Euro auszugehen.

Wie auch bei Grenzfunktionen von Funktionen einer unabhängigen Variablen ist bei Berechnungen dieser Art die *Näherung nur brauchbar*, wenn vorausgesetzt wird, dass *eine Einheit* von x_i verglichen mit den Gesamtmengen, mit denen man arbeitet, *klein* ist und die Zusammenhänge *nicht zu stark nicht-linear* sind.

2. Partielle Elastizitäten

Ist $y = f(x_1, x_2, ..., x_n)$ eine beliebige Funktion, so sind ihre partiellen Elastizitäten definiert als

$$\varepsilon_{y,x_i} = \frac{\partial y}{\partial x_i} \cdot \frac{x_i}{y}. \qquad \text{(IV.21)}$$

Die partielle Elastizität ε_{y,x_i} gibt näherungsweise an, um wie viel Prozent sich y ändert, wenn sich x_i ausgehend von einem bestimmten Niveau um 1 % ändert, wobei alle anderen Variablen konstant bleiben.

Beispiel:

Die Nachfragefunktion nach Gut i (x_i) sei $x_i = 40 - 0{,}5p_i + 0{,}2p_j - 0{,}5p_k + 0{,}1y$. Dabei sind p_i, p_j und p_k die Preise der Güter i, j, k und y das zur Verfügung stehende Einkommen.

Betrachten wir die Situation $p_i = 100$, $p_j = 50$, $p_k = 200$ und y = 2.000 und berechnen für diese ausgewählte Elastizitäten:

a) Direkte Preiselastizität der Nachfrage nach Gut i:

$$\varepsilon_{x_i, p_i} = \frac{\partial x_i}{\partial p_i} \cdot \frac{p_i}{x_i} = -0{,}5 \cdot \frac{100}{40 - 0{,}5 \cdot 100 + 0{,}2 \cdot 50 - 0{,}5 \cdot 200 + 0{,}1 \cdot 2.000} = -0{,}5 \cdot \frac{100}{100} = -0{,}5$$

Wird also der Preis des Guts i um 1 % erhöht, so bewirkt dies (näherungsweise) eine Senkung der nachgefragten Menge um 0,5 %.

b) Kreuzpreiselastizitäten der Nachfrage nach Gut i:

$$\varepsilon_{x_i, p_j} = \frac{\partial x_i}{\partial p_j} \cdot \frac{p_j}{x_i} = 0{,}2 \cdot \frac{50}{100} = 0{,}1$$

Da die Nachfrage nach Gut i bei steigendem Preis von Gut j zunimmt, handelt es sich hier um Substitutionsgüter.

$$\varepsilon_{x_i, p_k} = \frac{\partial x_i}{\partial p_k} \cdot \frac{p_k}{x_i} = -0{,}5 \cdot \frac{200}{100} = -1$$

Sinkende Nachfrage nach Gut i bei Preiserhöhung von Gut k bedeutet, dass beide Güter Komplementärgüter sind.

c) Einkommenselastizität der Nachfrage nach Gut i:

$$\varepsilon_{x_i, y} = \frac{\partial x_i}{\partial y} \cdot \frac{y}{x_i} = 0{,}1 \cdot \frac{2.000}{100} = 2$$

Steigt das Einkommen um 1 % so hat dies eine Erhöhung der Nachfrage nach Gut i um (näherungsweise) 2 % zur Folge.

In ökonomischen Anwendungen spielen sog. **Cobb-Douglas-Funktionen** eine besondere Rolle. Es handelt sich hierbei um Funktionen des Typs

$$y = f(x_1, x_2, ..., x_n) = a \cdot x_1^{b_1} \cdot x_2^{b_2} \cdot ... \cdot x_n^{b_n}, \qquad \text{(IV.22)}$$

wobei a und b_1, b_2, ..., b_n reelle Konstanten sind. Besonderheit dieser Funktionsgattung ist es, dass der Exponent der i-ten Variable immer gleich der partiellen Elastizität für diese Variable ist. Es gilt nämlich

$$\varepsilon_{y,x_i} = \frac{\partial y}{\partial x_i} \cdot \frac{x_i}{y} = b_i \cdot a \cdot x_i^{b_i - 1} \cdot x_1^{b_1} \cdot x_2^{b_2} \cdot \ldots \cdot x_n^{b_n} \cdot \frac{x_i}{a \cdot x_1^{b_1} \cdot x_2^{b_2} \cdot \ldots \cdot x_n^{b_n}}$$
$$= \frac{b_i \cdot a \cdot x_1^{b_1} \cdot x_2^{b_2} \cdot \ldots \cdot x_n^{b_n}}{a \cdot x_1^{b_1} \cdot x_2^{b_2} \cdot \ldots \cdot x_n^{b_n}} = b_i. \tag{IV.23}$$

Beispiel:

Die Nachfrage nach einem Konsumgut sei durch $x^D = f(p, p_a, y) = 100 \cdot p^{-1,01} \cdot p_a^{0,85} \cdot y^{0,05}$ beschrieben, wobei p der Preis des Konsumgutes, p_a der Preis eines anderen Gutes und y das zur Verfügung stehende Einkommen sind. Die partiellen Elastizitäten können hier mittels (IV.23) einfach und schnell ermittelt werden. So ergeben sich die preisbezogenen Elastizitäten zu

$$\varepsilon_{x^D,p} = \frac{\partial x^D}{\partial p} \cdot \frac{p}{x^D} = -1,01 \quad \text{und} \quad \varepsilon_{x^D,p_a} = \frac{\partial x^D}{\partial p_a} \cdot \frac{p_a}{x^D} = 0,85$$

und die partielle Einkommenselastizität zu

$$\varepsilon_{x^D,y} = \frac{\partial x^D}{\partial y} \cdot \frac{y}{x^D} = 0,05.$$

3. Spezialthema Produktionsfunktionen

Bei Produktionsfunktionen handelt es sich um Funktionen, die die produzierte Menge x in Abhängigkeit von einer gewissen Anzahl von Produktionsfaktoren r_1, ..., r_n angeben. Wir beschränken uns im Folgenden auf den Fall zweier Produktionsfaktoren, d.h. $x = f(r_1, r_2)$. Die ersten partiellen Ableitungen einer solchen Funktion heißen *partielle Grenzproduktivitäten oder Grenzerträge* und geben (näherungsweise) an, wie sich die produzierte Menge ändert, wenn sich einer der Produktionsfaktoren bei Konstanz des anderen um eine Einheit erhöht oder verringert.

Wie wir bereits gesehen haben, liefern uns Isolinien derartiger Funktionen Kombinationen der Inputfaktoren, die den gleichen Output liefern. Entlang derartiger Kurven ändert sich also trotz Faktorvariation die abhängige Veränderliche nicht, d.h. das totale Differenzial der Funktion ist gleich Null und wir erhalten

$$\frac{\partial x}{\partial r_1} \cdot d r_1 + \frac{\partial x}{\partial r_2} \cdot d r_2 = 0$$

bzw.

$$\frac{d r_2}{d r_1} = -\frac{\partial x}{\partial r_1} \Big/ \frac{\partial x}{\partial r_2}. \tag{IV.24}$$

Dieser Ausdruck hilft uns bei der Beantwortung folgender Fragestellung: Um wieviel muss man den einen Produktionsfaktor r_2 verändern, um bei Variation des anderen Faktors r_1 wieder den gleichen Output zu erzielen? Wir sprechen bei (IV.24) auch von der sog. *Grenzrate der technischen Substitution des Faktors r_2 durch den Faktor r_1*. Sie entspricht dem umgekehrten Verhältnis der Grenzprodukte.

Beispiel:

Gegeben sei eine Produktionsfunktion $x(r_1,r_2) = 2,5r_1^{0,6}r_2^{0,4}$. Bestimmen wir die Grenzrate der Substitution zum Output x = 10 und beantworten die Frage, wie man r_2 verändern muss, wenn bei einem Einsatz von 5 Einheiten des Faktors r_1 dessen Einsatz um eine Einheit steigt, der Output x = 10 aber konstant bleiben soll.

Stellen wir $x(r_1,r_2)$ bei x = 10 nach r_2 um, so erhalten wir

$$10 = 2,5r_1^{0,6}r_2^{0,4} \quad \leftrightarrow \quad r_2^{-0,4} = 0,25r_1^{0,6} \quad \leftrightarrow \quad r_2 = 32r_1^{-1,5}$$

und daraus

$$\frac{dr_2}{dr_1} = -48r_1^{-2,5},$$

was an der Stelle $r_1 = 5$ die konkrete Grenzrate der Substituition –0,86 liefert. Dieser Wert besagt, dass der Einsatz von r_2 um 0,86 Einheiten sinken muss, um einen Output von x = 10 aufrechtzuerhalten.

Für die partiellen Grenzprodukte gilt

$$\frac{\partial x}{\partial r_1} = 1,5r_1^{-0,4}r_2^{0,4} \quad \text{und} \quad \frac{\partial x}{\partial r_2} = r_1^{0,6}r_2^{-0,6}.$$

Somit folgt nach (IV.24)

$$\frac{dr_2}{dr_1} = -\frac{1,5r_1^{-0,4}r_2^{0,4}}{r_1^{0,6}r_2^{-0,6}}.$$

Bei $r_1 = 5$ und $r_2 = 32 \cdot 5^{-1,5} = 2,86$ ergibt sich

$$-\frac{1,5 \cdot 5^{-0,4} \cdot 2,86^{0,4}}{5^{0,6} \cdot 2,86^{-0,6}} = -\frac{1,20}{1,40} = -0,86\ ,$$

was mit der bereits ermittelten Grenzrate der Substitution übereinstimmt.

2.6 Extremwertbestimmung

In Abschnitt IV 1.3 haben wir bereits einen ersten Blick auf Extrema von Funktionen zweier unabhängiger Variablen geworfen. Die dort aufgeführte Definiton ist zwar eindeutig und auch verallgemeinerbar, jedoch zur konkreten Bestimmung von Extremwerten nicht zweckmäßig. Wie bei Funktionen mit nur einer unabhängigen Veränderlichen bedienen wir uns dazu der Differenzialrechnung bzw. konkret der partiellen Ableitungen einer zu untersuchenden Funktion.

In diesem Abschnitt wollen wir zunächst die Vorgehensweise zur Bestimmung von Extrema bei Funktionen des Typs $y = f(x_1, x_2)$ darlegen. Im Anschluss daran beschäftigen wir uns mit der sog. *Extremwertbestimmung unter Nebenbedingungen*, da die meisten Optimierungsprobleme in der Praxis durch Restriktionen eingeschränkt sind.

2.6.1 Absolute Extremwerte

Ähnlich wie bei Funktionen mit einer unabhängigen Variablen sind auch bei Funktionen mit mehreren Veränderlichen notwendige und hinreichende Bedingungen zu definieren, um die Art und Lage der Extrema bestimmen zu können.

1. Notwendige Bedingungen

Abbildung IV 8 zeigt zwei Flächen $y = f(x_1, x_2)$ mit einem Maximum (links) und einem Minimum (rechts). Wie wir uns leicht vorstellen können, wird bei einem Extrempunkt die Funktion $y = f(x_1, x_2)$ von einer Tangentialebene, die parallel zur x_1-x_2-Ebene liegen muss, in eben diesem Punkt berührt. Dies bedeutet, dass jede Gerade in dieser Tangentialebene horizontal verläuft und die Steigung Null besitzt. Da genau zwei sich schneidende Geraden die Ebene eindeutig bestimmen, ist es für die Bestimmung des Extremwertes ausreichend, von diesen Geraden die beiden Tangenten an die Schnittkurven von $y = f(x_1, x_2)$ in x_1 und x_2-Richtung zu betrachten. Sie weisen ebenfalls eine Steigung von Null auf, sodass bei einem Extremwert die *ersten partiellen Ableitungen* in Richtung der x_1- und der x_2-Achse *gleich Null* sein müssen. Diese Bedingung ist zwingend *notwendig* für die Existenz eines Extremums.

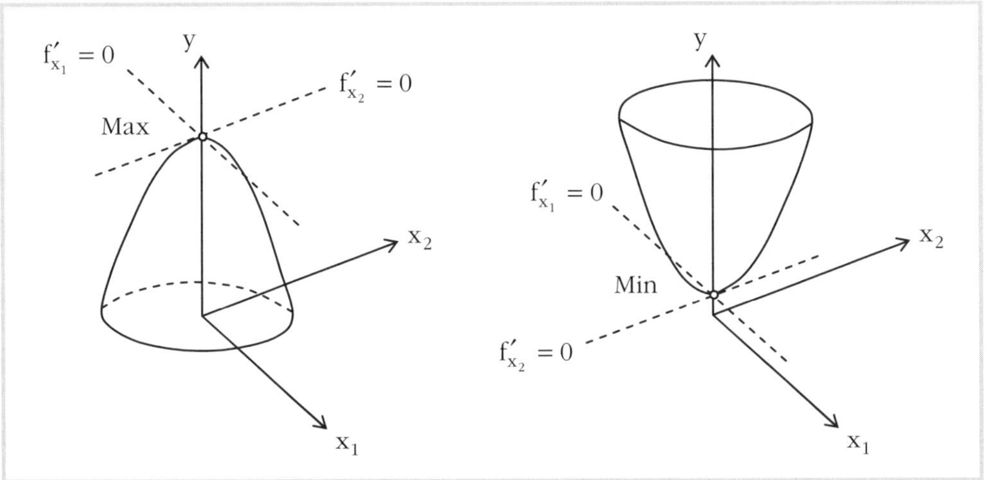

Abbildung IV 8: Extremwerte mit horizontalen Tangenten

Aus unseren Betrachtungen können wir also zusammenfassen, dass ein Punkt (α, ϑ) einer Funktion $y = f(x_1, x_2)$ nur dann ein Extrempunkt sein kann, wenn

$$f'_{x_1}(\alpha, \vartheta) = 0 \quad \wedge \quad f'_{x_2}(\alpha, \vartheta) = 0 \qquad \text{(IV.25)}$$

gilt. Erfüllt ein Punkt (α, ϑ) die *notwendige Bedingung* (IV.25) für ein Extremum, sprechen wir von einem sog. *kritischen Punkt.*

Um also mögliche Extremwerte bzw. kritische Punkte einer Funktion $y = f(x_1, x_2)$ identifizieren zu können, ist die Lösung eines Gleichungssystems

$$f'_{x_1}(x_1, x_2) \overset{!}{=} 0$$
$$f'_{x_2}(x_1, x_2) \overset{!}{=} 0 \qquad \text{(IV.26)}$$

erforderlich. Im Falle einer Funktion $y = f(x_1, \ldots, x_n)$ mit n unabhängigen Variablen ergeben sich natürlich aufgrund n erster partieller Ableitungen n notwendige Bedingungen bzw. ein Gleichungssystem mit n Gleichungen.

Beispiel:

Bestimmen wir die kritischen Punkte der Funktion $y = f(x_1, x_2) = (4x_1 - 1)^2 - (x_2 - 1)^2$, indem wir zunächst die ersten partiellen Ableitungen der Funktion bilden:

$$f'_{x_1} = 2 \cdot (4x_1 - 1) \cdot 4 = 8 \cdot (4x_1 - 1)$$
$$f'_{x_2} = -2 \cdot (x_2 - 1)$$

Anschließend werden diese Ableitungen gleich Null gesetzt und das resultierende Gleichungssystem gelöst:

$$f'_{x_1} \overset{!}{=} 0 \quad \rightarrow \quad 8 \cdot (4x_1 - 1) = 0 \quad \leftrightarrow \quad x_1 = 0{,}25$$
$$f'_{x_2} \overset{!}{=} 0 \quad \rightarrow \quad -2 \cdot (x_2 - 1) = 0 \quad \leftrightarrow \quad x_2 = 1$$

Wir erhalten den kritischen Punkt (0,25; 1).

2. Hinreichende Bedingungen

Wurde ein kritischer Punkt ermittelt, stellen wir uns die Frage, ob an dieser Stelle auch tatsächlich ein Extremum vorliegt und wenn ja, ob es sich um ein Maximum oder ein Minimum handelt. Abbildung IV 9 zeigt anhand zweier Gegenbeispiele, dass durchaus Flächenpunkte existieren können, in denen die ersten partiellen Ableitungen gleich Null sind, ohne dass Extrema vorliegen. Im sog. *Sattelpunkt* besitzt die Schnittkurve in einer Richtung ein Minimum und in der anderen ein Maximum. Beim sog. *parabolischen Punkt* liegt in einer Richtung ein Maximum (oder auch Minimum) vor, wohingegen in der anderen kein Extremwert existiert.

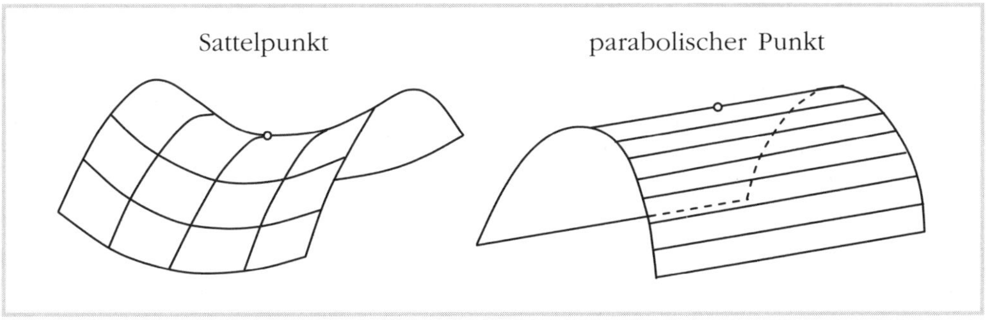

Abbildung IV 9: Sattelpunkt und parabolischer Punkt

Wie wir wissen, entscheidet bei Funktionen einer unabhängigen Variablen das Vorzeichen der zweiten Ableitung über die Krümmung in einem Punkt und damit über die Art des Extremums. Aus ähnlichen Gründen gibt bei Funktionen mehrerer unabhängiger Veränderlicher das Vorzeichen des *zweiten totalen Differenzials* (totales Differenzial zweiter Ordnung) Auskunft über die Krümmung. Dieses können wir durch erneutes totales Differenzieren des Differenzials erster Ordnung ermitteln.

Für eine Funktion $y = f(x_1, x_2)$ erhalten wir aus $dy = f'_{x_1} \cdot dx_1 + f'_{x_2} \cdot dx_2$ das zweite totale Differenzial zu

$$d(dy) = d^2y = \frac{\partial(f'_{x_1} \cdot dx_1 + f'_{x_2} \cdot dx_2)}{\partial x_1} \cdot dx_1 + \frac{\partial(f'_{x_1} \cdot dx_1 + f'_{x_2} \cdot dx_2)}{\partial x_2} \cdot dx_2$$

$$= f''_{x_1x_1} \cdot (dx_1)^2 + 2f''_{x_1x_2} \cdot dx_1 \cdot dx_2 + f''_{x_2x_2} \cdot (dx_2)^2.$$

Dieses stellt in Abhängigkeit von den Differenzialen dx_1 und dx_2 eine quadratische Form dar. Besitzt sie unabhängig von dx_1 und dx_2 dasselbe Vorzeichen, heißt sie definit. Wir nennen sie *positiv definit*, wenn

$$D(x_1, x_2) \equiv f''_{x_1x_1} \cdot f''_{x_2x_2} - (f''_{x_1x_2})^2 > 0 \quad \text{und} \quad f''_{x_1x_1} > 0$$

gilt und *negativ definit*, wenn

$$D(x_1, x_2) \equiv f''_{x_1x_1} \cdot f''_{x_2x_2} - (f''_{x_1x_2})^2 < 0 \quad \text{und} \quad f''_{x_1x_1} < 0$$

gilt, wobei der Ausdruck

$$D(x_1, x_2) \equiv f''_{x_1x_1} \cdot f''_{x_2x_2} - (f''_{x_1x_2})^2 \tag{IV.27}$$

unter dem Begriff *Hesse'sche Determinate* (zweiter Ordnung) bekannt ist.

(IV.27) hilft uns über die Art eines Extremums zu entscheiden. Sind die ersten partiellen Ableitungen in einem Punkt (α, ϑ) gleich Null, d.h. erfüllt er die notwendigen Bedingungen (IV.25) eines Extremums, bestimmt das Vorzeichen von $D(\alpha, \vartheta)$ zusammen mit dem Vorzeichen der zweiten partiellen Ableitung $f''_{x_1x_1}(\alpha, \vartheta)$ an dieser Stelle die Art des Extremums. Als *hinreichende Bedingungen* für Extrema resultieren:

$$\begin{aligned} D(\alpha, \vartheta) > 0 \;\wedge\; f''_{x_1x_1}(\alpha, \vartheta) > 0 &\;\rightarrow\; \text{rel. Minimum bei } (\alpha, \vartheta) \\ D(\alpha, \vartheta) > 0 \;\wedge\; f''_{x_1x_1}(\alpha, \vartheta) < 0 &\;\rightarrow\; \text{rel. Maximum bei } (\alpha, \vartheta) \end{aligned} \tag{IV.28}$$

Es ist hier zu berücksichtigen, dass bei $D(\alpha, \vartheta) > 0$ und geltendem $f''_{x_1x_1}(\alpha, \vartheta) > 0$ natürlich auch $f''_{x_2x_2}(\alpha, \vartheta) > 0$ gelten muss. Ist $D(\alpha, \vartheta) > 0$ und $f''_{x_1x_1}(\alpha, \vartheta) < 0$, gilt automatisch auch $f''_{x_1x_1}(\alpha, \vartheta) < 0$. Im Rahmen der "Regel" (IV.27) ist es daher ausreichend, nur eine der beiden (nicht gemischten) zweiten partiellen Ableitungen zu betrachten.

Nimmt die Hesse'sche Determinante einen nicht positiven Wert an, gilt Folgendes:

$$\begin{aligned} D(\alpha, \vartheta) < 0 &\;\rightarrow\; \text{Sattelpunkt an der Stelle } (\alpha, \vartheta) \\ D(\alpha, \vartheta) = 0 &\;\rightarrow\; \text{keine Entscheidung ohne weitere Rechnung möglich} \end{aligned} \tag{IV.29}$$

Auf eine detaillierte Beschreibung der weiteren Rechnung im Fall $D(\alpha, \vartheta) = 0$ wollen wir hier verzichten. Wir verweisen dazu auf Chiang und Wainwright (2005).

Gesamtbeispiel:

Bestimmen wir die Extremwerte und Sattelpunkte von $y = f(x_1, x_2) = 2x_1^3 - 18x_1x_2 + 9x_2^2$.

1. Schritt: Bestimmung der ersten partiellen Ableitungen

$$f'_{x_1} = 6x_1^2 - 18x_2$$

$$f'_{x_2} = -18x_1 + 18x_2$$

2. Schritt: Ermittlung der kritischen Punkte aus einem Gleichungssystem nach (IV.25)

$$\text{I}: \quad f'_{x_1} = 6x_1^2 - 18x_2 \overset{!}{=} 0$$

$$\text{II}: \quad f'_{x_2} = -18x_1 + 18x_2 \overset{!}{=} 0$$

Aus Gleichung II ergibt sich $x_1 = x_2$. Eingesetzt in Gleichung I folgt:

$$6x_1^2 - 18x_1 = 0 \quad \leftrightarrow \quad x_1 \cdot (6x_1 - 18) = 0$$

$$x_1 = 0 \quad \vee \quad 6x_1 - 18 = 0$$

$$x_1 = 0 \quad \vee \quad x_1 = 3$$

Als kritische Punkte erhalten wir also (0; 0) und (3; 3).

3. Schritt: Bestimmung der zweiten partiellen Ableitungen

$$f''_{x_1x_1} = 12x_1$$

$$f''_{x_2x_2} = 18$$

$$f''_{x_1x_2} = -18$$

4. Schritt: Ermittlung der Hesse'schen Determinante

$$D(x_1, x_2) = f''_{x_1x_1} \cdot f''_{x_2x_2} - (f''_{x_1x_2})^2 = 12x_1 \cdot 18 - (-18)^2 = 216x_1 - 324$$

5. Schritt: Prüfung auf Art der Extrema bzw. Sattelpunkte

Kritischer Punkt (0; 0):

$D(0; 0) = 216 \cdot 0 - 324 = -324 \quad < \quad 0 \quad \rightarrow$ Sattelpunkt bei (0; 0)

Kritischer Punkt (3; 3):

$D(3; 3) = 216 \cdot 3 - 324 = 324 \quad > \quad 0$

$f''_{x_1x_1}(3; 3) = 12 \cdot 3 = 36 \quad > \quad 0 \quad \rightarrow$ Minimum bei (3; 3)

2.6.2 Einbeziehen von Nebenbedingungen

Bei vielen ökonomischen Fragestellungen macht eine Extremwertbestimmung erst unter Nebenbedingungen wirklich Sinn. So dürfte es klar sein, dass ein Unternehmer, der seine Kosten uneingeschränkt minimiert, sein absolutes Kostenminimum erreicht, wenn er nicht produziert, seine Arbeiter entlässt und sein Unternehmen schließt. Sinnvoll und für ihn von Interesse ist vielmehr eine Kostenminimierung, die z.B. auf ein bestimmtes Fertigungsprogramm unter Ausnutzung vorgegebener Kapazitäten beschränkt wird. Ein ähnliches Problem ergibt sich auch bei der Gewinnmaximierung, da der Gewinn theoretisch unendlich ist, wenn von Produkten mit positivem Deckungsbeitrag unendlich viele Stück verkauft werden. Auch hier sind es meist technische, finanzielle oder absatzbeschränkende Nebenbedingungen, die bei der Extremwertbestimmung zu berücksichtigen sind und zu einem sinnvollen Optimierungsproblem führen.

Die **Extremwertbestimmung unter Nebenbedingungen** zielt bei Funktionen mit zwei unabhängigen Veränderlichen darauf ab, für die Funktion $y = f(x_1, x_2)$ ein Extremum zu finden, wobei die Nebenbedingung $g(x_1, x_2) = 0$ eingehalten werden soll. Die Funktion $y = f(x_1, x_2)$ wird in diesem Zusammenhang auch als *Zielfunktion*, die unabhängigen Veränderlichen x_1 und x_2 als *Entscheidungsvariablen* und die Nebenbedingung $g(x_1, x_2) = 0$ als *Restriktion* bezeichnet. Die Menge aller Funktionswerte, unter welchen der Extremwert zu suchen ist, wird als *Entscheidungsraum* bezeichnet. Dieser wird durch die Restriktion eingeschränkt.

Beispiel:

Betrachten wir eine Kostenfunktion $K(r_1, r_2) = p_1r_1 + p_2r_2$, die die Produktionskosten je Stück in Abhängigkeit von den Mengen r_1 und r_2 zweier Produktionsfaktoren angibt, die einen Stückpreis von p_1 und p_2 besitzen. Zudem liege die Produktionsfunktion $x = x(r_1, r_2)$ vor, bei der der Mindereinsatz eines Produktionsfaktors durch den Mehreinsatz des anderen Faktors ausgeglichen werden kann (sog. substitutionale Produktionsfunktion).

Interessieren wir uns nun für die Mengen r_1^* und r_2^*, die bei einem Produktionsniveau von $x = \alpha$ Stück minimale Stückkosten liefern, stehen wir vor der Aufgabe das Minimum von $K(r_1, r_2)$ unter der Nebenbedingung $x(r_1, r_2) = \alpha$ (bzw. $x(r_1, r_2) - \alpha = 0$) zu bestimmen. Grafisch können wir uns die Lösung dieses Problems mittels der nachfolgenden Abbildung veranschaulichen. In dieser ist die Restriktion $x(r_1, r_2) = \alpha$ abgebildet, die nichts anderes als eine Isolinie (Isoquante) ist, die alle Faktorkombinationen beschreibt, die den gleichen Output $x = \alpha$ erbringen. Die Kostenfunktion mit den Stückkosten K als Parameter beschreibt im r_1-r_2-System eine Schar paralleler Geraden (Isolinien), wobei auf einer Geraden mit $K = \kappa$ alle Faktorkombinationen liegen, die die gleichen Kosten κ verursachen. Um den Output $x = \alpha$ zu erzielen muss eine Faktorkombination auf der Isoquanten gewählt werden (eingeschränkter Entscheidungsraum). Die zugehörigen minimalen Kosten ergeben sich, in dem wir eine Kostenparallele durch diesen Punkt legen. Die Faktorkombination, die die geringsten Kosten bei $x = \alpha$ verursacht liegt, also gerade in dem Punkt, in dem die Kostengerade die Isolinie der Produktionsfunktion tangiert.

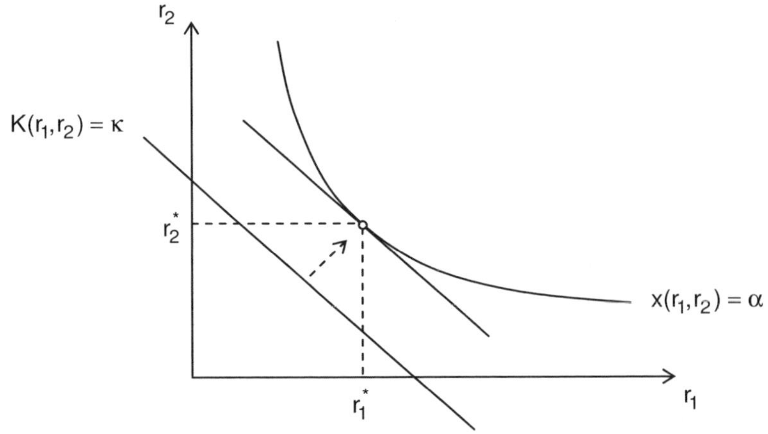

Restriktionen müssen nicht in Gleichungsform vorliegen. Sie können durchaus auch in Ungleichungsform spezifiziert sein. Da in vielen ökonomischen Problemen negative Werte der Entscheidungsvariablen nicht sinnvoll sind (z.B. bei Produktionsmengen), treffen wir häufig auf *Nichtnegativitätsbedingungen* der Form $x_1 \geq 0$ und $x_2 \geq 0$. Genau genommen hätten wir also im vorhergehenden Beispiel auch derartige Nichtnegativitätsbedingungen für die Faktorkombinationen formulieren müssen.

Im Folgenden wollen wir uns auf die Behandlung von Nebenbedingungen in Form von Gleichungen und Zielfunktionen des Typs $y = f(x_1, x_2)$ beschränken und zwei Methoden der Extremwertbestimmung unter Nebenbedingungen vorstellen, die *Variablensubstitution* und die *Lagrange-Methode*.

1. Variablensubstitution

Bei diesem Verfahren wird die Nebenbedingung $g(x_1, x_2) = 0$ nach einer Variablen aufgelöst und in die Zielfunktion $y = f(x_1, x_2)$ eingesetzt. Dadurch wird eine Entscheidungsvariable eliminiert und die Zielfunktion auf eine Funktion mit nur einer unabhängigen Veränderlichen reduziert. Für diese ist dann eine einfache Extremwertbestimmung mit den bisher behandelten Methoden möglich.

Beispiel:

Das folgende Maximierungsproblem sei zu lösen (u.d.N.: "unter der Nebenbedingung"):

Max. $y = f(x_1, x_2) = x_1 \cdot x_2$ u. d. N. $2x_1 + x_2 = 10$

<u>1. Schritt:</u> Umformung der Restriktion

In diesem Fall empfiehlt sich eine Auflösung der Nebenbedingung nach x_2.

$$x_2 = 10 - 2x_1$$

<u>2. Schritt:</u> Einsetzen in Zielfunktion

$$y = f(x_1, 10 - 2x_1) = x_1 \cdot (10 - 2x_1) = 10x_1 - 2x_1^2$$

<u>3. Schritt:</u> Bildung der benötigten Ableitungen der neuen Zielfunktion

$$f(x_1) = 10x_1 - 2x_1^2$$

$$f'(x_1) = 10 - 4x_1$$

$$f''(x_1) = -4$$

<u>4. Schritt:</u> Extremwertbestimmung

$$f'(x_1) \overset{!}{=} 0 \quad \rightarrow \quad 10 - 4x_1 = 0 \quad \leftrightarrow \quad x_1 = 2{,}5$$

$$f''(2{,}5) = -4 < 0 \quad \rightarrow \quad \text{Maximum bei } x_1 = 2{,}5$$

<u>5. Schritt:</u> Ermittlung des zugehörigen Werts der anderen Variablen

$$x_2 = 10 - 2 \cdot 2{,}5 = 5 \quad \rightarrow \quad \text{Maximun bei } (2{,}5;\, 5)$$

2. Lagrange-Methode

Die Lagrange-Methode besagt, dass die Extrema einer Funktion $y = f(x_1, x_2)$ unter der Nebenbedingung $g(x_1, x_2) = 0$ an den Stellen liegen, an denen die *Lagrange-Funktion*

$$L(x_1, x_2, \lambda) = f(x_1, x_2) \pm \lambda \cdot g(x_1, x_2) \qquad \text{(IV.30)}$$

ihre Extremwerte annimmt. Der Faktor λ wird als *Lagrange-Multiplikator* bezeichnet und stellt eine zusätzliche Variable dar. Er gibt an, wie sich der Zielfunktionswert ändert, wenn die Nebenbedingung um eine Einheit angezogen oder gelockert wird. Die Lagrange-Methode gestattet es also, eine durch eine Nebenbedingung eingeschränkte Extremwertbestimmung auf eine uneingeschränkte Extremwertbestimmung einer Funktion zurückzuführen, die allerdings als zusätzliche Veränderliche λ besitzt. Voraussetzung für die Anwendung der Lagrange-Methode ist dabei, dass die Nebenbedingung in Gleichungsform mit rechter Seite gleich Null vorliegt, d.h. $g(x_1, x_2) = 0$ sein muss. Es spielt keine Rolle, ob wir die Nebenbedingung in (IV.30) mit "+" oder "–" mit der Zielfunktion verknüpfen, da die Nebenbedingung ja Null ist.

Zur Bestimmung der Extremwerte der Funktion $L(x_1, x_2, \lambda)$ mit jetzt drei unabhängigen Veränderlichen müssen wiederum die ersten partiellen Ableitungen Null gesetzt werden (*notwendige Bedingungen*):

$$\begin{aligned} L'_{x_1} &= \frac{\partial L}{\partial x_1} = f'_{x_1}(x_1, x_2) \pm \lambda \cdot g'_{x_1}(x_1, x_2) \overset{!}{=} 0 \\ L'_{x_2} &= \frac{\partial L}{\partial x_2} = f'_{x_2}(x_1, x_2) \pm \lambda \cdot g'_{x_2}(x_1, x_2) \overset{!}{=} 0 \qquad \text{(IV.31)} \\ L'_{\lambda} &= \frac{\partial L}{\partial \lambda} = \pm g(x_1, x_2) \overset{!}{=} 0 \end{aligned}$$

Die letzte Bedingung ist dabei gerade die ursprüngliche Nebenbedingung. *Hinreichende Bedingungen* ließen sich analog zu Abschnitt IV 2.6.1 aufstellen. Da sich dabei bei einer Funktion mit drei unabhängigen Veränderlichen jedoch eine Hesse'sche Determinante dritter Ordnung ergeben würde, zu deren Verständnis die Grundlagen der Linearen Algebra (vgl. Kapitel VI) bekannt sein müssten, werden wir uns im Folgenden auf die Betrachtung der notwendigen Bedingungen beschränken. Ist der Typ des Extremums dennoch von Interesse, kann dieser durch Untersuchung einiger Punkte in der Umgebung eines kritischen Punktes bestimmt werden. Liegen die Umgebungspunkte unterhalb des kritischen Punktes, liegt ein Maximum vor. Ein Minimum ist hingegen gegeben, wenn die Umgebungspunkte über dem kritischen Punkt angesiedelt sind.

Beispiel:

Die Nutzenfunktion eines Haushaltes lautet $U(x_1, x_2) = 2x_1x_2$. Die Preise der Güter 1 und 2, die in den Mengen x_1 und x_2 konsumiert werden, sind $p_{x_1} = 3$ Euro und $p_{x_2} = 2$ Euro. Dem Haushalt steht zum Konsum der beiden Güter ein Einkommen von 60 Euro zur Verfügung. Bestimmen wir die nutzenmaximalen Nachfragemengen x_1 und x_2.

<u>1. Schritt:</u> Bestimmung der Nebenbedingung

$g(x_1, x_2) = 3x_1 + 2x_2 = 60$

2. Schritt: Herstellung der Nebenbedingungsform $g(x_1, x_2) = 0$:

$$g(x_1, x_2) = 3x_1 + 2x_2 - 60 = 0$$

3. Schritt: Aufstellen der Lagrange-Funktion:

$$L(x_1, x_2, \lambda) = 2x_1x_2 - \lambda \cdot (3x_1 + 2x_2 - 60)$$

4. Schritt: Ermittlung der kritischen Punkte der Lagrange-Funktion

$$\text{I:} \quad L'_{x_1} = 2x_2 - \lambda \cdot 3 \stackrel{!}{=} 0$$

$$\text{II:} \quad L'_{x_2} = 2x_1 - \lambda \cdot 2 \stackrel{!}{=} 0$$

$$\text{III:} \quad L'_{\lambda} = -(3x_1 + 2x_2 - 60) \stackrel{!}{=} 0$$

Aus Gleichung II ergibt sich $x_1 = \lambda$. Einsetzen in Gleichung I liefert:

$$2x_2 - x_1 \cdot 3 = 0 \quad \leftrightarrow \quad x_2 = \frac{3}{2}x_1$$

Einsetzen in Gleichung III ergibt:

$$3x_1 + 2 \cdot \left(\frac{3}{2} \cdot x_1\right) - 60 = 0 \quad \leftrightarrow \quad x_1 = 10 \quad \rightarrow \quad x_2 = \frac{3}{2} \cdot 10 = 15$$

Wir erhalten damit den kritischen Punkt (10; 15). Der dazugehörige Funktionswert liegt bei $U(10; 15) = 2 \cdot 10 \cdot 15 = 300$.

Bilden wir die partielle Ableitung der Lagrange-Funktion (IV.30) nach $g(x_1, x_2)$, so erhalten wir

$$\lambda = \pm \frac{\partial L(x_1, x_2, \lambda)}{\partial g(x_1, x_2)}. \tag{IV.32}$$

Daran erkennt man, dass der Lagrange-Multiplikator λ als Änderungsrate der Lagrange-Funktion $L(x_1, x_2, \lambda)$ bei infinitesimaler Variation der Nebenbedingung $g(x_1, x_2)$ zu interpretieren ist. Konkret gibt er an, um wieviel sich der Funktionswert $L(x_1, x_2, \lambda)$ näherungsweise ändert, wenn $g(x_1, x_2)$ um eine Einheit steigt/fällt. Da L und f aufgrund von $g(x_1, x_2) = 0$ gleich sind, hat λ für die Funktion f die gleiche Bedeutung wie für die Funktion L.

Da aufgrund der Voraussetzung $g(x_1, x_2) = 0$ auch $dg = 0$ gilt, ist das totale Differenzial der Lagrangefunktion L gleich dem der urprünglichen Funktion f, d.h. es gilt

$$dL = df.$$

Ändert sich die Nebenbedingung um a, hat dies folgende Auswirkung auf die Lagrange-Funktion:

$$L(x_1, x_2, \lambda) = f(x_1, x_2) \pm \lambda \cdot [g(x_1, x_2) + a]$$

Für die infinitesimale Änderung von L in Abhängigkeit von a ergibt sich wegen des Differenzialquotienten $dL / da = \pm\lambda$

$$dL = \pm\lambda \cdot da = df. \tag{IV.33}$$

Eine infinitesimale Änderung der Nebenbedingung um a hat also die λ-fache Wirkung auf die Zielfunktion. Da die Rate nur bei unendlich kleinen Änderungen exakt gelten würde, können wir bei praktischen Fragestellungen (bei endlichen Änderungen) nur näherungsweise Aussagen machen. Ersetzen wir in (IV.33) infinitesimale durch endliche Änderungen, sind wir in der Lage, die Änderung Δf des Funktionswerts bei Änderung der Nebenbedingung um Δa anzunähern. Dabei müssen wir jedoch beachten, dass die Annäherung nur in der Nähe des optimalen Punktes hinreichend genau ist. Wie wir bereits bei der Interpretation des Differenzials gesehen haben, wird der Fehler (außer bei linearen Funktionen) umso größer, je weiter wir uns von diesem Optimum entfernen.

Beispiel:

Greifen wir noch einmal auf unser vorhergehendes Nutzenfunktionsbeispiel zu. Dor gilt $\lambda = 10$, da $\lambda = x_1$. Nehmen wir nun an, der Haushalt wird in die Lage versetzt für die beiden Güter 5 Euro mehr aufzuwenden. Die Konstante aus der Nebenbedingung steigt also um $\Delta a = 5$. Zusammen mit dem Lagrange-Multiplikator können wir nun die Änderung des Nutzenmaximums über $\Delta U \cong \lambda \cdot \Delta a$ annähern. Wir erhalten $\Delta U \cong 10 \cdot 5 = 50$. Das Nutzenmaximum steigt also von 300 auf näherungsweise 350.

Sind für eine Funktion $y = f(x_1, x_2, \ldots, x_n)$ die Extrema unter *mehreren Nebenbedingungen* $g_1(x_1, x_2, \ldots, x_n) = 0$, $g_2(x_1, x_2, \ldots, x_n) = 0$, …, $g_m(x_1, x_2, \ldots, x_n) = 0$ gesucht, kann ebenfalls die Lagrange-Methode herangezogen werden. In diesem Fall wird für jede Nebenbedingung, die wieder in Form einer Gleichung mit rechter Seite gleich Null vorliegen muss, ein eigener Lagrange-Multiplikator $\lambda_1, \lambda_2, \ldots, \lambda_m$ definiert. Die Lagrange-Funktion hat dann das Aussehen

$$L(x_1, x_2, \ldots, x_n, \lambda_1, \lambda_2, \ldots, \lambda_m) = f(x_1, x_2, \ldots, x_n) \pm \sum_{i=1}^{m} \lambda_i \cdot g_i(x_1, x_2, \ldots, x_n),$$

ist also eine Funktion mit den insgesamt n + m Variablen $x_1, x_2, \ldots, x_n$ plus $\lambda_1, \lambda_2, \ldots, \lambda_m$. Notwendig für die Existenz eines Extremums sind wieder erste partielle Ableitungen von Null, woraus sich folgendes Gleichungssystem ergibt:

$$\frac{\partial L}{\partial x_j} = \frac{\partial f}{\partial x_j} \pm \sum_{i=1}^{m} \lambda_i \cdot \frac{\partial g_i}{\partial x_j} \overset{!}{=} 0 \qquad \text{für } j = 1, 2, \ldots, n$$

$$\frac{\partial L}{\partial \lambda_i} = \pm g_i(x_1, x_2, \ldots, x_n) \overset{!}{=} 0 \qquad \text{für } i = 1, 2, \ldots, m$$

Wir erhalten also n + m Gleichungen für die n + m Unbekannten. Die letzten Gleichungen entsprechen dabei wieder den Nebenbedingungen. Das Gleichungssystem hat i.d.R. eine oder mehrere Lösungen, die Extrema der Zielfunktion sein können. Da unter Umständen recht komplizierte und auch nichtlineare Gleichungssysteme entstehen können, müssen wir uns in der Praxis häufig der EDV zur Bestimmung der kritischen Punkte bedienen. Die Entscheidung über Art des Extremums erfolgt über eine Hesse'sche Determinante höherer Ordnung bzw. durch Umgebungsuntersuchung.

3. Aufgaben

Partielle Ableitungen, partielle und totale Differenziale

Aufgabe IV-1

Bilden Sie die ersten partiellen Ableitungen folgender Funktionen:

a) $f(x_1, x_2) = e^{x_1 x_2} - x_2 \cdot \ln x_1$

b) $f(x_1, x_2) = x_1^{x_2}$

c) $f(x_1, x_2) = \sqrt[x_2]{c \cdot x_1}$ mit $c = \text{konstant}$

d) $f(x_1, x_2) = x_1 \cdot \ln x_2 \cdot e^{x_1 \cdot x_2^2}$

e) $f(x_1, x_2) = \sqrt{\dfrac{x_1^2 - x_2}{x_1 \cdot \sqrt{x_2}}}$

f) $f(x_1, x_2) = \dfrac{x_1 - 1}{\ln x_2}$

g) $f(x_1, x_2) = \dfrac{\sqrt{x_1}}{\sqrt{x_2 - x_1}} + \dfrac{x_1 - 1}{x_2 + 1}$

h) $f(x_1, x_2) = (x_1 - x_2)^2 \cdot \ln(x_1^2 - 2x_2)$

i) $f(x_1, x_2, x_3) = x_1(x_2 - x_3)^4 + x_3(x_1 - 2x_2)^6$

j) $f(x_1, x_2, x_3) = x_1 - x_2 \cdot x_3 \cdot e^{x_1 \cdot x_2 + x_3} + \ln x_1^{x_3}$

k) $f(x_1, x_2, x_3) = \dfrac{x_1 \cdot x_2 \cdot x_3}{x_1 + x_2 + x_3}$

l) $f(x_1, x_2, x_3) = 0{,}1 \cdot x_1^{0{,}5} \cdot x_2^{0{,}6} \cdot x_3^{0{,}7}$

m) $f(x_1, x_2, x_3) = \sum_{i=1}^{n} (x_1 + a_i x_2 + b_i^2 x_3 - c_i)^2$ mit $a_i, b_i, c_i = \text{konstant}$

n) $f(x_1, x_2, \ldots, x_n) = e^{-\sum_{i=1}^{n} x_i^2}$

o) $f(x_1, x_2, \ldots, x_n) = \sum_{i=1}^{n} i \cdot x_i^3$

Aufgabe IV-2

Geben Sie näherungsweise an, wie sich die Funktion $y = x_1x_2x_3$ verändert, wenn bei $x_1 = x_2 = x_3 = 1$

a) die Variable x_1 um 0,01 abnimmt!

b) alle Variablen um 0,01 erhöht werden!

Vergleichen Sie die Näherungswerte mit der tatsächlichen Funktionsänderung!

Partielle Elastizitäten

Aufgabe IV-3

Bestimmen Sie die Werte der partiellen Elastizitäten für $y = f(x_1, x_2) = x_1^2 e^{2(x_1 - x_2)}$ am Punkt (1; 2) und interpretieren Sie die Ergebnisse!

Aufgabe IV-4

Gegeben sei folgende Produktionsfunktion vom Cobb-Douglas-Typ:

$$Y = a \cdot L^{\alpha} \cdot K^{\beta} \cdot B^{1-\alpha-\beta}$$

Dabei sind Y der Output, L, K, B die Produktionsfaktoren Arbeit, Kapital und Boden und a, α, β Konstanten.

Berechnen Sie die partiellen Produktionselastizitäten der 3 Produktionsfaktoren!

Aufgabe IV-5

Gegeben sei folgende Nachfragefunktion nach Gut x:

$$x = a \cdot p_x^{-\alpha} \cdot p_z^{\beta} \cdot y^{\delta}$$

Dabei sind p_x und p_z die Preise der Güter x und z und y das Einkommen. Die Parameter a, α, β und δ stellen positive Konstanten dar.

Berechnen Sie die partiellen Preiselastizitäten der Nachfrage und die Einkommenselastizität!

Extremwertbestimmung

Beschränken Sie sich bei den Aufgaben mit Nebenbedingungen auf die Auswertung der notwendigen Bedingung.

Aufgabe IV-6

Der Student Alois Pech muss unbedingt seinen Kenntnisstand in Mathematik und Statistik verbessern, um die kommenden Klausuren erfolgreich zu bestehen. Nun ist sein Wissensstand W (gemessen in Wissenseinheiten WE) eine Funktion

1. der Anzahl t der bis zur Prüfung aufgewendeten Lerntage (zu je 8 Lernstunden) und
2. der Menge m (in Gramm) der von ihm konsumierten Wunderdroge "Placebologica", die ihm die bekannte Astrologin Huberta Stussier empfohlen hat.

Der Zusammenhang kann beschrieben werden durch die Lernfunktion W(m,t)

$$W(m,t) = 160 + 12m + 10t - 0{,}5m^2 - 0{,}25t^2 \qquad \text{mit } m,t \geq 0$$

Jeder Lerntag kostet Alois 100 Euro (denn soviel könnte er andernfalls als Aushilfskraft im Fast-Food-Restaurant McDagobert verdienen); die Wunderdroge kostet pro Gramm 150 Euro.

a) Wie lange soll Alois lernen, und welche Dosierung der Wunderdroge soll er wählen, damit sein Wissensstand in Mathematik/Statistik maximal wird?

b) Wie soll Alois Lernzeit und Wunderdroge kombinieren, wenn er insgesamt 3.000 Euro aufwenden will?

c) Man ermittle in a) und b) die Höhe des maximalen Wissensstandes sowie den dafür erforderlichen finanziellen Aufwand und kommentiere das Ergebnis!

Aufgabe IV-7

Die Nutzenfunktion eines Haushaltes sei gegeben durch $U(x,z) = x^{0,3} \cdot z^{0,7}$. Die Preise der Güter x und z seien p_x = 10 Euro und p_z = 20 Euro. Das für Konsumzwecke zur Verfügung stehende Einkommen y betrage 10.000 Euro.

Berechnen Sie die nutzenmaximalen Nachfragemengen nach Gut x und z!

Aufgabe IV-8

Ein Unternehmen stellt 2 Produkte x_1 und x_2 her. Die Kostenfunktion lautet

$$C(x_1, x_2) = x_1 + x_2 + x_1^2 + x_2^2 .$$

Aufgrund von Kapazitätsbeschränkungen können ingesamt maximal 1.000 Einheiten produziert werden. Wie viele Produkte x_1 und x_2 werden im Kostenminimum hergestellt?

Aufgabe IV-9

Die Nutzenfunktion eines Haushaltes sei gegeben durch

$$U(x,z) = \alpha \cdot \ln(x) + (1-\alpha) \cdot \ln(z) ,$$

wobei α eine Konstante ist.

Berechnen Sie die nutzenmaximalen Nachfragemengen nach Gut x und z!

Aufgabe IV-10

Ein Konsument hat die Nutzenfunktion

$$U(x,z) = 2xz + 10z .$$

Der Preis des Gutes x beträgt 40 Euro, das Gut z kostet 20 Euro. Der Konsument beabsichtigt, 1.000 Euro für beide Güter auszugeben.

Berechnen Sie die nutzenmaximierenden Gütermengen!

Aufgabe IV-11

Eine Familie plant ihre Ausgaben. Sie wollen sich ein Haus kaufen und geben den Rest für Konsumgüter aus. Die Ausgaben dafür sollen mit h bzw. c bezeichnet werden. Das Familieneinkommen beträgt y; zusätzlich steht ein Betrag z aus einer Erbschaft zur Verfügung. Die Nutzenfunktion u der Familie lautet

$$U(h,c) = \alpha \cdot \ln(h) + \beta \cdot \ln(c),$$

wobei α und β positive Konstanten sind und $\alpha + \beta = 1$ gilt. Berechnen Sie die nutzenmaximalen Ausgaben für h und c und interpretieren Sie das Ergebnis ökonomisch!

Aufgabe IV-12

Einem Unternehmen steht für Werbematerial ein Budget von 400.000 Euro zur Verfügung. Dieses soll für den Druck von Flyern (x) und Katalogen (y) verwendet werden. Der Umsatz dieses Unternehmens ist von den Ausgaben x und y abhängig und kann durch folgende Funktion beschrieben werden:

$$R(x,\ y) = \frac{30x}{3 + 0{,}003x} + \frac{20y}{2 + 0{,}002y} \quad \text{(Angaben in Tausend Euro)}$$

Der Unternehmensgewinn entspricht 10 % des Umsatzes, wovon die Ausgaben x und y allerdings noch abzuziehen sind.

Es gilt herauszufinden, welche Beträge x und y ausgegeben werden sollten, um einen maximalen Gewinn zu erzielen!

Aufgabe IV-13

Welche (x,y)-Kombinationen lösen das folgende Minimierungsproblem?

$$\text{Min} \quad 3xy \qquad \text{u.d.N.} \quad x^2 + y^2 = 8$$

Stellen Sie die Minima unter den kritischen Punkten durch Untersuchung der Funktionswerte fest!

Aufgabe IV-14

Ein Unternehmen produziert zwei Produkte x_1 und x_2. Die dazu gehörigen Preis-Absatz-Funktionen lauten::

$$\text{Produkt 1: } p(x_1) = 3.000 - 8x_1$$

$$\text{Produkt 2: } p(x_2) = 4.500 - 10x_2$$

Im Rahmen der Produktionsplanung wurde folgende Kostenfunktion festgestellt, welche von den Produktionsmengen (in Tausend kg) beider Produkte abhängt:

$$C(x_1,\ x_2) = -15x_1x_2 + 3.700x_1 + 3.400x_2 + 5.000$$

In diesem Zusammenhang sind folgende Fragestellungen zu beantworten:

a) Wie viele kg müssen von jedem Produkt zu welchem Preis hergestellt und abgesetzt werden, um den Gewinn zu maximieren? Wie hoch ist dieser Gewinn?

b) Welche Auswirkungen hat es auf den Gewinn und die gewinnmaximalen Mengen, wenn die Fixkosten der Produktion entfallen?

V INTEGRALRECHNUNG

Thema dieses Kapitels ist die Umkehroperation zur Differenziation, die Integration. Liegt die erste Ableitung vor, so können wir durch Integration die ursprüngliche Funktion bis auf eine additive Konstante bestimmen. Wir sprechen bei dieser "unvollständigen" Funktion auch vom unbestimmten Integral. Das sog. bestimmte Integral werden wir als Werkzeug zur Berechnung von Flächen kennenlernen. Sind die Grenzen eines solchen Integrals unendlich, sprechen wir von einem uneigentlichen Integral.

Für einige elementare Funktionen kennen wir die Integrale. Für komplexere Funktionen werden wir eine Reihe von Integrationsregeln behandeln, die das Ziel verfolgen, eine Funktion so geschickt umzuformen, dass ihr Integral auf bekannte Integrale zurückgeführt werden kann. Vielfach ist es jedoch nicht möglich, Integrale in Form einer Funktion darzustellen. In solchen Fällen sind wir gezwungen, auf numerische Integrationsverfahren zurückzugreifen. Von den zahlreichen dazu gehörenden Verfahren wollen wir im Rahmen dieses Grundkurses lediglich die Rechtecks- und die Trapezintegration vorstellen.

1. Begriff und Integrationstechnik

Nach Klärung des Begriffs des unbestimmten Integrals werden wir uns in diesem Abschnitt spezieller (nicht-numerischer) Integrationstechniken widmen, die uns schließlich im Rahmen von Flächenberechnungen über bestimmte und uneigentliche Integrale nützliche Dienste erweisen werden. Wir werden dabei feststellen, dass diese nicht so schematisch angewendet werden können, wie z.B. die Differenziationsregeln. Numerische Integrationsverfahren werden erst in Abschnitt V 2 im Zusammenhang mit ökonomischen Anwendungen der Integralrechnung behandelt.

1.1 Allgemeines

Wie wir im Rahmen unserer bisher behandelten Themen (v.a. in Kapitel I) bereits gesehen haben, gibt es für nahezu jede mathematische Operation eine sog. **Umkehroperation**, die die Wirkung der Operation wieder aufhebt. Typische Beispiele dafür sind die Folgenden:

Operation/Umkehroperation	Umkehroperation/Operation
Addition	Subtraktion
Multiplikation	Division
Potenzieren	Radizieren (Wurzelziehen)
Exponieren	Logarithmieren

Auch für die Differenziation existiert eine Umkehroperation, die die Wirkung des *Differenzialoperators* d/dx wieder aufhebt, d.h. aus der ersten Ableitung die ursprüngliche Funktion erzeugt. Sie wird als **Integration** bezeichnet. Die Operation des Integrierens wird durch das Integralzeichen $\int$ beschrieben, welches stets mit der Variable angegeben wird, nach der integriert werden soll. Um anzuzeigen, dass analog zur Differentiation d/dx ein Grenzübergang auf infinitesimale Größen dx vollzogen wird, wird die Integrationsvorschrift als $\int f(x)\,dx$ angeben, wobei f(x) die zu integrierende Funktion ist.

1.2 Unbestimmtes Integral

Nehmen wir an, die erste Ableitung einer unbekannten *differenzierbaren* Funktion F(x) sei f(x). Wir betrachten also die Ausgangssituation

$$\frac{dF(x)}{dx} = F'(x) = f(x)\,. \tag{V.1}$$

Wir interessieren uns nun für diejenige Funktion F(x), die differenziert f(x) ergibt. Erfüllt eine Funktion F(x) diese Bedingung bzw. (V.1), so heißt sie Stammfunktion von f(x). Erfüllt allerdings F(x) (V.1), gilt dies auch für $\tilde{F}(x) = F(x) + c$, da

$$\frac{d(F(x)+c)}{dx} = (F(x)+c)' = F'(x) = f(x) \quad \text{für } c = \text{konstant}\,. \tag{V.2}$$

Es lassen sich also durch Hinzufügen von beliebigen additiven Konstanten c zu einer Stammfunktion F(x) beliebig viele weitere Funktionen finden, die (V.1) genügen, da die Konstante c beim Differenzieren wegfällt. Wir sehen also, dass die gesuchte Funktion nicht eindeutig ist. Vielmehr existiert eine unendliche Schar derartiger Funktionen. Die *Funktionsschar* F(x) + c, deren einzelne Funktionen sich nur durch die Konstante c unterscheiden, heißt das **unbestimmte Integral** der stetigen Funktion f(x), falls $F'(x) = f(x)$ gilt. Wir schreiben

$$\int f(x)\, dx = F(x) + c\,, \tag{V.3}$$

wobei F(x) die *Stammfunktion* von f(x) und c eine beliebige Konstante ist. In diesem Zusammenhang wird die Funktion f(x) als *Integrand*, die Variable x als *Integrationsvariable* und die Konstante c als *Integrationskonstante* bezeichnet. Genau genommen ist die Schreibweise (V.3) nicht ganz korrekt, da das unbestimmte Integral eine Menge von Funktionen darstellt und nicht einen bestimmten Repräsentanten dieser Menge. Da Missverständnisse allerdings kaum vorkommen, wollen wir hier aus Gründen der bequemen Handhabung trotzdem bei dieser Schreibweise bleiben.

Die Ermittlung der Stammfunktion F(x) bzw. der Schar F(x) + c aus einer gegebenen Funktion f(x) bezeichen wir als den *Vorgang des Integrierens*. Wir beantworten damit die Frage, welche Funktionen F(x) + c differenziert den gegebenen Integranden f(x) ergeben. Ergebnis der Integration ist das unbestimmte Integral.

Beispiel:

Die erste Ableitung einer Funktion sei f(x) = 2x. Es gibt nun eine ganze Schar von Funktionen, die diese Bedingung erfüllen. Dazu gehören beispielsweise

$$\tilde{F}_1(x) = x^2 \qquad \tilde{F}_2(x) = x^2 + 1 \qquad \tilde{F}_3(x) = x^2 + 2 \qquad \ldots$$

Alle diese Funktionen ergeben differenziert den vorgegebenen Integranden f(x) = 2x. Die dazu gehörige Funktion ist also nicht eindeutig. Das unbestimmte Integral der Funktion f(x) ergibt sich daher als

$$\int \underbrace{2x}_{f(x)}\, dx = \underbrace{x^2}_{F(x)} + c\,.$$

In diesem Beispiel war das unbestimmte Integral der gegebenen Funktion f(x) recht einfach zu bestimmen. Bei komplexeren Funktionen sind dagegen spezielle Integrationsregeln anzuwenden, auf die wir im Folgenden näher eingehen.

1.3 Technik des Integrierens

Das Integrieren läuft im Vergleich zum Differenzieren nicht ganz so schematisch ab. Es erfordert eine gute Kenntnis elementarer Funktionen und ihrer Ableitungen, sowie viel Übung und Erfahrung. Grundstein ist die Kenntnis einiger wichtiger Grundintegrale, da die in diesem Abschnitt behandelten Integrationsregeln Funktionen auf diese **Grundintegrale** zurückführen und so auch die Integration zusammengesetzter Funktionen ermöglichen. Zu den wichtigsten Grundintegralen zählen (V.4) bis (V.6). Der Beweis für ihre Richtigkeit kann leicht durch Differenzieren der Stammfunktionen erbracht werden.

$$\int x^n \, dx = \frac{1}{n+1} \cdot x^{n+1} + c \quad \text{für } n \neq -1 \tag{V.4}$$

$$\int \frac{1}{x} \, dx = \int x^{-1} \, dx = \ln|x| + c \tag{V.5}$$

$$\int e^x \, dx = e^x + c \tag{V.6}$$

Beispiele zu (V.4):

1. $\int x^5 \, dx = \frac{1}{6} \cdot x^6 + c$

2. $\int \frac{1}{x^2} \, dx = \int x^{-2} \, dx = -1 \cdot x^{-1} + c = -\frac{1}{x} + c$

3. $\int \sqrt[3]{x^5} \, dx = \int x^{\frac{5}{3}} \, dx = \frac{3}{8} \cdot x^{\frac{8}{3}} + c = \frac{3}{8} \cdot \sqrt[3]{x^8} + c$

4. $\int \frac{1}{\sqrt{x}} \, dx = \int x^{-\frac{1}{2}} \, dx = 2 \cdot x^{\frac{1}{2}} + c = 2 \cdot \sqrt{x} + c$

Neben diesen Grundintegralen sind in vereinzelten Lehrbüchern und Nachschlagewerken weitere einfache Integrale tabelliert, die in den Wirtschaftswissenschaften eine Rolle spielen. Einen umfassenden Überblick über mehrere Hundert unbestimmte Integrale bieten etwa Bronstein und Semendjajew (1997) in ihrem Taschenbuch der Mathematik. Darin sind u.a. auch folgende Integrale enthalten:

$$\int a^x \, dx = \frac{a^x}{\ln a} + c \quad \text{für } a > 0 \tag{V.7}$$

$$\int \ln x \, dx = x \cdot \ln x - x + c \quad \text{für } x > 0 \tag{V.8}$$

$$\int e^{a \cdot x + b} \, dx = \frac{1}{a} \cdot e^{a \cdot x + b} + c \quad \text{für } a \neq 0 \tag{V.9}$$

$$\int (a \cdot x + b)^n \, dx = \frac{1}{a \cdot (n+1)} \cdot (a \cdot x + b)^{n+1} + c \quad \text{für } n \neq -1 \tag{V.10}$$

$$\int \frac{1}{a \cdot x + b}\, dx = \frac{1}{a} \cdot \ln|a \cdot x + b| + c \qquad \text{(V.11)}$$

$$\int \frac{x}{a \cdot x + b}\, dx = \frac{x}{a} - \frac{b}{a^2} \cdot \ln|a \cdot x + b| + c \qquad \text{(V.12)}$$

Im Folgenden wollen wir verschiedene **Regeln** diskutieren, mit deren Hilfe wir ein gegebenes Integral auf Grundintegrale zurückführen können. Es sei jedoch bereits an dieser Stelle angemerkt, dass dies nicht immer möglich ist. Es gibt nämlich zahlreiche Funktionen, deren Integrale nicht mehr durch elementare Funktionen darstellbar sind, und es gibt Funktionen, deren unbestimmte Integrale überhaupt nicht mehr in geschlossener Form, d.h. als Formel, existieren. Dies tritt z.B. schon bei so einfachen Funktionen wie e^{-x^2} oder $1/\ln x$ auf, die nur näherungsweise integrierbar sind (vgl. Abschnitt V 2.5).

1. Konstanter-Faktor-Regel

Ein konstanter Faktor a kann vor das Integral gezogen werden:

$$\int a \cdot f(x)\, dx = a \cdot \int f(x)\, dx \qquad \text{(V.13)}$$

Beispiele:

1. $\int 3\, dx = \int 3 \cdot x^0\, dx = 3 \cdot \int x^0\, dx = 3x + c$

2. $\int -3 \cdot x^4\, dx = -3 \cdot \int x^4\, dx = -3 \cdot \frac{1}{5} x^5 + c = -\frac{3}{5} x^5 + c$

3. $\int \frac{1}{2\sqrt{x}}\, dx = \frac{1}{2} \cdot \int x^{-\frac{1}{2}}\, dx = \frac{1}{2} \cdot 2x^{\frac{1}{2}} + c = \sqrt{x} + c$

4. $\int \frac{5}{x}\, dx = 5 \cdot \int \frac{1}{x}\, dx = 5 \cdot \ln|x| + c$

5. $\int \ln x^3\, dx = \int 3 \cdot \ln x\, dx = 3 \cdot \int \ln x\, dx = 3 \cdot (x \cdot \ln x - x) + c$

2. Summenregel

Das Integral einer Funktionssumme entspricht der Summe der Einzelintegrale:

$$\int [f(x) + g(x) + \ldots]\, dx = \int f(x)\, dx + \int g(x)\, dx + \ldots \qquad \text{(V.14)}$$

Beispiele:

1. $\int \left(2x^3 - 1 - \frac{2}{x}\right) dx = \left[2 \cdot \int x^3\, dx\right] + \left[-1 \cdot \int x^0\, dx\right] + \left[-2 \cdot \int \frac{1}{x}\, dx\right] = 0{,}5x^4 - x - 2 \cdot \ln|x| + c$

   Wie wir hier sehen, wird im Falle einer Funktionssumme die Integrationskonstante, die eigentlich mehrfach auftreten würde, zu einer Konstante c zusammengefasst.

2. $\int \left(e^x - \frac{1}{x^2} + \frac{2}{\sqrt[7]{x}}\right) dx = \left[\int e^x\, dx\right] + \left[-1 \cdot \int x^{-2}\, dx\right] + \left[2 \cdot \int x^{-\frac{1}{7}}\, dx\right] = e^x + \frac{1}{x} + \frac{7}{3} \cdot \sqrt[7]{x^6} + c$

3. $\int(-\ln x+3\cdot e^{2x+4})\,dx=\left[-1\cdot\int\ln x\,dx\right]+\left[3\cdot\int e^{2x+4}\,dx\right]$

$=-(x\cdot\ln x-x)+3\cdot(0{,}5\cdot e^{2x+4})+c=-x\cdot\ln x+x+1{,}5\cdot e^{2x+4}+c$

Wie wir an diesen ersten beiden Integrationsregeln erkennen können, werden konstante Faktoren und Summen bzw. Differenzen von Funktionen wie beim Differenzieren ganz schematisch berücksichtigt. Auch für die Produkt- und die Kettenregel existieren äquivalente Regeln der Integration (partielle Integration und Integration durch Substitution), wobei diese jedoch eher Umformungen als Rechenvorschriften darstellen. Ein Äquivalent zur Quotientenregel existiert nicht.

3. Partielle Integration

Interessieren wir uns für das unbestimmte Integral eines Produktes zweier Funktionen, können wir dieses durch partielle Integration bestimmen. Die hinter der partiellen Integration steckende Regel können wir ableiten, in dem wir zunächst die Produktregel der Differenziation

$$\frac{d(f(x)\cdot g(x))}{dx}=f'(x)\cdot g(x)+f(x)\cdot g'(x)$$

betrachten. Integrieren wir beide Gleichungsseiten erhalten wir nach Umformung

$$\int f(x)\cdot g'(x)\,dx=\int\frac{d(f(x)\cdot g(x))}{dx}\,dx-\int f'(x)\cdot g(x)\,dx\,.$$

Berücksichtigen wir die Integrationskonstante des ersten Integrals auf der rechten Gleichungsseite im zweiten Integral der rechten Seite, erhalten wir daraus die allgemeine *Regel zur partiellen Integration*

$$\int f(x)\cdot g'(x)\,dx=f(x)\cdot g(x)-\int f'(x)\cdot g(x)\,, \qquad \text{(V.15)}$$

die gilt, wenn f(x) und g(x) stetige Ableitungen besitzen. Diese Ableitungsregel sieht auf den ersten Blick recht kompliziert aus. Zudem ist im Ergebnis wieder ein Integral enthalten, was wenig Sinn zu machen scheint. Vorteil einer solchen Regel ist es aber, dass das neu entstehende Integral manchmal einfacher zu bestimmen ist (über Grundintegrale) als das ursprüngliche Integral. Zur Umsetzung empfiehlt es sich, von den beiden vorliegenden Funktionen, deren Produkt integriert werden soll, diejenige als $g'(x)$ zu wählen, die leichter integriert werden kann.

Beispiel:

$\int x^4\cdot\ln x\,dx$

Der erste Faktor x^4 dieses Funktionsproduktes ist einfacher zu integrieren, sodass dieser als g'(x) gewählt wird. Nach dieser Wahl können wir folgende Berechnungen anstellen, wobei wir die Integrationskonstante c zunächst vernachlässigen können:

$f(x)=\ln x \quad\rightarrow\quad f'(x)=\frac{1}{x}$

$g'(x)=x^4 \quad\rightarrow\quad g(x)=\frac{x^5}{5}$

Eingesetzt in (V.15) erhalten wir damit:

$$\int \ln x \cdot x^4 \, dx = \ln x \cdot \frac{x^5}{5} - \int \frac{1}{x} \cdot \frac{x^5}{5} \, dx = \ln x \cdot \frac{x^5}{5} - \int \frac{1}{5} \cdot x^4 \, dx = \ln x \cdot \frac{x^5}{5} - \frac{x^5}{25} + c$$

Gibt es keine eindeutigen Hinweise auf eine bestimmte Wahl, sollte zunächst mit einer Variante gerechnet und sich für die Alternative entschieden werden, wenn man bei der ersten Variante nicht weiterkommt. Ein Variantenwechsel empfiehlt sich auch, wenn die "einfachere" Variante nicht zur Lösung führt, d.h. das neu entstehende Integral auf der rechten Seite von (V.15) sogar noch komplizierter wird als das ursprüngliche Integral.

Beispiel:

$$\int x \cdot 2^x \, dx$$

Variante 1:

$$f(x) = 2^x \quad \rightarrow \quad f'(x) = 2^x \cdot \ln 2$$

$$g'(x) = x \quad \rightarrow \quad g(x) = \frac{1}{2} x^2$$

$$\int 2^x \cdot x \, dx = 2^x \cdot \frac{1}{2} x^2 - \int 2^x \cdot \ln 2 \cdot \frac{1}{2} x^2 \, dx = 2^x \cdot \frac{1}{2} x^2 - \frac{\ln 2}{2} \cdot \int 2^x \cdot x^2 \, dx$$

Durch die hier durchgeführte partielle Integration erhöht sich der Komplexitätsgrad. Wir sind daher zu einem Variantenwechsel gezwungen.

Variante 2:

$$f(x) = x \quad \rightarrow \quad f'(x) = 1$$

$$g'(x) = 2^x \quad \rightarrow \quad g(x) = \frac{2^x}{\ln 2}$$

$$\int x \cdot 2^x \, dx = x \cdot \frac{2^x}{\ln 2} - \int 1 \cdot \frac{2^x}{\ln 2} \, dx = \frac{x \cdot 2^x}{\ln 2} - \frac{1}{\ln 2} \cdot \int 2^x \, dx$$

$$= \frac{x \cdot 2^x}{\ln 2} - \frac{1}{\ln 2} \cdot \frac{2^x}{\ln 2} + c = \frac{x \cdot 2^x}{\ln 2} - \frac{2^x}{(\ln 2)^2} + c$$

Eine Partielle Integration kann auch mehrfach hintereinander durchgeführt werden, d.h. auf das Integral der rechten Seite von (V.15) wiederholt angewendet werden, bis sich ein einfach zu integrierender Ausdruck ergibt. In Variante 1 des vorhergehenden Beispiels können wir dies nicht durchführen, da sich dadurch die Komplexität des Integrals erneut erhöhen würde und wir nie einen einfach zu integrierenden Ausdruck erhalten.

Beispiel:

$$\int \sqrt[3]{x^5} \cdot e^x \cdot \sqrt[3]{x} \, dx$$

Es empfiehlt sich stets bei Produkten, die scheinbar aus mehr als zwei Faktoren zu bestehen scheinen, eine Umformung auf nur zwei Faktoren zu versuchen. Wir erhalten hier:

$$\int \sqrt[3]{x^5} \cdot e^x \cdot \sqrt[3]{x}\, dx = \int x^{\frac{5}{3}} \cdot x^{\frac{1}{3}} \cdot e^x\, dx = \int x^2 \cdot e^x\, dx$$

Eine erste partielle Integration dieses vereinfachten Ausdrucks liefert:

$$f(x) = x^2 \quad \rightarrow \quad f'(x) = 2x$$

$$g'(x) = e^x \quad \rightarrow \quad g(x) = e^x$$

$$\int x^2 \cdot e^x\, dx = x^2 \cdot e^x - \int 2x \cdot e^x\, dx = x^2 \cdot e^x - 2 \cdot \int x \cdot e^x\, dx$$

Für das neu entstehende (einfachere) Integral können wir nun erneut eine partielle Integration vornehmen:

$$\int x \cdot e^x\, dx$$

$$f(x) = x \quad \rightarrow \quad f'(x) = 1$$

$$g'(x) = e^x \quad \rightarrow \quad g(x) = e^x$$

$$\int x \cdot e^x\, dx = x \cdot e^x - \int 1 \cdot e^x\, dx = x \cdot e^x - e^x + c$$

Die Zusammenführung beider Ergebnisse liefert:

$$\int x^2 \cdot e^x\, dx = x^2 \cdot e^x - 2 \cdot (x \cdot e^x - e^x) + c = x^2 \cdot e^x - 2 \cdot x \cdot e^x - 2 \cdot e^x + c = e^x \cdot (x^2 - 2x - 2) + c$$

In einigen Fällen kann es auch von Vorteil sein, partiell zu integrieren, wenn ursprünglich kein Produkt zweier Funktionen vorliegt. Als zweiter Faktor kommt nämlich immer die leicht zu integrierende Funktion 1 in Frage.

Beispiel:

Wir können Formel (V.8) wie folgt herleiten:

$$\int \ln x\, dx = \int 1 \cdot \ln x\, dx$$

$$f(x) = \ln x \quad \rightarrow \quad f'(x) = \frac{1}{x}$$

$$g'(x) = 1 \quad \rightarrow \quad g(x) = x$$

$$\int \ln x\, dx = x \cdot \ln x - \int \frac{1}{x} \cdot x\, dx = x \cdot \ln x - x + c \qquad \text{für } x > 0$$

4. Integration durch Substitution

Zur Ableitung einer zusammengesetzten Funktion wird im Rahmen der Kettenregel die innere Funktion substituiert, sodass wir aus $y = f(g(x))$ mit $z = g(x)$ eine von der Struktur her vereinfachte Funktion mit der neuen Veränderlichen z erhalten. Die Integration durch Substitution wendet genau das gleiche Prinzip an. Durch Variablensubstitution wird hier versucht, eine zusammengesetzte Funktion soweit zu vereinfachen, bis sie auf bekannte Integrale zurückgeführt ist.

Konkret wird bei der *Integration durch Substitution* ein Integral des Typs

$$\int f(g(x)) \cdot g'(x)\, dx$$

durch die Substitution z = g(x) auf das Integral

$$\int f(z)\, dz$$

zurückgeführt, da das Differenzial der neuen Variable $dz = g'(x)\,dx$ lautet.

Beispiel:

$$\int \sqrt{x^3 - 1} \cdot 3x^2\, dx$$

1. Schritt: Substitution

$$z = x^3 - 1 \quad \rightarrow \quad \int \sqrt{z} \cdot 3x^2\, dx$$

2. Schritt: Ermittlung von dx

$$z = x^3 - 1 \quad \rightarrow \quad z' = \frac{dz}{dx} = 3x^2 \quad \leftrightarrow \quad dx = \frac{1}{3x^2} \cdot dz$$

3. Schritt: Zusammenführung und Integration

$$\int \sqrt{z} \cdot 3x^2 \cdot \frac{1}{3x^2}\, dz = \int \sqrt{z}\, dz = \frac{2}{3} \cdot z^{\frac{3}{2}} + c = \frac{2}{3} \cdot \sqrt{z^3} + c$$

4. Schritt: Resubstitution

$$\int \sqrt{x^3 - 1} \cdot 3x^2\, dx = \frac{2}{3} \cdot \sqrt{(x^3 - 1)^3} + c$$

In diesem ersten Beispiel entsprach der Integrand genau der in der Regel definierten Form, d.h. einer der Faktoren des Integranden war genau die Ableitung der inneren Funktion des anderen Faktors. Das nachfolgende Beispiel zeigt, dass diese Form jedoch nicht immer exakt vorliegen muss, um die Substitutionsregel anwenden zu können.

Beispiele:

1. $\int e^{x^2} \cdot x\, dx$

   1. Schritt: Substitution

   $$z = x^2 \quad \rightarrow \quad \int e^z \cdot x\, dx$$

   2. Schritt: Ermittlung von dx

   $$z = x^2 \quad \rightarrow \quad z' = \frac{dz}{dx} = 2x \quad \leftrightarrow \quad dx = \frac{1}{2x} \cdot dz$$

   3. Schritt: Zusammenführung und Integration

   $$\int e^z \cdot x \cdot \frac{1}{2x}\, dz = \int \frac{e^z}{2}\, dz = \frac{1}{2} \cdot e^z + c$$

4. Schritt: Resubstitution

$$\int e^{x^2} \cdot x \, dx = \frac{1}{2} \cdot e^{x^2} + c$$

Wie die nachfolgenden Beispiele zeigen, können wir mit Hilfe der Substitutionsregel die *Integrale wichtiger Funktionen herleiten.* Wir erkennen bei diesen Herleitungen außerdem, dass es zum Teil notwendig ist, vor einer Variablensubstitution die Funktion geschickt umzuformen, was viel Erfahrung voraussetzt.

Beispiele:

1. Herleitung von (V.7):

$$\int a^x \, dx = \int e^{\ln a^x} \, dx = \int e^{x \cdot \ln a} \, dx$$

1. Schritt: $z = x \cdot \ln a \quad \rightarrow \quad \int e^z \, dx$

2. Schritt: $z = x \cdot \ln a \quad \rightarrow \quad z' = \frac{dz}{dx} = \ln a \quad \leftrightarrow \quad dx = \frac{1}{\ln a} \cdot dz$

3. Schritt: $\int e^z \cdot \frac{1}{\ln a} \, dz = \frac{1}{\ln a} \cdot e^z + c$

4. Schritt: $\int a^x \, dx = \frac{1}{\ln a} \cdot e^{x \cdot \ln a} + c = \frac{1}{\ln a} \cdot a^x + c$

2. Herleitung von (V.9):

$$\int e^{a \cdot x + b} \, dx$$

1. Schritt: $z = a \cdot x + b \quad \rightarrow \quad \int e^z \, dx$

2. Schritt: $z = a \cdot x + b \quad \rightarrow \quad z' = \frac{dz}{dx} = a \quad \leftrightarrow \quad dx = \frac{1}{a} \cdot dz$

3. Schritt: $\int e^z \cdot \frac{1}{a} \, dz = \frac{1}{a} \cdot e^z + c$

4. Schritt: $\int e^{a \cdot x + b} \, dx = \frac{1}{a} \cdot e^{a \cdot x + b} + c$

3. Herleitung von (V.10):

$$\int (a \cdot x + b)^n \, dx$$

1. Schritt: $z = a \cdot x + b \quad \rightarrow \quad \int z^n \, dx$

2. Schritt: $z = a \cdot x + b \quad \rightarrow \quad z' = \frac{dz}{dx} = a \quad \leftrightarrow \quad dx = \frac{1}{a} \cdot dz$

3. Schritt: $\int z^n \cdot \frac{1}{a} \, dz = \frac{1}{a \cdot (n+1)} \cdot z^{n+1} + c$

4. Schritt: $\int (a \cdot x + b)^n \, dx = \frac{1}{a \cdot (n+1)} \cdot (a \cdot x + b)^{n+1} + c$

4. Herleitung von (V.11):

$$\int \frac{1}{a \cdot x + b}\, dx$$

1. Schritt: $z = a \cdot x + b \quad \rightarrow \quad \int \frac{1}{z}\, dx$

2. Schritt: $z = a \cdot x + b \quad \rightarrow \quad z' = \frac{dz}{dx} = a \quad \leftrightarrow \quad dx = \frac{1}{a} \cdot dz$

3. Schritt: $\int \frac{1}{z} \cdot \frac{1}{a} \cdot dz = \frac{1}{a} \cdot \ln|z| + c$

4. Schritt: $\int \frac{1}{a \cdot x + b}\, dx = \frac{1}{a} \cdot \ln|a \cdot x + b| + c$

Die Formeln (V.9), (V.10) und (V.11) sind spezielle Ausprägungen einer allgemeinen Integrationsregel, die sich aus der Integration durch Substitution ergibt. Sie besagt, dass im Falle *linearer Substitution* immer

$$\int f(a \cdot x + b)\, dx = \frac{1}{a} \cdot F(a \cdot x + b) + c \qquad \text{(V.16)}$$

gilt, wobei a und b beliebige Konstanten sind. (V.11) ist außerdem eine spezielle Ausprägung von

$$\int \frac{f'(x)}{f(x)}\, dx = \ln|f(x)| + c\,, \qquad \text{(V.17)}$$

was sich ebenfalls mit Hilfe der Integration durch Substitution herleiten lässt.

1.4 Bestimmtes Integral

Nehmen wir an, wir interessieren uns bei einer im Intervall $a \leq x \leq b$ stetigen Funktion $y = f(x)$ für den Inhalt der Fläche F_{ab}, die zwischen der Kurve und der Abszisse über dem Intervall [a, b] eingeschlossen wird (vgl. Abbildung V 1).

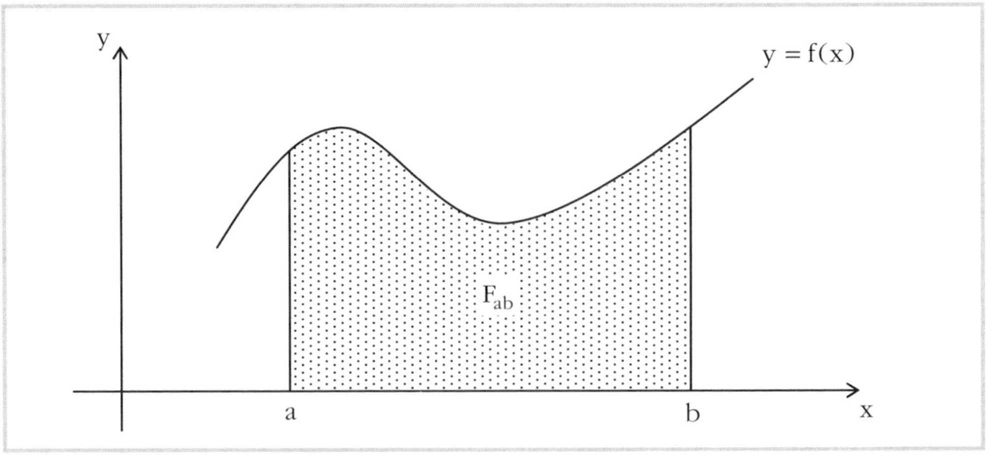

Abbildung V 1: Fläche unter einer Kurve

Die gesuchte Fläche F_{ab} können wir näherungsweise berechnen, indem wir das Intervall [a, b] durch die Teilpunkte $a = x_0 < x_1 < x_2 \ldots < x_{n-1} < x_n = b$ in Teilintervalle $[a, b] = [a = x_0, x_1] \cup [x_1, x_2] \cup \ldots \cup [x_{n-1}, x_n = b]$ aufteilen und die Fläche über dem i-ten Teilintervall $[x_{i-1}, x_i]$ jeweils durch ein Rechteck mit der Höhe $f(\alpha_i)$ und der Breite $\Delta x_i = x_i - x_{i-1}$ approximieren. α_i ist dabei ein willkürlich gewählter Wert im Intervall $x_{i-1} \leq \alpha_i \leq x_i$. Abbildung V 2 veranschaulicht diese Vorgehensweise für den Fall, dass alle α_i genau in der Mitte der Teilintervalle liegen und Teilintervalle gleicher Größe gewählt wurden.

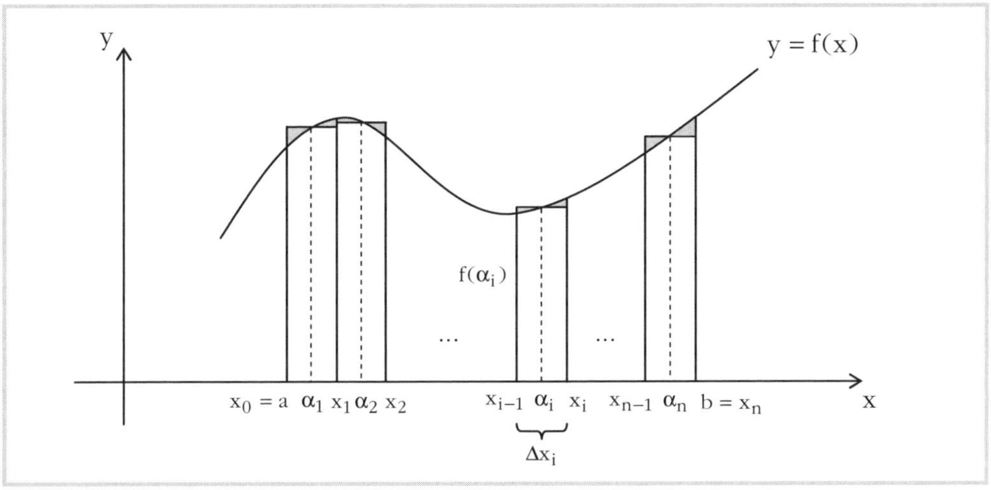

Abbildung V 2: Rechtecksapproximation

Die Summe der einzelnen Rechtecksflächen bzw. der Näherungswert für unsere Fläche F_{ab} hat also die Form

$$F_{ab} \cong \sum_{i=1}^{n} f(\alpha_i) \cdot \Delta x_i \,.$$

Wie man anhand Abbildung V 2 erkennt, wird die Approximation des Flächeninhaltes genauer, je mehr sich die Fehler der Approximation (grau gefärbte Flächen) gegenseitig aufheben oder je kleiner die Fehlerflächen sind. Letzteres kann durch schmalere Rechtecke, d.h. durch kleinere Teilintervalle und damit durch eine Erhöhung ihrer Anzahl erreicht werden. Lassen wir die Zahl der Teilintervalle gegen unendlich und damit die Intervallbreite Δx_i gegen Null streben, entspricht der Grenzwert der Rechtecksumme der gesuchten Fläche:

$$F_{ab} = \lim_{\Delta x_i \to 0} \sum_{i=1}^{\infty} f(\alpha_i) \cdot \Delta x_i$$

Den Grenzwert F_{ab} bezeichnen wir als **bestimmtes Integral** der stetigen Funktion $y = f(x)$ über dem Intervall [a, b] und schreiben

$$F_{ab} = \lim_{\Delta x_i \to 0} \sum_{i=1}^{\infty} f(\alpha_i) \cdot \Delta x_i = \int_a^b f(x)\,dx, \qquad \text{(V.18)}$$

wobei a und b die *untere* bzw. *obere Integrationsgrenze* sind.

(V.18) ist in dieser Form zur Flächenberechnung jedoch noch nicht sonderlich hilfreich, da noch die Möglichkeit fehlt, das unbestimmte Integral (außer über den Grenzwert) zu berechnen. Der sog. **Hauptsatz der Integralrechnung** schafft hier Abhilfe, da er den Zusammenhang zwischen unbestimmtem und bestimmtem Integral herstellt und damit einen Weg aufzeigt, das bestimmte Integral mit Hilfe der Stammfunktion zu berechnen.

Betrachten wir dazu eine auf dem Intervall [a, b] integrierbare Funktion f(t), für die das Integral

$$\int_a^x f(t)\,dt = F_{ax}$$

den Flächeninhalt unter der Kurve f(t) im Intervall [a, x] angibt (vgl. Abbildung V 3). Der Flächeninhalt ist nun von der hier als variabel anzusehenden oberen Integrationsgrenze abhängig und daher eine Funktion von x.

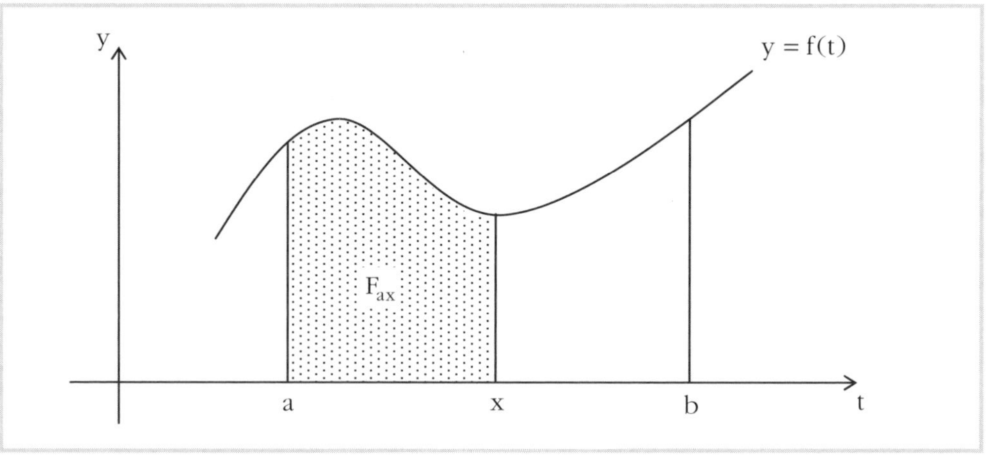

Abbildung V 3: Flächeninhalt bei variabler Integrationsgrenze

Leiten wir die Funktion $F_{ax}(x)$ nach x bzw. das Integral nach seiner Obergrenze ab, gilt nach dem Hauptsatz der Integralrechnung

$$F'_{ax}(x) = \frac{d}{dx}\int_a^x f(t)\,dt = f(x).$$

Da die Integration nun nichts anderes als die Umkehroperation zur Differenzierung ist, entspricht das bestimmte Integral $F_{ax}(x)$ der Stammfunktion F(x) des Integranden f(x) plus einer Integrationskonstante c, d.h. es gilt

$$F_{ax}(x) = \int_a^x f(t)\,dt = F(x) + c.$$

Setzen wir x = a, ist die Fläche unter der Kurve im Intervall [a, a] gleich Null und

$$\int_a^a f(t)\,dt = 0 = F(a) + c.$$

Daraus folgt c = –F(a). Wir erhalten damit

$$\int_a^x f(t)\,dt = F(x) - F(a)\,.$$

Diese wichtige Beziehung zwischen bestimmtem und unbestimmtem Integral können wir als *zentrale Aussage des Hauptsatzes der Integralrechnung* wie folgt zusammenfassen: Der Wert des bestimmten Integrals ist gleich dem Wert der Stammfunktion des Integranden an der oberen minus dem Wert der Stammfunktion an der unteren Integrationsgrenze.

$$\int_a^b f(x)\,dx = [F(x)]_a^b = F(b) - F(a) \tag{V.19}$$

Die Schreibweise $[F(x)]_a^b$ bedeutet dabei die Differenz der Funktionswerte der Stammfunktion an der oberen und der unteren Grenze. Aus (V.19) folgt unmittelbar, dass bei gleichen Integrationsgrenzen das bestimmte Integral immer den Wert Null annimmt.

$$\int_a^a f(x)\,dx = [F(x)]_a^a = F(a) - F(a) = 0 \tag{V.20}$$

Außerdem gilt, dass sich durch Vertauschen der Integrationsgrenzen das Vorzeichen des Integrals umkehrt.

$$\int_a^b f(x)\,dx = -\int_b^a f(x)\,dx \tag{V.21}$$

Unsere bisherige Betrachtung ging implizit davon aus, dass die betrachtete stetige Funktion f(x) im Intervall [a, b] stets oberhalb der x-Achse verläuft, d.h. f(x) > 0 in [a, b] gilt. Nur in einem solchen Fall ist (V.19) *positiv* und gibt direkt die Fläche an, die zwischen der Funktionskurve und der x-Achse im Intervall [a, b] begrenzt wird. Verläuft die Funktion jedoch unterhalb der x-Achse, d.h. gilt f(x) < 0 in [a, b], liefert (V.19) einen *negativen* Wert, der erst als *Absolutbetrag* zur Angabe des Flächeninhaltes verwendet werden kann (vgl. Abbildung V 4).

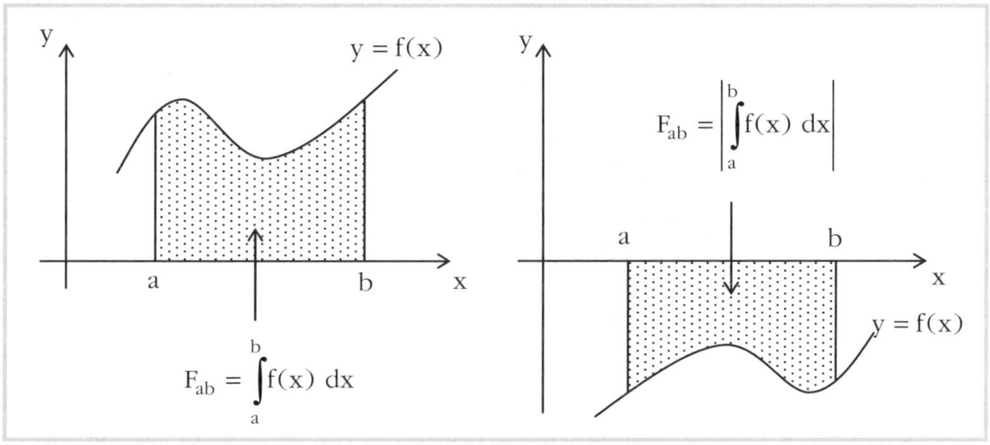

Abbildung V 4: Bestimmte Integrale und Flächen

Beispiel:

Berechnen wir die Fläche, die zwischen der Geraden y = f(x) = 2x + 1 und der x-Achse im Intervall [2; 6] eingeschlossen wird. Da hier die Funktion f(x) im betrachteten Zahlenbereich stets oberhalb der x-Achse verläuft, ist keine „Betrags-Betrachtung" erforderlich. Wir können die Fläche (in Flächeneinheiten FE) also angeben als

$$F_{2;6} = \int_2^6 (2x+1)\,dx = \underbrace{\left[x^2+x+c\right]_2^6}_{[F(x)]_2^6} = \underbrace{\left[6^2+6+c\right]}_{F(6)} - \underbrace{\left[2^2+2+c\right]}_{F(2)} = 36 \text{ FE.}$$

Wie zu erkennen ist, fällt die Integrationskonstante c im Verlauf der Berechnungen weg, wir können also im Rahmen bestimmter Integrale generell auf ihre Angabe verzichten.

Die Möglichkeit negativer bestimmter Integrale ist besonders dann zu beachten, wenn der Integrand im Integrationsintervall sein Vorzeichen wechselt bzw. dort eine oder mehrere Nullstellen besitzt. Die entsprechenden positiven Flächen (über der Abszisse) und negativen Flächen (unter der Abszisse) heben sich nämlich gegenseitig auf, wenn wir über die Nullstellen hinweg integrieren. Um die korrekte Fläche zu bestimmen, gilt es, das Integrationsintervall anhand der Nullstellen des Integranden zu zerlegen und die Funktion abschnittsweise unter Berücksichtigung notwendiger Absolutbeträge zu integrieren.

Beispiel:

Bestimmen wir die Fläche A, die die Funktion $y = f(x) = x^3 - 3x + 1$ im Intervall [–2,5; 2,5] mit der x-Achse einschließt. Würden wir dazu einfach das bestimmte Integral

$$\int_{-2,5}^{2,5} (x^3-3x+1)\,dx = \left[\frac{x^4}{4} - \frac{3x^2}{2} + x\right]_{-2,5}^{2,5} = 2,89 - (-2,11) = 5,00$$

berechnen, würden wir einen Fehler machen, da die Funktion im Integrationsintervall mehrere Vorzeichenwechsel vollzieht (vgl. nachfolgende Skizze). Es ist also eine "Aufteilung des Integrals" an den Nullstellen der Funktion und eine "Betrags-Betrachtung" notwendig, um zu vermeiden, dass sich positive und negative Flächen gegenseitig aufheben.

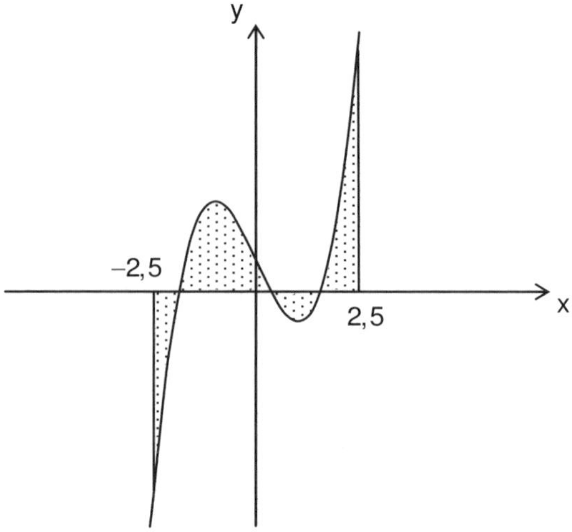

Nullstellen der Funktion:

$x_1 = -1,88$

$x_2 = 0,35$

$x_3 = 1,53$

Anhand des Graphenverlaufs und der vorliegenden Nullstellen können wir die gesuchte Fläche A durch folgende Teilintegrale bestimmen:

$$A = \left| \int_{-2,5}^{-1,88} (x^3 - 3x + 1)\, dx \right| + \int_{-1,88}^{0,35} (x^3 - 3x + 1)\, dx + \left| \int_{0,35}^{1,53} (x^3 - 3x + 1)\, dx \right| + \int_{1,53}^{2,5} (x^3 - 3x + 1)\, dx$$

$$= \left| \left[\frac{x^4}{4} - \frac{3x^2}{2} + x \right]_{-2,5}^{-1,88} \right| + \left[\frac{x^4}{4} - \frac{3x^2}{2} + x \right]_{-1,88}^{0,35} + \left| \left[\frac{x^4}{4} - \frac{3x^2}{2} + x \right]_{0,35}^{1,53} \right| + \left[\frac{x^4}{4} - \frac{3x^2}{2} + x \right]_{1,53}^{2,5}$$

$$= \ldots$$

$$= 10,46 \text{ FE}$$

Verläuft eine stetige Funktion f(x) in einem Intervall [a, b] stets überhalb der Funktion g(x) oder ist mit ihr identisch, d.h. gilt $f(x) \geq g(x)$, so gilt

$$\int_a^b f(x)\, dx \geq \int_a^b g(x)\, dx$$

und wir können die Fläche, die in diesem Intervall [a, b] zwischen den beiden Funktionen eingeschlossen wird, als

$$F_{ab} = \int_a^b f(x)\, dx - \int_a^b g(x)\, dx \qquad \text{(V.22)}$$

berechnen (vgl. Abbildung V 5). Im Falle $f(x) \leq g(x)$ würde eine deratige Berechnung zu einem negativen Wert führen, sodass zur Flächenangabe wieder eine Betragsbildung erforderlich wäre. Alternativ kann in (V.22) natürlich auch die Reihenfolge der Funktionen vertauscht werden, um einen postiven Wert zu erhalten.

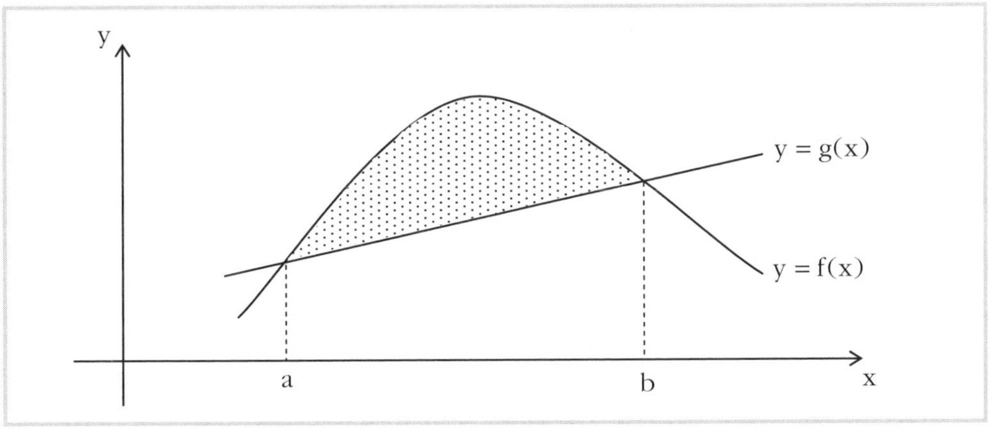

Abbildung V 5: Flächen zwischen Funktionen

Beispiel:

Welche Fläche wird von den Funktionen $f(x) = x^2$ und $g(x) = x^3$ in einem abgeschlossenen Intervall begrenzt, das durch die Schnitt-/Berührpunkte beider Funktionen definiert ist?

1. Berechnung der Intervallgrenzen:

   An den Schnitt-/Berührpunkten beider Funktionen sind die Funktionswerte gleich, d.h.

   $x^2 = x^3 \quad \leftrightarrow \quad x^3 - x^2 = 0 \quad \leftrightarrow \quad x^2 \cdot (x-1) = 0 \quad \leftrightarrow \quad x = 0 \ \vee \ x = 1.$

   Grafisch zeigt sich folgendes Bild:

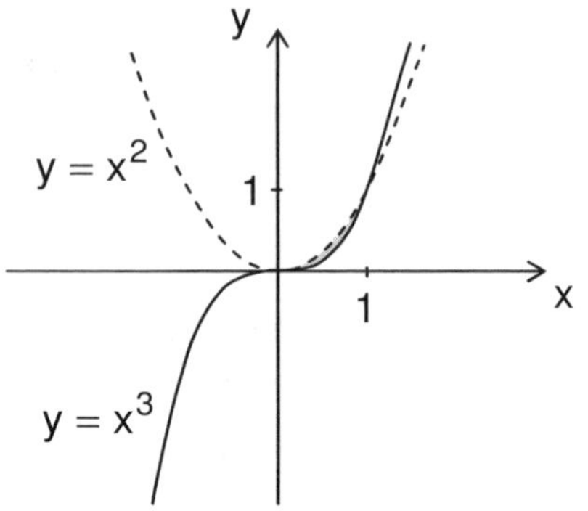

2. Berechnung der Fläche über das bestimmte Integral:

$$F_{0;1} = \int_0^1 f(x)\,dx - \int_0^1 g(x)\,dx = \int_0^1 x^2\,dx - \int_0^1 x^3\,dx = \left[\frac{1}{3}x^3\right]_0^1 - \left[\frac{1}{4}x^4\right]_0^1$$
$$= (0{,}33 - 0) - (0{,}25 - 0) = 0{,}08 \text{ FE}$$

Wie wir an den bisherigen Rechenbeispielen erkennen können, scheinen die im Rahmen unbestimmter Integrale behandelten *Integrationsregeln* auch für bestimmte Integrale Gültigkeit zu besitzen. Wir wollen diese Beobachtung nun konkretisieren:

- Die *Konstanter-Faktor-Regel* gilt weiterhin:

$$\int_a^b k \cdot f(x)\,dx = k \cdot \int_a^b f(x)\,dx$$

Beispiel:

$$\int_{-1}^1 3 \cdot x^2\,dx = 3 \cdot \int_{-1}^1 x^2\,dx = 3 \cdot \left[\frac{1}{3}x^3\right]_{-1}^1 = 3 \cdot \left[\left(\frac{1}{3}\right) - \left(-\frac{1}{3}\right)\right] = 2$$

- Die *Summenregel* bleibt ebenfalls erhalten:

$$\int_a^b [f(x) + g(x)]\,dx = \int_a^b f(x)\,dx + \int_a^b g(x)\,dx$$

Beispiel:

$$\int_1^2 x^{-1} + 2\,dx = \int_1^2 x^{-1}\,dx + \int_1^2 2\,dx = \left[\ln|x|\right]_1^2 + [2x]_1^2 = 0{,}69 + 2 = 2{,}69$$

- Auch die *partielle Integrationsregel* bleibt uneingeschränkt gültig:

$$\int_a^b f(x) \cdot g'(x)\, dx = [f(x) \cdot g(x)]_a^b - \int_a^b f'(x) \cdot g(x)\, dx$$

Hierbei ist zu beachten, dass in das Produkt f(x) · g(x) ebenfalls die Integrationsgrenzen eingesetzt und entsprechende Differenzen gebildet werden.

Beispiel:

$$\int_2^4 x \cdot \ln x\, dx$$

$$f(x) = \ln x \quad \rightarrow \quad f'(x) = \frac{1}{x}$$

$$g'(x) = x \quad \rightarrow \quad g(x) = \frac{1}{2}x^2$$

$$\int_2^4 x \cdot \ln x\, dx = \left[\ln x \cdot \frac{1}{2}x^2\right]_2^4 - \int_2^4 \frac{1}{x} \cdot \frac{1}{2}x^2\, dx = \left[\ln x \cdot \frac{1}{2}x^2\right]_2^4 - \left[\frac{1}{4}x^2\right]_2^4$$

$$= [11{,}09 - 1{,}39] - [4 - 1] = 6{,}7$$

- Im Falle einer *Integration durch Substitution* gibt es zwei Möglichkeiten der Berechnung des bestimmten Integrals. Es müssen entweder die Integrationsgrenzen mittransformiert (Fall 1) oder es muss eine Resubstitution (Fall 2) vorgenommen werden, bevor die ursprünglichen Integrationsgrenzen in die Stammfunktion eingesetzt werden.

<u>Fall 1:</u>

Bei der Berechnung eines Integrals der Form

$$\int_a^b f(g(x)) \cdot g'(x)\, dx$$

wird zunächst die Substitution z = g(x) vorgenommen. Zusätzlich müssen die Integrationsgrenzen x = a und x = b auf z = g(a) und z = g(b) transformiert werden. Es ergibt sich also das neue Integral

$$\int_a^b f(g(x)) \cdot g'(x)\, dx = \int_{g(a)}^{g(b)} f(z)\, dz = [F(z)]_{g(a)}^{g(b)} = F(g(b)) - F(g(a)) .$$

Beispiel:

$$\int_1^e \frac{\ln x^2}{x}\, dx = \int_1^e \frac{2 \cdot \ln x}{x}\, dx$$

1. Schritt: Substitution

$$z = g(x) = 2 \cdot \ln x \quad \rightarrow \quad \int_1^e \frac{z}{x}\, dx$$

2. Schritt: Ermittlung von dx

$$z = 2 \cdot \ln x \quad \rightarrow \quad z' = \frac{dz}{dx} = \frac{2}{x} \quad \leftrightarrow \quad dx = \frac{x}{2} \cdot dz$$

3. Schritt: Berechnung der neuen Integrationsgrenzen

$g(1) = 2 \cdot \ln 1 = 0 \qquad g(e) = 2 \cdot \ln e = 2$

4. Schritt: Aufstellen und Berechnen des neuen Integrals

$$\int_0^2 \frac{z}{x} \cdot \frac{x}{2}\, dz = \int_0^2 0{,}5z\, dz = \left[0{,}25z^2\right]_0^2 = 1$$

Es werden also im letzten Schritt die Ergebnisse aus den Schritten 2 und 3 in jenes von Schritt 1 eingesetzt. Eine Resubstitution ist dann nicht erforderlich.

Fall 2:

Auf eine Transformation der Integrationsgrenzen kann verzichtet werden, wenn die Stammfunktion mit Hilfe des Substitutionsverfahrens ermittelt und in diese die ursprünglichen Integrationsgrenzen eingesetzt werden.

Beispiel:

$$\int_1^e \frac{\ln x^2}{x}\, dx$$

Wir ignorieren zunächst im Verlauf des Substitutionsverfahrens die Integrationsgrenzen, da wir dieses lediglich zur Bestimmung der Stammfunktion nutzen. Erst im letzten Schritt kommen die Integrationsgrenzen wieder ins Spiel.

1. Schritt: Substitution

$$z = g(x) = 2 \cdot \ln x \quad \rightarrow \quad \int \frac{z}{x}\, dx$$

2. Schritt: Ermittlung von dx

$$z = 2 \cdot \ln x \quad \rightarrow \quad z' = \frac{dz}{dx} = \frac{2}{x} \quad \leftrightarrow \quad dx = \frac{x}{2} \cdot dz$$

3. Schritt: Zusammenführung und Integration

$$\int \frac{z}{x} \cdot \frac{x}{2}\, dz = \int 0{,}5z\, dz = 0{,}25z^2 + c$$

4. Schritt: Resubstitution und Berechnung des unbestimmten Integrals

$$\int_1^e \frac{\ln x^2}{x}\, dx = \left[0{,}25 \cdot (2 \cdot \ln x)^2 + c\right]_1^e = (1 + c) - (0 + c) = 1$$

1.5 Uneigentliches Integral

Integrale, bei denen eine oder beide Integrationsgrenzen unendlich werden oder bei denen der Integrand im Integrationsbereich gegen unendlich strebt, werden als **uneigentliche Integrale** bezeichnet. Wir wollen uns im Rahmen dieses Grundkurses nur kurz mit uneigentlichen Integralen befassen, deren Grenzen gegen unendlich streben. Solche können wir als einfache Verallgemeinerung des bestimmten Integrals (V.18) auffassen:

Für eine im gesamten Integrationsintervall stetige Funktion f(x) gilt unter der Voraussetzung, dass der Grenzwert existiert,

$$\int_a^{+\infty} f(x)\,dx = \lim_{b\to+\infty} \int_a^b f(x)\,dx\,. \tag{V.23}$$

Unter den gleichen Voraussetzungen gilt dann natürlich auch

$$\int_{-\infty}^{b} f(x)\,dx = \lim_{a\to-\infty} \int_a^b f(x)\,dx \tag{V.24}$$

und für ein beliebiges $c \in \mathbb{R}$

$$\int_{-\infty}^{+\infty} f(x)\,dx = \lim_{a\to-\infty} \int_a^c f(x)\,dx + \lim_{b\to+\infty} \int_c^b f(x)\,dx. \tag{V.25}$$

Beispiel:

$$\int_1^{+\infty} \frac{1}{x^2}\,dx = \lim_{b\to+\infty} \int_1^b \frac{1}{x^2}\,dx = \lim_{b\to+\infty} \left[-\frac{1}{x}\right]_1^b = \lim_{b\to+\infty} \left[\left(-\frac{1}{b}\right)-(-1)\right] = \lim_{b\to+\infty} \left[-\frac{1}{b}+1\right] = 0+1=1$$

2. Ökonomische Anwendungen

Die Integration wird in den Wirtschaftswissenschaften meist angewendet, um vom Grenzverhalten ökonomischer Funktionen auf die Funktion selbst zu schließen. Neben dieser unmittelbar aus der Definiton der Integration als Umkehroperation der Differenziation ableitbaren Anwendung, die z.B. im Kontext von Kosten-, Umsatz- und Gewinnfunktionen relevant ist, wollen wir uns in diesem Abschnitt mit den Themen Produzenten- und Konsumentenrente, Kapitalstock und Investitionen sowie ausgewählten Themen der Wahrscheinlichkeitsrechnung widmen. Im Zusammenhang mit Letzteren werden wir die Rechtecks- und Trapezintegration als Verfahren der numerischen Integration näher beleuchten.

2.1 Kosten-, Umsatz- und Gewinnfunktion

Wie wir wissen, liefert die erste Ableitung einer Kostenfunktion C(x) die Grenzkostenfunktion C'(x). Integrieren wir die Grenzkostenfunktion C'(x), so können wir jedoch nur auf die variablen Kosten $C_v(x)$ schließen, da die fixen Kosten C_f ja im Zuge der Ableitung weggefallen waren. Sind neben der Grenzkostenfunktion C'(x) die fixen Kosten C_f bekannt, können wir die Integrationskonstante durch diese ersetzen und die Kostenfunktion C(x) damit als

$$C(x) = \int C'(x)\, dx = C_v(x) + C_f \qquad \text{(V.26)}$$

ermitteln.

Beispiel:

Die Grenzkostenfunktion eines Unternehmens lautet $C'(x) = 4x^3 + x$. Unabhängig von der produzierten Menge fallen in diesem Unternehmen Kosten in Höhe von 1.000 Euro an. Die Kostenfunktion lautet damit

$$C(x) = \int (4x^3 + x)\, dx = \underbrace{x^4 + 0{,}5x^2}_{C_v(x)} + \underbrace{1.000}_{C_f}.$$

Auch für den Schluss von der Grenzerlösfunktion R'(x) auf die Umsatzfunktion) R(x) kann die Integralrechnung herangezogen werden. Es gilt

$$R(x) = \int R'(x)\, dx\,, \qquad \text{(V.27)}$$

wobei die Integrationskonstante c hier den Wert Null annimmt.

Beispiel:

Die Grenzerlösfunktion eines Unternehmens lautet R'(x) = 2x + 1. Wir erhalten daraus die Erlösfunktion

$$R(x) = \int (2x+1)\ dx = x^2 + x \ .$$

Liegen Grenzgewinnfunktion) G'(x) und fixe Kosten C_f vor, kann die **Gewinnfunktion** G(x)) ermittelt werden als

$$G(x) = \int G'(x)\ dx = \int R'(x)\ dx - \int C'(x)\ dx \ , \qquad \text{(V.28)}$$

wobei für die dabei entstehende Integrationskonstante $c = -C_f$ gilt. Interessieren wir uns für die *Deckungsbeitragsfunktion* D(x), können wir analog vorgehen, wobei wir jedoch die Integrationskonstante c = 0 setzen.

Beispiel:

Aus der Grenzgewinnfunktion $G'(x) = 10x^3 + 5$ und den fixen Kosten $C_f = 100$ soll die Gewinnfunktion G(x) ermittelt werden. Wir erhalten

$$G(x) = \int (10x^3 + 5)\ dx = 2{,}5x^4 + 5x - 100 \ .$$

2.2 Konsumenten- und Produzentenrente

Wie wir aus Abschnitt III 2.3.1 wissen, liegt auf einem Markt an der Stelle ein Marktgleichgewicht vor, an der sich Angebotsfunktion $p^S(x)$ und Nachfragefunktion $p^D(x)$ schneiden. Die in diesem Schnittpunkt herrschende Menge x* wurde als Gleichgewichtsmenge, der Preis p* als Gleichgewichtspreis bezeichnet. In dieser Marktsituation sind in der ökonomischen Theorie zwei Größen von besonderer Bedeutung: die Konsumenten- und die Produzentenrente.

1. Konsumentenrente

Wie Abbildung V 6 für den Fall einer linearen Nachfragefunktion zeigt, wären einige Nachfrager bereit gewesen, einen höheren Preis als den herrschenden Marktpreis p* zu bezahlen. Da der tatsächliche Preis also niedriger ausfällt als jener, den sie zu zahlen bereit gewesen wären, ergibt sich für diese Nachfrager eine *Ersparnis*. Die Gesamtsumme dieser Ersparnis für alle Konsumenten wird als *Konsumentenrente* KR bezeichnet. Rechnerisch lässt sich die Konsumentenrente einfach als

$$KR = \int_0^{x^*} p^D(x)\ dx - p^* \cdot x^* \qquad \text{(V.29)}$$

ermitteln. Das Produkt $p^* \cdot x^*$ entpricht dabei den auf dem Markt für das betrachtete Gut tatsächlich getätigten Ausgaben aller Konsumenten. Das Integral ist zu interpretieren als theoretische Ausgabenhöhe, die angefallen wäre, wenn alle Konsumenten genau den Preis bezahlt hätten, den sie gerade noch zu zahlen bereit gewesen wären.

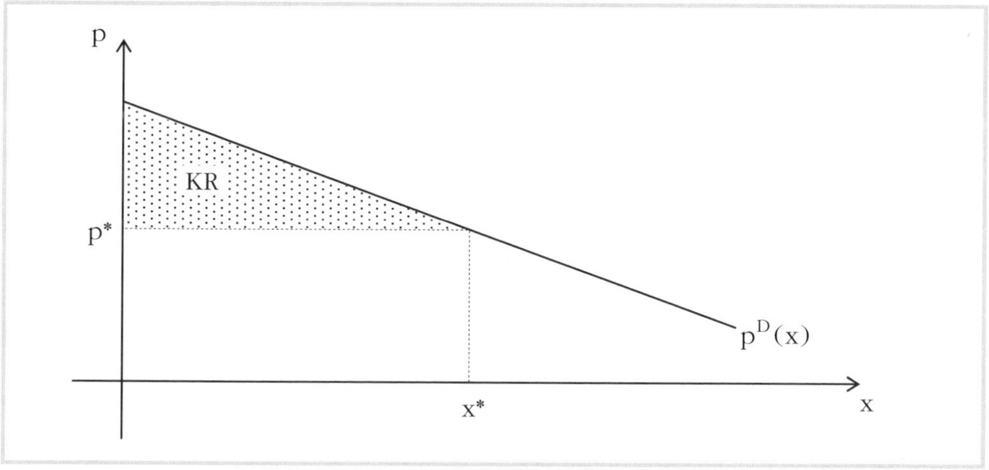

Abbildung V 6: Konsumentenrente

Beispiel:

Auf dem Markt für Kaolin gelte die Nachfragefunktion $p^D(x) = -2x + 50$ und die Angebotsfunktion $p^S(x) = 3x + 20$. Wie hoch ist die Konsumentenrente auf diesem Markt?

1. Ermittlung des Marktgleichgewichts:

   Gleichsetzen der Nachfrage- und Angebotsfunktion liefert $-2x+50=3x+20$ und nach Auflösen $x^* = 6$, woraus sich nach Einsetzen in $p^D(x)$ oder $p^S(x)$ der dazugehörige Preis $p^* = 38$ ergibt.

2. Berechnung der Konsumentenrente nach (V.29):

$$KR = \int_0^6 (-2x+50)\,dx - 38\cdot 6 = \left[-x^2+50x\right]_0^6 - 228 = 264 - 228 = 36$$

2. Produzentenrente

Abbildung V 7 zeigt für den Fall einer linearen Angebotsfunktion, dass es auf einem Markt Produzenten gibt, die auch zu einem Preis anbieten würden, der unter dem vorherrschenden Marktpreis p* liegt. Da sie aber zum Gleichgewichtspreis p* verkaufen können, erzielen diese Produzenten einen *zusätzlichen Gewinn*. Die Summe aller dieser Gewinne bzw. Kostenersparnisse über alle Produzenten bezeichnen wir als *Produzentenrente* PR. Ihre Berechnung erfolgt über

$$PR = p^* \cdot x^* - \int_0^{x^*} p^S(x)\,dx\,, \tag{V.30}$$

wobei das Produkt $p^* \cdot x^*$ dem von allen Produzenten erwirtschafteten Umsatz im Marktgleichgewicht entspricht. Das Integral liefert den theoretischen Umsatz, den alle Produzenten zusammen erzielt hätten, wenn sie genau zu den Preisen verkauft hätten, zu denen sie gerade noch anzubieten bereit gewesen wären.

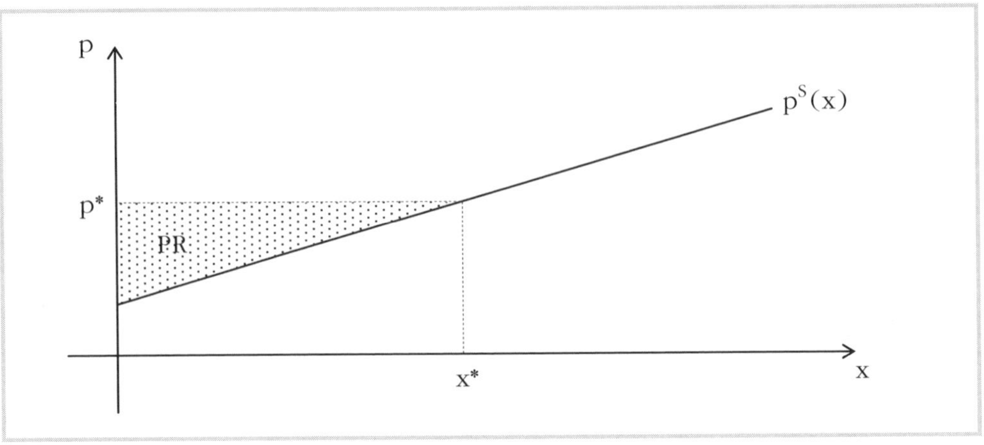

Abbildung V 7: Produzentenrente

Beispiel:

Die Angebotsfunktion auf einem Markt sei gegeben durch $p^S(x) = 3x + 7$. Das Marktgleichgewicht liege bei $x^* = 5$ und $p^* = 22$. Die Produzentenrente auf diesem Markt ist damit

$$PR = 22 \cdot 5 - \int_0^5 (3x+7)\,dx = 110 - \left[\frac{3}{2}x^2 + 7x\right]_0^5 = 110 - 72{,}5 = 37{,}5\,.$$

2.3 Investitionen und Kapitalstock

Die Funktion I(t) mit $t \geq 0$ beschreibe die *Nettoinvestitionen*)(Bruttoinvestitionen abzüglich Abschreibungen) in einer Volkswirtschaft in Abhängigkeit von der Zeit t. Mittels des Integrals

$$\int_0^T I(t)\,dt \text{ für } t \geq 0$$

sind wir in der Lage den Kapitalbestand zu berechnen, welcher von t = 0 bis t = T erwirtschaftet wird. Der *Kapitalstock* K(T) bzw. der Kapitalbestand einer Volkswirtschaft zum Zeitpunkt T ergibt sich nun aus dem Kapital, welches bereits zum Zeitpunkt t = 0 vorhanden war, also K(0), und aus dem von t = 0 bis t = T akkumulierten Kapital, d. h. den getätigten Nettoinvestitionen. Es gilt also

$$K(T) = K(0) + \int_0^T I(t)\,dt \quad \text{für } t \geq 0\,. \tag{V.31}$$

Beispiel:

Zum Zeitpunkt t = 0 betrage der Kapitalbestand einer Volkswirtschaft 1.500 Mrd. Euro. Die Nettoinvestitionen I(t) seien beschrieben durch die Funktion $I(t) = 10 \cdot \sqrt[3]{t} + \ln t$.

a) Wie groß ist der Kapitalbestand nach 10 Jahren?

b) Wie hoch ist die Veränderung des Kapitalbestandes im 5. Jahr?

Lösung:

a) Kapitalbestand nach 10 Jahren:

$$K(10) = 1.500 + \int_0^{10} (10 \cdot \sqrt[3]{t} + \ln t)\ dt$$

$$= 1.500 + \left[7{,}5 \cdot \sqrt[3]{t^4} + t \cdot \ln t - t\right]_0^{10} = 1.500 + 174{,}61 = 1.674{,}61 \text{ Mrd. Euro}$$

b) Investitionen (= Zunahme des Kapitalbestandes) im 5. Jahr:

$$\int_4^5 (10 \cdot \sqrt[3]{t} + \ln t)\ dt = \left[7{,}5 \cdot \sqrt[3]{t^4} + t \cdot \ln t - t\right]_4^5 = 67{,}17 - 49{,}17 = 18 \text{ Mrd. Euro}$$

2.4 Die Standardnormalverteilung

In der Statistik spielen Zufallsvariablen eine zentrale Rolle. Unter einer Zufallsvariablen X verstehen wir allgemein eine Größe, deren Wert vom Zufall abhängt. So bilden etwa die Ergebnisse eines Würfelwurfs eine Zufallsvariable, die sechs verschiedene Werte 1,2,3,4,5 oder 6 annehmen kann. Das Ergebnis jedes Wurfes hängt vom Zufall ab, wobei jeder bestimmte Wert mit einer Wahrscheinlichkeit von 1/6 angenommen wird. Stellen wir die möglichen Ergebnisse (X-Achse) den zugehörigen Wahrscheinlichkeiten (Y-Achse) gegenüber, erhalten wir die sog. **Wahrscheinlichkeitsfunktion**)der Zufallsvariablen. Im Fall eines Würfelwurfs ist diese *diskret*. Kann eine Zufallsvariable) in einem Intervall jeden beliebigen Wert annehmen, heißt sie stetig.

Für *stetige* Zufallsvariablen X erlaubt die sog. **Dichtefunktion** $\phi(x)$)die Bestimmung von Wahrscheinlichkeiten $P(x_1 \leq X \leq x_2)$, dass die Zufallsvariable X einen Wert aus dem Intervall $[x_1, x_2]$ annimmt. Diese ist nämlich genau gleich der Fläche unter der Dichtefunktion im entsprechenden Abschnitt $[x_1, x_2]$, d.h. es gilt

$$P(x_1 \leq X \leq x_2) = \int_{x_1}^{x_2} \phi(x)\ dx\,. \qquad (V.32)$$

Abbildung V 8 veranschaulicht dies. Aus (V.32) lässt sich eine Besonderheit stetiger Zufallsvariablen ableiten, die besagt, dass die Wahrscheinlichkeit, dass X ein bestimmtes x annimmt, immer Null ist. Es gilt nämlich auch hier der Zusammenhang (V.20), d.h.

$$P(X = x) = P(x \leq X \leq x) = \int_x^x \phi(x)\ dx = 0\,. \qquad (V.33)$$

Zudem gilt, dass die gesamte Fläche unter einer Dichtefunktion immer gleich Eins sein muss. Andernfalls dürfen wir die Funktion nicht als Dichtefunktion bezeichnen.

$$\int_{-\infty}^{+\infty} \phi(x)\ dx = 1 \qquad (V.34)$$

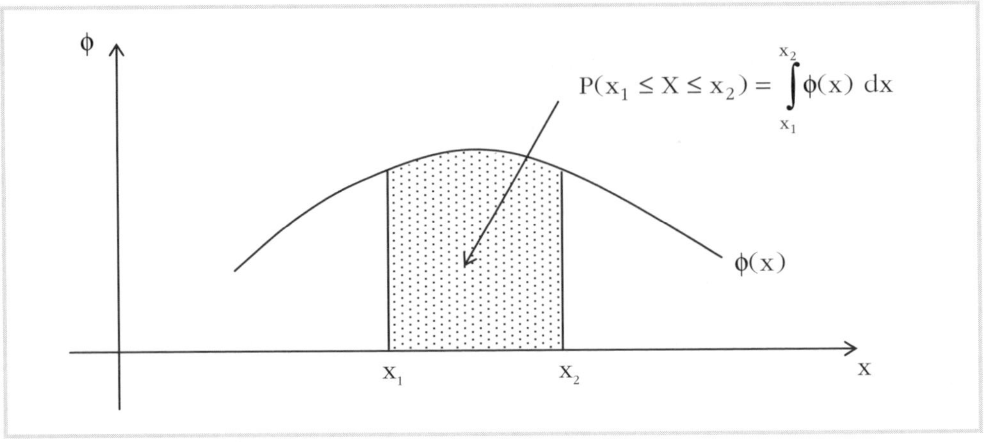

Abbildung V 8: Dichtefunktion

Die sog. **Verteilungsfunktion** $\Phi(x)$)einer stetigen Zufallsvariablen X gibt die Wahrscheinlichkeit dafür an, dass X einen Wert kleiner oder gleich x annimmt und ist definiert als das bestimmte Integral der Dichtefunktion von $-\infty$ bis zur Grenze x:

$$\Phi(x) = \int_{-\infty}^{x} \phi(z)\, dz \tag{V.35}$$

Eine in Theorie und Praxis bedeutende Dichtefunktion ist die sog. **Standardnormalverteilung**.)Sie lautet

$$\phi(z) = \frac{1}{\sqrt{2\pi}} \cdot e^{\frac{-z^2}{2}}, \tag{V.36}$$

wobei e die Euler' sche Zahl und π die Kreiszahl ist. Damit erhalten wir die **Verteilungsfunktion**

$$\Phi(x) = \frac{1}{\sqrt{2\pi}} \cdot \int_{-\infty}^{x} e^{\frac{-z^2}{2}}\, dz\,. \tag{V.37}$$

Abbildung V 9 veranschaulicht den Verlauf beider Funktionen. Um ihren Zusammenhang aufzuzeigen, ist in die Grafik die Wahrscheinlichkeit dafür aufgenommen, dass eine standardnormalverteilte Zufallsvariable einen Wert kleiner als α annimmt. Diese können wir als Fläche unter der Dichtefunktion oder durch Einsetzen des Wertes in die Verteilungsfunktion bestimmen.

Wie Abbildung IV 9 außerdem zeigt, ist die Standardnormalverteilung symmetrisch zur Ordinate. Es ist daher auch möglich, die Verteilungsfunktion (V.37) bzw. das in ihr steckende Integral nur von 0 bis x zu berechnen und, um den Wert der Verteilungsfunktion zu erhalten, 0,5 zu addieren.

Um konkrete Wahrscheinlichkeiten angeben zu können, gilt es, (V.37) zu berechnen. Es liegt hier aber ein typischer Vertreter von Funktionen vor, die sich nicht in geschlossener Form integrieren lassen. Wir müssen also auf numerische Methoden zurückgreifen, von denen wir im Folgeabschnitt die zwei bekanntesten vorstellen.

Zur Veranschaulichung dieser Verfahren werden wir jeweils aufzeigen, wie sich Wahrscheinlichkeiten für standardnormalverteilte Zufallsvariablen berechnen lassen. In der Praxis müssen wir diese jedoch nicht stets aufs Neue berechnen, da aufgrund der hohen praktischen Bedeutung der Standardnormalverteilung (viele andere Verteilungen lassen sich unter gewissen Voraussetzungen durch diese approximieren) in nahezu jedem Statistikbuch Verteilungstabellen enthalten sind, die diese für verschiedene x beinhalten.

Dichtefunktion:

$$\phi(z) = \frac{1}{\sqrt{2\pi}} \cdot e^{\frac{-z^2}{2}}$$

Verteilungsfunktion:

$$\Phi(x) = \frac{1}{\sqrt{2\pi}} \cdot \int_{-\infty}^{x} e^{\frac{-z^2}{2}} \, dz$$

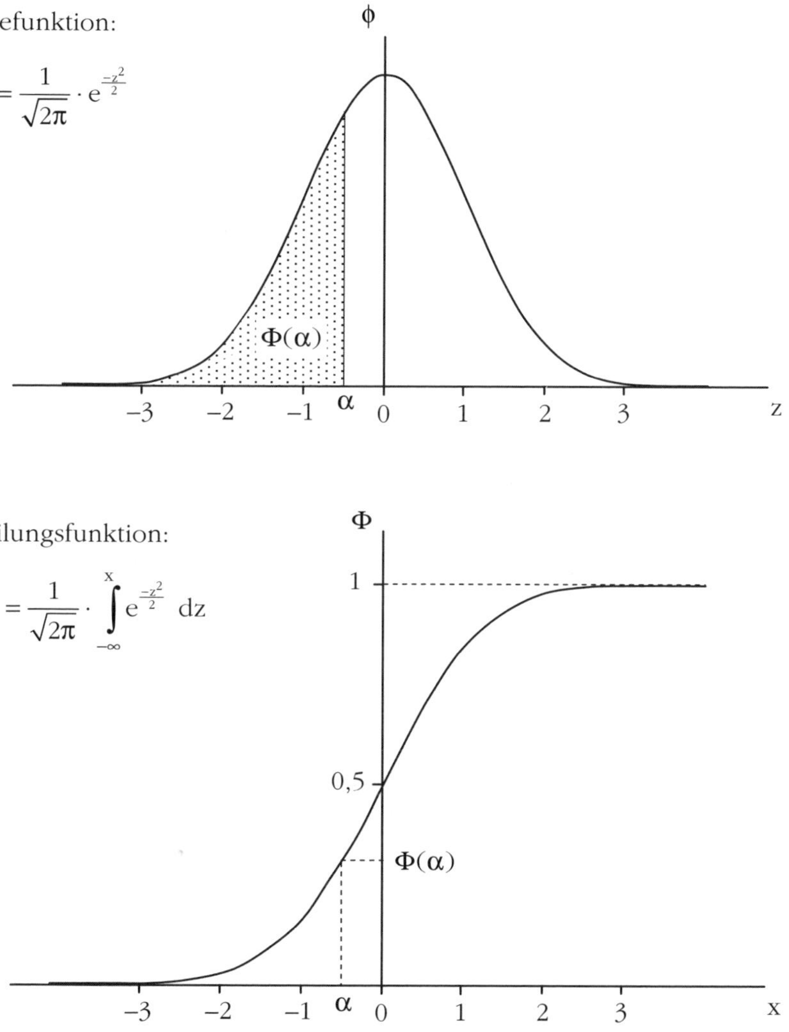

Abbildung V 9: Standardnormalverteilung

2.5 Numerische Integrationsverfahren

Neben dem Wahrscheinlichkeitsintegral (V.37) existieren eine Reihe weiterer nicht geschlossen lösbarer Integrale. Zu diesen zählen beispielsweise der Integrallogarithmus)

$$\mathrm{Li}(x) = \int_0^x \frac{dz}{\ln z} \tag{V.38}$$

und die Integralexponenzielle)

$$\mathrm{Ei}(x) = -\int_x^\infty \frac{e^z}{z}\, dz\,. \tag{V.39}$$

Derartige Integrale können wir *näherungsweise* durch **numerische Integration** berechnen. Wir verstehen darunter die Berechnung des bestimmten Integrals

$$\int_a^b f(x)\, dx$$

mit Hilfe der näherungsweisen Bestimmung des Flächeninhaltes unter der Kurve der Funktion f(x) durch Summen von Rechtecken oder Trapezen.

1. Rechtecksapproximation

Die näherungsweise Bestimmung der Fläche unter einer Funktion f(x) in einem Intervall [a, b] läuft auf die bei der Ableitung des bestimmten Integrals geschilderte Methode der Flächenberechnung hinaus (vgl. Abschnitt V 1.4 bzw. Abbildung V 2).

Teilen wir das Intervall [a, b] in n gleich große Teilintervalle der Länge Δx auf, können wir zunächst für die Mitte $\alpha_i = x_{i-1} + \Delta x/2$ eines jeden Teilintervalls $[x_{i-1}, x_i]$ den dazugehörigen Funktionswert $f(\alpha_i)$ berechnen.

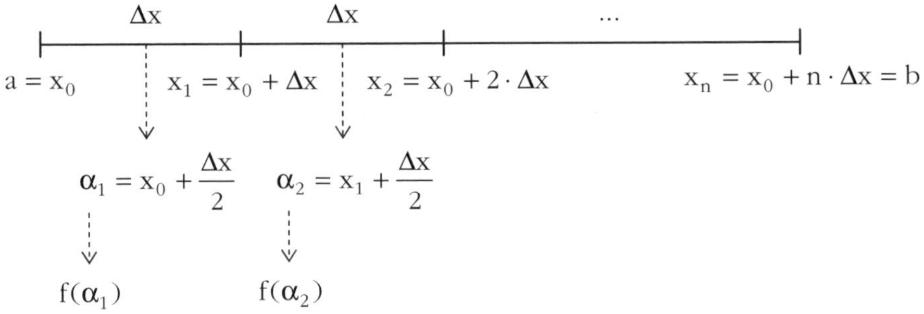

Mit diesen Funktionswerten $f(\alpha_i)$ und den Teilintervalllängen Δx können wir nun die Fläche unter der Kurve durch die folgende Rechteckssumme annähern:

$$\int_a^b f(x)\, dx \cong \sum_{i=1}^n f(\alpha_i) \cdot \Delta x = \Delta x \cdot \sum_{i=1}^n f(\alpha_i)\,. \tag{V.40}$$

Beispiel:

Berechnen wir die Wahrscheinlichkeit dafür, dass eine standardnormalverteilte Zufallsvariable X eine Realisation im Intervall]–∞; 1] annimmt. Wir müssen also

$$\Phi(1) = \frac{1}{\sqrt{2\pi}} \cdot \int_{-\infty}^{1} e^{\frac{-z^2}{2}} \, dz = \frac{1}{\sqrt{2\pi}} \cdot \int_{0}^{1} e^{\frac{-z^2}{2}} \, dz + 0{,}5$$

bestimmen. Der Wert dafür ist in jeder Standardnormalverteilungstabelle als $\Phi(1) = 0{,}8413$ bzw. 84,13% enthalten. Für die beiden Schrittweiten $\Delta x = 0{,}2$ und $\Delta x = 0{,}1$ und den Startwert $x_0 = 0$ erhalten wir folgende Ergebnisse:

	$\Delta x = 0{,}2$		$\Delta x = 0{,}1$	
i	α_i	$f(\alpha_i)$	α_i	$f(\alpha_i)$
1	0,10	0,995	0,05	0,999
2	0,30	0,956	0,15	0,989
3	0,50	0,882	0,25	0,969
4	0,70	0,783	0,35	0,941
5	0,90	0,667	0,45	0,904
6			0,55	0,860
7			0,65	0,810
8			0,75	0,755
9			0,85	0,697
10			0,95	0,637
Σ		4,283		8,559

Wir erhalten damit die beiden folgenden Näherungen:

$$\Delta x = 0{,}2\colon \; \Phi(1) \cong \frac{1}{\sqrt{2\pi}} \cdot 0{,}2 \cdot 4{,}283 + 0{,}5 = 0{,}8417$$

$$\Delta x = 0{,}1\colon \; \Phi(1) \cong \frac{1}{\sqrt{2\pi}} \cdot 0{,}1 \cdot 8{,}559 + 0{,}5 = 0{,}8414$$

Wie wir erkennen, wird die Approximation umso besser, je kleiner wir die Teilintervalle wählen, d.h. je mehr Teilintervalle wir berücksichtigen.

2. Trapezapproximation

Ist die Kurve einer zu integrierenden Funktion f(x) nicht gerade im gesamten Integrationsintervall konvex oder konkav, lässt sich eine Verbesserung der Flächennäherung dadurch erreichen, dass wir die Fläche durch eine Summe von Trapezen anstelle von Rechtecken annähern (vgl. Abbildung V 10). Dadurch lässt sich nämlich erreichen, dass sich positive und negative Fehler (teilweise) aufheben.

Die Fläche des Trapezes über dem Intervall $[x_0, x_1]$ ist

$$0{,}5 \cdot \left(f(x_0) + f(x_1)\right) \cdot \Delta x .$$

Als Summe der Trapezflächen erhalten wir

$$0{,}5 \cdot \left(f(x_0) + f(x_1)\right) \cdot \Delta x + 0{,}5 \cdot \left(f(x_1) + f(x_2)\right) \cdot \Delta x + \ldots + 0{,}5 \cdot \left(f(x_{n-1}) + f(x_n)\right) \cdot \Delta x$$

$$= \left(0{,}5 \cdot f(x_0) + \sum_{i=1}^{n-1} f(x_i) + 0{,}5 \cdot f(x_n) \right) \cdot \Delta x ,$$

woraus wir folgende Näherungsformel der Trapezapproximation ableiten können:

$$\int_{x_0}^{x_n} f(x)\,dx \cong \Delta x \cdot \sum_{i=0}^{n} \theta_i \cdot f(x_i) \quad \text{mit} \quad \begin{matrix} \theta_0 = \theta_n = 0,5 \\ \theta_i = 1 \text{ für } i = 1,\ldots,n-1 \end{matrix} . \tag{V.41}$$

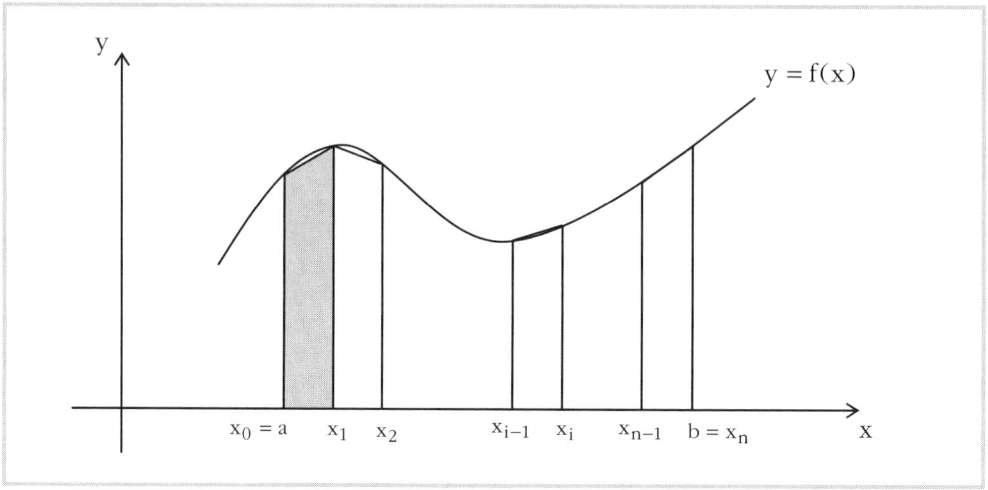

Abbildung V 10: Trapezapproximation

Beispiel:

Führen wir die Berechnungen unseres letzten Beispiels mittels der Trapezapproximation durch, erhalten wir zunächst folgende Zwischenergebnisse:

	Δx = 0,2			Δx = 0,1		
i	x_i	θ_i	$f(x_i)$	x_i	θ_i	$f(x_i)$
0	0,00	0,50	1,000	0,00	0,50	1,000
1	0,20	1,00	0,980	0,10	1,00	0,995
2	0,40	1,00	0,923	0,20	1,00	0,980
3	0,60	1,00	0,835	0,30	1,00	0,956
4	0,80	1,00	0,726	0,40	1,00	0,923
5	1,00	0,50	0,607	0,50	1,00	0,882
6				0,60	1,00	0,835
7				0,70	1,00	0,783
8				0,80	1,00	0,726
9				0,90	1,00	0,667
10				1,00	0,50	0,607
Summenprodukt			4,268			8,551

Wir erhalten damit die beiden folgenden Näherungen:

$$\Delta x = 0,2\text{:}\quad \Phi(1) \cong \frac{1}{\sqrt{2\pi}} \cdot 0,2 \cdot 4,268 + 0,5 = 0,8405$$

$$\Delta x = 0,1\text{:}\quad \Phi(1) \cong \frac{1}{\sqrt{2\pi}} \cdot 0,1 \cdot 8,551 + 0,5 = 0,8411$$

Wir erkennen im Vergleich zum exakten Wert $\Phi(1) = 0{,}8413$, dass wir auch hier durch feinere Teilintervalle eine Verbesserung der Approximation erreichen können. Im Vergleich zur Rechtecksapproximation sind die Näherungen allerdings schlechter. Das liegt daran, dass die Trapezapproximation in Bereichen konvexen Funktionsverlaufes die Fläche überschätzt, während sie bei konkaver Krümmung immer unterschätzt. Bei einer überall konvexen bzw. konkaven Funktion fehlt dann ein Ausgleich, sodass sich die Fehler kumulieren. Die Standardnormalverteilung ist nun im Integrationsintervall [0; 1] konkav gekrümmt. Die Trapezapproximation unterschätzt hier also beständig und führt auf einen ungenaueren Näherungswert als die Rechtecksapproximation. Dies gilt jedoch nicht allgemein.

2.6 Exkurs: Elementare Differenzialgleichungen

2.6.1 Einführung

Bei der Analyse ökonomischer Zusammenhänge treten immer wieder Gleichungen auf, in denen außer einer Funktion y = f(...) selbst noch eine oder mehrere Ableitungen $(y', y'', y''', \ldots)$ dieser Funktion enthalten sind. Wir bezeichnen derartige Gleichungen als **Differenzialgleichungen**.)

Beispiele:

a) $y' = y + 3x$ mit y = f(x)

b) $(y')^3 = x^2 \cdot y$ mit y = f(x)

c) $(y'')^2 + (y')^3 + y = e^x$ mit y = f(x)

d) $y'''_{x_1 x_1 x_2} + y''_{x_2 x_2} = y + 1$ mit $y = f(x_1, x_2)$

Als *Ordnung einer Differenzialgleichung* bezeichnet man die höchste vorkommende Ableitungsordnung. Im vorhergehenden Beispiel: a) 1. Ordnung, b) 1. Ordnung, c) 2. Ordnung, d) 3. Ordnung. Eine Differenzialgleichung 1. Ordnung enthält also nur erste Ableitungen.

Eine Differenzialgleichung heißt *gewöhnlich*, wenn die gesuchte Funktion und ihre Ableitung nur von einer Variablen abhängen, andernfalls *partiell*. Im vorhergehenden Beispiel: a), b), c) gewöhnliche Differenzialgleichungen, d) partielle Differenzialgleichung.

Die Vielzahl verschiedener Arten von Differenzialgleichungen erfordert entsprechend vielfältige und komplexe Lösungstechniken. Im Rahmen dieses Grundkurses wollen wir uns lediglich auf einige **spezielle gewöhnliche lineare Differenzialgleichungen** beschränken, d.h. nichtlineare wie b) und c) sowie partielle wie d) im vorhergehenden Beispiel nicht behandeln.

Die **Lösung** einer gewöhnlichen Differenzialgleichung $g(x, y, y', y'', \ldots, y^{(n)}) = 0$ ist diejenige **Funktion** y = f(x), die zusammen mit ihren Ableitungen $y', y'', \ldots, y^{(n)}$ der gegebenen Differenzialgleichung $g(x, y, y', y'', \ldots, y^{(n)}) = 0$ genügt.

Beispiel:

Betrachten wir die Differenzialgleichung g(x, y, y') = y' − y = 0. *Eine* mögliche Lösung ist z.B. die Funktion $y = e^x$, denn wegen $y' = e^x$ ist stets $y' - y = e^x - e^x = 0$ erfüllt. Weiter sehen wir, dass jede Funktion des Typs $y = c \cdot e^x$ ebenfalls eine Lösung der gegebenen Differenzialgleichung ist.

2.6.2 Lösung von Differenzialgleichungen durch Variablentrennung

Wie bereits erwähnt, ist die Lösungstechnik für Differenzialgleichungen im Allgemeinen recht komplex. Einfach dagegen (und für eine beträchtliche Zahl ökonomischer Probleme ausreichend) ist die *Lösungsmethode für gewöhnliche lineare Differenzialgleichungen 1. Ordnung vom Typ*

$$g(y) \cdot y' = h(x) \quad \text{mit} \quad y = f(x)\,. \tag{V.42}$$

Jede Differenzialgleichung, die sich auf diese Form bringen lässt, heißt *separabel.*

Beispiele: Separable Differenzialgleichungen

1. $y' = 6x^2 + 1$ mit $g(y) = 1$ und $h(x) = 6x^2 + 1$
2. $x \cdot y' = (y-1)(x+1)$ mit $g(y) = \frac{1}{y-1}$ und $h(x) = 1 + \frac{1}{x}$
3. $(x^2 + 1) \cdot y' = 2x \cdot y^2$ mit $g(y) = \frac{1}{y^2}$ und $h(x) = \frac{2x}{x^2+1}$

Beispiel: Nach Substitution separable Differenzialgleichung

Die Differenzialgleichung

$$y' = y + x$$

besitzt zunächst nicht die Form (V.42). Setzen wir aber $z(x) = y + x$, folgt wegen $z' = y' + 1$, d.h. $y' = z' - 1$, aus der gegebenen Differenzialgleichung $y' = z' - 1 = y + x = z$, also $z' = z + 1$, was zur Form (V.42) führt:

$$\frac{z'}{z+1} = 1 \quad \text{mit} \quad z \neq -1$$

Zur Herleitung eines Lösungsverfahrens für separable Differenzialgleichungen des Typs (V.42), integrieren wir beide Seiten von (V.62) bezüglich x, d.h.

$$\int g(y) \cdot y' \, dx = \int h(x) \, dx\,.$$

Nach Anwendung der Integration durch Substitution auf der linken Seite folgt daraus wegen $dy = y' \, dx$ der Zusammenhang

$$\int g(y) \, dy = \int h(x) \, dx\,. \tag{V.43}$$

Wir können dadurch die Lösung der separablen Differenzialgleichung (V.42) auf die Bestimmung der Stammfunktionen $G(y)$ zu $g(y)$ und $H(x)$ zu $h(x)$ zurückführen. Gelingen die beiden unbestimmten Integrationen in (V.43), kann die Lösungsfunktion $y = f(x)$ ermittelt werden.

Da bei der Lösung von Differenzialgleichungen nach dieser Methode stets Integrationskonstanten auftreten, besteht die Lösung aus einer Menge von Funktionen, die sich durch die Integrationskonstanten unterscheiden. Die Menge aller Lösungsfunktionen einer Differenzialgleichung heißt *allgemeine Lösung* der Differenzialgleichung. Jede (etwa durch Vorgabe von Anfangswerten gewonnene) Einzellösungsfunktion heißt *spezielle* oder *partikuläre Lösung* der Differenzialgleichung.

Beispiele:

Lösen wir die separablen Differenzialgleichungen der letzten Beispiele:

1. Aus $y' = 6x^2 + 1$ folgt durch Anwendung von (V.43) und Zusammenfassung der beiden entstehenden Integrationskonstanten

$$\int 1 \, dy = \int (6x^2 + 1) \, dx \quad \leftrightarrow \quad y = 2x^3 + x + c.$$

Wir erkennen, dass die *allgemeine Lösung* der Differenzialgleichung in diesem speziellen Fall mit derjenigen der gewöhnlichen unbestimmten Integration übereinstimmt.

Die Integrationskonstante c können wir bestimmen, wenn wir eine Anfangsbedingung vorgeben. Im Falle von $y(x = 2) = 20$ erhalten wir durch Einsetzen in die Lösungsfunktion $20 = 2 \cdot 2^3 + 2 + c$, d.h. $c = 2$, und damit die *spezielle Lösung* $y = 2x^3 + x + 2$.

2. Für $x \cdot y' = (y - 1)(x + 1)$ erhalten wir

$$\int \frac{1}{y-1} \, dy = \int \left(1 + \frac{1}{x}\right) dx.$$

Unter den Annahmen $y - 1 > 0$ und $x > 0$ liefert die Integration bei Zusammenfassung der Integrationsvariablen die *allgemeine Lösung*

$$\ln(y-1) = x + \ln x + c \quad \leftrightarrow \quad y - 1 = e^{x + \ln x + c} = e^x \cdot e^{\ln x} \cdot e^c = e^c \cdot x \cdot e^x$$
$$\leftrightarrow \quad y = e^c \cdot x \cdot e^x + 1.$$

Mit einer Anfangsbedingung von z.B. $y(x = 1) = e + 1$ erhalten wir $c = 0$ und damit als *spezielle Lösung* $y = x \cdot e^x + 1$.

3. Für $(x^2 + 1) \cdot y' = 2x \cdot y^2$ ergibt sich

$$\int \frac{1}{y^2} \, dy = \int \frac{2x}{x^2 + 1} \, dx,$$

woraus wir die *allgemeine Lösung*

$$-y^{-1} = \ln(x^2 + 1) + c \quad \leftrightarrow \quad y = \frac{-1}{\ln(x^2 + 1) + c}$$

erhalten. Aus einer Anfangsbedingung von z.B. $y(x = 0) = 0{,}5$ erhalten wir $c = -2$ und somit die *spezielle Lösung*

$$y = \frac{1}{2 - \ln(x^2 + 1)}.$$

4. Für $y' = y + x$ erhalten wir bei Berücksichtigung der Substitution $z = y + x$

$$\int \frac{1}{z+1} \, dz = \int 1 \, dx,$$

woraus sich für $z + 1 > 0$ die *allgemeine Lösung*

$$\ln(z+1) = x + c \quad \leftrightarrow \quad z + 1 = e^{x+c} \quad \leftrightarrow \quad z = e^c \cdot e^x - 1$$

bzw. nach Resubstitution

$$y = e^c \cdot e^x - x - 1$$

ergibt. Für z.B. $y(x = 0) = 4$ erhalten wir die *spezielle Lösung*

$$y = 5e^x - x - 1.$$

Auch *gewöhnliche lineare Differenzialgleichungen höherer Ordnung* können wir durch einfache Integrationsprozesse lösen, wenn sie vom speziellen Typ $y^{(n)} = y$ mit $y = f(x)$ sind.

Beispiel:

Die lineare Differenzialgleichung 3. Ordnung $y''' = 60x^2 + 12$ wird durch drei hintereinander geschaltete unbestimmte Integrationen gelöst, die jeweils eine neue Integrationskonstante erfordern. Wir erhalten sukzessive

$$y'' = 20x^3 + 12x + c_1$$
$$y' = 5x^4 + 6x^2 + c_1x + c_2$$
$$y = x^5 + 2x^3 + 0{,}5c_1x^2 + c_2x + c_3\,.$$

Die Anzahl der in der allgemeinen Lösung vorkommenden Integrationskonstanten stimmt also mit der Ordnung der Differenzialgleichung überein. Im vorliegenden Fall könnte eine spezielle Lösung durch Vorgabe dreier Anfangsbedingungen gewonnen werden. Für die Werte $y(0) = 7$, $y'(0) = 0$, $y''(0) = 1$ bzw. durch Einsetzen in y, y' und y'' erhalten wir nacheinander $c_3 = 7$, $c_2 = 0$ und $c_1 = 1$ und damit die spezielle Lösung $y = x^5 + 2x^3 + 0{,}5x^2 + 7$.

2.6.3 Ökonomische Anwendungen separabler Differenzialgleichungen

Von den zahlreichen Anwendungen separabler Differenzialgleichungen behandeln wir im Folgenden nur das exponenzielle Wachstum und Funktionen mit vorgegebener Elastizität.

1. Exponenzielles Wachstum

In ökonomischen Anwendungen treten gewöhnliche Differenzialgleichungen häufig dann auf, wenn die Zeit t als unabhängige stetige Variable auftritt, d.h. $y = f(t)$ gilt. In diesem Fall stellt die erste Ableitung y' näherungsweise die Änderung von y pro Zeiteinheit dar und jede Beziehung zwischen den Bestandswerten y und ihren zeitlichen Änderungen y' kann durch eine Differenzialgleichung beschrieben werden.

Nehmen wir z.B. an, der zeitabhängige Bestand einer Bevölkerung könne durch eine Funktion b(t) beschrieben werden. Die Bevölkerungsänderung je Zeiteinheit wird dann im Zeitpunkt t durch die erste Ableitung $b'(t)$ beschrieben. Unterstellen wir, dass die zeitliche Änderung $b'(t)$ der Bevölkerung in jedem Zeitpunkt t proportional zum gerade vorhandenen Bevölkerungsbestand b(t) ist (konstanter Proportionalitätsfaktor p), gilt die Beziehung

$$b'(t) = p \cdot b(t) \quad \text{mit} \quad b(t) > 0. \qquad \text{(V.44)}$$

Es handelt sich dabei um eine gewöhnliche lineare Differenzialgleichung erster Ordnung für die gesuchte zeitabhängige Bevölkerungsbestandsfunktion b(t). Um diese zu finden, wenden wir (V.43) auf (V.44) an. Wir erhalten

$$\int \frac{1}{b(t)}\, db(t) = p \cdot \int 1\, dt \quad \leftrightarrow \quad \ln b(t) = p \cdot t + c.$$

Daraus ergibt sich die gesuchte Bestandsfunktion

$$b(t) = k \cdot e^{pt} \quad \text{mit} \quad k = e^c > 0. \qquad \text{(V.45)}$$

Der Bestand ändert sich also *exponenziell* mit der stetigen Änderungsrate p (pro Zeiteinheit). Die Integrationskonstante k kann durch eine Anfangsbedingung bestimmt werden. Ist etwa der Bestand zum Zeitpunkt t = 0 gleich 100 (d.h. $100 = b(0) = k \cdot e^0 = k$), so lautet die spezielle Bestandsfunktion $b(t) = 100 \cdot e^{pt}$. Ist p positiv (negativ), wächst (fällt) der Bestand b(t) im Zeitablauf (vgl. Eigenschaften der Exponenzialfunktion in Abschnitt III 2.1.4.1). Für p = 0 bleibt der Bestand unverändert bei k bzw. hier 100.

2. Funktionen mit vorgegebenen Elastizitäten

Die Definitionsgleichung für die Elastizität $\varepsilon_{y,x}$ einer differenzierbaren Funktion y = f(x) enspricht einer Differenzialgleichung für die Funktion y = f(x):

$$\varepsilon_{y,x} = y' \cdot \frac{x}{y}$$

Ist die Elastizitätsfunktion vorgegeben, können wir versuchen, über die Lösung dieser Differenzialgleichung diejenigen Funktionen ausfindig zu machen, die das vorgegebene Elastizitätsverhalten besitzen.

Beispiel 1: Lineare Elastizitätsfunktionen

Gegeben sei die Elastizitätsfunktion $\varepsilon_{y,x} = ax + b$ mit a, b = konstant und x, y > 0. Wir interessieren uns nun dafür, welche Funktionen dieses Elastizitätsverhalten aufweisen. Zu lösen ist dazu die Differenzialgleichung

$$\frac{y'}{y} \cdot x = ax + b.$$

Anwendung von (V.43) führt zu

$$\int \frac{1}{y}\, dy = \int \left(a + \frac{b}{x}\right) dx \quad \leftrightarrow \quad \ln y = ax + b \cdot \ln x + c$$

bzw. zu den gesuchten Funktionen

$$y = e^{ax + b \cdot \ln x + c} = k \cdot x^b \cdot e^{ax} \quad \text{mit} \quad k = e^c > 0,\ x > 0.$$

Jede Funktion, die sich als Produkt aus einer Potenzfunktion x^b und einer Exponenzialfunktion e^{ax} ergibt, besitzt also eine lineare Elastizitätsfunktion.

Für den *Sonderfall a = 0* ergibt sich $\varepsilon_{y,x} = b$, d.h. y ist eine elementare Potenzfunktion $y = k \cdot x^b$. Im *Fall b = 0* erhalten wir $\varepsilon_{y,x} = ax$ und die dazugehörigen Funktionen $y = k \cdot e^{ax}$. Die elementaren Exponenzialfunktionen sind also die einzigen Funktionen, deren Elastizitätsfunktionen Ursprungsgeraden sind.

Beispiel 2: Übereinstimmende Elastizitätsfunktionen

Gegeben sei die Elastizitätsfunktion $\varepsilon_{y,x} = f(x)$, d.h. jetzt sind die Funktionen gesucht, die mit ihren Elastizitätsfunktionen übereinstimmen. Dazu lösen wir die Differenzialgleichung

$$\frac{y'}{y} \cdot x = y.$$

Wir erhalten

$$\int \frac{1}{y^2}\, dy = \int \frac{1}{x}\, dx \quad \leftrightarrow \quad -\frac{1}{y} = \ln x + c$$

bzw.

$$y = \frac{-1}{\ln x + c} \qquad \text{für} \qquad x > 0,\ x \neq e^{-c}.$$

Mit der Anfangsbedingung f(1) = 1 erhalten wir z.B. wegen 1 = –1/c bzw. c = –1 die spezielle Lösung

$$y = \frac{1}{1 - \ln x}.$$

Für diese Funktion stimmt an jeder Stelle $x \in \mathbb{R}^+ \setminus \{e\}$ der Funktionswert y mit der Elastizität $\varepsilon_{y,x}$ überein. An der Stelle x = e besitzt y einen Pol. Die nachfolgende Skizze zeigt, dass die Elastizität positiv ist, solange x < e gilt. Ist x > e, ist die Elastiziät negativ.

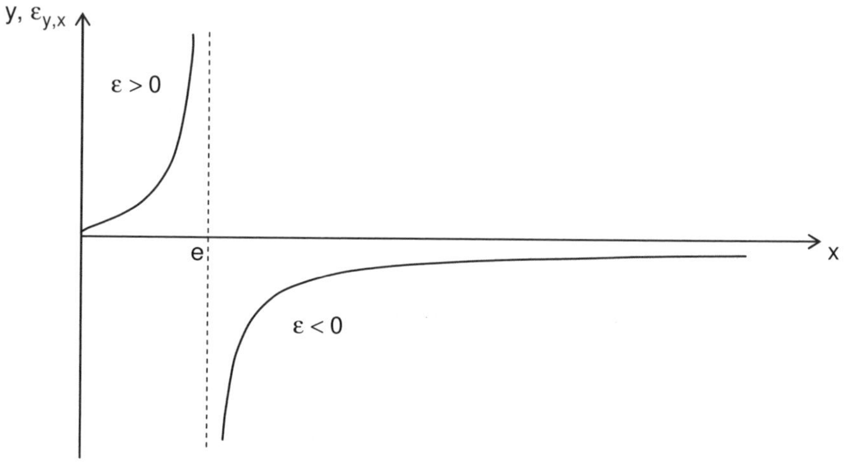

3. Aufgaben

Integralrechnung allgemein

Aufgabe V-1

Berechnen Sie die folgenden unbestimmten Integrale:

a) $\int \left(\frac{x^2 - \sqrt{x} + 2}{\sqrt[3]{x}} \right) dx$

b) $\int \sqrt{\sqrt[3]{x}}\ dx$

c) $\int \left(2x^{0,6} + \frac{1}{x^2} \right) dx$

d) $\int (x \cdot \ln x)^{-1}\ dx$

e) $\int e^x \cdot \frac{x^2+1}{3}\ dx$

f) $\int \frac{2x+1}{x^2+x-5}\ dx$

g) $\int \left(\frac{(\ln x)^2}{x} + \frac{1}{(x-2)^3} \right) dx$

h) $\int e^{-x} \sqrt[3]{1-e^{-x}}\ dx$

i) $\int \frac{e^x}{1+e^x}\ dx$

j) $\int \frac{dx}{1-x}$

k) $\int \frac{dx}{\sqrt{4x+2}}$

l) $\int e^{-x}\ dx$

Aufgabe V-2

Berechnen Sie die durch die folgenden bestimmten Integrale definierten Flächen! Eine Nullstellenproblematik ist dabei nur bei h) und i) zu beachten.

a) $\int_{-1}^{0} (x^5 - 3x)\ dx$

b) $\int_{0}^{\ln 5} e^x\ dx$

c) $\int_{2}^{3} e^{2x}\ dx$

d) $\int_{0}^{3} \sqrt{x} \cdot x^3\ dx$

e) $\int_{2}^{5} \frac{x^2+5}{\sqrt{x}}\ dx$

f) $\int_{1}^{2} \ln x \cdot \sqrt[3]{x^5}\ dx$

g) $\int_{-1}^{0} \frac{-x^5}{x^6+1}\ dx$

h) $\int_{-1}^{1} x^3\ dx$

i) $\int_{-1,5}^{1,5} (4x^3 - 9x)\ dx$

Aufgabe V-3

Berechnen Sie folgende bestimmte Integrale (spezielle Integranden):

a) $\int_{-2}^{+2} |x|\ dx$

b) $\int_{0}^{5} \max\{x;\ 2\}\ dx$

c) $\int_{-1}^{7} f(x)\ dx \quad \text{mit} \quad f(x) = \begin{cases} e^x & \text{für} \quad -1 \le x < 2 \\ \ln x & \text{für} \quad 2 < x \le 7 \end{cases}$

Aufgabe V-4

Für welches a > 0 ist die Gleichung $\int_1^a \ln x \, dx = 1$ erfüllt?

Aufgabe V-5

Bestimmen Sie $\int_0^\infty e^{-x} \, dx$!

Ökonomische Anwendungen

Aufgabe V-6

Gegeben seien folgende Daten eines Unternehmens, das sich einer linearen Nachfragekurve gegenübersieht:

$$MR(x) = 10 - 0{,}2x \qquad MC(x) = 2 + 0{,}05x \qquad C_f = 0$$

Dabei stellen MR den Grenzerlös, x die produzierte Menge, C_f die fixen Kosten und MC die Grenzkosten dar.

Berechnen Sie die gewinnmaximale Preis-Mengen-Kombination des Unternehmens! Wie hoch sind im Gewinnmaximum der Gewinn und die Kosten?

Aufgabe V-7

Die Nachfragefunktion für ein Produkt x lautet $p^D(x) = 10 - 0{,}5x^2$. Die entsprechende Angebotsfunktion sei gegeben durch $p^S(x) = 2x^2 - 0{,}25x + 3$. Das Produkt x ist in beliebig kleinen Einheiten herstellbar.

Berechnen Sie die Produzenten- und die Konsumentenrente und stellen Sie diese grafisch dar!

Aufgabe V-8

Die Nachfragefunktion nach einem Gut x lautet $p^D(x) = \frac{6.000}{x+50}$. Die Angebotsfunktion ist gegeben durch $p^S(x) = x + 10$.

Berechnen Sie die Produzenten- und die Konsumentenrente!

Aufgabe V-9

Gegeben seien folgende Angebots- (x^S) und Nachfragefunktionen (x^D) in Abhängigkeit vom Preis p:

$$x^S(p) = 0{,}25p^2 - 0{,}5p + \tfrac{9}{4} \qquad x^D(p) = 8 - 0{,}08p^2$$

Der Mindestpreis auf diesem Markt betrage 1 Euro.

Berechnen Sie die Produzenten- und Konsumentenrente und stellen Sie diese grafisch dar!

VI Lineare Algebra

Nach der Analysis stellt die lineare Algebra den zweiten bedeutenden Bereich der Wirtschaftsmathematik dar. Da dem Anfänger die Analysis und dabei insbesondere die Differenzial- und Integralrechnung erfahrungsgemäß die meisten Schwierigkeiten bereitet, haben wir diese Themen sehr ausführlich behandelt. Wir wollen in diesem Kapitel nun aber auch eine Einführung in die lineare Algebra geben, da sie von besonderer praktischer Bedeutung ist.

In den Abschnitten VI 1 und 2 beschäftigen wir uns zunächst mit Vektoren und Matrizen, die nichts anderes als Zusammenfassungen von Einzelgrößen zu einer neuen und kompakten Einheit darstellen. Wir interessieren uns dabei insbesondere für spezielle Arten von Vektoren und Matrizen, Beziehungen zwischen ihnen und mögliche Rechenoperationen. Im Abschnitt VI 3 befassen wir uns mit dem wohl wichtigsten Anwendungsbereich der linearen Algebra, der Lösung linearer Gleichungssysteme. Dazu führen wir im Abschnitt VI 4 auch den Begriff der Determinante ein, der uns bei der Beurteilung der Lösbarkeit von Gleichungssystemen sowie der konkreten Lösungsbestimmung unterstützt. Den Abschluss des Kapitels bildet der Abschnitt VI 5 zur linearen Optimierung. Wir befassen uns darin mit der Maximierung und Minimierung linearer Funktionen mehrerer Variablen unter Nebenbedingungen.

1. Vektoren

Vektoren stellen Zusammenfassungen mehrerer Größen zu einer neuen Einheit dar, in der die einzelnen Größen jedoch enthalten bleiben. Sie lassen sich vergleichen und unter bestimmten Voraussetzungen grafisch darstellen. Auch diverse Rechenoperationen sind mit ihnen möglich. Darüber hinaus klären wir in diesem Abschnitt die Begriffe der linearen Unabhängigkeit sowie des skalaren Produkts von Vektoren, da diese für die weiteren Abschnitte zentrale Bedeutung haben.

1.1 Begriff

Nehmen wir an, jedes von einem Unternehmen hergestellte Produkt lässt sich durch den Faktoreinsatz charakterisieren, der zu seiner Herstellung erforderlich ist. So werden z.B. für einen Artikel ein kleiner Stein, ein Bündel Kunststoffhaare, zwei selbstklebende Kunststoffaugen und 5 Minuten "Montagezeit" benötigt. Da wir die verschiedenen Produktionsfaktoren in unterschiedlichen Dimensionen messen (Stück, Minuten), wäre es sinnlos, alle diese Zahlen addieren zu wollen, um die Angaben auf eine einzige Maßzahl zu verdichten. Wir müssen zur vollständigen Beschreibung des Artikels tatsächlich alle Einzelgrößen angeben. Konkret bilden wir bei m Größen ein m-Tupel. Dies führt uns zum Begriff des Vektors:

Die Zusammenfassung von m reellen Zahlen $a_i \in \mathbb{R}$ zu einem m-Tupel der Form

$$\mathbf{a} = \begin{pmatrix} a_1 \\ a_2 \\ \vdots \\ a_m \end{pmatrix} \quad \text{oder} \quad \mathbf{a} = \begin{pmatrix} a_1 & a_2 & \cdots & a_m \end{pmatrix} \tag{VI.1}$$

heißt **Vektor**. Vektoren werden in der Regel mit kleinen Buchstaben im Fettdruck bezeichnet. Sind die m Zahlen in einer Spalte angeordnet, sprechen wir von einem *Spaltenvektor*, bei Anordnung in einer Zeile entsprechend von einem *Zeilenvektor*. Die Einzelgröße a_i wird als die i-te *Komponente* des Vektors **a** bezeichnet. Die Anzahl der Komponenten des Vektors bestimmt seine *Dimension*. Ein Vektor mit m Komponenten ist daher ein *m-dimensionaler Vektor*.

Eine Zusammenfassung von m Komponenten zu einem m-dimensionalen Vektor impliziert also eine Ordnung, die durch die Indizierung der Komponenten eindeutig wird. Eine Vertauschung von Komponenten führt zu einem anderen Vektor.

Im Gegensatz zu einem Vektor heißt eine Einzelgröße λ **Skalar**. Jede Komponente eines Vektors ist damit ein Skalar.

1.2 Ordnungsrelationen und Vektoroperationen

Vektoren lassen sich vergleichen und verknüpfen. Gegenüberstellungen sind dabei nur möglich, wenn die Vektoren *sachlich den gleichen Inhalt* besitzen. Stückzahlen- und Temperaturvektoren zu vergleichen macht so z.B. wenig Sinn. Außerdem dürfen wir nur Vektoren *gleicher Dimension* miteinander vergleichen oder verknüpfen. So benötigen wir z.B. in unserem Eingangsbeispiel für jedes Produkt die gleichen Angaben, um entscheiden zu können, welches faktorintensiver ist.

Beim Vergleich zweier Vektoren können wir die gleichen Ordnungsrelationen (=, >, <, ≤, ≥) überprüfen, wie bei Skalaren. Bei Vektoren müssen jedoch die **Ordnungsrelationen** für alle Komponenten gleichzeitig gültig sein:

Wir bezeichnen zwei m-dimensionale Vektoren **a** und **b** als *gleich*, wenn sie komponentenweise gleich sind, d.h.

$$\mathbf{a} = \mathbf{b} \;\leftrightarrow\; a_i = b_i \quad \text{für alle } i = 1,2,\ldots,m. \tag{VI.2}$$

Sie sind demnach ungleich, wenn sie sich in mindestens einer Komponente unterscheiden.

Sind **a** und **b** zwei m-dimensionale Vektoren, so ist **a** genau dann *größer* als **b**, wenn alle entsprechenden Komponenten von **a** größer als die von **b** sind, d.h.

$$\mathbf{a} > \mathbf{b} \;\leftrightarrow\; a_i > b_i \quad \text{für alle } i = 1,2,\ldots,m. \tag{VI.3}$$

Analoges gilt für jedes andere Ungleichheitszeichen (<, ≤, ≥).

Beispiel:

Betrachten wir die folgenden Vektoren:

$$\mathbf{a} = \begin{pmatrix} 2 \\ 1 \\ 5 \end{pmatrix},\quad \mathbf{b} = \begin{pmatrix} 3 \\ 1 \\ 4 \end{pmatrix},\quad \mathbf{c} = \begin{pmatrix} -1 \\ 1 \\ 1 \end{pmatrix},\quad \mathbf{d} = \begin{pmatrix} -1 \\ -1 \\ 1 \end{pmatrix},\quad \mathbf{e} = \begin{pmatrix} 3 \\ 1 \\ 4 \end{pmatrix}$$

Zwischen diesen Vektoren bestehen u.a. folgende Beziehungen:

$$\mathbf{a} > \mathbf{d},\quad \mathbf{c} \geq \mathbf{d},\quad \mathbf{e} = \mathbf{b},\quad \mathbf{d} < \mathbf{e},\quad \mathbf{e} \geq \mathbf{c}$$

Befassen wir uns nun mit einigen wichtigen **Vektoroperationen**. Beginnen wir mit solchen, die im Ergebnis wieder zu Vektoren führen (Vektoraddition, Multiplikation eines Vektors mit einem Skalar):

Zwei m-dimensionale Vektoren **a** und **b** werden *addiert* (bzw. subtrahiert), indem die entsprechenden Komponenten addiert (bzw. subtrahiert) werden, d.h.

$$\mathbf{c} = \mathbf{a} \pm \mathbf{b} \;\leftrightarrow\; c_i = a_i \pm b_i \quad \text{für alle } i = 1,2,\ldots,m, \tag{VI.4}$$

wobei wir **c** als *Summen-* bzw. *Differenzvektor* von **a** und **b** bezeichnen. Dabei muss die Dimension der Vektoren identisch sein.

Beispiel:

Nehmen wir an, **a** und **b** sind zwei Mengenvektoren, die uns angeben, welche Produktionsfaktoren für zwei verschiedene Produkte verwendet werden.

$$\mathbf{a} = \begin{pmatrix} 15 \\ 10 \\ 5 \end{pmatrix}, \quad \mathbf{b} = \begin{pmatrix} 20 \\ 40 \\ 60 \end{pmatrix}$$

Wir können damit berechnen, welche Mengen für beide Produkte insgesamt erforderlich sind und wie sich beide unterschieden:

$$\mathbf{a} + \mathbf{b} = \begin{pmatrix} 35 \\ 50 \\ 65 \end{pmatrix}, \quad \mathbf{a} - \mathbf{b} = \begin{pmatrix} -5 \\ -30 \\ -55 \end{pmatrix}, \quad \mathbf{b} - \mathbf{a} = \begin{pmatrix} 5 \\ 30 \\ 55 \end{pmatrix}$$

Ein m-dimensionaler Vektor a wird mit einem Skalar λ *multipliziert*, indem alle Komponenten mit λ multipliziert werden, d.h.

$$\lambda \cdot \mathbf{a} = \lambda \cdot \begin{pmatrix} a_1 \\ a_2 \\ \vdots \\ a_m \end{pmatrix} = \begin{pmatrix} \lambda \cdot a_1 \\ \lambda \cdot a_2 \\ \vdots \\ \lambda \cdot a_m \end{pmatrix} \quad \text{für } \lambda \in \mathbb{R} . \qquad \text{(VI.5)}$$

Der Vektor $\lambda \cdot \mathbf{a}$ heißt das *skalare Vielfache* bzw. kurz das λ-fache von **a**. Speziell ergibt sich für $\lambda = 0$ der sog. *Nullvektor* oder *neutrale Vektor*

$$\mathbf{0} = \begin{pmatrix} 0 \\ 0 \\ \vdots \\ 0 \end{pmatrix}. \qquad \text{(VI.6)}$$

Beispiel:

Nehmen wir an, die Fertigung einer Mengeneinheit eines Produktes erfordert den durch den Vektor **a** angegebenen Faktoreinsatz:

$$\mathbf{a} = \begin{pmatrix} 15 \\ 10 \\ 5 \end{pmatrix}$$

Werden $\lambda = 100$ Stück produziert, bedeutet dies insgesamt einen Faktoreinsatz von

$$100 \cdot \mathbf{a} = \begin{pmatrix} 100 \cdot 15 \\ 100 \cdot 10 \\ 100 \cdot 5 \end{pmatrix} = \begin{pmatrix} 1.500 \\ 1.000 \\ 500 \end{pmatrix}.$$

Nicht zu verwechseln mit der Multiplikation eines Vektors mit einem Skalar ist die sog. **skalare Multiplikation** zweier Vektoren. Unter dem skalaren Produkt $\mathbf{a} \cdot \mathbf{b} = \lambda$ *zweier m-dimensionaler* Vektoren **a** und **b** versteht man die Multiplikation eines Zeilenvektors mit einem Spaltenvektor gleicher Dimension. Es ergibt sich

$$\mathbf{a} \cdot \mathbf{b} = a_1 \cdot b_1 + a_2 \cdot b_2 + \ldots + a_m \cdot b_m = \sum_{i=1}^{m} a_i \cdot b_i = \lambda\,, \tag{VI.7}$$

d.h. es resultiert eine reelle Zahl bzw. ein Skalar λ.

Beispiel:

Nehmen wir an, der Vektor **a** beschreibe die Faktormengen, die zur Herstellung eines Produktes notwendig sind und der Vektor **b** die dazugehörigen Faktorpreise je Mengeneinheit des jeweiligen Faktors.

$$\mathbf{a} = \begin{pmatrix} 15 & 10 & 5 \end{pmatrix}, \quad \mathbf{b} = \begin{pmatrix} 0{,}10 \\ 1{,}00 \\ 0{,}50 \end{pmatrix}$$

Die Gesamtkosten, die die Herstellung eines Stücks verursacht, sind somit

$$\mathbf{a} \cdot \mathbf{b} = 15 \cdot 0{,}10 + 10 \cdot 1{,}00 + 5 \cdot 0{,}50 = 14.$$

1.3 Grafische Darstellung und Vektorraum

Tragen wir in einem zweidimensionalen Koordinatensystem je eine Komponente (k_1, k_2) eines *zweidimensionalen, reellwertigen Vektors* auf einer Achse ab, so wird jedem zweidimensionalen Vektor **a** eindeutig ein Punkt P in $\mathbb{R}^2$ zugeordnet. Verbinden wir diesen Punkt durch einen Pfeil mit dem Koordinatenursprung, erhalten wir eine grafische Darstellung des Vektors, die auch als *Ortsvektor* des Punktes P bezeichnet wird (vgl. Abbildung VI 1, links oben). Auf diese Weise werden allen Punkten aus $\mathbb{R}^2$ Ortsvektoren zugeordnet. Die komplette Ebene ist somit durch Vektoren beschrieben. Die Gesamtheit aller dieser Vektoren bezeichnen wir als **Vektorraum V**. Er ist in diesem Fall $\mathbb{R}^2$. In entsprechender Weise bilden alle dreidimensionalen, reellwertigen Vektoren den Vektorraum $\mathbb{R}^3$. Die Menge aller m-dimensionalen, reellwertigen Vektoren bildet den linearen Vektorraum $\mathbb{R}^m$.

Innerhalb eines Vektorraums **V** gelten (unabhängig von seiner Dimension) stets folgende sieben Beziehungen:

1. Die Addition zweier beliebiger Vektoren **a** und **b** aus dem Vektorraum **V** führt stets zu einem Vektor, der ebenfalls Element des Vektorraumes ist.

   $$\mathbf{a}, \mathbf{b} \in \mathbf{V} \rightarrow \mathbf{a} + \mathbf{b} = \mathbf{c} \text{ mit } \mathbf{c} \in \mathbf{V}$$

2. Für alle Vektoren des Vektorraumes V gelten stets das Kommutativgesetz und das Assoziativgesetz der Addition.

   $$\mathbf{a} + \mathbf{b} = \mathbf{b} + \mathbf{a} \quad \text{für alle } \mathbf{a}, \mathbf{b} \in \mathbf{V}$$

   $$(\mathbf{a} + \mathbf{b}) + \mathbf{c} = \mathbf{a} + (\mathbf{b} + \mathbf{c}) \quad \text{für alle } \mathbf{a}, \mathbf{b}, \mathbf{c} \in \mathbf{V}$$

   Aus dem Parallelogramm des zweidimensionalen Falles in Abbildung VI 1 (unten rechts) erkennen wir leicht die Gültigkeit des Kommutativgesetzes, d.h. der Vertauschbarkeit der Summanden. Auch das Assoziativgesetz der Addition lässt sich in analoger Weise durch entsprechende Parallelogramme veranschaulichen.

3. Es existiert genau ein neutrales Element $\mathbf{0} \in \mathbf{V}$ mit der Eigenschaft:

   $$\mathbf{a} + \mathbf{0} = \mathbf{a} \quad \text{für alle } \mathbf{a} \in \mathbf{V}$$

4. Es existiert genau ein Element $\bar{\mathbf{a}} \in \mathbf{V}$, sodass gilt:

$$\mathbf{a} + \bar{\mathbf{a}} = \mathbf{0} \quad \text{für alle } \mathbf{a} \in \mathbf{V}$$

   Wir bezeichnen $\bar{\mathbf{a}} = -\mathbf{a}$ auch als negativen Vektor. Im zweidimensionalen Fall lässt sich dieser wie in Abbildung VI 1 (oben rechts) veranschaulichen.

5. Die Multiplikation eines Vektors **a** des Vektorraums **V** mit einem reellen Skalar λ führt zu einem Vektor, der Element des Vektorraums **V** ist.

$$\mathbf{a} \in \mathbf{V} \text{ und } \lambda \in \mathbb{R} \quad \rightarrow \quad \lambda \cdot \mathbf{a} \in \mathbf{V}$$

   Im zweidimensionalen Fall können wir uns eine derartige Operation durch eine Streckung oder Stauchung des Vektors **a** vorstellen (vgl. Abbildung VI 1, unten links). Alle Vektoren, die so aus **a** entstehen liegen auf einem sog. *Strahl.*

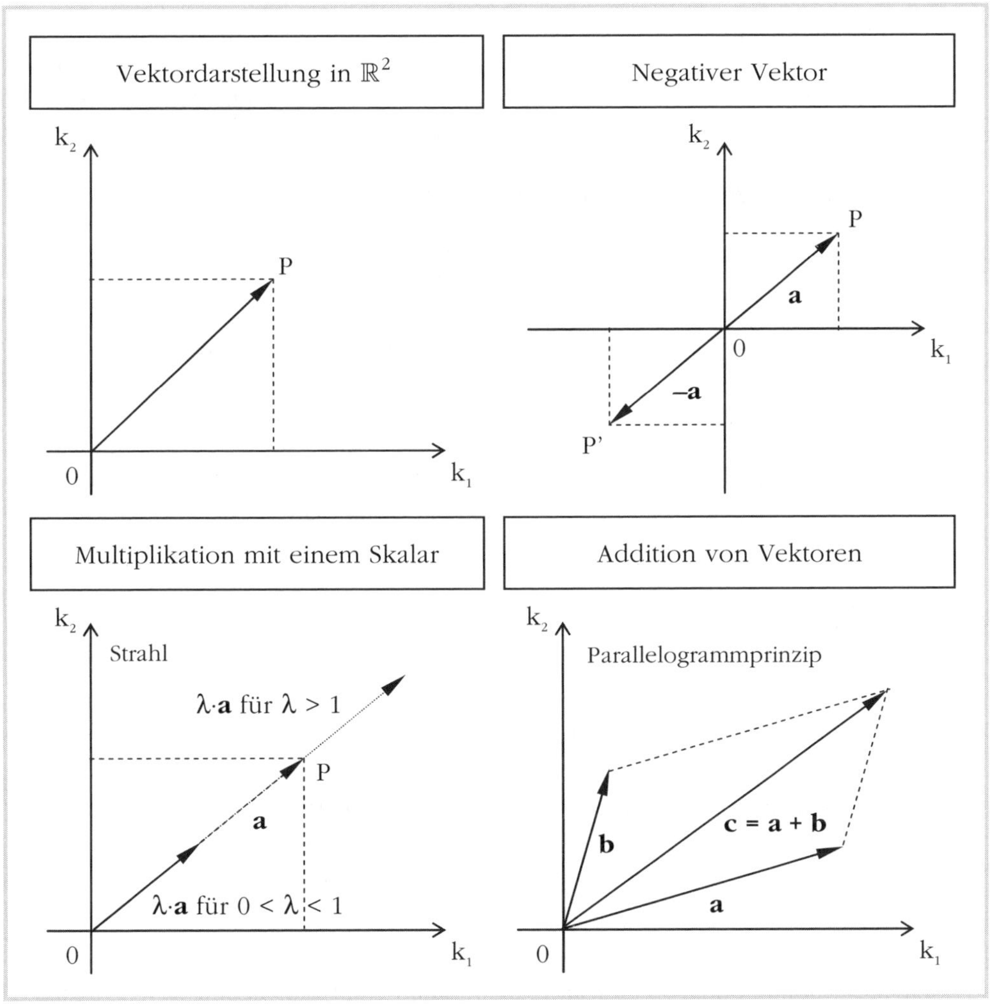

Abbildung VI 1: Vektordarstellung im zweidimensionalen Raum

6. Für die Multiplikation mit Skalaren gelten die Distributivgesetze

$$(\lambda_1 + \lambda_2) \cdot \mathbf{a} = \lambda_1 \cdot \mathbf{a} + \lambda_2 \cdot \mathbf{a} \quad \text{für alle } \lambda_1, \lambda_2 \in \mathbb{R} \text{ und } \mathbf{a} \in \mathbf{V},$$

$$\lambda \cdot (\mathbf{a} + \mathbf{b}) = \lambda \cdot \mathbf{a} + \lambda \cdot \mathbf{b} \quad \text{für alle } \lambda \in \mathbb{R} \text{ und } \mathbf{a}, \mathbf{b} \in \mathbf{V}$$

   und das Assoziativgesetz

$$(\lambda_1 \cdot \lambda_2) \cdot \mathbf{a} = \lambda_1 \cdot (\lambda_2 \cdot \mathbf{a}) \quad \text{für } \lambda_1, \lambda_2 \in \mathbb{R} \text{ und } \mathbf{a} \in \mathbf{V}.$$

7. Bei Multiplikation mit dem Wert 1 resultiert stets der Ursprungsvektor a.

$$1 \cdot \mathbf{a} = \mathbf{a} \cdot 1 = \mathbf{a} \quad \text{für alle } \mathbf{a} \in \mathbf{V}$$

1.4 Vektoreigenschaften

In diesem Abschnitt befassen wir uns mit wichtigen Eigenschaften von Vektoren, die wir insbesondere beim Lösen von linearen Gleichungssystemen mit Methoden der linearen Algebra noch benötigen werden. Im Speziellen wird hier das Konzept der linearen Unabhängigkeit bzw. Abhängigkeit von Vektoren von Bedeutung sein.

1.4.1 Linearkombination von Vektoren

Sind $\mathbf{a}^1, \mathbf{a}^2, \ldots, \mathbf{a}^n$ Vektoren eines gegebenen Vektorraumes $\mathbf{V}$, so heißt ein Vektor $\mathbf{b}$ *Linearkombination* der Vektoren $\mathbf{a}^1, \mathbf{a}^2, \ldots, \mathbf{a}^n$, wenn er sich als

$$\mathbf{b} = \lambda_1 \cdot \mathbf{a}^1 + \lambda_2 \cdot \mathbf{a}^2 + \ldots + \lambda_n \cdot \mathbf{a}^n = \sum_{j=1}^{n} \lambda_j \cdot \mathbf{a}^j \quad \text{(VI.8)}$$

darstellen lässt. Die Skalare λ_j heißen dabei *Linear-* oder *Gewichtungsfaktoren.* Sind alle Linearfaktoren positiv ($\lambda_j > 0$ für alle $j = 1,2,\ldots,n$), sprechen wir bei $\mathbf{b}$ von einer *positiven Linearkombination.* Ist die Summe der Linearfaktoren *zudem* gleich Eins ($0 < \lambda_j < 1$ für alle $j = 1,2,\ldots,n$ und $\Sigma\lambda_j = 1$), handelt es sich bei $\mathbf{b}$ um eine sog. *konvexe Linearkombination.*

Beispiel:

Gegeben seien die Vektoren

$$\mathbf{a}^1 = \begin{pmatrix} 1 \\ -3 \\ 2 \end{pmatrix}, \quad \mathbf{a}^2 = \begin{pmatrix} 2 \\ 0 \\ 2 \end{pmatrix}, \quad \mathbf{b} = \begin{pmatrix} 1 \\ -6 \\ 3 \end{pmatrix}.$$

Der Vektor $\mathbf{b}$ ist eine Linearkombination der Vektoren $\mathbf{a}^1$ und $\mathbf{a}^2$, da gilt:

$$\mathbf{b} = 2 \cdot \mathbf{a}^1 - 0{,}5 \cdot \mathbf{a}^2 = \begin{pmatrix} 1 \\ -6 \\ 3 \end{pmatrix}$$

Linearkombinationen von zweidimensionalen Vektoren lassen sich anschaulich im zweidimensionalen Raum illustrieren. So können wir etwa die Linearkombination $\lambda_1 \cdot \mathbf{a}^1 + \lambda_2 \cdot \mathbf{a}^2$ mit $\lambda_1, \lambda_2 \in \mathbb{R}$ und $\mathbf{a}^1, \mathbf{a}^2 \in \mathbb{R}^2$ mittels Abbildung VI 2 veranschaulichen. Wir haben für die grafische Darstellung den Fall $\lambda_1 > 1$ und $-1 < \lambda_2 < 0$ gewählt. Der Vektor $\mathbf{a}^1$ wird also gestreckt, der Vektor $\mathbf{a}^2$ gestaucht und im Vorzeichen geändert. Der neue Vektor $\lambda_1 \cdot \mathbf{a}^1 + \lambda_2 \cdot \mathbf{a}^2$ entsteht nach dem Parallelogrammprinzip aus den durch die Skalare veränderten Vektoren.

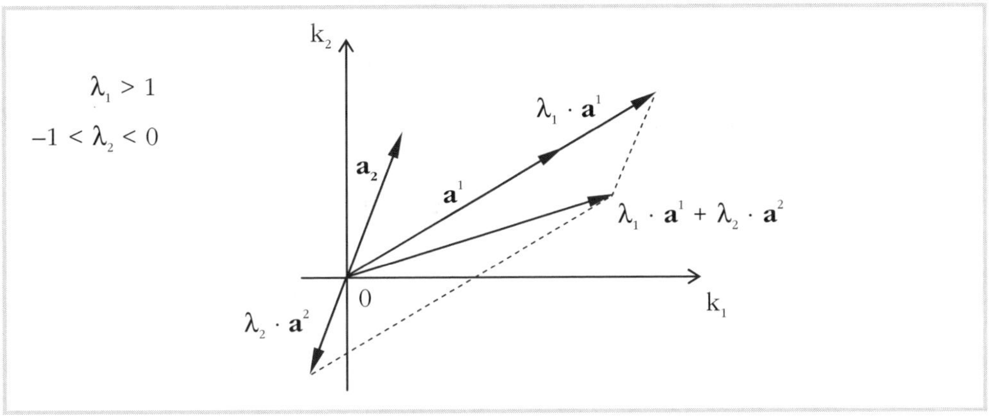

Abbildung VI 2: Linearkombination von Vektoren

Aus Abbildung VI 2 wird unmittelbar ersichtlich, dass wir (sofern die Vektoren $\mathbf{a}^1$ und $\mathbf{a}^2$ nicht übereinanderliegen bzw. sich auf dem selben Strahl befinden) jeden Vektor $\mathbf{c} \in \mathbb{R}^2$ durch Linearkombination von nur zwei Vektoren $\mathbf{a}^1, \mathbf{a}^2 \in \mathbb{R}^2$ generieren können. Wir sagen in diesem Zusammenhang auch, dass die beiden Vektoren den *Vektorraum aufspannen.*

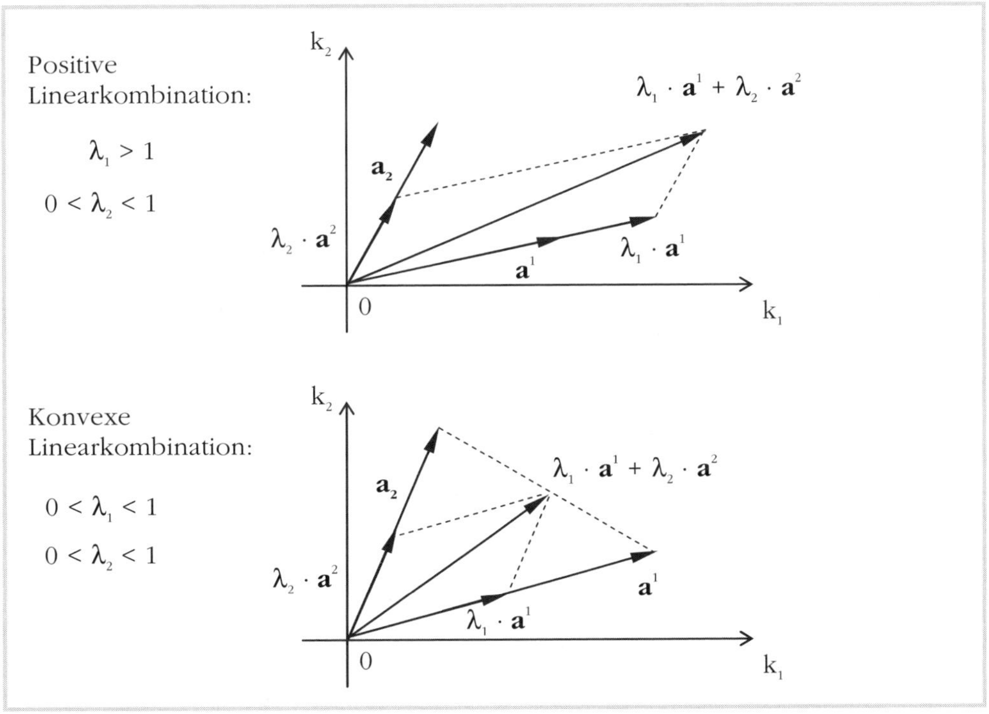

Abbildung VI 3: Positive und konvexe Linearkombination von Vektoren

Positive und konvexe Linearkombinationen lassen sich wie in Abbildung VI 3 veranschaulichen. Wir erkennen, dass wir allein mit positiven Linearkombinationen nicht jeden beliebigen Vektor des Vektorraumes generieren können. Wir sind auf Vektoren beschränkt, die innerhalb des Sektors liegen, der von den Strahlen beschränkt wird, auf denen $\mathbf{a}^1$ und $\mathbf{a}^2$ liegen. Es ist außerdem zu sehen, dass im Falle konvexer Linearkombinationen die Vektoren, die ebenfalls auf den o.g. Sektor beschränkt sind, mit ihren Spitzen alle auf der Verbindungsstrecke der beiden Vektorspitzen von $\mathbf{a}^1$ und $\mathbf{a}^2$ liegen.

1.4.2 Lineare Abhängigkeit und Unabhängigkeit

Lässt sich *mindestens einer* (nicht notwendigerweise jeder) von n Vektoren $\mathbf{a}^1,\ldots,\mathbf{a}^n$ eines Vektorraumes $\mathbf{V}$ als Linearkombination der anderen darstellen, d.h. existiert ein Vektor $\mathbf{a}^i$, für den

$$\mathbf{a}^i = \lambda_1 \cdot \mathbf{a}^1 + \ldots + \lambda_{i-1} \cdot \mathbf{a}^{i-1} + \lambda_{i+1} \cdot \mathbf{a}^{i+1} + \ldots + \lambda_n \cdot \mathbf{a}^n \quad \text{mit } \lambda_j \in \mathbb{R} \tag{VI.9}$$

gilt, nennen wir die Vektoren **linear abhängig**.

Beispiel 1:

Betrachten wir die Vektoren

$$\mathbf{a}^1 = \begin{pmatrix} 2 \\ 0 \\ 4 \end{pmatrix}, \quad \mathbf{a}^2 = \begin{pmatrix} -2 \\ 2 \\ 6 \end{pmatrix}, \quad \mathbf{a}^3 = \begin{pmatrix} 10 \\ -4 \\ 0 \end{pmatrix}.$$

Die drei Vektoren sind linear abhängig, da

$$\mathbf{a}^3 = 3\mathbf{a}^1 - 2\mathbf{a}^2.$$

Da hier offenbar

$$3\mathbf{a}^1 - 2\mathbf{a}^2 - 1\mathbf{a}^3 = \mathbf{0},$$

gilt auch

$$\mathbf{a}^1 = \frac{2}{3}\mathbf{a}^2 + \frac{1}{3}\mathbf{a}^3 \quad \text{und} \quad \mathbf{a}^2 = \frac{3}{2}\mathbf{a}^1 - \frac{1}{2}\mathbf{a}^3.$$

Es liegt also ein spezieller Fall vor, bei dem sich tatsächlich jeder Vektor als Linearkombination der übrigen darstellen lässt.

Beispiel 2:

Betrachten wir die Vektoren

$$\mathbf{a}^1 = \begin{pmatrix} 1 \\ 0 \end{pmatrix}, \quad \mathbf{a}^2 = \begin{pmatrix} 0 \\ 2 \end{pmatrix}, \quad \mathbf{a}^3 = \begin{pmatrix} 3 \\ 0 \end{pmatrix}.$$

Sie sind linear abhängig, da

$$\mathbf{a}^3 = 3\mathbf{a}^1 + 0\mathbf{a}^2.$$

Wir können hier jedoch keine Linearfaktoren mehr finden, die es uns erlauben $\mathbf{a}^1$ und $\mathbf{a}^2$ in Abhängigkeit der anderen Vektoren auszudrücken.

Die Vektoren $\mathbf{a}^1, \mathbf{a}^2, \ldots, \mathbf{a}^n \in \mathbf{V}$ heißen **linear unabhängig**, wenn die Beziehung

$$\lambda_1 \cdot \mathbf{a}^1 + \lambda_2 \cdot \mathbf{a}^2 + \ldots + \lambda_n \cdot \mathbf{a}^n = \sum_{j=1}^{n} \lambda_j \cdot \mathbf{a}^j = \mathbf{0} \qquad \text{(VI.10)}$$

nur für die Linearfaktoren $\lambda_1 = \lambda_2 = \ldots = \lambda_n = 0$ gültig ist.

Beispiel:

Um zu prüfen, ob die Vektoren

$$\mathbf{a}^1 = \begin{pmatrix} 1 \\ 4 \end{pmatrix}, \quad \mathbf{a}^2 = \begin{pmatrix} 6 \\ 1 \end{pmatrix}$$

linear unabhängig sind, gilt es die Definitionsgleichung (VI.10) aufzustellen und das daraus resultierende Gleichungssystem zu lösen. Besitzt das Gleichungssystem eine andere als die triviale Lösung $\lambda_1 = \lambda_2 = 0$, sind die Vektoren abhängig, andernfalls unabhängig.

Die Definitionsgleichung ergibt

$$\lambda_1 \cdot \begin{pmatrix} 1 \\ 4 \end{pmatrix} + \lambda_2 \cdot \begin{pmatrix} 6 \\ 1 \end{pmatrix} = \begin{pmatrix} 0 \\ 0 \end{pmatrix}$$

bzw.

$$\begin{pmatrix} \lambda_1 + 6\lambda_2 \\ 4\lambda_1 + \lambda_2 \end{pmatrix} = \begin{pmatrix} 0 \\ 0 \end{pmatrix}.$$

Gleichheit der Vektoren setzt nun Gleichheit der Komponenten voraus, sodass wir daraus das folgende Gleichungssystem erhalten:

$$\text{I:} \quad \lambda_1 + 6\lambda_2 = 0$$

$$\text{II:} \quad 4\lambda_1 + \lambda_2 = 0$$

Lösen wir Gleichung I nach λ_1 auf und setzen das Ergebnis in II ein, erhalten wir $-23\lambda_2 = 0$, d.h. $\lambda_2 = 0$ und schließlich auch $\lambda_1 = 0$. Folglich sind die beiden betrachteten Vektoren linear unabhängig.

Bei m-dimensionalen Vektoren ist die Vorgehensweise ähnlich. Nur erhalten wir hier ein System aus m Gleichungen, dessen Lösung recht aufwendig sein kann.

In $\mathbb{R}^2$ und $\mathbb{R}^3$ können wir linear abhängige und unabhängige Vektoren grafisch anschaulich interpretieren. Abbildung VI 4 (links) zeigt *zwei linear unabhängige Vektoren* $\mathbf{a}^1$ und $\mathbf{a}^2$ aus $\mathbb{R}^3$. Diese sind linear unabhängig, wenn sie im Raum eine Ebene aufspannen. Linear abhängig wären die Vektoren, wenn sie auf einem Strahl liegen und demnach keine Ebene aufspannen. Abbildung VI 4 (rechts) zeigt *drei linear unabhängige Vektoren* $\mathbf{a}^1$, $\mathbf{a}^2$ und $\mathbf{a}^3$ aus $\mathbb{R}^3$. Sie sind dadurch gekennzeichnet, dass sie ein "Dreibein" in $\mathbb{R}^3$ bilden. Da aus den drei Vektoren durch Linearkombination alle Vektoren des Vektorraums generiert werden, sagen wir auch, dass die drei Schenkel des "Dreibeins" den Vektorraum $\mathbb{R}^3$ aufspannen.

Liegen *vier und mehr Vektoren* aus $\mathbb{R}^3$ vor, so sind diese *stets linear abhängig*. Dies ist unmittelbar einleuchtend, da aus drei unabhängigen Vektoren, jeder Vektor des Vektorraums generiert werden kann. Ein vierter Vektor und jeder weitere ist daher eine Linearkombination der drei unabhängigen, und damit von diesen abhängig. Analoges gilt auch für m-dimensionale Vektorräume.

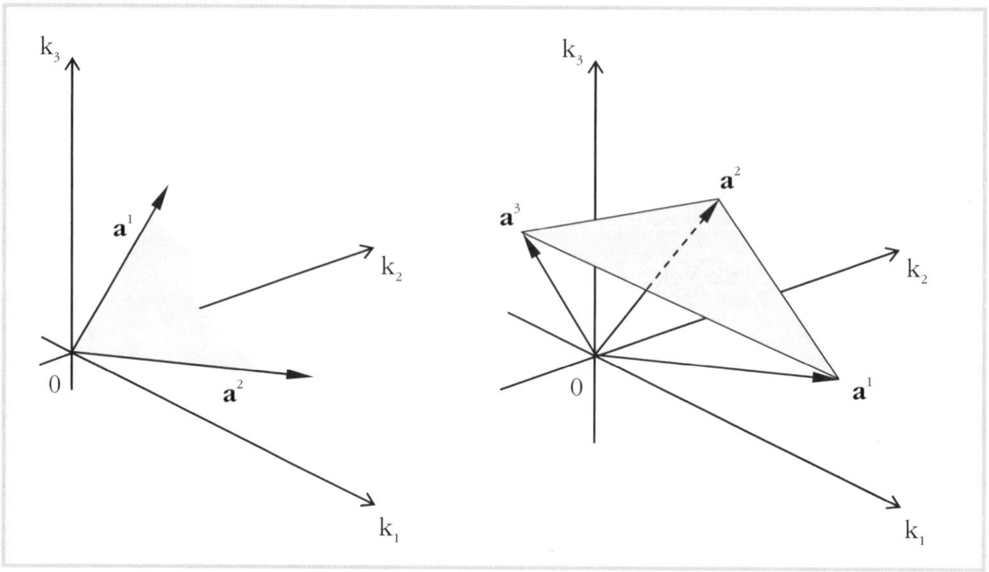

Abbildung VI 4: Linear unabhängige Vektoren im dreidimensionalen Raum

Die drei unabhängigen Vektoren $\mathbf{a}^1$, $\mathbf{a}^2$ und $\mathbf{a}^3$ aus Abbildung VI 4 (rechts) bilden eine sog. Basis des Vektorraums $\mathbb{R}^3$. Unter einer **Basis** verstehen wir im Allgemeinen eine Teilmenge von m linear unabhängigen Vektoren $\mathbf{a}^1, \mathbf{a}^2, \ldots, \mathbf{a}^m$ eines m-dimensionalen Vektorraums, mit denen der gesamte Vektorraum aufgespannt bzw. jeder Vektor des Raums durch Linearkombinationen dieser Vektoren generiert werden kann. Die darin enthaltenen Vektoren $\mathbf{a}^i$ $(i = 1,2,\ldots,m)$ heißen *Basisvektoren*.

Beispiel:

Die drei Vektoren $\mathbf{a}^1, \mathbf{a}^2, \mathbf{a}^3 \in \mathbb{R}^3$

$$\mathbf{a}^1 = \begin{pmatrix} -1 \\ 1 \\ 1 \end{pmatrix}, \quad \mathbf{a}^2 = \begin{pmatrix} 0 \\ -1 \\ 3 \end{pmatrix}, \quad \mathbf{a}^3 = \begin{pmatrix} 1 \\ 0 \\ 2 \end{pmatrix}$$

sind linear unabhängig und bilden damit eine Basis. Aus zwei dieser Vektoren ließe sich eine Ebene in $\mathbb{R}^3$, durch alle drei der gesamte Vektorraum $\mathbb{R}^3$ aufspannen.

Um den beliebigen Vektor

$$\mathbf{a} = \begin{pmatrix} 2 \\ 6 \\ -2 \end{pmatrix},$$

als Linearkombination dieser Basisvektoren darstellen zu können, stellen wir zunächst die Beziehung

$$\begin{pmatrix} 2 \\ 6 \\ -2 \end{pmatrix} = \lambda_1 \cdot \begin{pmatrix} -1 \\ 1 \\ 1 \end{pmatrix} + \lambda_2 \cdot \begin{pmatrix} 0 \\ -1 \\ 3 \end{pmatrix} + \lambda_3 \cdot \begin{pmatrix} 1 \\ 0 \\ 2 \end{pmatrix} = \begin{pmatrix} -\lambda_1 \quad\quad + \lambda_3 \\ \lambda_1 - \lambda_2 \quad\quad \\ \lambda_1 + 3\lambda_2 + 2\lambda_3 \end{pmatrix}$$

auf. Aus der Forderung nach komponentenweiser Gleichheit resultiert daraus das Gleichungssystem

$$\begin{array}{lrcl} \text{I:} & -\lambda_1 \qquad\quad + \lambda_3 & = & 2 \\ \text{II:} & \lambda_1 - \lambda_2 \qquad\quad & = & 6 \\ \text{III:} & \lambda_1 + 3\lambda_2 + 2\lambda_3 & = & -2 \end{array}$$

mit der Lösung $\lambda_1 = 2$, $\lambda_2 = -4$ und $\lambda_3 = 4$. Der Vektor **a** ist also als Linearkombination von $\mathbf{a}^1$, $\mathbf{a}^2$ und $\mathbf{a}^3$ in der Form $\mathbf{a} = 2\mathbf{a}^1 - 4\mathbf{a}^2 + 4\mathbf{a}^3$ darstellbar.

1.4.3 Einheitsvektoren

Im zwei- und dreidimensionalen Raum sind die Vektoren in Achsenrichtung dadurch gekennzeichnet, dass nur jeweils eine Komponente, nämlich die in Achsenrichtung, ungleich Null ist. Hat diese Koordinate den Wert Eins, so bezeichnen wir den Vektor als **Einheitsvektor**. Wie Abbildung VI 5 (links) zeigt, liegt in $\mathbb{R}^3$ auf jeder der drei Achsen ein Einheitsvektor. Die Einheitsvektoren lauten

$$\mathbf{e}^1 = \begin{pmatrix} 1 \\ 0 \\ 0 \end{pmatrix}, \quad \mathbf{e}^2 = \begin{pmatrix} 0 \\ 1 \\ 0 \end{pmatrix}, \quad \mathbf{e}^3 = \begin{pmatrix} 0 \\ 0 \\ 1 \end{pmatrix}.$$

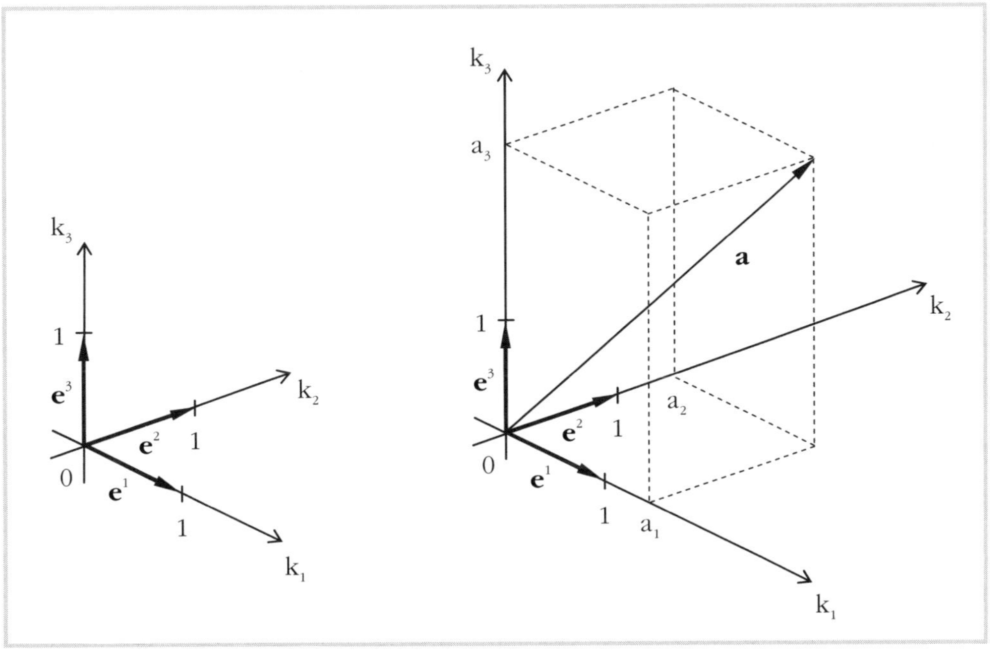

Abbildung VI 5: Einheitsvektoren im dreidimensionalen Raum

Den Begriff des Einheitsvektors können wir auch auf den m-dimensionalen Raum erweitern. Es gibt hier genau m Einheitsvektoren $\mathbf{e}^i$ (i = 1,2,...,m) in der Form

$$\mathbf{e}^i = \begin{pmatrix} \vdots \\ 0 \\ 1 \\ 0 \\ \vdots \end{pmatrix} \leftarrow \text{i-te Komponente}. \qquad \text{(VI.11)}$$

Einheitsvektoren besitzen die besondere Eigenschaft, dass sie aufeinander senkrecht stehen (vgl. Abbildung VI 5, links). Wir bezeichnen sie daher als *orthogonal* (senkrecht). Weiterhin sind die m Einheitsvektoren eines m-dimensionalen Vektorraums *linear unabhängig*. Sie bilden demnach eine Basis, aus der sich durch Linearkombination alle Vektoren des Vektorraums generieren lassen. Es gilt

$$\mathbf{a} = \begin{pmatrix} a_1 \\ a_2 \\ \vdots \\ a_m \end{pmatrix} = a_1 \cdot \mathbf{e}^1 + a_2 \cdot \mathbf{e}^2 + \ldots + a_m \cdot \mathbf{e}^m = \sum_{i=1}^{m} a_i \cdot \mathbf{e}^i. \qquad \text{(VI.12)}$$

Die Komponenten des Vektors **a** sind also gerade die Linearfaktoren der Einheitsvektoren (vgl. Abbildung VI 5, rechts). Wir sprechen bei (VI.12) von einer *kanonischen Zerlegung* des Vektors **a** und bezeichnen die Einheitsvektoren $\mathbf{e}^1, \mathbf{e}^2, \ldots, \mathbf{e}^m$ als *kanonische Basis.*

1.4.4 Interpretation des skalaren Produktes

Bei der Multiplikation reeller Zahlen können wir aus dem Produkt $a \cdot b = 0$ den Schluss ziehen, dass mindestens einer der beiden Faktoren gleich Null sein muss. Bei Vektoren können wir dies nicht, wie folgendes Beispiel zeigt:

Beispiel:

Aus den Vektoren

$$\mathbf{a} = \begin{pmatrix} -3 & 9 \end{pmatrix}, \quad \mathbf{b} = \begin{pmatrix} 3 \\ 1 \end{pmatrix}$$

erhalten wir

$$\mathbf{a} \cdot \mathbf{b} = \begin{pmatrix} -3 & 9 \end{pmatrix} \cdot \begin{pmatrix} 3 \\ 1 \end{pmatrix} = -9 + 9 = 0.$$

Das Skalarprodukt beider Vektoren ist also gleich Null, ohne dass einer der beiden Faktoren ein Nullvektor ist.

Stellen wir zwei zweidimensionale Vektoren **a** und **b**, deren *Skalarprodukt Null* ist, grafisch dar, so ergibt sich eine Gestalt wie in Abbildung VI 6. Beide stehen senkrecht zueinander, d.h. sie sind *orthogonal.* Speziell gilt dies für Einheitsvektoren, da auch ihre Skalarprodukte gleich Null sind.

Wir können diese Erkenntnis auch auf einen m-dimensionalen Vektorraum übertragen. Auch hier werden zwei Vektoren **a**, **b** $\in \mathbb{R}^m$ als orthogonal bezeichnet, wenn ihr skalares Produkt gleich Null ist.

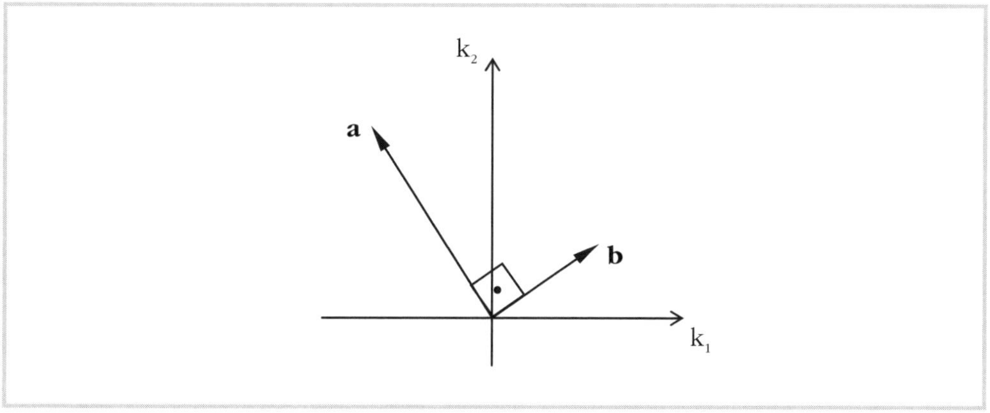

Abbildung VI 6: Vektoren mit Skalarprodukt von Null

2. Matrizen

Fassen wir mehrere gleichdimensionale und sachlogisch verwandte Vektoren zusammen, entstehen mehrdimensionale, rechteckige Zahlenfelder, die als Matrizen bezeichnet werden. Sie sind Thema dieses Abschnitts. Wie bei den Vektoren werden wir auch hier Ordnungsrelationen und verschiedene Rechenoperationen behandeln. Darüber hinaus beschäftigen wir uns mit hinsichtlich ihrer Struktur oder Anordnung der Elemente speziellen Matrizen und mit der Bedeutung der linearen Abhängigkeit für Matrizen, die zum Begriff des Rangs einer Matrix führt.

2.1 Begriff

Unter einer **Matrix** verstehen wir allgemein eine Zusammenfassung von $m \cdot n$ reellen Zahlen $a_{ij} \in \mathbb{R}$ zu einem rechteckigen $(m \times n)$-Tupel der Form

$$\mathbf{A} = \begin{pmatrix} a_{11} & a_{12} & \cdots & a_{1n} \\ a_{21} & a_{22} & \cdots & a_{2n} \\ \vdots & \vdots & & \vdots \\ a_{m1} & a_{m2} & \cdots & a_{mn} \end{pmatrix}. \qquad \text{(VI.13)}$$

Sie besitzt m Zeilen und n Spalten, sodass ihre *Dimension* $(m \times n)$ ist. Wir bezeichnen sie kurz als $(m \times n)$-Matrix. Wir werden in diesem Buch Matrizen durchweg mit Hilfe fett gedruckter, großer lateinischer Buchstaben darstellen und um die Angabe der Dimension ergänzen, wenn diese nicht aus dem Kontext hervorgeht. So schreiben wir für eine $(m \times n)$-Matrix gelegentlich $\mathbf{A}_{m\times n}$. Um Bezug auf eine spezielle Spalte einer Matrix nehmen zu können, schreibt man $\mathbf{A}_{.j}$. Sie bezeichnet die j-te Spalte der Matrix **A**. Die i-te Zeile der Matrix **A** benennt man entsprechend mit $\mathbf{A}_{i.}$.

Wie aus der Definition der Matrix unschwer zu erkennen ist, ist jeder Vektor ebenfalls eine Matrix. So ist ein Spaltenvektor eine $(m \times 1)$-Matrix und ein Zeilenvektor eine $(1 \times n)$-Matrix. Ein Skalar ist dementsprechend eine (1×1)-Matrix.

Da jede Spalte einer Matrix einen Spaltenvektor darstellt, können wir eine $(m \times n)$-Matrix **A** auch als *geordnetes System* von n Spaltenvektoren auffassen:

$$\mathbf{A} = (\mathbf{b}^1\ \mathbf{b}^2\ \ldots\ \mathbf{b}^n) \quad \text{mit} \quad \mathbf{b}^j = \begin{pmatrix} a_{1j} \\ a_{2j} \\ \vdots \\ a_{mj} \end{pmatrix} \quad \text{für } j = 1,2,\ldots,n \qquad \text{(VI.14)}$$

Gleichzeitig ist jede Zeile einer Matrix auch ein Zeilenvektor, sodass wir eine $(m \times n)$-Matrix $\mathbf{A}$ ebenfalls als geordnetes System von m Zeilenvektoren ansehen können:

$$\mathbf{A} = \begin{pmatrix} \mathbf{c}^1 \\ \mathbf{c}^2 \\ \vdots \\ \mathbf{c}^m \end{pmatrix} \quad \text{mit } \mathbf{c}^i = (a_{i1}\ a_{i2}\ \ldots\ a_{in}) \text{ für } i = 1,2,\ldots,m \tag{VI.15}$$

Beispiel:

Aus der Produktion eines Lebensmittelherstellers stamme folgende Tabelle, welche die Zusammensetzung einzelner Produkte beschreibt:

	Erzeugnis 1	Erzeugnis 2	Erzeugnis 3
Fertigmischung A	110 g	0 g	5 g
Fertigmischung B	330 g	21 g	100 g
Fertigmischung C	5 g	105 g	200 g
Fertigmischung D	2 g	210 g	300 g
Fertigmischung E	7 g	3 g	20 g

Wie in Abschnitt I könnten wir nun für jedes Erzeugnis einen Vektor anlegen, der die einzelnen Zutatenmengen enthält. Wollen wir alle Erzeugnisse kompakt darstellen, bietet sich dafür eine (5×3)-Matrix an. Sie ist im Prinzip für diejenigen Personen, die mit dem Aufbau der Datentabelle vertraut sind, als Informationsquelle ausreichend.

$$\mathbf{S} = \begin{pmatrix} 110 & 0 & 5 \\ 330 & 21 & 100 \\ 5 & 105 & 200 \\ 2 & 210 & 300 \\ 7 & 3 & 20 \end{pmatrix}$$

Aus dieser Matrix **S** kann also z.B. ablesen werden, dass die Zahl 105 in der 3. Zeile und 2. Spalte bedeutet, dass für Erzeugnis 2 genau 105 g der Fertigmischung C erforderlich sind.

2.2 Spezielle Matrizen

Aufgrund ihrer Struktur oder gewisser Eigenschaften gibt es für bestimmte Matrizen spezielle Bezeichnungen. Wir wissen bereits, dass Zeilen- und Spaltenvektoren als spezielle Matrizen aufgefasst werden können. Weitere Spezialfälle wollen wir nun im Folgenden näher betrachten.

1. Quadratische Matrizen

Eine Matrix $\mathbf{A}$ wird als *quadratisch* von der Ordnung m bezeichnet, wenn ihre Spaltenzahl gleich der Zeilenzahl, d.h. ihre Dimension gleich $m \times m$ ist:

$$\mathbf{A} = \begin{pmatrix} a_{11} & a_{12} & \cdots & a_{1m} \\ a_{21} & a_{22} & \cdots & a_{2m} \\ \vdots & \vdots & & \vdots \\ a_{m1} & a_{m2} & \cdots & a_{mm} \end{pmatrix} \qquad \text{(VI.16)}$$

Die Koeffizienten a_{ii} für i = 1,2,...,m einer quadratischen Matrix **A** bilden die **Hauptdiagonale**, die immer von der Ecke links oben nach der Ecke rechts unten verläuft. Die **Nebendiagonale** einer quadratischen Matrix **A** verläuft von rechts oben nach links unten und besteht aus den Elementen $a_{i,\,m-i+1}$ für i = 1,2,...,m.

Beispiel:

Für die quadratische Matrix

$$\mathbf{A} = \begin{pmatrix} \boxed{3} & 2 & 4 \\ 7 & \boxed{6} & 5 \\ 1 & 9 & \boxed{8} \end{pmatrix} \qquad \mathbf{A} = \begin{pmatrix} 3 & 2 & \boxed{4} \\ 7 & \boxed{6} & 5 \\ \boxed{1} & 9 & 8 \end{pmatrix}$$

besteht die Hauptdiagonale aus den Werten 3, 6 und 8, die Nebendiagonale aus den Werten 4, 6 und 1.

2. Diagonalmatrizen

Eine *quadratische* Matrix **D** der Ordnung m bezeichnen wir als *Diagonalmatrix*, wenn alle Koeffizienten außerhalb der Hauptdiagonalen gleich Null sind:

$$\mathbf{D} = \begin{pmatrix} d_{11} & 0 & \cdots & 0 \\ 0 & d_{22} & \cdots & \vdots \\ \vdots & & \ddots & 0 \\ 0 & \cdots & 0 & d_{mm} \end{pmatrix} \qquad \text{(VI.17)}$$

3. Einheitsmatrizen

Sind alle Koeffizienten der Hauptdiagonalen einer *Diagonalmatrix* gleich Eins, heißt die entstehende Matrix **E** *Einheitsmatrix*:

$$\mathbf{E} = \begin{pmatrix} 1 & 0 & \cdots & 0 \\ 0 & 1 & \cdots & 0 \\ \vdots & \vdots & \ddots & \vdots \\ 0 & 0 & \cdots & 1 \end{pmatrix} \qquad \text{(VI.18)}$$

Wir erkennen, dass die Einheitsmatrix **E** in den Spalten und in den Zeilen gerade die unter VI 1.4.3 behandelten Einheitsvektoren enthält. Aufgrund ihrer enormen Bedeutung wurde für Einheitsmatrizen in der Literatur der Buchstabe **E** reserviert. Im englischsprachigen Raum verwendet man gewöhnlich **I** (= identity matrix). Wir werden das Symbol **E** verwenden und die Ordnung m in der Form $\mathbf{E}_m$ explizit angeben, wenn sie sich nicht eindeutig aus dem Zusammenhang ergibt.

4. Dreiecksmatrizen

Sind die Koeffizienten einer *quadratischen* Matrix ober- oder unterhalb der Hauptdiagonalen gleich Null, weist die Anordnung der restlichen Koeffizienten eine Dreiecksform auf. Derartige quadratische Matrizen werden als Dreiecksmatrizen, speziell als untere bzw. obere Dreiecksmatrizen bezeichnet.

Eine obere Dreiecksmatrix **O** hat damit das Aussehen

$$\mathbf{O} = \begin{pmatrix} o_{11} & o_{12} & \cdots & o_{1m} \\ 0 & o_{22} & \cdots & o_{2m} \\ \vdots & & \ddots & \vdots \\ 0 & \cdots & 0 & o_{mm} \end{pmatrix}, \qquad \text{(VI.19a)}$$

für eine untere Dreiecksmatrix **U** gilt

$$\mathbf{U} = \begin{pmatrix} u_{11} & 0 & \cdots & 0 \\ u_{21} & u_{22} & & \vdots \\ \vdots & \vdots & \ddots & 0 \\ u_{m1} & u_{m2} & \cdots & u_{mm} \end{pmatrix}. \qquad \text{(VI.19b)}$$

5. Nullmatrizen

Sind alle Elemente einer (m × n)-Matrix gleich Null, liegt eine sog. *Nullmatrix* vor:

$$\mathbf{0} = \begin{pmatrix} 0 & 0 & \cdots & 0 \\ 0 & 0 & \cdots & 0 \\ \vdots & \vdots & & \vdots \\ 0 & 0 & \cdots & 0 \end{pmatrix} \qquad \text{(VI.20)}$$

6. Transponierte Matrizen

Werden bei einer (m × n)-Matrix **A** Spalten und Zeilen vertauscht, vergibt sich eine neue (n × m)-Matrix $\mathbf{A}^T$, die man als transponierte Matrix oder *Transponierte* von **A** bezeichnet.

$$\mathbf{A} = \begin{pmatrix} a_{11} & a_{12} & \cdots & a_{1n} \\ a_{21} & a_{22} & \cdots & a_{2n} \\ \vdots & \vdots & & \vdots \\ a_{m1} & a_{m2} & \cdots & a_{mn} \end{pmatrix}_{(m \times n)} \quad \leftrightarrow \quad \mathbf{A}^T = \begin{pmatrix} a_{11} & a_{21} & \cdots & a_{m1} \\ a_{12} & a_{22} & \cdots & a_{m2} \\ \vdots & \vdots & & \vdots \\ a_{1n} & a_{2n} & \cdots & a_{mn} \end{pmatrix}_{(n \times m)} \qquad \text{(VI.21)}$$

Im Falle einer quadratischen Matrix **A** können wir auch sagen, dass wir die Transponierte erhalten, indem wir ihre Koeffizienten an der Hauptdiagonalen spiegeln. Eine spezielle Form transponierter Matrizen haben wir im Kapitel VI 1 kennengelernt. Die Transponierte einer (m × 1)-Matrix ist eine (1 × m)-Matrix, d.h. transponieren wir einen Spaltenvektor, erhalten wir einen Zeilenvektor und umgekehrt.

Beispiel:

$$\mathbf{A} = \begin{pmatrix} 2 & 3 & 4 & 8 \\ 1 & 0 & 6 & 7 \end{pmatrix}_{(2\times4)} \quad \leftrightarrow \quad \mathbf{A}^T = \begin{pmatrix} 2 & 1 \\ 3 & 0 \\ 4 & 6 \\ 8 & 7 \end{pmatrix}_{(4\times2)}$$

Transponieren wir die Transponierte $\mathbf{A}^T$ noch einmal, ergibt sich wieder die Ausgangsmatix, d.h. es gilt

$$(\mathbf{A}^T)^T = \mathbf{A}. \qquad \text{(VI.22)}$$

Die Transponierte $\mathbf{D}^T$ einer Diagonalmatrix $\mathbf{D}$ ist gleich der Matrix selbst. Wir sagen, die Diagonalmatrix ist invariant gegenüber der Transponation.

$$\mathbf{D}^T = \mathbf{D} \qquad \text{(VI.23)}$$

7. Symmetrische Matrizen

Außer der Diagonalmatrix sind noch andere quadratische Matrizen invariant gegenüber der Transponation. Es handelt sich dabei um sog. symmetrische Matrizen, deren Koeffizienten spiegelsymmetrisch um die Hauptdiagonale angeordnet sind.

Eine *quadratische* Matrix $\mathbf{A}$ ist also symmetrisch, wenn sie gleich ihrer Transponierten $\mathbf{A}^T$ ist, also

$$\mathbf{A} \text{ ist symmetrisch} \quad \leftrightarrow \quad \mathbf{A}^T = \mathbf{A}, \qquad \text{(VI.24)}$$

bzw. wenn gilt

$$a_{ij} = a_{ji} \quad \text{für alle} \quad i,j = 1,2,\ldots,m.$$

Beispiel:

$$\mathbf{A} = \begin{pmatrix} 1 & 7 & 5 \\ 7 & 2 & -6 \\ 5 & -6 & 3 \end{pmatrix}$$

Eine *quadratische* Matrix $\mathbf{A}$ wird als **schiefsymmetrisch** bezeichnet, wenn gilt

$$\mathbf{A} \text{ ist schiefsymmetrisch} \quad \leftrightarrow \quad \mathbf{A}^T = -\mathbf{A}. \qquad \text{(VI.25)}$$

Da für alle Koeffizienten $a_{ij} = -a_{ji}$ erfüllt sein muss, d.h. auch für die Hauptdiagonalelemente $a_{ii} = -a_{ii}$ gelten muss, folgt $a_{ii} = 0$. Die Hauptdiagonale einer schiefsymmetrischen Matrix muss also mit Nullen besetzt sein.

Beispiel:

$$\mathbf{A} = \begin{pmatrix} 0 & 1 & -7 \\ -1 & 0 & -5 \\ 7 & 5 & 0 \end{pmatrix} \quad \leftrightarrow \quad \mathbf{A}^T = \begin{pmatrix} 0 & -1 & 7 \\ 1 & 0 & 5 \\ -7 & -5 & 0 \end{pmatrix} = -\mathbf{A}$$

2.3 Ordnungsrelationen und Matrizenoperationen

Nach Behandlung des Begriffs der Marix und einiger spezieller Matrizen stellt sich nun die Frage, welche Relationen zwischen Matrizen bestehen können und welche Rechenoperationen zwischen Matrizen möglich sind.

Da ein m-dimensionaler Spaltenvektor eine (m × 1)-Matrix und ein n-dimensionaler Zeilenvektor eine (1 × n)-Matrix ist, müssen die für Vektoren definierten **Ordnungsrelationen** auch für Matrizen ensprechend gelten. Besitzen die Matrizen **A** und **B** die *gleiche Dimension* (m × n), so können wir kompakt folgende Beziehungen festhalten:

$$\begin{aligned} \mathbf{A} = \mathbf{B} \quad &\leftrightarrow \quad a_{ij} = b_{ij} \quad &&\text{für alle } i = 1,2,\ldots,m \text{ und } j = 1,2,\ldots,n \\ \mathbf{A} > \mathbf{B} \quad &\leftrightarrow \quad a_{ij} > b_{ij} \quad &&\text{für alle } i = 1,2,\ldots,m \text{ und } j = 1,2,\ldots,n \\ \mathbf{A} < \mathbf{B} \quad &\leftrightarrow \quad a_{ij} < b_{ij} \quad &&\text{für alle } i = 1,2,\ldots,m \text{ und } j = 1,2,\ldots,n \end{aligned} \tag{VI.26}$$

Die Beziehungen gelten für die Vergleichsoperatoren "≤" und "≥" entsprechend. Zwei (m × n)-Matrizen gelten bereits dann als ungleich, wenn sie sich nur in einem Element unterscheiden:

$$\mathbf{A} \neq \mathbf{B} \quad \leftrightarrow \quad \text{Es gibt mindestens ein Indexpaar } (i,j) \text{ mit } a_{ij} \neq b_{ij}. \tag{VI.27}$$

Beispiel:

Gegeben seien folgende dimensionsgleiche, quadratische Matrizen:

$$\mathbf{A} = \begin{pmatrix} 1 & 2 \\ 3 & 4 \end{pmatrix} \quad \mathbf{B} = \begin{pmatrix} -5 & -2 \\ 2 & 1 \end{pmatrix} \quad \mathbf{C} = \begin{pmatrix} 1 & 2 \\ 3 & 4 \end{pmatrix} \quad \mathbf{D} = \begin{pmatrix} 1 & 2 \\ 3 & 5 \end{pmatrix}$$

Aus der Vielzahl der möglichen Ordungsrelationen seien nur folgende herausgestellt:

a) **A** = **C**, da alle Elemente von **A** mit allen Elementen von **C** übereinstimmen.

b) **A** ≠ **D**, da ein Element von **D** ($d_{22} = 5$) von **A** abweicht.

c) **A** > **B**, da jedes Element von **A** größer ist, als das entsprechende Element von **B**.

d) **C** ≤ **D**, da die Elemente von **D**, die nicht mit denen von **C** übereinstimmen ($d_{22} = 5$), größer sind als die entsprechenden Elemente von **C**.

Vergleichen wir eine Matrix **A** mit einer dimensionsgleichen Nullmatrix **0**, bezeichnen wir die Matrix **A** als

- *positiv*, wenn $A > 0$ bzw. $a_{ij} > 0$ für alle i,j.
- *semipositiv*, wenn $A \geq 0$ bzw. $a_{ij} \geq 0$ für alle i,j.
- *negativ*, wenn $A < 0$ bzw. $a_{ij} < 0$ für alle i,j.
- *seminegativ*, wenn $A \leq 0$ bzw. $a_{ij} \leq 0$ für alle i,j.

Da Vektoren spezielle Matrizen sind, müssen alle Vektoroperationen für Matrizen entsprechend gelten. Wir können daher folgende zulässigen **Matrizenoperationen** festhalten:

1. Multiplikation mit einem Skalar

Eine Matrix **A** wird mit einem Skalar λ multipliziert, indem alle Koeffizienten der Matrix mit λ multipliziert werden.

$$\mathbf{C} = \lambda \cdot \mathbf{A} \quad \leftrightarrow \quad c_{ij} = \lambda \cdot a_{ij} \quad \text{für alle } i, j \qquad \text{(VI.28)}$$

Nimmt λ den Wert Null an, so ist das Ergebnis der Multiplikation eine Nullmatrix **0**. Liegen mehrere Skalare als Faktoren vor, gilt das Assoziativgesetz $(\lambda \cdot \gamma) \cdot \mathbf{A} = \lambda \cdot (\gamma \cdot \mathbf{A})$.

Beispiel:

Die Produktion eines Industriebetriebes verteilt sich auf vier Fertigungsmaschinen. Es werden zwei Produkte A und B gefertigt. Die aktuellen Produktionszahlen je Maschine und Produkt in Stück sind in folgender Tabelle gegeben:

	Maschine 1	Maschine 2	Maschine 3	Maschine 4
Produkt A	400	500	550	200
Produkt B	600	120	340	100

Durch eine Verlängerung der täglichen Arbeitszeit lässt sich nun eine eine Erhöhung der produzierten Menge um 20 % erreichen. Welche Stückzahlen werden nach der Produktionssteigerung je Maschine und Produkt gefertigt?

$$\mathbf{B} = 1{,}2 \cdot \mathbf{A} = 1{,}2 \cdot \begin{pmatrix} 400 & 500 & 550 & 200 \\ 600 & 120 & 340 & 100 \end{pmatrix}$$

$$= \begin{pmatrix} 1{,}2 \cdot 400 & 1{,}2 \cdot 500 & 1{,}2 \cdot 550 & 1{,}2 \cdot 200 \\ 1{,}2 \cdot 600 & 1{,}2 \cdot 120 & 1{,}2 \cdot 340 & 1{,}2 \cdot 100 \end{pmatrix} = \begin{pmatrix} 480 & 600 & 660 & 240 \\ 720 & 144 & 408 & 120 \end{pmatrix}$$

Zur Interpretation der Ergebnismatrix sei erwähnt, dass z.B. der Wert 600 bedeutet, dass nach der Produktionssteigerung um 20 % auf Maschine 2 genau 600 Einheiten von Produkt A hergestellt werden.

2. Addition von Matrizen

Voraussetzung für die Addition (bzw. Subtraktion) von Matrizen ist, dass beide Matrizen die *gleiche Dimension* aufweisen. Matrizen mit ungleichen Dimensionen können nicht addiert (bzw. subtrahiert) werden. Die Addition (bzw. Subtraktion) zweier $(m \times n)$-Matrizen **A** und **B** erfolgt durch die Addition (bzw. Subtraktion) der entsprechenden Matrixkoeffizienten.

$$\mathbf{C} = \mathbf{A} \pm \mathbf{B} \quad \leftrightarrow \quad c_{ij} = a_{ij} \pm b_{ij} \quad \text{für alle } i, j \qquad \text{(VI.29)}$$

Beispiel:

Die Stückzahlen der Produkte A, B, C und D, die an verschiedene Großkunden 1, 2 und 3 eines Unternehmens verkauft wurden, seien für zwei Halbjahre bekannt:

1. Halbjahr		Großkunde 1	Großkunde 2	Großkunde 3
	Produkt A	50 St.	100 St.	1.000 St.
	Produkt B	100 St.	20 St.	5.000 St.
	Produkt C	200 St.	1.000 St.	1.000 St.
	Produkt D	2.000 St.	2.000 St.	500 St.

2. Halbjahr:		Großkunde 1	Großkunde 2	Großkunde 3
	Produkt A	1.050 St.	0 St.	500 St.
	Produkt B	1.300 St.	1.200 St.	1.000 St.
	Produkt C	2.500 St.	1.000 St.	2.000 St.
	Produkt D	2.000 St.	1.500 St.	7.500 St.

Aus diesen Werten soll nun ermittelt werden, welche Liefermengen sich je Abnehmer und Produkt im gesamten Jahr ergeben:

$$\mathbf{C} = \mathbf{A} + \mathbf{B} = \begin{pmatrix} 50 & 100 & 1.000 \\ 100 & 20 & 5.000 \\ 200 & 1.000 & 1.000 \\ 2.000 & 2.000 & 500 \end{pmatrix}_{(4\times3)} + \begin{pmatrix} 1.050 & 0 & 500 \\ 1.300 & 1.200 & 1.000 \\ 2.500 & 1.000 & 2.000 \\ 2.000 & 1.500 & 7.500 \end{pmatrix}_{(4\times3)}$$

$$= \begin{pmatrix} 50+1.050 & 100+0 & 1.000+500 \\ 100+1.300 & 20+1.200 & 5.000+1.000 \\ 200+2.500 & 1.000+1.000 & 1.000+2.000 \\ 2.000+2.000 & 2.000+1.500 & 500+7.500 \end{pmatrix}_{(4\times3)}$$

$$= \begin{pmatrix} 1.100 & 100 & 1.500 \\ 1.400 & 1.220 & 6.000 \\ 2.700 & 2.000 & 3.000 \\ 4.000 & 3.500 & 8.000 \end{pmatrix}_{(4\times3)}$$

Die Ergebnismatrix **C** besitzt die gleiche Dimension wie die Matrizen **A** und **B**. Der Wert c_{32} = 2.000 bedeutet z.B., dass der Großkunde 2 von Produkt C im gesamten Jahr genau 2.000 Stück bezogen hat.

Für die Addition (bzw. Subtraktion) von Matrizen gelten folgende Rechenregeln:

1. Kommutativgesetz

$$\mathbf{A} + \mathbf{B} = \mathbf{B} + \mathbf{A} \tag{VI.30}$$

2. Assoziativgesetz

$$(\mathbf{A} + \mathbf{B}) + \mathbf{C} = \mathbf{A} + (\mathbf{B} + \mathbf{C}) \tag{VI.31}$$

3. Distributivgesetz

$$\lambda \cdot (\mathbf{A} + \mathbf{B}) = \lambda \cdot \mathbf{A} + \lambda \cdot \mathbf{B} \tag{VI.32}$$

4. Transponieren

$$(\mathbf{A} \pm \mathbf{B})^T = \mathbf{A}^T \pm \mathbf{B}^T \tag{VI.33}$$

5. Nullmatrix

$$\mathbf{A} \pm \mathbf{0} = \mathbf{A} \tag{VI.34}$$

Beispiel:

Gegeben seien die Matrizen

$$\mathbf{A} = \begin{pmatrix} 1 & 2 \\ 3 & 4 \end{pmatrix} \text{ und } \mathbf{B} = \begin{pmatrix} 5 & 6 \\ 7 & 8 \end{pmatrix}.$$

Es gilt (VI.33), da

$$\mathbf{A}+\mathbf{B}=\begin{pmatrix}6 & 8\\ 10 & 12\end{pmatrix},\ (\mathbf{A}+\mathbf{B})^T=\begin{pmatrix}6 & 10\\ 8 & 12\end{pmatrix} \text{ und } \mathbf{A}^T+\mathbf{B}^T=\begin{pmatrix}1 & 3\\ 2 & 4\end{pmatrix}+\begin{pmatrix}5 & 7\\ 6 & 8\end{pmatrix}=\begin{pmatrix}6 & 10\\ 8 & 12\end{pmatrix}.$$

Außerdem gilt (VI.32), da

$$2\cdot(\mathbf{A}+\mathbf{B})=\begin{pmatrix}12 & 16\\ 20 & 24\end{pmatrix}=\begin{pmatrix}2 & 4\\ 6 & 8\end{pmatrix}+\begin{pmatrix}10 & 12\\ 14 & 16\end{pmatrix}=2\cdot\mathbf{A}+2\cdot\mathbf{B}.$$

3. Multiplikation von Matrizen

Das Produkt $\mathbf{A}\cdot\mathbf{B}$ zweier Matrizen **A** und **B** kann grundsätzlich nur dann gebildet werden, wenn die Spaltenzahl der "ersten" Matrix **A** gleich der Zeilenzahl der "zweiten" Matrix **B** ist, d.h. wenn $\mathbf{A}_{m\times k}$ und $\mathbf{B}_{k\times n}$ gilt.

Beispiele:

1. Das Produkt $\mathbf{A}_{2\times3}\cdot\mathbf{B}_{3\times7}$ kann bestimmt werden, da $n_A = m_B = 3$.
2. Das Produkt $\mathbf{A}_{4\times5}\cdot\mathbf{B}_{3\times4}$ kann nicht bestimmt werden, da $n_A \neq m_B$.

Ist **A** eine (m × k)-Matrix und **B** eine (k × n)-Matrix, ergibt sich als Produkt $\mathbf{A}\cdot\mathbf{B}$ der beiden Matrizen eine (m × n)-Matrix **C**, für die für i = 1,…,m und j = i,…,n gilt:

legt Dimension der Ergebnismatrix fest

$$\mathbf{C}_{m\times n}=\mathbf{A}_{m\times k}\cdot\mathbf{B}_{k\times n} \quad\leftrightarrow\quad c_{ij}=\mathbf{A}_{i\cdot}\cdot\mathbf{B}_{\cdot j}=\sum_{h=1}^{k}a_{ih}\cdot b_{hj} \qquad \text{(VI.35)}$$

muss gleich sein

Die Matrix **C** besitzt also genau so viele Zeilen wie **A** und so viele Spalten wie **B**. Ein Koeffizient c_{ij} der Matrix **C** ergibt sich als skalares Produkt der i-ten Zeile $\mathbf{A}_{i\cdot}$ der Matrix **A** mit der j-ten Spalte $\mathbf{B}_{\cdot j}$ der Matrix **B**. Da das skalare Produkt nur für gleichdimensionale Vektoren definiert ist, liegt hierin der Grund, warum die "erste" Matrix genau so viele Spalten wie die "zweite" Matrix Zeilen besitzen muss.

Beispiel 1:

Es soll das Produkt $\mathbf{C}=\mathbf{A}\cdot\mathbf{B}$ ermittelt werden.

$$\mathbf{A}=\begin{pmatrix}4 & 0\\ 3 & 1\\ -1 & 7\end{pmatrix}_{(3\times2)} \qquad \mathbf{B}=\begin{pmatrix}3 & -1\\ -2 & -7\end{pmatrix}_{(2\times2)}$$

Die Multiplikation ist hier zulässig, da $n_A = m_B$. Die Ergebnismatrix **C** besitzt die Dimension $(m_A \times n_B)$ bzw. (3 × 2), hat also drei Zeilen und zwei Spalten.

$$\mathbf{C}=\begin{pmatrix}4 & 0\\ 3 & 1\\ -1 & 7\end{pmatrix}_{(3\times2)}\cdot\begin{pmatrix}3 & -1\\ -2 & -7\end{pmatrix}_{(2\times2)}=\begin{pmatrix}c_{11} & c_{12}\\ c_{21} & c_{22}\\ c_{31} & c_{32}\end{pmatrix}_{(3\times2)}$$

Zur Ermittlung von c_{11} wird die 1. Zeile von **A** mit der 1. Spalte von **B** multipliziert:

$$c_{11} = (4 \quad 0) \cdot \begin{pmatrix} 3 \\ -2 \end{pmatrix} = 4 \cdot 3 + 0 \cdot (-2) = 12$$

c_{21} erhalten wir aus der 2. Zeile von **A** und der 1. Spalte von **B**:

$$c_{21} = (3 \quad 1) \cdot \begin{pmatrix} 3 \\ -2 \end{pmatrix} = 3 \cdot 3 + 1 \cdot (-2) = 7$$

Dementsprechend wird zur Berechnung von c_{31} die 3. Zeile aus Matrix **A** und die 1. Spalte aus Matrix **B** herangezogen:

$$c_{31} = (-1 \quad 7) \cdot \begin{pmatrix} 3 \\ -2 \end{pmatrix} = (-1) \cdot 3 + 7 \cdot (-2) = -17$$

Die verbleibenden Werte ergeben sich analog:

$$c_{12} = (4 \quad 0) \cdot \begin{pmatrix} -1 \\ -7 \end{pmatrix} = 4 \cdot (-1) + 0 \cdot (-7) = -4$$

$$c_{22} = (3 \quad 1) \cdot \begin{pmatrix} -1 \\ -7 \end{pmatrix} = 3 \cdot (-1) + 1 \cdot (-7) = -10$$

$$c_{32} = (-1 \quad 7) \cdot \begin{pmatrix} -1 \\ -7 \end{pmatrix} = (-1) \cdot (-1) + 7 \cdot (-7) = -48$$

Es ergibt sich also insgesamt

$$\mathbf{C} = \begin{pmatrix} 12 & -4 \\ 7 & -10 \\ -17 & -48 \end{pmatrix}_{(3\times 2)} .$$

Beispiel 2: Praktische Anwendung Materialverflechtung

Ein Unternehmen produziert zwei Produkte P_1 und P_2. Diese Produkte entstehen durch Zusammensetzung aus einzelnen Bauteilen B_1, B_2 und B_3, welche sich selbst wieder aus Kombination der Zwischenprodukte Z_1, Z_2, Z_3 und Z_4 ergeben. Die Zwischenprodukte bestehen aus den Kleinteilen K_1 und K_2.

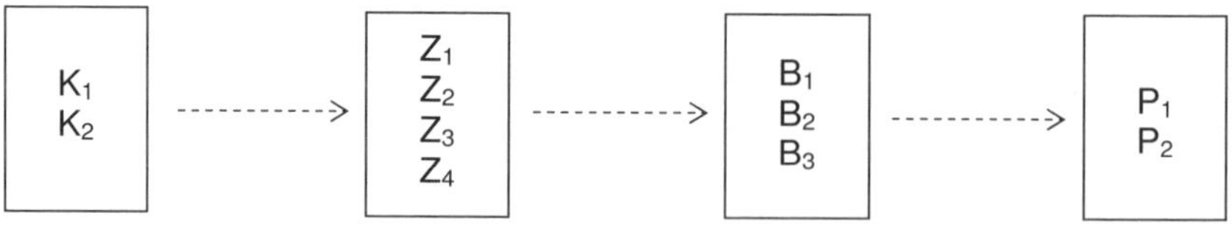

Dieser Sachverhalt lässt sich unter Angabe der notwendigen Stückzahlen in Form von Matrizen darstellen.

$$\mathbf{Z} = \begin{matrix} & Z_1 & Z_2 & Z_3 & Z_4 \\ K_1 & 20 & 5 & 10 & 50 \\ K_2 & 0 & 25 & 40 & 30 \end{matrix}_{(2\times 4)} \qquad \mathbf{B} = \begin{matrix} & B_1 & B_2 & B_3 \\ Z_1 & 4 & 9 & 3 \\ Z_2 & 5 & 0 & 4 \\ Z_3 & 6 & 7 & 5 \\ Z_4 & 3 & 1 & 6 \end{matrix}_{(4\times 3)} \qquad \mathbf{P} = \begin{matrix} & P_1 & P_2 \\ B_1 & 1 & 4 \\ B_2 & 2 & 1 \\ B_3 & 3 & 2 \end{matrix}_{(3\times 2)}$$

Zur Erklärung: Der Wert 20 in Matrix **Z** bedeutet beispielsweise, dass zur Produktion des Zwischenproduktes Z_1 genau 20 Einheiten des Kleinteils K_1 benötigt werden. Analog können die Matrizen **B** und **P** interpretiert werden.

Anhand dieser Angaben soll nun ermittelt werden, wie viele Einheiten von K_1 und K_2 insgesamt für die Produktion von P_1 und P_2 benötigt werden. Wir interessieren uns also für die Gesamtverbrauchsmatrix **G**, die sich aus der Multiplikation der einzelnen Matrizen ergibt und die Dimension ($m_Z \times n_P$) besitzt:

$$\mathbf{G}_{2\times 2} = \mathbf{Z}_{2\times 4} \cdot \mathbf{B}_{4\times 3} \cdot \mathbf{P}_{3\times 2}$$

Anhand der in Beispiel 1 behandelten Rechenschritte erhält man zunächst:

$$\mathbf{Z}_{2\times 4} \cdot \mathbf{B}_{4\times 3} = \begin{matrix} & B_1 & B_2 & B_3 \\ K_1 & 315 & 300 & 430 \\ K_2 & 455 & 310 & 480 \end{matrix} \quad \begin{pmatrix} 315 & 300 & 430 \\ 455 & 310 & 480 \end{pmatrix}_{(2\times 3)}$$

Diese „Zwischenergebnismatrix“ gibt den Bedarf an Kleinteilen für die einzelnen Bauteile an. Im letzen Schritt wird der Bedarf an Kleinteilen für die Endprodukte ermittelt:

$$\mathbf{G}_{2\times 2} = \begin{pmatrix} 315 & 300 & 430 \\ 455 & 310 & 480 \end{pmatrix}_{(2\times 3)} \cdot \mathbf{P}_{3\times 2} = \begin{matrix} & P_1 & P_2 \\ K_1 & 2.205 & 2.420 \\ K_2 & 2.515 & 3.090 \end{matrix} \quad \begin{pmatrix} 2.205 & 2.420 \\ 2.515 & 3.090 \end{pmatrix}_{(2\times 2)}$$

Bei der Multiplikation von Matrizen ist zu beachten, dass das *kommutative Gesetz der Multiplikation nicht gilt,* d.h.

$$\mathbf{A} \cdot \mathbf{B} \neq \mathbf{B} \cdot \mathbf{A}\,. \qquad \text{(VI.36)}$$

Wie das folgende Beispiel zeigt, ist es sinnvoll und wichtig, bei einer Multiplikation immer eindeutig die Stellung der Faktoren zu bezeichnen. Dies geschieht meistens durch Hinweise auf die Anordnung. Wollen wir z.B. ausdrücken, dass eine Matrix **A** mit einer Matrix **B** multipliziert werden soll, so sollte die Anweisung lauten:

- Multiplikation der Matrix **A** mit der Matrix **B** *von rechts*: **A** · **B**
- Multiplikation der Matrix **A** mit der Matrix **B** *von links*: **B** · **A**

Beispiele:

1. $\mathbf{A} = \begin{pmatrix} 1 & 2 & 1 \\ 0 & 3 & 1 \end{pmatrix}_{(2\times 3)}, \quad \mathbf{B} = \begin{pmatrix} 2 & -1 & 2 \\ 2 & 3 & -3 \\ 0 & 1 & 1 \end{pmatrix}_{(3\times 3)}$

   Für diese Matrizen können wir das Produkt **A** · **B** berechnen:

   $$\mathbf{A} \cdot \mathbf{B} = \begin{pmatrix} 6 & 6 & -3 \\ 6 & 10 & -8 \end{pmatrix}_{(2\times 3)}$$

   Das Produkt **B** · **A** ist jedoch nicht definiert, da die Spaltenzahl der "ersten" Matrix **B** ungleich der Zeilenzahl der "zweiten" Matrix **A** ist.

2. $\mathbf{A} = \begin{pmatrix} 1 & 2 & 1 \\ 0 & 3 & 1 \end{pmatrix}_{(2\times 3)}, \quad \mathbf{B} = \begin{pmatrix} 2 & -1 \\ 2 & 3 \\ 0 & 1 \end{pmatrix}_{(3\times 2)}$

Hier sind beide Produkte **A** · **B** und **B** · **A** definiert, jedoch ergeben sich Matrizen unterschiedlicher Dimension:

$$\mathbf{A}\cdot\mathbf{B}=\begin{pmatrix}6 & 6\\ 6 & 10\end{pmatrix},\quad \mathbf{B}\cdot\mathbf{A}=\begin{pmatrix}2 & 1 & 1\\ 2 & 13 & 5\\ 0 & 3 & 1\end{pmatrix}$$

3. $\mathbf{A}=\begin{pmatrix}1 & 2\\ 0 & 3\end{pmatrix}_{(2\times 2)},\quad \mathbf{B}=\begin{pmatrix}2 & -1\\ 2 & 3\end{pmatrix}_{(2\times 2)}$

   Auch hier existieren die Produkte **A** · **B** und **B** · **A**. Beide haben dieselbe Dimension, jedoch sind ihre Koeffizienten verschieden:

$$\mathbf{A}\cdot\mathbf{B}=\begin{pmatrix}6 & 5\\ 6 & 9\end{pmatrix},\quad \mathbf{B}\cdot\mathbf{A}=\begin{pmatrix}2 & 1\\ 2 & 13\end{pmatrix}$$

Aus den Definitionen der Addition und der Multiplikation können wir die folgenden Gesetzmäßigkeiten ableiten:

1. Assoziativgesetz

$$\mathbf{A}\cdot\mathbf{B}\cdot\mathbf{C}=(\mathbf{A}\cdot\mathbf{B})\cdot\mathbf{C}=\mathbf{A}\cdot(\mathbf{B}\cdot\mathbf{C}) \qquad \text{(VI.37)}$$

2. Distributivgesetz

$$\mathbf{A}\cdot\mathbf{B}+\mathbf{A}\cdot\mathbf{C}=\mathbf{A}\cdot(\mathbf{B}+\mathbf{C})\,. \qquad \text{(VI.38)}$$

Man beachte jedoch, dass im Ausdruck

$$\mathbf{A}\cdot\mathbf{B}+\mathbf{C}\cdot\mathbf{A}$$

die Matrix **A** *nicht* ausgeklammert werden darf.

Die beiden hier aufgeführten Gesetze sind besonders im Hinblick auf den *Rechenaufwand der Multiplikation* von praktischem Interesse. Zur Durchführung der Multiplikation $\mathbf{A}_{m\times k}\cdot\mathbf{B}_{k\times n}=\mathbf{C}_{m\times n}$ müssen m · n Skalarprodukte ausgewertet werden, wobei jedes Skalarprodukt k Multiplikationen und k – 1 Additionen erfordert. Unter Vernachlässigung der einen gesparten Addition sind also m · n · k Operationen auszuführen. Bei Matrizen der Dimension (1.000 × 1.000) ergeben sich bereits 10^9 Rechenoperationen, die auch für moderne EDV-Anlagen nicht mehr vernachlässigbar sind. Die Reduzierung der Rechenoperationen durch das *Distributivgesetz* bzw. durch das Ausklammern einer Matrix aus einer Summe von Matrizenprodukten ist unmittelbar einleuchtend. Es sollte also im Falle einer Wahlmöglichkeit zuerst die Addition und dann erst die Multiplikation ausgeführt werden. Die Rechenvorteile durch Anwendung des *Assoziativgesetzes* können noch erheblicher sein als beim Distributivgesetz, sind jedoch auf den ersten Blick schwerer zu erkennen. Wir betrachten daher folgendes einfache Beispiel.

Beispiel:

Es soll das Produkt $\mathbf{A}_{10\times 100}\cdot\mathbf{B}_{100\times 20}\cdot\mathbf{C}_{20\times 200}$ ausgewertet werden.

In der Reihenfolge (**A** · **B**) · **C** sind 10 · 100 · 20 = 20.000 Operationen für die innere und 10 · 20 · 200 = 40.000 Operationen für die äußere Multiplikation, d.h. insgesamt 60.000 Rechenoperationen erforderlich.

In der Reihenfolge **A** · (**B** · **C**) sind es dagegen 100 · 20 · 200 = 400.000 für die innere und 10 · 100 · 200 = 200.000 für die äußere, also insgesamt 600.000 Operationen.

Es lohnt sich also, vor der Multiplikation eine günstige Auswertungsreihenfolge festzulegen. Während es bei drei Matrizen nur die hier gezeigten zwei Auswertungsreihenfolgen gibt, sind es bei vier Matrizen bereits fünf Alternativen $((\mathbf{A}\cdot\mathbf{B})\cdot\mathbf{C})\cdot\mathbf{D}$, $(\mathbf{A}\cdot(\mathbf{B}\cdot\mathbf{C}))\cdot\mathbf{D}$, $\mathbf{A}\cdot((\mathbf{B}\cdot\mathbf{C})\cdot\mathbf{D})$, $\mathbf{A}\cdot(\mathbf{B}\cdot(\mathbf{C}\cdot\mathbf{D}))$ oder $(\mathbf{A}\cdot\mathbf{B})\cdot(\mathbf{C}\cdot\mathbf{D})$. Bei fünf Matrizen sind es bereits vierzehn mögliche Kombinationen usw.

Als Faustregel für die Wahl der geeigneten Reihenfolge können wir festhalten, dass wir diejenigen Multiplikationen zuerst ausführen sollten, die kleine Matrizen als Zwischenergebnisse haben. Sind alle Matrizen quadratisch, so ist die Zahl der Rechenoperationen von der gewählten Reihenfolge unabhängig.

Wird das Produkt zweier Matrizen **A** und **B** transponiert, kehrt sich die Reihenfolge der Faktoren des Produkts um, d.h.

$$(\mathbf{A}\cdot\mathbf{B})^T = \mathbf{B}^T\cdot\mathbf{A}^T. \qquad \text{(VI.39)}$$

Für das Produkt mehrerer Matrizen gilt

$$(\mathbf{A}\cdot\mathbf{B}\cdot\mathbf{C}\cdot\ldots\cdot\mathbf{Z})^T = \mathbf{Z}^T\cdot\ldots\cdot\mathbf{C}^T\cdot\mathbf{B}^T\cdot\mathbf{A}^T.$$

Beispiel:

$$\mathbf{A} = \begin{pmatrix} 3 & 2 \\ 1 & 0 \\ -1 & 3 \\ 0 & 2 \end{pmatrix}, \quad \mathbf{B} = \begin{pmatrix} 1 & 1 & 1 \\ -2 & 1 & -1 \end{pmatrix}$$

$$(\mathbf{A}\cdot\mathbf{B})^T = \begin{pmatrix} -1 & 5 & 1 \\ 1 & 1 & 1 \\ -7 & 2 & -4 \\ -4 & 2 & -2 \end{pmatrix}^T = \begin{pmatrix} -1 & 1 & -7 & -4 \\ 5 & 1 & 2 & 2 \\ 1 & 1 & -4 & -2 \end{pmatrix}$$

$$\mathbf{B}^T\cdot\mathbf{A}^T = \begin{pmatrix} 1 & -2 \\ 1 & 1 \\ 1 & -1 \end{pmatrix}\cdot\begin{pmatrix} 3 & 1 & -1 & 0 \\ 2 & 0 & 3 & 2 \end{pmatrix} = \begin{pmatrix} -1 & 1 & -7 & -4 \\ 5 & 1 & 2 & 2 \\ 1 & 1 & -4 & -2 \end{pmatrix}$$

Für die Multiplikation einer Matrix **A** mit der Nullmatrix **0** und der Einheitsmatrix **E** gelten die folgenden unmittelbar einleuchtenden Gesetzmäßigkeiten:

$$\mathbf{A}\cdot\mathbf{0} = \mathbf{0}\cdot\mathbf{A} = \mathbf{0} \qquad \text{(VI.40)}$$

$$\mathbf{A}\cdot\mathbf{E} = \mathbf{E}\cdot\mathbf{A} = \mathbf{A} \qquad \text{(VI.41)}$$

Falls **A** nicht quadratisch ist, sind hier links und rechts verschieden dimensionierte Matrizen **0** bzw. **E** einzusetzen.

Beispiel:

$$\mathbf{A} = \begin{pmatrix} 1 & 3 \\ 2 & 4 \end{pmatrix}, \quad \mathbf{B} = \begin{pmatrix} 5 & 8 \\ 6 & 9 \\ 7 & 10 \end{pmatrix}$$

$$\mathbf{A}\cdot\mathbf{E}=\begin{pmatrix}1&3\\2&4\end{pmatrix}\cdot\begin{pmatrix}1&0\\0&1\end{pmatrix}=\begin{pmatrix}1&3\\2&4\end{pmatrix},\ \mathbf{E}\cdot\mathbf{A}=\begin{pmatrix}1&0\\0&1\end{pmatrix}\cdot\begin{pmatrix}1&3\\2&4\end{pmatrix}=\begin{pmatrix}1&3\\2&4\end{pmatrix}$$

$$\mathbf{B}\cdot\mathbf{E}=\begin{pmatrix}5&8\\6&9\\7&10\end{pmatrix}\cdot\begin{pmatrix}1&0\\0&1\end{pmatrix}=\begin{pmatrix}5&8\\6&9\\7&10\end{pmatrix},\ \mathbf{E}\cdot\mathbf{B}=\begin{pmatrix}1&0&0\\0&1&0\\0&0&1\end{pmatrix}\cdot\begin{pmatrix}5&8\\6&9\\7&10\end{pmatrix}=\begin{pmatrix}5&8\\6&9\\7&10\end{pmatrix}$$

Zum Abschluss dieses Abschnitts wollen wir noch zwei **Spezialfälle der Matrizenmultiplikation** aufführen. Der erste davon ist uns bereits im Abschnitt VI 1.2 als *Skalarprodukt eines Zeilen- und eines Spaltenvektors* begegnet. Ist die Spaltenzahl des Zeilenvektors ((1 × k)-Matrix) gleich der Zeilenzahl des Spaltenvektors ((k × 1)-Matrix) gilt nämlich

$$\begin{pmatrix}a_{11} & a_{12} & \cdots & a_{1k}\end{pmatrix}\cdot\begin{pmatrix}b_{11}\\b_{21}\\\vdots\\b_{k1}\end{pmatrix}=\begin{pmatrix}c_{11}\end{pmatrix}\quad\text{mit}\quad c_{11}=\sum_{h=1}^{k}a_{1h}\cdot b_{h1}\,, \tag{VI.42}$$

d.h. das Ergebnis ist eine (1 × 1)-Matrix bzw. ein Skalar.

Außer diesem Spezialfall ist auch noch das Produkt eines m-dimensionalen Spaltenvektors mit einem n-dimensionalen Zeilenvektor definiert, da eine einspaltige Matrix mit einer einzeiligen Matrix multipliziert wird. Man bezeichnet diesen Sonderfall als das *dykadische Produkt* zweier Vektoren. Das Ergebnis ist eine (m × n)-Matrix:

$$\begin{pmatrix}a_1\\a_2\\\vdots\\a_m\end{pmatrix}_{(m\times 1)}\cdot\begin{pmatrix}b_1 & b_2 & \cdots & b_n\end{pmatrix}_{(1\times n)}=\begin{pmatrix}a_1\cdot b_1 & a_1\cdot b_2 & \cdots & a_1\cdot b_n\\a_2\cdot b_1 & a_2\cdot b_2 & \cdots & a_2\cdot b_n\\\vdots & \vdots & & \vdots\\a_m\cdot b_1 & a_m\cdot b_2 & \cdots & a_m\cdot b_n\end{pmatrix}_{(m\times n)} \tag{VI.43}$$

Beispiele:

$\mathbf{a}=\begin{pmatrix}1 & 2\end{pmatrix},\ \mathbf{b}=\begin{pmatrix}3\\4\end{pmatrix}$

1. Skalarprodukt von **a** und **b**:

$$\mathbf{a}\cdot\mathbf{b}=\begin{pmatrix}1 & 2\end{pmatrix}\cdot\begin{pmatrix}3\\4\end{pmatrix}=1\cdot 3+2\cdot 4=11$$

2. Dykadisches Produkt von **a** und **b**:

$$\mathbf{b}\cdot\mathbf{a}=\begin{pmatrix}3\\4\end{pmatrix}\cdot\begin{pmatrix}1 & 2\end{pmatrix}=\begin{pmatrix}3\cdot 1 & 3\cdot 2\\4\cdot 1 & 4\cdot 2\end{pmatrix}=\begin{pmatrix}3 & 6\\4 & 8\end{pmatrix}$$

2.4 Rang einer Matrix

Ein im Rahmen der linearen Algebra bedeutender Begriff ist der des Rangs einer Matrix. Er ist eng verknüpft mit der linearen Unabhängigkeit der Spalten- und Zeilenvektoren (vgl. Abschnitt VI 1.4.2) einer Matrix.

Zunächst einmal gilt, dass die Zahl linear unabhängiger Spalten- bzw. Zeilenvektoren einer (m × n)-Matrix nicht größer als die Dimension m bzw. n der Vektoren sein kann. Nach den Überlegungen des Abschnitts VI 1.4.2 können es jedoch weniger sein. Es gibt also eine *maximale Anzahl linear unabhängiger Vektoren*, die wir als **Spalten- bzw. Zeilenrang** bezeichnen.

Eine grundlegende Eigenschaft aller Matrizen ist, dass Zeilen- und Spaltenrang immer identisch sind, sodass man nur kurz vom **Rang** einer Matrix **A** spricht. Er stellt die Maximalzahl linear unabhängiger Spalten bzw. Zeilen der Matrix **A** dar und wird mit rg(**A**) abgekürzt.

Beispiele:

1. $\mathbf{E} = \begin{pmatrix} 1 & 0 & 0 \\ 0 & 1 & 0 \\ 0 & 0 & 1 \end{pmatrix}$

   Diese Einheitsmatrix **E** hat den Rang rg(E) = 3. Die drei Vektoren sind klar unabhängig, da es sich dabei um Einheitsvektoren handelt.

2. $\mathbf{M} = \begin{pmatrix} 2 & 1 & -2 & 2 \\ 1 & -1 & 2 & 4 \\ -1 & -2 & 4 & 2 \end{pmatrix}$

   Diese Matrix **M** besitz den Rang rg(**M**) = 2, da maximal zwei der drei Zeilen bzw. der vier Spalten linear unabhängig sind.

Für den Rang rg(**A**) einer (m × n)-Matrix **A** gilt stets, dass er nie größer als die *kleinere* Seite der Matrix ist, d.h.

$$\text{rg}(\mathbf{A}) \leq \min\{m; n\}. \qquad \text{(VI.44)}$$

Eine (4 × 7)-Matrix besitzt also höchstens den Rang 4 und eine (4 × 2)-Matrix höchstens den Rang 2.

Eine (m × n)-Matrix **A** wird als *regulär* bezeichnet, wenn sie den *vollen Rang* besitzt, d.h. wenn

$$\text{rg}(\mathbf{A}) = \min\{m; n\}. \qquad \text{(VI.45)}$$

Andernfalls heißt sie *singulär*. So ist z.B. die Matrix **E** aus dem vorhergehenden Beispiel regulär und die Matrix **M** singulär. Speziell ist eine quadratische Matrix regulär, wenn r(**A**) = m ist, d.h. alle Zeilen und Spalten linear unabhängig sind. Das Produkt **C** = **A** · **B** zweier Matrizen **A** und **B** ist singulär, wenn eine der beiden Matrizen singulär ist. Ferner gilt, dass **C** höchstens den kleineren Rang der beiden Matrizen **A** und **B** haben kann, d.h.

$$\mathrm{rg}(\mathbf{A} \cdot \mathbf{B}) \leq \min\{\mathrm{rg}(\mathbf{A}); \mathrm{rg}(\mathbf{B})\}. \qquad \text{(VI.46)}$$

Ist **B** im Falle von (VI.46) quadratisch, so gilt $\mathrm{rg}(\mathbf{A} \cdot \mathbf{B}) = \min\{\mathrm{rg}(\mathbf{A}); \mathrm{rg}(\mathbf{B})\}$.

Es gilt generell, dass der Rang der Transponierten einer Matrix **A** dem Rang der Ursprungsmatrix **A** entspricht, d.h.

$$\mathrm{rg}(\mathbf{A}) = \mathrm{rg}(\mathbf{A}^{\mathrm{T}}). \qquad \text{(VI.47)}$$

Bisher ist offen geblieben, wie der Rang einer Matrix konkret berechnet werden kann. In Abschnitt IV 1.4.2 haben wir zwar gelernt nachzuweisen, ob eine gegebene Anzahl von Vektoren linear unabhängig ist oder nicht. Damit ist jedoch noch kein Weg aufgezeigt, wie man die Maximalzahl linear unabhängiger Vektoren bestimmt. Zur Berechnung des Rangs einer Matrix wird der *Gauß'sche Lösungsalgorithmus* herangezogen, den wir im folgenden Abschnitt VI 3 detailliert behandeln werden.

3. Lineare Gleichungssysteme

In der Praxis können wir viele Problemstellungen als lineare Gleichungssysteme modellieren. Für den Wirtschaftswissenschaftler ist es daher nützlich, fundierte Kenntnisse über Eigenschaften, Lösung und Anwendung linearer Gleichungssysteme zu besitzen. Nach einer Einführung in die Thematik werden wir uns daher in diesem Abschnitt primär mit der Lösung linearer Gleichungssysteme beschäftigen. Eng damit verbunden ist das Thema der linearen Abhängigkeit bzw. Unabhängigkeit von Vektoren. Zur Lösung eines linearen Gleichungssystems wird der sog. Gauß'sche Lösungsalgorithmus herangezogen. Mit ihm lässt sich auch die Frage nach der linearen Unabhängigkeit beantworten.

3.1 Einführung

Eine Gleichung gilt allgemein als linear, wenn alle Variablen ausschließlich in der ersten Potenz vorkommen und zwischen den Variablen die Verknüpfungen Multiplikation mit einem Skalar und Addition (bzw. Subtraktion), d.h. nur *Linearkombinationen* erlaubt sind. Es gilt also für eine lineare Gleichung allgemein

$$a_1 \cdot x_1 + a_2 \cdot x_2 + \ldots + a_n \cdot x_n = b\,, \tag{VI.48}$$

wobei wir die a_i für i = 1,2,…,n als die *Koeffizienten*, die x_i für i = 1,2,…,n als die *Variablen* und b als das *absolute Glied* der Gleichung bezeichnen.

Da wir die Koeffizienten und Variablen einer linearen Gleichung als n-dimensionale Vektoren

$$\mathbf{a} = \begin{pmatrix} a_1 & a_2 & \cdots & a_n \end{pmatrix} \quad \text{und} \quad \mathbf{x} = \begin{pmatrix} x_1 \\ x_2 \\ \vdots \\ x_n \end{pmatrix}$$

ausdrücken können, ist es möglich, die Gleichung auch in Form einer sog. *Vektorgleichung* darzustellen. Diese hat die Gestalt

$$\mathbf{a} \cdot \mathbf{x} = b. \tag{VI.49}$$

Liegen mehrere Gleichungen vor, die *simultan* für dieselben Variablen gelten, sprechen wir von einem sog. Gleichungssystem. Sind alle Gleichungen linear, handelt es sich um ein **lineares Gleichungssystem**:

$$
\begin{aligned}
a_{11} \cdot x_1 + a_{12} \cdot x_2 + \ldots + a_{1n} \cdot x_n &= b_1 \\
a_{21} \cdot x_1 + a_{22} \cdot x_2 + \ldots + a_{2n} \cdot x_n &= b_2 \\
\vdots \qquad \vdots \qquad\quad \vdots \quad &\quad \vdots \\
a_{m1} \cdot x_1 + a_{m2} \cdot x_2 + \ldots + a_{mn} \cdot x_n &= b_m
\end{aligned}
\qquad \text{(VI.50)}
$$

(VI.50) ist ein Gleichungssystem mit m Gleichungen und n Variablen. Sowohl die Koeffizienten a_{ij} (jedoch nicht alle gleichzeitig) als auch die absoluten Glieder b_i können gleich Null sein.

Wie anhand (VI.50) sehr gut zu erkennen ist, zeichnet sich eine matrixähnliche Form ab. Die linke Seite der ersten Gleichung ist gerade das Skalarprodukt des Zeilenvektors $(a_{11} \; a_{22} \; \ldots \; a_{1n})$ mit dem n-dimensionalen Spaltenvektor

$$
\mathbf{x} = \begin{pmatrix} x_1 \\ x_2 \\ \vdots \\ x_n \end{pmatrix}.
$$

Analoges gilt für die weiteren Gleichungen. Fassen wir sämtliche Koeffizienten zu einer $(m \times n)$-Matrix $\mathbf{A}$ und die absoluten Glieder zu einem m-dimensionalen Vektor $\mathbf{b}$ zusammen, also

$$
\mathbf{A} = \begin{pmatrix} a_{11} & a_{12} & \cdots & a_{1n} \\ a_{21} & a_{22} & \cdots & a_{2n} \\ \vdots & \vdots & & \vdots \\ a_{m1} & a_{m2} & \cdots & a_{mn} \end{pmatrix} \quad \text{und} \quad \mathbf{b} = \begin{pmatrix} b_1 \\ b_2 \\ \vdots \\ b_m \end{pmatrix},
$$

sind wir in der Lage das *Gleichungssystem in Matrixform* darzustellen:

$$
\mathbf{A} \cdot \mathbf{x} = \mathbf{b} \qquad \text{(VI.51)}
$$

Die $(m \times n)$-Matrix $\mathbf{A}$ ist dabei die sog. *Koeffizientenmatrix*, der n-dimensionale Vektor $\mathbf{x}$ der *Variablenvektor* und der m-dimensionale Vektor $\mathbf{b}$ der *Ergebnisvektor*.

Beispiel:

Klassische Schreibweise (mit Nummerierung)

$$
\begin{aligned}
\text{I:} &\quad -x_1 - 4x_2 + 3x_3 = 4 \\
\text{II:} &\quad 2x_1 \qquad\;\; - 7x_3 = 7 \\
\text{III:} &\quad 5x_1 + 4x_2 + x_3 = 0
\end{aligned}
$$

Matrixschreibweise

$$
\underbrace{\begin{pmatrix} -1 & -4 & 3 \\ 2 & 0 & -7 \\ 5 & 4 & 1 \end{pmatrix}}_{\mathbf{A}} \cdot \underbrace{\begin{pmatrix} x_1 \\ x_2 \\ x_3 \end{pmatrix}}_{\mathbf{x}} = \underbrace{\begin{pmatrix} 4 \\ 7 \\ 0 \end{pmatrix}}_{\mathbf{b}}
$$

Gilt für ein Gleichungssystem $\mathbf{A} \cdot \mathbf{x} = \mathbf{0}$, d.h. sind alle absoluten Glieder gleich Null, heißt es *homogen*. Liegt $\mathbf{A} \cdot \mathbf{x} = \mathbf{b}$ mit $\mathbf{b} \neq \mathbf{0}$ vor, d.h. ist mindestens ein Absolutkoeffizient von Null verschieden, sprechen wir von einem *inhomogenen Gleichungssystem*.

3.2 Lösung linearer Gleichungssysteme

Ob und wie viele Lösungen ein Gleichungssystem besitzt, hängt vom Typ des Gleichungssystems und der linearen Abhängigkeit bzw. Unabhängigkeit der Gleichungen des Systems ab. Allgemein können wir drei Typen von Gleichungssystemen unterscheiden:

Von einem **bestimmten Gleichungssystem** sprechen wir, wenn m = n gilt, d.h. so viele Gleichungen zur Verfügung stehen wie Variablen. Ein solches Gleichungssystem hat nur dann eine *eindeutige Lösung*, wenn *alle Gleichungen linear unabhängig* sind. Sind die Gleichungen *linear abhängig*, ergeben sich *unendlich viele Lösungen*. Wenn sich die Gleichungen des Systems *widersprechen*, sodass sie nicht gleichzeitig erfüllt sein können, dann kann *keine Lösung* existieren. Den Themen der linearen Abhängigkeit und der linearen Unabhängigkeit sowie Widersprüchen, werden wir uns im Abschnitt VI 3.3 im Detail widmen.

Ein **überbestimmtes Gleichungssystem** liegt vor, wenn m > n gilt, d.h. mehr Gleichungen als Variablen vorliegen. Ein solches Gleichungssystem hat i.d.R. *keine Lösung*, es sei denn, die m – n überflüssigen Gleichungen stellen gerade Linearkombinationen der restlichen Gleichungen dar.

Unter einem **unterbestimmten Gleichungssystem** verstehen wir ein Gleichungssystem für welches m < n gilt, also die Anzahl der Gleichungen kleiner ist als die der Variablen. Ein solches System hat i.d.R. *unendlich viele Lösungen*.

Im Rahmen dieses Grundkurses beschäftigen wir uns ausschließlich mit *bestimmten Gleichungssystemen* der Form $\mathbf{A} \cdot \mathbf{x} = \mathbf{b}$, die eine *quadratische Koeffizientenmatrix* $\mathbf{A}$ besitzen. Wir vereinbaren also generell m = n.

Zur Lösung derartiger Gleichungssysteme werden im Allgemeinen die Gleichungen des Systems mit Hilfe bestimmter **Operationen** (sog. *elementare Zeilentransformationen*), die die Lösungsmenge des Systems nicht verändern, so umgeformt, dass die Lösungen leicht bestimmbar sind. Operationen, für die dies gilt, sind Folgende:

1. Änderung der Gleichungs- und Variablenanordnung

In einem Gleichungssystem ist die Anordnung der Gleichungen und Variablen beliebig. Sie können also untereinander vertauscht werden, ohne dass sich die Lösungsmenge verändert.

Beispiel:

Gegeben sei das folgende Gleichungssystem:

$$\begin{aligned} \text{I:} \quad 2x_1 - 8x_2 &= 12 \\ \text{II:} \quad x_1 + 6x_2 &= -2 \end{aligned}$$

Wird nun die Reihenfolge der Gleichungen und der Variablen vertauscht, so hat dies keine Auswirkungen auf die Lösung ($x_1 = 2{,}8$ und $x_2 = -0{,}8$) des Systems.

$$\begin{aligned} \text{I':} \quad 6x_2 + x_1 &= -2 \\ \text{II':} \quad -8x_2 + 2x_1 &= 12 \end{aligned}$$

2. Multiplikation beliebiger Gleichungen mit einem Skalar

Jede Gleichung eines Systems darf mit einem Skalar $\lambda_i \neq 0$ multipliziert werden, ohne dass sich die Lösungsmenge ändert.

Beispiel:

Gegeben sei das folgende Gleichungssystem:

$$\begin{aligned} \text{I}: \quad & 2x_1 - \frac{1}{2}x_2 = -5 \\ \text{II}: \quad & 6x_1 - 3x_2 = 3 \end{aligned}$$

Werden nun z.B. Gleichung I mit –2 multipliziert und Gleichung II durch 3 dividiert, so ergibt sich ein „neues" Gleichungssystem, welches die gleiche Lösung ($x_1 = -1{,}5$ und $x_2 = 4$) wie das Ursprungssystem aufweist.

$$\begin{aligned} \text{I}' = \text{I}\cdot(-2): \quad & -4x_1 + x_2 = 10 \\ \text{II}' = \text{II}\cdot\left(\frac{1}{3}\right): \quad & 2_1 - x_2 = 1 \end{aligned}$$

3. Addition (Subtraktion) von Gleichungen

Eine Gleichung eines linearen Gleichungssystems kann zu (von) einer anderen Gleichung addiert (subtrahiert) werden, ohne dass sich die Lösungsmenge ändert.

Beispiel:

Gegeben sei das folgende Gleichungssystem:

$$\begin{aligned} \text{I}: \quad & 4x_1 + 6x_2 + 4x_3 = -1 \\ \text{II}: \quad & 5x_1 - x_2 - 3x_3 = 3 \\ \text{III}: \quad & x_1 + 2x_2 + 7x_3 = 3 \end{aligned}$$

Mögliche Additionen oder Subtraktionen könnten wie folgt aussehen:

$$\begin{aligned} \text{I}' = \text{I} - \text{II}: \quad & -x_1 + 7x_2 + 7x_3 = -4 \\ \text{II}' = \text{II} + \text{III}: \quad & 6x_1 + x_2 + 4x_3 = 6 \\ \text{III}' = -\text{III} + \text{I}: \quad & 3x_1 + 4x_2 - 3x_3 = -4 \end{aligned}$$

Dieses "neue" Gleichungssystem besitzt die gleiche Lösung ($x_1 = 0{,}76$, $x_2 = -1{,}10$ und $x_3 = 0{,}63$) wie das Ursprungssystem. Es ist wichtig, dass die zu ersetzende Gleichung (z.B. II) bei der Berechung der neuen Gleichung (z.B. II') berücksichtigt werden muss.

4. Linearkombination von Gleichungen

Kombinieren wir die letzten beiden Regeln, so bedeutet dies, dass wir Gleichungen in einem linearen Gleichungssystem linear kombinieren dürfen, ohne dass sich die Lösungsmenge ändert. Konkret dürfen wir eine Gleichung durch ihre **Linearkombination** mit einer oder mehreren anderen Gleichungen ersetzen.

So können wir etwa eine der beiden Gleichungen

$$\sum_{j=1}^{n} a_j \cdot x_j = b_1 \quad \text{und} \quad \sum_{j=1}^{n} c_j \cdot x_j = b_2$$

durch ihre Linearkombination (mit $\lambda,\ \omega \in \mathbb{R}$)

$$\lambda \cdot \sum_{j=1}^{n} a_j \cdot x_j + \omega \cdot \sum_{j=1}^{n} c_j \cdot x_j = \lambda \cdot b_1 + \omega \cdot b_2 \qquad \text{(VI.52)}$$

ersetzen. Wir erkennen daran, dass die Multiplikation einer Gleichung mit einem Skalar und die Addition (Subtraktion) von Gleichungen spezielle Formen von Linearkombinationen sind.

Beispiel:

Gegeben sei das folgende Gleichungssystem:

$$\begin{aligned} \text{I:} &\quad 5x_1 + 4x_2 = -4 \\ \text{II:} &\quad -x_1 - x_2 = 4 \end{aligned}$$

Mittels Linearkombination entsteht daraus ein "neues" Gleichungssystem, welches aber die identische Lösungsmenge ($x_1 = 12$ und $x_2 = -16$) besitzt.

$$\begin{aligned} \text{I}' = 2 \cdot \text{I} + \text{II:} &\quad 9x_1 + 7x_2 = -4 \\ \text{II}' = \text{II} - \text{I:} &\quad -6x_1 - 5x_2 = 8 \end{aligned}$$

Es sei noch einmal klar herausgestellt, dass durch die Linearkombination nur eine der an ihr beteiligten Gleichungen ersetzt werden darf und nicht jede beliebige.

Beispiel:

Gegeben sei ein Gleichungssystem mit 3 Variablen und den Gleichungen I, II und III.

Es ist nun beispielsweise möglich die Gleichung I durch Linearkombinationen aus I und II oder I und III aber niemals durch Linearkombinationen aus II und III zu ersetzen. Die zu ersetzende Gleichung muss immer in der Linearkombination berücksichtigt sein.

Nach Behandlung der Operationen, die die Lösungsmenge eines Gleichungssystems nicht verändern, sind wir nun in der Lage, allgemeine **Verfahren zur Lösung von Gleichungen** zu besprechen. Diese sollten noch aus der Schulzeit bekannt sein und stellen vereinfachte Varianten eines allgemein gültigen Verfahrens dar, das als *Gauß'scher Lösungsalgorithmus* oder *Gauß'sche Elimination* bezeichnet und in Abschnitt VI 3.4 im Detail behandelt wird. Wir wollen die verschiedenen Möglichkeiten der Gleichungslösung anhand eines einfachen Beispiels aufzeigen.

Beispiel:

Gegeben sei ein lineares Gleichungssystem, von dem bereits bekannt ist, dass alle Gleichungen linear unabhängig sind:

$$\begin{aligned} \text{I:} &\quad 2x_1 + x_2 = 4 \\ \text{II:} &\quad 10x_1 - 11x_2 = 4 \end{aligned}$$

In diesem Fall bieten sich zur Lösung des Gleichungssystems verschiedene Varianten an:

1. Auflösen einer Gleichung nach einer Variablen und Einsetzen in die andere Gleichung:
Es empfiehlt sich hier Gleichung I nach x_2 aufzulösen, woraus sich

$$x_2 = 4 - 2x_1$$

ergibt. Eingesetzt in Gleichung II erhalten wir

$$10x_1 - 11 \cdot (4 - 2x_1) = 4 \leftrightarrow x_1 = \frac{3}{2}.$$

Setzen wir diesen Wert nun wieder in den ersten Auflösungsschritt ein, erhalten wir

$$x_2 = 4 - 2 \cdot \frac{3}{2} = 1.$$

2. Auflösen beider Gleichungen nach der gleichen Variable und Gleichsetzen:
Beide Gleichungen werden nach x_2 aufgelöst. Es ergibt sich also

$$\text{I:} \quad x_2 = 4 - 2x_1$$

$$\text{II:} \quad x_2 = \frac{10}{11}x_1 - \frac{4}{11}.$$

Diese beiden Terme werden nun gleichgesetzt und nach x_1 aufgelöst:

$$4 - 2 \cdot x_1 = \frac{10}{11} \cdot x_1 - \frac{4}{11} \leftrightarrow x_1 = \frac{3}{2}$$

Wird nun der Wert von x_1 in Gleichung I oder II eingesetzt ergibt sich $x_2 = 1$.
3. Variablenelimination durch Linearkombination der Gleichungen:
Diese Lösungsmöglichkeit ist vor allem für Gleichungssysteme mit mehr als zwei Variablen interessant. Zur Veranschaulichung wollen wir sie hier aber trotzdem anwenden. Dazu müssen wir die beiden Gleichungen so linear kombinieren, dass dadurch eine der Variablen wegfällt. Es empfiehlt sich hier die Kombination

$$11 \cdot \text{I} + \text{II}: \quad (22x_1 + 11x_2) + (10x_1 - 11x_2) = 44 + 4,$$

woraus wir $x_1 = 3/2$ und nach Einsetzen dieses Wertes in eine der Ausgangsgleichungen $x_2 = 1$ erhalten.

Egal welche Lösungsvariante gewählt wird, ergibt sich also für das Gleichungssystem die eindeutige Lösungsmenge

$$L = \{\underbrace{1{,}5}_{x_1};\underbrace{1}_{x_2}\}.$$

3.3 Lineare Abhängigkeit / Lineare Unabhängigkeit

Wie im vorhergehenden Abschnitt erwähnt wurde, hat ein bestimmtes Gleichungssystem nur dann eine eindeutige Lösung, wenn die Gleichungen linear unabhängig sind. Nur dann erbringt jede Gleichung eine eigenständige Information in das Gleichungssystem ein. Von **linearer Abhängigkeit eines Gleichungssystems** sprechen wir, wenn eine Gleichung des Systems als *Linearkombination* (vgl. (VI.52)) von wenigstens einer weiteren Gleichung des Systems darstellbar ist. Ein solches linear abhängiges Gleichungssystem besitzt dann *unendlich viele Lösungen.* Aus der Matrizenschreibweise $\mathbf{A} \cdot \mathbf{x} = \mathbf{b}$ für das Gleichungssystem bzw. $\mathbf{A}_{k.} \cdot \mathbf{x} = \mathbf{b}_k$ für die k-te Gleichung erkennen wir, dass lineare Abhängigkeit eines Gleichungssystems genau dann vorliegt, wenn die Zeilenvektoren der Matrix **A** linear abhängig sind und wenn sich die rechten Seiten mit denselben Linearfaktoren entsprechend linear kombinieren lassen. Nach den Ergebnissen des Abschnitts VI 2.4 ist dann der Rang der Matrix **A** kleiner als ihre Zeilenzahl m, d.h. $rg(\mathbf{A}) < m$. Der Rang der Koeffizientenmatrix **A** gibt uns also Hinweise auf Art der Lösung eines bestimmten Gleichungssystems.

Beispiel:

Gegeben sei das folgende Gleichungssystem:

$$\begin{aligned} \text{I:} \quad 2x_1 + 4x_2 &= -8 \\ \text{II:} \quad -4x_1 - 8x_2 &= 16 \end{aligned}$$

Die Gleichung II des Systems ergibt sich aus Gleichung I offensichtlich durch die Linearkombination II = –2 · I. Man sagt auch, dass Gleichung II keine neuen Informationen zur Lösung des Gleichungssystems beiträgt. Das Gleichungssystem ist *linear abhängig* und besitzt *unendlich viele Lösungen*. Geometrisch können wir dies durch Auflösen beider Gleichungen nach x_2 verdeutlichen. Wir erhalten die zwei folgenden Geradengleichungen:

$$\begin{aligned} \text{I:} \quad x_2 &= -2 - 0{,}5x_1 \\ \text{II:} \quad x_2 &= -2 - 0{,}5x_1 \end{aligned}$$

Wir erkennen, dass die beiden *Geraden übereinander liegen* bzw. identisch sind. Da das Gleichungssystem aber die Werte für x_1 und x_2 sucht, für die I und II gelten, d.h. die *gleichzeitig auf beiden Geraden* liegen, gibt es unendlich viele Werte, die diese Bedingung erfüllen. Nur sich schneidende Geraden führen zu einer eindeutigen Lösung (vgl. nachfolgendes Beispiel zur linearen Unabhängigkeit).

In der Koeffizientenmatrix **A**, die wir aus dem hier vorliegenden Gleichungssystem bilden können, ergibt sich die zweite Zeile ebenso als Linearkombination der ersten. Ihr Rang ist daher kleiner als die Zeilenzahl, d.h. $rg(\mathbf{A}) < 2$.

Die **lineare Unabhängigkeit** eines linearen Gleichungssystems $\mathbf{A} \cdot \mathbf{x} = \mathbf{b}$ ist gegeben, wenn sich *keine* Gleichung des Systems als *Linearkombination* der übrigen Gleichungen darstellen lässt. Dies bedeutet für die Koeffizientenmatrix **A**, dass sie *vollen Rang* $rg(\mathbf{A}) = m$ besitzt, d.h. sowohl die Zeilen- als auch die Spaltenvektoren linear unabhängig sind.

Beispiel:

Gegeben sei das folgende Gleichungssystem:

$$\begin{aligned} \text{I:} \quad -x_1 + x_2 &= 1 \\ \text{II:} \quad 2x_1 + x_2 &= 1 \end{aligned}$$

Keine der Gleichungen lässt sich in diesem Fall als Linarkombination der anderen darstellen. Sie sind also *linear unabhängig* und das Gleichungssystem besitzt eine *eindeutige Lösung*. Diese Lösung ist nichts anderes als der *Schnittpunkt der Geraden*

$$\begin{aligned} \text{I:} \quad x_2 &= x_1 + 1 \\ \text{II:} \quad x_2 &= -2x_1 + 1. \end{aligned}$$

Dieser liegt bei (0; 1). Die Koeffizientenmatrix **A** besitzt folglich vollen Rang rg(**A**) = 2. Die Bedingung des vollen Ranges der Koeffizientenmatrix zum Erhalt einer eindeutigen Lösung wird uns vor allem im Abschnitt VI 3.4 von Nutzen sein. Wir werden hier nämlich ein Verfahren zur Bestimmung des Ranges einer Matrix vorstellen, welches uns dann erlaubt, die Lösbarkeit eines linearen Gleichungssystems zu beurteilen.

Neben linearer Abhängigkeit oder Unabhängigkeit kann noch ein dritter Fall eintreten. Es ist nämlich möglich, dass sich die Gleichungen eines Gleichungssystems widersprechen. Solche **Widersprüche** ergeben sich, wenn zwar die linken Seiten der Gleichungen linear abhängig sind, die rechten sich jedoch nicht mit den gleichen Faktoren linear kombinieren lassen wie die linken Seiten. Daraus folgt, dass für das betroffene Gleichungssystem *keine Lösung* existiert.

Die lineare Abhängigkeit der Zeilenvektoren der linken Seite bedeutet, dass der Rang der Koeffizientenmatrix kleiner als m ist, d.h. $rg(\mathbf{A}) = r < m$ gilt. r ist dabei die Anzahl der unabhängigen Vektoren in der Matrix **A**. Offensichtlich hat jedoch die um die rechte Seite **b** erweiterte Matrix, wir schreiben für diese (**A**, **b**), einen um eins größeren Rang, weil sich diese Koeffizienten gerade nicht in der selben Weise linear kombinieren lassen wie die entsprechenden Koeffizienten der linken Seite. Zusammenfassend können wir daher festhalten: Ein Gleichungssystem $\mathbf{A} \cdot \mathbf{x} = \mathbf{b}$ ist widersprüchlich, wenn zwar $rg(\mathbf{A}) = r < m$ gilt, jedoch $rg(\mathbf{A}, \mathbf{b}) = r + 1$ ist.

Beispiel:

Gegeben sei folgendes lineare Gleichungssystem:

$$\begin{aligned} \text{I}: \quad 4x_1 + 2x_2 &= 4 \\ \text{II}: \quad 8x_1 + 4x_2 &= 16 \end{aligned}$$

Für die linken Gleichungsseiten gilt die Beziehung II = 2 · I. Dieselbe Linearkombination gilt jedoch nicht auch für die rechte Seite. Es müsste sich nämlich für die rechte Seite von Gleichung II der Wert 2 · 4 = 8 an Stelle der 16 ergeben. Wir sagen daher, es liegt ein *Widerspruch* vor und das Gleichungssystem besitzt *keine Lösung*. Geometrisch können wir uns dies veranschaulichen durch die Geraden

$$\begin{aligned} \text{I}': \quad x_2 &= 2 - 2x_1 \\ \text{II}': \quad x_2 &= 4 - 2x_1 \end{aligned}$$

Sie verlaufen parallel (gleiche Steigung), sodass es keine Punkte gibt, die auf beiden Geraden gleichzeitig liegen bzw. beide Gleichungen I und II des Systems erfüllen.

3.4 Der Gauß'sche Lösungsalgorithmus

Der Gauß'sche Lösungsalgorithmus ist eines der bekanntesten Verfahren zur Lösung bestimmter linearer Gleichungssysteme der Form $\mathbf{A} \cdot \mathbf{x} = \mathbf{b}$. Grundidee des Verfahrens ist es, die um den Ergebnisvektor **b** erweiterte Koeffizientenmatrix **A** mittels der unter VI 3.2 behandelten elementaren Zeilentransformationen in eine Matrix von *Dreiecksstufengestalt* (VI.53) zu bringen. Entsteht durch die Transformationen eine Form (VI.53), sind die Gleichungen des Systems linear unabhängig, besitzt die erweiterte Matrix vollen Rang und das Gleichungssystem ist eindeutig lösbar. Die eindeutige Lösung kann dann aus der Dreiecksform abgeleitet werden (vgl. folgende Beispiele).

$$\begin{pmatrix} a_{11} & a_{12} & a_{13} & \cdots & a_{1m} & b_1 \\ a_{21} & a_{22} & a_{23} & \cdots & a_{2m} & b_2 \\ a_{31} & a_{32} & a_{33} & \cdots & a_{3m} & b_3 \\ \vdots & \vdots & \vdots & & \vdots & \vdots \\ a_{m1} & a_{m2} & a_{m3} & \cdots & a_{mm} & b_m \end{pmatrix} \xrightarrow[\text{Algorithmus}]{\text{Gauß'scher}} \begin{pmatrix} \tilde{a}_{11} & \tilde{a}_{12} & \tilde{a}_{13} & \cdots & \tilde{a}_{1m} & \tilde{b}_1 \\ 0 & \tilde{a}_{22} & \tilde{a}_{23} & \cdots & \tilde{a}_{2m} & \tilde{b}_2 \\ 0 & 0 & \tilde{a}_{33} & \cdots & \tilde{a}_{3m} & \tilde{b}_3 \\ \vdots & \vdots & \ddots & & \vdots & \vdots \\ 0 & 0 & \cdots & 0 & \tilde{a}_{mm} & \tilde{b}_m \end{pmatrix} \quad \text{(VI.53)}$$

Bei Herstellung der Matrix von Dreiecksstufengehalt sollte so vorgegangen werden, dass *spaltenweise* alle Elemente unterhalb der "Hauptdiagonalen" durch die Transformationen Null werden. Am besten wäre es, wenn die Elemente auf der "Hauptdiagonalen" dadurch Eins würden. Die spezielle Vorgehensweise, die dies erreicht, wird auch als Pivotisierung bezeichnet und von uns Ende dieses Abschnitts im Detail behandelt.

Kommt es im Zuge der Transformationen dazu, dass in der erweiterten Matrix eine oder mehrere Nullzeilen entstehen, besitzt die erweiterte Matrix keinen vollen Rang bzw. die Gleichungen des Systems sind linear abhängig und das Gleichungssystem besitzt unendlich viele Lösungen. Auch Widersprüche bei Gleichungen werden während des Transformationsvorgangs aufgedeckt. Die linken Seiten sind linear abhängig, wodurch sich in diesem Teil Nullen ergeben. Da sich die rechten Seiten nicht entsprechend linear kombinieren lassen, ist die rechte Seite ungleich Null. Es treten also Nullzeilen auf, deren letzte Koeffizienten von Null verschieden sind.

Es wird deutlich, dass wir zur Lösung des Systems nach dem Gauß'schen Lösungsalgorithmus nicht separat den Rang der Matrix **A** betrachten müssen, wie wir es in Abschnitt VI 3.3 beschrieben haben. Im Falle eines Widerspruchs haben wir dort nämlich gesehen, dass eine Aussage zur Lösbarkeit erst durch den Vergleich des Ranges der Koeffizientenmatrix und der erweiterten Matrix möglich ist. Der Gaußsche Lösungsalgorithmus kommt ohne einen solchen Vergleich aus. Hier ist eine Fokussierung auf die erweiterte Matrix ausreichend.

Beispiel 1: System mit eindeutiger Lösung

$$\begin{array}{llcl} \text{I:} & x_1 + x_2 & = & 1 \\ \text{II:} & x_1 + x_3 & = & 2 \\ \text{III:} & x_1 - x_2 + x_3 & = & 3 \end{array} \quad \leftrightarrow \quad \underbrace{\begin{pmatrix} 1 & 1 & 0 \\ 1 & 0 & 1 \\ 1 & -1 & 1 \end{pmatrix}}_{\mathbf{A}} \cdot \underbrace{\begin{pmatrix} x_1 \\ x_2 \\ x_3 \end{pmatrix}}_{\mathbf{x}} = \underbrace{\begin{pmatrix} 1 \\ 2 \\ 3 \end{pmatrix}}_{\mathbf{b}}$$

1. Schritt: Aufstellen der erweiterten Matrix (**A**, **b**) und Gauß'scher Lösungsalgorithmus

$$\left(\begin{array}{ccc|c} 1 & 1 & 0 & 1 \\ 1 & 0 & 1 & 2 \\ 1 & -1 & 1 & 3 \end{array}\right) \xrightarrow[\text{III}-\text{I}]{\text{II}-\text{I}} \begin{pmatrix} 1 & 1 & 0 & 1 \\ 0 & -1 & 1 & 1 \\ 0 & -2 & 1 & 2 \end{pmatrix} \xrightarrow{\text{III}-2\cdot\text{II}} \begin{pmatrix} 1 & 1 & 0 & 1 \\ 0 & -1 & 1 & 1 \\ 0 & 0 & -1 & 0 \end{pmatrix}$$

Wir können daraus folgern, dass rg(**A**, **b**) = min{3; 4} = 3 gilt, da im Zuge der Transformation keine Nullzeilen entstehen. Die erweiterte Matrix besitzt also vollen Rang. Dies bedeutet für das Gleichungssystem, dass 3 linear unabhängige Gleichungen mit 3 Unbekannten vorliegen und das System eine eindeutige Lösung besitzt.

2. Schritt: Bestimmung der Lösung des Gleichungssystems

Zur Berechnung der Lösung des Systems wird die Dreiecksform der erweiterten Matrix wieder in ein Gleichungssystem umgeschrieben. Es ergibt sich in diesem Fall:

$$\begin{array}{llcrcl} \text{I}': & x_1 & +x_2 & & = & 1 \\ \text{II}': & & -x_2 & +x_3 & = & 1 \\ \text{III}': & & & -x_3 & = & 0 \end{array}$$

Aus III' folgt $x_3 = 0$. Eingesetzt in II' ergibt sich $x_2 = -1$. Einsetzen dieses Wertes in I' wiederum liefert $x_1 = 2$. Als Lösungsmenge können wir daher $L = \{2; -1; 0\}$ angeben.

Beispiel 2: System mit unendlich vielen Lösungen (mehrdeutige Lösung)

$$\begin{array}{llcrcl} \text{I}: & x_1 & +\,x_2 & & = & 1 \\ \text{II}: & x_1 & +2x_2 & +x_3 & = & 4 \\ \text{III}: & 2x_1 & +3x_2 & +x_3 & = & 5 \end{array} \quad \leftrightarrow \quad \underbrace{\begin{pmatrix} 1 & 1 & 0 \\ 1 & 2 & 1 \\ 2 & 3 & 1 \end{pmatrix}}_{\mathbf{A}} \cdot \underbrace{\begin{pmatrix} x_1 \\ x_2 \\ x_3 \end{pmatrix}}_{\mathbf{x}} = \underbrace{\begin{pmatrix} 1 \\ 4 \\ 5 \end{pmatrix}}_{\mathbf{b}}$$

1. Schritt: Aufstellen der erweiterten Matrix (**A**, **b**) und Gauß'scher Lösungsalgorithmus

$$\left(\begin{array}{ccc|c} 1 & 1 & 0 & 1 \\ 1 & 2 & 1 & 4 \\ 2 & 3 & 1 & 5 \end{array}\right) \xrightarrow[\text{III}-2\cdot\text{I}]{\text{II}-\text{I}} \begin{pmatrix} 1 & 1 & 0 & 1 \\ 0 & 1 & 1 & 3 \\ 0 & 1 & 1 & 3 \end{pmatrix} \xrightarrow{\text{III}-\text{II}} \begin{pmatrix} 1 & 1 & 0 & 1 \\ 0 & 1 & 1 & 3 \\ 0 & 0 & 0 & 0 \end{pmatrix}$$

Im Zuge der Transformationen kommt es hier zu einer Nullzeile, sodass die erweiterte Matrix nicht vollen Rang $\min\{3; 4\} = 3$, sondern nur $rg(\mathbf{A}, \mathbf{b}) = 2$ besitzt (voller Rang reduziert um Anzahl der Nullzeilen). Dies bedeutet für das Gleichungssystem, dass nur 2 linear unabhängige Gleichungen mit 3 Unbekannten vorliegen und das System so unendlich viele Lösungen besitzt.

2. Schritt: Darstellung der unendlich vielen Lösungen des Gleichungssystems

Um die Lösungen des Systems darstellen zu können, sind in diesem Beispiel (3–2) = 1 Unbekannte frei zu wählen bzw. als gegeben zu betrachten und die anderen in Abhängigkeit von dieser zu formulieren. Wählen wir z.B. x_3, müssen wir x_1 und x_2 in Abhängigkeit von x_3 ermitteln. Grundlage dafür ist wieder die in ein Gleichungssystem umgesetzte Dreiecksform der erweiterten Matrix.

$$\begin{array}{llcrcl} \text{I}': & x_1 & +x_2 & & = & 1 \\ \text{II}': & & x_2 & +x_3 & = & 3 \end{array}$$

Aus II' ergibt sich $x_2 = 3 - x_3$. Eingesetzt in I' erhalten wir $x_1 + (3 - x_3) = 1 \leftrightarrow x_1 = x_3 - 2$. Damit erhalten wir die Lösungsmenge $L = \{x_3 - 2; 3 - x_3; x_3\}$, wobei x_3 aus den reellen Zahlen frei wählbar ist. Selbstverständlich könnten wir anfänglich auch x_1 oder x_2 wählen und die anderen Variablen in Abhängigkeit von diesen ausdrücken.

Beispiel 3: System ohne Lösung

$$\begin{array}{llcrl} \text{I}: & 2x_1 & +\,x_2 & = & 2 \\ \text{II}: & 4x_1 & +2x_2 & = & 12 \end{array} \quad \leftrightarrow \quad \underbrace{\begin{pmatrix} 2 & 1 \\ 4 & 2 \end{pmatrix}}_{\mathbf{A}} \cdot \underbrace{\begin{pmatrix} x_1 \\ x_2 \end{pmatrix}}_{\mathbf{x}} = \underbrace{\begin{pmatrix} 2 \\ 12 \end{pmatrix}}_{\mathbf{b}}$$

<u>1. Schritt:</u> Aufstellen der erweiterten Matrix (**A**, **b**) und Gauß'scher Lösungsalgorithmus

$$\begin{pmatrix} 2 & 1 & 2 \\ 4 & 2 & 12 \end{pmatrix} \xrightarrow{0,5\cdot I} \begin{pmatrix} 1 & 0,5 & 1 \\ 4 & 2 & 12 \end{pmatrix} \xrightarrow{II-4\cdot I} \begin{pmatrix} 1 & 0,5 & 1 \\ 0 & 0 & 8 \end{pmatrix}$$

Es gilt hier zwar rg(**A**, **b**) = min{2; 3} = 2, d.h. die erweiterte Matrix hat vollen Rang, doch beinhaltet die umgeformte erweiterte Matrix eine Nullzeile, deren letztes Element von Null verschieden ist. Es würde sich also 0 = 8 ergeben. Dies bedeutet, dass der Rang von (**A**, **b**) größer ist als der Rang der Koeffizientenmatrix **A** (rg(**A**) = 1, vgl. nachfolgendes Beispiel) und das Gleichungssystem nach unseren Erkenntnissen aus Abschnitt VI 3.3 widersprüchlich ist.

<u>2. Schritt:</u> Lösung des Gleichungssystems

Ein widersprüchliches Gleichungssystem besitzt keine Lösung. Wir können daher L = ∅ schreiben. Dies sieht man auch direkt, wenn die beiden Ausgangsgleichungen nach x_2 aufgelöst werden. Es resultieren nämlich die beiden parallelen Geraden $x_2 = 2 - 2x_1$ und $x_2 = 6 - 2x_1$.

Wie die vorhergehenden Beispiele gezeigt haben, steht uns mit dem Gauß'schen Lösungsalgorithmus nicht nur ein Lösungsverfahren für lineare Gleichungssysteme, sondern auch ein Werkzeug zur konkreten *Bestimmung des Ranges von Matrizen* zur Verfügung. Aufgrund dessen besonderer Bedeutung, wollen wir das Lösungsverfahren noch einmal separat aufzeigen. Wir bestimmen dazu im folgenden Beispiel die Ränge der Koeffizientenmatrizen aus den vorhergehenden Beispielen.

Beispiel:

zu Beispiel 1:

Zur Bestimmung von rg(**A**) muss zunächst versucht werden, die Matrix **A** mittels verschiedener linearer Zeilentransformationen in eine obere Dreiecksform zu bringen.

$$\begin{pmatrix} 1 & 1 & 0 \\ 1 & 0 & 1 \\ 1 & -1 & 1 \end{pmatrix} \xrightarrow[III-I]{II-III} \begin{pmatrix} 1 & 1 & 0 \\ 0 & 1 & 0 \\ 0 & -2 & 1 \end{pmatrix} \xrightarrow{III+2\cdot II} \begin{pmatrix} 1 & 1 & 0 \\ 0 & 1 & 0 \\ 0 & 0 & 1 \end{pmatrix}$$

Da keine Nullzeilen auftreten besitzt die Matrix vollen Rang, d.h. rg(**A**) = min{3; 3} = 3.

zu Beispiel 2:

$$\begin{pmatrix} 1 & 1 & 0 \\ 1 & 2 & 1 \\ 2 & 3 & 1 \end{pmatrix} \xrightarrow[III-2\cdot I]{II-I} \begin{pmatrix} 1 & 1 & 0 \\ 0 & 1 & 1 \\ 0 & 1 & 1 \end{pmatrix} \xrightarrow{III-II} \begin{pmatrix} 1 & 1 & 0 \\ 0 & 1 & 1 \\ 0 & 0 & 0 \end{pmatrix}$$

Da eine Nullzeile entsteht erhalten wir den (nicht vollen) Rang rg(**A**) = min{3; 3} – 1 = 2.

zu Beispiel 3:

$$\begin{pmatrix} 2 & 1 \\ 4 & 2 \end{pmatrix} \xrightarrow{II-2\cdot I} \begin{pmatrix} 2 & 1 \\ 0 & 0 \end{pmatrix}$$

Aufgrund der entstehenden Nullzeile besitzt die Matrix **A** nicht vollen Rang. Konkret gilt rg(**A**) = min{2; 2} – 1 = 1.

Zum Abschluss dieses Abschnitts wollen wir nun noch auf die bereits erwähnte **Pivotisierung** eingehen. Es handelt sich dabei um ein systematisches Verfahren, mit dem wir das Ergebnis des Gauß'schen Lösungsalgorithmus effizient erzeugen können. Wir werden dieses Verfahren insbesondere im Rahmen der linearen Optimierung im Abschnitt VI 5.2 benötigen.

Betrachten wir dazu ein in *Tableau-Form* dargestelltes Gleichungssystem, in dem an der Stelle a_{ij} eine 1, an den übrigen Stellen der j-ten Spalte, d.h. an den Stellen a_{sj} mit $s \neq i$, eine Null erzeugt werden soll. Das Element a_{ij}, an dessen Stelle die 1 erzeugt werden soll, heißt *Pivotelement*. Die i-te Zeile heißt *Pivotzeile*, die j-te Spalte *Pivotspalte*. Die Gesamtheit der Rechenschritte, die die Umwandlung der Pivotspalte in einen Einheitsvektor leistet, heißt *Pivotschritt*.

$$\begin{array}{cccccccc|c}
a_{11} & a_{12} & \cdots & a_{1j} & \cdots & a_{1t} & \cdots & a_{1m} & b_1 \\
a_{21} & a_{22} & \cdots & a_{2j} & \cdots & a_{2t} & \cdots & a_{2m} & b_2 \\
\vdots & \vdots & & \vdots & & & & & \vdots \\
a_{i1} & a_{i2} & \cdots & \boxed{a_{ij}} & \cdots & a_{it} & \cdots & a_{im} & b_i \\
\vdots & \vdots & & \vdots & & & & & \vdots \\
a_{s1} & a_{s2} & \cdots & a_{sj} & \cdots & a_{st} & \cdots & a_{sm} & b_s \\
\vdots & \vdots & & \vdots & & \vdots & & \vdots & \vdots \\
a_{m1} & a_{m2} & \cdots & a_{mj} & \cdots & a_{mt} & \cdots & a_{mm} & b_m \\
\hline
\end{array}$$

Um eine Null an der Stelle a_{sj} ($s \neq i$) zu erzeugen, multiplizieren wir die Pivotzeile mit $-a_{sj} / a_{ij}$ und addieren dies zur s-ten Zeile. Der neue Wert in der s-ten Zeile ist also gerade diese Summe, d.h. $a_{st} + (-a_{sj} / a_{ij}) \cdot a_{it}$. Es gilt also wie gewünscht

$$a_{sj}^{\text{neu}} = a_{sj} - \frac{a_{sj}}{a_{ij}} a_{ij} = 0\,.$$

Für die übrigen Elemente der s-ten Zeile gilt jeweils für $s \neq i$ und $t \neq j$:

$$a_{st}^{\text{neu}} = a_{st} - \frac{a_{sj}}{a_{ij}} a_{it}$$

$$b_s^{\text{neu}} = b_s - \frac{a_{sj}}{a_{ij}} b_i$$

Schließlich wird zur Erzeugung der 1 an der Stelle des Pivotelements die Pivotzeile durch a_{ij} dividiert:

$$a_{it}^{\text{neu}} = \frac{a_{it}}{a_{ij}}\,,\quad b_i^{\text{neu}} = \frac{b_i}{a_{ij}}$$

Die Umformung eines linearen Gleichungssystems durch sukzessive Anwendung der Pivotschritte nennen wir *Pivotisieren*. Resultat des Pivotisierens ist eine *Einheitsmatrix* auf der linken Seite der Tableau-Form, die es uns erlaubt die finalen Werte der rechten Tableau-Seite direkt als Lösungen des Gleichungssystems zu interpretieren.

Beispiel:

Ein Gleichungssystem liefere folgende Tableau-Form:

$$\begin{array}{rrrr|r} \boxed{1} & 2 & -3 & -1 & 6 \\ -4 & 1 & -1 & 2 & 3 \\ -1 & 3 & 4 & 1 & -3 \\ 1 & 1 & 1 & 1 & 5 \\ \hline \end{array}$$

Zur Durchführung des *ersten Pivotschrittes* sind folgende Rechenoperationen notwendig:

$$\begin{array}{ccccc|c} & \frac{1}{1} & \frac{2}{1} & \frac{-3}{1} & \frac{-1}{1} & \frac{6}{1} \\ & -4-\frac{(-4)}{1}\cdot 1 & 1-\frac{(-4)}{1}\cdot 2 & -1-\frac{(-4)}{1}\cdot(-3) & 2-\frac{(-4)}{1}\cdot(-1) & 3-\frac{(-4)}{1}\cdot 6 \\ & -1-\frac{(-1)}{1}\cdot 1 & 3-\frac{(-1)}{1}\cdot 2 & 4-\frac{(-1)}{1}\cdot(-3) & 1-\frac{(-1)}{1}\cdot(-1) & -3-\frac{(-1)}{1}\cdot 6 \\ & 1-\frac{1}{1}\cdot 1 & 1-\frac{1}{1}\cdot 2 & 1-\frac{1}{1}\cdot(-3) & 1-\frac{1}{1}\cdot(-1) & 5-\frac{1}{1}\cdot 6 \\ \hline \end{array}$$

Wir erhalten damit das folgende Tableau, in dem wir bereits das Pivotelement für den nächsten Schritt gekennzeichnet haben. Dieses weist nun einen Einheitsvektor in der ersten Spalte auf. Es sei angemerkt, dass wir im Prinzip die Pivotzeile hier nicht durch das Pivotelement hätten dividieren müssen, da dieses bereits 1 ist.

$$\begin{array}{rrrr|r} 1 & 2 & -3 & -1 & 6 \\ 0 & \boxed{9} & -13 & -2 & 27 \\ 0 & 5 & 1 & 0 & 3 \\ 0 & -1 & 4 & 2 & -1 \\ \hline \end{array}$$

Grundsätzlich gilt, dass bei der Pivotisierung ein einmal generierter Einheitsvektor im Zuge der verschiedenen Pivotschritte im Tableau erhalten bleibt. Wir können daher die Transformation derartiger Spalten im Folgenden außer Acht lassen.

Beim *zweiten Pivotschritt* erhalten wir:

$$\begin{array}{ccccc|c} 1 & 2-\frac{2}{9}\cdot 9 & -3-\frac{2}{9}\cdot(-13) & -1-\frac{2}{9}\cdot(-2) & 6-\frac{2}{9}\cdot 27 \\ 0 & \frac{9}{9} & \frac{-13}{9} & \frac{-2}{9} & \frac{27}{9} \\ 0 & 5-\frac{5}{9}\cdot 9 & 1-\frac{5}{9}\cdot(-13) & 0-\frac{5}{9}\cdot(-2) & 3-\frac{5}{9}\cdot 27 \\ 0 & -1-\frac{(-1)}{9}\cdot 9 & 4-\frac{(-1)}{9}\cdot(-13) & 2-\frac{(-1)}{9}\cdot(-2) & -1-\frac{(-1)}{9}\cdot 27 \\ \hline \end{array}$$

$$\begin{array}{cccc|c} 1 & 0 & -\frac{1}{9} & -\frac{5}{9} & 0 \\ 0 & 1 & -\frac{13}{9} & -\frac{2}{9} & 3 \\ 0 & 0 & \boxed{\frac{74}{9}} & \frac{10}{9} & -12 \\ 0 & 0 & \frac{23}{9} & \frac{16}{9} & 2 \\ \hline \end{array}$$

Der *dritte Pivotschritt* liefert:

$$
\begin{array}{cccc|c}
1 & 0 & -\frac{1}{9}-\frac{(-\frac{1}{9})}{\frac{74}{9}}\cdot\frac{74}{9} & -\frac{5}{9}-\frac{(-\frac{1}{9})}{\frac{74}{9}}\cdot\frac{10}{9} & 0-\frac{(-\frac{1}{9})}{\frac{74}{9}}\cdot(-12) \\
0 & 1 & -\frac{13}{9}-\frac{(-\frac{13}{9})}{\frac{74}{9}}\cdot\frac{74}{9} & -\frac{2}{9}-\frac{(-\frac{13}{9})}{\frac{74}{9}}\cdot\frac{10}{9} & 3-\frac{(-\frac{13}{9})}{\frac{74}{9}}\cdot(-12) \\
0 & 0 & \frac{\frac{74}{9}}{\frac{74}{9}} & \frac{\frac{10}{9}}{\frac{74}{9}} & \frac{-12}{\frac{74}{9}} \\
0 & 0 & \frac{23}{9}-\frac{\frac{23}{9}}{\frac{74}{9}}\cdot\frac{74}{9} & \frac{16}{9}-\frac{\frac{23}{9}}{\frac{74}{9}}\cdot\frac{10}{9} & 2-\frac{\frac{23}{9}}{\frac{74}{9}}\cdot(-12) \\
\hline
\end{array}
$$

$$
\begin{array}{cccc|c}
1 & 0 & 0 & -\frac{20}{37} & -\frac{6}{37} \\
0 & 1 & 0 & -\frac{1}{37} & \frac{33}{37} \\
0 & 0 & 1 & \frac{5}{37} & -\frac{54}{37} \\
0 & 0 & 0 & \boxed{\frac{53}{37}} & \frac{212}{37} \\
\hline
\end{array}
$$

Nach dem *vierten Pivotschritt* erhalten wir folgendes finale Tableau:

$$
\begin{array}{cccc|c}
1 & 0 & 0 & -\frac{20}{37}-\frac{(-\frac{20}{37})}{\frac{53}{37}}\cdot\frac{53}{37} & -\frac{6}{37}-\frac{(-\frac{20}{37})}{\frac{53}{37}}\cdot\frac{212}{37} \\
0 & 1 & 0 & -\frac{1}{37}-\frac{(-\frac{1}{37})}{\frac{53}{37}}\cdot\frac{53}{37} & \frac{33}{37}-\frac{(-\frac{1}{37})}{\frac{53}{37}}\cdot\frac{212}{37} \\
0 & 0 & 1 & \frac{5}{37}-\frac{\frac{5}{37}}{\frac{53}{37}}\cdot\frac{53}{37} & -\frac{54}{37}-\frac{\frac{5}{37}}{\frac{53}{37}}\cdot\frac{212}{37} \\
0 & 0 & 0 & \frac{\frac{53}{37}}{\frac{53}{37}} & \frac{\frac{212}{37}}{\frac{53}{37}} \\
\hline
\end{array}
$$

$$
\begin{array}{cccc|c}
1 & 0 & 0 & 0 & 2 \\
0 & 1 & 0 & 0 & 1 \\
0 & 0 & 1 & 0 & -2 \\
0 & 0 & 0 & 1 & 4 \\
\hline
\end{array}
$$

Aus diesem letzten Tableau können wir nun direkt die Lösung des Gleichungssystems, d.h. $x_1 = 2$, $x_2 = 1$, $x_3 = -2$ und $x_4 = 4$, ablesen.

4. Determinanten

Jeder quadratischen Matrix kann eine reelle Zahl, die sich aus den Elementen der Matrix bestimmen lässt, eindeutig zugeordnet werden. Diese Zahl wird als ihre Determinante bezeichnet. Beginnend mit Methoden zur Berechnung von Determinanten legen wir unser Hauptaugenmerk in diesem Abschnitt auf Anwendungen von Determinanten. So können wir mit ihrer Hilfe z.B. Aussagen über den Rang von Matrizen machen, Inversen bestimmen und lineare Gleichungssysteme lösen.

4.1 Begriff, Berechnung und Eigenschaften

Jeder *reellwertigen, quadratischen* Matrix **A** können wir eine reelle Zahl k zuordnen, die sich **Determinante** nennt und mit det **A** bezeichnet wird. In der Literatur ist es dabei üblich, zur Darstellung von Determinanten die runden Klammern der Matrix durch senkrechte Striche zu ersetzen, die allerdings *nicht mit einem Absolutbetrag verwechselt* werden dürfen:

$$\mathbf{A} = \begin{pmatrix} a_{11} & a_{12} & \cdots & a_{1m} \\ a_{21} & a_{22} & \cdots & a_{2m} \\ \vdots & \vdots & & \vdots \\ a_{m1} & a_{m2} & \cdots & a_{mm} \end{pmatrix} \quad \rightarrow \quad \det \mathbf{A} = \begin{vmatrix} a_{11} & a_{12} & \cdots & a_{1m} \\ a_{21} & a_{22} & \cdots & a_{2m} \\ \vdots & \vdots & & \vdots \\ a_{m1} & a_{m2} & \cdots & a_{mm} \end{vmatrix} = k \qquad \text{(VI.54)}$$

Abhängig von der Dimension m der quadratischen Matrix existieren verschiedene Möglichkeiten zur **Berechnung von Determinanten**:

1. (1 × 1)-Matrix

Die Determinante einer (1 × 1)-Matrix entspricht genau ihrem einzigen Element:

$$\mathbf{A} = (a_{11})_{(1\times 1)} \quad \rightarrow \quad \det \mathbf{A} = |a_{11}| = a_{11} \qquad \text{(VI.55)}$$

2. (2 × 2)-Matrix

Die Determinante einer (2 × 2)-Matrix erhalten wir als Differenz aus dem Produkt der Elemente der Hauptdiagonalen und dem Produkt der Elemente der Nebendiagonalen:

$$\mathbf{A} = \begin{pmatrix} a_{11} & a_{12} \\ a_{21} & a_{22} \end{pmatrix}_{(2\times 2)} \quad \rightarrow \quad \det \mathbf{A} = \begin{vmatrix} a_{11} & a_{12} \\ a_{21} & a_{22} \end{vmatrix} = a_{11} \cdot a_{22} - a_{12} \cdot a_{21} \qquad \text{(VI.56)}$$

Beispiel 1: Berechnung

$$\mathbf{A}=\begin{pmatrix}1 & 0\\ -3 & 7\end{pmatrix} \rightarrow \det\mathbf{A}=\begin{vmatrix}1 & 0\\ -3 & 7\end{vmatrix}=1\cdot 7-0\cdot(-3)=7$$

Beispiel 2: Interpretation

Die Determinante einer (2 × 2)-Matrix begegnet uns bei der Lösung des allgemeinen linearen Gleichungssystems

$$\begin{aligned} \text{I}: \quad & a_{11}x_1+a_{12}x_2=b_1\\ \text{II}: \quad & a_{21}x_1+a_{22}x_2=b_2. \end{aligned}$$

Durch Auflösen von I nach x_1 erhalten wir

$$x_1=\frac{b_1-a_{12}x_2}{a_{11}}.$$

Eingesetzt in II ergibt sich

$$x_2=\frac{a_{11}\cdot b_2-a_{21}\cdot b_1}{a_{11}\cdot a_{22}-a_{21}\cdot a_{12}}=\frac{a_{11}\cdot b_2-a_{21}\cdot b_1}{\det\mathbf{A}}$$

$$x_1=\frac{a_{22}\cdot b_1-a_{12}\cdot b_2}{a_{11}\cdot a_{22}-a_{21}\cdot a_{12}}=\frac{a_{22}\cdot b_1-a_{12}\cdot b_2}{\det\mathbf{A}}.$$

Wir erkennen, dass die Nenner beider Ausdrücke identisch und gleich der Determinante der Koeffizientenmatrix **A** sind.

3. (3 × 3)-Matrix

Die Berechnung der Determinante einer (3 × 3)-Matrix erfolgt nach der sog. **Regel von Sarrus**. Hierbei wird zunächst aus einer gegebenen Matrix **A** eine *erweiterte Matrix* A^{erw} durch Anfügen der ersten beiden Spalten der Ursprungsmatrix gebildet:

$$\mathbf{A}=\begin{pmatrix}a_{11} & a_{12} & a_{13}\\ a_{21} & a_{22} & a_{23}\\ a_{31} & a_{32} & a_{33}\end{pmatrix}_{(3\times 3)} \rightarrow \mathbf{A}^{erw}=\left(\begin{array}{ccc|cc}a_{11} & a_{12} & a_{13} & a_{11} & a_{12}\\ a_{21} & a_{22} & a_{23} & a_{21} & a_{22}\\ a_{31} & a_{32} & a_{33} & a_{31} & a_{32}\end{array}\right) \quad \text{(VI.57)}$$

Die Determinante det **A** können wir bestimmen, indem wir von der Summe der Produkte der "Hauptdiagonalelemente" die Summe der Produkte der "Nebendiagonalelemente" der erweiterten Matrix $\mathbf{A}^{erw}$ subtrahieren:

$$\begin{aligned}\det\mathbf{A}= \; & a_{11}\cdot a_{22}\cdot a_{33}+a_{12}\cdot a_{23}\cdot a_{31}+a_{13}\cdot a_{21}\cdot a_{32}\\ & -a_{13}\cdot a_{22}\cdot a_{31}-a_{11}\cdot a_{23}\cdot a_{32}-a_{12}\cdot a_{21}\cdot a_{33}\end{aligned} \quad \text{(VI.58)}$$

Beispiel:

$$\mathbf{A}=\begin{pmatrix}1 & 3 & 0\\ 2 & 0 & 5\\ -1 & -2 & 8\end{pmatrix} \rightarrow \mathbf{A}^{erw}=\left(\begin{array}{ccc|cc}1 & 3 & 0 & 1 & 3\\ 2 & 0 & 5 & 2 & 0\\ -1 & -2 & 8 & -1 & -2\end{array}\right)$$

$$\det\mathbf{A}=1\cdot 0\cdot 8+3\cdot 5\cdot(-1)+0\cdot 2\cdot(-2)-0\cdot 0\cdot(-1)-1\cdot 5\cdot(-2)-3\cdot 2\cdot 8=-53$$

4. Allgemeine Berechnung von Determinanten

Die bisher behandelten Methoden zur Berechnung von Determinanten stellen Vereinfachungen des Entwicklungssatzes von Laplace dar. Mit diesem können auch Determinanten von quadratischen Matrizen der Ordnung $m > 3$ berechnet werden. Beim **Entwicklungssatz von Laplace** wird eine Determinante m-ter Ordnung (Determinante einer $(m \times m)$-Matrix) so umgeformt, dass mehrere Determinanten $(m-1)$-ter Ordnung entstehen. Anschließend erfolgen weitere Umformungen in Determinanten $(m-2)$-ter Ordnung und so weiter. Diese Zerlegung wird so oft durchgeführt, bis nur noch Determinanten dritter Ordnung vorhanden sind. Auch eine weitere Zerlegung in Determinanten zweiter Ordnung ist denkbar. Die Ordnung der Determinante wird also schrittweise so weit reduziert, bis auf die bereits behandelten Rechenregeln zurückgegriffen werden kann.

Bevor wir näher auf den Entwicklungssatz eingehen können, müssen wir zunächst einige Begriffe klären, die dabei eine zentrale Rolle spielen. Bei einer sog. **Unterdeterminante** $(m-1)$-ter Ordnung $|\mathbf{A}_{ij}|$ (auch als Minor bezeichnet) wird im Vergleich zur Ausgangsdeterminante eine Zeile i und eine Spalte j gestrichen. Im Schnittpunkt der gestrichenen Zeile und Spalte liegt das Element a_{ij}, welchem die entstehende Unterdeterminante zugeordnet wird.

$$\begin{vmatrix} a_{11} & a_{12} & \cdots & a_{1j} & \cdots & a_{1m} \\ a_{21} & a_{22} & \cdots & a_{2j} & \cdots & a_{2m} \\ \vdots & \vdots & & \vdots & & \vdots \\ a_{i1} & a_{i2} & \cdots & a_{ij} & \cdots & a_{im} \\ \vdots & \vdots & & \vdots & & \vdots \\ a_{m1} & a_{m2} & \cdots & a_{mj} & \cdots & a_{mm} \end{vmatrix} \rightarrow |\mathbf{A}_{ij}| = \begin{vmatrix} a_{11} & \cdots & a_{1\,j-1} & a_{1\,j+1} & \cdots & a_{1m} \\ \vdots & & \cdots & \vdots & & \\ a_{i-1\,1} & \cdots & a_{i-1\,j-1} & a_{i-1\,j+1} & \cdots & a_{i-1\,m} \\ a_{i+1\,1} & \cdots & a_{i+1\,j-1} & a_{i+1\,j+1} & \cdots & a_{i+1\,m} \\ \vdots & & \vdots & \vdots & & \vdots \\ a_{m1} & \cdots & a_{m\,j-1} & a_{m\,j+1} & \cdots & a_{mm} \end{vmatrix} \tag{VI.59}$$

Zu jedem Element a_{ij} der Determinante det **A** gehört also eine Unterdeterminante $|\mathbf{A}_{ij}|$, die eine reelle Zahl darstellt. Mit Vorzeichen nach dem Muster (VI.60) versehen, bezeichnen wir diese auch als **Adjunkte** (oder Kofaktor) A_{ij} von a_{ij}.

$$\begin{vmatrix} + & - & + & - & + & \cdots \\ - & + & - & + & - & \cdots \\ + & - & + & - & + & \\ - & + & - & & & \\ + & - & + & & & \\ \vdots & \vdots & & & & \end{vmatrix} \tag{VI.60}$$

Die Positionen mit einer *geraden Summe aus Zeilen- und Spaltenindex* erhalten also ein *positives Vorzeichen*, während diejenigen mit *ungerader Summe* ein *negatives Vorzeichen* erhalten. Wir können daher auch schreiben:

$$A_{ij} = (-1)^{i+j} \cdot |\mathbf{A}_{ij}| \tag{VI.61}$$

Hier setzt nun der Entwicklungssatz von Laplace an. Er erlaubt mit Hilfe der Adjunkten A_{ij} eine Darstellung einer Determinante, die für die Berechnung ihres Wertes geeignet ist. Konkret wird dabei eine Determinante det **A** m-ter Ordnung entweder nach einer Zeile i oder einer Spalte j entwickelt (berechnet), wobei Folgendes gilt:

1. Entwicklung nach Zeile i

$$\det \mathbf{A} = \sum_{j=1}^{m} a_{ij} \cdot A_{ij} = \sum_{j=1}^{m} (-1)^{j+i} \cdot a_{ij} \cdot |\,\mathbf{A}_{ij}\,| \tag{VI.62}$$

2. Entwicklung nach Spalte j

$$\det \mathbf{A} = \sum_{i=1}^{m} a_{ij} \cdot A_{ij} = \sum_{i=1}^{m} (-1)^{j+i} \cdot a_{ij} \cdot |\,\mathbf{A}_{ij}\,| \tag{VI.63}$$

Die Determinante det **A** ergibt sich also bei Zeilenentwicklung als Summe der Produkte aus den Zeilenkoeffizienten mit ihren Adjunkten. Entsprechendes gilt bei der spaltenweisen Entwicklung. Egal ob nach einer Zeile oder einer Spalte entwickelt wird und egal welche Zeile oder Spalte verwendet wird, erhalten wir dasselbe Ergebnis. Bei der Anwendung des Entwicklungssatzes von Laplace empfiehlt es sich jedoch, jene Entwicklungszeile oder -spalte zu wählen, welche die meisten Nullen enthält. (VI.62) und (VI.63) zeigen nämlich, dass sich die notwendigen Berechnungen reduzieren, da die Adjunkten der Nullkoeffizienten nicht berechnet werden müssen.

Beispiel:

$$\mathbf{A} = \begin{pmatrix} 2 & 5 & 1 & 0 \\ 1 & 1 & 0 & 5 \\ 1 & 2 & 3 & -1 \\ 2 & 1 & -1 & 1 \end{pmatrix} \rightarrow \det \mathbf{A} = \begin{vmatrix} 2 & 5 & 1 & 0 \\ 1 & 1 & 0 & 5 \\ 1 & 2 & 3 & -1 \\ 2 & 1 & -1 & 1 \end{vmatrix}$$

Wir wollen hier die Determinante det **A** *nach Zeile 1 entwickeln*. Alternativ böten sich auch Zeile 2 oder die Spalten 3 und 4 an, da auch hier jeweils ein Nullwert enthalten ist, der die Berechnung vereinfacht.

Es werden die Elemente der ersten Zeile mit den zugehörigen Unterdeterminanten multipliziert, die sich ergeben, wenn wir die erste Zeile und die Spalte des jeweiligen Elementes aus der Matrix streichen. Wir erhalten vier Terme, die wir nach dem Vorzeichenschema (VI.60) verknüpfen. Da nach der ersten Zeile entwickelt wird, ist auch die erste Zeile dieser Vorzeichenmatrix relevant.

$$\begin{vmatrix} 2 & 5 & 1 & 0 \\ 1 & 1 & 0 & 5 \\ 1 & 2 & 3 & -1 \\ 2 & 1 & -1 & 1 \end{vmatrix} \quad \begin{vmatrix} 2 & 5 & 1 & 0 \\ 1 & 1 & 0 & 5 \\ 1 & 2 & 3 & -1 \\ 2 & 1 & -1 & 1 \end{vmatrix} \quad \begin{vmatrix} 2 & 5 & 1 & 0 \\ 1 & 1 & 0 & 5 \\ 1 & 2 & 3 & -1 \\ 2 & 1 & -1 & 1 \end{vmatrix} \quad \begin{vmatrix} 2 & 5 & 1 & 0 \\ 1 & 1 & 0 & 5 \\ 1 & 2 & 3 & -1 \\ 2 & 1 & -1 & 1 \end{vmatrix}$$

$$\det \mathbf{A} = +2 \cdot \begin{vmatrix} 1 & 0 & 5 \\ 2 & 3 & -1 \\ 1 & -1 & 1 \end{vmatrix} - 5 \cdot \begin{vmatrix} 1 & 0 & 5 \\ 1 & 3 & -1 \\ 2 & -1 & 1 \end{vmatrix} + 1 \cdot \begin{vmatrix} 1 & 1 & 5 \\ 1 & 2 & -1 \\ 2 & 1 & 1 \end{vmatrix} - 0 \cdot \begin{vmatrix} 1 & 1 & 0 \\ 1 & 2 & 3 \\ 2 & 1 & -1 \end{vmatrix}$$

In dieser Form können wir die vorliegenden Determinanten 3-ter Ordnung mittels der Regel von Sarrus berechnen. Die Determinante mit dem Faktor 0 können wir dabei natürlich außer Acht lassen. Wir erhalten daraus det **A** = 104.

Wie bereits erwähnt, ist die Regel von Sarrus eine Vereinfachung des Entwicklungssatzes von Laplace. Wir können diesen daher auch auf (3 × 3)-Matrizen anwenden.

Beispiel:

$$\mathbf{A} = \begin{pmatrix} 5 & 0 & 2 \\ 6 & 1 & 9 \\ -1 & 0 & -3 \end{pmatrix} \rightarrow \det \mathbf{A} = \begin{vmatrix} 5 & 0 & 2 \\ 6 & 1 & 9 \\ -1 & 0 & -3 \end{vmatrix}$$

Hier empfiehlt sich die Entwicklung nach Spalte 2, da hier zwei Nullen enthalten sind. Dabei ist wieder das behandelte Vorzeichenschema zu beachten, wobei hier Spalte 2 der Vorzeichenmatrix zur Verknüpfung der einzelnen Terme heranzuziehen ist.

$$\begin{vmatrix} 5 & 0 & 2 \\ 6 & 1 & 9 \\ -1 & 0 & -3 \end{vmatrix} \qquad \begin{vmatrix} 5 & 0 & 2 \\ 6 & 1 & 9 \\ -1 & 0 & -3 \end{vmatrix} \qquad \begin{vmatrix} 5 & 0 & 2 \\ 6 & 1 & 9 \\ -1 & 0 & -3 \end{vmatrix}$$

$$\det \mathbf{A} = -0 \cdot \begin{vmatrix} 6 & 9 \\ -1 & -3 \end{vmatrix} + 1 \cdot \begin{vmatrix} 5 & 2 \\ -1 & -3 \end{vmatrix} - 0 \cdot \begin{vmatrix} 5 & 2 \\ 6 & 9 \end{vmatrix} = 5 \cdot (-3) - (-1) \cdot 2 = -13$$

Liegt eine *Dreiecksmatrix* vor, vereinfacht sich die Berechnung der Determinante erheblich. Betrachten wir etwa die Determinante einer oberen Dreiecksmatrix **O**

$$\det \mathbf{O} = \begin{vmatrix} o_{11} & o_{12} & o_{13} & \cdots & o_{1m} \\ 0 & o_{22} & o_{23} & \cdots & o_{2m} \\ 0 & 0 & o_{33} & \cdots & o_{3m} \\ \vdots & \vdots & \vdots & & \\ 0 & 0 & 0 & \cdots & o_{mm} \end{vmatrix},$$

so führt die Entwicklung nach Spalte 1 zu

$$\det \mathbf{O} = o_{11} \cdot \begin{vmatrix} o_{22} & o_{23} & \cdots & o_{2m} \\ 0 & o_{33} & \cdots & o_{3m} \\ \vdots & \vdots & & \\ 0 & 0 & \cdots & o_{mm} \end{vmatrix}.$$

Es ergibt sich also nur eine Unterdeterminante, die erneut nach der ersten Spalte entwickelt wird:

$$\det \mathbf{O} = o_{11} \cdot o_{22} \cdot \begin{vmatrix} o_{33} & \cdots & o_{3m} \\ \vdots & & \\ 0 & \cdots & o_{mm} \end{vmatrix}$$

Wird diese Entwicklung (m–1)-mal wiederholt, erhält man schließlich als Ergebnis, dass die Determinante einer oberen Dreiecksmatrix gleich dem Produkt ihrer Hauptdiagonalelemente ist:

$$\det \mathbf{O} = o_{11} \cdot o_{22} \cdot \ldots \cdot o_{mm} = \prod_{i=1}^{m} o_{ii} \tag{VI.64}$$

Diese Überlegungen gelten entsprechend für untere Dreiecksmatrizen **U**, deren Zeilenentwicklung zum selben Ergebnis führt.

Beispiel:

$$\mathbf{O} = \begin{pmatrix} 2 & 5 & 7 & 9 & 0 \\ 0 & 1 & 2 & 1 & 1 \\ 0 & 0 & 3 & 2 & 0 \\ 0 & 0 & 0 & -1 & 2 \\ 0 & 0 & 0 & 0 & 1 \end{pmatrix} \rightarrow \det \mathbf{O} = \begin{vmatrix} 2 & 5 & 7 & 9 & 0 \\ 0 & 1 & 2 & 1 & 1 \\ 0 & 0 & 3 & 2 & 0 \\ 0 & 0 & 0 & -1 & 2 \\ 0 & 0 & 0 & 0 & 1 \end{vmatrix} = 2 \cdot 1 \cdot 3 \cdot (-1) \cdot 1 = -6$$

Zum Abschluss dieses einführenden Abschnitts wollen wir noch einige wichtige **Eigenschaften von Determinanten** aufführen:

- Vertauschen wir in einer Matrix zwei benachbarte Zeilen (oder Spalten), ändert sich das Vorzeichen ihrer Determinante.
- Multiplizieren wir eine Zeile (oder Spalte) einer Matrix mit einem Faktor λ, ändert sich auch ihre Determinante um diesen Faktor.
- Werden alle Zeilen (Spalten) einer Matrix mit demselben Faktor λ multipliziert, verändert sich der Wert ihrer Determinante um das λ^m-fache. Für eine $(m \times m)$-Matrix **A** gilt also

$$\det(\lambda \cdot \mathbf{A}) = \lambda^m \cdot \det \mathbf{A}. \tag{VI.65}$$

- Für die Determinante des Produkts zweier Matrizen **A** und **B** gilt

$$\det(\mathbf{A} \cdot \mathbf{B}) = \det \mathbf{A} \cdot \det \mathbf{B}. \tag{VI.66}$$

- Die Determinanten einer Matrix und ihrer Transponierten sind gleich:

$$\det \mathbf{A} = \det \mathbf{A}^T \tag{VI.67}$$

- Zwischen den Determinanten einer Matrix **A** und ihrer Inversen $\mathbf{A}^{-1}$ (vgl. Abschnitt VI 4.3) besteht die Beziehung

$$\det \mathbf{A}^{-1} = \frac{1}{\det \mathbf{A}}. \tag{VI.68}$$

- Beinhaltet eine Matrix eine Nullzeile (oder -spalte), ist ihre Determinante gleich Null.
- Sind die Zeilen (Spalten) einer Matrix *linear abhängig*, so ist der Wert der *Determinante gleich Null.* Umgekehrt gilt auch, dass wenn der Wert einer Determinanten Null ist, die Zeilen (Spalten) der zugehörigen Matrix linear abhängig sind. Gerade aufgrund dieser Eigenschaft, geben Determinanten Hinweise auf den Rang von Matrizen (vgl. Abschnitt VI 4.2) und können zur Beurteilung der Lösbarkeit und zur Lösung linearer Gleichungssysteme (vgl. Abschnitt VI 4.4) herangezogen werden.

4.2 Determinanten und der Rang von Matrizen

Die Determinante det **A** einer quadratischen Matrix **A** ermöglicht Aussagen über ihren Rang rg(**A**). Es sind dabei zwei Fälle zu unterscheiden:

1. Fall: det **A** ≠ 0

Eine (m × m)-Matrix **A** hat genau dann *vollen Rang* rg(**A**) = m, ist also eine reguläre Matrix, wenn ihre Determinante von Null verschieden ist. det **A** ≠ 0 bedeutet also, dass alle Zeilen (Spalten) der Matrix *linear unabhängig* sind.

Beispiel:

$$\mathbf{A} = \begin{pmatrix} 1 & 2 & 4 \\ 4 & 5 & 6 \\ 7 & 8 & 9 \end{pmatrix} \rightarrow \det \mathbf{A} = -3 \neq 0$$

Da die Determinante von **A** ungleich Null ist, hat die Matrix vollen Rang, d.h. rg(**A**) = 3.

Erfüllt die Koeffizientenmatrix **A** eines *linearen Gleichungssystems* die Bedingung det **A** ≠ 0, bedeutet dies, dass es eine *eindeutige Lösung* gibt (vgl. Abschnitt VI 4.4).

2. Fall: det **A** = 0

Ist die Determinante einer (m × m)-Matrix **A** gleich Null, ist ihr *Rang kleiner als ihre Zeilenzahl*, d.h. rg(**A**) < m. Sie ist also singulär und es liegen *lineare Abhängigkeiten* der Zeilen bzw. Spalten vor. Eine Aussage über den genauen Rang kann nicht getroffen werden. Dazu wäre eine Darstellung in Dreiecksform (vgl. Gauß'scher Lösungsalgorithmus in Abschnitt VI 3.4) erforderlich.

Beispiel:

$$\mathbf{A} = \begin{pmatrix} 1 & 2 & 3 \\ 4 & 5 & 6 \\ 7 & 8 & 9 \end{pmatrix} \rightarrow \det \mathbf{A} = 0$$

Da det **A** = 0, können wir folgern, dass rg(**A**) < 3 gelten muss. Eine genauere Aussage über den Rang von **A** ist anhand der Determinante allerdings nicht möglich.

Gilt für die Koeffizientenmatrix **A** eines *linearen Gleichungssystems* det **A** = 0, so besitzt es *keine eindeutige Lösung*.

4.3 Determinanten und die Berechnung von Inversen

Eine quadratische Matrix $\mathbf{A}^{-1}$ heißt inverse Matrix oder **Inverse** einer regulären quadratischen Matrix **A**, wenn das Produkt beider Matrizen eine Einheitsmatrix liefert, d.h. wenn gilt

$$\mathbf{A} \cdot \mathbf{A}^{-1} = \mathbf{A}^{-1} \cdot \mathbf{A} = \mathbf{E}. \qquad \text{(VI.69)}$$

Die inverse Matrix ist nur für *reguläre quadratische* Matrizen definiert, d.h. für quadratische Matrizen deren Zeilen (und Spalten) linear unabhängig sind und damit vollen Rang besitzen. Nach den Erkenntnissen des Abschnitts VI 4.2 ist die Inverse also nur für quadratische Matrizen definiert, für die det $\mathbf{A} \neq 0$ gilt. Singuläre quadratische Matrizen, d.h. solche mit linear abhängigen Zeilen (und Spalten) bzw. mit det $\mathbf{A} = 0$, sind nicht invertierbar. Es existiert also nicht zu jeder quadratischen Matrix eine Inverse.

Die Inverse $\mathbf{A}^{-1}$ einer regulären quadratischen Matrix A errechnet sich über

$$\mathbf{A}^{-1} = \frac{1}{\det \mathbf{A}} \cdot \operatorname{adj}(\mathbf{A}) \quad \text{mit} \quad \det \mathbf{A} \neq 0. \qquad \text{(VI.70)}$$

Dabei ist adj(**A**) die sog. **adjungierte Matrix**. Sie ergibt sich durch Eintragung der Adjunkten $A_{ij} = (-1)^{i+j} \cdot |\mathbf{A}_{ij}|$ der Matrix **A** (vgl. Abschnitt VI 4.1) in eine Matrix und Transponieren dieser neu entstandenen Matrix, d.h.

$$\operatorname{adj}(\mathbf{A}) = \begin{pmatrix} +|\mathbf{A}_{11}| & -|\mathbf{A}_{12}| & +|\mathbf{A}_{13}| & \cdots \\ -|\mathbf{A}_{21}| & +|\mathbf{A}_{22}| & -|\mathbf{A}_{23}| & \cdots \\ +|\mathbf{A}_{31}| & -|\mathbf{A}_{32}| & +|\mathbf{A}_{33}| & \cdots \\ \vdots & \vdots & \vdots & \end{pmatrix}^T = \begin{pmatrix} +|\mathbf{A}_{11}| & -|\mathbf{A}_{21}| & +|\mathbf{A}_{31}| & \cdots \\ -|\mathbf{A}_{12}| & +|\mathbf{A}_{22}| & -|\mathbf{A}_{32}| & \cdots \\ +|\mathbf{A}_{13}| & -|\mathbf{A}_{23}| & +|\mathbf{A}_{33}| & \cdots \\ \vdots & \vdots & \vdots & \end{pmatrix}. \qquad \text{(VI.71)}$$

Beispiel:

Bestimmen wir die Inverse der Matrix

$$\mathbf{A} = \begin{pmatrix} 1 & 4 & 3 \\ 2 & 0 & 0 \\ 3 & 5 & 4 \end{pmatrix}.$$

1. Schritt: Berechnung von det **A**

$$\det \mathbf{A} = \begin{vmatrix} 1 & 4 & 3 \\ 2 & 0 & 0 \\ 3 & 5 & 4 \end{vmatrix} = 1\cdot 0\cdot 4 + 4\cdot 0\cdot 3 + 3\cdot 2\cdot 5 - 3\cdot 0\cdot 3 - 5\cdot 0\cdot 1 - 4\cdot 2\cdot 4 = 30 - 32 = -2$$

Da die Matrix A quadratisch ist und außerdem det $\mathbf{A} \neq 0$ gilt, ist die Matrix **A** invertierbar.

2. Schritt: Bestimmung von adj(**A**)

Die adjungierte Matrix können wir bestimmen, indem wir die Unterdeterminanten der Matrix **A** aufstellen und in das durch (VI.71) vorgegebene Schema eintragen. Wir erhalten damit folgendes Ergebnis:

$$\text{adj}(\mathbf{A}) = \begin{pmatrix} +\begin{vmatrix} 0 & 0 \\ 5 & 4 \end{vmatrix} & -\begin{vmatrix} 2 & 0 \\ 3 & 4 \end{vmatrix} & +\begin{vmatrix} 2 & 0 \\ 3 & 5 \end{vmatrix} \\ -\begin{vmatrix} 4 & 3 \\ 5 & 4 \end{vmatrix} & +\begin{vmatrix} 1 & 3 \\ 3 & 4 \end{vmatrix} & -\begin{vmatrix} 1 & 4 \\ 3 & 5 \end{vmatrix} \\ +\begin{vmatrix} 4 & 3 \\ 0 & 0 \end{vmatrix} & -\begin{vmatrix} 1 & 3 \\ 2 & 0 \end{vmatrix} & +\begin{vmatrix} 1 & 4 \\ 2 & 0 \end{vmatrix} \end{pmatrix}^T = \begin{pmatrix} +[0\cdot 4-5\cdot 0] & -[2\cdot 4-3\cdot 0] & +[2\cdot 5-3\cdot 0] \\ -[4\cdot 4-5\cdot 3] & +[1\cdot 4-3\cdot 3] & -[1\cdot 5-3\cdot 4] \\ +[4\cdot 0-0\cdot 3] & -[1\cdot 0-2\cdot 3] & +[1\cdot 0-2\cdot 4] \end{pmatrix}^T$$

$$= \begin{pmatrix} 0 & -8 & 10 \\ -1 & -5 & 7 \\ 0 & 6 & -8 \end{pmatrix}^T = \begin{pmatrix} 0 & -1 & 0 \\ -8 & -5 & 6 \\ 10 & 7 & -8 \end{pmatrix}$$

<u>3. Schritt:</u> Bestimmung der Inversen $\mathbf{A}^{-1}$

$$\mathbf{A}^{-1} = \frac{1}{-2}\cdot \begin{pmatrix} 0 & -1 & 0 \\ -8 & -5 & 6 \\ 10 & 7 & -8 \end{pmatrix} = \begin{pmatrix} -\frac{1}{2}\cdot 0 & -\frac{1}{2}\cdot(-1) & -\frac{1}{2}\cdot 0 \\ -\frac{1}{2}\cdot(-8) & -\frac{1}{2}\cdot(-5) & -\frac{1}{2}\cdot 6 \\ -\frac{1}{2}\cdot 10 & -\frac{1}{2}\cdot 7 & -\frac{1}{2}\cdot(-8) \end{pmatrix} = \begin{pmatrix} 0 & 0{,}5 & 0 \\ 4 & 2{,}5 & -3 \\ -5 & -3{,}5 & 4 \end{pmatrix}$$

Um die Richtigkeit unserer Berechnungen zu überprüfen, können wir $\mathbf{A}^{-1}$ mit $\mathbf{A}$ multiplizieren und müssen dabei eine Einheitsmatrix erhalten:

$$\mathbf{A}^{-1}\cdot\mathbf{A} = \begin{pmatrix} 1 & 0 & 0 \\ 0 & 1 & 0 \\ 0 & 0 & 1 \end{pmatrix}$$

Inversen besitzen folgende **Eigenschaften**:

- Die Inverse einer inversen Matrix $\mathbf{A}^{-1}$ ergibt wieder die Ausgangsmatix $\mathbf{A}$:

$$(\mathbf{A}^{-1})^{-1} = \mathbf{A} \qquad \text{(VI.72)}$$

- Die Reihenfolge des Transponierens und Invertierens ist *umkehrbar*:

$$(\mathbf{A}^{-1})^{T} = (\mathbf{A}^{T})^{-1} \qquad \text{(VI.73)}$$

  Dies bedeutet, dass $(\mathbf{A}^{-1})^{T}$ gerade die Inverse der Matrix $\mathbf{A}^{T}$ ist.

- Die Inverse eines Produktes $\mathbf{A}\cdot\mathbf{B}$ ist gleich dem Produkt der Inversen Teilmatrizen in *umgekehrter* Reihenfolge, d.h.

$$(\mathbf{A}\cdot\mathbf{B})^{-1} = \mathbf{B}^{-1}\cdot\mathbf{A}^{-1}. \qquad \text{(VI.74)}$$

- Die Lösung eines linearen Gleichungssystems $\mathbf{A}\cdot\mathbf{x} = \mathbf{b}$ erhalten wir durch Linksmultiplikation der rechten Seite $\mathbf{b}$ mit der Inversen $\mathbf{A}^{-1}$ der Koeffizientenmatrix, d.h.

$$\mathbf{x} = \mathbf{A}^{-1}\cdot\mathbf{b}. \qquad \text{(VI.75)}$$

  Eine komfortablere, jedoch äquivalente Lösungsmöglichkeit für lineare Gleichungssysteme lernen wir im unmittelbar folgenden Abschnitt kennen.

4.4 Determinanten und lineare Gleichungssysteme

Die sog. **Cramer'sche Regel** ist wohl eines der einfachsten Verfahren zur Lösung linearer Gleichungssysteme. Es bedient sich der Determinanten, sodass ohne Anwendung des Gauß'schen Lösungsalgorithmus oder die Berechnung der Inversen eine Aussage über die Lösbarkeit des Gleichungssystems gemacht und die Lösung bestimmt werden kann.

Dabei sind allgemein folgende Schritte durchzuführen:

1. Das lineare Gleichungssystems wird in Matrixschreibweise $\mathbf{A} \cdot \mathbf{x} = \mathbf{b}$ dargestellt, wobei die Koeffizientenmatrix $\mathbf{A}$ eine $(m \times m)$-Matrix sein muss.
2. Es wird die Determinante von $\mathbf{A}$ berechnet, da das Gleichungssystem nur bei $\det \mathbf{A} \neq 0$ eine *eindeutige Lösung* besitzt. Für ein linear abhängiges Gleichungssystem gilt $\det \mathbf{A} = 0$ und die Anwendung der Cramer'schen Regel ist nicht möglich.
3. Wir ersetzen in der Matrix $\mathbf{A}$ die Spalte j durch den Ergebnisvektor $\mathbf{b}$ der rechten Seite, wodurch neue Matrizen

$$\mathbf{A}_j = (\mathbf{A}_{\cdot 1} \quad \cdots \quad \mathbf{A}_{\cdot j-1} \quad \mathbf{b} \quad \mathbf{A}_{\cdot j+1} \qquad \mathbf{A}_{\cdot m})$$

entstehen. Mit diesen Matrizen bzw. ihren Determinanten $\det \mathbf{A}_j$ können wir dann die Lösungen x_j des linearen Gleichungssystems bestimmen:

$$x_j = \frac{1}{\det \mathbf{A}} \cdot \det \mathbf{A}_j \quad \text{mit} \quad \det \mathbf{A} \neq 0 \quad \text{für} \quad j = 1, 2, \ldots, m \tag{VI.76}$$

Beispiel:

Zu Lösen sei das folgende lineare Gleichungssystem:

$$\begin{array}{lrrrcl} \text{I:} & x_1 & + x_2 & -x_3 & = & 1 \\ \text{II:} & 2x_1 & -3x_2 & +x_3 & = & 0 \\ \text{III:} & x_1 & & -x_3 & = & 2 \end{array}$$

1. Darstellung in Matrixschreibweise:

$$\underbrace{\begin{pmatrix} 1 & 1 & -1 \\ 2 & -3 & 1 \\ 1 & 0 & -1 \end{pmatrix}}_{\mathbf{A}} \cdot \underbrace{\begin{pmatrix} x_1 \\ x_2 \\ x_3 \end{pmatrix}}_{\mathbf{x}} = \underbrace{\begin{pmatrix} 1 \\ 0 \\ 2 \end{pmatrix}}_{\mathbf{b}}$$

2. Berechnung der Determinanten von **A**:

$$\det \mathbf{A} = \begin{vmatrix} 1 & 1 & -1 \\ 2 & -3 & 1 \\ 1 & 0 & -1 \end{vmatrix} = 3 + 1 + 0 - 3 - 0 - (-2) = 3$$

Es ist somit $\det \mathbf{A} \neq 0$, **A** hat vollen Rang $\text{rg}(\mathbf{A}) = 3$, die Gleichungen sind linear unabhängig und das System besitzt eine eindeutige Lösung.

3. Bestimmung der Lösung:

Ersetzen der ersten Spalte durch **b** liefert $x_1 = \frac{1}{3} \cdot \begin{vmatrix} 1 & 1 & -1 \\ 0 & -3 & 1 \\ 2 & 0 & -1 \end{vmatrix} = -\frac{1}{3}.$

Ersetzen der zweiten Spalte durch **b** liefert $x_2 = \frac{1}{3} \cdot \begin{vmatrix} 1 & 1 & -1 \\ 2 & 0 & 1 \\ 1 & 2 & -1 \end{vmatrix} = -1.$

Ersetzen der dritten Spalte durch **b** liefert $x_1 = \frac{1}{3} \cdot \begin{vmatrix} 1 & 1 & 1 \\ 2 & -3 & 0 \\ 1 & 0 & 2 \end{vmatrix} = -\frac{7}{3}.$

4.5 Exkurs: Matrizengleichungen

In einfachen algebraischen Gleichungen, wie wir sie in Kapitel I kennengelernt haben, werden Konstanten und eine Variable x durch Operationen verknüpft und mittels des Ordnungssymbols "=" mit einem anderen Term aus Konstanten und dieser Variablen gleichgesetzt. In der Regel ist eine Auflösung derartiger Gleichungen nach der Variable möglich, die dann isoliert auf einer Seite steht, während alle Konstanten auf der anderen Seite zu einem Ausdruck zusammengefasst werden. Für Matrizen gilt nun Ähnliches. Unter Beachtung der für Matrizen geltenden *Dimensionsbeschränkungen* lassen sich Matrizen ebenfalls verknüpfen und vergleichen, sodass es auch hier sinnvoll sein kann, zu fragen, ob es eine Matrix **X** gibt, die einer Matrizengleichung genügt. Eine Matrizengleichung gilt nur dann als sinnvoll, wenn in ihr alle Operationen definiert sind, d.h. konkret die Dimensionen der Operanden den notwendigen Voraussetzungen genügen und die Operationen auch erklärt sind.

Beispiele:

1. $\mathbf{A} \cdot \mathbf{X} + \mathbf{B} = \mathbf{C} \cdot \mathbf{X} + \mathbf{D}$

   Die drei in dieser Gleichung auftretenden Operationen "+", "·" und "=" lassen sich nur ausführen, wenn die Matrizen **A** und **C** gleichdimensional sind, die Matrizen **B** und **D** die gleiche Dimension besitzen und die Produkte $\mathbf{A} \cdot \mathbf{X}$ und $\mathbf{C} \cdot \mathbf{X}$ die selben Dimensionen wie **B** bzw. **D** aufweisen.

2. $\sqrt{\mathbf{A}^2 + \mathbf{X}^2} = \mathbf{B}^2$

   Diese Gleichung kann nicht gelöst werden, da die Wurzel einer Matrix nicht definiert ist. Eine Gleichung $\mathbf{A}^2 + \mathbf{X}^2 = \mathbf{B}^2$ wäre hingegen für quadratische Matrizen **A**, **B** und **X** gleicher Dimension lösbar, da alle Operationen ($\mathbf{A}^2 = \mathbf{A} \cdot \mathbf{A}$ und $\mathbf{B}^2 = \mathbf{B} \cdot \mathbf{B}$) ausführbar sind.

3. $\mathbf{A} \cdot \mathbf{X} + \mathbf{X} \cdot \mathbf{A} = \mathbf{B}$

   Diese Gleichung ist nur für gleichdimensionale quadratische Matrizen definiert.

Sind die dimensionsmäßigen Voraussetzungen geprüft, können wir die Matrizengleichung unter Beachtung der Rechenregeln für Matrizen lösen. Dabei ist jedoch zu beachten, dass das *kommutative Gesetz für die Matrizenmultiplikation nicht gilt.*

Beispiele:

1. $\mathbf{A} \cdot \mathbf{X} + \mathbf{B} = \mathbf{C} \cdot \mathbf{X} + \mathbf{D}$

   Vorausgesetzt **A** und **C** bzw. **D** und **B** sind gleichdimensional, können wir rechnen:

   $\mathbf{A} \cdot \mathbf{X} - \mathbf{C} \cdot \mathbf{X} = \mathbf{D} - \mathbf{B}$

   $(\mathbf{A} - \mathbf{C}) \cdot \mathbf{X} = \mathbf{D} - \mathbf{B}$

   Ist $(\mathbf{A} - \mathbf{C})$ quadratisch und regulär, ergibt sich weiter:

   $\mathbf{X} = (\mathbf{A} - \mathbf{C})^{-1} \cdot (\mathbf{D} - \mathbf{B})$

   Ist schließlich das Produkt $(\mathbf{A} - \mathbf{C})^{-1} \cdot (\mathbf{D} - \mathbf{B})$ dimensionsmäßig definiert, haben wir die Lösung gefunden.

2. $\mathbf{A}^{-1} \cdot \mathbf{X} = \mathbf{B} \cdot \mathbf{X} + \mathbf{A}^{-1}$

   $\mathbf{X} = \mathbf{A} \cdot \mathbf{B} \cdot \mathbf{X} + \mathbf{E}$

   $(\mathbf{E} - \mathbf{A} \cdot \mathbf{B}) \cdot \mathbf{X} = \mathbf{E}$

   $\mathbf{X} = (\mathbf{E} - \mathbf{A} \cdot \mathbf{B})^{-1} \cdot \mathbf{E}$

   Die Gleichung besitzt eine eindeutige Lösung, vorausgesetzt die Dimensionen der Matrizen lassen die dargelegten Operationen zu und die Inverse existiert.

Wie die beiden vorhergehenden Beispiele zeigen, ist es bei der Lösung einer Matrizengleichung das Ziel, die Gleichung unter Beachtung der geltenden Rechenregeln in eine Form $\mathbf{A} \cdot \mathbf{X} = \mathbf{B}$ zu bringen. Die Matrizengleichung besitzt eine **eindeutige Lösung**, wenn die Matrix **A** eine *(m × m)-Matrix* und *invertierbar* sowie **B** eine *(m × n)-Matrix* ist, wobei auch n = m zulässig ist. Nur dann kann sich nämlich die Lösung in der Form $\mathbf{X} = \mathbf{A}^{-1} \cdot \mathbf{B}$ ergeben, wobei **X** eine (m × n)-Matrix, also dimensionsgleich mit **B** ist.

Beispiel:

Gegeben seien die Matrizen

$$\mathbf{A} = \begin{pmatrix} 2 & 4 \\ 1 & -1 \end{pmatrix} \text{ und } \mathbf{B} = \begin{pmatrix} 6 & 12 \\ 9 & -3 \end{pmatrix}.$$

Bestimmen wir die Lösung der Matrizengleichung $\mathbf{A} \cdot \mathbf{X} = \mathbf{B}$. Da det $\mathbf{A} = 2 \cdot (-1) - 1 \cdot 4 = -6 \neq 0$, existiert die Inverse von **A** und die Matrizengleichung besitzt eine eindeutige Lösung. Wir erhalten mit

$$\mathbf{A}^{-1} = \begin{pmatrix} \frac{1}{6} & \frac{2}{3} \\ \frac{1}{6} & -\frac{1}{3} \end{pmatrix}$$

die Lösung

$$\mathbf{X} = \mathbf{A}^{-1} \cdot \mathbf{B} = \begin{pmatrix} 7 & 0 \\ -2 & 3 \end{pmatrix}.$$

5. Lineare Optimierung

Anders als der Begriff vielleicht vermuten lässt, ist die lineare Optimierung ein wichtiges Teilgebiet der linearen Algebra und keine Optimierung unter Nebenbedingungen, die man der Analysis zuordnen würde. Zur Lösung linearer Optimierungsprobleme versagen nämlich die Methoden der Analysis, da die zu optimierende (maximierende, minimierende) Funktion linear ist. Zur Lösungsfindung sind lineare Transformationen erforderlich, sodass eine Einordnung bei der linearen Algebra gerechtfertigt ist. Bekanntestes Lösungsverfahren ist das Simplexverfahren, das neben allgemeinen Grundlagen Thema dieses Abschnitts sein soll.

5.1 Grundlagen

Das Standardproblem der **linearen Optimierung** ist die Aufgabe, eine lineare *Zielfunktion* unter *linearen Nebenbedingungen* zu optimieren, d.h. eine Funktion

$$z = c_0 + \sum_{j=1}^{n} c_j \cdot x_j \qquad \text{(VI.77)}$$

mit n Variablen unter den Nebenbedingungen

$$\sum_{j=1}^{n} a_{ij} \cdot x_j = b_i \qquad \text{für} \qquad i = 1, 2, \ldots, m \qquad \text{(VI.78)}$$

$$x_j \geq 0 \qquad \text{für} \qquad j = 1, 2, \ldots, n \qquad \text{(VI.79)}$$

zu *maximieren* oder zu *minimieren*. Ein mathematisch sinnvolles Problem ist nur gegeben, wenn das Gleichungssystem der Nebenbedingungen unterbestimmt ist. Eine Minimierung ist einfach auf den Fall einer Maximierung zurückführbar, wenn wir die Zielfunktion mit –1 multiplizieren.

Die m Nebenbedingungen (VI.78) stellen einschränkende Funktionen zwischen den Entscheidungsvariablen dar, während (VI.79) Nichtnegativitätsbedingungen sind, die für die meisten ökonomischen Probleme erforderlich sind. In zahlreichen Anwendungen sind *Höchst- oder Mindestbedingungen* einzuhalten. In diesen Fällen werden die Nebenbedingungen (VI.78) in Form von Ungleichungen formuliert, d.h. konkret das "="-Zeichen durch "≤" bzw. "≥" ersetzt. Eine **Kleiner-Gleich-Nebenbedingung** kann durch Einführung einer sog. *Schlupfvariablen* in eine Gleichung überführt werden. Bezeichnen wir die jeweilige Differenz zwischen der rechten Seite (Höchstmenge) und der linken Seite (aktueller Wert der Nebenbedingung) als den Schlupf y_i, so sagt die Ungleichung

$$\sum_{j=1}^{n} a_{ij} \cdot x_j \leq b_i$$

dasselbe aus wie die folgende Gleichung unter Berücksichtigung einer Nichtnegativitätsbedingung für y_i:

$$y_i + \sum_{j=1}^{n} a_{ij} \cdot x_j = b_i \qquad \text{mit} \qquad y_i \geq 0 \qquad (i = 1, 2, \ldots, m) \tag{VI.80}$$

Analog können wir eine **Größer-Gleich-Nebenbedingung** behandeln, wenn sie zuvor mit –1 multipliziert wird. Die Größer-Gleich-Bedingung wird also zunächst durch Multiplikation in eine Kleiner-Gleich-Bedingung und dann durch Einführung einer Schlupfvariablen in Gleichungsform gebracht:

$$\sum_{j=1}^{n} a_{ij} \cdot x_j \geq b_i \qquad | \cdot (-1)$$

$$\rightarrow \qquad -\sum_{j=1}^{n} a_{ij} \cdot x_j \leq -b_i$$

$$\rightarrow \quad y_i - \sum_{j=1}^{n} a_{ij} \cdot x_j = -b_i \qquad \text{mit} \qquad y_i \geq 0 \qquad (i = 1, 2, \ldots, m) \tag{VI.81}$$

Grundsätzlich gilt, dass in einer Nebenbedingung keine reine Ungleichung der Form "<" oder ">" berücksichtigt werden kann. In diesem Fall existiert nämlich kein Maximum oder Minimum.

Bevor wir uns näher mit dem Simplexverfahren als Lösungsverfahren für lineare Optimierungsprobleme befassen, wollen wir zunächst zwei konkrete Beispiele betrachten, die den Sinn und Zweck der linearen Optimierung verdeutlichen und zu den Standardbeispielen in der Literatur zählen. Wir werden in diesem Zusammenhang außerdem veranschaulichen, wie sich lineare Optimierungsprobleme mit zwei Variablen noch grafisch lösen lassen.

Beispiel 1: Maximierungsproblem

Nehmen wir an, ein Produkt kann mittels zweier verschiedener Verfahren aus drei Komponenten K1, K2 und K3 hergestellt werden, wobei diese drei Komponenten nur in beschränkter Menge zur Verfügung stehen. Die folgende Tabelle zeigt diese verfügbaren Mengen und außerdem die Verbrauchskoeffizienten (Bedarf an K1, K2 und K3 für die Herstellung einer Mengeneinheit des Produkts):

	Verbrauchskoeffizienten		
	Verfahren 1	Verfahren 2	verfügbare Mengen
K1	1	3	24
K2	5	7	64
K3	2	1	22

Die Frage ist nun, wie viele Mengeneinheiten des Produktes nach jedem der beiden Verfahren erzeugt werden sollen, damit insgesamt eine möglichst große Menge an Produkten entsteht und gleichzeitig die Restriktionen über die verfügbaren Mengen der Ausgangskomponenten eingehalten werden.

Hinter dieser Fragestellung verbirgt sich das Problem einer Maximierung der Gesamtmenge z des Produkts, die sich aus der Menge an nach Verfahren 1 hergestellten Produkten x_1 und der Menge an nach Verfahren 2 hergestellten Produkten x_2 zusammensetzt. Unsere Zielfunktion ist hier also

$$z = x_1 + x_2.$$

Von der Komponente K1 benötigen wir insgesamt $1 \cdot x_1 + 3 \cdot x_2$ Mengeneinheiten, wobei jedoch maximal 24 zur Verfügung stehen. Es gilt also als Nebenbedingung die Ungleichung $1 \cdot x_1 + 3 \cdot x_2 \leq 24$. Analoge Überlegungen für die anderen Komponenten führen zu folgendem System an Nebenbedingungen:

$$\begin{aligned} x_1 + 3x_2 &\leq 24 \\ 5x_1 + 7x_2 &\leq 64 \\ 2x_1 + x_2 &\leq 22 \end{aligned}$$

Da Produktionsmengen nicht negativ sein können, müssen zudem noch die folgenden Nichtnegativitätsbedingungen gelten:

$$x_1 \geq 0 \qquad x_2 \geq 0$$

Jede Mengenkombination (x_1, x_2), die die Nebenbedingungen und die Nichtnegativitätsbedingungen erfüllt, wird als *zulässige Lösung* bezeichnet. So ist z.B. (4; 2) zulässig, denn beide Werte sind positiv und es gilt $4 + 3 \cdot 2 = 10 < 24$; $5 \cdot 4 + 7 \cdot 2 = 34 < 64$ und $2 \cdot 4 + 2 = 10 < 22$. Da diese Lösung die Grenzen der Ressourcen aber bei Weitem nicht ausschöpft, kann sie nicht als optimal bezeichnet werden. Wir wollen daher zunächst den Bereich der zulässigen Lösungen grafisch skizzieren. Betrachten wir dazu vorerst eine der Nebenbedingungen $5x_1 + 7x_2 \leq 64$, welche die Restriktion für K2 ausdrückt. Die Obergrenze für K2 ist 64. Jede Kombination (x_1, x_2), die diese Grenze ausschöpft, liegt auf der Geraden $5x_1 + 7x_2 = 64 \leftrightarrow x_2 = -\frac{5}{7}x_1 + \frac{64}{7}$. Diejenigen Kombinationen (x_1, x_2), die $5x_1 + 7x_2 < 64$ erfüllen, liegen unterhalb der Geraden (in folgender Skizze durch Pfeile angedeutet). Die Ungleichung $5x_1 + 7x_2 \leq 64$ beschreibt also eine Halbebene einschließlich der Begrenzung. Analog erhalten wir für die anderen Nebenbedingungen ebenso Halbebenen. Auch die Nichtnegativitätsbedingungen beschreiben Halbebenen: $x_1 \geq 0$ ist die Halbebene rechts der Ordinate einschließlich selbiger und $x_2 \geq 0$ ist die Halbebene oberhalb der Abszisse einschließlich selbiger.

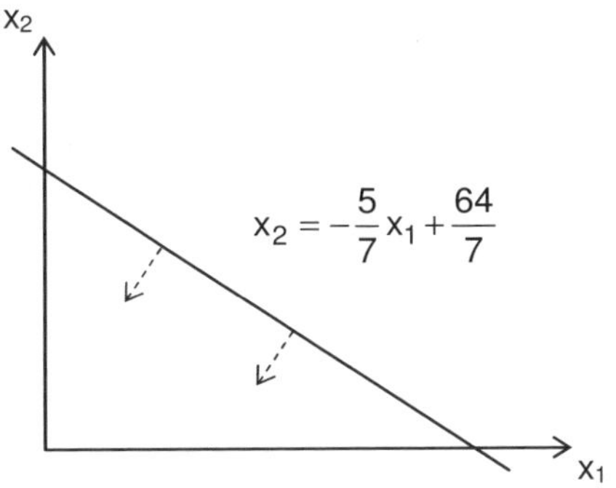

Die Punkte (x_1, x_2), die gleichzeitig allen Halbebenen angehören, sind in der folgenden Skizze grau schattiert und bilden den *zulässigen Bereich*. Die Geraden, welche die Obergrenzen der Komponenten K1, K2 und K3 darstellen, sind darin mit diesen Buchstaben gekennzeichnet. Die Schnittpunkte von je zwei Restriktionsgeraden, wozu auch die Koordinatenachsen zählen, heißen *Ecken des Restriktionssystems*. Die Ecken, die dem zulässigen Bereich angehören, heißen die *zulässigen Ecken*. Die zulässigen Ecken sind hier (0; 0), (0; 8), (3; 7), (10; 2) und (11; 0).

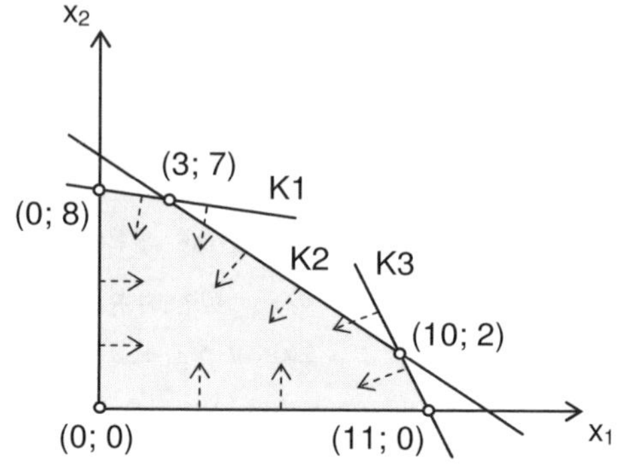

Zur Auffindung einer optimalen Lösung setzen wir in der Zielfunktion zunächst $z = 0$, d.h. wir nehmen an, dass nicht produziert wird, wodurch wir die Gerade $x_1 + x_2 = 0 \leftrightarrow x_2 = -x_1$ erhalten. Sukzessives Erhöhen von z (z.B. $z = 2, 4, \ldots$) bedeutet, dass die Zielfunktionsgerade $x_2 = -x_1$ in $x_2 = -x_1 + 2$, $x_2 = -x_1 + 4$, ... übergeht. Dies stellt nichts anderes als eine Parallelverschiebung der Zielfunktionsgeraden dar (vgl. folgende Skizze).

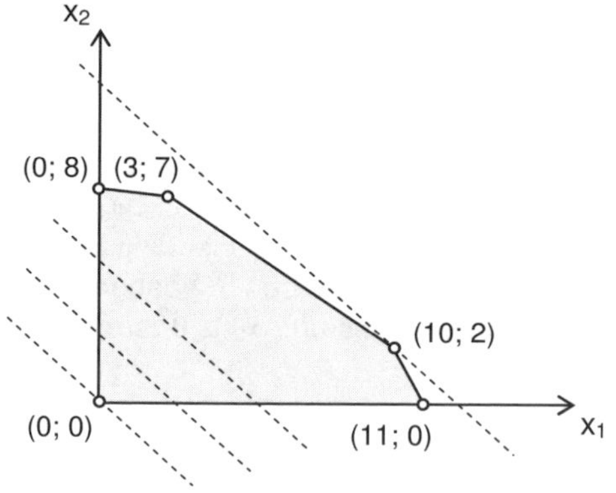

Das maximale $z = x_1 + x_2$, das noch zu einer zulässigen Lösung (x_1, x_2) gehört, erhalten wir, indem wir die Parallelverschiebung möglichst weit durchführen, sodass der zulässige Bereich und die verschobene Gerade noch maximal einen Punkt gemeinsam haben. Im hier vorliegenden Beispiel erhalten wir das Maximum, wenn wir die Zielfunktionsgerade so weit verschieben, bis sie durch die Ecke (10; 2) geht. Diese Ecke ist dann die gesuchte Lösung. Das optimale Produktionsprogramm sieht also vor $x_1 = 10$ Mengeneinheiten nach Verfahren 1 und $x_2 = 2$ Mengeneinheiten nach Verfahren 2 zu produzieren. Die maximal erzeugbare Menge beträgt also unter Einhaltung der gegebenen Restriktionen 12 Mengeneinheiten.

Beispiel 2: Minimierungsproblem

Ein Viehzüchter ist bemüht, seine Tiere mit ausreichend Vitaminen A, B, C und D zu versorgen, wofür ihm zwei Futtermittel F1 und F2 zur Verfügung stehen. Die Preise beider Futtermittel (in Euro je 100g), die in ihnen enthaltenen Vitamine (in mg je 100g Futter) und der Mindestbedarf an Vitaminen je Tier (in mg je Tag) sind in folgender Tabelle gegeben:

	Vitamine				
	A	B	C	D	Preis
F1	6	7	6	3	1,50
F2	1	4	10	9	1,00
Mindestbedarf je Tier	22	71	120	72	

Wir interessieren uns nun dafür, wie der Züchter sein Futter aus den beiden Sorten zusammenstellen sollte, um den finanziellen Aufwand dafür möglichst gering zu halten und gleichzeitig den Vitaminbedarf der Tiere zu decken. Dabei ist zu beachten, dass ein Tier je Tag nicht mehr als 2 kg Futter erhalten darf.

Bezeichnen wir mit x_1 die Menge an F1 und mit x_2 die Menge an F2 (jeweils in 100g je Tag) erhalten wir daraus ein Minimierungsproblem mit folgender Zielfunktion (Kostenfunktion) und Nebenbedingungen:

Zielfunktion:

$$z = 1{,}5x_1 + x_2$$

Nebenbedingungen:

$$\begin{aligned} 6x_1 + x_2 &\geq 22 \\ 7x_1 + 4x_2 &\geq 71 \\ 6x_1 + 10x_2 &\geq 120 \\ 3x_1 + 9x_2 &\geq 72 \\ x_1 + x_2 &\leq 20 \end{aligned}$$

Nichtnegativitätsbedingungen:

$$x_1 \geq 0$$

$$x_2 \geq 0$$

Analog zum vorhergehenden Beispiel können wir erneut Restriktionsgeraden zeichnen. Bei der Bestimmung des zulässigen Bereiches ist jedoch zu beachten, dass nun die ersten vier Nebenbedingungen Halbebenen oberhalb der jeweiligen Geraden beschreiben und nur bei der letzten Nebenbedingung eine Halbebene unterhalb der Geraden vorliegt. Wir erhalten dann folgenden zulässigen Bereich:

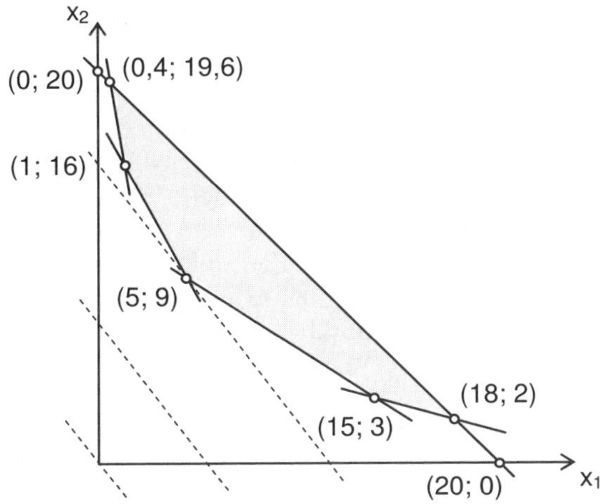

Die optimale Lösung finden wir wiederum, indem wir die Nullgerade $x_2 = -1{,}5x_1$ so lange nach rechts verschieben, bis sie erstmalig einen Punkt des zulässigen Bereichs erreicht. Anders als beim Maximierungsproblem wollen wir nun nämlich nicht, dass die Zielfunktionsgerade möglichst weit von der Nulllage entfernt ist, sondern dass sie der Nulllage möglichst nahe ist, aber noch mindestens einen Punkt mit dem zulässigen Bereich gemeinsam hat. In unserem Beispiel erhalten wir damit die Ecke (5; 9) als Lösung, sodass ein Tier in dieser optimalen Konstellation 500 g von F1 und 900 g von F2 erhält. Die Kosten dieser Mischung liegen bei $1{,}5 \cdot 5 + 9 = 16{,}5$ Euro. Dieser Betrag stellt unter den gegebenen Bedingungen den minimalen Kostenbetrag dar.

Anhand der beiden vorhergehenden Beispiele haben wir gesehen, dass das Optimum jeweils an einer Ecke des zulässigen Bereichs liegt. Dies gilt für beliebige lineare Optimierungsprobleme, vorausgesetzt, sie haben eine *eindeutige Lösung*. Probleme der linearen Optimierung können jedoch auch *mehrdeutige Lösungen* besitzen. Dies ist z.B. der Fall wenn die parallel verschobene Zielfunktionsgerade in ihrer finalen Lage mit einer Restriktionsgeraden zusammenfällt. In einem solchen Fall sind alle Punkte auf der Begrenzung des zulässigen Bereichs optimal, die auf der Restriktionsgeraden zwischen zwei zulässigen Ecken liegen. Da die Ecken Elemente dieser Strecke sind, bleibt die Aussage korrekt, dass die optimale Lösung in mindestens einer Ecke des zulässigen Bereichs angenommen wird. Ein allgemeines Lösungsverfahren muss also nur die endlich vielen Ecken durchgehen und eine davon finden, in der z optimal ist.

Es kann außerdem vorkommen, dass ein lineares Optimierungsproblem *keine Lösung* besitzt. Dies ist z.B. der Fall, wenn sich Restriktionen widersprechen (z.B. "höchstens 1 kg Futter pro Tier pro Tag" in vorhergehendem Beispiel). Der zulässige Bereich ist dann nämlich leer. Bei Maximierungsproblemen kann es außerdem vorkommen, dass der zulässige Bereich nach rechts offen ist und so die Zielfunktionsgerade unendlich parallel nach rechts verschoben werden kann. Auch hier existiert keine optimale Lösung.

5.2 Das Simplexverfahren

Da eine grafische Lösung linearer Optimierungsprobleme für praktische Zwecke wenig effizient und für mehr als drei Variablen unmöglich ist, empfiehlt sich die Anwendung des **Simplexverfahrens** (auch Simplexalgorithmus genannt) zur Lösungsbestimmung. Wir wollen dieses Verfahren im Folgenden anhand des Maximierungsproblems darstellen. Dies ist ausreichend, da ein Minimierungsproblem, wie im Abschnitt VI 5.1 angesprochen, in ein Maximierungsproblem überführt werden kann. Eine Minimierung von z entspricht nämlich einer Maximierung von –z. Nach dieser Transformation können wir eine Maximierung durchführen, müssen jedoch beachten, dass der optimale Zielfunktionswert am Ende der Rechnung das Maximum von –z darstellt. Um z_{min} zu erhalten, müssen wir die Vorzeichenumkehrung wieder rückgängig machen, d.h. $z_{min} = -(-z_{max})$.

Ein *Standardmaximierungsproblem* besteht darin, eine lineare Zielfunktion

$$z = c_1x_1 + c_2x_2 + \ldots + c_nx_n \qquad \text{(VI.82)}$$

durch Finden geeigneter Werte der n unabhängigen Variablen zu maximieren, wobei das System der m Nebenbedingungen

$$\begin{matrix} a_{11}x_1 & +a_{12}x_2 & +\ldots & +a_{1n}x_n & \leq b_1 \\ a_{21}x_1 & +a_{22}x_2 & +\ldots & +a_{2n}x_n & \leq b_2 \\ \vdots & \vdots & & \vdots & \vdots \\ a_{m1}x_1 & +a_{m2}x_2 & +\ldots & +a_{mn}x_n & \leq b_m \end{matrix} \qquad \text{(VI.83)}$$

und die Nichtnegativitätsbedingungen

$$x_1 \geq 0,\ x_2 \geq 0,\ \ldots,\ x_n \geq 0 \qquad \text{(VI.84)}$$

erfüllt sein müssen. Durch die Einführung von Schlupfvariablen nach (VI.80) in (VI.83) lässt sich dieses Optimierungsproblem folgendermaßen umformulieren: Man ermittle die Lösung des *Restriktionsgleichungssystems*

$$\begin{matrix} a_{11}x_1 & +a_{12}x_2 & +\ldots & +a_{1n}x_n & +y_1 & & & = b_1 \\ a_{21}x_1 & +a_{22}x_2 & +\ldots & +a_{2n}x_n & & +y_2 & & = b_2 \\ \vdots & \vdots & & \vdots & & & & \vdots \\ a_{m1}x_1 & +a_{m2}x_2 & +\ldots & +a_{mn}x_n & & & +y_m & = b_m \end{matrix} \qquad \text{(VI.85)}$$

welche den Bedingungen $x_1 \geq 0$, $x_2 \geq 0$, …, $x_n \geq 0$ sowie $y_1 \geq 0$, $y_2 \geq 0$, …, $y_m \geq 0$ genügt und für welche (VI.82) maximal ist.

Das System (VI.85) besteht aus m Gleichungen für n + m Variablen, ist also *unterbestimmt.* Die Koeffizientenmatrix des Systems beinhaltet genau m Einheitsvektoren, da die Matrix die folgende Gestalt aufweist:

$$\begin{pmatrix} a_{11} & a_{12} & \cdots & a_{1n} & 1 & 0 & \cdots & 0 \\ a_{21} & a_{22} & \cdots & a_{2n} & 0 & 1 & \cdots & 0 \\ \vdots & \vdots & & \vdots & \vdots & \vdots & & 0 \\ a_{m1} & a_{m2} & & a_{mn} & 0 & 0 & \cdots & 1 \end{pmatrix} \qquad \text{(VI.86)}$$

Man bezeichnet ein Gleichungssystem mit einer derartigen Koeffizientenmatrix als *kanonisches Gleichungssystem,* die Variablen y_1, y_2, …, y_m als *Basisvariablen* und x_1, x_2, …, x_n als *Nichtbasisvariablen.* In einem beliebigen kanonischen Gleichungssystem finden wir sofort eine Lösung, wenn wir alle Nichtbasisvariablen gleich Null setzen. Eine solche Lösung ist eine der sog. *Basislösungen* des Systems. Weitere Basislösungen erhalten wir durch das Nullsetzen von jeweils n der Variablen und Auflösen des Restsystems, falls die Gleichungen linear unabhängig sind. Erfüllt eine resultierende Basislösung die Nichtnegativitätsbedingungen der Basis- und Nichtbasisvariablen, sprechen wir von einer *zulässigen Basislösung.*

Beispiel:

Im Abschnitt VI 5.1 hatten wir im Beispiel 1 die Suche nach dem optimalen Produktionsprogramm als lineares Optimierungsproblem formuliert. Durch Einführung von Schlupfvariablen erhalten wir für dieses Standardmaximierungsproblem das Restriktionsgleichungssystem:

$$\begin{matrix} x_1 & +3x_2 & +y_1 & & & = 24 \\ 5x_1 & +7x_2 & & +y_2 & & = 64 \\ 2x_1 & +x_2 & & & +y_3 & = 22 \end{matrix}$$

Ökonomisch stellen die Werte der y_i für jedes zulässige (x_1, x_2)-Paar die nicht ausgenutzten Ressourcen dar. So ist z.B. für $x_1 = 4$ und $x_2 = 2$ der Wert von y_1 gleich 14. Dies bedeutet, dass bei der Produktion von 4 Mengeneinheiten nach Verfahren 1 und 2 Mengeneinheiten nach Verfahren 2 von der Gesamtkapazität an Komponente K1 nur $4 \cdot 1 + 3 \cdot 2 = 10$ Mengeneinheiten genutzt werden. $y_1 = 14$ Mengeneinheiten bleiben ungenutzt.

Setzen wir nun die Nichtbasisvariablen x_1 und x_2 gleich Null, erhalten wir direkt $y_1 = 24$, $y_2 = 64$ und $y_3 = 22$, d.h. die Basislösung $L_B = \{x_1, x_2, y_1, y_2, y_3\} = \{0; 0; 24; 64; 22\}$.

Die grafische Lösung linearer Optimierungsprobleme im Fall *zweier unabhängiger Variablen* hat gezeigt, dass für uns die Ecken des zulässigen Bereichs von besonderer Bedeutung sind. Die Frage ist nun, welche der unendlich vielen Lösungen des Restriktionsgleichungssystems die Ecken des zulässigen Bereichs darstellen. Wir wissen bereits, dass eine Ecke als Schnittpunkt zweier Restriktionsgeraden, einer Restriktionsgeraden mit einer Koordinatenachse oder der beiden Koordinatenachsen entsteht. Die i-te Restriktionsgerade ist durch $y_i = 0$ charakterisiert. Setzen wir jeweils eine der Schlupfvariablen gleich Null, so verbleibt in der Zeile des Systems genau die zugehörige Gleichung der Restriktionsgeraden. Die Gleichungen $x_i = 0$ charakterisieren die Koordinatenachsen. Wir können also zusammenfassen: Die Geraden, die den zulässigen Bereich begrenzen, sind durch das Verschwinden einer Variablen charakterisiert. Da die Ecken jeweils auf zwei dieser Geraden liegen, sind diese durch das Verschwinden von je zwei Variablen charakterisiert.

Beispiel:

Bestimmen wir die Basislösungen bzw. Ecken unseres Produktionsprogrammbeispiels. Die aus dem Restriktionssystem sofort ablesbare Basislösung haben wir bereits im letzten Beispiel bestimmt:

$x_1 = x_2 = 0 \quad \rightarrow \quad L_B = \{0; 0; 24; 64; 22\} \quad \rightarrow \quad$ Ecke (0; 0)

Die weiteren Basislösungen ergeben sich durch Nullsetzen je zweier Variablen und Auflösen der Restsysteme. Wir erhalten als Ergebnis:

$x_2 = y_3 = 0 \quad \rightarrow \quad L_B = \{11; 0; 13; 9; 0\} \quad \rightarrow \quad$ Ecke (11; 0)

$y_2 = y_3 = 0 \quad \rightarrow \quad L_B = \{10; 2; 8; 0; 0\} \quad \rightarrow \quad$ Ecke (10; 2)

$y_1 = y_2 = 0 \quad \rightarrow \quad L_B = \{3; 7; 0; 0; 9\} \quad \rightarrow \quad$ Ecke (3; 7)

$x_1 = y_1 = 0 \quad \rightarrow \quad L_B = \{0; 8; 0; 8; 14\} \quad \rightarrow \quad$ Ecke (0; 8)

Da alle Variablenwerte nichtnegativ sind, sind alle Basislösungen zulässig. Die Eckpunkte des zulässigen Bereichs sind also gerade die zulässigen Basislösungen des Restriktionsgleichungssystems. Berechnen wir z für die verschiedenen Ecken, so ist die Ecke die optimale Lösung, die den höchsten Wert für z liefert.

In diesem einfachen Beispiel hatten wir den Vorteil, dass wir bereits grafisch eine Lösung ermittelt hatten und damit genau wussten, welche Variablen wir zum Erhalt zulässiger Ecken gleich Null setzen müssen. Zur Bestimmung der Ecke (10; 2) mussten wir z.B. den Schnittpunkt aus K2 und K3 errechnen und dazu y_2 und y_3 gleich Null setzen. Verfügen wir über keine grafische Lösung müssten wir auch die verbleibenden Kombinationen $x_1 = y_2 = 0$, $x_1 = x_3 = 0$, usw. berechnen. Die Basislösungen für diese Kombinationen würden dann aber aufgrund negativer Variablenwerte nicht zu den zulässigen Lösungen zählen. Da wir in der Praxis nicht für jedes lineare Optimierungsproblem eine grafische Lösungsdarstellung anfertigen können und die Berechnung sämtlicher Basislösungen mit anschließendem Ausschluss der unzulässigen sehr rechenintensiv sein kann, bedienen wir uns eines effizienteren Verfahrens (Simplexverfahren), welches wir im Folgenden vorstellen.

Nach den bisherigen Ausführungen können wir zunächst für unser allgemeines Restriktionsgleichungssystem (VI.85) festhalten, dass die Ecken des zulässigen Bereichs durch das Verschwinden von je n der Variablen des Restriktionssystems charakterisiert sind. Wenn in einem Gleichungssystem mit n + m Variablen und Rang m genau n Variablen verschwinden, sind die restlichen m Variablen eindeutig bestimmt. Wir erhalten auf diese Weise Basislösungen. Die *Ecken des zulässigen Bereichs* sind genau die *zulässigen Basislösungen* des Restriktionsgleichungssystems (VI.85). Eine Basislösung von (VI.85) erhalten wir sofort, indem wir die n Nichtbasisvariablen gleich Null setzen. Sie lautet $L_B = \{0, \ldots, 0, b_1, b_2, \ldots, b_m\}$ und ist zulässig, da $b_i \geq 0$. Zum Erhalt weiterer Basislösungen muss das Gleichungssystem durch *Pivotschritte* so umgeformt werden, dass die Einheitsvektoren in anderen Spalten der Koeffizientenmatrix (VI.86) und nicht wie zu Beginn nur in den letzten m Spalten stehen. Es werden also gewisse Nichtbasisvariablen durch Pivotschritte in Basisvariablen, gewisse Basisvariablen in Nichtbasisvariablen umgewandelt (sog. *Basistausch*). Genau darin besteht die Vorgehensweise des **Simplexverfahrens**. Von der sofort ablesbaren zulässigen Basislösung $L_B = \{0, \ldots, 0, b_1, b_2, \ldots, b_m\}$ ausgehend, wird Schritt für Schritt zu neuen Basislösungen übergegangen, und zwar so, dass sich bei jedem Schritt der Wert der Zielfunktion vergrößert, bis eine Vergrößerung nicht mehr möglich ist und das Maximum erreicht wurde.

Zur Umsetzung des Simplexverfahrens wird das vorliegende Restriktionsgleichungssystem (VI.85) um die Zielfunktionszeile $z = c_1x_1 + c_2x_2 + \ldots + c_nx_n$ in der Form $-c_1x_1 - c_2x_2 - \ldots - c_nx_n + z = 0$ ergänzt, sodass wir ein Gleichungssystem mit m + 1 Gleichungen und n + m + 1 Variablen erhalten:

$$\begin{array}{lllllllll} a_{11}x_1 & +a_{12}x_2 & +\ldots & +a_{1n}x_n & +y_1 & & & & = b_1 \\ a_{21}x_1 & +a_{22}x_2 & +\ldots & +a_{2n}x_n & & +y_2 & & & = b_2 \\ \vdots & \vdots & & \vdots & & & & & \vdots \\ a_{m1}x_1 & +a_{m2}x_2 & +\ldots & +a_{mn}x_n & & & +y_m & & = b_m \\ -c_1x_1 & -c_2x_2 & -\ldots & -c_nx_n & & & & +z & = 0 \end{array} \qquad \text{(VI.87)}$$

Dieses formulieren wir als Tableau, wobei wir in einer Kopfzeile alle Variablen aufführen, in einer Kopfspalte nur die Basisvariablen (im **Ausgangstableau** $y_1, \ldots, y_m$, z). Die Zielfunktionszeile wird von den übrigen Zeilen durch eine Linie getrennt:

	x_1	x_2	$\cdots$	x_n	y_1	y_2	$\cdots$	y_n	z	b
y_1	a_{11}	a_{12}	$\cdots$	a_{1n}	1	0	$\cdots$	0	0	b_1
y_2	a_{21}	a_{22}	$\cdots$	a_{2n}	0	1	$\cdots$	0	0	b_2
$\vdots$	$\vdots$	$\vdots$		$\vdots$	$\vdots$	$\vdots$		$\vdots$	$\vdots$	$\vdots$
y_m	a_{m1}	a_{m2}	$\cdots$	a_{mn}	0	0	$\cdots$	1	0	b_m
z	$-c_1$		$\cdots$	$-c_n$	0	0	$\cdots$	0	1	0

Machen wir nun eine Nichtbasisvariable x_j, in deren zugehöriger Spalte der Wert der Zielfunktion negativ ist, zur Basisvariable, d.h. setzen $x_j > 0$ statt $x_j = 0$, so führt dies zu einer Zunahme von z um $c_j \cdot x_j$, da $z = c_1x_1 + c_2x_2 + \ldots + c_nx_n$. Wir erhalten damit ein Kriterium für die Auswahl der Pivotspalte, das sog. **Optimalitätskriterium**: Wir wählen eine Spalte, in welcher der *Wert der Zielfunktion negativ* ist.

Sind alle Werte der Zielfunktionszeile positiv, haben wir das Endtableau erreicht. Die optimale Lösung ist dann die diesem Tableau entsprechende Basislösung.

Nach Wahl der Pivotspalte, in der ein Einheitsvektor erzeugt werden soll, ist noch die Pivotzeile zu wählen, d.h. die Zeile, in der die 1 entstehen soll. Durch eine geeignete Wahl der Pivotzeile können wir garantieren, dass die entstehende neue Basislösung zulässig ist. Die Bedingung, die dies gewährleistet, heißt **Engpasskriterium** und lautet wie folgt: Liegt ein Simplextableau vor und soll in der j-ten Spalte ein Einheitsvektor erzeugt werden, wählen wir dasjenige a_{ij} als Pivotelement, d.h. diejenige Zeile i als Pivotzeile, für die der jeweilige Quotient b_i/a_{ij} seinen kleinsten positiven Wert annnimmt. Zweckmäßigerweise führen wir im Tableau deshalb noch eine Spalte für die Qutienten b_i/a_{ij} ein.

Zusammenfassend können wir die Vorgehensweise zur Lösung eines Standardmaximierungsproblems mittels des Simplexverfahrens mit folgender Abbildung veranschaulichen.

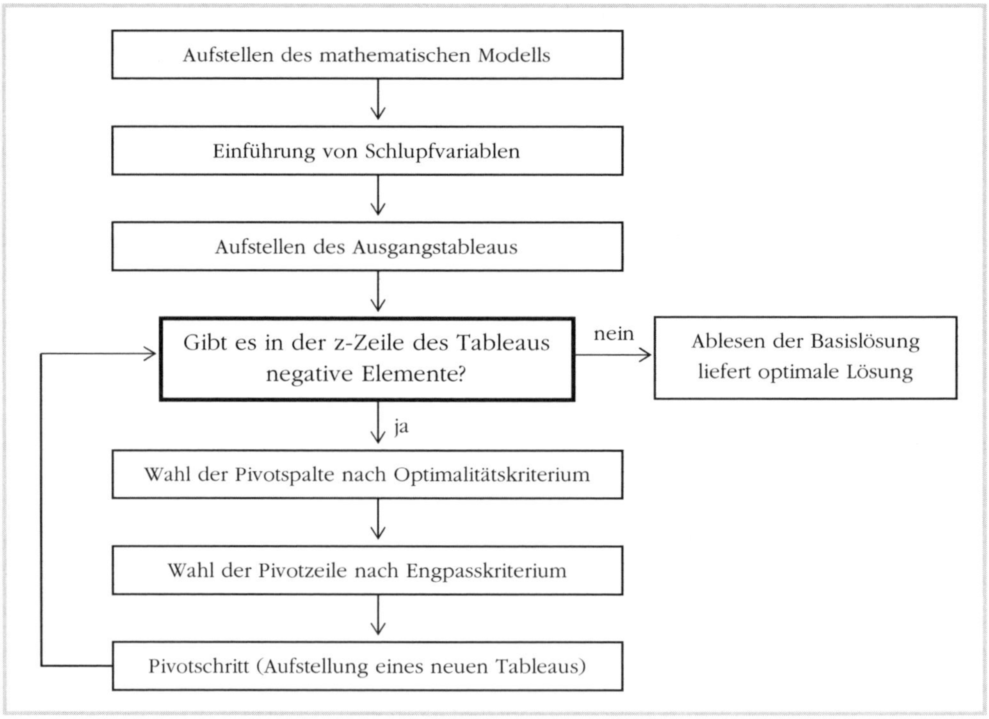

Abbildung VI 7: Ablaufschema des Simplexverfahrens

Beispiel:

Für unser Produktionsprogrammbeispiel erhalten wir das folgende erweiterte Restriktionsgleichungssystem:

$$\begin{array}{rrrrrrl} x_1 & +3x_2 & +y_1 & & & & =24 \\ 5x_1 & +7x_2 & & +y_2 & & & =64 \\ 2x_1 & +x_2 & & & +y_3 & & =22 \\ -x_1 & -x_2 & & & & +z & =0 \end{array}$$

Daraus erhalten wir das folgende Anfangstableau:

	x_1	x_2	y_1	y_2	y_3	z	b	$\frac{b_i}{a_{i1}}$
y_1	1	3	1	0	0	0	24	24
y_2	5	7	0	1	0	0	64	12,8
y_3	[2]	1	0	0	1	0	22	11
z	–1	–1	0	0	0	1	0	

In diesem Tableau haben wir nach dem Optimalitätskriterium die erste Spalte als Pivotspalte gewählt, da hier der zugehörige Wert der z-Zeile mit –1 negativ ist. Alternativ hätten wir mit der gleichen Begründung auch die zweite Spalte wählen können. Von den Quotienten b_i/a_{i1} bzw. $b_1/a_{11} = 24/1 = 24$, $b_2/a_{21} = 64/5 = 18{,}2$ und $b_3/a_{31} = 22/2 = 11$ ist $b_3/a_{31} = 11$ der kleinste, sodass die dritte Zeile nach dem Engpasskriterium die Pivotzeile und $a_{31} = 2$ das Pivotelement (im Tableau eingerahmt) sind.

Die Berechnung des neuen Tableaus erfolgt nun nach der in Abschnitt VI 3.4 beschriebenen Vorgehensweise zur Durchführung eines Pivotschritts. Die Pivotzeile wird umgeformt, indem jedes Element der Zeile durch das Pivotelement dividiert wird. Die Umformung der Elemente einer von der Pivotzeile verschiedenen Zeile s (inklusive der z-Zeile) erfolgt folgendermaßen:

$$a_{st}^{neu} = a_{st} - \frac{a_{sj}}{a_{ij}} a_{it} \qquad b_s^{neu} = b_s - \frac{a_{sj}}{a_{ij}} b_i$$

Um das zweite Tableau nach dem ersten Pivotschritt zu erhalten, führen wir also folgende Berechnungen durch:

	x_1	x_2	y_1	y_2	y_3	z	b
y_1	$1-\frac{1}{2}\cdot 2$	$3-\frac{1}{2}\cdot 1$	$1-\frac{1}{2}\cdot 0$	$0-\frac{1}{2}\cdot 0$	$0-\frac{1}{2}\cdot 1$	$0-\frac{1}{2}\cdot 0$	$24-\frac{1}{2}\cdot 22$
y_2	$5-\frac{5}{2}\cdot 2$	$7-\frac{5}{2}\cdot 1$	$0-\frac{5}{2}\cdot 0$	$1-\frac{5}{2}\cdot 0$	$0-\frac{5}{2}\cdot 1$	$0-\frac{5}{2}\cdot 0$	$64-\frac{5}{2}\cdot 22$
x_1	$\frac{2}{2}$	$\frac{1}{2}$	$\frac{0}{2}$	$\frac{0}{2}$	$\frac{1}{2}$	$\frac{1}{2}$	$\frac{22}{2}$
z	$-1-\frac{(-1)}{2}\cdot 2$	$-1-\frac{(-1)}{2}\cdot 1$	$0-\frac{(-1)}{2}\cdot 0$	$0-\frac{(-1)}{2}\cdot 0$	$0-\frac{(-1)}{2}\cdot 1$	$1-\frac{(-1)}{2}\cdot 0$	$0-\frac{(-1)}{2}\cdot 22$

Dies liefert das nachfolgende zweite Tableau. Für den nächsten Pivotschritt kommt als Pivotspalte nur noch die zweite Spalte in Frage, denn nur dort hat die Zielfunktionszeile ein negatives Element (Optimalitätskriterium). Berechnen wir nun die b_i/a_{i2}, so liefert die Engpassbedingung ($b_1/a_{12} = 13/(5/2) = 5{,}2$; $b_2/a_{22} = 9/(9/2) = 2$; $b_3/a_{32} = 11/(1/2) = 22$) die zweite Zeile als Pivotzeile und damit $a_{22} = 9/2$ als das Pivotelement für den nächsten Schritt. Wir haben dieses bereits im zweiten Tableau markiert.

	x_1	x_2	y_1	y_2	y_3	z	b	$\frac{b_i}{a_{i2}}$
y_1	0	$\frac{5}{2}$	1	0	$-\frac{1}{2}$	0	13	5,2
y_2	0	[$\frac{9}{2}$]	0	1	$-\frac{5}{2}$	0	9	2
x_1	1	$\frac{1}{2}$	0	0	$\frac{1}{2}$	0	11	22
z	0	$-\frac{1}{2}$	0	0	$\frac{1}{2}$	1	11	

Es sei hier angemerkt, dass im zweiten Tableau nun in der Kopfspalte nicht länger y_1, y_2 und y_3, sondern nun y_1, y_2 und x_1 enthalten sind. y_3 ist nach dem ersten Pivotschritt nämlich keine Basisvariable mehr, x_1 nun jedoch schon. Die Variablen sind dabei so angeordnet, dass als erste Basisvariable immer jene angegeben wird, die in ihrer Tabellenspalte die 1 als erstes Element aufweist (zeilenweise betrachtet). Diejenige Basisvariable mit der 1 an zweiter Stelle ist entsprechend die zweite Variable in der Kopfspalte, usw.

Zum Erhalt des dritten Tableaus bzw. zur Durchführung des zweiten Pivotschritts stellen wir folgende Berechnungen an:

	x_1	x_2	y_1	y_2	y_3	z	b
y_1	$0-\frac{\frac{5}{2}}{\frac{9}{2}}\cdot 0$	$\frac{5}{2}-\frac{\frac{5}{2}}{\frac{9}{2}}\cdot\frac{9}{2}$	$1-\frac{\frac{5}{2}}{\frac{9}{2}}\cdot 0$	$0-\frac{\frac{5}{2}}{\frac{9}{2}}\cdot 1$	$-\frac{1}{2}-\frac{\frac{5}{2}}{\frac{9}{2}}\cdot(-\frac{5}{2})$	$0-\frac{\frac{5}{2}}{\frac{9}{2}}\cdot 0$	$13-\frac{\frac{5}{2}}{\frac{9}{2}}\cdot 9$
x_2	$\frac{0}{\frac{9}{2}}$	$\frac{\frac{9}{2}}{\frac{9}{2}}$	$\frac{0}{\frac{9}{2}}$	$\frac{1}{\frac{9}{2}}$	$\frac{-\frac{5}{2}}{\frac{9}{2}}$	$\frac{0}{\frac{9}{2}}$	$\frac{9}{\frac{9}{2}}$
x_1	$1-\frac{\frac{1}{2}}{\frac{9}{2}}\cdot 0$	$\frac{1}{2}-\frac{\frac{1}{2}}{\frac{9}{2}}\cdot\frac{9}{2}$	$0-\frac{\frac{1}{2}}{\frac{9}{2}}\cdot 0$	$0-\frac{\frac{1}{2}}{\frac{9}{2}}\cdot 1$	$\frac{1}{2}-\frac{\frac{1}{2}}{\frac{9}{2}}\cdot(-\frac{5}{2})$	$0-\frac{\frac{1}{2}}{\frac{9}{2}}\cdot 0$	$11-\frac{\frac{1}{2}}{\frac{9}{2}}\cdot 9$
z	$0-\frac{(-\frac{1}{2})}{\frac{9}{2}}\cdot 0$	$-\frac{1}{2}-\frac{(-\frac{1}{2})}{\frac{9}{2}}\cdot\frac{9}{2}$	$0-\frac{(-\frac{1}{2})}{\frac{9}{2}}\cdot 0$	$0-\frac{(-\frac{1}{2})}{\frac{9}{2}}\cdot 1$	$\frac{1}{2}-\frac{(-\frac{1}{2})}{\frac{9}{2}}\cdot(-\frac{5}{2})$	$1-\frac{(-\frac{1}{2})}{\frac{9}{2}}\cdot 0$	$11-\frac{(-\frac{1}{2})}{\frac{9}{2}}\cdot 9$

Wir erhalten damit:

	x_1	x_2	y_1	y_2	y_3	z	b
y_1	0	0	1	$-\frac{5}{9}$	$\frac{8}{9}$	0	8
x_2	0	1	0	$\frac{2}{9}$	$-\frac{5}{9}$	0	2
x_1	1	0	0	$-\frac{1}{9}$	$\frac{7}{9}$	0	10
z	0	0	0	$\frac{1}{9}$	$\frac{2}{9}$	1	12

In diesem Tableau enthält die Zielfunktionszeile keine negativen Werte mehr. Die Basislösung dieses Tableaus ist also die optimale Lösung. Setzen wir die Nichtbasisvariablen y_2 und y_3 gleich Null, erhalten wir $x_1 = 10$ und $x_2 = 2$ mit $z = 12$, was wir auch direkt aus dem Tableau ablesen können (vgl. Grauschattierung). Diese Lösung hatten wir bereits grafisch ermittelt. Den Wert $y_1 = 8$ können wir wie folgt interpretieren: Werden beim optimalen Produktionsprogramm 10 Einheiten nach Verfahren 1 und 2 Einheiten nach Verfahren 2 hergestellt, werden die vorhandenen Ressourcen der Komponente K1 nicht voll ausgenutzt. Der Bedarf bleibt 8 Einheiten unter der Höchstgrenze.

6. Aufgaben

Allgemeine Berechnungen mit Vektoren und Matrizen

Aufgabe VI-1

Sind die folgenden Vektoren **a**, **b** und **c** linear unabhängig?

a) $\mathbf{a} = \begin{pmatrix} 2 \\ -1 \\ -3 \end{pmatrix} \quad \mathbf{b} = \begin{pmatrix} 1 \\ -3 \\ 3 \end{pmatrix} \quad \mathbf{c} = \begin{pmatrix} 5 \\ 0 \\ 3 \end{pmatrix}$

b) $\mathbf{a} = \begin{pmatrix} 2 \\ 1 \\ 0 \end{pmatrix} \quad \mathbf{b} = \begin{pmatrix} 2 \\ 2 \\ -2 \end{pmatrix} \quad \mathbf{c} = \begin{pmatrix} 5 \\ 2 \\ 1 \end{pmatrix}$

Aufgabe VI-2

Vereinfachen Sie mit Hilfe der Rechengesetze für Matrizen die unten stehenden Ausdrücke, sodass möglichst wenig Matritzenmultiplikationen auszuführen sind:

a) $\mathbf{B}^T \cdot \mathbf{A}^T \cdot \mathbf{C} + (\mathbf{D}^T \cdot \mathbf{A} \cdot \mathbf{B})^T + (\mathbf{C}^T \cdot \mathbf{A} \cdot \mathbf{B})^T + (\mathbf{A} \cdot \mathbf{B})^T \cdot \mathbf{D}$,

wobei $\mathbf{A}_{2\times3}$, $\mathbf{B}_{3\times2}$, $\mathbf{C}_{2\times2}$ und $\mathbf{D}_{2\times2}$.

b) $\mathbf{A}^T \cdot \mathbf{B} \cdot \mathbf{C} + (\mathbf{C}^T \cdot \mathbf{B}^T \cdot \mathbf{D}^T)^T - \mathbf{F}^T \cdot \mathbf{E} \cdot \mathbf{C}$,

wobei $\mathbf{A}_{2\times3}$, $\mathbf{B}_{2\times2}$, $\mathbf{C}_{2\times4}$, $\mathbf{D}_{3\times2}$, $\mathbf{E}_{2\times2}$ (Einheitsmatrix) und $\mathbf{F}_{2\times3}$.

Aufgabe VI-3

Gegeben seien folgende Matrizen:

$$\mathbf{A} = \begin{pmatrix} 8 & 6 \\ 8 & -4 \\ 6 & 4 \end{pmatrix} \quad \mathbf{B} = \begin{pmatrix} 5 & -5 & 3 \\ 7 & 0 & -5 \end{pmatrix} \quad \mathbf{C} = \begin{pmatrix} 1 & 3 & 3 \\ 1 & 4 & 3 \\ 1 & 3 & 4 \end{pmatrix}$$

Führen Sie, wenn möglich, die folgenden Matrizenoperationen:

a) $\mathbf{A} \cdot \mathbf{B}$ b) $\mathbf{A} \cdot \mathbf{C}$ c) $\mathbf{B}^{-1}$ d) $\mathbf{C}^{-1}$

Aufgabe VI-4

Gegeben sei folgende Matrix

$$\mathbf{O} = \begin{pmatrix} a & b & 0 \\ 0 & a & b \\ 0 & 0 & a \end{pmatrix} \quad \text{mit } a, b \in \mathbb{R}.$$

Berechnen Sie

a) die Determinante von **O**, det **O**,

b) den Rang von **O**, rg(**O**),

c) die Inverse von **O**, $\mathbf{O}^{-1}$!

Aufgabe VI-5

Gegeben seien folgende Matrizen

$$\mathbf{A} = \begin{pmatrix} 1 & 2 & -3 \\ 0 & 2 & 0 \\ 2 & 0 & -5 \end{pmatrix} \qquad \mathbf{B} = \begin{pmatrix} 1 & -1 & 5 \\ 7 & 2 & 1 \\ -6 & -3 & 4 \end{pmatrix}.$$

Berechnen Sie

a) det **A**

b) det **B**

c) det $\mathbf{A}^{-1}$

d) det (**A** · **B**)

e) det (**3** · **A**)

f) rg(**A**)

g) rg(**B**)

h) rg(**A** · **B**)

Aufgabe VI-6

Gegeben sei die Matrix

$$\mathbf{A} = \begin{pmatrix} 1-a-b & 0 & 0 \\ a & 1-a-b & 0 \\ 0 & a & 1-a-b \end{pmatrix}.$$

Berechnen Sie die inverse Matrix $(\mathbf{E}-\mathbf{A})^{-1}$!

Aufgabe VI-7

Gegeben sei folgende Matrix

$$\mathbf{A} = \begin{pmatrix} 1+a & 2 & -1 \\ 1 & 2 & 1 \\ 1 & 2a & 1 \end{pmatrix}.$$

Für welche Werte von a ist die Matrix **A** invertierbar? Berechnen Sie die Inverse $\mathbf{A}^{-1}$ für a = 0!

Aufgabe VI-8

Für welche $x \in \mathbb{R}$ gilt

$$\det\begin{pmatrix} -x & 2 & -1 \\ -1 & 3x & x \\ 1 & -2 & 0 \end{pmatrix} = 0\,?$$

Aufgabe VI-9

Gegeben sei die Matrix

$$\mathbf{A} = \begin{pmatrix} 0 & a \\ 1 & b \end{pmatrix} \text{ mit } a, b \in \mathbb{R} .$$

Bestimmen Sie die Parameter a und b so, dass gilt

$$\mathbf{A} \cdot \mathbf{A}^T = \begin{pmatrix} 1 & 3 \\ 3 & 10 \end{pmatrix} .$$

Aufgabe VI-10

Berechnen Sie die folgende Determinante:

$$\det \mathbf{A} = \begin{vmatrix} 1 & 0 & 2 & 0 & 0 \\ 1 & 0 & 0 & 3 & 1 \\ 1 & 2 & 0 & 0 & 1 \\ 0 & 1 & 4 & -1 & 0 \\ 0 & 0 & 0 & -2 & -2 \end{vmatrix}$$

Lineare Gleichungssysteme

Aufgabe VI-11

Lösen Sie das folgende lineare Gleichungssystem:

$$x_2 - c + x_3 = 0$$

$$x_1 + bx_2 + bx_3 = ax_2$$

$$x_1 + ax_2 + ax_3 = ac - bx_3$$

Aufgabe VI-12

Gegeben sei die Matrix

$$\mathbf{A} = \begin{pmatrix} 2 & 1 & 0 \\ -1 & 0 & 2 \\ 0 & -2 & 4 \end{pmatrix} .$$

Berechnen Sie die Lösung des Gleichungssystems $(\mathbf{E}-\mathbf{A}) \cdot \mathbf{x} = \mathbf{b}$ (mit $\mathbf{b}$ beliebig)!

Aufgabe VI-13

Gegeben seien folgende Gleichungssysteme:

a) $4x_1 + 3x_2 - 2x_3 = 7$

$x_1 + x_2 = 5$

$3x_1 + x_3 = 4$

b) $x_1 + x_2 - x_3 = 1$

$2x_1 - 3x_2 + x_3 = 0$

$x_1 - x_3 = 2$

Besitzen die obigen Gleichungssysteme eindeutige Lösungen? Begründen Sie Ihre Aussagen und berechnen die ggf. die Lösungen der Systeme!

Aufgabe VI-14

Gegeben sei folgendes lineare Gleichungssystem ($a \in \mathbb{R}$):

$$2x_1 + ax_2 + x_3 = 0$$

$$-2x_1 + (4 - 2a)x_2 + (a - 5)x_3 = 0$$

$$4x_1 + (3a - 4)x_2 + 2x_3 = 0$$

a) Für welche Werte von a ist das Gleichungssystem lösbar?

b) Bestimmen Sie die Lösung für a = 0.

Aufgabe VI-15

Der linke obere Teil der folgenden Tabelle enthält sog. *Verflechtungskoeffizienten*. Sie geben den Input des in der Kopfzeile bezeichneten Wirtschaftszweiges an, der zur Produktion einer Leistungseinheit (LE) des in der ersten Spalte genannten Zweiges benötigt wird. So werden z.B. zur Erzeugung einer LE in der Landwirtschaft 0,2 LE landwirtschaftliche Produkte, 0,3 LE des industriellen Sektors 1 und 0,2 LE des industriellen Sektors 2 benötigt. Die Nachfragematrix oben rechts enthält Angaben über die Gesamtnachfrage. In der sog. Primäraufwandsmatrix unten links sind die Daten über die Arbeitszeit in Stunden je LE und über Löhne in Währungseinheiten je LE enthalten.

Output / Input	Landwirtschaft	Industriesektor 1	Industriesektor 2	Nachfrage
Landwirtschaft	0,2	0,8	-	800
Industriesektor 1	0,3	0,4	0,15	1.200
Industriesektor 2	0,2	0,4	0,25	600

Arbeitszeit	0,04	0,08	0,12
Löhne	2,6	4,3	1,7

Beantworten Sie auf Basis dieser Daten folgende Fragen:

a) Welche Outputmengen müssen die einzelnen Wirtschaftszweige erbringen, um die bestehende Nachfrage zu befriedigen? Nutzen Sie zur Beantwortung dieser Fragestellung MS-Excel!

b) Wieviele Stunden Arbeitszeit müssen zur Erbgingung der Outputmengen aus a) geleistet werden, und wie hoch ist die dabei anfallende Lohnsumme?

c) Wie wirken sich eine Erhöhung der Nachfragen in der Landwirtschaft um 40 LE und im Industriesektor 2 um 18 LE bei gleichzeitiger Verringerung der Nachfrage im Industriesektor 1 um 70 LE auf die Arbeitszeit und die Löhne aus, wenn diese zusätzliche Nachfrage durch Erhöhung der Outputmengen befriedigt werden soll?

Matrizengleichungen

Aufgabe VI-16

Gegeben seien die Matrizen

$$\mathbf{A} = \begin{pmatrix} 2 & -1 & 4 \\ 1 & 2 & 4 \\ 1 & -1 & 2 \end{pmatrix} \quad \text{und} \quad \mathbf{B} = \begin{pmatrix} 1 & 0 & 0 & 1 \\ 0 & 1 & 0 & 1 \\ 0 & 0 & 1 & 1 \end{pmatrix}.$$

Welche Matrix **X** erfüllt die Gleichung $\mathbf{A} \cdot \mathbf{X} = \mathbf{B}$? Nutzen Sie zur Bestimmung der Lösung MS-Excel!

Aufgabe VI-17

Gegeben sei die Matrizengleichung $\mathbf{A} \cdot \mathbf{B} \cdot \mathbf{X} = \mathbf{C} \cdot \mathbf{X} + \mathbf{D}$. Es sind zudem die Dimensionen der Matrizen $\mathbf{A}_{3\times1}$, $\mathbf{B}_{1\times3}$, $\mathbf{C}_{2\times3}$ und $\mathbf{D}_{2\times3}$ bekannt. Überprüfen Sie, ob die Matrizen die formalen Voraussetzungen erfüllen, damit die Gleichung lösbar ist!

Aufgabe VI-18

Welche Matrizen **X** und **Y** genügen den folgenden Gleichungen?

$$\begin{aligned} \text{I}: &\quad 2\mathbf{A} \cdot \mathbf{X} + \mathbf{B} \cdot \mathbf{Y} = \mathbf{C} \\ \text{II}: &\quad 3\mathbf{A} \cdot \mathbf{X} - 2\mathbf{Y} = \mathbf{B} \end{aligned} \qquad \text{mit} \qquad \mathbf{A} = \begin{pmatrix} 2 & 1 \\ 3 & 2 \end{pmatrix}, \ \mathbf{B} = \begin{pmatrix} -1 & 1 \\ 0 & -1 \end{pmatrix} \ \text{und} \ \mathbf{C} = \begin{pmatrix} 1 & 2 \\ 2 & 0 \end{pmatrix}$$

Lineare Optimierung

Aufgabe VI-19

Lösen sie mit dem Simplexverfahren die folgenden beiden Standardmaximierungsprobleme!

a) $z = x_1 + 2x_2$ u.d.N.

$$\begin{aligned} x_1 \phantom{{}+x_2} &\leq 10 \qquad & x_1 \geq 0 \\ x_2 &\leq 12 & x_2 \geq 0 \\ x_1 + x_2 &\leq 14 & \end{aligned}$$

b) $z = 2x_1 + 3x_2 + x_3$ u.d.N.

$$\begin{aligned} x_1 + x_2 + x_3 &\leq 10 \qquad & x_1 \geq 0 \\ x_1 + 2x_2 + 3x_3 &\leq 12 & x_2 \geq 0 \\ & & x_3 \geq 0 \end{aligned}$$

Prüfen Sie Ihre Ergebnisse durch Lösung der Maximierungsprobleme mittels der Funktion "Solver" von MS-Excel!

VII Lösungen

1. Allgemeine Grundlagen

Aufgabe I-1

a) Aussage A ist hinreichende, aber nicht notwendige Bedingung für Aussage B.

Erkl.: Wenn A vorliegt, liegt auch B vor (A $\rightarrow$ B). Aus B folgt aber nicht automatisch A, da $(\pm 3)^2 = 9$ (B $\rightarrow$ A gilt nicht).

b) Aussage A ist nicht hinreichende, aber notwendige Bedingung für Aussage B.

Erkl.: Wenn A vorliegt, liegt nicht unbedingt auch B vor, da nur für den Wert 14 B eintritt und A alle geraden Zahlen einschließt (A $\rightarrow$ B gilt nicht). Liegt allerdings B vor, so kann x nur gerade (14) sein (B $\rightarrow$ A).

c) Aussage A ist hinreichende und notwendige Bedingung für Aussage B.

Erkl.: Wenn A vorliegt, liegt auch B vor, da sowohl 3^2 als auch $(-3)^2$ den Wert 9 ergeben (A $\rightarrow$ B). Umgekehrt kann auch von B auf A geschlossen werden (B $\rightarrow$ A).

d) Aussage A ist nicht hinreichende, aber notwendige Bedingung für Aussage B.

Erkl.: Aus A folgt nicht immer B, da z.B. bei neg. Zahlen die Aussage B nicht gilt (A $\rightarrow$ B gilt nicht). Aus B folgt allerdings A, da x / 4 nur aus der Menge der natürlichen Zahlen stammen kann, wenn x eine ganze Zahl ist (B $\rightarrow$ A).

e) Aussage A ist nicht hinreichende, aber notwendige Bedingung für Aussage B.

Erkl.: Es gilt $A^{-1} = (1/\det A) \cdot \operatorname{adj}(A)$. Hat det A den Wert 0 so existiert keine Inverse. Doch auch wenn det A $\neq$ 0, kann es vorkommen, dass keine Inverse existiert (A $\rightarrow$ B gilt nicht). Existiert jedoch eine Inverse, dann muss det A von Null verschieden sein (B $\rightarrow$ A).

f) Aussage A ist nicht hinreichende, aber notwendige Bedingung für Aussage B.

Erkl.: Für einen Extremwert muss immer gelten, dass die Tangentensteigung gleich Null ist (B $\rightarrow$ A). Ist dies der Fall, kann es sich aber auch um einen Wendepunkt handeln (A $\rightarrow$ B gilt nicht).

g) Aussage A ist nicht hinreichende, aber notwendige Bedingung für Aussage B.

Erkl.: Aus A folgt nicht B, da z.B. der Wert –4 kleiner als 1, doch $(-4)^2$ nicht kleiner als 1 ist (A $\rightarrow$ B gilt nicht). Ist nun aber B erfüllt, so muss der eingesetzte x-Wert kleiner als 1 sein (B $\rightarrow$ A).

h) Aussage A ist hinreichende, aber nicht notwendige Bedingung für Aussage B.

Erkl.: Liegt A vor, so liegt auch B vor (A $\rightarrow$ B). Da die Menge $\mathbb{Z}$ auch negative Zahlen beinhaltet, folgt aus B nicht immer A (B $\rightarrow$ A gilt nicht).

i) Aussage A ist hinreichende und notwendige Bedingung für Aussage B.

Erkl.: Sind die fixen Kosten gleich 0, so kann nach Berechnung des Integrals der Grenzkostenfunktion die additive Konstante weggelassen werden, d.h. man erhält sofort die Kostenfunktion (A $\rightarrow$ B). Dies gilt auch umgekehrt. Beinhaltet das berechnete Integral der Grenzkostenfunktion keine additive Konstante, so sind die Fixkosten gleich 0 (B $\rightarrow$ A).

Aufgabe I-2

a) $\{6,7,8\} \cap \{2,3,5,7,8\} = \{7,8\}$

b) $\{1,2,3,4,5\} \cup \{1,4,6\} = \{1,2,3,4,5,6\}$

c) $\{6,7,8\} \cap \{1,4,6\} = \{6\}$

d) $\overline{\overline{\{2,3,5\}} \cap \{1,2,3,4,5\}} \cap \{1,4,6\} = \overline{\{1,4,6,7,8\} \cap \{1,2,3,4,5\}} \cap \{1,4,6\}$

$= \overline{\{1,4\}} \cap \{1,4,6\} = \{2,3,5,6,7,8\} \cap \{1,4,6\} = \{6\}$

Aufgabe I-3

a) {1, 2, 3, ..., 12, 13}

b) {6}

c) A

d) {2, 3, ..., 9, 10}

e) A

f) A

g) ∅

h) A

i) {1, 2, 3, 4, 5, 7, 8, 9, 10}

j) {1}

Aufgabe I-4

a) $(2ax + 3by)\left(\frac{1}{2}a - \frac{1}{3}b\right) = a^2x - \frac{2}{3}abx + \frac{3}{2}aby - b^2y$

b) $(t_1 + t_2 + ... + t_n)(x - y) = x(t_1 + t_2 + ... + t_n) - y(t_1 + t_2 + ... + t_n) = x\sum_{i=1}^{n} t_i - y\sum_{i=1}^{n} t_i$

c) $\left(\sum_{i=1}^{n} x_i y_i\right)(a - b) = a\sum_{i=1}^{n} x_i y_i - b\sum_{i=1}^{n} x_i y_i$

d) $(x + y)(2x - 4y) - (3x + y)(2x - y) = 2x^2 - 4xy + 2xy - 4y^2 - (6x^2 - 3xy + 2xy - y^2)$

$= -4x^2 - xy - 3y^2 = -(4x^2 + xy + 3y^2)$

e) $\left(\frac{1}{2}p + \frac{3}{2}q + \frac{1}{4}r\right)(2p + 4q) = p^2 + 2pq + 3pq + 6q^2 + 0{,}5rp + rq$

$= p^2 + 5pq + 6q^2 + 0{,}5rp + rq$

f) $2x^2 - 4xy + 8x = 2x(x - 2y + 4)$

g) $\sum_{i=1}^{n} abx_i y_i^2 = ab\sum_{i=1}^{n} x_i y_i^2$

Aufgabe I-5

a) $4y^2 - 9 = (2y - 3)(2y + 3)$

b) $1 - 49x^2 = (1 - 7x)(1 + 7x)$

c) $25v^2w^2 + 20vw + 4 = (5vw + 2)^2$

d) $a^2 + b^2 + c^2 + 2ab + 2ac + 2bc = (a + b + c)^2$

e) $(4 - 2x)(4 + 2x) = 16 - 4x^2$

f) $(a + b + c - d)^2 = a^2 + b^2 + c^2 + d^2 + 2ab + 2ac + 2bc - 2ad - 2bd - 2cd$

g) $(-2 - x)^2 - (1 - x)^2 = 4 + 4x + x^2 - (1 - 2x + x^2) = 3 + 6x$

Aufgabe I-6

a) $\dfrac{x - y}{y - x} = \dfrac{-(y - x)}{y - x} = -1$

b) $\dfrac{a^2 + a}{a^2 - 1} = \dfrac{a(a + 1)}{(a - 1)(a + 1)} = \dfrac{a}{a - 1}$

c) $\dfrac{2x - 2y}{ay - ax} = \dfrac{-2(y - x)}{a(y - x)} = -\dfrac{2}{a}$

d) $\dfrac{x^2y - xy^2}{x^2z - xz^2} = \dfrac{xy(x - y)}{xz(x - z)} = \dfrac{y(x - y)}{z(x - z)}$

e) $(t - r)^2 \dfrac{-1}{t^2 - r^2} = -\dfrac{(t - r)(t - r)}{(t - r)(t + r)} = -\dfrac{t - r}{t + r} = \dfrac{r - t}{t + r}$

f) $\dfrac{1}{xy} \dfrac{axy^2 + bxy}{a^2 - b^2} = \dfrac{xy(ay + b)}{xy(a^2 - b^2)} = \dfrac{ay + b}{a^2 - b^2}$

g) $\dfrac{x^2 + 2xy + y^2}{xz} \dfrac{x^2y^2}{x^2 - y^2} = \dfrac{(x + y)^2 xy^2}{z(x - y)(x + y)} = \dfrac{(x + y)xy^2}{z(x - y)}$

h) $1 - \dfrac{1}{x - y} = \dfrac{x - y}{x - y} - \dfrac{1}{x - y} = \dfrac{x - y - 1}{x - y}$

i) $\dfrac{1}{x - y} - \dfrac{1}{x + y} = \dfrac{(x + y)}{(x - y)(x + y)} - \dfrac{(x - y)}{(x + y)(x - y)} = \dfrac{2y}{x^2 - y^2}$

j) $\dfrac{1}{s - 1} - \dfrac{5}{1 + s} + \dfrac{7s - 9}{s^2 - 1} - \dfrac{5}{1 - s} = \dfrac{(s + 1) - 5(s - 1) + 7s - 9 + 5(s + 1)}{(s - 1)(s + 1)} = \dfrac{8s + 2}{s^2 - 1}$

k) $\dfrac{x - y}{8x} : \dfrac{y - x}{16y} = \dfrac{x - y}{8x} \cdot \dfrac{16y}{y - x} = -\dfrac{2y}{x}$

l) $\left(\dfrac{a + b}{b} + \dfrac{a + b}{a}\right) : \left(\dfrac{1}{a} + \dfrac{1}{b}\right) = \dfrac{a(a + b) + b(a + b)}{ab} : \dfrac{b + a}{ab}$

$$= \frac{a(a+b)+b(a+b)}{ab} \cdot \frac{ab}{b+a} = \frac{(a+b)(a+b)}{b+a} = a+b$$

m) $\left(1-\frac{1}{z}\right):\left(\frac{1}{z}-\frac{1}{z^2}\right) = \frac{z-1}{z} \cdot \frac{z-1}{z^2} = \frac{z-1}{z} \cdot \frac{z^2}{z-1} = z$

n) $\left(\frac{m}{2n}-\frac{2n}{m}\right):\frac{m+2n}{n} = \frac{m^2-4n^2}{2nm} \cdot \frac{n}{m+2n} = \frac{(m-2n)(m+2n)}{2m(m+2n)} = \frac{m-2n}{2m}$

Aufgabe I-7

a) $3x-5(a-2(x+1)-1)+(a-1)^2 = -(7a-x)$

$\leftrightarrow -5a+10(x+1)+5+a^2-2a+1 = -7a-2x$

$\leftrightarrow 2x+10x = -a^2-16 \leftrightarrow 12x = -a^2-16 \leftrightarrow x = -\frac{a^2+16}{12}$

b) $\frac{x+1}{5x+2} = \frac{x+6}{5x-4} \leftrightarrow (x+1)(5x-4) = (x+6)(5x+2)$

$\leftrightarrow 5x^2-4x+5x-4 = 5x^2+2x+30x+12 \leftrightarrow -31x = 16 \leftrightarrow x = -\frac{16}{31}$

c) $\frac{3x+1}{x-2} - \frac{1-x}{3x-6} = -\frac{1}{5x-10} \leftrightarrow \frac{3x+1}{x-2} - \frac{1-x}{3(x-2)} + \frac{1}{5(x-2)} = 0$

$\leftrightarrow \frac{15(3x+1)}{15(x-2)} - \frac{5(1-x)}{15(x-2)} + \frac{3}{15(x-2)} = 0 \leftrightarrow \frac{45x+15-5+5x+3}{15(x-2)} = 0$

$\leftrightarrow 50x = -13 \leftrightarrow x = -\frac{13}{50}$

Aufgabe I-8

a) $\frac{\sum_{i=1}^{n} x_i y_i}{\sum_{i=1}^{n} y_i}$ b) $\sum_{i=n}^{2n} a_i$ c) $\sum_{i=0}^{n} (i-1)^2$ d) $\sum_{j=1}^{n} v_{ij} w_{jk}$

e) $\frac{2^3}{2^{-2}} + \frac{1^3}{2^{-1}} + \frac{0^3}{2^0} + \frac{-1^3}{2^1} + \frac{-2^3}{2^2} = 32 + 2 + 0 - 0{,}5 - 2 = 31{,}5$ f) $2 \cdot 3 \cdot 6 = 36$

Aufgabe I-9

a) $2x+8 < -5x+1 \leftrightarrow 7x < -7 \leftrightarrow x < -1$

b) $\frac{24+x}{x} + 1 < 4 \leftrightarrow \frac{24+x}{x} < 3$

Fall 1 ($x > 0$): $24+x < 3x \leftrightarrow x > 12$ -- Lösung Fall 1: $x > 12$

Fall 2 ($x < 0$): $24+x > 3x \leftrightarrow x < 12$ -- Lösung Fall 2: $x < 0$

c) Fall 1 (x > 2): $1 \leq -0{,}5(x-2) \leftrightarrow 1 \leq -0{,}5x+1 \leftrightarrow x \leq 0$ -- Lösung Fall 1: $\varnothing$

Fall 2 (x < 2): $1 \geq -0{,}5(x-2) \leftrightarrow 1 \geq -0{,}5x+1 \leftrightarrow x \geq 0$ -- Lösung Fall 2: $0 \leq x < 2$

d) Fall 1 ($x \geq 1$):

$2x-1 > x-1 \leftrightarrow x > 0$ -- Lösung Fall 1: $x \geq 1$

Fall 2 ($0{,}5 \leq x < 1$):

$|x-1| = -(x-1) = 1-x$

$\rightarrow 2x-1 \geq 1-x \leftrightarrow x \geq \frac{2}{3}$ -- Lösung Fall 2: $\frac{2}{3} \leq x < 1$

Fall 3 ($x < 0{,}5$):

$|x-1| = -(x-1) = 1-x$

$|2x-1| = -(2x-1) = 1-2x$

$1-2x \leq 1-x \leftrightarrow x \geq 0$ -- Lösung Fall 3: $0 \leq x < 0{,}5$

e) Fall 1 (x > 1): beide Nenner positiv

$x+1 < 2(x-1) \leftrightarrow -x < -3 \leftrightarrow x > 3$ -- Lösung Fall 1: $x > 3$

Fall 2 ($-1 < x < 1$): linker Nenner negativ, rechter Nenner positiv

$x+1 > 2(x-1) \leftrightarrow -x > -3 \leftrightarrow x < 3$ -- Lösung Fall 2: $-1 < x < 1$

Fall 3 ($x < -1$): beide Nenner negativ

$x+1 < 2(x-1) \leftrightarrow -x < -3 \leftrightarrow x > 3$ -- Lösung Fall 3: $\varnothing$

Aufgabe I-10

a) $x^{n+1} \cdot x \cdot x^{-1} = x^{n+1}$

b) $y^5 \cdot 3y - y = 3y^6 - y = y(3y^5 - 1)$

c) $(b-a)^2(a-b)^{n-1} = -(a-b)^2(a-b)^{n-1} = -(a-b)^{n+1}$

d) $\left((-y)^{2n-1}\right)^{2n+1} = (-y)^{4n^2-1} = -y^{4n^2-1}$

e) $\dfrac{xy^2z^3}{x^2y^3z^4} = \dfrac{1}{xyz}$

f) $\dfrac{r^3(s^2-t^2)t^2}{s^2(s+t)r^4} = \dfrac{(s-t)(s+t)t^2}{rs^2(s+t)} = \dfrac{(s-t)t^2}{rs^2}$

g) $\left(\dfrac{a^2b^{n+1}}{3c^{1-2n}}\right)^3 : \left(\dfrac{a^3b^{2-n}}{15c^{3-2n}}\right)^2 = \dfrac{a^6b^{3n+3}}{27c^{3-6n}} \cdot \dfrac{225c^{6-4n}}{a^6b^{4-2n}} = \dfrac{25}{3}b^{5n-1}c^{3+2n}$

h) $(y^{2n-1} - 2y^{-n+2} + y^{-4n-3}) : y^{-n+1} = y^{3n-2} - 2y + y^{-3n-4}$

Aufgabe I-11

a) $\frac{t-1}{t^2}+\frac{t+1}{t^3}=\frac{t(t-1)}{t^3}+\frac{t+1}{t^3}=\frac{t^2+1}{t^3}$

b) $\frac{a}{y^{n+2}}-\frac{b}{y^3}=\frac{ay^3}{y^{n+2}y^3}-\frac{by^{n+2}}{y^3y^{n+2}}=\frac{ay^3-by^{n+2}}{y^{n+5}}$

c) $\frac{a}{b^2c}=a(b^2c)^{-1}=ab^{-2}c^{-1}$

d) $\frac{x-y}{y+x}=(x-y)(x+y)^{-1}$

e) $1-\frac{2}{t}+\frac{1}{t^2}=\frac{t^2}{t^2}-\frac{2t}{t^2}+\frac{1}{t^2}=\frac{(1-t)^2}{t^2}=t^{-2}(1-t)^2$

f) $1:\frac{n}{a^{-2}}=\left(\frac{n}{a^{-2}}\right)^{-1}=\frac{n^{-1}}{a^2}=n^{-1}a^{-2}$

g) $xy^{-1}-(xy)^{n-2}=\frac{x}{y}-\frac{1}{(xy)^{2-n}}$

h) $3(a^{-n}b^n)^{-2}=\frac{3a^{2n}}{b^{2n}}$

i) $\left[\left(\frac{x^{-1}y^2}{z^{-3}}\right)^4\right]^{-2}=\left(\frac{x^{-1}y^2}{z^{-3}}\right)^{-8}=\frac{x^8y^{-16}}{z^{24}}=\frac{x^8}{z^{24}y^{16}}$

j) $\left(\frac{v^{-1}x^3}{u^{-3}y^{-4}}\right)^2:\left(\frac{x^{-1}y^{-2}}{u^4v^{-3}}\right)^3=\frac{v^{-2}x^6}{u^{-6}y^{-8}}\cdot\frac{x^3y^6}{u^{-12}v^9}=\frac{v^{-2}x^9y^6}{u^{-18}y^{-8}v^9}=\frac{v^{-11}x^9y^{14}}{u^{-18}}=\frac{u^{18}x^9y^{14}}{v^{11}}$

Aufgabe I-12

a) $a^{-\frac{2}{3}}=\frac{1}{\sqrt[3]{a^2}}$ b) $xy^{2,5}=xy^2\sqrt{y}$ c) $y^{-0,4}=\frac{1}{\sqrt[10]{y^4}}$

d) $\sqrt[3]{x^2\sqrt{x\sqrt[4]{x^3}}}=\sqrt[3]{x^2\sqrt{xx^{\frac{3}{4}}}}=\sqrt[3]{x^2\sqrt{x^{\frac{7}{4}}}}=\sqrt[3]{x^2x^{\frac{7}{8}}}=\sqrt[3]{x^{\frac{23}{8}}}=x^{\frac{23}{24}}$

e) $\sqrt[2]{\sqrt[3]{a}}\cdot\sqrt[5]{a^2}=a^{\frac{1}{6}}\cdot a^{\frac{2}{5}}=a^{\frac{17}{30}}$

f) $\sqrt{\frac{r}{s}\sqrt{\frac{s}{r}\sqrt{\frac{r}{s}}}}=\sqrt{\frac{r}{s}\sqrt{\frac{s}{r}\frac{r^{0,5}}{s^{0,5}}}}=\sqrt{\frac{r}{s}\sqrt{\frac{s^{0,5}}{r^{0,5}}}}=\sqrt{\frac{r}{s}\frac{s^{0,25}}{r^{0,25}}}=\sqrt{\frac{r^{0,75}}{s^{0,75}}}=\frac{r^{0,375}}{s^{0,375}}$

g) $\sqrt{bc}\cdot\sqrt{ab}\cdot\sqrt{2a}=\sqrt{2a^2b^2c}=|ab|\sqrt{2c}$

h) $\sqrt[5]{x^{n+2}}\cdot\sqrt[5]{x^{4n+3}}=\sqrt[5]{x^{n+2}x^{4n+3}}=(x^{5n+5})^{\frac{1}{5}}=x^{n+1}$

i) $\frac{\sqrt[n]{a^{2n-3}}\cdot\sqrt[n]{a^{7-n}}}{\sqrt[n]{a^4}}=\sqrt[n]{\frac{a^{n+4}}{a^4}}=\sqrt[n]{a^n}=|a|$

Aufgabe I-13

a) Die Wurzel ist nur definiert, wenn $a^2 - x^2 \geq 0$ gilt. Demnach gilt:
$-x^2 \geq -a^2 \leftrightarrow x^2 \leq a^2 \leftrightarrow -a \leq x \leq a$

b) Die Bedingung $(x-2b)^2 \geq 0$ ist für jedes $x \in \mathbb{R}$ erfüllt.

c) Zunächst muss gelten:
$(\ln x)^2 - 1 \geq 0 \leftrightarrow (\ln x)^2 \geq 1 \leftrightarrow \pm \ln x \geq \sqrt{1} \leftrightarrow \pm \ln x \geq 1$

Es sind also 2 Fälle zu unterscheiden:

Fall 1: $\ln x \geq 1 \leftrightarrow e^{\ln x} \geq e^1 \leftrightarrow x \geq e$

Fall 2: $-\ln x \geq 1 \leftrightarrow \ln x \leq -1 \leftrightarrow e^{\ln x} \leq e^{-1} \leftrightarrow x \leq \frac{1}{e}$

Da ln x nur für positive x definiert ist, können wir für den Definitionsbereich insgesamt festhalten:

$$D = \left\{ x \middle| 0 < x \leq \frac{1}{e} \wedge x \geq e \right\}$$

Aufgabe I-14

a)
$$\begin{aligned} 10^x &= 5^{2x+1} \\ \ln 10^x &= \ln 5^{2x+1} \\ x \cdot \ln 10 &= (2x+1) \cdot \ln 5 \\ x \cdot \ln 10 &= 2 \cdot \ln 5 \cdot x + \ln 5 \\ x \cdot \ln 10 &= \ln 5^2 \cdot x + \ln 5 \\ x \cdot \ln 10 &= \ln 25 \cdot x + \ln 5 \\ -\ln 5 &= (\ln 25 - \ln 10) \cdot x \\ x &= \frac{-\ln 5}{\ln\left(\frac{25}{10}\right)} = -\frac{\ln 5}{\ln 2{,}5} = -1{,}76 \end{aligned}$$

b)
$$\begin{aligned} 4 \cdot \sqrt[3]{x^2 - 3} + 5 &= 0 \\ \sqrt[3]{x^2 - 3} &= -\frac{5}{4} \\ x^2 - 3 &= \left(-\frac{5}{4}\right)^3 = -1{,}95 \\ x^2 &= 1{,}05 \\ x_{1,2} &= \pm\sqrt{1{,}05} = \pm 1{,}02 \end{aligned}$$

c)
$$\begin{aligned} \frac{1}{x-1} + \frac{1}{x+1} &= 1 \\ \frac{(x+1)+(x-1)}{(x-1)(x+1)} &= 1 \\ (x+1)+(x-1) &= (x-1)(x+1) \\ 2x &= x^2 - 1 \\ -x^2 + 2x + 1 &= 0 \\ x_{1,2} &= \frac{-2 \pm \sqrt{2^2 - 4 \cdot (-1) \cdot 1}}{2 \cdot (-1)} \\ x_1 &= -0{,}41, \; x_2 = 2{,}41 \end{aligned}$$

d)
$$\begin{aligned} e^{\ln x - x} &= x \\ \frac{e^{\ln x}}{e^x} &= x \\ e^x &= \frac{x}{x} = 1 \\ \ln e^x &= \ln 1 \\ x &= 0 \end{aligned}$$

e)
$$\frac{1}{x^2}\cdot e^{\ln 3+3\ln x} = e^{\ln x+\ln 3} + \ln\left(\frac{1}{2x}\right)$$
$$\frac{e^{\ln 3x^3}}{x^2} = e^{\ln 3x} + \ln 1 - \ln 2x$$
$$\frac{3x^3}{x^2} = 3x + \ln 1 - (\ln 2 + \ln x)$$
$$3x = 3x + \ln 1 - \ln 2 - \ln x$$
$$\ln x = \ln 0{,}5$$
$$x = 0{,}5$$

f)
$$\log_4(3x) - 1 = \log_4(x^2)$$
$$\log_4 3 + \log_4 x - 1 = 2\log_4 x$$
$$-\log_4 x = -\log_4 3 + 1$$
$$\log_4 x = \log_4 3 - \log_4 4$$
$$\log_4 x = \log_4 \frac{3}{4}$$
$$x = 0{,}75$$

g)
$$\ln(2^{x^2}) = \ln(5\cdot 2^{x+5})$$
$$x^2\cdot\ln 2 = \ln 5 + \ln 2^{x+5}$$
$$x^2\cdot\ln 2 = \ln 5 + (x+5)\cdot\ln 2$$
$$x^2\cdot\ln 2 = \ln 5 + x\cdot\ln 2 + 5\cdot\ln 2$$
$$x^2\cdot\ln 2 - x\cdot\ln 2 = \ln 5 + 5\cdot\ln 2$$
$$\ln 2\cdot(x^2 - x) = \ln 5 + 5\cdot\ln 2$$
$$x^2 - x = \frac{\ln 5 + 5\cdot\ln 2}{\ln 2}$$
$$x^2 - x = 7{,}32$$
$$x^2 - x - 7{,}32 = 0$$
$$x_{1,2} = \frac{-(-1)\pm\sqrt{(-1)^2 - 4\cdot 1\cdot(-7{,}32)}}{2\cdot 1}$$
$$x_1 = 3{,}25,\ x_2 = -2{,}25$$

h)
$$\log_x 0{,}5 = -1$$
$$0{,}5 = x^{-1}$$
$$x = 0{,}5^{-1}$$
$$x = 2$$

i)
$$\sqrt{5x-4} = 1 + \sqrt{3x+1}$$
$$\sqrt{5x-4} - \sqrt{3x+1} = 1$$
$$\left(\sqrt{5x-4} - \sqrt{3x+1}\right)^2 = 1^2$$
$$(5x-4) - 2\sqrt{5x-4}\sqrt{3x+1} + (3x+1) = 1$$
$$\sqrt{(5x-4)(3x+1)} = 4x - 2$$
$$(5x-4)(3x+1) = (4x-2)^2$$
$$15x^2 + 5x - 12x - 4 = 16x^2 - 16x + 4$$
$$-x^2 + 9x - 8 = 0$$
$$\ldots$$
$$x_1 = 1,\ x_2 = 8$$

j)
$$\sqrt{x+2}-\sqrt{x-2}=\frac{x+1}{\sqrt{x+2}}$$
$$x+2-\sqrt{x-2}\sqrt{x+2}=x+1$$
$$\sqrt{(x-2)(x+2)}=1$$
$$(x-2)(x+2)=1$$
$$x^2-4=1$$
$$x^2=5$$
$$x_{1,2}=\pm\sqrt{5}$$

Da die zweite Wurzel für $x=-\sqrt{5}$ nicht definiert ist, ist $x=\sqrt{5}$ die Lösung.

2. Finanzmathematik

Aufgabe II-1

a) Endkapitalvergleich:

$K_5^A = 150.000 \cdot (1 + 0,065)^5 = 205.513,05$ Euro

$K_5^B = 200.000$ Euro

$\rightarrow$ Endkapital Bank A > Endkapital Bank B $\rightarrow$ Bank A ist zu bevorzugen.

b) Barwertvergleich:

$K_0^A = 150.000$ Euro

$$K_0^B = \frac{200.000}{1,065^5} = 200.000 \cdot (1 + 0,065)^{-5} = 145.976,17 \text{ Euro}$$

$\rightarrow$ Barwert Bank A > Barwert Bank B

$\rightarrow$ Bank B ist zu bevorzugen, da dort weniger angelegt werden muss.

c) Zinssatzvergleich:

$i_A = 0,065 = 6,5$ %

$$i_B = \sqrt[5]{\frac{200.000}{150.000}} - 1 = 0,0592 = 5,92 \text{ \%}$$

$\rightarrow$ Zinssatz Bank A > Zinssatz Bank B $\rightarrow$ Bank A macht das bessere Angebot.

Bei allen 3 Vergleichen muss sich notwendigerweise das gleiche Ergebnis ergeben.

Aufgabe II-2

Bei jährlicher Verzinsung ergibt sich ein Endkapital von

$K_5 = 100.000 \cdot 1,06^5 = 133.822,60$ Euro.

Gesucht ist nun aber K_5 bei monatlicher Verzinsung. Der Zinssatz p. m. liegt bei

$$i_{p.\,m.} = \frac{0,06}{12} = 0,005 = 0,5 \text{ \%},$$

was bei $5 \cdot 12 = 60$ Monaten Anlagezeit zu folgendem Entdkapital führt:

$K_{60} = 100.000 \cdot 1,005^{60} = 134.885,06$ Euro

Aufgabe II-3

$K_0 = BIP_{1960} = 999$ Mrd. DM, $K_{30} = BIP_{1990} = 2.524$ Mrd. DM

Es gilt $2.524 = 999 \cdot q^{30} = 999 \cdot (1 + i)^{30}$. Daraus ergibt sich für die Wachstumsrate i:

$$i = \sqrt[n]{\frac{K_n}{K_0}} - 1 = \sqrt[30]{\frac{2.524}{999}} - 1 = 0,0314 = 3,14 \text{ \%}$$

Aufgabe II-4

a) Es gilt $40 = 30 \cdot q^{10} = 30 \cdot (1 + i)^{10}$. Daraus ergibt sich für die Wachstumsrate i:

$$i = \sqrt[10]{\frac{40}{30}} - 1 = 0{,}0292 = 2{,}92\ \%$$

b) Gesucht ist hier n über den allgemeinen Ansatz

$$n = \frac{\ln K_n - \ln K_0}{\ln q} \quad \text{mit } q = 1{,}0292.$$

Eine Einwohnerzahl von 50 Mio. (K_n) ausgehend von 30 Mio. (K_0) wird in

$$n_{50} = \frac{\ln 50 - \ln 30}{\ln 1{,}0292} = 17{,}7482 \text{ Jahren}$$

erreicht. Im Jahr 2008 (Herbst 2008) wird das Land 50 Mio. Einwohner haben.
Bis eine Einwohnerzahl von 60 Mio. (K_n) ausgehend von 30 Mio. (K_0) erreicht ist, werden

$$n_{60} = \frac{\ln 60 - \ln 30}{\ln 1{,}0292} = 24{,}08 \text{ Jahre}$$

vergehen. Im Jahr 2015 (Anfang 2015) wird das Land 60 Mio. Einwohner haben.

Aufgabe II-5

Erster Lösungsweg:

Umsatz im k-ten Jahr: $u_k = 1{,}2$ Mio. $\cdot (1 + 0{,}05)^k$

Die da $u_{k+1} / u_k = 1{,}05$ = konstant gilt, liegt eine geometrische Folge vor. Die kumulierten Umsätze bilden damit eine geometrische Reihe, sodass wir die Summe der Umsätze nach 20 Jahren wie folgt bestimmen können:

$$S_{20} = u_1 \cdot \frac{1 - q^{20}}{1 - q} = 1{,}2 \cdot \frac{1 - 1{,}05^{20}}{1 - 1{,}05} = 39{,}68 \text{ Mio. Euro}$$

Dividiert durch 20 Jahre erhalten wir den gesuchten durschschnittlichen Jahresumsatz zu 39,68 Mio. / 20 = 1,98 Mio. Euro.

Zweiter Lösungsweg:

Umsatz im 20. Jahr: $u_{20} = 1{,}2 \cdot (1 + 0{,}05)^{20} = 3{,}18$ Mio. Euro

Durchschnittlicher Jahresumsatz: $u_{20} - u_1 = 3{,}18$ Mio. $- 1{,}2$ Mio. $= 1{,}98$ Mio. Euro

Aufgabe II-6

Da sich das Gehalt des Studenten in der Form

$$\underbrace{0{,}01}_{\text{1. Woche}},\ \underbrace{0{,}02}_{\text{2. Woche}},\ \underbrace{0{,}04}_{\text{3. Woche}},\ \underbrace{0{,}08}_{\text{4. Woche}},\ \underbrace{0{,}16}_{\text{5. Woche}},\ \ldots$$

entwickelt, liegt eine geometrische Folge mit q = 2 und dem Anfangsglied $a_1 = 0{,}01$ vor. Das letzte Wochengehalt liegt daher bei

$a_n = a_1 \cdot q^{n-1} \rightarrow a_{26} = a_1 \cdot q^{25} = 0{,}01 \cdot 2^{25} = 335.544{,}32$ Euro.

Die Gehaltssumme stellt eine entsprechende geometrische Reihe dar, sodass das Gesamtgehalt nach einem halben Jahr wie folgt bestimmt werden kann:

$$s_n = a_1 \cdot \frac{1-q^n}{1-q} \rightarrow s_{26} = 0{,}01 \cdot \frac{1-2^{26}}{1-2} = 671.088{,}63 \text{ Euro}$$

Aufgabe II-7

a) Da Z_1 und Z_2 die jeweiligen Endwerte K_n mit n_1 = 4 Jahre und n_2 = 7 Jahre darstellen, können wir den Wert am 01.01.2000 (Barwert) wie folgt bestimmen:

1. i = 0,08 p.a.:

$$Z_1\text{: } K_0 = \frac{700}{1{,}08^4} = 514{,}52 \text{ Euro} \qquad Z_2\text{: } K_0 = \frac{1.000}{1{,}08^7} = 583{,}49 \text{ Euro}$$

$\rightarrow$ Barwert von Z_2 > Barwert von Z_1

2. i = 0,20 p.a.:

$$Z_1\text{: } K_0 = \frac{700}{1{,}20^4} = 337{,}58 \text{ Euro} \qquad Z_2\text{: } K_0 = \frac{1.000}{1{,}20^7} = 279{,}08 \text{ Euro}$$

$\rightarrow$ Barwert von Z_1 > Barwert von Z_2

b) Gleiche Barwerte bedeuten, beide Terme aus a) sind gleich zu setzen. Damit resultiert

$$\frac{700}{(1+i)^4} = \frac{1.000}{(1+i)^7} \quad \leftrightarrow \quad \frac{700}{1.000} = \frac{(1+i)^4}{(1+i)^7} \quad \leftrightarrow \quad \frac{700}{1.000} = \frac{1}{(1+i)^3}$$

$$\leftrightarrow i = \sqrt[3]{\frac{1.000}{700}} - 1 = 0{,}1262 = 12{,}62\ \%.$$

Aufgabe II-8

a) Der Endwert nach 20 Jahren (bzw. 20 · 4 = 80 Quartalen) ergibt sich bei einem Quartalszinsatz von i = 0,08 / 4 = 0,02 zu K_{20} = 50.000 · $1{,}02^{80}$ = 243.771,96 Euro.

b) $i = \sqrt[20]{\frac{K_n}{K_0}} - 1 = \sqrt[20]{\frac{243.771{,}96}{50.000}} - 1 = 0{,}0824 = 8{,}24\ \%$ p. a.

c) $K_n = K_0 \cdot e^{i \cdot n} \quad \leftrightarrow \quad e^{i \cdot n} = \frac{K_n}{K_0} \quad \leftrightarrow \quad i \cdot n = \ln K_n - \ln K_0$

$$\leftrightarrow i = \frac{\ln K_n - \ln K_0}{n} = \frac{\ln 243.774{,}96 - \ln 50.000}{20} = 0{,}0792 = 7{,}92\ \%$$

Aufgabe II-9

Bei 20 Jahren (bzw. 20 · 3 = 60 Viermonatsphasen) ergibt sich bei einem Viermonatszins von 0,06 / 3 = 0,02 ein Betrag von $K_{20} = 100.000 \cdot 1{,}02^{60} = 328.103{,}08$ Euro.

Aufgabe II-10

Das Kapital liegt bei einem Nominalzins von 4 % nach einem Jahr bei

K_1 = 5.000 · (1 + 0,04) = 5.200 Euro.

Die gewünschte Effektivverzinsung soll aber 5 % betragen. Wir müssen daher die Frage beantworten, wie viel Euro bei einem Zins von 5 % für ein Jahr angelegt werden müssen, um 5.200 Euro zu erhalten:

$$K_0 = \frac{K_1}{(1+i_{eff})} \quad \rightarrow \quad K_0 = \frac{5.200}{1,05} = 4.952,38 \text{ Euro}$$

Der Ausgabekurs darf daher nicht höher als 4.952,38 Euro bzw. prozentual (4.952,38 / 5000) · 100 = 99,05 % sein.

Aufgabe II-11

Aufgrund der vorschüssigen Einzahlung wird der Betrag von 5.000 Euro auf Konto A sowohl am Ende des ersten als auch am Ende des zweiten Anlagejahres verzinst. Das Endkapital liegt damit bei $K_2 = 5.000 \cdot (1+i)^2$. Auf Konto B wird nur der am Ende des ersten Jahres (nachschüsstig) einbezahlte Betrag von 2.800 Euro für ein Jahr verzinst. Die zweite Zahlung von 2.800 Euro wird nicht mehr verzinst. Wir erhalten damit auf Konto B $K_2 = 2.800 \cdot (1+i) + 2.800$. Sollen die Werte identisch sein, muss gelten:

$$5.000 \cdot q^2 = 2.800 \cdot q + 2.800 \leftrightarrow 5.000q^2 - 2.800q - 2.800 = 0$$

$$q_{1,2} = \frac{-(-2.800) \pm \sqrt{2.800^2 - 4 \cdot 5.000 \cdot (-2.800)}}{2 \cdot 5.000}$$

$q_1 = -0,52$ → ökonomisch irrelevant

$q_2 = 1,079$ → $q = 1 + i \rightarrow i = q - 1 = 0,079 = 7,9$ %

Aufgabe II-12

a) Jährliche Verzinsung: $K_n = K_0 \cdot q^n$, stetige Verzinsung: $K_n = K_0 \cdot e^{i \cdot n}$

Gleichsetzen beider Terme liefert:

$$K_0 \cdot q^n = K_0 \cdot e^{i \cdot n}$$

$$1,07^{10} = e^{i \cdot 10}$$

$$\ln 1,07^{10} = i \cdot 10$$

$$i = \frac{\ln 1,07^{10}}{10} = 0,0677 = 6,77 \%$$

b) Jährliche Verzinsung: $K_n = K_0 \cdot q^n$, vierteljährl. Verzinsung: $K_n = K_0 \cdot (1+\frac{i}{4})^{n \cdot 4}$

Gleichsetzen beider Terme liefert:

$$K_0 \cdot q^n = K_0 \cdot (1+\tfrac{i}{4})^{n \cdot 4}$$

$$1,07^{10} = (1+\tfrac{i}{4})^{40}$$

$$\tfrac{i}{4} = \sqrt[40]{1,07^{10}} - 1$$

$$i = 4 \cdot 0,017 = 0,068 = 6,8 \%$$

Aufgabe II-13

$K_n = 0{,}5 \cdot K_0$, $q = 1 + i = 1 + (-0{,}01) = 0{,}99$

$$n = \frac{\ln K_n - \ln K_0}{\ln q} = \frac{\ln(0{,}5 \cdot K_0) - \ln K_0}{\ln 0{,}99} = \frac{\ln 0{,}5}{\ln 0{,}99} = 68{,}97 \text{ Monate} \approx 5 \text{ Jahre } 9 \text{ Monate}$$

Aufgabe II-14

Der Student S. muss insgesamt $K_{11} = 2.400 \cdot 11 = 26.400$ Euro zurückzahlen.

Möglichkeit 1: sofortige Rückzahlung

K_0 = Darlehenssumme – Nachlass = 26.400 – 9.000 = 17.400 Euro

Möglichkeit 2: Ratenrückzahlung

Die Ratenrückzahlung in Höhe von 2.400 Euro ist als nachschüssige Rente $\overline{r}$ bei $n = 11$ und $i = 0{,}05$ p. a. zu betrachten. Zu berechnen ist nämlich, wie viel Geld S. jetzt anlegen muss, um jährlich 11 Jahre lang 2.400 Euro zurückzahlen zu können, d.h. der Barwert $\overline{R}_0$ der nachschüssigen Rente. Dieser ergibt sich bei einem Diskontfaktor von $v = 1 / 1{,}05$ zu

$$\overline{R}_0 = 2.400 \cdot \tfrac{1}{1{,}05} \cdot \frac{1 - (\frac{1}{1{,}05})^{11}}{1 - \frac{1}{1{,}05}} = 19.935{,}39 \text{ Euro.}$$

Die sofortige Rückzahlung ist also zu bevorzugen, da S. heute nur 17.400 Euro aufwenden muss. Im Gegensatz dazu müsste er bei einer Ratenzahlung heute 19.935,39 Euro anlegen, um davon jährlich Raten in Höhe von 2.400 Euro zurückzahlen zu können.

Aufgabe II-15

a) Das angesparte Kapital zu Beginn des Ruhestandes ist das 40. Glied einer geometrischen Reihe mit $q = 1{,}03$ und $a_1 = 0{,}15 \cdot K_1 = 0{,}15 \cdot 50.000$, also

$$s_{40} = 0{,}15 \cdot 50.000 \cdot \frac{1 - 1{,}03^{40}}{1 - 1{,}03} = 565.509{,}45 \text{ Euro.}$$

b) Aus der nachschüssigen Rente mit $n = 25$, $v = 1 / 1{,}04$ und $\overline{R}_0 = 565.509{,}45$ Euro ergibt sich die folgende jährliche Rentenzahlung:

$$\overline{r} = \frac{\overline{R}_0}{v} \cdot \frac{1 - v}{1 - v^n} = \frac{565.509{,}45}{\frac{1}{1{,}04}} \cdot \frac{1 - \frac{1}{1{,}04}}{1 - (\frac{1}{1{,}04})^{25}} = 39.199{,}37 \text{ Euro}$$

Aufgabe II-16

a) Zinsfeststellung am Quartalsende (vorschüssige Einzahlung):

Bei einer Quartalsrate $r = 200$ Euro, $n = 12$ Jahre bzw. $12 \cdot 4 = 48$ Quartale und einem Quartalszins von $i = 0{,}04 / 4 = 0{,}01$ ergibt sich ein Endwert von

$$K_n = r \cdot q \cdot \frac{1 - q^{n \cdot 4}}{1 - q} \rightarrow K_{12} = 200 \cdot 1{,}01 \cdot \frac{1 - 1{,}01^{48}}{1 - 1{,}01} = 12.366{,}97 \text{ Euro.}$$

b) Zinsfeststellung am Jahresende:

Bei vorschüssiger Einzahlung wird die erste Rate das volle Jahr und alle anderen Raten (Zahlung zum Quartalsbeginn) nur noch einen Teil des Jahres (mit anteiligem Zinssatz) verzinst. Dies liefert am Ende des ersten Jahres

$$K_1 = 200 \cdot (1+i) + 200 \cdot (1 + 3 \cdot \tfrac{i}{4}) + 200 \cdot (1 + 2 \cdot \tfrac{i}{4}) + 200 \cdot (1 + 1 \cdot \tfrac{i}{4}) = 820 \text{ Euro.}$$

Diese Gutschrift am Jahresende wiederholt sich in den Folgejahren (sodass wir auf eine nachschüssige Betrachtungsweise übergehen) und wird jeweils bis zum Laufzeitende verzinst. Wir können daher den in Abschnitt II 2.4.4 gezeigten Zusammenhang

$$K_n = K_1 \cdot \frac{1-q^n}{1-q} \rightarrow K_{12} = 820 \cdot \frac{1-1{,}04^{12}}{1-1{,}04} = 12.321{,}16 \text{ Euro}$$

nutzen.

Aufgabe II-17

Lösungsmöglichkeit 1: Rentenrechnung

In den Jahren 1 bis 5 (Schenkung A) handelt es sich bei den Zahlungen von jeweils 10.000 Euro um eine vorschüssige Rente. Der Barwert dieser Rente liegt bei

$$R_0^A = 10.000 \cdot \frac{1-(\frac{1}{1{,}05})^5}{1-\frac{1}{1{,}05}} = 45.459{,}50 \text{ Euro.}$$

Die vorschüssige Rente mit Zahlungen von jeweils 20.000 Euro (Schenkung B) liefert einen auf das erste Jahr bezogenen Barwert von

$$K_0^B = \frac{R_0^B}{1{,}05^5} = \frac{20.000 \cdot \frac{1-(\frac{1}{1{,}05})^5}{1-\frac{1}{1{,}05}}}{1{,}05^5} = 71.237{,}42 \text{ Euro.}$$

Die Summe aus beiden Barwerten stellt die Bemessungsgrundlage für die Steuern dar und liegt bei 45.459,50 + 71.237,42 = 116.696,92 Euro.

Lösungsmöglichkeit 2: Ratenrechnung

Betrachten wir die ersten 5 Zahlungen als vorschüssige Raten, so ergibt sich nach 5 Jahren ein Endwert von

$$K_5^A = 10.000 \cdot 1{,}05 \cdot \frac{1-1{,}05^5}{1-1{,}05} = 58.019{,}13 \text{ Euro.}$$

K_5 wird für die verbleibenden 5 Jahre zu 5 % angelegt, liefert insgesamt (also nach 10 Jahren) einen Endwert von

$K_{10}^A = 58.019{,}13 \cdot 1{,}05^5 = 74.048{,}75$ Euro.

In den Jahren 6 bis 10 wird ebenfalls Geld übereignet, was im 10. Jahr des Betrachtungszeitraum bzw. nach 5 Jahren Anlage zu

$$K_5^B = 20.000 \cdot 1{,}05 \cdot \frac{1-1{,}05^5}{1-1{,}05} = 116.038{,}26 \text{ Euro}$$

führt. Insgesamt liegt also im 10. Jahr ein Kapital von

K_{10} = 74.048,75 + 116.038,26 = 190.087,01 Euro

vor. Davon wird der Barwert berechnet, d.h. es wird 10 Jahre mit 5 % abgezinst:

$$K_0 = \frac{190.087,01}{1,05^{10}} = 116.696,93 \text{ Euro}$$

Aufgabe II-18

$$\overline{K}_1 = \overline{r} \cdot (1 + \tfrac{11}{12} i) + \overline{r} \cdot (1 + \tfrac{10}{12} i) + \overline{r} \cdot (1 + \tfrac{9}{12} i) + ... + \overline{r} \cdot (1 + \tfrac{1}{12} i) + \overline{r}$$

$$\overline{K}_1 = \overline{r} \cdot 12 + \frac{\overline{r} \cdot i}{12} \cdot (1 + 2 + 3 + ... + 11) = \overline{r} \cdot 12 + \frac{\overline{r} \cdot i}{12} \cdot \frac{11 \cdot 12}{2} = 12 \cdot \overline{r} + \frac{11 \cdot \overline{r} \cdot i}{2}$$

$$\overline{K}_1 = 12 \cdot 80 + \frac{11 \cdot 80 \cdot 0,06}{2} = 986,40 \text{ Euro}$$

$$\overline{K}_7 = \overline{K}_1 \cdot q^6 + \overline{K}_1 \cdot q^5 + \overline{K}_1 \cdot q^4 + ... + \overline{K}_1 = \overline{K}_1 \cdot \frac{1 - q^7}{1 - q}$$

$$\overline{K}_7 = 986,40 \cdot \frac{1 - 1,06^7}{1 - 1,06} = 8.279,68 \text{ Euro}$$

Aufgabe II-19

1. Schritt: Berechnung des Barwertes der vorschüssigen Rente am 01.01.2030

Da R_0 (vorschüssige Rente) = q · $\overline{R}_0$ (nachschüssige Rente) gilt, erhalten wir unter Berücksichtigung von (II.35) den Rentenbarwert zu

$$R_0 = 1,05 \cdot 2.000 \cdot \frac{1 - (\frac{1,03}{1,05})^{20}}{0,05 - 0,03} = 33.526,05 \text{ Euro.}$$

2. Schritt: Berechnung des Barwertes am 01.01.2010

$$K_0 = \frac{33.526,05}{1,05^{20}} = 12.635,62 \text{ Euro}$$

Aufgabe II-20

Vorschüssige Betrachtung:

$$K_1 = 80 \cdot (1 + 0,09) + 80 \cdot (1 + \tfrac{3}{4} \cdot 0,09) + 80 \cdot (1 + \tfrac{2}{4} \cdot 0,09) + 80 \cdot (1 + \tfrac{1}{4} \cdot 0,09) = 338 \text{ Euro}$$

$$K_{10} = K_1 \cdot \frac{1 - q^{10}}{1 - q} = 338 \cdot \frac{1 - 1,09^{10}}{1 - 1,09} = 5.135,21 \text{ Euro}$$

Nachschüssige Betrachtung:

$$\overline{K}_1 = 80 \cdot (1 + \tfrac{3}{4} \cdot 0,09) + 80 \cdot (1 + \tfrac{2}{4} \cdot 0,09) + 80 \cdot (1 + \tfrac{1}{4} \cdot 0,09) + 80 = 330,80 \text{ Euro}$$

$$\overline{K}_{10} = \overline{K}_1 \cdot \frac{1 - q^{10}}{1 - q} = 330,80 \cdot \frac{1 - 1,09^{10}}{1 - 1,09} = 5.025,82 \text{ Euro}$$

Differenzbetrag:

$$5.135,21 - 5.025,82 = 109,39 \text{ Euro}$$

Aufgabe II-21

a) Barwert der nachschüssigen Rente:

$$\overline{R}_0 = 300.000 \cdot \tfrac{1}{1{,}08} \cdot \frac{1-(\tfrac{1}{1{,}08})^{20}}{1-\tfrac{1}{1{,}08}} = 2.945.444{,}22 \text{ Euro}$$

b) Barwert der Einmalzahlung:

$K_0 = 3.000.000$ Euro

Der Barwert der Einmalzahlung ist also höher, d.h. man wird sich den Lotteriegewinn auf einmal auszahlen lassen.

Aufgabe II-22

Bei einem Quartalszins von 0,06 / 4 = 0,015 und 10 Jahren bzw. 10 · 4 = 40 Quartalen Laufzeit ergibt sich ein Barwert von

$$\overline{R}_0 = 3.000 \cdot \tfrac{1}{1{,}015} \cdot \frac{1-(\tfrac{1}{1{,}015})^{40}}{1-\tfrac{1}{1{,}015}} = 89.747{,}54 \text{ Euro.}$$

Aufgabe II-23

a) vorschüssig:

$$R_0 = 1.000 \cdot \frac{1-(\tfrac{1}{1{,}005})^{5\cdot 12}}{1-\tfrac{1}{1{,}005}} = 51.984{,}19 \text{ Euro}$$

b) nachschüssig:

$$\overline{R}_0 = 1.000 \cdot \tfrac{1}{1{,}005} \cdot \frac{1-(\tfrac{1}{1{,}005})^{5\cdot 12}}{1-\tfrac{1}{1{,}005}} = 51.725{,}56 \text{ Euro}$$

Aus diesen Ergebnissen folgt $R_0 = \overline{R}_0 \cdot 1{,}005 > \overline{R}_0$. Die vorschüssige Rente ist also teurer als die nachschüssige Rente.

Aufgabe II-24

a) $$S_{10} = S_0 \cdot q^{10} - a \cdot \frac{1-q^{10}}{1-q} = 50.000 \cdot 1{,}075^{10} - 7.000 \cdot \frac{1-1{,}075^{10}}{1-1{,}075} = 4.021{,}97 \text{ Euro}$$

Alternativer Lösungsweg:

$z_1 = 50.000 \cdot 0{,}075 = 3.750$ Euro $\rightarrow t_1 = 7.000 - 3.750 = 3.250$ Euro

$$S_{10} = S_0 - t_1 \cdot \frac{1-q^{10}}{1-q} = 50.000 - 3.250 \cdot \frac{1-1{,}075^{10}}{1-1{,}075} = 4.021{,}97 \text{ Euro}$$

b) Tilgungszeitraum und Restannuität:

$$n = \frac{\ln\left(1-\frac{S_0\cdot(1-q)}{t_1}\right)}{\ln q} = \frac{\ln\left(1-\frac{50.000\cdot(1-1{,}075)}{3.250}\right)}{\ln 1{,}075} = 10{,}61 \text{ Jahre}$$

Das Darlehen ist also nach 11 Jahren vollständig getilgt.

Restannuität: $a_{11} = S_{10} \cdot q = 4.021{,}97 \cdot 1{,}075 = 4.323{,}61$ Euro

c) Vollständige Tilgung über 10 Jahre:

$$a = S_0 \cdot q^n \cdot \frac{1-q}{1-q^n} = 50.000 \cdot 1{,}075^{10} \cdot \frac{1-1{,}075}{1-1{,}075^{10}} = 7.284{,}30 \text{ Euro}$$

Aufgabe II-25

a) $$a = S_0 \cdot q^n \cdot \left(\frac{1-q}{1-q^n}\right) = 150.000 \cdot 1{,}09^{10} \cdot \left(\frac{1-1{,}09}{1-1{,}09^{10}}\right) = 23.373{,}01 \text{ Euro}$$

b) Tilgung im letzten Jahr: $t_{10} = t_1 \cdot q^9$

$q = 1{,}09,\ t_1 = a - z_1 = a - i \cdot S_0 = 23.373{,}01 - 0{,}09 \cdot 150.000 = 9.873{,}01$ Euro

$t_{10} = 9.873{,}01 \cdot 1{,}09^9 = 21.443{,}12$ Euro

c) $$S_5 = S_0 - t_1 \cdot \frac{1-q^5}{1-q} = 150.000 - 9.873{,}01 \cdot \frac{1-1{,}09^5}{1-1{,}09} = 90.912{,}89 \text{ Euro}$$

d) (1) $a = 14.000$ Euro:

$t_1 = a - z_1 = 14.000 - i \cdot S_0 = 14.000 - 0{,}09 \cdot 150.000 = 500$ Euro

$$n_1 = \frac{\ln\left(1 - \frac{S_0 \cdot (1-q)}{t_1}\right)}{\ln q} = \frac{\ln\left(1 - \frac{150.000 \cdot (1-1{,}09)}{500}\right)}{\ln 1{,}09} = 38{,}7 \text{ Jahre}$$

(2) $a = 13.500$ Euro:

$t_1 = a - z_1 = 13.500 - i \cdot S_0 = 13.500 - 0{,}09 \cdot 150.000 = 0$

$n_2 \to \infty$

Aufgabe II-26

a) Laufzeit des Darlehens = 15.000 / 750 = 20 Jahre

$$\begin{aligned}\sum z_n &= i \cdot S_0 + i \cdot (S_0 - t) + i \cdot (S_0 - 2t) + i \cdot (S_0 - 3t) + \ldots + i \cdot (S_0 - (n-1)t) \\ &= i \cdot [n \cdot S_0 - (t + 2t + 3t + \ldots + (n-1)t)] \\ &= i \cdot [n \cdot S_0 - t \cdot (1 + 2 + 3 + \ldots + (n-1))] \\ &= i \cdot \left[n \cdot S_0 - t \cdot \frac{n \cdot (n-1)}{2}\right]\end{aligned}$$

$$\sum z_{20} = 0{,}11 \cdot \left[20 \cdot 15.000 - 750 \cdot \frac{20 \cdot 19}{2}\right] = 17.325 \text{ Euro}$$

b) $$a = S_0 \cdot q^n \cdot \left(\frac{1-q}{1-q^n}\right) = 15.000 \cdot 1{,}11^{20} \cdot \left(\frac{1-1{,}11}{1-1{,}11^{20}}\right) = 1.883{,}63 \text{ Euro}$$

Aufgabe II-27

Nehmen wir an, der Übergang erfolgt im Jahr m. Würden wir für das Jahr m degressiv weiterrechnen, erhielten wir $r_m^g = R_{m-1} \cdot i$. Ein Übergang auf den linearen Fall ergäbe

$$r_m^l = \frac{\text{noch vorhandener Restbuchwert}}{\text{Restnutzungsdauer}} = \frac{R_{m-1}}{n-(m-1)}.$$

Es soll nun

$$\frac{R_{m-1}}{n-(m-1)} \geq R_{m-1} \cdot i$$

gelten, was durch Umformung zu folgender Beziehung führt:

$$1 \geq i \cdot [n-(m-1)]$$

$$1 \geq i \cdot n - i \cdot m + i$$

$$i \cdot m \geq i \cdot (n+1) - 1$$

$$m \geq n + 1 - \frac{1}{i} \qquad \text{q.e.d}$$

Aufgabe II-28

Aus der Restwertformel (II.59) erhalten wir bei n Abschreibungsperioden für k = n

$$K_0 - K_n = r_1 \cdot n - \frac{n \cdot (n-1) \cdot d}{2} \quad \leftrightarrow \quad d = \frac{2 \cdot (r_1 \cdot n + K_n - K_0)}{n \cdot (n-1)}.$$

Für eine degressive Abschreibung muss d ≥ 0 sein, d.h. für die Anfangsrate muss gelten:

$$r_1 \cdot n + K_n - K_0 \geq 0 \quad \leftrightarrow \quad r_1 \geq \frac{K_0 - K_n}{n}$$

Andererseits soll auch die letzte Abschreibungsrate nicht negativ sein, d.h. es soll $r_n \geq 0$ gelten. Dies führt zum zweiten Teil des zu beweisenden Zusammenhangs:

$$r_1 - (n-1) \cdot d \geq 0$$

$$r_1 - (n-1) \cdot \frac{2}{n \cdot (n-1)} \cdot (r_1 \cdot n + K_n - K_0) \geq 0$$

$$-r_1 + 2 \cdot \frac{K_0 - K_n}{n} \geq 0$$

$$r_1 \leq 2 \cdot \frac{K_0 - K_n}{n}$$

Aufgabe II-29

Der Übergang ist optimal, wenn m ≥ (12 + 1 – 1 / 0,25 = 9) gilt, d.h. im 9. Jahr. Es ergibt sich damit folgender Abschreibungsplan:

Ende NJ	Abschreibungsbasis	Abschreibung	Restbuchwert
1	260.000,00	65.000,00	195.000,00
2	195.000,00	48.750,00	146.250,00
3	146.250,00	36.562,50	109.687,50
4	109.687,50	27.421,88	82.265,63
5	82.265,63	20.566,41	61.699,22
6	61.699,22	15.424,80	46.274,41
7	46.274,41	11.568,60	34.705,81
8	34.705,81	8.676,45	26.029,36
9	26.029,36	6.507,34	19.522,02
10	19.522,02	6.507,34	13.014,68
11	13.014,68	6.507,34	6.507,34
12	6.507,34	6.507,34	0,00
		260.000,00	

3. Funktionen einer Variablen

Aufgabe III-1

g(x) ist eine Funktion, da jedem x- nur ein y-Wert zugeordnet wird. h(x) ist keine Funktion, da einzelnen x- bis zu drei y-Werte zugeordnet werden.

Aufgabe III-2

a) Der Funktionswert an der Stelle x = 3 ist p(3) = 3 + 5 · 3 = 18 und nicht 4. Der gegebene Punkt liegt damit nicht auf der Geraden.

b) $y = 4 \cdot (x-1) - 2 = 4x - 6$

c) $y = \frac{-2-4}{-2-3} \cdot (x-3) + 4 = \frac{-6}{-5} \cdot (x-3) + 4 = \frac{6}{5}x + \frac{2}{5}$

d) Sie müssen die gleiche Steigung a_1 aufweisen.

e) Allgemein gilt $y = a_1 \cdot (x+1) + 1$. Für beliebige Werte von a_1 erhält man immer Geraden, die sich im gegebenen Punkt schneiden.

Aufgabe III-3

a) $x \in \mathbb{R}$	b) $x \in \mathbb{R}$	c) $x \in \mathbb{R} \setminus \{2\}$	d) $x \in \mathbb{R}$
e) $x \in \mathbb{R} \setminus \{-1; 4\}$	f) $\lvert x \rvert > 4$	g) $x < 2$	h) $x \in \mathbb{R}$
i) $x \in \mathbb{R}$	j) $x > 0, x \neq 1$		

Aufgabe III-4

a) $\ln(x-1) = 0 \quad \leftrightarrow \quad x - 1 = e^0 \quad \leftrightarrow \quad x = 2$

b) $\sqrt[4]{4 - x^2} = 0 \quad \leftrightarrow \quad 4 - x^2 = 0^4 \quad \leftrightarrow \quad x_{1,2} = \pm 2$

c) $3e^{-x} - e^{3x} = 0 \quad \leftrightarrow \quad 3e^{-x} = e^{3x} \quad \leftrightarrow \quad \ln 3 - x = 3x \quad \leftrightarrow \quad x = \frac{\ln 3}{4}$

d) $\ln(x+1) + \ln x = 0 \quad \leftrightarrow \quad \ln[(x+1)x] = 0 \quad \leftrightarrow \quad x^2 + x = e^0 \quad \leftrightarrow \quad x^2 + x - 1 = 0$

$\rightarrow \quad x_1 = 0,62 \qquad x_2 = -1,62$

Nur x_1 ist eine Nullstelle, da ln für negative x nicht definiert ist.

e) $(x-4)(2x+1)(x^2-1) = 0$

$(x-4) = 0 \quad \vee \quad (2x+1) = 0 \quad \vee \quad (x^2 - 1) = 0$

$x = 4 \quad \vee \quad x = -0,5 \quad \vee \quad x = \pm 1$

f) Nullstelle $x_1 = 1$ durch Probieren.

$$
\begin{array}{l}
(x^3 - 2x^2 - x + 2) : (x - 1) = x^2 - x - 2 \\
\underline{-(x^3 - x^2)} \\
\quad - x^2 - x \\
\quad \underline{-(-x^2 + x)} \\
\qquad - 2x + 2 \\
\qquad \underline{-(-2x + 2)} \\
\qquad\qquad 0
\end{array}
$$

Die Lösung von $x^2 - x - 2 = 0$ liefert die restlichen beiden Nullstellen $x_2 = 2$ und $x_3 = -1$.

g) Die vorliegende Parabel ist nach oben geöffnet und schneidet die y-Achse beim Punkt P(0; 2). Es liegt demnach keine Nullstelle vor.

Aufgabe III-5

Beide Funktionsterme sind gleichzusetzen und nach x aufzulösen. Interessiert man sich auch für die y-Koordinaten der Schnittpunkte, können diese durch Einsetzen der Schnittstellen in eine der beiden Funktionen gewonnen werden.

a) $2x - 1 = x + 4 \quad \leftrightarrow \quad x = 5$

b) $x^2 + 3x - 1 = 3x + 3 \quad \leftrightarrow \quad x^2 = 4 \quad \leftrightarrow \quad x_{1,2} = \pm 2$

c) Die hier entstehende Gleichung $e^x = x$ lässt sich nicht nach x auflösen. Auch eine allgemeine Betrachtung der e-Funktion und der Winkelhalbierenden des ersten und dritten Quadranten zeigt, dass keine Schnittstellen vorliegen können.

d) Die Gleichung $\ln x = -x + 1$ ist nicht nach x auflösbar. Aufgrund des offensichtlichen Funktionsverlaufs ist aber die Schnittstelle $x = 1$ sofort ersichtlich.

Aufgabe III-6

a) $y = -2x + 5 \quad \leftrightarrow \quad x = -0{,}5y + 2{,}5 \quad \rightarrow \quad y = f^{-1}(x) = -0{,}5x + 2{,}5$

b) Die Funktion ist nicht eineindeutig. Es existiert somit keine Umkehrfunktion.

c) $y = 2\sqrt{4 - x} \quad \leftrightarrow \quad x = -0{,}25y^2 + 4 \quad \rightarrow \quad y = f^{-1}(x) = -0{,}25x^2 + 4$

d) $y = \dfrac{1}{2x - 4} \quad \leftrightarrow \quad x = \dfrac{1}{2y} + 2 \quad \rightarrow \quad y = f^{-1}(x) = \dfrac{1}{2x} + 2$

e) $y = e^{4x-1} \quad \leftrightarrow \quad x = \dfrac{\ln y + 1}{4} \quad \rightarrow \quad y = f^{-1}(x) = \dfrac{\ln x + 1}{4}$

f) Die Funktion ist nicht eineindeutig. Es existiert somit keine Umkehrfunktion.

g) $y = \log_4(x - 2) \quad \leftrightarrow \quad x = 4^y + 2 \quad \rightarrow \quad y = f^{-1}(x) = 4^x + 2$

Aufgabe III-7

a) $\lim\limits_{x \to 1} (x^2 - 3x + 5) = 1^2 - 3 \cdot 1 + 5 = 3$

b) $\lim\limits_{x \to 0} e^{x^2+1} = e^{0^2+1} = e$

c) $\lim\limits_{x \to 0} \dfrac{x^3 - 2x - 1}{x^2 + 2} = -\dfrac{1}{2}$

d) Da x = 2 Nullstelle von Zähler und Nenner ist, gilt Folgendes:

$$\lim_{x\to 2}\frac{x^2+4x-12}{x^2-5x+6}=\lim_{x\to 2}\frac{(x+6)(x-2)}{(x-3)(x-2)}=\frac{8}{-1}=-8$$

e) $\lim\limits_{x\to 3}\dfrac{1}{(x-3)^2}=+\infty$

f) $\lim\limits_{x\to\infty}\dfrac{3x^3-1}{-x^3-5x^2+4}=\lim\limits_{x\to\infty}\dfrac{x^3\left(3-\frac{1}{x^3}\right)}{x^3\left(-1-\frac{5}{x}+\frac{4}{x^3}\right)}=\dfrac{3}{-1}=-3$

g) $\lim\limits_{x\to -\infty}\dfrac{2x}{x^2-6}=0$

h) $\lim\limits_{x\to -\infty}\dfrac{x^5+x+6}{2x^4-x}=\lim\limits_{x\to -\infty}\dfrac{x^5\left(1+\frac{1}{x^4}+\frac{6}{x^5}\right)}{x^4\left(2-\frac{1}{x^3}\right)}=\lim\limits_{x\to -\infty}x\cdot\lim\limits_{x\to -\infty}\dfrac{1+\frac{1}{x^4}+\frac{6}{x^5}}{2-\frac{1}{x^3}}=-\infty$

i) $\lim\limits_{x\to\infty}\dfrac{3}{1-e^{-2x}}=3$ j) $\lim\limits_{x\to -\infty}\dfrac{e^x+4}{e^{2x}+2}=\dfrac{4}{2}=2$

Aufgabe III-8

a) $\lim\limits_{x\to -1-}\dfrac{1}{x+1}=-\infty$, $\lim\limits_{x\to -1+}\dfrac{1}{x+1}=+\infty$

b) $\lim\limits_{x\to 4-}\dfrac{x}{x^2-5x+4}=-\infty$, $\lim\limits_{x\to 4+}\dfrac{x}{x^2-5x+4}=+\infty$

c) $\lim\limits_{x\to 1-}\dfrac{1}{\ln x}=-\infty$, $\lim\limits_{x\to 1+}\dfrac{1}{\ln x}=+\infty$

d) $\lim\limits_{x\to 0-}\max\left(0;\dfrac{1}{x}\right)=0$, $\lim\limits_{x\to 0+}\max\left(0;\dfrac{1}{x}\right)=+\infty$

e) $\lim\limits_{x\to -2-}\dfrac{(x-3)(x-2)}{(x-2)}=-5$, $\lim\limits_{x\to -2+}\dfrac{(x-3)(x-2)}{(x-2)}=-5$

f) $\lim\limits_{x\to 0-}\dfrac{1}{1+|x|}=1$, $\lim\limits_{x\to 0+}\dfrac{1}{1+|x|}=1$

Aufgabe III-9

a) $\lim\limits_{x\to 2-}f(x)=2^2-2=4 \quad\neq\quad \lim\limits_{x\to 2+}f(x)=2\cdot 2+1=5$ → nicht stetig

b) $\lim\limits_{x\to 0-}f(x)=-0{,}5\cdot 0=0 \quad=\quad \lim\limits_{x\to 0+}f(x)=2\cdot 0=0 \quad=\quad f(0)$ → stetig

$\lim\limits_{x\to 1-}f(x)=2\cdot 1=2 \quad=\quad \lim\limits_{x\to 2+}f(x)=1+1=2 \quad=\quad f(0)$ → stetig

c) $f(x) = \begin{cases} x-4 & \text{für} \quad x-4 \geq 0 \\ -x+4 & \text{für} \quad x-4 < 0 \end{cases} = \begin{cases} x-4 & \text{für} \quad x \geq 4 \\ -x+4 & \text{für} \quad x < 4 \end{cases}$

$\lim\limits_{x \to 4-} f(x) = -4+4 = 0 \quad = \quad \lim\limits_{x \to 4+} f(x) = 4-4 = 0 \quad = \quad f(4) \quad \to \quad \text{stetig}$

d) x = 1 ist eine Polstelle. Die Funktion ist damit nicht stetig.

Aufgabe III-10

a)

Nullstellen: x = 1, x = –1 (doppelt)

Polstellen: x = 0 (doppelt), x = 2, x = –2

Asymptote: y = 0

Für x > 2 sind Zähler und Nenner positiv, d.h. f(x) verläuft für x → ∞ stets oberhalb y = 0. Für x < –2 ist der Zähler negativ und der Nenner positiv, sodass sich f(x) für x → –∞ von unten an y = 0 annähert.

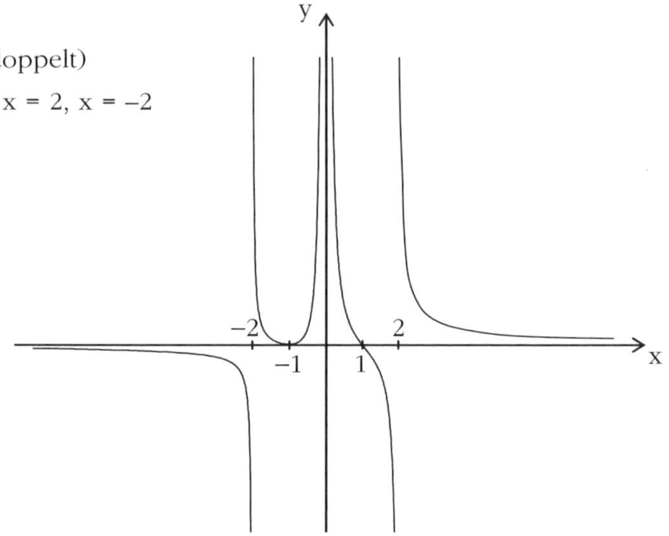

b)

Nullstellen: x = 4, x = 2 (doppelt),
x = –1 (dreifach)

Polstellen: x = 1, x = 3 (doppelt)

Für x > 4 sind Zähler und Nenner positiv, d.h. f(x) strebt für x → ∞ gegen Unendlich. Für x < –1 ist der Zähler positiv und der Nenner negativ, sodass f(x) für x → –∞ gegen minus Unendlich strebt.

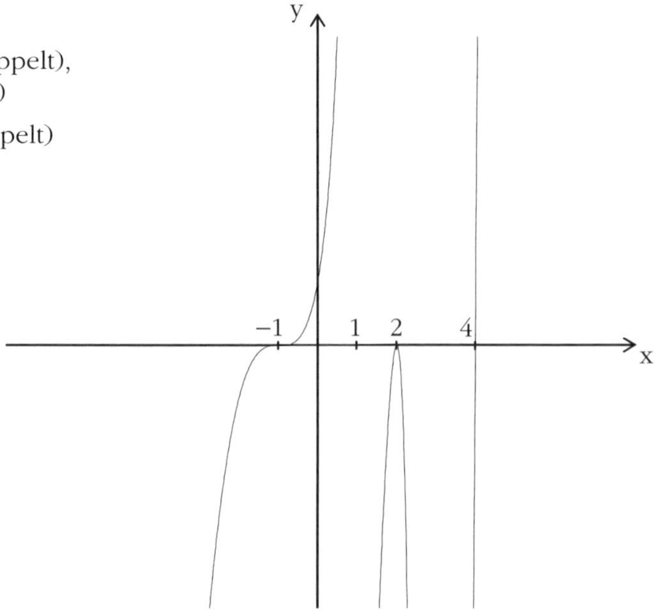

c)

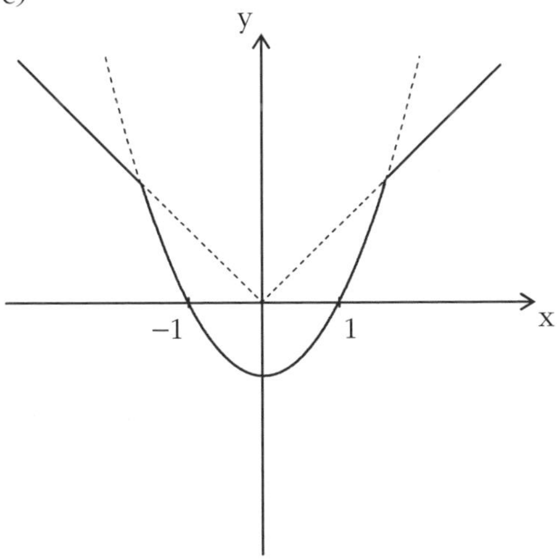

d)

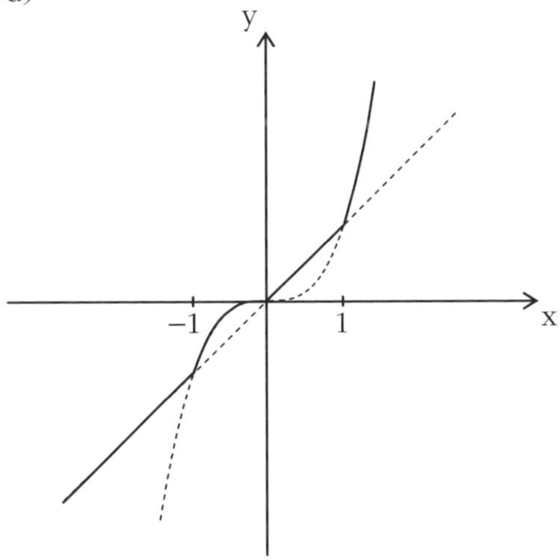

e)

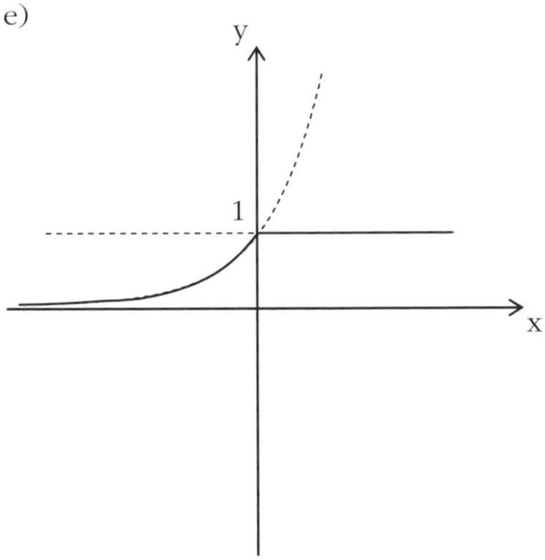

f)

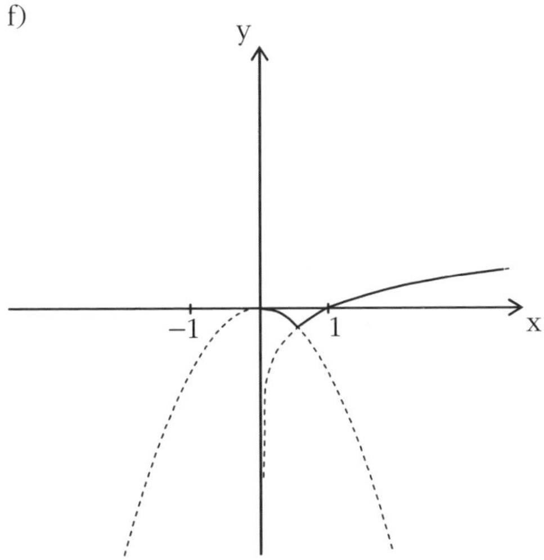

Aufgabe III-11

Potenzfunktion:

$$\frac{dy}{dx} = \lim_{\Delta x \to 0} \frac{(x+\Delta x)^n - x^n}{\Delta x}$$

$$= \lim_{\Delta x \to 0} \frac{\binom{n}{0}x^n + \binom{n}{1}x^{n-1}\Delta x + \binom{n}{2}x^{n-2}(\Delta x)^2 + \ldots + \binom{n}{n}(\Delta x)^n - x^n}{\Delta x}$$

Es ist $\binom{n}{0}x^n - x^n = x^n - x^n = 0$ und $\binom{n}{1} = n$.

Aus dem Ausdruck

$$\binom{n}{2}x^{n-2}(\Delta x)^2 + \ldots + \binom{n}{n}(\Delta x)^n$$

lässt sich $(\Delta x)^2$ ausklammern, wodurch $(\Delta x)^2 \cdot R$ entsteht, wobei R ein Restterm ist, dessen genaue Struktur für die weitere Betrachtung nicht mehr relevant ist. Es ergibt sich damit

$$\frac{dy}{dx} = \lim_{\Delta x \to 0} \frac{nx^{n-1}\Delta x + (\Delta x)^2 \cdot R}{\Delta x} = \lim_{\Delta x \to 0} (nx^{n-1} + \Delta x \cdot R) = nx^{n-1}.$$

Exponenzialfunktion:

$$\frac{dy}{dx} = \lim_{\Delta x \to 0} \frac{e^{x+\Delta x} - e^x}{\Delta x} = \lim_{\Delta x \to 0} \frac{e^x \cdot e^{\Delta x} - e^x}{\Delta x} = \lim_{\Delta x \to 0}\left(e^x \cdot \frac{e^{\Delta x} - 1}{\Delta x}\right)$$

Ersetzen wir $e^{\Delta x}$ durch den positiven Term 1+k, so ergibt sich mit

$$e^{\Delta x} = 1 + k \leftrightarrow \Delta x = \ln(1+k),$$

Da mit $\Delta x \to 0$ auch $k \to 0$ strebt und unter Benutzung der Grenzwertsätze ergibt sich:

$$\frac{dy}{dx} = \lim_{k \to 0}\left(e^x \cdot \frac{k}{\ln(1+k)}\right) = \lim_{k \to 0}\left(e^x \cdot \frac{1}{\frac{1}{k} \cdot \ln(1+k)}\right) = \lim_{k \to 0}\left(e^x \cdot \frac{1}{\ln(1+k)^{\frac{1}{k}}}\right)$$

$$= e^x \cdot \frac{1}{\ln\left(\lim\limits_{k \to 0}(1+k)^{\frac{1}{k}}\right)} = e^x \cdot \frac{1}{\ln e} = e^x$$

Natürliche Logarithmusfunktion:

$$\frac{dy}{dx} = \lim_{\Delta x \to 0} \frac{\ln(x+\Delta x) - \ln x}{\Delta x} = \lim_{\Delta x \to 0}\left(\frac{1}{\Delta x} \cdot \ln\left(\frac{x+\Delta x}{x}\right)\right) = \lim_{\Delta x \to 0} \ln\left(1 + \frac{\Delta x}{x}\right)^{\frac{1}{\Delta x}}$$

$$= \lim_{\Delta x \to 0} \ln\left(1 + \frac{\Delta x}{x}\right)^{\frac{x}{\Delta x} \cdot \frac{1}{x}} = \lim_{\Delta x \to 0}\left[\frac{1}{x} \cdot \ln\left(1 + \frac{\Delta x}{x}\right)^{\frac{x}{\Delta x}}\right]$$

Ersetzen wir $\Delta x/x$ durch k ($x/\Delta x$ durch $1/k$), so folgt, da mit $\Delta x \to 0$ auch $k \to 0$ strebt, unter Nutzung der Grenzwertsätze

$$\frac{dy}{dx} = \lim_{k \to 0}\left[\frac{1}{x} \cdot \ln(1+k)^{\frac{1}{k}}\right] = \frac{1}{x} \cdot \ln\left[\lim_{k \to 0}(1+k)^{\frac{1}{k}}\right] = \frac{1}{x} \cdot \ln e = \frac{1}{x}$$

Konstantenregeln:

$$\frac{dy}{dx} = \lim_{\Delta x \to 0} \frac{a-a}{\Delta x} = \lim_{\Delta x \to 0} 0 = 0$$

$$\frac{dy}{dx} = \lim_{\Delta x \to 0} \frac{a \cdot g(x+\Delta x) - a \cdot g(x)}{\Delta x}$$

$$= a \cdot \lim_{\Delta x \to 0} \frac{g(x+\Delta x) - g(x)}{\Delta x} = a \cdot g'(x)$$

Summenregel:

$$\frac{dy}{dx} = \lim_{\Delta x \to 0} \frac{f(x+\Delta x) \pm g(x+\Delta x) - (f(x) \pm g(x))}{\Delta x}$$

$$= \lim_{\Delta x \to 0} \frac{f(x+\Delta x) \pm g(x+\Delta x) - f(x) \pm g(x)}{\Delta x}$$

$$= \lim_{\Delta x \to 0} \frac{f(x+\Delta x) - f(x)}{\Delta x} \pm \lim_{\Delta x \to 0} \frac{g(x+\Delta x) - g(x)}{\Delta x} = f'(x) \pm g'(x)$$

Produktregel:

$$\frac{dy}{dx} = \lim_{\Delta x \to 0} \frac{f(x+\Delta x) \cdot g(x+\Delta x) - f(x) \cdot g(x)}{\Delta x}$$

$$= \lim_{\Delta x \to 0} \frac{f(x+\Delta x) \cdot g(x+\Delta x) - f(x+\Delta x) \cdot g(x) + f(x+\Delta x) \cdot g(x) - f(x) \cdot g(x)}{\Delta x}$$

$$= \lim_{\Delta x \to 0} \left(\frac{[f(x+\Delta x) - f(x)] \cdot g(x)}{\Delta x} + \frac{[g(x+\Delta x) - g(x)] \cdot f(x+\Delta x)}{\Delta x} \right)$$

$$= \left(\lim_{\Delta x \to 0} \frac{f(x+\Delta x) - f(x)}{\Delta x} \right) \cdot g(x) + \left(\lim_{\Delta x \to 0} \frac{g(x+\Delta x) - g(x)}{\Delta x} \right) \cdot \lim_{\Delta x \to 0} f(x+\Delta x)$$

$$= f'(x) \cdot g(x) + g'(x) \cdot f(x)$$

Quotientenregel:

Auf die explizite Berechnung des Differenzialquotienten können wir hier verzichten. Sofern y' nämlich existiert, können wir hier

$$y = \frac{f(x)}{g(x)} \quad \leftrightarrow \quad y \cdot g(x) = f(x)$$

nach der Produktregel ableiten, wodurch sich

$$y' \cdot g(x) + y \cdot g'(x) = f'(x)$$

ergibt. Umstellung nach y' liefert schließlich das zu beweisende Ergebnis:

$$y' \cdot g(x) = f'(x) - y \cdot g'(x) \quad \leftrightarrow \quad y' \cdot g(x) = f'(x) - \frac{f(x)}{g(x)} \cdot g'(x)$$

$$\leftrightarrow \quad y' \cdot g(x) = \frac{f'(x) \cdot g(x) - f(x) \cdot g'(x)}{g(x)} \quad \leftrightarrow \quad y' = \frac{f'(x) \cdot g(x) - f(x) \cdot g'(x)}{(g(x))^2}$$

Kettenregel:

$$\frac{dy}{dx} = \lim_{\Delta x \to 0} \frac{f(g(x+\Delta x)) - f(g(x))}{\Delta x}$$

Erweitern wir den Term der Grenzwertbetrachtung mit $\Delta z = g(x + \Delta x) - g(x)$, so folgt (sofern Δz als von Null verschieden vorausgesetzt wird)

$$\frac{dy}{dx} = \lim_{\Delta x \to 0} \left(\frac{f(g(x+\Delta x)) - f(g(x))}{\Delta x} \cdot \frac{\Delta z}{\Delta z} \right) = \lim_{\Delta x \to 0} \left(\frac{f(g(x+\Delta x)) - f(g(x))}{\Delta z} \cdot \frac{\Delta z}{\Delta x} \right).$$

Beachten wir nun, dass wegen $\Delta z = g(x + \Delta x) - g(x)$ auch $g(x + \Delta x) = g(x) + \Delta z = z + \Delta z$ gilt, resultiert

$$\frac{dy}{dx} = \lim_{\Delta x \to 0} \left(\frac{f(z + \Delta z) - f(z)}{\Delta z} \cdot \frac{g(x + \Delta x) - g(x)}{\Delta x} \right).$$

Da mit $\Delta x \to 0$ auch $\Delta z = g(x + \Delta x) - g(x)$ gegen Null strebt (z ist stetig, da differenzierbar), strebt der erste Faktor gegen $f'(z)$ und der zweite Faktor gegen $g'(x)$, was folgendes Resultat liefert:

$$\frac{dy}{dx} = f'(z) \cdot g'(x)$$

Aufgabe III-12

Für konvexes (konkaves) Verhalten ist charakteristisch, dass dort die Steigung wächst (fällt). Beim Übergang des Krümmungsverhaltens muss also die Steigung einen relativen Extremwert haben: Geht konkaves in konvexes Verhalten über, hat sie ein relatives Minimum (linke Grafik), im umkehren Fall ein relatives Maximum (rechte Grafik). Demnach hat bei einem Wendepunkt von f(x) die Steigung von f(x) ein relatives Extremum. Da die Steigung aber gerade durch $f'(x)$ gegeben ist, hat also an einem Wendepunkt von f(x) die erste Ableitung $f'(x)$ ein relatives Extremum. Also ist notwendig für einen Wendepunkt von f(x), dass die erste Ableitung von $f'(x)$, das ist gerade $f''(x)$, gleich Null ist, und hinreichend, dass die zweite Ableitung von $f'(x)$, d.h. $f'''(x)$, größer oder kleiner bzw. ungleich Null ist.

Aufgabe III-13

a) 1. Alternative: Anwendung der Quotientenregel

$$f'(x) = \frac{2x(x-1) - (x^2 - 1) \cdot 1}{(x-1)^2} - \frac{2x(x+1) - (x^2 - 1) \cdot 1}{(x+1)^2}$$
$$= \frac{(x-1)[2x - (x+1)]}{(x-1)^2} - \frac{(x+1)[2x - (x-1)]}{(x+1)^2}$$
$$= \frac{2x - (x+1)}{x-1} - \frac{2x - (x-1)}{x+1} = \frac{x-1}{x-1} - \frac{x+1}{x+1} = 1 - 1 = 0$$

2. Alternative: Umformung der Ausgangsfunktion

$$f(x) = \frac{x^2 - 1}{x - 1} - \frac{x^2 - 1}{x + 1} = \frac{(x+1)(x-1)}{(x-1)} - \frac{(x+1)(x-1)}{(x+1)} = (x+1) - (x-1) = 2$$

$$f'(x) = 0$$

b) $f(x) = \sqrt{x} + \ln(2x) + x^{-1} \cdot \left(\sqrt{x}\right)^2 = x^{\frac{1}{2}} + \ln(2x) + 1 = x^{\frac{1}{2}} + \ln 2 + \ln x + 1$

$$f'(x) = \frac{1}{2} x^{-\frac{1}{2}} + \frac{1}{x} = \frac{1}{2\sqrt{x}} + \frac{1}{x}$$

c) Anwendung der Kettenregel:

$$f(x) = \frac{1}{\sqrt{e^x}} = \frac{1}{(e^x)^{0,5}} = (e^x)^{-0,5}$$

$$f'(x) = -0,5 \cdot (e^x)^{-1,5} \cdot e^x = -0,5 \cdot (e^x)^{-0,5} = -\frac{1}{2\sqrt{e^x}}$$

d) $$f(x) = \frac{2}{e^{-\ln x^2}} = 2 \cdot \frac{1}{e^{-\ln x^2}} = 2 \cdot (e^{-\ln x^2})^{-1} = 2 \cdot e^{\ln x^2} = 2x^2$$

$$f'(x) = 4x$$

e) Anwendung von Ableitungsregel (III.86):

$$f(x) = 3^{-\frac{(x+1)^4}{2}} = 3^{-0,5\cdot(x+1)^4}$$

$$f'(x) = 3^{-0,5\cdot(x+1)^4} \cdot \left[-2 \cdot (x+1)^3 \cdot 1\right] \cdot \ln 3 = -3^{-0,5\cdot(x+1)^4} \cdot 2 \cdot (x+1)^3 \cdot \ln 3$$

f) $$f(x) = \sqrt{x\sqrt{x}} \cdot \left(0,5x^2 + \frac{1}{x}\right) = \sqrt{x^{1,5}} \cdot (0,5x^2 + x^{-1})$$

$$= x^{0,75} \cdot (0,5x^2 + x^{-1}) = 0,5x^{2,75} + x^{-0,25}$$

$$f'(x) = 1,375x^{1,75} - 0,25x^{-1,25} = 1,375 \cdot \sqrt[4]{x^7} - \frac{1}{4\sqrt[4]{x^5}}$$

g) Anwendung der Produktregel:

$$f(x) = \frac{\log_{10} x}{e^x} = (\log_{10} x) \cdot \frac{1}{e^x} = (\log_{10} x) \cdot (e^x)^{-1} = (\log_{10} x) \cdot e^{-x}$$

$$f'(x) = \frac{1}{x \cdot \ln 10} \cdot e^{-x} + (\log_{10} x) \cdot e^{-x} \cdot (-1) = e^{-x} \cdot \left(\frac{1}{x \cdot \ln 10} - \log_{10} x\right)$$

h) Anwendung der Kettenregel:

$$f(x) = \left(\ln x^2 + \sqrt{x^3}\right)^4 = \left(2 \cdot \ln x + x^{1,5}\right)^4$$

$$f'(x) = 4 \cdot \left(\ln x^2 + \sqrt{x^3}\right)^3 \cdot \left(\frac{2}{x} + 1,5 \cdot x^{0,5}\right) = \left(\ln x^2 + \sqrt{x^3}\right)^3 \cdot \left(\frac{8}{x} + 6\sqrt{x}\right)$$

i) Anwendung der Ableitungsregel (III.83b):

$$f(x) = \log_8 (x-1)$$

$$f'(x) = \frac{1}{(x-1) \cdot \ln 8}$$

j) Anwendung von Ketten- und Quotientenregel:

$$f(x) = \sqrt[3]{\frac{\ln x}{x}} = \left(\frac{\ln x}{x}\right)^{\frac{1}{3}}$$

$$f'(x) = \frac{1}{3} \cdot \left(\frac{\ln x}{x}\right)^{-\frac{2}{3}} \cdot \frac{x^{-1} \cdot x - \ln x \cdot 1}{x^2} = \frac{1}{3} \cdot \left(\frac{\ln x}{x}\right)^{-\frac{2}{3}} \cdot \frac{1 - \ln x}{x^2}$$

k) Anwendung von Ableitungsregeln (III.86) und (III.83a):

$$f(x) = 2^{\ln(0,5x^2+5)}$$

$$f'(x) = 2^{\ln(0,5x^2+5)} \cdot \frac{x}{0,5x^2+5} \cdot \ln 2 = 2^{\ln(0,5x^2+5)} \cdot \frac{x \cdot \ln 2}{0,5x^2+5}$$

l) Anwendung von (III.83a) und der Kettenregel:

$$f(x) = \ln\left(\sqrt{x^3 + x^2}\right) = \ln\left((x^3 + x^2)^{\frac{1}{2}}\right)$$

$$f'(x) = \frac{0{,}5 \cdot (x^3 + x^2)^{-0{,}5} \cdot (3x^2 + 2x)}{\sqrt{x^3 + x^2}} = \frac{\dfrac{0{,}5}{\sqrt{x^3 + x^2}} \cdot (3x^2 + 2x)}{\sqrt{x^3 + x^2}}$$

$$= \frac{0{,}5 \cdot (3x^2 + 2x)}{x^3 + x^2} = \frac{x \cdot (1{,}5x + 1)}{x \cdot (x^2 + x)} = \frac{1{,}5x + 1}{x^2 + x}$$

m) Anwendung von (III.83b) und Quotientenregel:

$$f(x) = \log_2\left(\frac{e^x + x^5 - 1}{x}\right)$$

$$f'(x) = \frac{\dfrac{(e^x + 5x^4) \cdot x - (e^x + x^5 - 1) \cdot 1}{x^2}}{\left(\dfrac{e^x + x^5 - 1}{x}\right) \cdot \ln 2}$$

$$= \frac{(e^x + 5x^4) \cdot x - (e^x + x^5 - 1)}{x^2} \cdot \frac{x}{\ln 2 \cdot (e^x + x^5 - 1)}$$

$$= \frac{e^x \cdot x + 5x^5 - e^x - x^5 + 1}{\ln 2 \cdot (e^x + x^5 - 1) \cdot x} = \frac{e^x \cdot x + 4x^5 - e^x + 1}{\ln 2 \cdot (e^x + x^5 - 1) \cdot x}$$

Aufgabe III-14

a) $f(x) = \sqrt{x} = x^{\frac{1}{2}}$

$$f'(x) = \frac{1}{2} x^{-\frac{1}{2}} = \frac{1}{2\sqrt{x}}$$

$$f''(x) = -\frac{1}{4} x^{-\frac{3}{2}} = -\frac{1}{4\sqrt{x^3}}$$

$$f'''(x) = \frac{3}{8} x^{-\frac{5}{2}} = \frac{3}{8\sqrt{x^5}}$$

b) $f(x) = \ln(2x) = \ln 2 + \ln x$

$$f'(x) = \frac{1}{x} = x^{-1}$$

$$f''(x) = -x^{-2} = -\frac{1}{x^2}$$

$$f'''(x) = \frac{2}{x^3}$$

c) $f(x) = x \cdot \sqrt{x} = x \cdot x^{\frac{1}{2}} = x^{\frac{3}{2}}$

$$f'(x) = \frac{3}{2} x^{\frac{1}{2}} = \frac{3}{2}\sqrt{x}$$

$$f''(x) = \frac{3}{4} x^{-\frac{1}{2}} = \frac{3}{4\sqrt{x}}$$

$$f'''(x) = -\frac{3}{8} x^{-\frac{3}{2}} = -\frac{3}{8\sqrt{x^3}}$$

d) $f(x) = e^{1-x^2}$

$$f'(x) = e^{1-x^2} \cdot (-2x) = -2x \cdot e^{1-x^2}$$

$$f''(x) = -2 \cdot e^{1-x^2} - 2x \cdot e^{1-x^2} \cdot (-2x)$$

$$= (4x^2 - 2) \cdot e^{1-x^2}$$

$$f'''(x) = 8x \cdot e^{1-x^2} + (4x^2 - 2) \cdot e^{1-x^2} \cdot (-2x)$$

$$= (-8x^3 + 12x) \cdot e^{1-x^2}$$

e) $f(x) = x \cdot e^{-x}$

$$f'(x) = 1 \cdot e^{-x} + x \cdot e^{-x} \cdot (-1) = (1 - x) \cdot e^{-x}$$

$$f''(x) = (-1) \cdot e^{-x} + (1 - x) \cdot e^{-x} \cdot (-1) = (x - 2) \cdot e^{-x}$$

$$f'''(x) = 1 \cdot e^{-x} + (x - 2) \cdot e^{-x} \cdot (-1) = (3 - x) \cdot e^{-x}$$

f) $f(x) = x \cdot \ln x$

$$f'(x) = 1 \cdot \ln x + x \cdot \frac{1}{x} = \ln x + 1, \quad f''(x) = \frac{1}{x} = x^{-1}, \quad f'''(x) = -x^{-2} = -\frac{1}{x^2}$$

Aufgabe III-15

a) $f'(x) = 21x^2 + 4x - 1$

$\Delta y \cong f'(3) \cdot 0{,}02 = 200 \cdot 0{,}02 = 4$

$\Delta y = f(3{,}02) - f(3) = 213{,}026 - 209 = 4{,}026$

b) $f'(x) = 2x \cdot e^{-0{,}5x^2} + x^2 \cdot e^{-0{,}5x^2} \cdot (-x) = (2x - x^3) \cdot e^{-0{,}5x^2}$

$\Delta y \cong f'(-1) \cdot 0{,}1 = -0{,}607 \cdot 0{,}1 = -0{,}0607$

$\Delta y = f(-0{,}9) - f(-1) = 0{,}540 - 0{,}607 = -0{,}067$

c) $$f'(x) = \frac{1}{3} \cdot (x^2 + (\ln x)^5)^{-\frac{2}{3}} \cdot \left(2x + 5 \cdot (\ln x)^4 \cdot \frac{1}{x}\right) = \frac{2x + \frac{5}{x} \cdot (\ln x)^4}{3\sqrt[3]{(x^2 + (\ln x)^5)^2}}$$

$\Delta y \cong f'(10) \cdot (-1) = 0{,}378 \cdot (-1) = -0{,}378$

$\Delta y = f(9) - f(10) = 5{,}094 - 5{,}482 = -0{,}388$

Aufgabe III-16

$f'(x) = 2x - \frac{1}{x}$

x	f(x)	f′(x)	f(x) / f′(x)
0,2	–0,3506	–4,6	0,0762
0,1238	0,1045	–7,8306	–0,0133
0,1371	0,0055	–7,0173	–0,0008
0,1379	0	-	-
2	1,3069	3,5	0,3734
1,6266	0,1594	2,6385	0,0604
1,5662	0,0049	2,4939	0,0017
1,5645	0	-	-

Aufgabe III-17

a) $f'(x) = -4x + 6$

Funktion steigt: $-4x + 6 > 0 \quad \leftrightarrow \quad x < 1{,}5$

Funktion fällt: $-4x + 6 < 0 \quad \leftrightarrow \quad x > 1{,}5$

b) $f'(x) = 1 \cdot \ln x + x \cdot \frac{1}{x} = \ln x + 1$

Funktion steigt: $\ln x + 1 > 0 \quad \leftrightarrow \quad x > e^{-1}$

Funktion fällt: $\ln x + 1 < 0 \quad \leftrightarrow \quad x < e^{-1}$

c) $f'(x) = 2x \cdot e^{-(x+3)} + (x^2+2) \cdot e^{-(x+3)} \cdot (-1) = (-x^2 + 2x - 2) \cdot e^{-(x+3)}$

Der zweite Faktor ist stets positiv, der erste stets negativ, sodass f(x) überall fallend ist.

d) $f'(x) = \frac{1 \cdot (x^2+x+4) - (x-1) \cdot (2x+1)}{(x^2+x+4)^2} = \frac{x^2+x+4-2x^2-x+2x+1}{(x^2+x+4)^2}$

$= \frac{-x^2+2x+5}{(x^2+x+4)^2}$

Funktion steigt: $-x^2 + 2x + 5 > 0 \quad \leftrightarrow \quad x < -1{,}45 \ \vee \ x > 3{,}45$

Funktion fällt: $-x^2 + 2x + 5 < 0 \quad \leftrightarrow \quad -1{,}45 < x < 3{,}45$

e) $f'(x) = 2x \cdot \ln x + x^2 \cdot \frac{1}{x} = 2x \cdot \ln x + x$

$f''(x) = 2 \cdot \ln x + 2x \cdot \frac{1}{x} + 1 = 2 \ln x + 3$

Funktion konvex: $2 \ln x + 3 > 0 \quad \leftrightarrow \quad x > e^{-\frac{3}{2}}$

Funktion konkav: $2 \ln x + 3 < 0 \quad \leftrightarrow \quad x < e^{-\frac{3}{2}}$

f) $f'(x) = \frac{2x \cdot (x-1) - (x^2+1) \cdot 1}{(x-1)^2} = \frac{2x^2 - 2x - x^2 - 1}{(x-1)^2} = \frac{x^2 - 2x - 1}{(x-1)^2}$

$f''(x) = \frac{(2x-2) \cdot (x-1)^2 - (x^2-2x-1) \cdot 2 \cdot (x-1) \cdot 1}{(x-1)^4}$

$= \frac{(2x-2) \cdot (x-1) - (x^2-2x-1) \cdot 2}{(x-1)^3} = \frac{2x^2 - 2x - 2x + 2 - 2x^2 + 4x + 2}{(x-1)^3}$

$= \frac{4}{(x-1)^3}$

Funktion konvex: $\frac{4}{(x-1)^3} > 0 \quad \leftrightarrow \quad x > 1$

Funktion konkav: $\frac{4}{(x-1)^3} < 0 \quad \leftrightarrow \quad x < 1$

g) $f'(x) = 2x \cdot e^{-x} + x^2 \cdot e^{-x} \cdot (-1) = (2x - x^2) \cdot e^{-x}$

$f''(x) = (2-2x) \cdot e^{-x} + (2x - x^2) \cdot e^{-x} \cdot (-1) = (x^2 - 4x + 2) \cdot e^{-x}$

Das Vorzeichen der zweiten Ableitung richtet sich wegen $e^{-x} > 0$ nach dem Vorzeichen des ersten Faktors.

Funktion konvex: $x^2 - 4x + 2 > 0 \quad \leftrightarrow \quad x < 0,59 \quad \vee \quad x > 3,41$

Funktion konkav: $x^2 - 4x + 2 < 0 \quad \leftrightarrow \quad 0,59 < x < 3,41$

Aufgabe III-18

a) $f'(x) = 4x^3 - 6x^2$, $f''(x) = 12x^2 - 12x$, $f'''(x) = 24x - 12$

$4x^3 - 6x^2 = 0 \quad \leftrightarrow \quad x^2(4x - 6) = 0 \quad \leftrightarrow x = 0 \quad \vee \quad x = 1,5$

$f''(1,5) = 9 \; > \; 0 \quad \rightarrow \quad x = 1,5$ ist Minimum

$f''(0) = 0 \quad \rightarrow \quad$ k.A.

$f'''(0) = -12 \; \neq \; 0 \quad \rightarrow \quad x = 0$ ist Sattelpunkt

b) $f'(x) = \frac{1}{2}x^{-\frac{1}{2}} \cdot e^{-x} + \sqrt{x} \cdot e^{-x} \cdot (-1) = (\frac{1}{2}x^{-\frac{1}{2}} - x^{\frac{1}{2}}) \cdot e^{-x}$

$f''(x) = (-\frac{1}{4}x^{-\frac{3}{2}} - \frac{1}{2}x^{-\frac{1}{2}}) \cdot e^{-x} + (\frac{1}{2}x^{-\frac{1}{2}} - x^{\frac{1}{2}}) \cdot e^{-x} \cdot (-1) = (-\frac{1}{4}x^{-\frac{3}{2}} - x^{-\frac{1}{2}} + x^{\frac{1}{2}}) \cdot e^{-x}$

$(\frac{1}{2}x^{-\frac{1}{2}} - x^{\frac{1}{2}}) \cdot e^{-x} = 0$

$e^{-x} > 0 \quad \rightarrow \quad \frac{1}{2}x^{-\frac{1}{2}} - x^{\frac{1}{2}} = 0 \quad \leftrightarrow \quad \frac{1}{2x^{\frac{1}{2}}} = x^{\frac{1}{2}} \quad \leftrightarrow \quad \frac{1}{2} = x^{\frac{1}{2}} \cdot x^{\frac{1}{2}} \quad \leftrightarrow \quad x = 0,5$

$f''(0,5) = -0,86 \; < \; 0 \quad \rightarrow \quad x = 0,5$ ist Maximum

c) $f'(x) = 2 \cdot \ln x + 2x \cdot \frac{1}{x} = 2 \cdot \ln x + 2$, $f''(x) = \frac{2}{x}$

$2 \cdot \ln x + 2 = 0 \quad \leftrightarrow \quad \ln x = -1 \quad \leftrightarrow \quad x = e^{-1}$

$f''(e^{-1}) = 5,45 \; > \; 0 \quad \rightarrow \quad x = e^{-1}$ ist Minimum

d) $f'(x) = 4x^3 - 3x^{-4}$, $f'(x) = 12x^2 + 12x^{-5}$

$4x^3 - 3x^{-4} = 0 \quad \leftrightarrow \quad 4x^3 = 3x^{-4} \quad \leftrightarrow \quad \frac{4x^3}{3x^{-4}} = 1 \quad \leftrightarrow \quad x^7 = \frac{3}{4}$

$\leftrightarrow \quad x = \sqrt[7]{0,75} = 0,96$

$f''(0,96) = 25,78 \; > \; 0 \quad \rightarrow \quad x = 0,96$ ist Minimum

e) $f'(x) = 3x^2 - 20x + 2$, $f''(x) = 6x - 20$, $f'''(x) = 6$

$6x - 20 = 0 \quad \leftrightarrow \quad x = \frac{10}{3}$

$f'''(\frac{10}{3}) = 6 \; \neq \; 0 \quad \rightarrow \quad x = \frac{10}{3}$ ist Wendestelle

f) $f'(x) = e^{-\frac{x^2}{2}} \cdot (-x) = -x \cdot e^{-\frac{x^2}{2}}$, $f''(x) = -1 \cdot e^{-\frac{x^2}{2}} + (-x) \cdot e^{-\frac{x^2}{2}} \cdot (-x) = (x^2 - 1) \cdot e^{-\frac{x^2}{2}}$

$f'''(x) = 2x \cdot e^{-\frac{x^2}{2}} + (x^2 - 1) \cdot e^{-\frac{x^2}{2}} \cdot (-x) = (-x^3 + 3x) \cdot e^{-\frac{x^2}{2}}$

$(x^2 - 1) \cdot e^{-\frac{x^2}{2}} = 0$

$e^{-\frac{x^2}{2}} > 0 \quad \rightarrow \quad x^2 - 1 = 0 \quad \leftrightarrow \quad x = \pm 1$

$f'''(1) = 1{,}21 \neq 0 \quad \rightarrow \quad x = 1$ ist Wendestelle

$f'''(-1) = -1{,}21 \neq 0 \quad \rightarrow \quad x = -1$ ist Wendestelle

g) $f(x) = (x^2 + 1)^{-1}$, $f'(x) = -(x^2 + 1)^{-2} \cdot 2x$,

$f''(x) = (2 \cdot (x^2 + 1)^{-3} \cdot 2x) \cdot 2x - (x^2 + 1)^{-2} \cdot 2 = 2 \cdot (x^2 + 1)^{-2} \cdot (4x^2 \cdot (x^2 + 1)^{-1} - 1)$

$$f'''(x) = (-4 \cdot (x^2 + 1)^{-3} \cdot 2x) \cdot (4x^2 \cdot (x^2 + 1)^{-1} - 1) + 2 \cdot (x^2 + 1)^{-2} \cdot \left[8x \cdot (x^2 + 1)^{-1} + 4x^2 \cdot (-(x^2 + 1)^{-2} \cdot 2x)\right]$$

$2 \cdot (x^2 + 1)^{-2} \cdot (4x^2 \cdot (x^2 + 1)^{-1} - 1) = 0$

$2 \cdot (x^2 + 1)^{-2} > 0 \quad \rightarrow \quad 4x^2 \cdot (x^2 + 1)^{-1} - 1 = 0 \quad \leftrightarrow \quad \frac{4x^2}{x^2 + 1} - \frac{x^2 + 1}{x^2 + 1} = 0$

$\rightarrow \quad 4x^2 - (x^2 + 1) = 0 \quad \leftrightarrow \quad 3x^2 = 1 \quad \leftrightarrow x = \pm \frac{1}{\sqrt{3}}$

$f'''\left(\frac{1}{\sqrt{3}}\right) = 2{,}90 \neq 0 \quad \rightarrow \quad x = \frac{1}{\sqrt{3}}$ ist Wendestelle

$f'''\left(-\frac{1}{\sqrt{3}}\right) = -2{,}90 \neq 0 \quad \rightarrow \quad x = \frac{1}{\sqrt{3}}$ ist Wendestelle

Aufgabe III-19

a) 1. Definitionsbereich: f(x) ist für alle reellen Zahlen definiert.

2. Nullstellen:

$x^3 - 4x = 0 \quad \leftrightarrow \quad x \cdot (x^2 - 4) = 0 \quad \leftrightarrow \quad x = 0 \vee x^2 - 4 = 0$

$\leftrightarrow \quad x = 0 \vee x = \pm 2$

3. Verhalten im Unendlichen:

$\lim_{x \to +\infty} f(x) = +\infty; \ \lim_{x \to -\infty} f(x) = -\infty$

4. Extrema und Steigungsverhalten:

$f'(x) = 3x^2 - 4$, $f''(x) = 6x$

$3x^2 - 4 = 0 \quad \leftrightarrow \quad x = \pm\sqrt{\frac{4}{3}} = \pm 1{,}15$

$f''(-1{,}15) = -6{,}9 < 0 \quad \rightarrow \quad x = -1{,}15$ ist Maximum

$f''(1{,}15) = 6{,}9 > 0 \quad \rightarrow \quad x = 1{,}15$ ist Minimum

Funktion steigend: $3x^2 - 4 > 0$

Da es sich bei der ersten Ableitung um eine nach oben geöffnete Parabel handelt, ist der Bereich, in dem f(x) steigt, gleich dem Bereich, in dem diese Parabel oberhalb der x-Achse liegt. f(x) steigt also für x-Werte aus den Intervallen]–∞; –1,15[und]1,15; +∞[.

Funktion fallend: $3x^2 - 4 < 0$

Das Intervall, in dem f(x) fällt, ist nun vergleichbar mit dem Bereich, in dem die erste Ableitung (Parabel) unterhalb der x-Achse liegt. f(x) fällt daher im Intervall]–1,15; 1,15[.

5. Wendestellen und Krümmungsverhalten:

$f''(x) = 6x$, $f'''(x) = 6$

$6x = 0 \quad \leftrightarrow \quad x = 0$

$f'''(0) = 6 \neq 0 \quad \rightarrow \quad x = 0$ ist Wendestelle

Funktion konvex: $6x > 0$

f(x) ist in dem Bereich konvex gekrümmt, in dem die Gerade y = 6x oberhalb der x-Achse liegt, d.h. für x > 0.

Funktion konkav: $6x < 0$

f(x) ist in dem Bereich konkav gekrümmt, in dem die Gerade y = 6x unterhalb der x-Achse liegt, d.h. für x < 0.

6. Skizze:

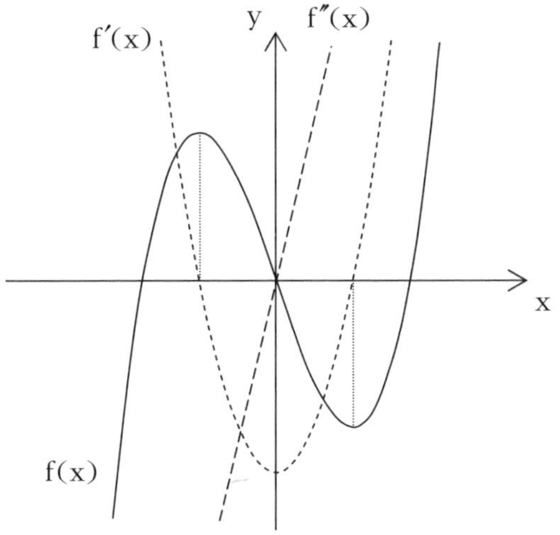

b) 1. Definitionsbereich:

f(x) ist für alle reellen Zahlen definiert, außer für x = –2 und x = 2, d.h. die Nullstellen des Nenners.

2. Nullstellen: $x^2 - 1 = 0$

Daraus ergibt sich x = –1 und x = 1. Da bei diesen x-Werten nicht auch der Nenner gleich null wird, sind diese die Nullstellen von f(x).

3. Verhalten im Unendlichen:

$$\lim_{x\to+\infty}\frac{x^2-1}{x^2-4}=\lim_{x\to+\infty}\frac{x^2}{x^2}\cdot\frac{1-\frac{1}{x^2}}{1-\frac{4}{x^2}}=1$$

Analog ergibt sich $\lim\limits_{x\to-\infty}\frac{x^2-1}{x^2-4}=1$

4. Zusatz: Unstetigkeitsstellen

f(x) ist an den Nullstellen des Nenners (x = ±2) unstetig. Es gilt hier

$\lim\limits_{x\to-2-}f(x)=\infty$, $\lim\limits_{x\to-2+}f(x)=-\infty$, $\lim\limits_{x\to2-}f(x)=-\infty$ und $\lim\limits_{x\to2+}f(x)=\infty$.

5. Extrema und Steigungsverhalten:

$$f'(x)=\frac{-6x}{(x^2-4)^2},\quad f''(x)=\frac{18x^2+24}{(x^2-4)^3}$$

$-6x=0 \quad\rightarrow\quad x=0$

$f''(0)=-0{,}375 < 0 \quad\rightarrow\quad x=0$ ist Maximum

Da der Term $(x^2-4)^2$ in $f'(x)$ stets positiv ist, richtet sich das Vorzeichen von $f'(x)$ nach dem Vorzeichen von $-6x$. Es gilt $-6x > 0$ für $x < 0$ und $-6x < 0$ für $x > 0$. f(x) ist demnach wachsend für $-\infty < x < -2$, $-2 < x < 0$ und fallend für $0 < x < 2$, $2 < x < \infty$.

6. Wendestellen und Krümmungsverhalten:

$$f''(x)=\frac{18x^2+24}{(x^2-4)^3}$$

$18x^2 + 24 = 0$ besitzt keine reellen Lösungen, f(x) damit keine Wendepunkte. Da $18x^2 + 24$ stets positiv ist, richtet sich das Vorzeichen von $f''(x)$ nach dem Vorzeichen von $(x^2-4)^3$. Dieses ist identisch mit dem Vorzeichen von $x^2 - 4$, sodass f(x) für $x^2 - 4 > 0$ bzw. $|x| > 2$ konvex und für $x^2 - 4 < 0$ bzw. $|x| < 2$ konkav gekrümmt ist.

7. Skizze:

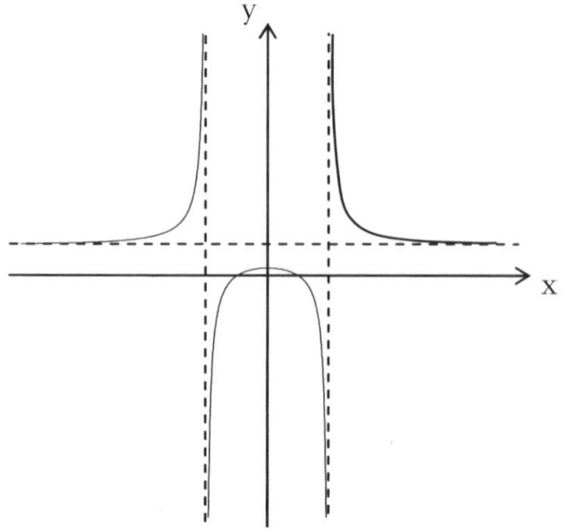

c) 1. Definitionsbereich: f(x) ist für alle reellen Zahlen definiert.

2. Nullstellen: $(x-1)e^{-\frac{x}{2}} = 0$

Da $e^{-\frac{x}{2}}$ stets positiv ist, muss x – 1 = 0 sein. Dies liefert die einzige Nullstelle der Funktion x = 1.

3. Verhalten im Unendlichen:

Da der Term –x/2 für negative x positiv ist, strebt $e^{-\frac{x}{2}}$ für $x \to -\infty$ gegen ∞. Da (x – 1) für $x \to -\infty$ gegen $-\infty$ strebt, strebt das Produkt beider Teilfunktionen bzw. f(x) gegen $-\infty$:

$$\lim_{x\to-\infty} f(x) = -\infty$$

Da $f(x) = \dfrac{(x-1)}{e^{\frac{x}{2}}}$ ist, gilt nach (III.19a) $\lim\limits_{x\to+\infty} f(x) = 0$.

4. Extrema und Steigungsverhalten:

$$f'(x) = 0{,}5e^{-\frac{x}{2}}(3-x),\ f''(x) = 0{,}25e^{-\frac{x}{2}}(x-5)$$

$$0{,}5e^{-\frac{x}{2}}(3-x) = 0$$

$$0{,}5e^{-\frac{x}{2}} > 0 \quad \to \quad 3-x=0 \quad \leftrightarrow \quad x=3$$

$$f''(3) = -0{,}11 < 0 \quad \to \quad x=3 \text{ ist Maximum}$$

Da stets $0{,}5e^{-\frac{x}{2}} > 0$ gilt, richtet sich das Vorzeichen von $f'(x)$ nach 3 – x. f(x) steigt somit für 3 – x > 0 bzw. x < 3 und fällt für 3 – x < 0 bzw. x > 3.

5. Wendestellen und Krümmungsverhalten:

$$f''(x) = 0{,}25e^{-\frac{x}{2}}(x-5),\ f'''(x) = 0{,}125e^{-\frac{x}{2}}(7-x)$$

$$0{,}25e^{-\frac{x}{2}}(x-5) = 0$$

$$0{,}25e^{-\frac{x}{2}} > 0 \quad \to \quad x-5=0 \quad \leftrightarrow \quad x=5$$

$$f'''(5) = 0{,}02 \neq 0 \quad \to \quad x=5 \text{ ist Wendestelle}$$

Da sich das Vorzeichen von $f''(x)$ nach dem Vorzeichen von (x – 5) richtet, ist f(x) konvex für x – 5 > 0 bzw. x > 5 und konkav für x – 5 < 0 bzw. x < 5.

6. Skizze:

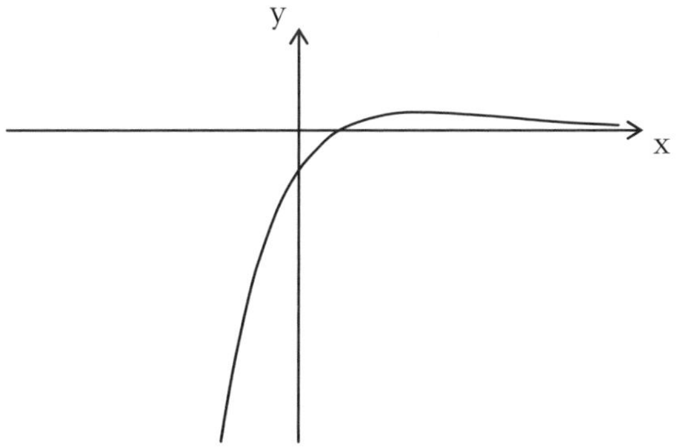

d) 1. Definitionsbereich:

f(x) ist für alle reellen Zahlen definiert, außer für x = –1 (Nennernullstelle).

2. Nullstellen: $x^2 - 3x + 2 = 0$

Daraus ergibt sich x = 1 und x = 2. Da bei diesen x-Werten nicht auch der Nenner gleich null wird, sind diese die Nullstellen von f(x).

3. Verhalten im Unendlichen:

$$\lim_{x\to-\infty} \frac{x^2 - 3x + 2}{x+1} = \lim_{x\to-\infty} \frac{x^2 \cdot \left(1 - \frac{3}{x} + \frac{2}{x^2}\right)}{x \cdot \left(1 + \frac{1}{x}\right)} = \lim_{x\to-\infty} x \cdot \lim_{x\to-\infty} \frac{1 - \frac{3}{x} + \frac{2}{x^2}}{1 + \frac{1}{x}}$$

Da der zweite Term positiv ist, verhält sich f(x) wie y = x, d.h. es gilt

$\lim_{x\to-\infty} f(x) = -\infty$ und analog auch $\lim_{x\to+\infty} f(x) = +\infty$.

4. Zusatz: Unstetigkeitsstellen

f(x) ist an der Nullstelle des Nenners (x = –1) unstetig. Es gilt hier

$\lim_{x\to-1-} f(x) = -\infty$ und $\lim_{x\to-1+} f(x) = +\infty$.

5. Extrema und Steigungsverhalten:

$$f'(x) = \frac{x^2 + 2x - 5}{(x+1)^2}, \quad f''(x) = \frac{12}{(x+1)^3}$$

$x^2 + 2x - 5 = 0 \quad \leftrightarrow \quad x = -3{,}45 \quad \vee \quad x = 1{,}45$

$f''(-3{,}45) = -0{,}82 < 0 \quad \to \quad x = -3{,}45$ ist Maximum

$f''(1{,}45) = 0{,}82 > 0 \quad \to \quad x = 1{,}45$ ist Minimum

Das Vorzeichen von $f'(x)$ wird durch den Zähler bestimmt. Die Funktion f(x) ist damit wachsend für x < –3,45 und x > 1,45, fallend für –3,45 < x < –1 und –1 < x < 1,45.

6. Wendestellen und Krümmungsverhalten:

Es existieren keine Wendestellen, da der Nenner von $f''(x)$ ungleich Null ist. Das Vorzeichen von $f''(x)$ wird durch seinen Nenners bestimmt. Dessen Vorzeichen verhält sich wie das von x + 1. f(x) ist so konvex für x + 1 > 0 bzw. x > –1 und konkav für x + 1 < 0 bzw. x > –1.

7. Skizze:

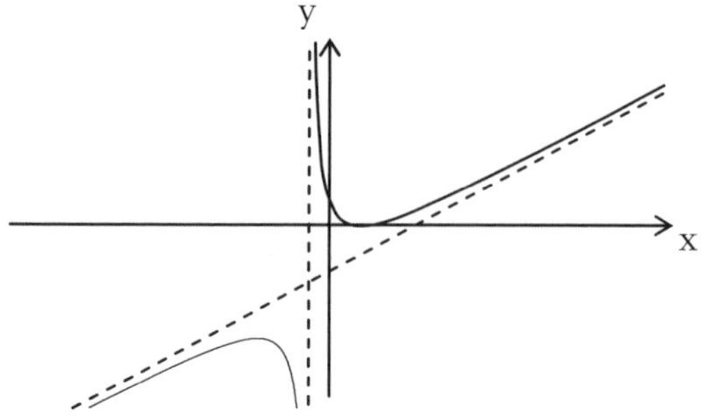

e) 1. Definitionsbereich: f(x) ist für alle reellen Zahlen definiert.

2. Nullstellen: $x^2e^{-x} = 0$

$e^{-x} > 0 \quad \rightarrow \quad x^2 = 0 \quad \rightarrow x = 0$ (doppelte Nullstelle)

3. Verhalten im Unendlichen:

Für $x \rightarrow -\infty$ strebt der Term e^{-x} gegen $+\infty$. Da x^2 für $x \rightarrow -\infty$ ebenfalls gegen $+\infty$ strebt, strebt das Produkt beider Teilfunktionen bzw. f(x) gegen $+\infty$:

$\lim\limits_{x \rightarrow -\infty} f(x) = +\infty$

Für $x \rightarrow +\infty$ strebt der Term e^{-x} gegen Null. x^2 strebt für $x \rightarrow -\infty$ gegen $+\infty$, sodass das Produkt beider Teilfunktionen bzw. f(x) gegen null strebt:

$\lim\limits_{x \rightarrow +\infty} f(x) = 0$

4. Extrema und Steigungsverhalten:

$f'(x) = (2x - x^2) \cdot e^{-x}, \; f''(x) = (2 - 4x + x^2) \cdot e^{-x}$

$(2x - x^2) \cdot e^{-x} = 0$

$e^{-x} > 0 \quad \rightarrow \quad 2x - x^2 = 0 \quad \leftrightarrow \quad x = 0 \quad \vee \quad x = 2$

$f''(0) = 2 > 0 \quad \rightarrow \quad x = 0$ ist Minimum

$f''(2) = -0,27 < 0 \quad \rightarrow \quad x = 2$ ist Maximum

Das Vorzeichen von $f'(x)$ wird durch den Term $(2x - x^2) = x(2 - x)$ bestimmt, da e^{-x} stets positiv ist. f(x) ist somit steigend für $2x - x^2 > 0$ bzw. $0 < x < 2$ und fallend für $2x - x^2 < 0$ bzw. $x < 0$ und $x > 2$.

5. Wendestellen und Krümmungsverhalten:

$f''(x) = (2 - 4x + x^2) \cdot e^{-x}, f'''(x) = (-x^2 + 6x - 6) \cdot e^{-x}$

$(2 - 4x + x^2) \cdot e^{-x} = 0$

$e^{-x} > 0 \quad \rightarrow \quad 2 - 4x + x^2 = 0 \quad \leftrightarrow \quad x = 0,59 \quad \vee \quad x = 3,41$

$f'''(0,59) = -1,56 \neq 0 \quad \rightarrow \quad x = 0,59$ ist Wendestelle

$f'''(3,41) = 0,09 \neq 0 \quad \rightarrow \quad x = 3,41$ ist Wendestelle

Das Vorzeichen von $f''(x)$ wird aufgrund des stets positiven e^{-x} durch den Term $2 - 4x + x^2$ bestimmt. f(x) ist somit konvex für $2 - 4x + x^2 > 0$ bzw. $x < 0,59$ und $x > 3,41$, konkav für $2 - 4x + x^2 < 0$ bzw. $0,59 < x < 3,41$.

6. Skizze:

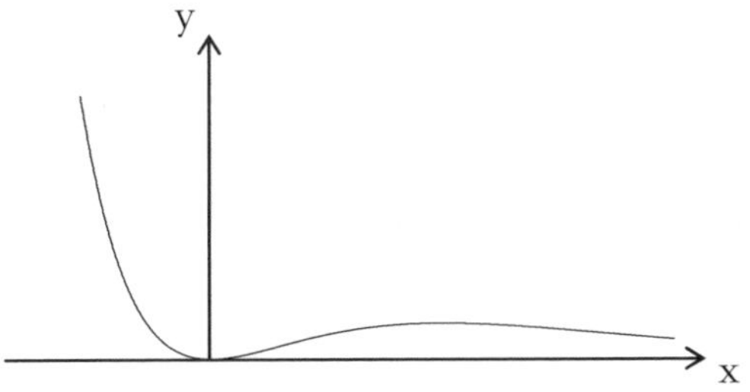

Aufgabe III-20

a) $\frac{dy}{dx} = \frac{1}{2} \cdot (2x+a)^{-\frac{1}{2}} \cdot 2 = (2x+a)^{-\frac{1}{2}}$

$\rightarrow \quad \varepsilon_{y,x} = (2x+a)^{-\frac{1}{2}} \cdot \frac{x}{(2x+a)^{\frac{1}{2}}} = \frac{x}{2x+a} \quad$ für $\quad 2x + a \neq 0 \quad \leftrightarrow \quad x \neq -\frac{a}{2}$

b) $\frac{dy}{dx} = n \cdot x^{n-1} \quad \rightarrow \quad \varepsilon_{y,x} = n \cdot x^{n-1} \cdot \frac{x}{x^n} = n \cdot \frac{x^n}{x^n} = n$

c) $\frac{dy}{dx} = 1 \cdot e^{-ax} + x \cdot e^{-ax} \cdot (-a) = e^{-ax} \cdot (1 - ax)$

$\rightarrow \quad \varepsilon_{y,x} = e^{-ax} \cdot (1 - ax) \cdot \frac{x}{x \cdot e^{-ax}} = 1 - ax$

d) $\frac{dy}{dx} = 1 \cdot \ln(x-1) + x \cdot \frac{1}{x-1}$

$\rightarrow \quad \varepsilon_{y,x} = \left(\ln(x-1) + \frac{x}{x-1} \right) \cdot \frac{x}{x \cdot \ln(x-1)} = \frac{\ln(x-1) + \frac{x}{x-1}}{\ln(x-1)}$

Aufgabe III-21

a) $x(p) = 100 - 0{,}01p \leftrightarrow p(x) = 10.000 - 100x$

$C(x) = C_v(x) + C_f = 2.500x + 100.000$

$R(x) = p(x) \cdot x = (10.000 - 100x) \cdot x = 10.000x - 100x^2$

$G(x) = R(x) - C(x) = 10.000x - 100x^2 - (2.500x + 100.000)$

$\quad = -100x^2 + 7.500x - 100.000$

$D(x) = G(x) - C_f = -100x^2 + 7.500x$

b) $R'(x) = 10.000 - 200x\,,\ R''(x) = -200$

$R'(x) \overset{!}{=} 0 \quad \rightarrow \quad 10.000 - 200x = 0 \quad \leftrightarrow \quad x = 50$

$R''(50) = -200 < 0 \rightarrow x = 50$ ist Maximum

$p(50) = 10.000 - 100 \cdot 50 = 5.000$ Euro

$R(50) = 10.000 \cdot 50 - 100 \cdot 50^2 = 250.000$ Euro

c) $G'(x) = -200x + 7.500,\ G''(x) = -200$

$G'(x) \overset{!}{=} 0 \quad \rightarrow \quad -200x + 7.500 = 0 \quad \leftrightarrow \quad x = 37{,}5$

$G''(37{,}5) = -200 < 0 \quad \rightarrow \quad x = 37{,}5$ ist Maximum

$p(37{,}5) = 10.000 - 100 \cdot 37{,}5 = 6.250$ Euro

$G(37{,}5) = -100 \cdot 37{,}5^2 + 7.500 \cdot 37{,}5 - 100.000 = 40.625$ Euro

Können nur ganze Stück produziert werden, ist die folgende Untersuchung vorzunehmen:

$G(37) = -100 \cdot 37^2 + 7.500 \cdot 37 - 100.000 = 40.600$ Euro

$G(38) = -100 \cdot 38^2 + 7.500 \cdot 38 - 100.000 = 40.600$ Euro

Die gewinnmaximale Produktion liegt hier bei 37 oder 38 Stück, da die Höhe des Gewinns jeweils identisch ist. Dies lässt sich auch daran erkennen, dass die Gewinnfunktion eine (nach unten geöffnete) symmetrische Parabel darstellt.

Die dazugehörigen Preise sind folgende:

$p(37) = 10.000 - 100 \cdot 37 = 6.300$ Euro

$p(38) = 10.000 - 100 \cdot 38 = 6.200$ Euro

d) An der Gewinnschwelle muss der Gewinn gleich null sein. Es sind also die Nullstellen der Gewinnfunktion aus $-100x^2 + 7.500x - 100.000 = 0$ zu ermitteln.

$$x_{1,2} = \frac{-7.500 \pm \sqrt{7.500^2 - 4 \cdot (-100) \cdot (-100.000)}}{2 \cdot (-100)}, \ x_1 = 17{,}34 \text{ und } x_2 = 57{,}66$$

Genau zwischen diesen beiden x-Werten sind die Gewinne positiv (bzw. liegt die Gewinnparabel überhalb der x-Achse). Die Mindestproduktion liegt somit bei 18 Stück pro Monat.

e) Gewinne werden nach d) ab 18 und bis 57 produzierte Stück erzielt. Die dazugehörigen Preise sind folgende:

$p_1 = p(18) = 10.000 - 100 \cdot 18 = 8.200$ Euro (Maximalpreis)

$p_2 = p(57) = 10.000 - 100 \cdot 57 = 4.300$ Euro (Minimalpreis)

f) $D'(x) = G'(x) = -200x + 7.500$, $D'(40) = G'(40) = -500$

Es gilt $\Delta D \cong D'(40) \cdot (-1) = 500$ bzw. $\Delta G \cong G'(40) \cdot (-1) = 500$, d.h. sowohl Gewinn als auch Deckungsbeitrag steigen durch die Senkung der Absatzmenge.

Aufgabe III-22

$G(x) = 92{,}5x - C(x) = 92{,}5x - (225 + 135x - 14x^2 + 0{,}5x^3)$

$\quad = -0{,}5x^3 + 14x^2 - 42{,}5x - 225$

$G'(x) = -1{,}5x^2 + 28x - 42{,}5, \ G''(x) = -3x + 28$

$G'(x) \overset{!}{=} 0 \quad \rightarrow \quad -1{,}5x^2 + 28x - 42{,}5 = 0$

$$x_{1,2} = \frac{-28 \pm \sqrt{28^2 - 4 \cdot 1{,}5 \cdot 42{,}5}}{2 \cdot (-1{,}5)}, \ x_1 = 17 \text{ und } x_2 = 1{,}67$$

$G''(17) = -23 < 0 \quad \rightarrow \quad x = 17$ ist Maximum

$G''(1{,}67) = 23 > 0 \quad \rightarrow \quad x = 1{,}67$ ist Minimum

$G(17) = -0{,}5 \cdot 17^3 + 14 \cdot 17^2 - 42{,}5 \cdot 17 - 225 = 642$ Euro

Aufgabe III-23

$C'(x) = 1{,}5x^2 - 88x + 1.314$

$AC(x) = \frac{C(x)}{x} = 0{,}5x^2 - 44x + 1.314,\ AC'(x) = 2 \cdot 0{,}5x - 44 = x - 44,\ AC''(x) = 1$

$AC'(x) \overset{!}{=} 0 \quad \rightarrow \quad x - 44 = 0 \quad \leftrightarrow \quad x = 44$

$AC''(44) = 1 > 0 \quad \rightarrow \quad x = 44$ ist Minimum

$AC(44) = 0{,}5 \cdot 44^2 - 44 \cdot 44 + 1.314 = 346$

$C'(44) = 1{,}5 \cdot 44^2 - 88 \cdot 44 + 1.314 = 346$

Es gilt also $C'(44) = AC(44) = 346$.

Aufgabe III-24

a) $C'(x) = \frac{1}{2}x^2 - 100x + 6.000\ ,\ C''(x) = x - 100\ ,\ C'''(x) = 1$

$C''(x) \overset{!}{=} 0 \quad \rightarrow \quad x - 100 = 0 \quad \leftrightarrow \quad x = 100$

$C'''(100) = 1 \neq 0 \quad \rightarrow \quad x = 100$ ist Wendestelle

$x = 100$ ist damit Schwelle des Ertragsgesetzes.

$\Delta C \cong C'(100) \cdot 1 = 1.000$ Euro

$\Delta C = C(101) - C(100) = 319.666{,}83 - 318.666{,}67 = 1.000{,}16$ Euro

b) $AVC(x) = \frac{\frac{1}{6}x^3 - 50x^2 + 6.000x}{x} = \frac{1}{6}x^2 - 50x + 6.000$

$AVC'(x) = \frac{1}{3}x - 50\ ,\ AVC''(x) = \frac{1}{3}$

$AVC'(x) \overset{!}{=} 0 \quad \rightarrow \quad \frac{1}{3}x - 50 = 0 \quad \leftrightarrow \quad x = 150$

$AVC''(150) = \frac{1}{3} > 0 \quad \rightarrow \quad x = 150$ ist Minimum

$x = 150$ Tonnen ist die Stelle des Betriebsminimums. $AVC(150) = 2.250$ Euro stellt die kurzfristige Preisuntergrenze dar.

c) $AC(x) = \frac{\frac{1}{6}x^3 - 50x^2 + 6.000x + 52.000}{x} = \frac{1}{6}x^2 - 50x + 6.000 + \frac{52.000}{x}$

$AC'(x) = \frac{1}{3}x - 50 - \frac{52.000}{x^2},\ AC''(x) = \frac{1}{3} + \frac{104.000}{x^3}$

$AC'(x) \overset{!}{=} 0 \quad \rightarrow \quad \frac{1}{3}x - 50 - \frac{52.000}{x^2} = 0 \quad \leftrightarrow \quad x^3 - 150x^2 - 156.000 = 0$

Newton-Verfahren mit $f(x) = x^3 - 150x^2 - 156.000$ und $f'(x) = 3x^2 - 300x$ für die Stelle $x = 156$:

x	f(x)	f′(x)	f(x) / f′(x)
156,0000	–9.984,0000	26.208,0000	-0,3810
156,3810	46,2049	26.450,7211	0,0017
156,3792	0,0010	-	-

Da $AC''(156,379) > 0$, liegt an der Stelle x = 156,38 Tonnen (im Folgenden wird der auf zwei Nachkommastellen gerundete Wert verwendet) das Betriebsoptimum. Die langfristige Preisuntergrenze liegt so bei AC(156,38) = 2.589,31 Euro.

d) Der Stückgewinn wird am Betriebsoptimum maximiert. Für die gegebene Kostenfunktion wurde dieses unter c) bestimmt und liegt bei x = 156,38 Tonnen.

e) Die gewinnmaximale Angebotsfunktion ist $p(x) = 0,5x^2 - 100x + 6.000 = C'(x)$.

Diese Funktion gilt für $\overline{p} \geq 2.589,31$. Da für die Kapazitätsgrenze p(180) = 4.200 gilt, wird der Definitionsbereich der Funktion weiter eingeschränkt und zwar auf $2.589,31 \leq \overline{p} \leq 4.200$.

Aufgabe III-25

a) G(x) = 15x – (5x + 500) = 10x – 500

$G(x) \overset{!}{=} 0 \quad \rightarrow \quad 10x - 500 = 0 \quad \leftrightarrow \quad x = 50$

b) Der Maximalgewinn liegt an der Stelle x = 100, d.h. der Kapazitätsgrenze, da eine lineare Gewinnfunktion vorliegt. Der Maximalgewinn ist G(100) = 500.

c) Das Maximum von g(x) wird zusammen mit dem von G(x) an der Kapazitätsgrenze erreicht. Damit muss bei konstantem Preis hier auch die Funktion AC(x) ihr Minimum besitzen.

$$g(x) = 10 - \frac{500}{x} \quad \rightarrow \quad g(100) = 5, \;\; AC(x) = 5 + \frac{500}{x} \quad \rightarrow \quad AC(100) = 10$$

Aufgabe III-26

$$AT(Y) = \frac{a(bY+c)^3 + kY}{Y} = \frac{a(bY+c)^3}{Y} + k$$

$$AT'(Y) = \frac{3a(bY+c)^2 \cdot b \cdot Y - a(bY+c)^3 \cdot 1}{Y^2} = \frac{3abY(bY+c)^2 - a(bY+c)^3}{Y^2}$$

$$AT'(Y) \overset{!}{=} 0$$

$$\frac{3abY(bY+c)^2 - a(bY+c)^3}{Y^2} = 0$$

$$\leftrightarrow \quad 3abY(bY+c)^2 - a(bY+c)^3 = 0 \qquad \Big| \cdot \frac{1}{(bY+c)^2}$$

$$\leftrightarrow \quad 3abY - a(bY+c) = 0 \quad \leftrightarrow \quad 3abY - abY - ac = 0 \quad \leftrightarrow \quad 2abY = ac$$

$$\leftrightarrow \quad Y = \frac{ac}{2ab} = \frac{c}{2b}$$

Aufgabe III-27

Wir interessieren uns hier für die Preiselastizität der Nachfrage $\varepsilon_{x,p}$ bei einer Nachfragemenge von x = 1.000.000.

Lösungsweg 1:

$$\varepsilon_{p,x} = \frac{dp}{dx} \cdot \frac{x}{p} = -0,2 \cdot \frac{1}{2} x^{-\frac{1}{2}} \cdot \frac{x}{400 - 0,2\sqrt{x}} = \frac{-0,1 \cdot \sqrt{x}}{400 - 0,2\sqrt{x}}$$

$$\varepsilon_{p,1.000.000} = \frac{-0,1 \cdot \sqrt{1.000.000}}{400 - 0,2\sqrt{1.000.000}} = \frac{-100}{200} = -0,5$$

Da $\varepsilon_{x,p} = 1/\varepsilon_{p,x}$ gilt, erhalten wir die gesuchte Preiselasitzität der Nachfrage als 1/–0,5 = –2. Der Nachfragerückgang beträgt also (näherungsweise) 2 %.

Lösungsweg 2:

$p(1.000.000) = 200$

$$p = 400 - 0,2x^{\frac{1}{2}} \quad \leftrightarrow \quad p - 400 = 0,2x^{\frac{1}{2}} \quad \leftrightarrow \quad 5p - 2.000 = x^{\frac{1}{2}} \quad \leftrightarrow \quad x = (5p - 2.000)^2$$

$$\leftrightarrow \quad x = 25p^2 - 20.000p + 4.000.000 \quad \rightarrow \quad x' = 50p - 20.000$$

$$\varepsilon_{x,p} = x' \cdot \frac{p}{x} \quad \rightarrow \quad \varepsilon_{x,200} = (50 \cdot 200 - 20.000) \cdot \frac{200}{1.000.000} = -2$$

Aufgabe III-28

a) Lineare Nachfragefunktion p(x) = ax + b, Erlösfunktion R(x) = p(x) · x.

	Stückpreis p	Absatzmenge x	Gesamterlös R
1.	10	*0*	*0*
2.	8	*4*	32
3.	*6*	8	*48*
4.	*9* oder *1*	*2* oder *18*	18
5.	5	*10*	*50*
6.	*0*	20	0

6. Zeile:

   R(20) = 0 → p(20) · 20 = 0 → p(20) = 0

2. Zeile:

   R(x) = p(x) · x → 32 = 8 · x ↔ x = 4

   Nach (III.35) ergibt sich hier Folgendes:

$$\frac{8-0}{4-20} = \frac{0-p}{20-x} \quad \leftrightarrow \quad 8 \cdot (20 - x) = -p \cdot (4 - 20) \quad \leftrightarrow \quad 160 - 8x = -4p + 20p$$

$$\leftrightarrow \quad p = 10 - \frac{1}{2}x \quad \leftrightarrow \quad x = 20 - 2p$$

   Die weiteren fehlenden Tabellenwerte können nun bestimmt werden.

1. Zeile:

   $x(10) = 20 - 2 \cdot 10 = 0$

   $R(10) = 10 \cdot 0 = 0$

3. Zeile:

   $p(8) = 10 - 0{,}5 \cdot 8 = 6$

   $R(8) = 6 \cdot 8 = 48$

4. Zeile:

   $p(x) = 10 - \frac{1}{2}x \quad \rightarrow \quad R(x) = 10x - \frac{1}{2}x^2$

   $R(x) \overset{!}{=} 18 \quad \rightarrow \quad 10x - \frac{1}{2}x^2 = 18 \quad \leftrightarrow \quad 10x - \frac{1}{2}x^2 - 18 = 0$

   $x_{1,2} = \dfrac{-10 \pm \sqrt{10^2 - 4 \cdot (-0{,}5) \cdot (-18)}}{2 \cdot (-0{,}5)}$, $x_1 = 18$ und $x_2 = 2$

   Damit ergeben sich $p_1 = 1$ und $p_2 = 9$.

5. Zeile:

   $x(5) = 20 - 2 \cdot 5 = 10$

   $R(5) = 5 \cdot 10 = 50$

b) Maximalpreis = $p(x = 0) = 10$ Euro

   Sättigungsmenge = $x(p = 0) = 20$ Stück

c) $p(x) = 10 - 0{,}5 \cdot x \quad \rightarrow \quad p'(x) = -0{,}5$

   $x(p) = 20 - 2p \quad \rightarrow \quad x'(p) = -2$

   Bei einem Preis von $p = 5$ ergibt sich $x = 10$ (vgl. Tabelle aus Aufgabe a)).

   $$\varepsilon_{x,p} = \frac{dx}{dp} \cdot \frac{p}{x} = -2 \cdot \frac{p}{20 - 2p} \quad \rightarrow \quad \varepsilon_{x,5} = -2 \cdot \frac{5}{20 - 2 \cdot 5} = -2 \cdot \frac{5}{10} = -1$$

   Alternative Berechnungsmöglichkeit:

   $$\varepsilon_{p,x} = \frac{dp}{dx} \cdot \frac{x}{p} = -0{,}5 \cdot \frac{x}{10 - 0{,}5x} \quad \rightarrow \quad \varepsilon_{p,10} = -0{,}5 \cdot \frac{10}{10 - 0{,}5 \cdot 10} = -0{,}5 \cdot \frac{10}{5} = -1$$

   $$\varepsilon_{x,p} = \frac{1}{\varepsilon_{p,x}} \quad \rightarrow \quad \varepsilon_{x,5} = \frac{1}{-1} = -1$$

Aufgabe III-29

$G(x) = p(x) \cdot x - C(x) = 300x - 0{,}4x^2 - (0{,}3x^2 + 2x + 3) = -0{,}7x^2 + 298x - 3$

$G'(x) = -2 \cdot 0{,}7x + 298 = -1{,}4x + 298, \; G''(x) = -1{,}4$

$G'(x) \overset{!}{=} 0 \quad \rightarrow \quad -1{,}4x + 298 = 0 \quad \leftrightarrow \quad x = 212{,}86$

$G''(212{,}86) = -1{,}4 < 0 \quad \rightarrow \quad x = 212{,}86$ ist Maximum

$p(212{,}86) = 300 - 0{,}4 \cdot 212{,}86 = 214{,}86$ Euro

Da nur ganze Stück produziert werden können folgt aus G(212) = 31.712,2 und G(213) = 31.712,7, dass x = 213 als gewinnmaximale Menge anzusehen ist (folgt auch aus der Gewinnfunktion als symmetrischer, nach unten geöffneter Parabel). Es ergibt sich so der gewinnmaximale Preis p(213) = 300 – 0,4 · 213 = 214,80 Euro.

$$\varepsilon_{p,x} = \frac{dp}{dx} \cdot \frac{x}{p} = -0,4 \cdot \frac{x}{300 - 0,4x}, \quad \varepsilon_{p,213} = -0,4 \cdot \frac{213}{214,80} = -0,3966$$

Aufgabe III-30

$$G(x) = R(x) - C(x) = p(x) \cdot x - C(x)$$

$$= -10x^2 + 1.496x - (\tfrac{1}{3}x^3 - 8x^2 + 600x + 3.960)$$

$$= -\tfrac{1}{3}x^3 - 2x^2 + 896x - 3.960$$

$$G'(x) = -x^2 - 4x + 896, \quad G''(x) = -2x - 4$$

$$G'(x) \overset{!}{=} 0 \quad \rightarrow \quad -x^2 - 4x + 896 = 0$$

$$x_{1,2} = \frac{4 \pm \sqrt{4^2 - 4 \cdot (-1) \cdot 896}}{2 \cdot (-1)}, \quad x_1 = -32 \text{ (ökonomisch irrelevant) und } x_2 = 28$$

$$G''(28) = -2 \cdot 28 - 4 = -60 < 0 \rightarrow x = 28 \text{ ist Maximum}$$

$$p(28) = -10 \cdot 28 + 1.496 = 1.216 \text{ Euro}$$

$$G(28) = -\tfrac{1}{3} \cdot 28^3 - 2 \cdot 28^2 + 896 \cdot 28 - 3.960 = 12.242,67 \text{ Euro}$$

$$C_f = 3.960 \text{ Euro}, \quad C_v(28) = \tfrac{1}{3} \cdot 28^3 - 8 \cdot 28^2 + 600 \cdot 28 = 17.845,33 \text{ Euro}$$

$$\varepsilon_{p,x} = \frac{dp}{dx} \cdot \frac{x}{p} = -10 \cdot \frac{x}{-10x + 1.496}, \quad \varepsilon_{p,28} = -10 \cdot \frac{28}{-10 \cdot 28 + 1.496} = -0,2303$$

Da $\varepsilon_{p,x} = 1/\varepsilon_{x,p}$, erhalten wir die gesuchte Elastizität $\varepsilon_{x,1.216} = 1/(-0,2303) = 4,3422$.

Aufgabe III-31

a) $$AC(x) = \frac{C(x)}{x} = 2x + 10 + \frac{32}{x}$$

$$AC'(x) = 2 - 32 \cdot x^{-2} = 2 - \frac{32}{x^2}, \quad AC''(x) = (-32) \cdot (-2) \cdot x^{-3} = \frac{64}{x^3}$$

$$AC'(x) \overset{!}{=} 0 \quad \rightarrow \quad 2 - \frac{32}{x^2} = 0 \quad \leftrightarrow \quad 2x^2 = 32 \quad \leftrightarrow \quad x = \pm 4$$

Nur der Wert x = 4 ist ökonomisch relevant:

$$AC''(4) = 1 > 0 \quad \rightarrow \quad x = 4 \text{ ist Minimum}$$

b) Gesucht ist hier die Outputelastizität der Grenzkosten, d.h. es ist von Interesse, wie sich die Grenzkosten bei einer Produktionsänderung verändern:

$$\varepsilon_{C',x} = \frac{dC'(x)}{dx} \cdot \frac{x}{C'(x)} = C''(x) \cdot \frac{x}{C'(x)} = 4 \cdot \frac{x}{4x + 10}, \quad \varepsilon_{C',4} = 4 \cdot \frac{4}{4 \cdot 4 + 10} = 0,62$$

Die Elastizität bezieht sich auf 1 %, d.h. die Grenzkosten erhöhen sich hier (näherungsweise) um 0,62 %, wenn sich der Output um 1 % erhöht. Der Output erhöht sich laut Angabe aber um 30 %, sodass sich die gesuchte Grenzkostenänderung zu $0{,}62 \cdot 30 = 18{,}6$ % ergibt.

Aufgabe III-32

a) $\varepsilon_{m,\pi} = \frac{dm}{d\pi} \cdot \frac{\pi}{m} = m'(\pi) \cdot \frac{\pi}{m} = -\alpha \cdot e^{-\alpha \cdot \pi} \cdot \frac{\pi}{e^{-\alpha \cdot \pi}} = -\alpha \cdot \pi$

b) Isoelastische Nachfrage, wenn $|\varepsilon_{m,\pi}| = 1$:

$$\rightarrow \quad -\alpha \cdot \pi = 1 \quad \leftrightarrow \quad \pi = \frac{1}{\alpha} \quad \leftrightarrow \quad \alpha = \frac{1}{\pi}$$

Aufgabe III-33

$$\frac{dS}{dY} = \frac{(2Y - 900) \cdot (Y + 7.500) - (Y^2 - 900Y - 5.880.000) \cdot 1}{(Y + 7.500)^2} = \frac{Y^2 + 15.000Y - 870.000}{(Y + 7.500)^2}$$

$$\varepsilon_{S,Y} = \frac{dS}{dY} \cdot \frac{Y}{S} = \frac{Y^2 + 15.000Y - 870.000}{(Y + 7.500)^2} \cdot Y \cdot \frac{Y + 7.500}{Y^2 - 900Y - 5.880.000}$$

$$= \frac{(Y^2 + 15.000Y - 870.000) \cdot Y}{(Y + 7.500) \cdot (Y^2 - 900Y - 5.880.000)}$$

Da $\varepsilon_{S,5.000} = 2,71$ gilt, steigt bei einer Einkommenserhöhung von 5.000 auf 5.050 Euro (bzw. um 1 %) die Ersparnis um 2,71 %.

$$C(Y) = 1 - S(Y) = 1 - \frac{Y^2 - 900Y - 5.880.000}{Y + 7.500} \quad \rightarrow \quad C'(Y) = -\frac{Y^2 + 15.000Y - 870.000}{(Y + 7.500)^2}$$

$$\Delta C \cong C'(5.500) \cdot 100 = 0,6620 \cdot 100 = 66,20$$

Bei einem Einkommen von 5.500 Euro führt eine Einkommenserhöhung um 100 Euro (näherungsweise) zu einer Erhöhung der Konsumausgaben um 66,20 Euro.

Aufgabe III-34

a) Bezeichnen wir die Wachstumsrate der realen Konsumausgaben mit $w(C^r)$, die Wachstumsrate der nominalen Konsumausgaben mit $w(C^n)$ und die Wachstumsrate der Lebenshaltungskosten der Haushalte mit $w(P)$, gilt bei stetigen Wachstumsraten

$$w(C^r) = w\left(\frac{C^n}{P}\right) = w(C^n) - w(P) = 8\ \% - 5\ \% = 3\ \%.$$

b) Gilt die Notation aus a) und ist $w(N)$ die Wachstumsrate der Bevölkerung, so erhalten wir

$$w\left(\frac{C^n}{P \cdot N}\right) = w(C^n) - w(P) - w(N) = 8\ \% - 5\ \% - 4\ \% = -1\ \%.$$

Aufgabe III-35

a) $w^d_{y,a} = \left(\frac{y_t}{y_{t-1}}\right)^4 - 1 \leftrightarrow w^d_{y,a} + 1 = \left(\frac{y_t}{y_{t-1}}\right)^4 \leftrightarrow \sqrt[4]{w^d_{y,a} + 1} = \frac{y_t}{y_{t-1}}$

Einsetzen der gegebenen Wachstumsrate liefert

$$\frac{y_t}{y_{t-1}} = \sqrt[4]{0,082 + 1} = 1,0199 .$$

Da die gesuchte Wachstumsrate $w^d_{y,Q} = y_t / y_{t-1} - 1$ ist, gilt $w^d_{y,Q} = 1,0199 - 1 =$ 0,0199 = 1,99 %.

b) $w^s_{y,a} = \ln(1 + w^d_{y,a}) \rightarrow w^s_{y,a} = \ln(1 + 0,082) = \ln 1,082 = 0,0788 = 7,88\ \%$

Aufgabe III-36

a) $w^d_{y,Q} = \frac{y_t}{y_{t-1}} - 1 \rightarrow \frac{y_t}{y_{t-1}} = 1,004$

$w^d_{y,a} = \left(\frac{y_t}{y_{t-1}}\right)^4 - 1 \rightarrow w^d_{y,a} = 1,004^4 - 1 = 0,0161 = 1,61\ \%$

b) $w^s_{y,Q} = \ln(1 + w^d_{y,Q}) \rightarrow w^s_{y,Q} = \ln 1,004 = 0,00399 = 0,399\ \%$

Aufgabe III-37

a) $w^d_D = \frac{w^d_B - w^d_Y}{1 + w^d_Y} = \frac{0,01 - 0,02}{1 + 0,02} = -0,0098 = -0,98\ \%$

$w^s_D = w^s_B - w^s_Y$ mit $w^s_B = \ln(1 + w^d_B)$ und $w^s_Y = \ln(1 + w^d_Y)$

$\rightarrow w^s_D = \ln(1 + 0,01) - \ln(1 + 0,02) = 0,00995 - 0,0198 = -0,00985 = -0,985\ \%$

alternativ: $w^s_D = \ln(1 + w^d_D) \rightarrow w^s_D = \ln(1 - 0,0098) = -0,00985 = -0,985\ \%$

b) $w^s_D = w^s_B - w^s_Y = 0,01 - 0,02 = -0,01 = -1\ \%$

$w^d_D = e^{w^s_D} - 1 \rightarrow w^d_D = e^{-0,01} - 1 = -0,00995 = -0,995\ \%$

4. Funktionen mehrerer Variablen

Aufgabe IV-1

a) $f(x_1, x_2) = e^{x_1 x_2} - x_2 \cdot \ln x_1$

Anwendung der Kettenregel liefert:

$$f'_{x_1} = e^{x_1 x_2} \cdot x_2 - x_2 \cdot \frac{1}{x_1} = x_2 \cdot (e^{x_1 x_2} - x_1^{-1})$$

$$f'_{x_2} = e^{x_1 x_2} \cdot x_1 - \ln x_1$$

b) $f(x_1, x_2) = x_1^{x_2}$

$$f'_{x_1} = x_2 \cdot x_1^{x_2 - 1}$$

$$f'_{x_2} = e^{x_2 \cdot \ln x_1} \cdot \ln x_1 = x_1^{x_2} \cdot \ln x_1 \text{, da (III.85) angewendet wird}$$

c) $f(x_1, x_2) = \sqrt[x_2]{c \cdot x_1} = (c \cdot x_1)^{\frac{1}{x_2}}$

$$f'_{x_1} = \frac{1}{x_2} \cdot (c \cdot x_1)^{\frac{1}{x_2} - 1} \cdot c = \frac{c}{x_2} \cdot (c \cdot x_1)^{\frac{1 - x_2}{x_2}}$$

$$f'_{x_2} = (c \cdot x_1)^{\frac{1}{x_2}} \cdot \left(-\frac{1}{x_2^2} \right) \cdot \ln(c \cdot x_1) \text{, da (III.86) angewendet wird}$$

d) $f(x_1, x_2) = x_1 \cdot \ln x_2 \cdot e^{x_1 \cdot x_2^2}$

Anwendung von Produkt- und Kettenregel liefert:

$$f'_{x_1} = \ln x_2 \cdot e^{x_1 x_2^2} + x_1 \cdot \ln x_2 \cdot e^{x_1 x_2^2} \cdot x_2^2 = \ln x_2 \cdot e^{x_1 x_2^2} \cdot (1 + x_1 \cdot x_2^2)$$

$$f'_{x_2} = x_1 \cdot \frac{1}{x_2} \cdot e^{x_1 \cdot x_2^2} + x_1 \cdot \ln x_2 \cdot e^{x_1 \cdot x_2^2} \cdot 2x_1 x_2 = x_1 \cdot e^{x_1 \cdot x_2^2} \cdot \left(\frac{1}{x_2} + \ln x_2 \cdot 2x_1 x_2 \right)$$

e) $f(x_1, x_2) = \sqrt{\frac{x_1^2 - x_2}{x_1 \sqrt{x_2}}} = \left(\frac{x_1^2 - x_2}{x_1 \sqrt{x_2}} \right)^{\frac{1}{2}}$

Anwendung von Ketten- und Quotientenregel liefert:

$$f'_{x_1} = \frac{1}{2} \left(\frac{x_1^2 - x_2}{x_1 \sqrt{x_2}} \right)^{-\frac{1}{2}} \cdot \frac{2x_1 \cdot (x_1 \sqrt{x_2}) - \left[(x_1^2 - x_2) \cdot \sqrt{x_2} \right]}{(x_1 \sqrt{x_2})^2}$$

$$= \left(\frac{x_1^2 - x_2}{x_1 \sqrt{x_2}} \right)^{-\frac{1}{2}} \cdot \frac{2x_1^2 \sqrt{x_2} - x_1^2 \sqrt{x_2} + x_2^{1,5}}{2x_1^2 x_2} = \left(\frac{x_1^2 - x_2}{x_1 \sqrt{x_2}} \right)^{-\frac{1}{2}} \cdot \frac{x_1^2 x_2^{-0,5} + x_2^{0,5}}{2x_1^2}$$

$$f'_{x_2} = \frac{1}{2}\left(\frac{x_1^2 - x_2}{x_1\sqrt{x_2}}\right)^{-\frac{1}{2}} \cdot \frac{-1 \cdot (x_1\sqrt{x_2}) - [(x_1^2 - x_2) \cdot (0{,}5x_1x_2^{-0,5})]}{(x_1\sqrt{x_2})^2}$$

$$= \left(\frac{x_1^2 - x_2}{x_1\sqrt{x_2}}\right)^{-\frac{1}{2}} \cdot \frac{-x_1\sqrt{x_2} - 0{,}5x_1^3x_2^{-0,5} + 0{,}5x_1x_2^{0,5}}{2x_1^2x_2}$$

$$= \left(\frac{x_1^2 - x_2}{x_1\sqrt{x_2}}\right)^{-\frac{1}{2}} \cdot \left(-0{,}25x_1^{-1}x_2^{-0,5} - 0{,}25x_1x_2^{-1,5}\right)$$

f) $f(x_1,\ x_2) = \dfrac{x_1 - 1}{\ln x_2} = (x_1 - 1) \cdot (\ln x_2)^{-1}$

$$f'_{x_1} = (\ln x_2)^{-1} = \frac{1}{\ln x_2}$$

$$f'_{x_2} = (x_1 - 1) \cdot (-1) \cdot (\ln x_2)^{-2} \cdot \frac{1}{x_2} = (1 - x_1) \cdot \frac{1}{(\ln x_2)^2} \cdot \frac{1}{x_2} = \frac{1 - x_1}{(\ln x_2)^2 \cdot x_2}$$

g) $f(x_1,\ x_2) = \dfrac{\sqrt{x_1}}{\sqrt{x_2 - x_1}} + \dfrac{x_1 - 1}{x_2 + 1}$

Anwendung der Quotientenregel nur bei f'_{x_1}:

$$f'_{x_1} = \frac{0{,}5x_1^{-0,5} \cdot \sqrt{x_2 - x_1} - \sqrt{x_1} \cdot 0{,}5 \cdot (x_2 - x_1)^{-0,5} \cdot (-1)}{x_2 - x_1} + \frac{1}{x_2 + 1}$$

$$= \frac{(x_2 - x_1)^{-0,5} \cdot \left[x_1^{-0,5} \cdot (x_2 - x_1) + \sqrt{x_1}\right]}{2(x_2 - x_1)} + \frac{1}{x_2 + 1}$$

$$= \frac{x_1^{-0,5} \cdot x_2 - x_1^{0,5} + \sqrt{x_1}}{2(x_2 - x_1) \cdot \sqrt{x_2 - x_1}} + \frac{1}{x_2 + 1} = \frac{x_2}{2(x_2 - x_1)^{1,5} \cdot \sqrt{x_1}} + \frac{1}{x_2 + 1}$$

$$f'_{x_2} = -\frac{\sqrt{x_1}}{2(x_2 - x_1)^{\frac{3}{2}}} - \frac{x_1 - 1}{(x_2 + 1)^2}$$

h) $f(x_1,\ x_2) = (x_1 - x_2)^2 \cdot \ln(x_1^2 - 2x_2)$

Anwendung von Produkt- und Kettenregel liefert:

$$f'_{x_1} = 2(x_1 - x_2) \cdot \ln(x_1^2 - 2x_2) + (x_1 - x_2)^2 \cdot \frac{2x_1}{x_1^2 - 2x_2}$$

$$= 2(x_1 - x_2) \cdot \left[\ln(x_1^2 - 2x_2) + \frac{x_1(x_1 - x_2)}{x_1^2 - 2x_2}\right]$$

$$f'_{x_2} = 2(x_1 - x_2) \cdot (-1) \cdot \ln(x_1^2 - 2x_2) + (x_1 - x_2)^2 \cdot \frac{-2}{x_1^2 - 2x_2}$$

$$= -2(x_1 - x_2) \cdot \left[\ln(x_1^2 - 2x_2) + \frac{x_1 - x_2}{x_1^2 - 2x_2}\right]$$

i) $f(x_1, x_2, x_3) = x_1(x_2 - x_3)^4 + x_3(x_1 - 2x_2)^6$

$$f'_{x_1} = (x_2 - x_3)^4 + 6x_3(x_1 - 2x_2)^5$$

$$f'_{x_2} = 4x_1(x_2 - x_3)^3 - 12x_3(x_1 - 2x_2)^5$$

$$f'_{x_3} = -4x_1(x_2 - x_3)^3 + (x_1 - 2x_2)^6$$

j) $f(x_1, x_2, x_3) = x_1 - x_2 \cdot x_3 \cdot e^{x_1 \cdot x_2 + x_3} + \ln x_1^{x_3} = x_1 - x_2 \cdot x_3 \cdot e^{x_1 \cdot x_2 + x_3} + x_3 \cdot \ln x_1$

Anwendung der Kettenregel liefert:

$$f'_{x_1} = 1 - x_2^2 \cdot x_3 \cdot e^{x_1 \cdot x_2 + x_3} + \frac{x_3}{x_1}$$

Anwendung von Produkt- und Kettenregel liefert:

$$f'_{x_2} = (-x_3 \cdot e^{x_1 \cdot x_2 + x_3}) + (-x_2 \cdot x_3 \cdot e^{x_1 \cdot x_2 + x_3} \cdot x_1) = -x_3 \cdot e^{x_1 \cdot x_2 + x_3} \cdot (1 + x_2 \cdot x_1)$$

$$f'_{x_3} = (-x_2 \cdot e^{x_1 \cdot x_2 + x_3}) + (-x_2 \cdot x_3 \cdot e^{x_1 \cdot x_2 + x_3} \cdot 1) + \ln x_1 = -x_2 \cdot e^{x_1 \cdot x_2 + x_3} \cdot (1 + x_3) + \ln x_1$$

k) $f(x_1, x_2, x_3) = \dfrac{x_1 x_2 x_3}{x_1 + x_2 + x_3}$

Anwendung der Quotientenregel liefert:

$$f'_{x_1} = \frac{x_2 x_3 \cdot (x_1 + x_2 + x_3) - x_1 x_2 x_3 \cdot 1}{(x_1 + x_2 + x_3)^2} = \frac{x_2 x_3 \cdot (x_2 + x_3)}{(x_1 + x_2 + x_3)^2}$$

$$f'_{x_2} = \frac{x_1 x_3 \cdot (x_1 + x_2 + x_3) - x_1 x_2 x_3 \cdot 1}{(x_1 + x_2 + x_3)^2} = \frac{x_1 x_3 \cdot (x_1 + x_3)}{(x_1 + x_2 + x_3)^2}$$

$$f'_{x_3} = \frac{x_1 x_2 \cdot (x_1 + x_2 + x_3) - x_1 x_2 x_3 \cdot 1}{(x_1 + x_2 + x_3)^2} = \frac{x_1 x_2 \cdot (x_1 + x_2)}{(x_1 + x_2 + x_3)^2}$$

l) $f(x_1, x_2, x_3) = 0{,}1 \cdot x_1^{0{,}5} \cdot x_2^{0{,}6} \cdot x_3^{0{,}7}$

$$f'_{x_1} = 0{,}05 \cdot x_1^{-0{,}5} \cdot x_2^{0{,}6} \cdot x_3^{0{,}7}$$

$$f'_{x_2} = 0{,}06 \cdot x_1^{0{,}5} \cdot x_2^{-0{,}4} \cdot x_3^{0{,}7}$$

$$f'_{x_2} = 0{,}07 \cdot x_1^{0{,}5} \cdot x_2^{0{,}6} \cdot x_3^{-0{,}3}$$

m) $f(x_1, x_2, x_3) = \sum_{i=1}^{n} (x_1 + a_i x_2 + b_i^2 x_3 - c_i)^2$

$$f'_{x_1} = 2\sum_{i=1}^{n} (x_1 + a_i x_2 + b_i^2 x_3 - c_i)$$

$$f'_{x_2} = 2\sum_{i=1}^{n} (x_1 + a_i x_2 + b_i^2 x_3 - c_i) \cdot a_i$$

$$f'_{x_3} = 2\sum_{i=1}^{n} (x_1 + a_i x_2 + b_i^2 x_3 - c_i) \cdot b_i^2$$

n) $f(x_1, x_2, ..., x_n) = e^{-\sum_{i=1}^{n} x_i^2} \quad \rightarrow \quad f'_{x_i} = -2x_i \cdot e^{-\sum_{i=1}^{n} x_i^2}$

o) $f(x_1, x_2, ..., x_n) = \sum_{i=1}^{n} i \cdot x_i^3 \quad \rightarrow \quad f'_{x_i} = 3 \cdot i \cdot x_i^2$

Aufgabe IV-2

a) Partielles Differenzial:

$$dy_{x_1} = f'_{x_1} \cdot dx_1 = x_2 x_3 \cdot dx_1$$
$$\Delta y_{x_1} \cong f'_{x_1} \cdot \Delta x_1 = 1 \cdot 1 \cdot (-0,01) = -0,01$$
$$\Delta y_{x_1} = f(0,99;1;1) - f(1;1;1) = 0,99 - 1 = -0,01$$

b) Totales Differenzial:

$$dy = f'_{x_1} \cdot dx_1 + f'_{x_2} \cdot dx_2 + f'_{x_3} \cdot dx_3 = x_2 x_3 \cdot dx_1 + x_1 x_3 \cdot dx_2 + x_1 x_2 \cdot dx_3$$
$$\Delta y \cong f'_{x_1} \cdot \Delta x_1 + f'_{x_2} \cdot \Delta x_2 + f'_{x_3} \cdot \Delta x_3 = 1 \cdot 1 \cdot 0,01 + 1 \cdot 1 \cdot 0,01 + 1 \cdot 1 \cdot 0,01 = 0,03$$
$$\Delta y = f(1,01;1,01;1,01) - f(1;1;1) = 1,0303 - 1 = 0,0303$$

Aufgabe IV-3

$$\varepsilon_{y,x_1} = \frac{\partial y}{\partial x_1} \cdot \frac{x_1}{y} = (2x_1 e^{2(x_1 - x_2)} + x_1^2 e^{2(x_1 - x_2)} \cdot 2) \cdot \frac{x_1}{x_1^2 e^{2(x_1 - x_2)}} = 2(1 + x_1)$$

Es gilt $\varepsilon_{y,1} = 2(1+1) = 4$, d.h. wächst x_1 bei (1; 2) um 1 % bei unverändertem x_2, so nimmt y (näherungsweise) um 4 % zu.

$$\varepsilon_{y,x_2} = \frac{\partial y}{\partial x_2} \cdot \frac{x_2}{y} = -2x_1^2 e^{2(x_1 - x_2)} \cdot \frac{x_2}{x_1^2 e^{2(x_1 - x_2)}} = -2x_2$$

Es gilt $\varepsilon_{y,2} = -2 \cdot 2 = -4$, d.h. wächst x_2 bei (1; 2) um 1 % bei unverändertem x_1, so nimmt y (näherungsweise) um 4 % ab.

Aufgabe IV-4

Die hier gesuchten Elastizitäten geben Auskunft darüber, um wie viel Prozent sich der Output Y (näherungsweise) ändert, wenn der Arbeits-, Kapital- bzw. Bodeneinsatz ceteris paribus um 1 % wächst.

$$\varepsilon_{y,L} = \frac{\partial y}{\partial L} \cdot \frac{L}{y} = (a \cdot \alpha \cdot L^{\alpha-1} \cdot K^{\beta} \cdot B^{1-\alpha-\beta}) \cdot \frac{L}{y} = \frac{(a \cdot \alpha \cdot L^{\alpha-1} \cdot K^{\beta} \cdot B^{1-\alpha-\beta}) \cdot L}{a \cdot L^{\alpha} \cdot K^{\beta} \cdot B^{1-\alpha-\beta}}$$
$$= \frac{a \cdot \alpha \cdot L^{\alpha} \cdot K^{\beta} \cdot B^{1-\alpha-\beta}}{a \cdot L^{\alpha} \cdot K^{\beta} \cdot B^{1-\alpha-\beta}} = \alpha$$

$$\varepsilon_{y,K} = \frac{\partial y}{\partial K} \cdot \frac{K}{y} = (a \cdot L^{\alpha} \cdot \beta \cdot K^{\beta-1} \cdot B^{1-\alpha-\beta}) \cdot \frac{K}{y} = \frac{(a \cdot L^{\alpha} \cdot \beta \cdot K^{\beta-1} \cdot B^{1-\alpha-\beta}) \cdot K}{a \cdot L^{\alpha} \cdot K^{\beta} \cdot B^{1-\alpha-\beta}}$$
$$= \frac{a \cdot L^{\alpha} \cdot \beta \cdot K^{\beta} \cdot B^{1-\alpha-\beta}}{a \cdot L^{\alpha} \cdot K^{\beta} \cdot B^{1-\alpha-\beta}} = \beta$$

$$\varepsilon_{y,B} = \frac{\partial y}{\partial B} \cdot \frac{B}{y} = (a \cdot L^{\alpha} \cdot K^{\beta} \cdot (1-\alpha-\beta) \cdot B^{(1-\alpha-\beta)-1}) \cdot \frac{B}{y}$$

$$= \frac{(a \cdot L^{\alpha} \cdot K^{\beta} \cdot (1-\alpha-\beta) \cdot B^{(1-\alpha-\beta)-1}) \cdot B}{a \cdot L^{\alpha} \cdot K^{\beta} \cdot B^{1-\alpha-\beta}} = \frac{a \cdot L^{\alpha} \cdot K^{\beta} \cdot (1-\alpha-\beta) \cdot B^{1-\alpha-\beta}}{a \cdot L^{\alpha} \cdot K^{\beta} \cdot B^{1-\alpha-\beta}} = 1-\alpha-\beta$$

Auf Basis von (IV.22) hätten wir dies auch direkt angeben können.

Aufgabe IV-5

$$\varepsilon_{x,p_x} = \frac{\partial x}{\partial p_x} \cdot \frac{p_x}{x} = \frac{(a \cdot (-\alpha) \cdot p_x^{-\alpha-1} \cdot p_z^{\beta} \cdot y^{\delta}) \cdot p_x}{a \cdot p_x^{-\alpha} \cdot p_z^{\beta} \cdot y^{\delta}} = \ldots = -\alpha$$

$$\varepsilon_{x,p_z} = \frac{\partial x}{\partial p_z} \cdot \frac{p_z}{x} = \frac{(a \cdot p_x^{-\alpha} \cdot \beta \cdot p_z^{\beta-1} \cdot y^{\delta}) \cdot p_z}{a \cdot p_x^{-\alpha} \cdot p_z^{\beta} \cdot y^{\delta}} = \ldots = \beta$$

$$\varepsilon_{x,y} = \frac{\partial x}{\partial y} \cdot \frac{y}{x} = \frac{(a \cdot p_x^{-\alpha} \cdot p_z^{\beta} \cdot \delta \cdot y^{\delta-1}) \cdot y}{a \cdot p_x^{-\alpha} \cdot p_z^{\beta} \cdot y^{\delta}} = \ldots = \delta$$

Auf Basis von (IV.22) hätten wir dies ebenfalls auch direkt angeben können.

Aufgabe IV-6

a) Benötigte partielle Ableitungen:

$$W'_m = \frac{\partial W}{\partial m} = 12 - 2 \cdot 0{,}5m = 12 - m \qquad W''_{mm} = \frac{\partial^2 W}{\partial m^2} = -1 \qquad W''_{mt} = \frac{\partial^2 W}{\partial m \partial t} = 0$$

$$W'_t = \frac{\partial W}{\partial t} = 10 - 2 \cdot 0{,}25t = 10 - 0{,}5t \qquad W''_{tt} = \frac{\partial^2 W}{\partial t^2} = -0{,}5$$

Gleichungssystem aus notwendigen Bedingungen:

$$W'_m = 12 - m \overset{!}{=} 0 \quad \rightarrow \quad m = 12$$

$$W'_t = 10 - 0{,}5t \overset{!}{=} 0 \quad \rightarrow \quad t = 20$$

Hinreichende Bedingungen:

1. Ermittlung der Hesse' schen Determinante:

$$D(m,\ t) = W''_{mm} \cdot W''_{tt} - (W''_{mt})^2$$
$$= (-1) \cdot (-0{,}5) - (0)^2 = 0{,}5$$

2. Entscheidung über Art des Extremums:

$$D(12;\ 20) = 0{,}5 \quad > \quad 0$$
$$W''_{mm}(12;\ 20) = -1 \quad < \quad 0 \quad \rightarrow \quad \text{Maximum bei } (12;\ 20)$$

Alois sollte also 20 Lerntage aufwenden und 12 Gramm der Wunderdroge zu sich nehmen.

b) Nebenbedingung: $100t + 150m = 3.000 \leftrightarrow 100t + 150m - 3.000 = 0$

$$L(m,t,\lambda) = 160 + 12m + 10t - 0{,}5m^2 - 0{,}25t^2 - \lambda(100t + 150m - 3.000)$$

Gleichungssystem aus notwendigen Bedingungen:

$$\text{I}: \quad L'_m = 12 - m - 150\lambda \overset{!}{=} 0$$

$$\text{II}: \quad L'_t = 10 - 0{,}5t - 100\lambda \overset{!}{=} 0$$

$$\text{III}: \quad L'_\lambda = -100t - 150m + 3.000 \overset{!}{=} 0$$

Aus I ergibt sich: I': $m = 12 - 150\lambda$

Gleichung II liefert: II': $100\lambda = 10 - 0{,}5t \leftrightarrow \lambda = 0{,}1 - 0{,}005t$

I' und II' in III eingesetzt führt zu:

$$-100t - 150 \cdot (12 - 150\lambda) + 3.000 = 0$$

$$-100t - 1.800 + 22.500\lambda + 3.000 = 0$$

$$-100t - 1.800 + 22.500 \cdot (0{,}1 - 0{,}005t) + 3.000 = 0$$

$$-100t - 1.800 + 2.250 - 112{,}5t + 3.000 = 0$$

$$-212{,}5t + 3.450 = 0 \quad \leftrightarrow \quad t = 16{,}24$$

Eingesetzt in II' liefert $\lambda = 0{,}0188$. Folglich ist gemäß I' $m = 9{,}18$.

Mit den 3.000 Euro sollte Alois also 16,24 Stunden lernen und 9,18 Gramm der Wunderdroge konsumieren.

c) Maximaler Wissensstand und finanzieller Aufwand:

$W(12; 20) = 160 + 12 \cdot 12 + 10 \cdot 20 - 0{,}5 \cdot 12^2 - 0{,}25 \cdot 20^2 = 332$ WE

Ausgaben = $100 \cdot 20 + 150 \cdot 12 = 3.800$ Euro

Kosten je Wissenseinheit = 3.800 Euro / 332 WE = 11,45 Euro/WE

$W(9{,}18; 16{,}24) = 160 + 12 \cdot 9{,}18 + 10 \cdot 16{,}24 - 0{,}5 \cdot 9{,}18^2 - 0{,}25 \cdot 16{,}24^2 = 324{,}49$ WE

Ausgaben = $100 \cdot 16{,}24 + 150 \cdot 9{,}18 = 3.000$ Euro

Kosten je Wissenseinheit = 3.000 Euro / 324,49 WE = 9,25 Euro/WE

Bei Teilaufgabe b) ergibt sich ein niedrigerer Preis pro WE, d.h. die (m,t)-Kombination aus Teilaufgabe b) ist finanziell betrachtet günstiger.

Aufgabe IV-7

Nebenbedingung: $10x + 20z = 10.000 \leftrightarrow 10x + 20z - 10.000 = 0$

$$L(x, z, \lambda) = x^{0,3} \cdot z^{0,7} - \lambda(10x + 20z - 10.000)$$

$$\text{I}: \quad L'_x = 0{,}3x^{-0,7} \cdot z^{0,7} - 10\lambda \overset{!}{=} 0$$

$$\text{II}: \quad L'_z = x^{0,3} \cdot 0{,}7z^{-0,3} - 20\lambda \overset{!}{=} 0$$

$$\text{III}: \quad L'_\lambda = -10x - 20z + 10.000 \overset{!}{=} 0$$

Bringen wir die λ-Terme in I und II jeweils auf die rechte Gleichungsseite und dividieren wir dann beide resultierenden Gleichungen durcheinander, ergibt sich:

$$\frac{0{,}3x^{-0,7} \cdot z^{0,7}}{x^{0,3} \cdot 0{,}7z^{-0,3}} = \frac{10\lambda}{20\lambda} \quad \leftrightarrow \quad \frac{0{,}3z}{0{,}7x} = \frac{1}{2} \quad \leftrightarrow \quad 0{,}3z = 0{,}35x \quad \leftrightarrow \quad z = 1{,}17x$$

Hinweis: Es gilt generell, dass im Nutzenmaximum die Grenzrate der Substitution stets gleich dem Preisverhältnis ist.

$$\frac{\frac{\partial U}{\partial x}}{\frac{\partial U}{\partial z}} = \frac{p_x}{p_z}$$

Über diesen Zusammenhang hätten wir das Ergebnis z = 1,17x auch ohne Lagrange-Funktion und Gleichungssystem bestimmen können.

Eingesetzt in III oder die Budgetrestriktion ergibt sich:

$-10x - 20 \cdot 1{,}17x + 10.000 = 0 \quad \leftrightarrow \quad -33{,}33x = -10.000$

Wir erhalten daraus x = 300 und z = 350.

Aufgabe IV-8

Nebenbedingung: $x_1 + x_2 = 1.000 \quad \leftrightarrow \quad x_1 + x_2 - 1.000 = 0$

$L(x_1, x_2, \lambda) = x_1 + x_2 + x_1^2 + x_2^2 - \lambda\left(x_1 + x_2 - 1.000\right)$

$\text{I}: \quad L'_{x_1} = 1 + 2x_1 - \lambda \stackrel{!}{=} 0$

$\text{II}: \quad L'_{x_2} = 1 + 2x_2 - \lambda \stackrel{!}{=} 0$

$\text{III}: \quad L'_{\lambda} = -x_1 - x_2 + 1.000 \stackrel{!}{=} 0$

Aus I und II folgt:

$1 + 2x_1 - \lambda = 1 + 2x_2 - \lambda \quad \leftrightarrow \quad x_1 = x_2$

Eingesetzt in III erhalten wir $-2x_1 = -1.000$, woraus sich $x_1 = x_2 = 500$ ergibt.

Aufgabe IV-9

Nebenbedingung: $p_x \cdot x + p_z \cdot z = y \quad \leftrightarrow \quad p_x \cdot x + p_z \cdot z - y = 0$

$L(x, z, \lambda) = \alpha \cdot \ln x + (1 - \alpha) \cdot \ln z - \lambda(p_x \cdot x + p_z \cdot z - y)$

$\text{I}: \quad L'_x = \frac{\alpha}{x} - \lambda \cdot p_x \stackrel{!}{=} 0$

$\text{II}: \quad L'_z = \frac{1 - \alpha}{z} - \lambda \cdot p_z \stackrel{!}{=} 0$

$\text{III}: \quad L'_{\lambda} = -p_x \cdot x - p_z \cdot z + y \stackrel{!}{=} 0$

Aus Gleichung I ergibt sich:

$\text{I'}: \quad \frac{\alpha}{x} = \lambda \cdot p_x \quad \leftrightarrow \quad \alpha = \lambda \cdot p_x \cdot x$

Gleichung II liefert:

$\text{II'}: \quad \frac{1 - \alpha}{z} = \lambda \cdot p_z \quad \leftrightarrow \quad 1 - \alpha = \lambda \cdot p_z \cdot z \quad \leftrightarrow \quad \alpha = -\lambda \cdot p_z \cdot z + 1$

Folglich gilt:

$$\lambda \cdot p_x \cdot x = -\lambda \cdot p_z \cdot z + 1 \quad \leftrightarrow \quad \lambda \cdot p_x \cdot x + \lambda \cdot p_z \cdot z = 1 \quad \leftrightarrow \quad \lambda(p_x \cdot x + p_z \cdot z) = 1$$

$$\leftrightarrow \quad \lambda \cdot y = 1 \quad \leftrightarrow \quad \lambda = \frac{1}{y}$$

$\lambda = 1/y$ eingesetzt in I' liefert:

$$x = \frac{\alpha \cdot y}{p_x}$$

$\lambda = 1/y$ eingesetzt in II' liefert:

$$z = \frac{(1-\alpha) \cdot y}{p_z}$$

Aufgabe IV-10

Nebenbedingung: $40x + 20z = 1.000 \leftrightarrow 40x + 20z - 1.000 = 0$

$$L(x, z, \lambda) = 2xz + 10z - \lambda(40x + 20z - 1.000)$$

$$\text{I}: \quad L'_x = 2z - 40\lambda \overset{!}{=} 0$$

$$\text{II}: \quad L'_z = 2x + 10 - 20\lambda \overset{!}{=} 0$$

$$\text{III}: \quad L'_\lambda = -40x - 20z + 1.000 \overset{!}{=} 0$$

Bringen wir die λ-Terme in I und II jeweils auf die rechte Gleichungsseite und dividieren wir die resultierenden Gleichungen, ergibt sich:

$$\frac{2z}{2x+10} = \frac{40\lambda}{20\lambda} \quad \leftrightarrow \quad \frac{2z}{2x+10} = 2 \quad \leftrightarrow \quad 2z = 2 \cdot (2x+10) \quad \leftrightarrow \quad z = 2x + 10$$

Der Term $z = 2x + 10$ wird nun in III eingesetzt:

$$-40x - 20 \cdot (2x + 10) + 1.000 = 0 \quad \leftrightarrow \quad -80x + 800 = 0 \quad \leftrightarrow \quad x = 10$$

Damit erhalten wir $z = 2 \cdot 10 + 10 = 30$.

Aufgabe IV-11

Nebenbedingung: $h + c = y + z \leftrightarrow y + z - h - c = 0$

$$L(h, c, \lambda) = \alpha \cdot \ln h + \beta \cdot \ln c - \lambda\left(y + z - h - c\right)$$

$$\text{I}: \quad L'_h = \alpha \cdot \frac{1}{h} + \lambda \overset{!}{=} 0$$

$$\text{II}: \quad L'_c = \beta \cdot \frac{1}{c} + \lambda \overset{!}{=} 0$$

$$\text{III}: \quad L'_\lambda = -y - z + h + c \overset{!}{=} 0$$

Aus I und II ergibt sich durch „Gleichsetzen“:

$$\frac{\alpha}{h} + \lambda = \frac{\beta}{c} + \lambda \quad \leftrightarrow \quad \frac{\alpha}{h} = \frac{\beta}{c} \quad \leftrightarrow \quad h = \frac{\alpha}{\beta} \cdot c$$

Dieser Ausdruck für h wird in Gleichung III eingesetzt:

$$-y - z + \frac{\alpha}{\beta} \cdot c + c = 0 \leftrightarrow \quad y + z = \frac{\alpha}{\beta} \cdot c + c \quad \leftrightarrow \quad y + z = c\left(\frac{\alpha}{\beta} + 1\right)$$

$$\leftrightarrow c = \frac{y+z}{\frac{\alpha}{\beta}+1} = \frac{y+z}{\frac{\alpha+\beta}{\beta}} = \frac{y+z}{\frac{1}{\beta}} = \beta(y+z)$$

Damit ergibt sich:

$$h = \frac{\alpha}{\beta} \cdot \beta(y+z) = \alpha(y+z)$$

Die Ausgaben für h und c erfolgen also je nach ihrer Gewichtung in der Nutzenfunktion.

Aufgabe IV-12

Zielfunktion: $G(x, y) = 0{,}10 \cdot \left(\frac{30x}{3 + 0{,}003x} + \frac{20y}{2 + 0{,}002y}\right) - x - y$

Nebenbedingung: $x + y = 400 \leftrightarrow x + y - 400 = 0$

$$L(x, y, \lambda) = 0{,}10 \cdot \left(\frac{30x}{3 + 0{,}003x} + \frac{20y}{2 + 0{,}002y}\right) - x - y + \lambda(x + y - 400)$$

$$= \frac{3x}{3 + 0{,}003x} + \frac{2y}{2 + 0{,}002y} - x - y + \lambda \cdot (x + y - 400)$$

$$\text{I}: \quad L'_x = \frac{3 \cdot (3 + 0{,}003x) - 3x \cdot 0{,}003}{(3 + 0{,}003x)^2} - 1 + \lambda = \frac{9}{(3 + 0{,}003x)^2} - 1 + \lambda \overset{!}{=} 0$$

$$\text{II}: \quad L'_y = \frac{2 \cdot (2 + 0{,}002y) - 2y \cdot 0{,}002}{(2 + 0{,}002y)^2} - 1 + \lambda = \frac{4}{(2 + 0{,}002y)^2} - 1 + \lambda \overset{!}{=} 0$$

$$\text{III}: \quad L'_\lambda = x + y - 400 \overset{!}{=} 0$$

Gleichung III liefert: $x = 400 - y$

„Gleichsetzen" der Gleichungen I und II und Einsetzen dieses Ergebnisses liefert:

$$\frac{9}{(3 + 0{,}003 \cdot (400 - y))^2} - 1 + \lambda = \frac{4}{(2 + 0{,}002y)^2} - 1 + \lambda$$

$$\leftrightarrow \quad \frac{9}{(4{,}2 - 0{,}003y)^2} = \frac{4}{(2 + 0{,}002y)^2}$$

$$\leftrightarrow \quad 9 \cdot (4 + 0{,}008y + 0{,}000004y^2) = 4 \cdot (17{,}64 - 0{,}0252y + 0{,}000009y^2)$$

$$\leftrightarrow \quad 36 + 0{,}072y + 0{,}000036y^2 = 70{,}56 - 0{,}1008y + 0{,}000036y^2$$

$$\leftrightarrow \quad 0{,}1728y - 34{,}56 = 0$$

$$\leftrightarrow \quad y = 200 \quad \rightarrow \quad x = 200$$

Aufgabe IV-13

Nebenbedingung: $x^2 + y^2 = 8 \leftrightarrow x^2 + y^2 - 8 = 0$

$$L(x,y,\lambda) = 3xy - \lambda(x^2 + y^2 - 8)$$

$$I: \quad L'_x = 3y - 2\lambda x \overset{!}{=} 0$$

$$II: \quad L'_y = 3x - 2\lambda y \overset{!}{=} 0$$

$$III: \quad L'_\lambda = -x^2 - y^2 + 8 \overset{!}{=} 0$$

Aus I und II ergibt sich: I': $\frac{3y}{x} = 2\lambda$ II': $\frac{3x}{y} = 2\lambda$

„Gleichsetzen" der Gleichungen I' und II' liefert:

$$\frac{3y}{x} = \frac{3x}{y} \leftrightarrow 3y^2 = 3x^2 \leftrightarrow y^2 = x^2$$

Einsetzen dieses Terms in Gleichung III:

$$8 - x^2 - x^2 = 0 \leftrightarrow 8 - 2x^2 = 0 \leftrightarrow 8 = 2x^2 \leftrightarrow x^2 = 4$$

Es ergibt sich damit $x = \pm 2$ und $y = \pm 2$, d.h. wir erhalten vier kritische Punkte. Minima unter diesen können wir durch folgende Wertetabelle identifizieren:

x-Wert, y-Wert	Funktionswert f:
x = 2; y = 2	f = 12
x = 2; y = – 2	f = –12
x = –2; y = 2	f = –12
x = –2; y = –2	f = 12

Es lösen also die (x,y)-Kombinationen (x = 2; y = –2); (x = –2; y = 2) das Minimierungsproblem, da sie die geringeren Funktionswerte aufweisen.

Aufgabe IV-14

a) $R(x_1) = p(x_1) \cdot x_1 = (3.000 - 8x_1) \cdot x_1 = 3.000x_1 - 8x_1^2$

$R(x_2) = p(x_2) \cdot x_2 = (4.500 - 10x_2) \cdot x_2 = 4.500x_2 - 10x_2^2$

$G(x_1, x_2) = R(x_1) + R(x_2) - C(x_1, x_2)$

$$G(x_1, x_2) = (3.000x_1 - 8x_1^2) + (4.500x_2 - 10x_2^2) - (-15x_1x_2 + 3.700x_1 + 3.400x_2 + 5.000)$$
$$= -700x_1 - 8x_1^2 + 1.100x_2 - 10x_2^2 + 15x_1x_2 - 5.000$$

Bestimmung der kritischen Punkte:

$$I: \ G'_{x_1} = -700 - 16x_1 + 15x_2 \overset{!}{=} 0$$

$$II: G'_{x_2} = 1.100 - 20x_2 + 15x_1 \overset{!}{=} 0$$

Gleichung I ergibt: $x_2 = \frac{700}{15} + \frac{16}{15} x_1$

Eingesetzt in Gleichung II liefert:

$$1.100 - 20 \cdot \left(\frac{700}{15} + \frac{16}{15} x_1 \right) + 15x_1 = 0 \quad \leftrightarrow \quad 166{,}67 - 6{,}33x_1 = 0$$

Es ergibt sich daraus der kritische Punkt (26,32; 74,74). Es werden also 26.320 kg von Produkt 1 und 74.740 kg von Produkt 2 hergestellt.

Entscheidung über Art des Extremums:

$$D(x_1,\ x_2) = G''_{x_1x_1} \cdot G''_{x_2x_2} - (G''_{x_1x_2})^2 = (-16) \cdot (-20) - 15^2 = 95$$

$$D(26{,}32;\ 74{,}74) = 95 \qquad > \quad 0$$

$$G''_{x_1x_1}(26{,}32;\ 74{,}74) = -16 \qquad < \quad 0 \qquad \rightarrow \quad \text{Maximum bei } (26{,}32;\ 74{,}74)$$

Als gewinnmaximale Preise der Produkte ergeben sich:

Produkt 1: $p(26{,}32) = 3.000 - 8 \cdot 26{,}32 = 2.789{,}44$ Euro

Produkt 2: $p(74{,}74) = 4.500 - 10 \cdot 74{,}74 = 3.752{,}60$ Euro

Als Gesamtgewinn resultiert $G(26{,}32;\ 74{,}74) = 26.894{,}74$ Euro.

b) Fallen die Fixkosten von 5.000 Euro weg, so steigt der Gewinn um diesen Betrag. Die gewinnmaximale Menge bleibt jedoch unverändert, da die Fixkosten als additive Konstante bei der Extremwertbestimmung wegfallen und so keinen Einfluss auf die Berechnung haben.

5. Integralrechnung

Aufgabe V-1

a) $\int \left(\frac{x^2 - \sqrt{x} + 2}{\sqrt[3]{x}} \right) dx = \int \left(\frac{x^2}{x^{\frac{1}{3}}} - \frac{x^{\frac{1}{2}}}{x^{\frac{1}{3}}} + \frac{2}{x^{\frac{1}{3}}} \right) dx = \int \left(x^{\frac{5}{3}} - x^{\frac{1}{6}} + 2x^{-\frac{1}{3}} \right) dx$

$= \frac{3}{8} x^{\frac{8}{3}} - \frac{6}{7} x^{\frac{7}{6}} + 3x^{\frac{2}{3}} + c$

b) $\int \sqrt{\sqrt[3]{x}}\ dx = \int (x^{\frac{1}{3}})^{\frac{1}{2}}\ dx = \int x^{\frac{1}{6}}\ dx = \frac{6}{7} x^{\frac{7}{6}} + c$

c) $\int \left(2x^{0,6} + \frac{1}{x^2} \right) dx = 1,25x^{1,6} - x^{-1} + c$

d) $\int (x \cdot \ln x)^{-1}\ dx$

Integration durch Substitution:

1. Schritt: $z = \ln x \ \rightarrow \ \int (x \cdot z)^{-1}\ dx$

2. Schritt: $z = \ln x \ \rightarrow \ z' = \frac{dz}{dx} = \frac{1}{x} \ \leftrightarrow \ dx = x \cdot dz$

3. Schritt: $\int (x \cdot z)^{-1} \cdot x\ dz = \int \frac{1}{x \cdot z} \cdot x \cdot dz = \int \frac{1}{z}\ dz = \ln|z| + c$

4. Schritt: $\int (x \cdot \ln x)^{-1}\ dx = \ln|\ln x| + c$

e) $\int e^x \cdot \frac{x^2 + 1}{3}\ dx = \int e^x \cdot \left(\frac{1}{3} x^2 + \frac{1}{3} \right) dx$

1. Partielle Integration:

$f(x) = \frac{1}{3} x^2 + \frac{1}{3} \quad \rightarrow \quad f'(x) = \frac{2}{3} x$

$g'(x) = e^x \quad \rightarrow \quad g(x) = e^x$

$\int e^x \cdot \frac{x^2 + 1}{3}\ dx = \left(\frac{1}{3} x^2 + \frac{1}{3} \right) \cdot e^x - \int \frac{2}{3} x \cdot e^x\ dx$

2. Partielle Integration für $\int \frac{2}{3} x \cdot e^x\ dx$:

$f(x) = \frac{2}{3} x \quad \rightarrow \quad f'(x) = \frac{2}{3}$

$g'(x) = e^x \quad \rightarrow \quad g(x) = e^x$

$\int \frac{2}{3} x \cdot e^x\ dx = \frac{2}{3} x \cdot e^x - \int \frac{2}{3} \cdot e^x\ dx = \frac{2}{3} x \cdot e^x - \frac{2}{3} \cdot e^x + c$

Zusammenführung der Ergebnisse:

$$\int e^x \cdot \frac{x^2+1}{3}\,dx = \left(\frac{1}{3}x^2 + \frac{1}{3}\right) \cdot e^x - \left[\frac{2}{3}x \cdot e^x - \frac{2}{3} \cdot e^x\right] + c$$

$$= e^x \cdot \left(\frac{1}{3}x^2 + \frac{1}{3} - \frac{2}{3}x + \frac{2}{3}\right) + c = e^x \cdot \left(\frac{1}{3}x^2 - \frac{2}{3}x + 1\right) + c$$

f) $\int \frac{2x+1}{x^2+x-5}\,dx$

Integration durch Substitution:

1. Schritt: $z = x^2 + x - 5 \quad \to \quad \int \frac{2x+1}{z}\,dx$

2. Schritt: $z = x^2 + x - 5 \quad \to \quad z' = \frac{dz}{dx} = 2x+1 \quad \leftrightarrow \quad dx = \frac{dz}{2x+1}$

3. Schritt: $\int \frac{2x+1}{z} \cdot \frac{dz}{2x+1} = \int \frac{1}{z}\,dz = \ln z + c$

4. Schritt: $\int \frac{2x+1}{x^2+x-5}\,dx = \ln(x^2+x-5) + c$

Dieses Ergebnis hätten wir auch direkt über (V.17) erhalten können.

g) $\int \left(\frac{(\ln x)^2}{x} + \frac{1}{(x-2)^3}\right) dx = \int \frac{(\ln x)^2}{x}\,dx + \int (x-2)^{-3}\,dx$

Für beide Teilintegrale ist das Subsitutionsverfahren anzuwenden. Bei zweitem können wir jedoch direkt auf (V.10) zurückgreifen.

Teilintegral 1:

1. Schritt: $z = \ln x \quad \to \quad \int \frac{z^2}{x}\,dx$

2. Schritt: $z = \ln x \quad \to \quad z' = \frac{dz}{dx} = \frac{1}{x} \quad \leftrightarrow \quad dx = x \cdot dz$

3. Schritt: $\int \frac{z^2}{x} \cdot x\,dz = \int z^2\,dz = \frac{1}{3}z^3 + c$

4. Schritt: $\int \frac{(\ln x)^2}{x}\,dx = \frac{1}{3}(\ln x)^3 + c$

Teilintegral 2:

$$\int (x-2)^{-3}\,dx = -\frac{1}{2}(x-2)^{-2} + c$$

Zusammenführung beider Ergebnisse:

$$\int \left(\frac{(\ln x)^2}{x} + \frac{1}{(x-2)^3}\right) dx = \frac{1}{3}(\ln x)^3 - \frac{1}{2 \cdot (x-2)^2} + c$$

h) $\int e^{-x} \sqrt[3]{1-e^{-x}}\,dx$

Integration durch Substitution:

1. Schritt: $z = 1 - e^{-x} \quad \rightarrow \quad \int e^{-x} \sqrt[3]{z}\ dx$

2. Schritt: $z = 1 - e^{-x} \quad \rightarrow \quad z' = \frac{dz}{dx} = e^{-x} \quad \leftrightarrow \quad dx = \frac{dz}{e^{-x}}$

3. Schritt: $\int e^{-x} \sqrt[3]{z} \frac{dz}{e^{-x}} = \int \sqrt[3]{z}\ dz = \frac{3}{4} z^{\frac{4}{3}} + c$

4. Schritt: $\int e^{-x} \sqrt[3]{1 - e^{-x}}\ dx = \frac{3}{4}(1 - e^{-x})^{\frac{4}{3}} + c$

i) Anwendung von (V.17) liefert $\int \frac{e^x}{1 + e^x}\ dx = \ln|1 + e^x| + c$.

j) Anwendung von (V.11) liefert $\int \frac{dx}{1 - x} = -\ln|1 - x| + c$.

k) Anwendung von (V.10) liefert $\int \frac{dx}{\sqrt{4x + 2}} = 0{,}5 \cdot (4x + 2)^{\frac{1}{2}} + c = 0{,}5 \cdot \sqrt{4x + 2} + c$

l) Anwendung von (V.9) liefert $\int e^{-x}\ dx = -e^{-x} + c$.

Aufgabe V-2

a) $\int_{-1}^{0} (x^5 - 3x)\ dx = \left[\frac{1}{6}x^6 - \frac{3}{2}x^2\right]_{-1}^{0} = 0 - \left(-\frac{4}{3}\right) = \frac{4}{3}$ FE

b) $\int_{0}^{\ln 5} e^x\ dx = \left[e^x\right]_0^{\ln 5} = e^{\ln 5} - e^0 = 5 - 1 = 4$ FE

c) $\int_{2}^{3} e^{2x}\ dx$

Integration durch Substitution:

1. Schritt: $z = 2x \quad \rightarrow \quad \int_2^3 e^z dx$

2. Schritt: $z = 2x \quad \rightarrow \quad z' = \frac{dz}{dx} = 2 \quad \leftrightarrow \quad dx = \frac{1}{2} \cdot dz$

3. Schritt: $z(2) = 2 \cdot 2 = 4,\ z(3) = 2 \cdot 3 = 6$

4. Schritt: $\int_4^6 e^z \cdot \frac{1}{2}\ dz = \left[\frac{1}{2}e^z\right]_4^6 = \frac{1}{2} \cdot e^6 - \frac{1}{2} \cdot e^4 = 201{,}71 - 27{,}30 = 174{,}41$ FE

d) $\int_0^3 \sqrt{x} \cdot x^3\ dx = \int_0^3 x^{3,5}\ dx = \left[0{,}22 \cdot x^{4,5}\right]_0^3 = 31{,}18 - 0 = 31{,}18$ FE

e) $\int_2^5 \frac{x^2 + 5}{\sqrt{x}}\ dx = \int_2^5 \left(\frac{x^2}{x^{\frac{1}{2}}} + \frac{5}{x^{\frac{1}{2}}}\right)\ dx = \int_2^5 \left(x^{1,5} + 5x^{-0,5}\right)\ dx$

$= \left[0{,}4 \cdot x^{2,5} + 10 \cdot x^{0,5}\right]_2^5 = 44{,}72 - 16{,}40 = 28{,}32$ FE

f) $\int_1^2 \ln x \cdot \sqrt[3]{x^5}\, dx = \int_1^2 \ln x \cdot x^{\frac{5}{3}}\, dx$

Partielle Integration:

$f(x) = \ln x \quad \rightarrow \quad f'(x) = \frac{1}{x}$

$g'(x) = x^{\frac{5}{3}} \quad \rightarrow \quad g(x) = \frac{3}{8} x^{\frac{8}{3}}$

$$\int_1^2 \ln x \cdot \sqrt[3]{x^5}\, dx = \left[\ln x \cdot \frac{3}{8} x^{\frac{8}{3}}\right]_1^2 - \int_1^2 \frac{1}{x} \cdot \frac{3}{8} x^{\frac{8}{3}}\, dx = 1{,}65 - \int_1^2 \frac{3}{8} \cdot x^{-1} \cdot x^{\frac{8}{3}}\, dx$$

$$= 1{,}65 - \int_1^2 \frac{3}{8} \cdot x^{\frac{5}{3}}\, dx = 1{,}65 - \left[\frac{3}{8} \cdot \frac{3}{8} \cdot x^{\frac{8}{3}}\right]_1^2 = 1{,}65 - \left[0{,}89 - \frac{9}{64}\right] = 0{,}90 \text{ FE}$$

g) $\int_{-1}^{0} \frac{-x^5}{x^6 + 1}\, dx$

Integration durch Substitution

1. Schritt: $z = x^6 + 1 \quad \rightarrow \quad \int_0^1 \frac{-x^5}{z}\, dx$

2. Schritt: $z = x^6 + 1 \quad \rightarrow \quad z' = \frac{dz}{dx} = 6x^5 \quad \leftrightarrow \quad dx = \frac{dz}{6x^5}$

3. Schritt: $z(-1) = (-1)^6 + 1 = 2,\ z(0) = 0^6 + 1 = 1$

4. Schritt: $\int_2^1 \frac{-x^5}{z} \frac{dz}{6x^5} = -\frac{1}{6} \cdot \int_2^1 \frac{1}{z}\, dz = \frac{1}{6} \cdot \int_1^2 \frac{1}{z}\, dz = \frac{1}{6} \cdot [\ln|z|]_1^2$

$= \frac{1}{6} \cdot (0{,}69 - 0) = 0{,}12 \text{ FE}$

h) Der Integrand ist links von seiner einzigen Nullstelle x = 0 negativ, rechts davon positiv. Es gilt daher:

$$\int_{-1}^{1} x^3\, dx = \left|\int_{-1}^{0} x^3\, dx\right| + \int_0^1 x^3\, dx = \left|\left[\frac{1}{4} x^4\right]_{-1}^{0}\right| + \left[\frac{1}{4} x^4\right]_0^1 = \left|-\frac{1}{4}\right| + \frac{1}{4} = \frac{1}{2} \text{ FE}$$

i) Der Integrand besitzt seine drei Nullstellen bei –3, 0 und 3. Im Intervall]–3; 0[ist er positiv, im Intervall]0; 3[negativ. Es gilt daher:

$$\int_{-1{,}5}^{1{,}5} (4x^3 - 9x)\, dx = \int_{-1{,}5}^{0} (4x^3 - 9x)\, dx + \left|\int_0^{1{,}5} (4x^3 - 9x)\, dx\right|$$

$$= \left[x^4 - 4{,}5x^2\right]_{-1{,}5}^{0} + \left|\left[x^4 - 4{,}5x^2\right]_0^{1{,}5}\right| = 5{,}06 + |-5{,}06| = 10{,}12 \text{ FE}$$

Aufgabe V-3

a) $\int_{-2}^{2} |x|\, dx = \int_{-2}^{0} -x\, dx + \int_{0}^{2} x\, dx = \left[-\frac{1}{2}x^2\right]_{-2}^{0} + \left[\frac{1}{2}x^2\right]_{0}^{2} = 2 + 2 = 4$

b) $\int_{0}^{5} \max\{x;\, 2\}\, dx = \int_{0}^{5} f(x)\, dx \quad \text{mit } f(x) = \begin{cases} x & \text{für } x \geq 2 \\ 2 & \text{für } x < 2 \end{cases}$

$= \int_{0}^{2} 2\, dx + \int_{2}^{5} x\, dx = [2x]_0^2 + \left[0{,}5x^2\right]_2^5 = 4 + [12{,}5 - 2] = 14{,}5$

c) $\int_{-1}^{7} f(x)\, dx \quad \text{mit } f(x) = \begin{cases} e^x & \text{für } -1 \leq x < 2 \\ \ln x & \text{für } 2 < x \leq 7 \end{cases}$

$= \int_{-1}^{2} e^x\, dx + \int_{2}^{7} \ln x\, dx = \left[e^x\right]_{-1}^{2} + [x \cdot \ln x - x]_2^7 = 7{,}02 + 7{,}24 = 14{,}26$

Aufgabe V-4

Nach (V.8) erhalten wir $\int_{1}^{a} \ln x\, dx = [x \cdot \ln x - x]_1^a = [a \cdot \ln a - a] - [-1]$.

Dieser Ausdruck soll nach Aufgabenstellung gleich Eins sein:

$a \cdot \ln a - a + 1 = 1 \quad \leftrightarrow \quad a \cdot \ln a = a \quad \leftrightarrow \quad \ln a = 1 \quad \leftrightarrow \quad a = e^1 = e$

Aufgabe V-5

$\int_{0}^{\infty} e^{-x}\, dx = \lim_{b \to \infty} \int_{0}^{b} e^{-x}\, dx = \lim_{b \to \infty} \left[-e^{-x}\right]_0^b = \lim_{b \to \infty} (-e^{-b} + e^0) = 0 + 1 = 1$, da $\lim_{b \to \infty} e^{-b} = 0$ ist.

Aufgabe V-6

$G'(x) = MR - MC = (10 - 0{,}2x) - (2 + 0{,}05x) = -0{,}25x + 8, \quad G''(x) = -0{,}25$

$G'(x) \overset{!}{=} 0 \quad \rightarrow \quad x = 32$

$G''(32) = -0{,}25 < 0 \quad \rightarrow \quad x = 32$ ist Maximum

Zur Bestimmung der Preisabsatzfunktion p(x) können wir entweder MR(x) integrieren und die resultierende Funktion (bei c = 0) durch x teilen oder uns einer interessanten Eigenschaft linearer Grenzerlösfunktionen bedienen. Es gilt nämlich:

$MR(x) = 10 - 0{,}2x \quad \rightarrow \quad p(x) = 10 - 0{,}1x \quad \rightarrow \quad p(32) = 6{,}80$

Da $C_f = 0$ ist, kann bei der Integration von Grenzkosten und Grenzgewinn c = 0 gesetzt werden:

$C(x) = \int (2 + 0{,}05x)\, dx = 2x + 0{,}025x^2 \quad \rightarrow \quad C(32) = 89{,}60$

$G(x) = \int (-0{,}25x + 8)\, dx = -0{,}125x^2 + 8x \quad \rightarrow \quad G(32) = 128$

Aufgabe V-7

$p^D(x) \overset{!}{=} p^S(x) \quad \rightarrow \quad 10 - 0{,}5x^2 = 2x^2 - 0{,}25x + 3 \quad \leftrightarrow \quad 2{,}5x^2 - 0{,}25x - 7 = 0$

$\rightarrow$ x_1 = –1,62 (ökonomisch irrelevant), $x_2 = x^* = 1{,}72$ $\rightarrow$ $p^* = 8{,}51$

$$KR = \int_0^{1,72} (10 - 0{,}5x^2)dx - p^* \cdot x^* = \left[10x - \frac{1}{6}x^3\right]_0^{1,72} - 14{,}64 = 16{,}35 - 14{,}64 = 1{,}71$$

$$PR = p^* \cdot x^* - \int_0^{1,72} (2x^2 - 0{,}25x + 3)\,dx = 14{,}64 - \left[\frac{2}{3}x^3 - \frac{1}{8}x^2 + 3x\right]_0^{1,72} = 14{,}64 - 8{,}18 = 6{,}46$$

Skizze zu Aufgabe V-7:

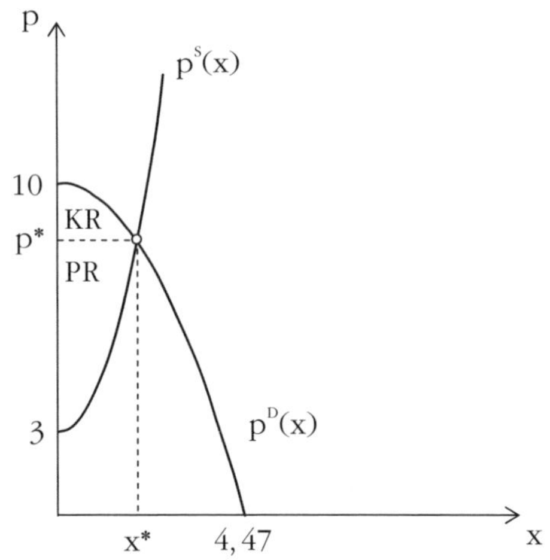

Skizze zu Aufgabe V-9:

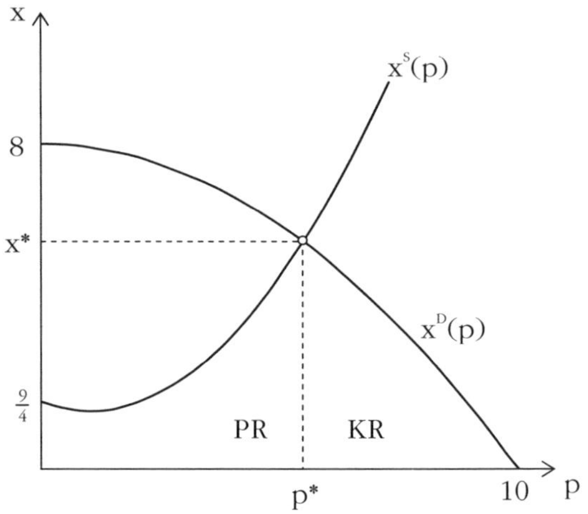

Aufgabe V-8

$$p^D(x) \overset{!}{=} p^S(x) \quad \rightarrow \quad \frac{6.000}{x + 50} = x + 10 \quad \leftrightarrow \quad x^2 + 60x - 5.500 = 0$$

$\rightarrow$ x_1 = –110 (ökonomisch irrelevant), $x_2 = x^* = 50$ $\rightarrow$ $p^* = 60$

$$PR = 50 \cdot 60 - \int_0^{50} (x + 10)\,dx = 3.000 - \left[\frac{1}{2}x^2 + 10x\right]_0^{50} = 3.000 - 1.750 = 1.250$$

Unter Berücksichtigung von (V.11) ergibt sich:

$$KR = \int_0^{50} \left(\frac{6.000}{x + 50}\right) dx - 3.000 = \left[6.000 \cdot \ln|x + 50|\right]_0^{50} - 3.000$$
$$= 6.000 \cdot \ln 100 - 6.000 \cdot \ln 50 - 3.000 = 6.000 \cdot (\ln 100 - \ln 50) - 3.000$$
$$= 6.000 \cdot \ln 2 - 3.000 = 1.158{,}88$$

Aufgabe V-9

$$x^S(p) \overset{!}{=} x^D(p) \rightarrow 0{,}25p^2 - 0{,}5p + \frac{9}{4} = 8 - 0{,}08p^2 \quad \leftrightarrow \quad \frac{1}{3}p^2 - 0{,}5p - 5{,}75 = 0$$

$\rightarrow$ p_1 = –3,465 (ökonomisch irrelevant), $p_2 = p^* = 4{,}965 \approx 5$ $\rightarrow$ $x^* = 6$

$$PR = \int_1^5 \left(\frac{1}{4}p^2 - 0{,}5p + \frac{9}{4} \right) dp = \left[\frac{1}{12}p^3 - \frac{1}{4}p^2 + \frac{9}{4}p \right]_1^5 = \frac{40}{3}$$

$$KR = \int_5^{10} \left(8 - 0{,}08p^2 \right) dp = \left[8p - \frac{0{,}08}{3}p^3 \right]_5^{10} = \frac{50}{3}$$

Bei der geforderten grafischen Darstellung (zu finden bei der Lösung von Aufgabe V-7) ist zu beachten, dass in diesem besonderen Fall die Achsenbezeichnung von der üblichen Norm abweicht. Dementsprechend ergeben sich auch eine andere „Lage“ von Konsumenten- und Produzentenrente und damit auch die verwendeten anderen Berechnungsformeln.

6. Lineare Algebra

Aufgabe VI-1

a) Die Vektoren sind linear unabhängig, wenn λ_1, λ_2 und λ_3 in der folgenden Beziehung gleich Null sind.

$$\lambda_1 \cdot \begin{pmatrix} 2 \\ -1 \\ -3 \end{pmatrix} + \lambda_2 \cdot \begin{pmatrix} 1 \\ -3 \\ 3 \end{pmatrix} + \lambda_3 \cdot \begin{pmatrix} 5 \\ 0 \\ 3 \end{pmatrix} = \begin{pmatrix} 0 \\ 0 \\ 0 \end{pmatrix} \quad \leftrightarrow \quad \begin{array}{lrrrcl} \text{I}: & 2\lambda_1 & +\lambda_2 & +5\lambda_3 & = & 0 \\ \text{II}: & -\lambda_1 & -3\lambda_2 & & = & 0 \\ \text{III}: & -3\lambda_1 & +3\lambda_2 & +3\lambda_3 & = & 0 \end{array}$$

Aus II folgt $\lambda_1 = -3\lambda_2$. Eingesetzt in I liefert $-6\lambda_2 + \lambda_2 + 5\lambda_3 = 0 \leftrightarrow \lambda_2 = \lambda_3$. Eingesetzt in III ergibt $9\lambda_2 + 3\lambda_2 + 3\lambda_2 = 0 \leftrightarrow 15\lambda_2 = 0 \leftrightarrow \lambda_2 = 0$ und damit auch $\lambda_1 = \lambda_3 = 0$. Die Vektoren sind also linear unabhängig.

b) $$\lambda_1 \cdot \begin{pmatrix} 2 \\ 1 \\ 0 \end{pmatrix} + \lambda_2 \cdot \begin{pmatrix} 2 \\ 2 \\ -2 \end{pmatrix} + \lambda_3 \cdot \begin{pmatrix} 5 \\ 2 \\ 1 \end{pmatrix} = \begin{pmatrix} 0 \\ 0 \\ 0 \end{pmatrix} \quad \leftrightarrow \quad \begin{array}{lrrrcl} \text{I}: & 2\lambda_1 & +2\lambda_2 & +5\lambda_3 & = & 0 \\ \text{II}: & \lambda_1 & +2\lambda_2 & +2\lambda_3 & = & 0 \\ \text{III}: & & -2\lambda_2 & +\lambda_3 & = & 0 \end{array}$$

Aus III folgt $\lambda_3 = 2\lambda_2$. Eingesetzt in I und II liefert:

$$\begin{array}{lrrrclcrrcl} \text{I}': & 2\lambda_1 & +2\lambda_2 & +10\lambda_2 & = & 0 & \leftrightarrow & 2\lambda_1 & +12\lambda_2 & = & 0 \\ \text{II}': & \lambda_1 & +2\lambda_2 & +4\lambda_2 & = & 0 & \leftrightarrow & \lambda_1 & +6\lambda_2 & = & 0 \end{array}$$

I' und II' sind identisch, d.h. eine der Gleichungen ist überflüssig. Folglich genügt jede Lösung der Gleichung $\lambda_1 + 6\lambda_2 = 0$ dem Gleichungssystem I bis III (z.B. $\lambda_2 = -1$, $\lambda_1 = 6$ und $\lambda_3 = -2$). Die Vektoren sind also linear abhängig.

Aufgabe VI-2

a) $$\mathbf{B}^T \cdot \mathbf{A}^T \cdot \mathbf{C} + (\mathbf{D}^T \cdot \mathbf{A} \cdot \mathbf{B})^T + (\mathbf{C}^T \cdot \mathbf{A} \cdot \mathbf{B})^T + (\mathbf{A} \cdot \mathbf{B})^T \cdot \mathbf{D}$$
$$= (\mathbf{A} \cdot \mathbf{B})^T \cdot \mathbf{C} + (\mathbf{A} \cdot \mathbf{B})^T \cdot \mathbf{D} + (\mathbf{A} \cdot \mathbf{B})^T \cdot \mathbf{C} + (\mathbf{A} \cdot \mathbf{B})^T \cdot \mathbf{D}$$
$$= 2 \cdot (\mathbf{A} \cdot \mathbf{B})^T \cdot (\mathbf{C} + \mathbf{D})$$

b) $$\mathbf{A}^T \cdot \mathbf{B} \cdot \mathbf{C} + (\mathbf{C}^T \cdot \mathbf{B}^T \cdot \mathbf{D}^T)^T - \mathbf{F}^T \cdot \mathbf{E} \cdot \mathbf{C}$$
$$= \mathbf{A}^T \cdot \mathbf{B} \cdot \mathbf{C} + \mathbf{D} \cdot \mathbf{B} \cdot \mathbf{C} - \mathbf{F}^T \cdot \mathbf{E} \cdot \mathbf{C}$$
$$= [(\mathbf{A}^T + \mathbf{D}) \cdot \mathbf{B} - \mathbf{F}^T] \cdot \mathbf{C}$$

Aufgabe VI-3

a) $$\mathbf{D} = \mathbf{A} \cdot \mathbf{B} = \begin{pmatrix} 8 & 6 \\ 8 & -4 \\ 6 & 4 \end{pmatrix}_{(3\times2)} \cdot \begin{pmatrix} 5 & -5 & 3 \\ 7 & 0 & -5 \end{pmatrix}_{(2\times3)} = \begin{pmatrix} 82 & -40 & -6 \\ 12 & -40 & 44 \\ 58 & -30 & -2 \end{pmatrix}_{(3\times3)}$$

Nebenrechnungen:

$$d_{11} = \begin{pmatrix} 8 & 6 \end{pmatrix} \cdot \begin{pmatrix} 5 \\ 7 \end{pmatrix} = 8 \cdot 5 + 6 \cdot 7 = 40 + 42 = 82$$

$$d_{12} = \begin{pmatrix} 8 & 6 \end{pmatrix} \cdot \begin{pmatrix} -5 \\ 0 \end{pmatrix} = 8 \cdot (-5) + 6 \cdot 0 = -40 + 0 = -40$$

$$d_{13} = \begin{pmatrix} 8 & 6 \end{pmatrix} \cdot \begin{pmatrix} 3 \\ -5 \end{pmatrix} = 8 \cdot 3 + 6 \cdot (-5) = 24 - 30 = -6$$

$$d_{21} = \begin{pmatrix} 8 & -4 \end{pmatrix} \cdot \begin{pmatrix} 5 \\ 7 \end{pmatrix} = 8 \cdot 5 + (-4) \cdot 7 = 40 - 28 = 12$$

$$d_{22} = \begin{pmatrix} 8 & -4 \end{pmatrix} \cdot \begin{pmatrix} -5 \\ 0 \end{pmatrix} = 8 \cdot (-5) + (-4) \cdot 0 = -40 + 0 = -40$$

$$d_{23} = \begin{pmatrix} 8 & -4 \end{pmatrix} \cdot \begin{pmatrix} 3 \\ -5 \end{pmatrix} = 8 \cdot 3 + (-4) \cdot (-5) = 24 + 20 = 44$$

$$d_{31} = \begin{pmatrix} 6 & 4 \end{pmatrix} \cdot \begin{pmatrix} 5 \\ 7 \end{pmatrix} = 6 \cdot 5 + 4 \cdot 7 = 30 + 28 = 58$$

$$d_{32} = \begin{pmatrix} 6 & 4 \end{pmatrix} \cdot \begin{pmatrix} -5 \\ 0 \end{pmatrix} = 6 \cdot (-5) + 4 \cdot 0 = -30 + 0 = -30$$

$$d_{33} = \begin{pmatrix} 6 & 4 \end{pmatrix} \cdot \begin{pmatrix} 3 \\ -5 \end{pmatrix} = 6 \cdot 3 + 4 \cdot (-5) = 18 - 20 = -2$$

b) Die Operation $\mathbf{A} \cdot \mathbf{C}$ ist nicht zulässig, da die Spaltenzahl von **A** nicht mit der Zeilenzahl von **C** übereinstimmt.

c) Die Inverse ist nur für eine quadratische Matrix definiert. Da **B** keine quadratische Matrix ist, existiert für sie somit auch keine Inverse.

d) $\mathbf{C}^{-1} = \dfrac{1}{\det \mathbf{C}} \cdot \operatorname{adj}(\mathbf{C})$

$$\det \mathbf{C} = \begin{vmatrix} 1 & 3 & 3 \\ 1 & 4 & 3 \\ 1 & 3 & 4 \end{vmatrix} = 1 \cdot 4 \cdot 4 + 3 \cdot 3 \cdot 1 + 3 \cdot 1 \cdot 3 - 1 \cdot 4 \cdot 3 - 3 \cdot 3 \cdot 1 - 4 \cdot 1 \cdot 3 = 1$$

$$\operatorname{adj}(\mathbf{C}) = \begin{pmatrix} +\begin{vmatrix} 4 & 3 \\ 3 & 4 \end{vmatrix} & -\begin{vmatrix} 1 & 3 \\ 1 & 4 \end{vmatrix} & +\begin{vmatrix} 1 & 4 \\ 1 & 3 \end{vmatrix} \\ -\begin{vmatrix} 3 & 3 \\ 3 & 4 \end{vmatrix} & +\begin{vmatrix} 1 & 1 \\ 3 & 4 \end{vmatrix} & -\begin{vmatrix} 1 & 3 \\ 1 & 3 \end{vmatrix} \\ +\begin{vmatrix} 3 & 3 \\ 4 & 3 \end{vmatrix} & -\begin{vmatrix} 1 & 3 \\ 1 & 3 \end{vmatrix} & +\begin{vmatrix} 1 & 3 \\ 1 & 4 \end{vmatrix} \end{pmatrix}^{T} = \begin{pmatrix} 7 & -3 & -3 \\ -1 & 1 & 0 \\ -1 & 0 & 1 \end{pmatrix}$$

$$\mathbf{C}^{-1} = \frac{1}{1} \cdot \begin{pmatrix} 7 & -3 & -3 \\ -1 & 1 & 0 \\ -1 & 0 & 1 \end{pmatrix} = \begin{pmatrix} 7 & -3 & -3 \\ -1 & 1 & 0 \\ -1 & 0 & 1 \end{pmatrix}$$

Aufgabe VI-4

a) Regel von Sarrus:

$$\mathbf{O}^{erw} = \left(\begin{array}{ccc:cc} a & b & 0 & a & b \\ 0 & a & b & 0 & a \\ 0 & 0 & a & 0 & 0 \end{array}\right)$$

$\det \mathbf{O} = a \cdot a \cdot a + b \cdot b \cdot 0 + 0 \cdot 0 \cdot 0 - 0 \cdot a \cdot 0 - 0 \cdot b \cdot a - a \cdot 0 \cdot b = a^3$

b) Fallunterscheidung in Bezug auf Parameter a:

$a \neq 0 \rightarrow \det \mathbf{O} \neq 0 \rightarrow \text{rg}(\mathbf{O}) = 3$

$a = 0 \rightarrow \det \mathbf{O} = 0 \rightarrow \text{rg}(\mathbf{O}) < 3$ (Rang ist abhängig von Parameter b.)

Fallunterscheidung in Bezug auf Parameter b:

$$a = 0,\ b \neq 0: \begin{pmatrix} 0 & b & 0 \\ 0 & 0 & b \\ 0 & 0 & 0 \end{pmatrix} \rightarrow \text{rg}(\mathbf{O}) = 2 \text{ (da 2 Zeilen mit Gliedern} \neq 0)$$

$$a = 0,\ b = 0: \begin{pmatrix} 0 & 0 & 0 \\ 0 & 0 & 0 \\ 0 & 0 & 0 \end{pmatrix} \rightarrow \text{rg}(\mathbf{O}) = 0$$

c) Die Matrix **O** ist nur invertierbar, wenn $\det \mathbf{O} = a^3 \neq 0$, d.h. $a \neq 0$.

$$\mathbf{O}^{-1} = \frac{1}{\det \mathbf{O}} \cdot \text{adj}(\mathbf{O})$$

$$\text{adj}(\mathbf{O}) = \begin{pmatrix} +\begin{vmatrix} a & b \\ 0 & a \end{vmatrix} & -\begin{vmatrix} 0 & b \\ 0 & a \end{vmatrix} & +\begin{vmatrix} 0 & a \\ 0 & 0 \end{vmatrix} \\ -\begin{vmatrix} b & 0 \\ 0 & a \end{vmatrix} & +\begin{vmatrix} a & 0 \\ 0 & a \end{vmatrix} & -\begin{vmatrix} a & b \\ 0 & 0 \end{vmatrix} \\ +\begin{vmatrix} b & 0 \\ a & b \end{vmatrix} & -\begin{vmatrix} a & 0 \\ 0 & b \end{vmatrix} & -\begin{vmatrix} a & b \\ 0 & a \end{vmatrix} \end{pmatrix}^T = \begin{pmatrix} a^2 & -ab & b^2 \\ 0 & a^2 & -ab \\ 0 & 0 & a^2 \end{pmatrix}$$

$$\mathbf{O}^{-1} = \frac{1}{a^3} \cdot \begin{pmatrix} a^2 & -ab & b^2 \\ 0 & a^2 & -ab \\ 0 & 0 & a^2 \end{pmatrix} = \begin{pmatrix} \frac{1}{a} & -\frac{b}{a^2} & \frac{b^2}{a^3} \\ 0 & \frac{1}{a} & -\frac{b}{a^2} \\ 0 & 0 & \frac{1}{a} \end{pmatrix}$$

Aufgabe VI-5

a) Regel von Sarrus:

$$\mathbf{A}^{erw} = \left(\begin{array}{ccc:cc} 1 & 2 & -3 & 1 & 2 \\ 0 & 2 & 0 & 0 & 2 \\ 2 & 0 & -5 & 2 & 0 \end{array}\right)$$

$$\det \mathbf{A} = 1 \cdot 2 \cdot (-5) + 2 \cdot 0 \cdot 2 + (-3) \cdot 0 \cdot 0 \\ -2 \cdot 2 \cdot (-3) - 0 \cdot 0 \cdot 1 - (-5) \cdot 0 \cdot 2 = 2$$

b) Regel von Sarrus:

$$\mathbf{B}^{erw} = \left(\begin{array}{ccc:cc} 1 & -1 & 5 & 1 & -1 \\ 7 & 2 & 1 & 7 & 2 \\ -6 & -3 & 4 & -6 & -3 \end{array}\right) \qquad \begin{aligned} \det \mathbf{B} &= 1\cdot 2\cdot 4 + (-1)\cdot 1\cdot(-6) + 5\cdot 7\cdot(-3) \\ &\quad -(-6)\cdot 2\cdot 5 - (-3)\cdot 1\cdot 1 - 4\cdot 7\cdot(-1) = 0 \end{aligned}$$

c) $\det \mathbf{A}^{-1} = \dfrac{1}{\det \mathbf{A}} = \dfrac{1}{2}$

d) $\det(\mathbf{A}\cdot\mathbf{B}) = \det\mathbf{A}\cdot\det\mathbf{B} = 2\cdot 0 = 0$

e) $\det(3\cdot\mathbf{A}) = 3^3\cdot\det\mathbf{A} = 27\cdot 2 = 54$

f) voller Rang $rg(\mathbf{A}) = 3$, da $\det \mathbf{A} \neq 0$

g) Es gilt $\det \mathbf{B} = 0$, d.h. $\mathbf{B}$ besitzt nicht vollen Rang ($rg(\mathbf{B}) < 3$). Um jedoch die genaue Rangzahl bestimmen zu können, ist der Gauß'sche Lösungsalgorithmus (elementare Zeilentransformationen) auf **B** anzuwenden:

$$\begin{pmatrix} 1 & -1 & 5 \\ 7 & 2 & 1 \\ -6 & -3 & 4 \end{pmatrix} \xrightarrow[\text{II}-7\cdot\text{I}]{\text{III}+6\cdot\text{I}} \begin{pmatrix} 1 & -1 & 5 \\ 0 & 9 & -34 \\ 0 & -9 & 34 \end{pmatrix} \xrightarrow{\text{III}+\text{II}} \begin{pmatrix} 1 & -1 & 5 \\ 0 & 9 & -34 \\ 0 & 0 & 0 \end{pmatrix}$$

Es ergibt sich damit $rg(\mathbf{B}) = 2$, da die 3. Zeile der Matrix eine Nullzeile ist.

h) $rg(\mathbf{A}\cdot\mathbf{B}) = \min\{rg(\mathbf{A});\ rg(\mathbf{B})\} = 2$

Aufgabe VI-6

$$\mathbf{E}-\mathbf{A} = \begin{pmatrix} 1 & 0 & 0 \\ 0 & 1 & 0 \\ 0 & 0 & 1 \end{pmatrix} - \begin{pmatrix} 1-a-b & 0 & 0 \\ a & 1-a-b & 0 \\ 0 & a & 1-a-b \end{pmatrix} = \begin{pmatrix} a+b & 0 & 0 \\ -a & a+b & 0 \\ 0 & -a & a+b \end{pmatrix}$$

$$(\mathbf{E}-\mathbf{A})^{-1} = \frac{1}{\det(\mathbf{E}-\mathbf{A})}\cdot \operatorname{adj}(\mathbf{E}-\mathbf{A})$$

$$\begin{aligned} \det(\mathbf{E}-\mathbf{A}) &= (a+b)\cdot(a+b)\cdot(a+b) + 0\cdot 0\cdot 0 + 0\cdot(-a)\cdot(-a) \\ &\quad -0\cdot(a+b)\cdot 0 - (-a)\cdot 0\cdot(a+b) - (a+b)\cdot(-a)\cdot 0 = (a+b)^3 \end{aligned}$$

Für $(a + b) \neq 0$ existiert die Inverse und es gilt:

$$\operatorname{adj}(\mathbf{E}-\mathbf{A}) = \begin{pmatrix} +\begin{vmatrix} a+b & 0 \\ -a & a+b \end{vmatrix} & -\begin{vmatrix} -a & 0 \\ 0 & a+b \end{vmatrix} & +\begin{vmatrix} -a & a+b \\ 0 & -a \end{vmatrix} \\ -\begin{vmatrix} 0 & 0 \\ -a & a+b \end{vmatrix} & +\begin{vmatrix} a+b & 0 \\ 0 & a+b \end{vmatrix} & -\begin{vmatrix} a+b & 0 \\ 0 & -a \end{vmatrix} \\ +\begin{vmatrix} 0 & 0 \\ a+b & 0 \end{vmatrix} & -\begin{vmatrix} a+b & 0 \\ -a & 0 \end{vmatrix} & +\begin{vmatrix} a+b & 0 \\ -a & a+b \end{vmatrix} \end{pmatrix}^T$$

$$= \begin{pmatrix} (a+b)^2 & 0 & 0 \\ a(a+b) & (a+b)^2 & 0 \\ a^2 & a(a+b) & (a+b)^2 \end{pmatrix}$$

$$(\mathbf{E}-\mathbf{A})^{-1} = \frac{1}{(a+b)^3}\cdot \operatorname{adj}(\mathbf{E}-\mathbf{A}) = \begin{pmatrix} \frac{1}{a+b} & 0 & 0 \\ \frac{a}{(a+b)^2} & \frac{1}{a+b} & 0 \\ \frac{a^2}{(a+b)^3} & \frac{a}{(a+b)^2} & \frac{1}{a+b} \end{pmatrix}$$

Aufgabe VI-7

Die Matrix ist invertierbar, wenn det $\mathbf{A} \neq 0$.

$$\mathbf{A}^{erw} = \left(\begin{array}{ccc:cc} 1+a & 2 & -1 & 1+a & 2 \\ 1 & 2 & 1 & 1 & 2 \\ 1 & 2a & 1 & 1 & 2a \end{array}\right)$$

$$\det \mathbf{A} = (1+a)\cdot 2\cdot 1 + 2\cdot 1\cdot 1 + (-1)\cdot 1\cdot 2a - 1\cdot 2\cdot(-1) - 2a\cdot 1\cdot(1+a) - 1\cdot 1\cdot 2$$
$$= 2 + 2a + 2 - 2a + 2 - 2a - 2a^2 - 2 = -2a^2 - 2a + 4$$

Anwendung der Lösungsformel für quadratische Gleichungen:

$-2a^2 - 2a + 4 = 0$

$$a_{1,2} = \frac{+2 \pm \sqrt{4 - 4\cdot(-2)\cdot 4}}{2\cdot(-2)} = \frac{2 \pm 6}{-4} \quad \rightarrow \quad a_1 = 1,\; a_2 = -2$$

Die Matrix **A** ist nicht invertierbar, wenn der Parameter a die Werte 1 bzw. –2 annimmt. Folglich ist die Matrix also invertierbar, wenn $a \neq 1$ und $a \neq -2$.

Berechnung der Inversen für a = 0:

$$\mathbf{A}^{-1} = \frac{1}{\det \mathbf{A}}\cdot \operatorname{adj}(\mathbf{A})$$

$$a = 0 \;\rightarrow\; \mathbf{A} = \begin{pmatrix} 1 & 2 & -1 \\ 1 & 2 & 1 \\ 1 & 0 & 1 \end{pmatrix} \;\rightarrow\; \det \mathbf{A} = -2\cdot 0^2 - 2\cdot 0 + 4 = 4 \neq 0$$

$$\operatorname{adj}(\mathbf{A}) = \begin{pmatrix} +\begin{vmatrix} 2 & 1 \\ 0 & 1 \end{vmatrix} & -\begin{vmatrix} 1 & 1 \\ 1 & 1 \end{vmatrix} & +\begin{vmatrix} 1 & 2 \\ 1 & 0 \end{vmatrix} \\ -\begin{vmatrix} 2 & -1 \\ 0 & 1 \end{vmatrix} & +\begin{vmatrix} 1 & -1 \\ 1 & 1 \end{vmatrix} & -\begin{vmatrix} 1 & 2 \\ 1 & 0 \end{vmatrix} \\ +\begin{vmatrix} 2 & -1 \\ 2 & 1 \end{vmatrix} & -\begin{vmatrix} 1 & -1 \\ 1 & 1 \end{vmatrix} & +\begin{vmatrix} 1 & 2 \\ 1 & 2 \end{vmatrix} \end{pmatrix}^T = \begin{pmatrix} 2 & -2 & 4 \\ 0 & 2 & -2 \\ -2 & 2 & 0 \end{pmatrix}$$

$$\mathbf{A}^{-1} = \frac{1}{4}\cdot \begin{pmatrix} 2 & -2 & 4 \\ 0 & 2 & -2 \\ -2 & 2 & 0 \end{pmatrix} = \begin{pmatrix} 0,5 & -0,5 & 1 \\ 0 & 0,5 & -0,5 \\ -0,5 & 0,5 & 0 \end{pmatrix}$$

Aufgabe VI-8

$$\mathbf{A} = \begin{pmatrix} -x & 2 & -1 \\ -1 & 3x & x \\ 1 & -2 & 0 \end{pmatrix}, \text{ wobei } \det \mathbf{A} = 0 \text{ gelten soll.}$$

$$\mathbf{A}^{erw} = \left(\begin{array}{ccc:cc} -x & 2 & -1 & -x & 2 \\ -1 & 3x & x & -1 & 3x \\ 1 & -2 & 0 & 1 & -2 \end{array}\right) \qquad \begin{aligned} \det \mathbf{A} &= (-x)\cdot 3x\cdot 0 + 2\cdot x\cdot 1 + (-1)\cdot(-1)\cdot(-2) \\ &\quad - 1\cdot 3x\cdot(-1) - (-2)\cdot x\cdot(-x) - 0\cdot(-1)\cdot 2 \\ &= 2x - 2 + 3x - 2x^2 = -2x^2 + 5x - 2 \end{aligned}$$

Die Determinante gleich Null gesetzt liefert:

$$-2x^2 + 5x - 2 \overset{!}{=} 0 \;\rightarrow\; x_{1,2} = \frac{-5 \pm \sqrt{5^2 - 4\cdot(-2)\cdot(-2)}}{2\cdot(-2)} = \frac{-5 \pm 3}{-4} \qquad \rightarrow x_1 = \frac{1}{2},\; x_2 = 2$$

det **A** = 0 ist also erfüllt, wenn x = 0,5 oder x = 2.

Aufgabe IV-9

$$\mathbf{A}\cdot\mathbf{A}^T = \begin{pmatrix} 0 & a \\ 1 & b \end{pmatrix}\cdot\begin{pmatrix} 0 & 1 \\ a & b \end{pmatrix} = \begin{pmatrix} a^2 & ab \\ ab & 1+b^2 \end{pmatrix}$$

Nebenrechnungen:

$$a_{11} = \begin{pmatrix} 0 & a \end{pmatrix}\cdot\begin{pmatrix} 0 \\ a \end{pmatrix} = 0\cdot 0 + a\cdot a = a^2 \qquad a_{21} = \begin{pmatrix} 1 & b \end{pmatrix}\cdot\begin{pmatrix} 0 \\ a \end{pmatrix} = 1\cdot 0 + b\cdot a = ab$$

$$a_{12} = \begin{pmatrix} 0 & a \end{pmatrix}\cdot\begin{pmatrix} 1 \\ b \end{pmatrix} = 0\cdot 1 + a\cdot b = ab \qquad a_{22} = \begin{pmatrix} 1 & b \end{pmatrix}\cdot\begin{pmatrix} 1 \\ b \end{pmatrix} = 1\cdot 1 + b\cdot b = 1 + b^2$$

Nach Aufgabenstellung muss gelten:

$$\begin{pmatrix} a^2 & ab \\ ab & 1+b^2 \end{pmatrix} = \begin{pmatrix} 1 & 3 \\ 3 & 10 \end{pmatrix}$$

Daraus resultiert das Gleichungssystem:

$$\begin{aligned} &\text{I}: \; a^2 = 1 \\ &\text{II}: \; ab = 3 \qquad\qquad \rightarrow \; a = \pm 1,\; b = \pm 3 \\ &\text{III}: \; 1 + b^2 = 10 \end{aligned}$$

Da auch ab = 3 gelten muss, sind nur die Kombinationen (a=1, b=3) und (a=–1, b=–3) Lösungen.

Aufgabe VI-10

Die Entwicklung der gegebenen Determinante nach der 1. Zeile liefert:

$$\det \mathbf{A} = 1\cdot\begin{vmatrix} 0 & 0 & 3 & 1 \\ 2 & 0 & 0 & 1 \\ 1 & 4 & -1 & 0 \\ 0 & 0 & -2 & -2 \end{vmatrix} + 2\cdot\begin{vmatrix} 1 & 0 & 3 & 1 \\ 1 & 2 & 0 & 1 \\ 0 & 1 & -1 & 0 \\ 0 & 0 & -2 & -2 \end{vmatrix}$$

Die erste Determinante wird nun nach der 2. Spalte und die zweite nach der 1. Spalte entwickelt:

$$\det \mathbf{A} = 1 \cdot (-4) \cdot \begin{vmatrix} 0 & 3 & 1 \\ 2 & 0 & 1 \\ 0 & -2 & -2 \end{vmatrix} + 2 \cdot \left[1 \cdot \begin{vmatrix} 2 & 0 & 1 \\ 1 & -1 & 0 \\ 0 & -2 & -2 \end{vmatrix} - 1 \cdot \begin{vmatrix} 0 & 3 & 1 \\ 1 & -1 & 0 \\ 0 & -2 & -2 \end{vmatrix} \right]$$

Es kann nun die Regel von Sarrus angewendet oder weiter entwickelt werden. Entwickeln wir die erste Determinante nach Spalte 1, die zweite nach Zeile 1 und die dritte nach Spalte 1, erhalten wir:

$$\det \mathbf{A} = 1 \cdot (-4) \cdot (-2) \cdot \begin{vmatrix} 3 & 1 \\ -2 & -2 \end{vmatrix} + 2 \cdot 1 \left[2 \cdot \begin{vmatrix} -1 & 0 \\ -2 & -2 \end{vmatrix} + 1 \cdot \begin{vmatrix} 1 & -1 \\ 0 & -2 \end{vmatrix} \right] + 2 \cdot (-1) \cdot (-1) \cdot \begin{vmatrix} 3 & 1 \\ -2 & -2 \end{vmatrix}$$

$$= -32 + 8 - 4 - 8 = -36$$

Aufgabe VI-11

Umstellung der 1. Zeile: $x_2 + x_3 = c$

Umstellung der 2. Zeile: $x_1 + bx_2 + bx_3 - ax_2 = 0 \leftrightarrow \quad x_1 + (b-a)x_2 + bx_3 = 0$

Umstellung der 3. Zeile: $x_1 + ax_2 + ax_3 + bx_3 = ac \leftrightarrow \quad x_1 + ax_2 + (a+b)x_3 = ac$

Gleichungssystem in Matrixform:

$$\underbrace{\begin{pmatrix} 0 & 1 & 1 \\ 1 & b-a & b \\ 1 & a & a+b \end{pmatrix}}_{\mathbf{A}} \cdot \underbrace{\begin{pmatrix} x_1 \\ x_2 \\ x_3 \end{pmatrix}}_{\mathbf{x}} = \underbrace{\begin{pmatrix} c \\ 0 \\ ac \end{pmatrix}}_{\mathbf{b}}$$

$$\det \mathbf{A} = 0 \cdot (b-a) \cdot (a+b) + 1 \cdot b \cdot 1 + 1 \cdot 1 \cdot a - 1 \cdot (b-a) \cdot 1 - a \cdot b \cdot 0 - (a+b) \cdot 1 \cdot 1$$

$$= b + a - (b-a) - (a+b) = b + a - b + a - a - b = a - b$$

Ist $a \neq b$ gilt $\det A \neq 0$ und das Gleichungssystem ist eindeutig lösbar.

Anwendung der Cramer'schen Regel:

$$x_1 = \frac{1}{a-b} \cdot \begin{vmatrix} c & 1 & 1 \\ 0 & b-a & b \\ ac & a & a+b \end{vmatrix} = \frac{1}{a-b} \cdot (b^2c - abc) = \frac{bc \cdot (b-a)}{a-b} = \frac{-bc \cdot (a-b)}{a-b} = -bc$$

Nebenrechnung: Berechnung der Determinante

$$c \cdot (b-a) \cdot (a+b) + 1 \cdot b \cdot ac + 1 \cdot 0 \cdot a - ac \cdot (b-a) \cdot 1 - a \cdot b \cdot c - (a+b) \cdot 0 \cdot 1$$

$$= (cb - ca) \cdot (a+b) + abc + 0 - abc - (-a^2c) - abc - 0$$

$$= abc + b^2c - a^2c - abc + abc - abc + a^2c - abc = b^2c - abc$$

$$x_2 = \frac{1}{a-b} \cdot \begin{vmatrix} 0 & c & 1 \\ 1 & 0 & b \\ 1 & ac & a+b \end{vmatrix} = \frac{1}{a-b} \cdot 0 = 0$$

Nebenrechnung: Berechnung der Determinante

$$0 \cdot 0 \cdot (a+b) + c \cdot b \cdot 1 + 1 \cdot 1 \cdot ac - 1 \cdot 0 \cdot 1 - ac \cdot b \cdot 0 - (a+b) \cdot 1 \cdot c$$

$$= 0 + bc + ac - 0 - ac - bc = 0$$

$$x_3 = \frac{1}{a-b} \cdot \begin{vmatrix} 0 & 1 & c \\ 1 & b-a & 0 \\ 1 & a & ac \end{vmatrix} = \frac{1}{a-b} \cdot c(a-b) = \frac{c(a-b)}{a-b} = c$$

Nebenrechnung: Berechnung der Determinante

$$0 \cdot (b-a) \cdot ac + 1 \cdot 0 \cdot 1 + c \cdot 1 \cdot a - 1 \cdot (b-a) \cdot c - a \cdot 0 \cdot 0 - ac \cdot 1 \cdot 1$$
$$= 0 + 0 + ac - bc - (-ac) - 0 - ac = ac - bc = c(a-b)$$

Aufgabe VI-12

$$\mathbf{E} - \mathbf{A} = \begin{pmatrix} 1 & 0 & 0 \\ 0 & 1 & 0 \\ 0 & 0 & 1 \end{pmatrix} - \begin{pmatrix} 2 & 1 & 0 \\ -1 & 0 & 2 \\ 0 & -2 & 4 \end{pmatrix} = \begin{pmatrix} -1 & -1 & 0 \\ 1 & 1 & -2 \\ 0 & 2 & -3 \end{pmatrix}$$

Gleichungssystem in Matrixform:

$$\underbrace{\begin{pmatrix} -1 & -1 & 0 \\ 1 & 1 & -2 \\ 0 & 2 & -3 \end{pmatrix}}_{\mathbf{E}-\mathbf{A}} \cdot \underbrace{\begin{pmatrix} x_1 \\ x_2 \\ x_3 \end{pmatrix}}_{\mathbf{x}} = \underbrace{\begin{pmatrix} b_1 \\ b_2 \\ b_3 \end{pmatrix}}_{\mathbf{b}}$$

$$\det(\mathbf{E} - \mathbf{A}) = (-1) \cdot 1 \cdot (-3) + (-1) \cdot (-2) \cdot 0 + 0 \cdot 1 \cdot 2$$
$$-0 \cdot 1 \cdot 0 - 2 \cdot (-2) \cdot (-1) - (-3) \cdot 1 \cdot (-1) = -4$$

Das Gleichungssystem ist eindeutig lösbar, da $\det(\mathbf{E} - \mathbf{A}) \neq 0$.

Anwendung der Cramer'schen Regel:

$$x_1 = \frac{1}{-4} \cdot \begin{vmatrix} b_1 & -1 & 0 \\ b_2 & 1 & -2 \\ b_3 & 2 & -3 \end{vmatrix} = -\frac{1}{4} \cdot \underbrace{\left(-3b_1 + 2b_3 + 0 - 0 - (-4b_1) - 3b_2\right)}_{\text{Regel von Sarrus}}$$

$$x_1 = -\frac{1}{4} \cdot (b_1 - 3b_2 + 2b_3) = -\frac{1}{4} b_1 + \frac{3}{4} b_2 - \frac{1}{2} b_3$$

$$x_2 = \frac{1}{-4} \cdot \begin{vmatrix} -1 & b_1 & 0 \\ 1 & b_2 & -2 \\ 0 & b_3 & -3 \end{vmatrix} = -\frac{1}{4} \cdot \underbrace{\left(3b_2 + 0 + 0 - 0 - 2b_3 - (-3b_1)\right)}_{\text{Regel von Sarrus}}$$

$$x_2 = -\frac{1}{4} \cdot (3b_1 + 3b_2 - 2b_3) = -\frac{3}{4} b_1 - \frac{3}{4} b_2 + \frac{1}{2} b_3$$

$$x_2 = \frac{1}{-4} \cdot \begin{vmatrix} -1 & -1 & b_1 \\ 1 & 1 & b_2 \\ 0 & 2 & b_3 \end{vmatrix} = -\frac{1}{4} \cdot \underbrace{\left(-b_3 + 0 + 2b_1 - 0 - (2b_2) - (-b_3)\right)}_{\text{Regel von Sarrus}}$$

$$x_2 = -\frac{1}{4} \cdot (2b_1 + 2b_2) = -\frac{1}{2} b_1 - \frac{1}{2} b_2$$

Aufgabe VI-13

a) Gleichungssystem in Matrixform:

$$\underbrace{\begin{pmatrix} 4 & 3 & -2 \\ 1 & 1 & 0 \\ 3 & 0 & 1 \end{pmatrix}}_{\mathbf{A}} \cdot \underbrace{\begin{pmatrix} x_1 \\ x_2 \\ x_3 \end{pmatrix}}_{\mathbf{x}} = \underbrace{\begin{pmatrix} 7 \\ 5 \\ 4 \end{pmatrix}}_{\mathbf{b}}$$

$$\det \mathbf{A} = 4 \cdot 1 \cdot 1 + 3 \cdot 0 \cdot 3 + (-2) \cdot 1 \cdot 0 - 3 \cdot 1 \cdot (-2) - 0 \cdot 0 \cdot 4 - 1 \cdot 1 \cdot 3 = 7$$

Das Gleichungssystem besitzt eine eindeutige Lösung, da $\det \mathbf{A} \neq 0$.

Anwendung der Cramer'schen Regel:

$$x_1 = \frac{1}{7} \cdot \begin{vmatrix} 7 & 3 & -2 \\ 5 & 1 & 0 \\ 4 & 0 & 1 \end{vmatrix} = \frac{1}{7} \cdot 0 = 0$$

Nebenrechnung: Berechnung der Determinante

$7 \cdot 1 \cdot 1 + 3 \cdot 0 \cdot 4 + (-2) \cdot 5 \cdot 0 - 4 \cdot 1 \cdot (-2) - 0 \cdot 0 \cdot 7 - 1 \cdot 5 \cdot 3 = 0$

Einsetzen in die 2. Zeile liefert $x_2 = 5$. Einsetzen in die 3. Zeile liefert $x_3 = 4$.

b) Gleichungssystem in Matrixform:

$$\underbrace{\begin{pmatrix} 1 & 1 & -1 \\ 2 & -3 & 1 \\ 1 & 0 & -1 \end{pmatrix}}_{\mathbf{A}} \cdot \underbrace{\begin{pmatrix} x_1 \\ x_2 \\ x_3 \end{pmatrix}}_{\mathbf{x}} = \underbrace{\begin{pmatrix} 1 \\ 0 \\ 2 \end{pmatrix}}_{\mathbf{b}}$$

$$\det \mathbf{A} = 1 \cdot (-3) \cdot 0 + 1 \cdot 1 \cdot 1 + (-1) \cdot 2 \cdot (-1) - 1 \cdot (-3) \cdot (-1) - (-1) \cdot 1 \cdot 1 - 0 \cdot 2 \cdot 1 = 3$$

Das Gleichungssystem besitzt eine eindeutige Lösung, da $\det \mathbf{A} \neq 0$.

Anwendung der Cramer'schen Regel:

$$x_1 = \frac{1}{3} \cdot \begin{vmatrix} 1 & 1 & -1 \\ 0 & -3 & 1 \\ 2 & 0 & -1 \end{vmatrix} = \frac{1}{3} \cdot (3 + 2 - 6) = \frac{1}{3} \cdot (-1) = -\frac{1}{3}$$

Nebenrechnung: Berechnung der Determinante

$1 \cdot (-3) \cdot (-1) + 1 \cdot 1 \cdot 2 + (-1) \cdot 0 \cdot 0 - 2 \cdot (-3) \cdot (-1) - 0 \cdot 1 \cdot 1 - (-1) \cdot 0 \cdot 1 = -1$

$$x_2 = \frac{1}{3} \cdot \begin{vmatrix} 1 & 1 & -1 \\ 2 & 0 & 1 \\ 1 & 2 & -1 \end{vmatrix} = \frac{1}{3} \cdot \big(1 + (-4) - 2 - (-2)\big) = \frac{1}{3} \cdot (-3) = -1$$

Nebenrechnung: Berechnung der Determinante

$1 \cdot 0 \cdot (-1) + 1 \cdot 1 \cdot 1 + (-1) \cdot 2 \cdot 2 - 1 \cdot 0 \cdot (-1) - 2 \cdot 1 \cdot 1 - (-1) \cdot 2 \cdot 1 = -3$

$$x_3 = \frac{1}{3} \cdot \begin{vmatrix} 1 & 1 & 1 \\ 2 & -3 & 0 \\ 1 & 0 & 2 \end{vmatrix} = \frac{1}{3} \cdot \big((-6) - (-3) - 4\big) = \frac{1}{3} \cdot (-7) = -\frac{7}{3}$$

Nebenrechnung: Berechnung der Determinante

$1 \cdot (-3) \cdot 2 + 1 \cdot 0 \cdot 1 + 1 \cdot 2 \cdot 0 - 1 \cdot (-3) \cdot 1 - 0 \cdot 0 \cdot 1 - 2 \cdot 2 \cdot 1 = -7$

Aufgabe VI-14

a) Gleichungssystem in Matrixform:

$$\underbrace{\begin{pmatrix} 2 & a & 1 \\ -2 & 4-2a & a-5 \\ 4 & 3a-4 & 2 \end{pmatrix}}_{\mathbf{A}} \cdot \underbrace{\begin{pmatrix} x_1 \\ x_2 \\ x_3 \end{pmatrix}}_{\mathbf{x}} = \underbrace{\begin{pmatrix} 0 \\ 0 \\ 0 \end{pmatrix}}_{\mathbf{b}}$$

Das Gleichungssystem ist lösbar, wenn $\det A \neq 0$.

$$\begin{aligned} \det \mathbf{A} &= 2\cdot(4-2a)\cdot 2 + a\cdot(a-5)\cdot 4 + 1\cdot(-2)\cdot(3a-4) \\ &\quad - 4\cdot(4-2a)\cdot 1 - (3a-4)\cdot(a-5)\cdot 2 - 2\cdot(-2\,)\cdot a \\ &= 16 - 8a + 4a^2 - 20a - 6a + 8 - 16 + 8a - 6a^2 - 8a + 30a - 40 + 4a \\ &= -2a^2 + 16a - 32 \end{aligned}$$

Nullsetzen und Berücksichtigung der Lösungsformel für quadratische Gleichungen liefert:

$$-2a^2 + 16a - 32 \overset{!}{=} 0 \;\rightarrow\; a_{1,2} = \frac{-16 \pm \sqrt{16^2 - 4\cdot(-2)\cdot(-32)}}{2\cdot(-2)} = \frac{-16 \pm 0}{-4} \;\rightarrow\; a_{1,2} = 4$$

Das Gleichungssystem ist somit lösbar für alle $a \neq 4$.

b) Gleichungssystem in Matrixform für $a = 0$:

$$\underbrace{\begin{pmatrix} 2 & 0 & 1 \\ -2 & 4 & -5 \\ 4 & -4 & 2 \end{pmatrix}}_{\mathbf{A}} \cdot \underbrace{\begin{pmatrix} x_1 \\ x_2 \\ x_3 \end{pmatrix}}_{\mathbf{x}} = \underbrace{\begin{pmatrix} 0 \\ 0 \\ 0 \end{pmatrix}}_{\mathbf{b}} \qquad \det \mathbf{A} = -2\cdot 0^2 + 16\cdot 0 - 32 = -32$$

Anwendung der Cramer'schen Regel:

$$x_1 = -\frac{1}{32}\cdot\begin{vmatrix} 0 & 0 & 1 \\ 0 & 4 & -5 \\ 0 & -4 & 2 \end{vmatrix} = -\frac{1}{32}\cdot 0 = 0$$

Nebenrechnung: Berechnung der Determinante

$$0\cdot 4\cdot 2 + 0\cdot(-5)\cdot 0 + 1\cdot 0\cdot(-4) - 0\cdot 4\cdot 1 - (-4)\cdot(-5)\cdot 0 - 2\cdot 0\cdot 0 = 0$$

$$x_2 = -\frac{1}{32}\cdot\begin{vmatrix} 2 & 0 & 1 \\ -2 & 0 & -5 \\ 4 & 0 & 2 \end{vmatrix} = -\frac{1}{32}\cdot 0 = 0$$

Nebenrechnung: Berechnung der Determinante

$$2\cdot 0\cdot 2 + 0\cdot(-5)\cdot 4 + 1\cdot(-2)\cdot 0 - 4\cdot 0\cdot 1 - 0\cdot(-5)\cdot 2 - 2\cdot(-2)\cdot 0 = 0$$

$$x_3 = -\frac{1}{32}\cdot\begin{vmatrix} 2 & 0 & 0 \\ -2 & 4 & 0 \\ 4 & -4 & 0 \end{vmatrix} = -\frac{1}{32}\cdot 0 = 0$$

Nebenrechnung: Berechnung der Determinante

$$2\cdot 4\cdot 0 + 0\cdot 0\cdot 4 + 0\cdot(-2)\cdot(-4) - 4\cdot 4\cdot 0 - (-4)\cdot 0\cdot 2 - 0\cdot(-2)\cdot 0 = 0$$

Aufgabe VI-15

a) Es sei x_1 = Outputmenge in der Landwirtschaft, x_2 = Outputmenge im Industriesektor 1 und x_3 = Outputmenge im Industriesektor 2. Die Gesamtleistung jedes Zweiges setzt sich zusammen aus den Vorleistungen an die einzelnen Zweige plus der Nachfrage, sodass wir folgendes Gleichungssystem aufstellen können:

$$\begin{array}{llllll} \text{I}: & x_1 = & 0{,}2x_1 & +0{,}8x_2 & & +800 \\ \text{II}: & x_2 = & 0{,}3x_1 & +0{,}4x_2 & +0{,}15x_3 & +1.200 \\ \text{III}: & x_3 = & 0{,}2x_1 & +0{,}4x_2 & +0{,}25x_3 & +600 \end{array}$$

Wir erhalten daraus x_1 = 10.222,22, x_2 = 9.222,22 und x_3 = 8.444,44.

b) Es sind die Lösungen aus a) einzusetzen in:

$x_A = 0{,}04x_1 + 0{,}08x_2 + 0{,}12x_3$

$x_L = 2{,}6x_1 + 4{,}3x_2 + 1{,}7x_3$

Wir erhalten x_A = 2.160 (z.B. Stunden) und x_L = 80.588,89 (z.B. Euro).

c) Die Auswirkungen der Nachfrageänderung können wir dadurch bestimmen, dass wir die absoluten Glieder des Gleichungssystems aus a) ändern (nun 840, 1.130 und 618) und es erneut lösen. Wir erhalten x_1 = 9.997,78, x_2 = 8.947,78 und x_3 = 8.262,22. Dies liefert neue Werte x_A = 2.107,20 und x_B = 78.515,44.

Aufgabe VI-16

$$\mathbf{A}^{-1} = \begin{pmatrix} 4 & -1 & -6 \\ 1 & 0 & -2 \\ -1{,}5 & 0{,}5 & 2{,}5 \end{pmatrix}, \text{ da } \det \mathbf{A} = 2 \neq 0$$

$$\mathbf{X} = A^{-1}_{3\times 3} \cdot B_{3\times 4} = \begin{pmatrix} 4 & -1 & -6 & -3 \\ 1 & 0 & -2 & -1 \\ -1{,}5 & 0{,}5 & 2{,}5 & 1{,}5 \end{pmatrix}_{(3\times 4)}$$

Aufgabe VI-17

$(\mathbf{A} \cdot \mathbf{B} - \mathbf{C}) \cdot \mathbf{X} = \mathbf{D} \quad \leftrightarrow \quad \mathbf{X} = (\mathbf{A} \cdot \mathbf{B} - \mathbf{C})^{-1} \cdot \mathbf{D}$

Damit die Gleichung lösbar ist, muss **A** · **B** quadratisch und dimensionsgleich mit **C** sein. (**A** · **B** – **C**) muss invertierbar sein. **D** muss gleich viele Zeilen besitzen wie das Produkt **A** · **B** bzw. **C**.

Die Matrizen erfüllen nicht die Voraussetzungen, da **A** · **B** und **C** nicht dimensionsgleich sind.

Aufgabe VI-18

Aus II ergibt sich $\mathbf{Y} = \frac{3}{2}\mathbf{A} \cdot \mathbf{X} - \frac{1}{2}\mathbf{B}$. Eingesetzt in I liefert:

$$2\mathbf{A} \cdot \mathbf{X} + \tfrac{3}{2}\mathbf{B} \cdot \mathbf{A} \cdot \mathbf{X} - \tfrac{1}{2}\mathbf{B}^2 = \mathbf{C}$$

$$(2\mathbf{A} + \tfrac{3}{2}\mathbf{B} \cdot \mathbf{A}) \cdot \mathbf{X} = \mathbf{C} + \tfrac{1}{2}\mathbf{B}^2$$

$$\mathbf{X} = (2\mathbf{A} + \tfrac{3}{2}\mathbf{B} \cdot \mathbf{A})^{-1} \cdot (\mathbf{C} + \tfrac{1}{2}\mathbf{B}^2) \quad \rightarrow \quad \mathbf{Y} = \tfrac{3}{2}\mathbf{A} \cdot (2\mathbf{A} + \tfrac{3}{2}\mathbf{B} \cdot \mathbf{A})^{-1} \cdot (\mathbf{C} + \tfrac{1}{2}\mathbf{B}^2) - \tfrac{1}{2}\mathbf{B}$$

Berechnung der konkreten Lösung:

$$(2\mathbf{A}+\tfrac{3}{2}\mathbf{B}\cdot\mathbf{A})=\begin{pmatrix}\frac{11}{2} & \frac{7}{2}\\ \frac{3}{2} & 1\end{pmatrix},\quad (2\mathbf{A}+\tfrac{3}{2}\mathbf{B}\cdot\mathbf{A})^{-1}=\begin{pmatrix}4 & -14\\ -6 & 22\end{pmatrix},\quad (\mathbf{C}+\tfrac{1}{2}\mathbf{B}^2)=\begin{pmatrix}\frac{3}{2} & 1\\ 2 & \frac{1}{2}\end{pmatrix}$$

$$\mathbf{X}=\begin{pmatrix}-22 & -3\\ 35 & 5\end{pmatrix},\quad (3\mathbf{A}\cdot\mathbf{X}-\mathbf{B})=\begin{pmatrix}-26 & -4\\ 12 & 4\end{pmatrix},\quad \mathbf{Y}=\begin{pmatrix}-13 & -2\\ 6 & 2\end{pmatrix}$$

Aufgabe VI-19

Mit den Schlupfvariablen y_1, y_2 und y_3 resultiert:

Gleichungssystem für a):

$$\begin{aligned} x_1 \quad +y_1 \quad &= 10\\ x_2 \quad +y_2 \quad &= 12\\ x_1 + x_2 \quad +y_3 \quad &= 14\\ -x_1 - 2x_2 \quad +z &= 0 \end{aligned}$$

Gleichungssystem für b):

$$\begin{aligned} x_1 + x_2 + x_3 + y_1 \quad &= 10\\ x_1 + 2x_2 + 3x_3 \quad + y_2 \quad &= 12\\ -2x_1 - 3x_2 - x_3 \quad + z &= 0 \end{aligned}$$

Wir erhalten daraus das folgende Ausgangstableau und die weiteren Tableaus:

a)

	x_1	x_2	y_1	y_2	y_3	z	b	$\frac{b_i}{a_{i1}}$
y_1	**[1]**	0	1	0	0	0	10	10
y_2	0	1	0	1	0	0	12	–
y_3	1	1	0	0	1	0	14	14
z	–1	–2	0	0	0	1	0	

	x_1	x_2	y_1	y_2	y_3	z	b	$\frac{b_i}{a_{i2}}$
x_1	1	0	1	0	0	0	10	–
y_2	0	1	0	1	0	0	12	12
y_3	0	**[1]**	–1	0	1	0	4	4
z	0	–2	0	0	0	1	10	

	x_1	x_2	y_1	y_2	y_3	z	b	$\frac{b_i}{a_{i3}}$
x_1	1	0	1	0	0	0	10	10
y_2	0	0	**[1]**	1	–1	0	8	8
x_2	0	1	–1	0	1	0	4	–4
z	0	0	–1	0	2	1	18	

b)

	x_1	x_2	x_3	y_1	y_2	z	b	$\frac{b_i}{a_{i1}}$
y_1	**[1]**	1	1	1	0	0	10	10
y_2	1	2	3	0	1	0	12	12
z	–2	–3	–1	0	0	1	0	

	x_1	x_2	x_3	y_1	y_2	z	b	$\frac{b_i}{a_{i2}}$
x_1	1	1	1	1	0	0	10	10
y_1	0	**[1]**	2	–1	1	0	2	2
z	0	–1	1	1	0	1	20	

	x_1	x_2	x_3	y_1	y_2	z	b
x_1	1	0	–1	2	–1	0	8
x_2	0	1	2	–1	1	0	2
z	0	0	3	0	0	1	22

	x_1	x_2	y_1	y_2	y_3	z	b
x_1	1	0	0	−1	1	0	2
y_1	0	0	1	1	−1	0	8
x_2	0	1	0	1	0	0	12
z	0	0	0	1	1	1	26

Es ergeben sich damit als optimale Lösungen $x_1 = 2$ und $x_2 = 12$ mit $z = 26$ bei a) und $x_1 = 8$, $x_2 = 2$ und $x_3 = 0$ mit $z = 22$ bei b).

Literaturverzeichnis

Da sich nahezu alle Lehrbücher hinsichtlich Darstellungsform und gesetzter Schwerpunkte unterscheiden, empfiehlt es sich, zur Prüfungsvorbereitung mehr als nur ein Werk heranzuziehen. Aus diesem Grund wird im Folgenden neben der verarbeiteten Literatur eine Auswahl weiterer Lehrbücher und Texte zu speziellen Gebieten aufgeführt.

Allen, R.G.D.: Mathematik für Volks- und Betriebswirte. 4. Auflage. Berlin: Duncker & Humblot 1972.

Bauer, C., Clausen, M., Kerber, A., Meier-Reinhold, H.: Mathematik für Wirtschaftswissenschaftler - Mit zahlreichen Anwendungsbeispielen, Übungsaufgaben und Lösungen. 5. Auflage. Stuttgart: Schäffer-Poeschel 2008.

Berg, C.C., Korb U.-G.: Mathematik für Wirtschaftswissenschaftler I, Analysis. 3. Auflage. Wiesbaden: Gabler 1985.

Berg, C.C., Korb U.-G.: Mathematik für Wirtschaftswissenschaftler II, Lineare Algebra und Lineare Programmierung. 3. Auflage. Wiesbaden: Gabler 1993.

Beutelspacher, A.: Lineare Algebra - Eine Einführung in die Wissenschaft der Vektoren, Abbildungen und Matrizen. 6. Auflage. Wiesbaden: Vieweg 2003.

Bliefernich, M., Gryck, M., Pfeifer, M., Wagner, C.-J.: Aufgaben zur Matrizenrechnung und Linearen Optimierung - Mit ausführlichen Lösungswegen. 2. Auflage. Würzburg, Wien: Physica 1995.

Böhm, V.: Mathematische Grundlagen für Wirtschaftswissenschaftler. 1. Auflage. Berlin: Springer 2007.

Bosch, K.: Finanzmathematik. 7. Auflage, München: Oldenbourg 2007.

Breitung, K.W., Filip, P., Hass, O.: Einführung in die Mathematik für Ökonomen. 3. Auflage. München: Oldenbourg 2001.

Bronstein, I.N., Semendjajew, K.A., Musiol, G., Muehlig, H.: Taschenbuch der Mathematik. 7. Auflage. Frankfurt am Main: Harri Deutsch 2008.

Clermont, S., Jochems, B., Kamps, U.: Wirtschaftsmathematik - Aufgaben und Lösungen. 3. Auflage. München, Wien: Oldenbourg 2001.

Chiang, A.C., Wainwright, K.: Fundametal Methods of Mathematical Economics. 4. Auflage. New York: McGraw-Hill 2005.

Dobbener, R.: Analysis - Studienbuch für Ökonomen. 4. Auflage. München, Wien: Oldenbourg 2007.

Dörsam, P.: Mathematik - anschaulich dargestellt - für Studierende der Wirtschaftswissenschaften. 14. Auflage. Heidenau: PD-Verlag 2008.

Dörsam, P.: Mathematik in den Wirtschaftswissenschaften - Aufgabensammlung mit Lösungen - Über 170 grundlegende Klausuraufgaben mit ausführlichen Lösungsvorschlägen. 9. Auflage. Heidenau: PD-Verlag 2008.

Hackbusch, W, Schwarz, H.R., Zeidler, E.: Teubner-Taschenbuch der Mathematik. 2. Auflage. Wiesbaden: Teubner 2003.

Hackl, P., Katzenbeisser, W.: Mathematik für Sozial- und Wirtschaftswissenschaften. 9. Auflage. München, Wien: Oldenbourg 2000.

Jäger, A., Wäscher, G.: Mathematische Propädeutik für Wirtschaftswissenschaftler - Lineare Algebra und Lineare Programmierung. 1. Auflage. München, Wien: Oldenbourg 1998.

Kall, P.: Analysis für Ökonomen. Stuttgart: Teubner 1982.

Köhler, H.: Lineare Algebra. 2. Auflage. München, Wien: Hanser 1998.

Luderer, B., Nollau, V., Vetters, K.: Mathematische Formeln für Wirtschaftswissenschaftler. 6. Auflage. Wiesbaden: Teubner 2008.

Luderer, B., Würker, U.: Einstieg in die Wirtschaftsmathematik. 7. Auflage. Wiesbaden: Vieweg-Teubner 2008.

Luderer, B.: Klausurtraining Mathematik für Wirtschaftswissenschaftler. 3. Auflage. Wiesbaden: Vieweg-Teubner 2008.

Nollau, V.: Mathematik für Wirtschaftswissenschaftler. 3. Auflage. Wiesbaden: Teubner 2003.

Ohse, D.: Elementare Algebra und Funktionen - Ein Brückenkurs zum Hochschulstudium. 2. Auflage. München: Vahlen 2000.

Ohse, D.: Mathematik für Wirtschaftswissenschaftler I: Analysis. 6. Auflage. München: Vahlen 2004.

Ohse, D.: Mathematik für Wirtschaftswissenschaftler II: Lineare Wirtschaftsalgebra. 5. Auflage. München: Vahlen 2005.

Partoll, H., Wagner, J.: Mathe Macchiato Analysis - Cartoon-Mathematikkurs für Schüler und Studenten. München: Pearson 2005.

Purkert, W.: Brückenkurs Mathematik für Wirtschaftswissenschaftler. 6. Auflage. Teubner: Wiesbaden 2008.

Renger, K.: Finanzmathematik mit Excel - Grundlagen, Beispiele, Lösungen. 2. Auflage. Wiesbaden: Gabler 2006.

Schäfer, W., Georgi, K., Trippler, G.: Mathematik-Vorkurs - Übungs- und Arbeitsbuch für Studienanfänger. 6. Auflage. Wiesbaden: Vieweg-Teubner 2006.

Schwarze, J.: Aufgabensammlung zur Mathematik für Wirtschaftswissenschaftler. 6. Auflage. Herne, Berlin: Neue Wirtschafts-Briefe 2007.

Schwarze, J.: Mathematik für Wirtschaftswissenschaftler - Elementare Grundlagen für Studienanfänger. 7. Auflage. Herne, Berlin: Neue Wirtschafts-Briefe 2003.

Schwarze, J.: Mathematik für Wirtschaftswissenschaftler, Band 1: Grundlagen. 12. Auflage. Herne, Berlin: Neue Wirtschafts-Briefe 2004.

Schwarze, J.: Mathematik für Wirtschaftswissenschaftler, Band 2: Differenzial- und Integralrechnung. 12. Auflage. Herne, Berlin: Neue Wirtschafts-Briefe 2005.

Schwarze, J.: Mathematik für Wirtschaftswissenschaftler, Band 3: Lineare Algebra, Lineare Optimierung und Graphentheorie. 12. Auflage. Herne, Berlin: Neue Wirtschafts-Briefe 2004.

Tietze, J.: Einführung in die angewandte Wirtschaftsmathematik. 14. Auflage. Wiesbaden: Vieweg-Teubner 2008.

Tietze, J.: Einführung in die Finanzmathematik - Klassische Verfahren und neuere Entwicklungen. 9. Auflage. Wiesbaden: Vieweg-Teubner 2008.

Tietze, J.: Übungsbuch zur angewandten Wirtschaftsmathematik - Aufgaben, Testklausuren und Lösungen. 7. Auflage. Wiesbaden: Vieweg-Teubner 2008.

Ziehten, R.E.: Finanzmathematik. 3. Auflage. München, Wien: Oldenbourg 2007.

Stichwortverzeichnis